国家社会科学基金重大项目成果
基于人水和谐理念的最严格水资源管理制度体系研究（12&ZD215）

The Strictest Water Resources Management System in China: a Perspective of Human-Water Harmony

# 最严格水资源管理制度研究

## 基于人水和谐的视角

左其亭 胡德胜 窦明 张翔等◎著

科学出版社
北京

# 内 容 简 介

针对日益严峻的人水矛盾和水资源短缺问题，我国政府于 2001 年提出人水和谐的治水思想，并于 2009 年提出实行最严格水资源管理制度。本书积极探索最严格水资源管理制度与人水和谐治水思想之间的关系，提出了基于人水和谐理念的最严格水资源管理制度的核心体系，即技术标准体系、行政管理体系、政策法律体系。并且，本书分三部分分别阐述了三大体系的相关研究成果。（1）技术标准体系研究。构建了最严格水资源管理制度“三条红线”指标体系与评价标准，提出了水资源管理绩效评估方法和绩效考核保障措施体系。（2）行政管理体系研究。研究了适应最严格水资源管理制度的取水许可审批机制、水权分配机制、水权交易机制、排污权交易机制。（3）政策法律体系研究。研究了水科学知识教育的法律规制、生态环境用水保障机制、“违法成本＞守法成本”机制、水资源管理中的公众参与保障机制、政府责任机制等政策法律体系。

本书可供资源、环境、社会、经济等专业的师生，以及相关领域的科技工作者、管理者参阅，也将为进一步完善和落实最严格水资源管理制度提供科技和管理上的有力支撑。

**图书在版编目（CIP）数据**

最严格水资源管理制度研究：基于人水和谐视角 / 左其亭等著. —北京：科学出版社，2016.9

ISBN 978-7-03-048803-9

Ⅰ.①最… Ⅱ.①左… Ⅲ. ①水资源管理-监管制度-研究-中国 Ⅳ. ①TV213.4

中国版本图书馆 CIP 数据核字（2016）第 132885 号

责任编辑：石　卉　程　凤 / 责任校对：张怡君

责任印制：张　伟 / 封面设计：有道文化

联系电话：010-64035853

电子邮箱：houjunlin@mail.sciencep.com

科学出版社出版

北京东黄城根北街 16 号

邮政编码：100717

http://www.sciencep.com

北京厚诚则铭印刷科技有限公司 印刷

科学出版社发行　各地新华书店经销

*

2016 年 9 月第　一　版　　开本：787×1092 1/16

2017 年 4 月第二次印刷　　印张：29 3/4　插页：1

字数：640 000

**定价：188.00 元**

（如有印装质量问题，我社负责调换）

# 前　言

水是生命之源、生产之要、生态之基。水资源是人类赖以生存和发展的一种宝贵资源。然而，随着人口的增长、经济社会的快速发展，特别是人类活动的加剧，水资源短缺、水环境恶化等一系列水问题日益凸显，反过来对人类的生存和发展造成严重威胁。这种严峻的形势也迫使人类不得不重新审视自己的行为，限制自己对自然界的无限索取和破坏，实现人与自然的和谐相处。

我国水资源总量丰富，但人均占有量少；水资源时空分布不均，水资源短缺与洪涝灾害频发；随着人类活动加剧，水环境污染日益加重，这是我国的基本水情。水资源短缺、洪涝灾害、水环境污染等一系列水问题业已成为制约我国经济社会可持续发展的主要瓶颈。面对我国基本水情和面临的水问题，我国政府审时度势，于 2001 年提出了人水和谐的治水思想，于 2009 年提出了实行最严格水资源管理制度的构想，2012 年国务院发布了《国务院关于实行最严格水资源管理制度的意见》，随后在全国部署实施该意见。

然而，由于最严格水资源管理制度提出的时间不长，且国内学者的研究工作多聚焦于考核指标的构建、管理绩效的评估及试点工作等方面，客观上缺乏对最严格水资源管理制度的系统研究。因此，系统开展最严格水资源管理制度相关的理论方法研究具有十分重要的意义。此外，由于水问题的复杂性，最严格水资源管理涉及自然科学、社会科学的多个学科，需要集中水利、资源、环境、法律、经济、社会等多方面的人力进行联合研究，而目前仍较缺乏这方面的研究团队和综合研究成果。

基于关于水科学研究的交叉学科背景，本书研究团队于 2012 年得到国家社会科学基金重大项目的资助，就最严格水资源管理制度体系的相关问题，基于人水和谐理念的最严格水资源管理制度的核心体系构建，最严格水资源管理制度技术标准体系、行政管理体系、政策法律体系“三大体系”等理论和具体应用进行了深入研究，并于

2016 年 3 月顺利通过全国哲学社会科学规划办公室组织的结项验收。本书研究团队取得的创新性成果概括如下。

（1）在科学辨析人水和谐思想与最严格水资源管理制度之间关系的基础上，创新性地构建了基于人水和谐理念的最严格水资源管理制度研究框架，进而首次提出最严格水资源管理制度的核心体系。研究框架包括最严格水资源管理制度的和谐论解读及应用研究、人水和谐理论方法在最严格水资源管理制度中的应用研究及核心体系的研究。核心体系包括最严格水资源管理制度技术标准体系、行政管理体系、政策法律体系。

（2）运用和谐论思想解读最严格水资源管理制度的内涵和理论根源，将原创的和谐论理论方法、人水和谐量化研究方法应用于最严格水资源管理制度研究之中，首次构建了最严格水资源管理制度理论体系框架。该体系框架包括最严格水资源管理制度理论的指导思想、基本原则、实施目标、主要内容、理论方法、科技支撑及保障措施等。

（3）基于人水和谐理念，提出了一套由“三条红线”评价指标体系、评价标准体系、评价方法体系、绩效评估与考核保障措施体系组成的最严格水资源管理制度技术标准体系。构建了由强制性、选择性和相关性指标组成的“三条红线”评价指标体系，体现了全国统一性和地区差异性；构建了基于压力-状态-响应模型的最严格水资源管理绩效评估体系，提出了绩效评估分区标准和绩效评估指标标准，并引用人水和谐量化方法进行绩效定量评估。

（4）从最严格水资源管理制度行政管理关键措施需求出发，创新性地提出了一套适应该制度的水权分配与交易理论体系。该体系由基于一体化用水总量控制的取水许可审批机制、基于用水总量和排污总量控制的水权-排污权和谐分配方法、基于用水总量和用水效率控制红线的取水权-用水权交易方法、基于水功能区限制纳污控制红线的排污权交易方法等四部分组成。特别是，本研究将和谐论研究方法首次应用于水权-排污权分配、取水权-用水权交易、排污权交易中，提出了新的可操作的水权分配与交易确定方法。

（5）基于“三条红线”对法律保障的迫切需求，认为需要建立、健全或者完善五个方面的关键措施以确保最严格水资源管理制度政策法律体系组成部分之间的结构严谨、功能互补，提出了一系列具有创新理念、可操作的观点或具体建议。其中包括完善我国水科学知识教育法律规制的五点建议，从八个方面健全和完善我国生态环境用水保障制度，从三个方面健全和完善“违法成本＞守法成本”机制，从五个方面完善我国水资源管理中的公众参与保障机制，以及从四个方面强化我国政府水资源管理责任。

本书是对该研究成果的总结，具体包含四篇共 18 章。第一篇总论，包括四章，系统介绍了最严格水资源管理制度的提出背景及主要内容、现代水资源管理思想与人水和谐理念、最严格水资源管理制度理论体系及支撑保障，以及基于人水和谐理念的最严格水资源管理制度研究框架。第二篇最严格水资源管理制度技术标准体系研究，包括四章，系统介绍了最严格水资源管理制度“三条红线”指标体系与评价标准、评价方法，以及最严格水资源管理绩效评估方法、绩效考核保障措施体系。第三篇最严格水资源管理制度行政管理体系研究，包括五章，系统介绍了适应最严格水资源管理制度的水资源行政管理体制改革，并研究了基于一体化用水总量控制的取水许可审批机制、适应最严格水资源管理制度的水权分配机制、基于用水总量控制和定额限制的水权交易机制、基于水功能区限制纳污红线的排污权交易机制。第四篇最严格水资源管理制度政策法律体系研究，包括五章，系统研究了水科学知识教育的法律规制、生态环境用水保障机制、“违法成本＞守法成本”机制、水资源管理中的公众参与保障机制、政府责任机制。

本书聚集了国家社会科学基金重大项目“基于人水和谐理念的最严格水资源管理制度体系研究”所有参与者的智慧，是集体智慧的结晶。在各章中已注明撰写及参与人员，其拥有该章的版权，文责也由该章作者承担（详见各章第一页注释）。本书由左其亭、胡德胜、窦明、张翔、刘志仁、高仕春、张利平、马军霞、凌敏华、张金萍、陶洁等共同撰写。其中，第一篇由左其亭负责审阅，第二篇由张翔负责审阅，第三篇由窦明负责审阅，第四篇由胡德胜负责审阅。全书由左其亭统稿，窦明协助统稿和文字修改。

本书的研究工作得到了国家社会科学基金重大项目“基于人水和谐理念的最严格水资源管理制度体系研究”（项目编号：12&ZD215；结项证书号：2016&J017）的资助，得到了国家社科办、河南省社科办，以及郑州大学、西安交通大学、武汉大学社科管理部门的领导和老师的大力支持和帮助，特别是在项目启动、研究过程和成果产出各环节得到许多著名专家的指导和建议，特此向支持和关心笔者研究工作的所有单位和个人表示衷心的感谢。感谢出版社同人为本书出版付出的辛勤劳动。

由于本书涉及知识面广，且许多问题还处于探索阶段，再加上时间仓促及笔者水平所限，虽几经改稿，但疏漏之处在所难免，欢迎广大读者不吝赐教。

左其亭

2016年3月31日

# 目　　录

# 第三篇 最严格水资源管理制度行政管理体系研究

# 第四篇 最严格水资源管理制度政策法律体系研究

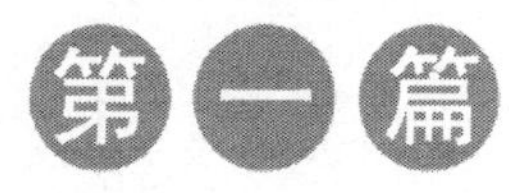

# 第一篇

# 总　论

## 内容导读

第一篇总论，包括四章，是本书后三篇内容的基础，主要介绍了最严格水资源管理制度的主要概念、基础知识，构建了全书纲领性框架。该篇从介绍最严格水资源管理制度、人水和谐思想的基本知识入手，阐述了最严格水资源管理制度与人水和谐思想之间的联系，提出了基于人水和谐理念的最严格水资源管理制度核心体系，包括最严格水资源管理制度技术标准体系、行政管理体系、政策法律体系“三大体系”。

第一章最严格水资源管理制度的提出背景及主要内容——从水资源管理发展变化历程出发，阐述最严格水资源管理制度的提出背景及经过，系统介绍最严格水资源管理制度的概念、内涵、特点和主要内容。第二章现代水资源管理思想及人水和谐理念——基于对 2010 年前后我国水资源管理存在主要问题的分析，论证构建现代水资源管理体系的必要性，继而介绍现代水资源管理新思想，介绍人水和谐思想的主要理念、和谐论理论方法及其应用。第三章最严格水资源管理制度理论体系及支撑保障——提出最严格水资源管理制度理论体系框架及主要内容，阐述落实最严格水资源管理制度的关键问题及解决途径，介绍实行最严格水资源管理制度需要的科技支撑及关键技术方法。第四章基于人水和谐理念的最严格水资源管理制度研究框架——在阐述最严格水资源管理制度与人水和谐之间联系的基础上，分析最严格水资源管理制度的和谐论解读，阐述最严格水资源管理制度核心体系，介绍本书的框架结构和章节安排。

# 第1章　最严格水资源管理制度的提出背景及主要内容*

水资源对支撑经济社会又快又好发展和维持生态系统健康稳定具有重要而又不可替代的作用。自我国改革开放以来，党和国家领导人高度重视水资源管理工作，在社会各界广泛参与和努力下，我国在水资源开发、利用、节约、保护和管理等方面取得了巨大成就。然而，我国具有“人口多、发展相对落后，处于发展中国家”的基本国情，以及具有“水资源总量丰富但人均占有量少、水资源时空分布不均”的基本水情，导致水资源短缺、洪涝灾害、水环境污染等水问题仍然十分突出，且伴随着经济社会快速发展和人类活动加剧，我国水资源问题有越来越严重的趋势。也就是在这一大背景下，2009 年我国政府提出了实行最严格水资源管理制度的治水方略，2012 年起开始具体部署实施这一水资源管理新制度，希望通过水资源管理制度创新和具体实施来破解我国日益严重的水问题。本章在梳理我国水资源管理发展变化历程的基础上，对最严格水资源管理制度的提出背景、提出经过及主要内容进行简单介绍，使读者对最严格水资源管理制度有一个全面的、整体的认识。

---

* 本章执笔人：左其亭（张志强、靳润芳参与撰写本章 1.4 节）。本章研究工作负责人：左其亭。主要参加人：左其亭、张志强、靳润芳、马军霞、胡德胜、窦明、张翔、张金萍、韩春辉、李可任、王园欣。

本章部分内容已单独成文发表，具体有：（a）左其亭，李可任. 2013. 最严格水资源管理制度理论体系探讨. 南水北调与水利科技，11（1）：13-18；（b）Zuo Q T，Ma J X，Tao J. 2013. Chinese water resource management and application of the harmony theory. Journal of Resources and Ecology，4（2）：165-171；（c）Zuo Q T，Jin R F，Ma J X，et al. 2014. China pursues a strict water resources management system. Environmental Earth Sciences，72（6）：2219-2222；（d）张志强. 2015. 基于人水和谐理念的最严格水资源管理三条红线量化研究. 郑州大学硕士学位论文.

## 1.1 水资源管理的发展历程

### 1.1.1 水资源管理概述

“水资源管理”一词由来已久，是水行业一个常见的词汇，然而由于水资源管理问题的复杂性，有些学者从不同角度提出了不同的定义或解释，这里列举两个有代表性的定义。一是陈家琦给出的定义，水资源管理是指对水资源开发、利用和保护的组织、协调、监督和调度等方面的实施[①]。二是左其亭给出的定义，水资源管理是针对水资源分配、调度的具体管理，是水资源规划方案的具体实施过程[②]。从以上定义不难看出，水资源管理是一种国家管理行为，其本质是国家通过行政管理、法律规范、经济杠杆、宣传教育等手段，对一切涉水行为进行的科学、规范化管理，其最终目标是实现人水和谐发展。

水资源管理是水行政主管部门的重要工作内容之一，涉及水资源的合理分配、高效利用、有效保护，以及所有水利工程的总体布局、科学规划、施工安排、运行管理等一系列工作，概括起来，主要包括以下几方面[③]。

（1）加强水情教育，提高公众“爱水、节水、保护水”的觉悟和意识。作为一种重要的基础物质资源，水资源与公民的生活息息相关，同时公众的用水行为对水资源管理的成效具有重要影响。因此，进行水资源管理，应加大水法、水知识的宣传力度，提高公众的“爱水、节水、保护水”意识，让公众意识到：水资源是有限的，只有在其承受能力范围内利用，才能保证水资源利用的可持续性；如果任意引用和污染，必然导致水资源短缺的后果。公众的基数大，只有公众的觉悟提高了，保护水资源的效果才能真正落到实处，因此，水资源管理的重要工作内容之一是对公众进行水知识宣传。

（2）制定合理的水资源开发利用措施。水资源管理，需要制定目标明确、科学合理、技术可行的水资源开发利用实施计划和投资方案；需要统筹考虑自然、社会、经济的制约因素，实施最适度的水资源分配方案；需要采用科学合理的经济措施，如征收水资源费、调整水价等，限制不合理的用水行为。水资源开发利用需要一系列措施作为保障，这些措施综合在一起才能确保水资源合理开发、科学利用。因此，水资源管理的重要工作内容之一是制定科学合理的水资源开发利用措施。

（3）制定完善的水资源管理政策法律。水资源管理是一项复杂的系统工程，涉及普通群众和政府管理部门，需要国家制定明确的管理制度，建立完善的水管理政策法律体系，才能保障在水资源管理中做到有法可依。例如，水资源费征收政策，确保水资源收费到位；水资源开发利用条例、规范、法规，确保水资源合理开发利用；水污

---

① 陈家琦. 1987. 中国大百科全书·大气科学、海洋科学、水文科学. 北京：中国大百科全书出版社：741-742.
② 左其亭，窦明，马军霞. 2008. 水资源学教程. 北京：中国水利水电出版社：223.
③ 左其亭，窦明，马军霞. 2008. 水资源学教程. 北京：中国水利水电出版社：223-225.

染防治法律和政策，确保水资源不受污染或受污染后能得到有效修复和保护。这些都是水资源管理的重要法律基础，因此，水资源的管理工作内容之一是制定水资源管理政策并强制执行。

（4）实行水资源统一管理。水资源管理要做到开发与利用相统一、开源与节流相统一、水质与水量相统一。这是水资源统一管理的基本要求，也是实现水资源可持续利用、人水和谐目标的重要支撑。

（5）进行实时的水量分配与调度。水行政主管部门具有对水资源实时管理的义务和责任，需要应对随时可能出现的复杂水资源情况和突发用水或保护水的需求，实时做出水资源管理对策和调控方案。例如，在汛期，需要根据洪水预报结果，执行相应的防洪方案和水库调度方案；在非汛期，需要根据旱情和水情，制定相应的抗旱措施，进行合理的水量分配和调度。

### 1.1.2　我国水资源管理的发展历程

人类在历史发展过程中，为了生存和发展，必然与水打交道，不断加深对水资源特征和规律的认识，特别是随着社会的发展，人类与水的接触越来越多，改造水或影响水的程度不断加剧，水资源管理从无到有、从低级到高级不断演变。纵观我国水资源管理工作历程，可以把我国水资源管理大致分为四个阶段[①]，即初级阶段、发展阶段、快速发展阶段及现代水资源管理形成阶段，如图 1-1 所示。

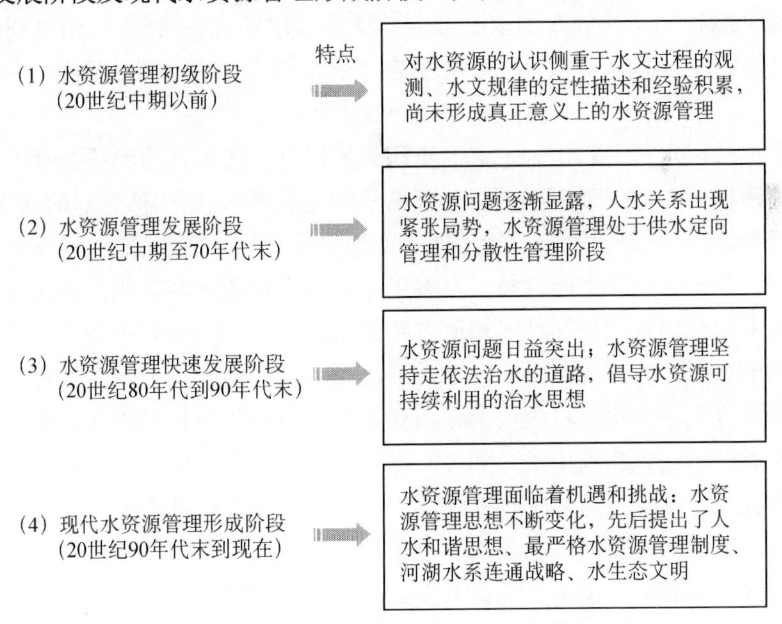


图 1-1　水资源管理发展阶段及特点

① 左其亭，马军霞，陶洁. 2011. 现代水资源管理新思想及和谐论理念. 资源科学，33（11）：2214-2220.

1）水资源管理初级阶段

在相当长的原始文明时期，我们的祖先为了生存，就开始与水打交道，除了饮用水外，主要是为了避免洪水带来的灾难。随后，到农业文明时期，人类开始逐步使用农业灌溉技术，对水资源的特性、数量、规律的认识不断加深，积累了一定的经验。随着社会的进一步发展，特别是到了工业文明时期，人类对水资源的需求加大，对水资源的认识不断加深，开始对水资源规律进行定性和定量描述，并进行推理解释和计算。

我国早在商代时期就有农田灌溉的记载，已经开始了引水灌溉，开发利用水资源。到了春秋战国时期已经出现大型的引水灌溉工程，比如由楚国孙叔敖在公元前605年修建的期思雩娄灌区是我国最早的大型引水灌溉工程。春秋战国时期，对水的变化规律和利用途径也开始有了初步的认识，比如，对水流理论，灌溉渠系的设计、测量方法、施工组织，以及堤防维护、管理等都有记载。

到了秦汉时期，水利工程设施的勘测、规划、修堤、堵口、开河施工等水利工程技术都有了很大的发展，西汉时已出现水碓，东汉时已有水排、翻车、虹吸等水利工具，对水的认识有了更进一步的发展，其中标志性成就是《史记·河渠书》，这是中国历史上第一部水利通史。

到了魏晋南北朝时期，人类利用水资源的能力有了很大的发展，水碓、水磨、水排等用水工具发展迅速。这一时期的重要水利文献以《水经注》最为突出；还出现了水利管理文献，如唐代颁布的水利综合性法规《水部式》；兴修农田水利的法令有宋代的《农田水利约束》等；对河流水势、季节性涨水等水文规律也都有很深刻的认识。

到了近代，水科学知识有了进一步积累和提升，比如，明朝潘季驯提出的“束水攻沙、蓄清刷黄”治理黄河思想，元代王祯的《农书》、明代徐光启的《农政全书》、清代的《畿辅河道水利丛书》、徐松的《西域水道记》、王太岳的《泾渠志》等著作问世。然而，由于近代以来西方技术发展迅速，我国传统水利事业在近代逐渐衰落，我国与同时期欧洲的近代科学技术相比差距越来越大。到1949年新中国成立之前，我国水利基础设施十分薄弱，科学技术水平远远落后，尽管我国一些学者开始向西方学习，并将西方先进的水利科学技术介绍到中国，但总体仍处于落后水平。

从人类开始认识和利用水，到20世纪中期，经历了十分漫长的时期。然而，由于该阶段我国处于以自然和半自然经济为主的农业社会，社会生产力水平较低，技术手段简单，水利工程规模小、数量少、结构功能单一。同时，由于人们对水资源的认识能力有限，该时期还谈不上真正意义上的水资源管理，仅仅是对水资源特征和规律的初步认识、对水文过程的观测、对水文规律的定性描述和经验积累。尽管如此，在该阶段，人类社会积累了大量有关水资源方面的经验和知识，为后来水资源管理的形成和发展奠定了基础。

2）水资源管理发展阶段

到了 20 世纪中期，人类对水资源的认识已经积累到一定程度，科技进步和生产力水平也达到一定高度，人们开始逐步认识到“水利是经济的命脉”。为了满足人类日益增加的水资源需求，该阶段兴建了大量的水库和农业水利工程。因此，该阶段水资源管理工作也随之有了较大的发展，当然有些年份也出现停滞状态，分阶段介绍如下①。

1949～1953 年，新中国成立初期，百废待兴，为了满足经济复苏的用水需求，国家集中力量整修加固江河堤防、农田水利灌排工程，加大了大江大河水资源的治理和开发力度。例如，1951 年毛主席指出“一定要把淮河修好”，1952 年毛主席又指出“要把黄河的事情办好”。

1953～1965 年，为了满足国家工农业发展对水资源的迫切需求，开始了大规模的水利工程建设，全国各地兴起了修建水库的热潮。特别是“大跃进”时期，开展了轰轰烈烈的“大跃进”建设，包括大规模修建水利工程，全国约有半数以上水库始建于“大跃进”时期，如著名的北京十三陵水库、密云水库，广东新丰江水库，浙江新安江大水库，河南鸭河口水库，辽宁汤河水库等。这些水库在当时甚至到目前为止多数发挥着供水、防洪、发电、养殖等功能，对当地的发展起到重要作用。当然也有一些水库属于盲目建设，对当地环境或经济带来一定的负面影响。

1966～1976 年，中国经历了“文化大革命”，有些受到冲击比较大的地区，水利建设基本处于停滞状态，甚至部分工程遭到一定程度的破坏，水资源管理工作也基本处于停滞状态。

从总体上看，该阶段由于经济建设的需要，特别是认识到水利工作的重要性，我国修建了大量水利工程，水资源开发利用量也逐渐增大，对水资源的认识不断深入，水资源管理工作逐步成熟。该阶段水资源管理的特征表现为供水定向管理、分散性管理，处于“工程水利阶段”。

3）水资源管理快速发展阶段

20 世纪 70 年代末期，我国提出改革开放的国家战略，提出以经济建设为中心，把发展生产力摆在首位，通过经济建设来提高人民生活质量，摆脱落后的局面。与此同时，出现了大规模开发利用水资源的局面。

伴随着全国经济建设的全面铺开，城镇化快速推进，用水量急剧增加，特别是某些不合理的开发，导致某些地区供水紧张，污水大量排放，出现了水资源短缺、洪涝灾害、水环境污染、水土流失等水问题，且有不断加剧之势。尤其是 1998 年长江、嫩江-松花江发生了历史上罕见的流域性大洪水，带来了严重的生命财产损失。越来越严重的水资源问题逐渐引起人们的高度重视，也给人们敲响了警钟，在经济建设的同时必须关注水资源合理开发问题，必须加强水资源管理，确保水资源开发与经济社会发展和生态系统保护相协调，走可持续发展道路。

① 左其亭. 2015. 中国水利发展阶段及未来“水利 4.0”战略构想. 水电能源科学，33（4）：1-5.

为了规范水资源开发利用行为，该阶段我国出台了一系列法律法规，如《中华人民共和国水法》（1988年）、《中华人民共和国水污染防治法》（1984年）、《中华人民共和国水土保持法》（1991年）等，水资源管理法规体系日益完善，标志着我国开始走依法治水的道路。这一时期，开始倡导可持续发展的思想，水资源管理制度不断完善，水资源管理水平不断提高。当然，在该阶段“九龙治水”的局面尚未得到改善，水资源管理模式仍存在比较大的弊端，还不适应经济社会快速发展的需要。该阶段水资源管理的特征表现为集中管理、统一管理、可持续水资源管理，处于“资源水利”阶段。

4）现代水资源管理形成阶段

自20世纪90年代末期以来，一方面，随着高新技术、现代科学理论方法在水资源领域的广泛应用，丰富了水资源管理的理论体系与技术方法；另一方面，由于人类活动的加剧，特别是城市化率的提高，人类活动范围不断扩大和加深，出现了前所未有的水资源短缺、洪涝灾害、水环境污染等水问题，水资源管理面临更加严峻的挑战，这也是水资源管理发展的大好机遇。这些都促使着水资源管理思想的转变。在该阶段，先后提出了人水和谐思想、最严格水资源管理制度、水生态文明理念等新的水资源管理思路，形成了我国现代水资源管理阶段。该阶段水资源管理的特征表现为依法治水、综合管理、严格管理，处于“生态水利”阶段。

在2000年之前，国外学术界已经提出了可持续发展、水资源可持续利用的概念，以及新思想、新理念。在1992年举行的“世界环境与发展大会”上，可持续发展思想为大多数国家政府首脑所接受。受国际学术界的影响，我国学者开始在水资源可持续利用领域展开了讨论和研究，取得了一些研究成果，对我国水资源管理理论与实践有重要的指导作用。特别是结合我国国情、水情，逐渐形成了人水和谐的治水思想。人水和谐概念于2001年正式被纳入我国现代水利体系中，2005年全国人大十届三次会议提出“构建和谐社会”重大战略思想后，人水和谐成为新时期治水思路的核心内容。自此以后，人水和谐思想多年来一直是指导我国水资源管理的重要指导思想。

2009～2010年，我国出现的干旱和洪涝灾害集中且十分严峻，特别是2010年8月7日甘肃舟曲发生特大泥石流带来严重的灾害，2010年，云南遭遇百年一遇的全省特大旱灾。这些重大水旱灾害，让全国人民震惊和痛心，在2011年“中央一号文件”中，中央做出“水利设施薄弱仍然是国家基础设施的明显短板”的科学判断，提出实行最严格水资源管理制度的战略决策，力求通过革新水资源管理制度，解决我国日益突出的水资源问题。

我国水资源时空分布不均，水资源格局与经济社会格局不相匹配，一直是阻碍我国经济社会快速发展的重要因素之一。为了打破这种瓶颈，提高水资源统筹调配能力、抵御水旱灾害、改善生态环境状况，我国政府于2009年提出了河湖水系连通战略的初步设想，并写进2011年“中央一号文件”中。

自2007年，党的十七大报告首次将生态文明理念写入党的行动纲领以来，生态

文明建设在我国各行各业掀起一大热潮。2012 年，党的十八大报告独立成篇全面阐述“大力推进生态文明建设”，提出建设生态文明的号召。为了贯彻落实党的十八大精神，加快推进水生态文明建设，2013 年 1 月水利部印发了《关于加快推进水生态文明建设工作的意见》，力求从水系统支撑经济社会发展和生态系统良性循环角度，全面建设水生态文明，以支撑生态文明建设，实现美丽中国梦。

## 1.2　最严格水资源管理制度的提出背景

从上文对水资源管理的发展历程分析可以看出，到“现代水资源管理形成阶段”，我国提出了一系列水资源管理的新思想，其中包括最严格水资源管理制度。最严格水资源管理制度是我国新时期水利改革发展形势下提出的一种在全世界范围内具有创新性的水资源管理模式。当然，最严格水资源管理制度概念的提出并不是一蹴而就的，而是经历了一个发展过程，具有一定的渊源和特殊的背景。归纳起来，其提出背景主要包括以下几个方面。

第一，我国人多水少、人水矛盾突出，水资源已成为制约经济社会发展和生态系统良性循环的重要瓶颈。这是提出实行最严格水资源管理制度的内在原因。

总体来看，我国水资源总量大、人口多，人均占有量少，且时空分布极不均匀；水资源分布与经济社会发展格局不相匹配，人水矛盾突出。据水利部统计，我国年平均水资源总量约为 2.8 万亿米$^3$，人均水资源量约为 2100 米$^3$，略高于世界人均水资源量的 1/4，不足 1/3。此外，我国幅员辽阔，居世界第三位，平均单位国土面积水资源量也较低；由于地形、地貌、气候等条件的差异，我国水资源空间分布不均，与我国人口和耕地资源分布不相匹配，有碍于水土资源的合理利用和经济社会的发展。

总体来看，水资源已严重制约我国经济社会发展，已成为影响生态系统良性循环的重要因素，甚至有些地区是制约经济社会发展和生态系统良性循环的最主要瓶颈。据统计，目前在我国黄淮海和内陆河流域地区，有 11 个省（自治区、直辖市）的人均水资源量低于国际公认的水资源短缺警戒线 1760 米$^3$。甚至，北京、天津、山西、河北、河南、山东、宁夏等地区的人均水资源量低于 500 米$^3$ 的水资源严重短缺警戒线①。

针对水资源的严重瓶颈问题，只有采取比以往水资源管理更加严厉的管理措施，从多方面入手，加强管理，缓解人水矛盾，走可持续发展之路，才能实现人水和谐。

第二，最近一些年出现的干旱灾害、水污染事件集中而严重，且有日趋加重之势，给我国带来极大的挑战。这是迫使政府痛下决心实行最严格水资源管理制度的外在动力。

2009～2011 年，全国干旱比较严重，比如，北方冬麦区 30 年罕见秋冬连旱、南

---

① 张利平，夏军，胡志芳. 2009. 中国水资源状况与水资源安全问题分析. 长江流域资源与环境，18（2）：116-120.

方 50 年罕见秋旱、西藏 10 年罕见初夏旱，另外还有河南、湖南、湖北、广西等大旱，云南遭遇百年一遇的全省特大旱灾。

水污染事件较多，分年度列举几个有代表性的事件。2008 年，淮河流域大沙河砷污染事件：河南省商丘市民权县成城化工有限公司超标排放含砷废水，导致大沙河（跨河南、安徽两省的河流）砷浓度严重超标；云南富宁县交通事故引发水污染：一辆装载 33.6 吨危险化学品粗酚溶液的车辆从高速公路上侧翻，粗酚溶液泄漏流入者桑河（那马河的支流），造成者桑河、那马河及百色水库库尾水体严重污染。2009 年，陕西凤翔县儿童血铅超标事件：因冶炼公司排放污水，导致周边村儿童铅超标，对身体健康造成严重影响。陕西汉阴尾矿库塌陷事件：黄龙金矿尾矿库排洪涵洞尾部发生塌陷，尾矿泄漏，导致附近的青泥河水体受到严重污染。2010 年，陕西洛川县千余吨污油泥泄漏事件：陕西洛川县一污油泥处理厂回收池发生泄漏事故，千余吨污油泥顺山沟，部分流入洛河造成水体污染；福建紫金矿溃坝事件：福建紫金山铜矿湿法厂发生酮酸水泄漏事故，造成汀江部分水域重金属污染严重；吉林化工用桶污染事件：吉林市两家化工厂的库房被洪水冲毁，约 7000 只装有三甲基一氯硅烷的原料桶被冲入松花江，造成市民抢购矿泉水。2011 年，杭州苯酚槽罐车泄漏事件：泄漏的苯酚随雨水流入新安江，造成水体污染，导致杭州市民疯狂抢购矿泉水；四川涪江锰矿水污染事件：四川岷江电解锰厂渣场挡坝被山洪损毁，矿渣流入涪江，造成河流水质锰和氨氮超标。

这些越来越严重的灾害，带来了严重的经济损失甚至人民生命安全损失，已经成为国家安全的重要关注方面，对我国人民生活、生产和生态环境带来严峻威胁。这些残酷的事实，迫使政府痛下决心，借鉴最严格土地资源管理制度的经验，提出实行最严格水资源管理制度。

第三，我国水资源管理手段还比较落后，有些甚至比较松懈，管理效果不佳。因此，从管理上客观需要采取更加严格的水资源管理制度。

自 20 世纪中期新中国成立以来，我国水资源开发利用成就显著，极大地支撑了经济社会的发展。然而，由于我国地大物博、人口众多，新中国成立前经济社会发展水平远落后于西方发达国家，新中国成立初期百废待兴，经济与社会制度和秩序还有待尽快建立，所以，水资源管理的制度建设和管理水平都相对比较落后，甚至跟不上经济社会的发展速度，远远满足不了需求。尽管在 20 世纪后期和 21 世纪初期，国家加大对水资源的管理，在很大程度上取得了显著成效，但总体来看，我国水资源管理手段仍较落后，管理水平不高。出现的一系列水问题，其原因可能很多，其中包括水资源管理水平有待提高。因此，为了改变目前的状况，迎头赶上先进国家发展水平，解决日益严峻的水问题，必须采取超乎一般发展历程的更加严厉的水资源管理措施。

第四，水资源短缺、水资源利用方式粗放、水体污染严重等问题同时存在，急需以“红线”的形式明确指出水资源利用、用水效率和污染物排放的“一揽子”管控目标。

水资源是一种具有多属性的基础性自然资源和战略性经济资源，在支撑经济建设、保障社会发展、维系生态平衡等方面具有不可替代的重要作用。然而，伴随着我国经济社会快速发展，水资源短缺、水资源利用方式粗放、水体污染严重等问题同时存在且日益突出。

据水利部统计结果分析，目前我国年平均缺水量超过 500 亿米$^3$，缺水城市约有 400 多个，大致占全国城市总数量的 2/3。黄河水量不足，海河枯竭，很多地区水资源利用率超过 100%（比如，2007 年海河流域为 135%，石羊河、黑河分别为 154%、112%①），水资源短缺已成为制约经济社会发展的重要因素。

尽管我国水资源短缺问题比较严重，但同时又存在水资源利用效率较低、水资源浪费严重的现象。在农业用水方面，由于受到技术和经济等因素的影响，我国的农业用水效率总体水平较低，2014 年农田灌溉水有效利用系数仅 0.53 左右（部分地区达到 0.6），远低于世界领先水平 0.7～0.8；在工业用水方面，近年来随着经济结构的调整和节水技术的推广，我国工业用水效率不断提高，2014 年万元工业增加值用水量为 59.5 米$^3$，远高于发达国家（约 3～4 倍）；在城市生活用水方面，我国多数城市自来水管网跑、滴、冒、漏损失率达到 15%～20%，存在着严重的浪费现象②。

此外，随着经济社会快速发展，排放入河污染物总量不断增加，导致水体污染严重。据水利部 2014 年统计数据显示，海河、黄河、淮河和太湖流域的 50%以上河段水质低于Ⅲ类水质标准；在全国范围内，水质劣于Ⅲ类水的河长占 27.2%，水功能区水质达标率仅为 51.8%。同时，污废水的大量排入，水体中氮、磷、钾的含量急剧增加，导致湖泊水体富营养化严重，其中 75%的湖泊出现不同程度的富营养化现象。水体污染已经对地区食品安全、饮水安全、人民生命安全构成严重威胁。

水资源系统是一个与经济社会系统紧密联系的十分复杂的巨系统，水问题不是一个单纯的某一方面问题，而是一个系统问题。因此，解决某一水问题不能“就水论水”，也不能“就问题解决问题”，需要系统考虑、综合治理。为了从根本上缓解人水矛盾、解决我国日益严峻的水问题，基于我国基本的国情和水情，归纳总结以往水资源管理的经验和教训，我国政府创造性地提出了最严格水资源管理制度。该制度从源头管理、过程管理、末端管理三个阶段，进行用水总量控制、用水效率控制、排污总量控制，系统应对水问题。

## 1.3　提出最严格水资源管理制度的经过

从 2009 年提出最严格水资源管理制度到 2014 年在全国范围内全面实施，经历了一个快速发展的历程。

---

① 左其亭. 2011. 净水资源利用率计算及阈值的讨论. 水利学报，42（11）：1372-1378.

② 胡四一. 2012. 解决中国水资源问题的重要举措——解读《国务院关于实行最严格水资源管理制度的意见》. 中国水利，（7）：4-8.

2009 年 1 月，全国水利工作会议上提出“从我国的基本水情出发，必须实行最严格的水资源管理制度”，这是我国在公开场合首次明确提出最严格水资源管理制度的构想，标志着最严格水资源管理制度在我国正式拉开序幕。

2009 年 2 月，全国水资源工作会议上发表了题为“实行最严格的水资源管理制度，保障经济社会可持续发展”的报告，阐述了实行最严格水资源管理制度的意义和要求，明确指出要尽快建立并落实最严格水资源管理“三条红线”（即水资源开发利用控制红线、用水效率控制红线、水功能区限制纳污红线）①。自此，最严格水资源管理制度进入了紧锣密鼓的准备阶段。

2010 年 12 月 31 日，《中共中央国务院关于加快水利改革发展的决定》（简称 2011 年“中央一号文件”）进一步明确提出和部署实行最严格水资源管理制度，并提出要建立用水总量控制制度、用水效率控制制度、水功能区限制纳污制度、水资源管理责任与考核制度“四项制度”，将严格水资源管理作为加快经济发展方式转变的战略举措，这是新中国成立以来“中央一号文件”中第一次关注水利改革发展问题，标志着中共中央对水利改革发展工作的高度重视，也表明了中共中央关于推进最严格水资源管理制度的决心。至此，最严格水资源管理制度正式进入国家管理层面。

2011 年 7 月召开的中央水利工作会议上，再次强调“要大力推进节水型社会建设，实行最严格的水资源管理制度”，“把严格水资源管理作为加快转变经济发展方式的战略举措”。

2012 年 1 月，国务院发布了《关于实行最严格水资源管理制度的意见》（国发［2012］3 号），从制度总体要求、重点任务和主要目标等方面对最严格水资源管理制度的实施做出了具体的安排和全面部署，明确提出了“三条红线”的短期、中期、长期目标及“四项制度”的具体实施措施。至此，基本形成最严格水资源管理制度轮廓，并在国家层面具体部署实施。

为了推动最严格水资源管理制度的顺利落实，2013 年 1 月，国务院办公厅发布了《实行最严格水资源管理制度考核办法》（国发办［2013］2 号），进一步明确实行最严格水资源管理制度的责任主体、考核对象、考核内容、考核方式等，具体布置相关考核事宜。至此，从国家层面已经完成具体落实最严格水资源管理制度的相关程序。

为了进一步落实最严格水资源管理制度的考核工作，2014 年 1 月，水利部等十部门联合印发了《实行最严格水资源管理制度考核工作实施方案》（水资源［2014］61 号），对考核组织、程序、内容、评分和结果使用做出明确规定，明确指出要对全国 31 个省级行政区（港澳台地区数据未统计在内，下同）落实最严格水资源管理制度情况进行考核。至 2014 年 1 月，最严格水资源管理制度考核工作全面启动，进一步说，也就是从 2014 年才开始进行最严格水资源管理制度考核工作。

---

① 陈雷. 2009. 实行最严格的水资源管理制度保障经济社会可持续发展. 中国水利，(5)：9-17.

此外，为了积累最严格水资源管理经验，国家根据不同地区的实际情况，选择了实行最严格水资源管理制度的试点地区，同时也加强了最严格水资源管理制度理论体系的研究，理论与实践相结合，不断推进最严格水资源管理制度的全面实施。

综述以上内容，从 2009 年 1 月提出最严格水资源管理制度到 2014 年在全国范围内全面实施，标志性事件归纳总结如表 1-1 所示。

**表 1-1　最严格水资源管理制度提出经过的标志性事件**

| 序号 | 时间 | 具体内容 | 贡献者 |
| --- | --- | --- | --- |
| 1 | 2009 年 1 月 | 会议提出“从我国的基本水情出发，必须实行最严格的水资源管理制度” | 全国水利工作会议 |
| 2 | 2009 年 2 月 | 会议提出“实行最严格的水资源管理制度，保障经济社会可持续发展” | 全国水资源工作会议 |
| 3 | 2010 年 12 月 | 文件全面论述要“实行最严格的水资源管理制度” | 2011 年“中央一号文件” |
| 4 | 2011 年 7 月 | 会议提出“实行最严格的水资源管理制度，确保水资源的可持续利用和经济社会的可持续发展” | 中央水利工作会议 |
| 5 | 2012 年 1 月 | 发布《关于实行最严格水资源管理制度的意见》（国发［2012］3 号），作为在全国范围内实施最严格水资源管理制度的纲领性指导文件 | 国务院 |
| 6 | 2013 年 1 月 | 发布《实行最严格水资源管理制度考核办法》（国办发［2013］2 号） | 国务院办公厅 |
| 7 | 2014 年 1 月 | 印发《实行最严格水资源管理制度考核工作实施方案》（水资源［2014］61 号），标志着最严格水资源管理制度考核工作全面启动 | 水利部等十部门 |

## 1.4　最严格水资源管理制度主要内容概述

### 1.4.1　最严格水资源管理制度的概念与内涵

自 2009 年提出最严格水资源管理制度以后，许多学者对其进行了广泛研究。其中，这些研究多集中在制度体系构建、考核指标制定和具体落实等方面，再加上该制度提出时间不长，目前关于其概念和理论研究仍比较缺乏。

2013 年，左其亭等对其给出如下定义：最严格水资源管理制度是一项国家管理制度，它是指根据区域水资源潜力，按照水资源利用的底限，制定水资源开发、利用、排放标准，并用最严格的行政行为进行管理的制度①。从此定义可以看出，最严格水资源管理制度是一项国家管理制度，其管理手段是多样化的，包括经济、管理、法律、教育和科学技术等手段，其目的是对我国水资源开发利用行为进行严格管理和控制，其依据是水资源开发利用底限。

根据对最严格水资源管理制度概念及相关文件的理解和认识，可以从以下四个方面来理解其内涵。

① 左其亭，李可任. 2013. 最严格水资源管理制度理论体系探讨. 南水北调与水利科技，11（1）：34-38，65.

（1）实行最严格水资源管理制度是一项复杂的系统工程，需要强化各部门之间的协作，需要全社会的广泛参与。水资源是一种重要的经济资源和自然资源，其多用途性导致水资源与多个部门的利益息息相关，实行最严格水资源管理制度必将使某些部门的利益遭受损失，因此，必须协调好各部门之间的相互关系，相关部门共同协作。

（2）最严格水资源管理制度的实质是通过对水资源量和质的严格约束，形成推动经济发展方式转变、产业结构调整和空间布局优化的倒逼机制。最严格水资源管理制度对取水量和排污量进行了严格的限制，在不改变现有经济发展模式的条件下，一味地通过减少供水量和排污量以达到最严格水资源管理的目标要求，必将导致经济发展的停滞甚至倒退，这与实行最严格水资源管理制度的初衷是相违背的。因此，提高水资源综合利用效率，实现最严格水资源管理制度的目标，必须通过转变经济发展方式、优化产业空间布局、调整产业结构等方式进行。

（3）实行最严格水资源管理制度需要兼顾政府与市场，注重两手发力。我国水法规定，我国水资源归国家所有，国家有权对水资源进行统一调度和配置。然而由于各地区经济发展水平和用水效率等因素的不同，有些地区水资源富余，有些地区水资源不足，为了确保水资源综合利用效益的最大化，需要运用市场调节机制，进行水资源的二次分配，促使水资源综合效益最大化。

（4）最严格水资源管理制度是一项综合的水资源管理制度，包括制度、经济、法律、教育和科学技术等多种方法和措施。其目的是通过约束水资源开发利用行为，调整产业结构，实现人水和谐发展。

### 1.4.2 最严格水资源管理制度的主要特点

最严格水资源管理制度是在归纳总结我国传统的水资源管理实践经验的基础上，针对我国特殊的国情和水情提出的，是传统水资源管理制度的延续和升华。与传统水资源管理制度相比，主要有以下特点[①]。

（1）管理目标更加明晰。水资源管理是一项涉及政治、经济、法律、教育等诸多领域的综合性工作，涵盖水系统的各过程各要素，具有多重管理目标。最严格水资源管理制度从一般水系统循环过程的“取水过程”“用水过程”“排水过程”入手，将繁杂的水资源管理工作目标归纳总结为实现“三条红线”管控目标，使得水资源管理工作更具有导向性，管理目标更加明确。尽管“三条红线”中每一条红线在以往的水资源管理中都有涉及，但把三者放在一起进行系统管理、综合管控，这种思路是最严格水资源管理制度的一个创举。

（2）管理措施更加严格。“红线”意味着不可触碰、不可逾越，一旦碰触或者逾越将会对系统造成重要影响，同时也将受到严厉的惩罚。最严格水资源管理制度“三条红线”就是依据水资源开发利用的底限所划定的“红线”，保障水资源开发利用程

① 张志强. 2015. 基于人水和谐理念的最严格水资源管理三条红线量化研究. 郑州大学硕士学位论文：18-19.

度不可逾越的“红线”，自然而然使水资源管理更加严厉。

（3）管理思路更加科学。在管理理念方面，最严格水资源管理制度从传统的供水管理向需水管理转变，从开发利用优先向节约保护优先转变，从事后治理向事前防范转变；在管理手段方面，最严格水资源管理制度从注重行政管理向综合管理转变，向注重定性与定量相结合的“红线”管理转变，尤其注重市场调节在水资源管理中的作用。转变后的最严格水资源管理制度更加科学合理，更加符合建设人水和谐社会的要求①。

（4）制度体系更加严谨。最严格水资源管理制度是在“三条红线”基本框架的基础上，将其进一步细化，提出了最严格水资源管理的“四项制度”（即用水总量控制制度、用水效率控制制度、水功能区限制纳污制度、水资源管理责任和考核制度），涵盖水资源管理工作的各个环节，使各项水资源管理工作有章可循。

（5）责任主体更加明确。在 2012 年《国务院关于实行最严格水资源管理制度的意见》中明确规定，“县级以上地方人民政府主要负责人对本行政区域水资源管理和保护工作负总责”；在 2013 年《实行最严格水资源管理制度考核办法》中再次提出“各省、自治区、直辖市人民政府是实行最严格水资源管理制度的责任主体，政府主要负责人对本行政区域水资源管理和保护工作负总责”。这有助于推进水资源管理工作的落实。

### 1.4.3　最严格水资源管理制度的主要内容

#### 1. 指导思想

1）科学发展观②

科学发展观是一种坚持以人为本，全面、协调、可持续的发展理念，是一种促进经济社会协调发展和人类全面发展的方法论。最严格水资源管理制度的本质是在深入贯彻落实科学发展观的基础上，针对水系统循环过程中的“取水”“用水”“排水”三大环节，采用相应的水资源配置、节约和保护技术，通过一揽子相关措施，科学合理地落实最严格水资源管理制度，严格控制用水总量，全面提高用水效率，整体改善水环境质量。

2）人水和谐思想

人水和谐是指通过一系列工程措施和非工程措施，使“人文系统”与“水系统”之间达到的一种相互协调发展的良好状态③。人水和谐思想提倡人文系统与水系统和谐发展、人与自然和谐相处。最严格水资源管理制度的最终目标是通过限制水资源的过度开发、提高用水效率、改善水环境质量，实现人水关系的和谐发展。

---

① 孙雪涛. 2011. 贯彻落实中央一号文件实行最严格水资源管理制度. 中国水利，(6)：33-34，52.
② 左其亭，李可任. 2013. 最严格水资源管理制度理论体系探讨. 南水北调与水利科技，11（1）：34-38，65.
③ 左其亭，张云，林平. 2008. 人水和谐评价指标及量化方法研究. 水利学报，39（4）：440-447.

3）水生态文明理念

水生态文明是指人类遵循人水和谐的理念，形成的一种以实现水资源可持续利用、经济社会和谐发展、生态系统良性循环为主体的人水和谐文化理论形态。从其概念可以看出，水生态文明主要包括以下四个方面的内涵：①水生态文明倡导人与自然和谐相处，其核心思想是“和谐”；②水生态文明建设的重点是实现水资源的节约利用；③水生态文明建设的关键是实现水生态保护；④水生态文明建设是实现可持续发展的重要保障①。最严格水资源管理和水生态文明理念作为新时期重要的治水理念，两者之间具有密切联系。实行最严格水资源管理制度是开展水生态文明建设的重要基础和具体抓手，水生态文明理念是实行最严格水资源管理制度的指导思想。因此，实行最严格水资源管理制度过程要兼顾水生态文明建设的需求，坚持水生态文明理念。

## 2. 基本原则

最严格水资源管理制度立足于我国的基本国情和水情，力争解决我国日益严重的水资源问题，实现人水和谐发展。针对我国基本国情和复杂水情，在《国务院关于实行最严格水资源管理制度的意见》（国发［2012］3 号）文件中提出了其应坚持的基本原则，具体包括：①坚持以人为本，着力解决人民群众最关心、最直接、最现实的水问题；②坚持人水和谐，处理好水资源开发与保护关系；③坚持统筹兼顾，协调好生活、生产和生态用水；④坚持改革创新，完善水资源管理体制；⑤坚持因地制宜，注重制度实施的可行性和有效性。

## 3. 核心内容

其核心内容是落实“三条红线”，建立“四项制度”。

1）“三条红线”

“三条红线”是相互联系的一个整体，是一项全面解决水问题的系统工程，不是偏向某一方面。“红线”意味着不可触碰、不可逾越的边界，具有一定的法律约束力。

“三条红线”是国家为保障水资源可持续利用，在水资源的开发、利用、节约、保护各个环节划定的管理控制目标，是应对水系统循环过程中“取水”“用水”“排水”三个环节出现的“开发利用总水量过大”“用水浪费严重”“排污总量超出承受能力”等问题而进行的“源头管理”“过程管理”和“末端管理”。其本质是在客观分析和综合考虑我国水资源禀赋情况、开发利用状况、经济社会发展对水资源需求等方面的基础上，提出今后一段时期我国在水资源开发利用和节约保护方面的管理目标，通过水资源的有序开发、高效利用和节约保护，实现人水和谐的目标。

---

① 左其亭. 2013. 水生态文明建设几个关键问题探讨. 中国水利，（4）：1-3，6.

2）"四项制度"

"四项制度"是对"三条红线"框架细化后的制度体系，是一个统一的整体，其中前三项制度对应于"三条红线"，是实现"三条红线"管控目标的重要保障，而水资源管理责任和考核制度又是实现前三项制度的基础保障。只有在明晰责任、严格考核的基础上，才能有效发挥"三条红线"的约束力，实现该制度的目标。

四项制度相互联系，相互影响，具有联动效应。任何一项制度缺失，都难以有效应对和解决我国目前面临的复杂水问题，难以实现"三条红线"控制。

## 4. 实施目标

实行最严格水资源管理制度的最终目标是实现人水关系的和谐发展。为了实现该目标，需要制定一套具体、可控制、易于考核的目标。在 2012 年国务院《关于实行最严格水资源管理制度的意见》中，分别从"三条红线""四项制度"两方面制定了相应的短期目标、中期目标和长期目标，以指导最严格水资源管理制度的实施。

1）"三条红线"目标

在 2012 年国务院《关于实行最严格水资源管理制度的意见》（国发［2012］3 号）中，采用"全国用水总量、万元工业增加值用水量、农田灌溉水有效利用系数、重要江河湖泊水功能区水质达标率"四项指标来考核"三条红线"，并依次划定了其短中长期控制目标，具体目标如表 1-2 所示。

**表 1-2　最严格水资源管理制度"三条红线"目标值一览表**

| 目标年 | 全国用水总量/亿米$^3$ | 万元工业增加值用水量 | 农田灌溉水有效利用系数 | 重要江河湖泊水功能区水质达标率 |
|---|---|---|---|---|
| 短期目标（到 2015 年） | 6350 以内 | 比 2010 年下降 30%以上 | 0.53 以上 | 60%以上 |
| 中期目标（到 2020 年） | 6700 以内 | 65 米$^3$ 以下 | 0.55 以上 | 80%以上 |
| 长期目标（到 2030 年） | 7000 以内 | 40 米$^3$ 以下 | 0.6 以上 | 95%以上 |

资料来源：根据《国务院关于实行最严格水资源管理制度的意见》（国发［2012］3 号）文件整理而成

2）"四项制度"目标

总体目标是逐步建立并完善"四项制度"，各项制度的实施目标分述如下①。

（1）建立并完善用水总量控制制度，主要包括：①科学制订主要江河流域水量分配方案、流域和区域取用水总量控制方案，建立取用水总量控制制度，建立或完善建设项目水资源论证制度、取水许可审批制度、地下水管理和保护制度、水资源有偿使用制度，合理调整水资源费征收标准；②建立并完善水资源统一调度制度，协调好生

① 《中共中央国务院关于加快水利改革发展的决定》.

活、生产、生态用水，完善水资源调度方案、应急调度预案和调度计划。

（2）建立并完善用水效率控制制度，主要包括：科学制定用水效率控制标准和控制方案，建立并完善节约用水管理制度、用水定额管理制度，制定节水强制性标准。

（3）建立并完善水功能区限制纳污制度，主要包括：科学制订水功能区限制纳污控制方案，建立或完善水功能区监督管理制度、饮用水水源保护制度、饮用水水源应急管理制度、水生态补偿制度、水生态系统保护与修复制度。

（4）建立并完善水资源管理责任和考核制度，主要包括：科学制订水资源管理责任、考核具体指标和方案，建立或完善最严格水资源管理考核制度。

# 第2章　现代水资源管理思想及人水和谐理念*

水资源管理思想是指一定时期内，国家为了满足水资源管理的需求，解决该时期突出的水问题，提出的具有指导性意义的水资源管理理念。不同时期人类面临着不同的水问题，为了更好地解决这些水问题，不同的水资源管理思想应运而生。本章首先总结 2010 年前后我国水资源管理中存在的主要问题，剖析构建现代水资源管理体系的必要性；接着简要介绍我国现代水资源管理新思想，介绍人水和谐理念、和谐论理论方法及其在水资源管理中的应用。

## 2.1　2010年前后我国水资源管理存在的主要问题

新中国成立以来，党和国家领导人高度重视水资源管理工作，使得我国在水资源开发、利用、保护等领域取得了显著成效。例如，新中国成立初期，为了保障经济社会发展的用水需求，我国大力兴建水利工程；1988 年，我国颁布了第一部水法，成为我国水资源管理的纲领性文件；1996 年，修订了水污染防治法，进一步明确了我国水污染防治工作的职权；2002 年，又重新修订和颁布新的水法，明确了实现水资源可持续利用的目标。虽然我国水资源管理工作取得了显著成效，但我们必须清醒地认识到目前我国的水资源管理工作仍不完善，还存在许多问题。归纳总结 2010 年以

---

* 本章执笔人：左其亭（靳润芳参与撰写本章 2.6.1 节）。本章研究工作负责人：左其亭。主要参加人：左其亭、马军霞、靳润芳、张志强、陶洁、凌敏华、刘欢、李可任、刘军辉、韩春辉、王园欣。

本章部分内容已单独成文发表，具体有：（a）刘军辉，左其亭，张志强. 2013. 水资源利用矛盾的和谐论解决途径. 南水北调与水利科技，11（3）：106-110；（b）张志强，左其亭，马军霞. 2013. 最严格水资源管理制度的和谐论解读. 南水北调与水利科技，11（6）：133-137；（c）左其亭，张志强. 2014. 人水和谐理论在最严格水资源管理中的应用. 人民黄河，36（8）：47-51；（d）Zuo Q T，Ma J X, Tao J. 2013. Chinese water resource management and application of the harmony theory. Journal of Resources and Ecology, 4（2）：165-171；（e）Zuo Q T，Liu H，Ma J X，et al. 2016. China calls for human-water harmony. Water Policy，（18）：255-261.

前我国的水资源管理体制和方针政策，进一步梳理 2010 年前后我国水资源管理存在的主要问题，具体包括以下几个方面①。

（1）水资源管理分散，政出多门、“九龙治水”现象依然存在。由于水资源管理本身的复杂性，在以往的行政管理体系中涉及多个部门，部门之间有比较大的交叉，人为分割管理界线难以适应水系统的复杂关系。各省级行政区、各大流域的水资源管理权限模糊，流域管理权利有限，缺乏全国统一的水管理体系。正是由于水资源行政管理存在“九龙治水”的弊端，难以实现水资源统一管理。

（2）涉水法律法规体系不完善，依法治水局面仍有待提升。为了适应复杂的水资源管理需要，必须建立一套科学合理、统一完备、权责明晰、可操作的水事法律法规。然而，目前我国的部分法规和规章并未能充分考虑流域的整体特征，特别是还不能适应快速的经济社会发展带来的严峻水资源问题，需要加快推进适应现代水资源管理的法规体系的建设。同时，需要建立一个执法严明的水管理执法队伍，提高依法治水执行力度。

（3）水资源管理经济杠杆作用有限，水价体系不合理，市场导向政策不成熟。目前我国水价偏低，城市工业用水费用、居民生活用水费用和农业用水费用均较低，导致部分用水浪费严重，对推行节约用水制度不利。仍然缺乏有效的经济管理模式来管理水资源，很难形成合理的经济杠杆来调控用水效率。水资源作为一种人类不可或缺的特殊商品，既要被看成是一种基础资源，又要被当作一种商品，必须将其纳入一种特殊的水市场中，培育既符合现代企业制度又符合水资源特征的特殊水市场，积极推进水价改革和水价制度完善，坚持市场调节，促进水资源高效利用和综合效益最大化。

（4）贯彻节水方针仍不足，公民节水意识仍有待加强。总体来看，全国用水总量仍呈增长趋势，供需水矛盾日益加剧。导致这种形势的因素很多，其中包括人们的节水意识不强，对节水方针贯彻不够，缺乏对节水意义的高度重视，节水意识薄弱。在水资源总量有限、经济社会发展快速增长的情况下，贯彻节水方针、增强节水意识具有重要意义。

（5）水资源管理支撑体系有待加强。水资源管理方面的辅助信息系统目前仍不完善，需要建立满足水资源综合管理的决策支持系统平台，信息技术应用和智慧水利建设有待加强。水资源监控技术、水资源调配技术、工业和农业节水技术、污水处理技术有待突破，提高水资源监控能力、水资源调配能力、高效利用能力、污水回用能力。

（6）水资源管理弹性较大，违法处置不够严厉，管理体系不完善。由于水资源管理制度不够严厉，我国以前对水资源的管理弹性较大，有些水事活动可管可不管，或者违法处置太轻甚至可处理可不处理。这给水资源严格管理带来了困境，也给部分违法现象提供了借口。

---

① 左其亭，马军霞，陶洁. 2011. 现代水资源管理新思想及和谐论理念. 资源科学，33（11）：2214-2220.

（7）节水与保护水的宣传教育不够，公众参与意识不强。我国人口众多，如果都能认识到节水、保护水的重要性，对节水型社会建设将具有重要作用。然而，目前我国对节水与保护水理念的宣传不够，广大群众参与水教育的机会较少，公众参与意识不强。

（8）水资源管理考核制度有待完善和加强。以往对各级政府领导的考核，较少与水资源、水环境状况直接联系，导致政府部门尽管重视水资源但又没有采取强有力的措施。因此，从行政管理上，需要把水资源管理成效与主管领导和政府考核挂钩，从而监督和促进各级政府加强水资源管理。

## 2.2　构建现代水资源管理体系的必要性

由上述分析可知，2010 年前后，我国水资源管理仍存在许多问题，水资源管理体系总体来说还不完善，急需建立一个适应现代发展需要，与我国国情、水情相呼应的现代水资源管理体系[①②]。

### 1. 经济社会发展的迫切需要

伴随着经济社会发展，人类活动越来越剧烈，对水资源的依赖也越来越大。出现的水资源短缺、洪涝灾害、水环境污染等问题也越来越严重，已严重制约经济社会的发展，给国民经济带来了巨大损失，威胁到社会安全稳定。目前我国水安全问题已逐步上升到国家安全层面，是国家安全的重要部分。此外，水安全又通过用水直接或间接影响到粮食安全、能源安全。因此，经济社会发展也对水资源管理提出更高的要求，急需构建适应现代发展需要的水资源管理体系，以支撑国民经济发展的需求。

### 2. 综合解决水问题的有效途径

前文已经述及，随着经济社会发展，供需水矛盾日益突出，引发了一系列水问题且有逐渐加重之势。水问题的解决不是一个孤立现象，需要从制度层面全面系统地解决。现代水资源管理体系的目标就是要充分考虑水资源条件和承载能力，通过制度改革、方法创新、技术保障等一系列措施，实现水资源综合效益最大化，使水问题带来的损失降低到最小。

### 3. 正确处理政府宏观调控与市场调节关系的必要条件

水资源管理涉及国家主权、地方政府、技术部门、普通百姓，是一个系统工程。良性的水资源管理系统应该是政府主导对水资源进行宏观调控，依靠建立的稳定市场体系对水资源进行调节。然而，我国以往的水资源管理体系不健全，还未形成良性的

① 左其亭，马军霞，陶洁. 2011. 现代水资源管理新思想及和谐论理念. 资源科学，33（11）：2214-2220.

② 周垂田. 2004. 建立现代水资源管理系统初探. 中国水利，（7）：9-11.

水资源管理体系。我们呼唤能够形成这种良性水资源管理体系的新“土壤”，以正确处理政府宏观调控与市场调节之间的关系。

#### 4. 走可持续发展道路、实现人水和谐的必然选择

历史经验和教训告诉人们，人类必须克制自己的行为，走可持续发展的道路；人类开发利用水资源必须在其可承载的能力范围内，实现人水和谐的目标。现代水资源管理坚持走可持续发展道路，追求实现人水和谐的目标，这也是人类发展的必然选择。因此，在实际工作中，需要把可持续发展的观点贯穿于水资源管理工作中，需要坚持人水和谐的指导思想，从而构建现代水资源管理体系。

## 2.3 现代水资源管理新思想

我国现代水资源管理体系中涉及的几个新思想主要包括：水资源可持续利用、人水和谐、节水型社会建设、最严格水资源管理制度、河湖水系连通战略、水生态文明建设。这些新思想组成了我国现代水资源管理体系的主体思想，全面指导现阶段水资源开发利用和保护等各项工作。

### 2.3.1 现代水资源管理新思想介绍

#### 1. 水资源可持续利用

水资源是支撑人类生存、经济社会发展和生态系统完整性的基础资源。所有生物生存和经济发展都不可能离开水，因此必须保证水资源能为人类社会和生态系统所持续利用。这是人类社会发展的最基本需求，也是必不可少的前提条件。

水资源可持续利用是一种在不超过水资源再生能力、经济社会持续发展的前提下所采取的水资源开发利用模式[①]。水资源可持续利用思想最早是由国外于 20 世纪 70 年代提出的，其背景是随着经济社会的发展，出现了水资源短缺和环境严重污染问题，迫使人们思考自己的发展行为，从而提出保障水资源可持续利用的强烈愿望。20 世纪 90 年代，水资源可持续利用思想基本上为多数人所接受，也涌现出一些研究成果，特别是定量化研究方法，为支撑水资源可持续利用思想的贯彻执行奠定了理论基础。

水资源可持续利用，是贯彻可持续发展在水资源管理工作中的具体体现，是走可持续发展道路的基础保障和前提条件。因此，坚持水资源可持续利用思想已成为现代水资源管理的重要指导思想。

---

① 左其亭，李可任. 2012. 最严格水资源管理制度的理论体系及关键问题//中国水利学会水资源专业委员会，郑州大学水利与环境学院. 最严格水资源管理制度理论与实践——中国水利学会水资源专业委员会 2012 年年会暨学术研讨会论文集. 郑州：黄河水利出版社：25-39.

### 2. 人水和谐思想

伴随着日益严峻的水问题，人们逐渐认识到，人类主宰自然是不可能的，必须与自然和谐共处。人水和谐概念最早是我国于 1999 年提出来的，2001 年写进我国现代水利的内涵及体系之中，2005 年成为和谐社会建设的重要组成部分，从此人水和谐思想才逐步为人们所接受。

人水和谐思想是我国政府自 2001 年以来始终坚持的主要治水指导思想之一。人们期待通过对人与水关系的科学调控与管理，来缓解日益恶化的人水关系，逐步解决业已出现的水问题。

人水和谐思想，就是坚持人与自然和谐相处的理念，尊重自然规律和社会发展规律，人类主动采取一系列措施，寻找人类发展与水系统保护之间关系达到一种协调状态的水资源开发利用模式，从而支撑经济社会发展对水资源的可持续需求，所形成的一种先进的治水指导思想①。关于人水和谐思想的相关内容将在下文做详细论述（见本章 2.4 节）。

### 3. 节水型社会建设

在国家层面，节水型社会建设最早是在《中共中央关于制定国民经济和社会发展第十个五年计划的建议》（2000 年）中提出的。随后，在“十五”期间，进行了 100 多项国家和省级节水型社会建设试点工作，重点开展河西走廊、东部沿海、南方水污染严重地区和南水北调东中线受水区的试点②。通过“十五”期间全社会的努力，取得了初步成效，全国万元工业增加值用水量从 291 米$^3$降低到 169 米$^3$，灌溉水有效利用系数从 0.43 提高到 0.45，节水观念开始发生转变，初步形成全社会节水的风尚，极大地促进了节水型社会的建设，为后来十多年节水型社会建设奠定扎实的基础。

2007 年，国家发展和改革委员会、水利部、建设部联合印发了《节水型社会建设“十一五”规划》，全面部署“十一五”期间全国节水型社会建设工作，力争构筑四大体系——“管理体系、经济结构体系、工程技术体系、行为规范体系”，具体是：节水型社会“管理体系”、与水资源承载能力相协调的“经济结构体系”、水资源高效利用的“工程技术体系”、自觉节水的社会“行为规范体系”。通过“十一五”期间全社会的努力，取得了明显成效，全国万元工业增加值用水量由 2005 年的 169 米$^3$下降到 2009 年的 116 米$^3$，灌溉水有效利用系数由 0.45 提高到 0.49，节水型社会建设取得重要进展，节水型社会相关制度建设取得明显突破，节水工程建设和其他基础工作得到进一步加强，公众节水意识普遍提高。

2012 年，水利部印发《节水型社会建设“十二五”规划》，具体部署“十二五”节水型社会建设工作，提出把落实最严格水资源管理制度作为节水型社会建设的重要

---

① 左其亭，张云. 2009. 人水和谐量化研究方法及应用. 北京：中国水利水电出版社：17.

② 李赞堂. 2007. 节水型社会知识问答，中国水利水电出版社：11-12.

内容，提出加强民众节水意识宣传教育，倡导节水文化建设，提出生活生产全过程节水的规划方案。

因为水资源量是有限的，而生产生活用水的需求是不断增加的，面对日益严重的供需水矛盾，必须走节水之路。因此，可以断言，建设节水型社会是确保水资源可持续利用的重要基础甚至是必由之路，是实现人水和谐的具体措施和抓手。同时，建设节水型社会也是实行最严格水资源管理制度的重要内容，是先进水文化的重要组成部分。

### 4. 最严格水资源管理制度

最严格水资源管理制度于 2009 年提出，于 2012 年在全国开始逐步推行实施。它是为了有效解决水资源过度开发、用水效率低下、水体污染三大问题而设置的“三条红线”，以及为了确保“三条红线”实施而制定的“四项制度”。实行最严格水资源管理制度是走可持续发展之路、实现人水和谐目标的具体措施，是我国政府根据我国国情水情所选择的我国独有的一种新的水资源管理模式。

与以往的水资源管理模式相比，最严格水资源管理制度主要表现在“最严格”一词上，表明该制度更加严格；同时用“三条红线”“四项制度”来概括表征，体现了该制度更加系统、易理解、可操作。

上文已对该制度的提出背景、经过和主要内容做了详细介绍（详见第 1 章），这里就不再赘述。

### 5. 河湖水系连通战略

河湖水系连通战略是我国最早于 2009 年提出的。2009 年全国水利发展“十二五”规划编制工作会议提出“要深入研究河湖水系连通和水量调配问题”；2010 年全国水利工作会议提出要“加快河湖水系连通工程建设”；2011 年“中央一号文件”提出“尽快建设一批骨干水源工程和河湖水系连通工程”。但到 2015 年河湖水系连通战略仍处于探索和试点阶段，没有真正在全国范围内大规模推广实施。主要原因可能是，对河湖水系连通战略的理解还不够深入，理论上还存在许多需要不断研究的问题，现实存在很多难以回答的问题，比如“到底是否可以连通，如何连通，连通了又怎么样”。

河湖水系连通是基于我国洪涝灾害频发、水资源短缺严重、水环境污染问题突出等水情形势提出的一项治水战略，被看作是解决水问题的一个重要途径。其主要有三大功能：提高水资源统筹调配能力、增强防御水旱灾害能力、改善水环境质量和水生态状况。其主要目的是，借助各种人工措施和自然水循环更新能力，通过河湖水系连通战略的实施，构建“蓄泄兼筹、丰枯调剂、引排自如、多源互补、生态健康”的河湖水系连通网络体系，以提高水资源统筹调配能力、水旱灾害防御能力、水环境改善和水生态修复能力，着力解决水多、水少、水脏等水问题。

河湖水系连通战略思想主要有以下论点①。

（1）河湖水系连通是为解决我国水资源条件与生产力不匹配问题、最终实现人水和谐而构建的战略性总体规划和方针。从全国水资源分布与生产力布局来看，部分地区区位优势显著但水资源短缺，部分地区水资源丰富但经济发展落后，水资源条件与生产力不匹配问题明显。因此，通过河湖水系连通，宏观调控水资源条件与生产力布局不相匹配的现象，从而改善人水关系。

（2）河湖水系连通是直接应对“水资源短缺、洪涝灾害、水环境污染”三大水问题所采取的一项治水战略。河湖水系连通的“提高水资源统筹调配能力”功能，对应解决水资源短缺问题；“增强防御水旱灾害能力”功能，对应解决洪涝灾害问题；“改善水环境质量和水生态状况”功能，对应解决水环境污染问题。因此，实施河湖水系连通战略，被看作是解决三大水问题的重要途径。

（3）河湖水系连通是在遵循自然水系发展演变规律的基础上，通过合理的河湖水系连通，在维系河湖水系健康的同时，改善水资源利用条件，缓解人水矛盾，避免严重的水旱灾害，提高河湖水系的自我更新能力，以提高水体的自净能力和生态修复能力，保障水生态系统良性循环。

（4）河湖水系连通工程建设规模大、涉及范围广，在带来正面效益的同时，还可能会带来负面的影响，因此应首先综合分析，正确回答“能不能连”。进行综合评估，尽量减轻负面影响。

（5）河湖水系连通是一项复杂的系统工程，需要做大量的调查研究和综合分析，正确回答“如何连？”河湖水系连通涉及众多的河湖治理工程，如湖泊、水库、闸坝、堤防、渠系与蓄滞洪区等，如果连通的不合适可能还会带来一定的影响甚至是破坏，也就是说，不能随便地连，需要进行充分论证，做好科学规划。

（6）需要综合评估河湖水系连通可能带来的后果，正确回答“连了又如何”。在认识和看重河湖水系连通正面效益的同时，必须重视河湖水系连通可能带来的负面影响，预估其可能带来的后果，并做好预防和应对方案。

### 6. 水生态文明建设②

2007 年 10 月，党的十七大把“建设生态文明”列为全面建设小康社会的目标之一，作为一项战略任务，首次把“生态文明”概念写入党代会的报告中。2009 年 9 月，党的十七届四中全会把“生态文明建设”提升到与经济建设、政治建设、文化建设、社会建设并列的战略高度。2012 年 11 月，党的十八大报告单独成篇全面阐述“大力推进生态文明建设”，从国家层面全面号召和部署“推进生态文明建设”。

为了贯彻落实党的十八大精神，水利部于 2013 年 1 月印发了《关于加快推进水生态文明建设工作的意见》，提出加快推进水生态文明建设，以支撑生态文明建设。

---

① 左其亭，崔国韬. 2012. 河湖水系连通理论体系框架研究，水电能源科学，30（1）：1-5.
② 左其亭. 2013. 水生态文明建设几个关键问题探讨. 中国水利，（4）：1-3，6.

在水生态文明概念提出之后，已有许多学者对该概念进行了定义和解读。左其亭的定义是：水生态文明是指人类遵循人水和谐理念，以实现水资源可持续利用，支撑经济社会和谐发展，保障生态系统良性循环为主体的人水和谐文化伦理形态，是生态文明的重要组成部分和基础内容。不同学者有不同的理解和认识，本书总结如下。

（1）水生态文明倡导人与自然和谐相处，其核心是“和谐”。水生态文明提倡的文明是人与自然和谐相处的文明，仅仅把水生态文明理解为“保护水生态”是不全面的，应更加关注人水和谐目标的实现，更加关注先进“文明”形态的形成。

（2）水生态文明是生态文明的重要组成部分，是保障工业文明向生态文明转变的重要支撑。生态文明是继原始文明、农业文明和工业文明之后逐渐兴起的社会文明形态，是人类发展历史的一个“文明阶段”，可能十分漫长。生态文明建设是实现这个文明阶段的过程，不同过程有不同的建设目标。水生态文明建设是生态文明建设的重要组成部分，是缓解人水矛盾、解决我国复杂水问题的必然选择。

（3）水生态文明建设的对象是“水生态”，但落脚点是“文明”。水生态文明建设的重点不仅仅是“水生态建设”，应更加关注“文明”建设。以往过于重视水利工程建设，以及目前一些试点“重工程建设，轻文明建设”的做法有偏差。

（4）推进节约用水、建设节水型社会是水生态文明建设的重中之重。节水不仅能促进水资源高效利用，也是一种爱水、惜水、保护水的美德，是节水文化伦理形态的重要内容，是更高文明阶段的体现。

（5）保护水生态是水生态文明建设的关键所在。水生态文明建设的首要任务就是要让老百姓直接看到、感受到水生态状况得到明显改善，人们生活在一个相对较好的生态环境之中。这是人类生活的向往，也是水生态文明建设的直接目标、外在表现和关键所在。

（6）水生态文明建设是实现可持续发展的支撑条件和重要保障。水资源是经济社会发展的基础保障，没有水资源保障也就谈不上可持续发展。水生态系统良性循环是水资源可再生的基础，是社会稳定、经济发展的支撑条件。因此，实现可持续发展既要求经济建设和社会发展，又要求保护好水生态。总之，必须把水生态文明建设与经济建设、社会发展结合在一起，才能保障可持续发展的实现。

### 2.3.2 不同思想之间的关系及本书重点关注的内容

#### 1. 不同思想相互联系、互为补充，共同组成了我国现代水资源管理思想体系

水资源系统是一个复杂的巨系统，水资源开发利用与保护不仅仅涉及水资源系统本身还涉及与水资源相关联的经济活动、社会活动、生态环境，是一个十分复杂的管理问题。因此，针对水资源管理出现众多新思想是可以理解的，也是十分必要的。上文介绍了我国现代水资源管理出现的几种新思想，都是针对我国国情和水情，基于

某一目标和不同视角提出来的，对我国水资源管理具有重要意义，在水资源管理中已经发挥或正在发挥着重要的作用。它们相互联系、互为补充，共同组成了我国现代水资源管理思想体系，如图 2-1 所示。需要补充说明的是，图 2-1 仅仅示意它们之间的主要关系，更准确地说，它们之间都有或多或少、或直接或间接的关系，该图只表达了直接的主要关系。

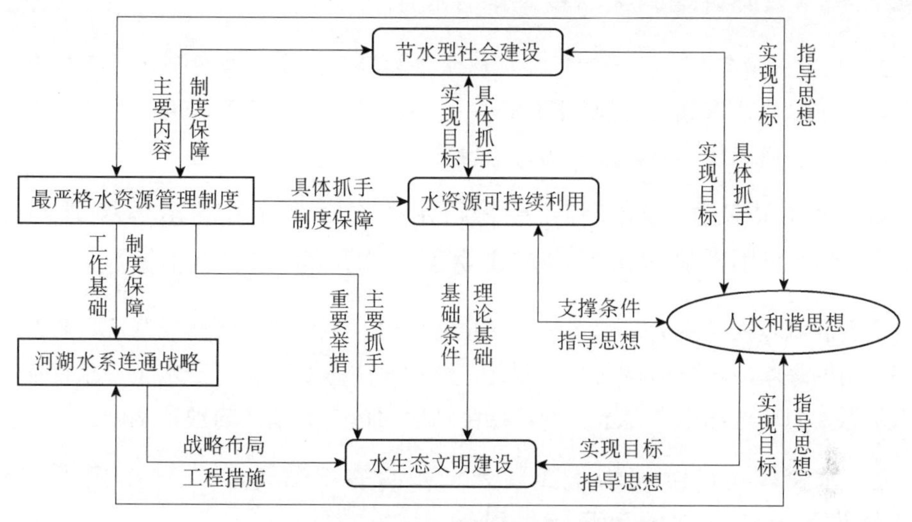


图 2-1　现代水资源管理思想体系框架示意图

### 2. 最严格水资源管理制度是实现水资源可持续利用的具体抓手和制度保障

保障水资源可持续利用涉及水资源管理的许多方面，包括水资源开发利用的“源头管理”、水资源利用效率的“过程管理”、用水后的污水排放控制的“末端管理”，是一个系统工程，各个阶段都需要严格管控，最严格水资源管理制度就是针对这一需求所提出的管理制度体系，是实现水资源可持续利用的具体抓手，也是其制度保障。

### 3. 实行最严格水资源管理制度是河湖水系连通战略的工作基础和制度保障

河湖水系连通战略需要回答的几个问题（能不能连、如何连、连了又怎么样）都与最严格水资源管理制度有关，在实施河湖水系连通之前，必须要加强水资源的管理，严格控制用水总量、提高用水效率、严格限制排污。此外，在实施河湖水系连通之后，仍要加强水资源管理，以最严格水资源管理制度作为制度保障。

### 4. 落实最严格水资源管理制度是推行水生态文明建设的重要举措，也是主要抓手

推行水生态文明建设离不开一系列工程措施、非工程措施，其中包括实行最严格

水资源管理制度。水利部于 2013 年 1 月提出水生态文明建设的“八大主要内容”，其中第一项主要内容就是“落实最严格水资源管理制度”。可见，把落实最严格水资源管理制度作为推行水生态文明建设一项重要举措，也是主要抓手。

**5. 最严格水资源管理制度的目标是实现人水和谐，人水和谐思想是实行最严格水资源管理制度的重要指导思想**

2012 年，国务院《关于实行最严格水资源管理制度的意见》中提出的基本原则就包括“坚持人水和谐”。这就要求，实行最严格水资源管理制度必须要坚持人水和谐，把人水和谐思想作为其重要的指导思想。

**6. 保障水资源可持续利用是推行水生态文明建设的重要基础条件，水资源可持续利用理论也是水生态文明理论体系的重要理论基础**

水资源既是人类生活、生产和一切生命体生存不可或缺的物质基础，也是制约水生态文明的最本质物质因素之一，因此，建设水生态文明离不开水资源条件的支撑。在水生态文明理论体系中，水资源可持续利用理论是其重要的理论基础。

**7. 水资源可持续利用是实现人水和谐的支撑条件，人水和谐思想是实现水资源可持续利用的重要指导思想**

人水关系是指人文系统和水系统两大系统之间的关系，人水和谐是人文系统与水系统之间的和谐。实现人水和谐首先要保障水资源可持续利用，水资源是其基本支撑条件。同时，在我国治水实践中总结出来的人水和谐思想是实现水资源可持续利用的重要指导思想。

**8. 河湖水系连通战略是推行水生态文明建设不可缺少的战略布局和工程措施**

水生态文明建设需要摒弃一些不合理的用水行为，改善一些供水条件、用水措施、排水途径、回用设施，逐步形成符合水生态文明建设理念的水系统。在这一过程中，河湖水系连通战略具有重要作用，是其不可缺少的工程措施。

**9. 河湖水系连通战略的主要目标是实现人水和谐，人水和谐思想是实施河湖水系连通战略的重要指导思想**

河湖水系连通将改变人水关系，对自然水系及其相联系的生态系统进行改造，本意是进行有益改造，但也很难避免其负面影响，无论如何，实现人水和谐是河湖水系连通的一个主要目标，而河湖水系连通战略的实施也有助于人水和谐目标的实现。

**10．本书的主题是基于人水和谐理念的最严格水资源管理制度体系，主要关注其中的人水和谐思想与最严格水资源管理制度**

人水和谐与最严格水资源管理制度有着密切的关系，二者的目标是相同的，都是保护水资源，解决水资源问题，促进人水关系改善。实行最严格水资源管理制度是实现人水和谐目标的重要保障，人水和谐思想是实行最严格水资源管理制度的重要指导思想。

# 2.4　人水和谐思想的提出及主要理念

## 2.4.1　人水和谐思想的提出

自 2001 年以来，各种大众媒体（包括学术期刊）上经常提到“人水和谐”一词。从字面上理解，“人”是人类，是社会的主体，可以定义为“人文系统”；“水”是水资源，是人类赖以生存和发展的基础性和战略性自然资源，可以定义为“水系统”；“和谐”是和睦协调之意。因此，人水和谐可以从字面上理解为“人文系统与水系统之间的和睦协调发展”；其研究的对象是人文系统与水系统，统称为“人水系统”；其研究的人文系统与水系统之间的相互关系称为人水关系。人水和谐关系是人水关系中一种较高层次的关系。

在人类历史发展进程中，人与水的关系可划分为四个阶段——水侵人、人避水、人争水、人亲水[①]。①水侵人阶段。在原始社会，人类祖先只能选择适宜生存的地方居住。为了方便用水，人类多数逐水而居，但对突发的洪水灾害却一无所知，对洪水肆虐也束手无策，对水侵人表现出完全被动接受。②人避水阶段。随着社会的发展，人类认识水平不断提高，也积累了对自然界水的感性认识，包括对洪水规律的认识，慢慢知道如何用水之利而避水之害。甚至开始建设水利工程，一方面学会利用水资源，来为人类生存服务；另一方面，学会利用自身的力量，躲避自然的侵害，有意识地躲避洪水灾害的影响。③人争水阶段。随着社会生产力的进一步提高，人类对水资源的开发程度在逐渐加大，也逐渐意识到水资源的重要作用，特别是在水资源相对短缺地区，水成为经济社会发展的重要命脉。在这一背景下，为了自身发展的需求，人类大规模开发利用水资源，一方面，导致水资源短缺、供需水矛盾；另一方面，不合理开发和排污，带来水环境污染，从而引发各种水问题，导致人水冲突日益尖锐。在这一阶段，人类自认为自己的能力很大，可以肆无忌惮地开发利用自然，但自然界可供人类利用的水资源量是有限的，所以出现人争水的现象。④人亲水阶段。人类不合理的开发利用，带来了日益严重的水问题，使有志之士慢慢意识到“人类必须限制自己的行为，减少无序开发和对自然界的破坏，走可持续发展之路”，强调水资源的可持续

① 蔡其华. 2004. 人水和谐：长江治理开发和管理的新境界. 中国水利，(7)：6-8.

利用，提出人水和谐的思想。这一阶段表现出人类对自然界观念的巨大变化，主动采取行动，与自然界和谐相处。

从查阅到的文献资料来看，“人水和谐”一词最早出现于1999年，真正被赋予内涵是在2001年，逐步为人们所接受是在2005年。人水和谐思想提出过程中的标志性事件，归纳总结如表2-1所示。最近几年出现的一系列重大水事活动事项，都大大推动了人水和谐思想的理论研究和应用实践的发展。

**表2-1 人水和谐思想提出经过的标志性事件**

| 序号 | 时间 | 具体内容 | 贡献者 |
| --- | --- | --- | --- |
| 1 | 1999年11月 | 在公开场合提出人水和谐的思路，但还没有明确提出这一概念 | 汪恕诚 |
| 2 | 2001年 | 将人水和谐纳入现代水利的内涵及体系之中 | 水利部 |
| 3 | 2004年 | 将“中国水周”活动主题定为“人水和谐”，人们对人水和谐思想才开始有一定的认识 | 水利部 |
| 4 | 2005年3月 | 提出“构建和谐社会”的重大战略思想后，人水和谐成为和谐社会建设的重要组成部分。从此，人水和谐思想才真正成为新时期治水思路的核心内容 | 全国人大十届三次会议 |
| 5 | 2011年 | 提出“坚持人水和谐”原则。仍然告诫人们“在水利工程建设的同时，一定要坚持人水和谐思想，实现人水和谐目标” | 2011年“中央一号文件” |
| 6 | 2012年 | 提出在实行最严格水资源管理制度中要“坚持人水和谐”的基本原则 | 《国务院关于实行最严格水资源管理制度的意见》 |
| 7 | 2013年 | 提出在水生态文明建设中要“坚持人水和谐”的基本原则 | 《水利部关于加快推进水生态文明建设工作的意见》 |

## 2.4.2 人水和谐思想的主要理念

根据笔者对文献的搜索可知，不同文献对人水和谐的概念、内涵理解存在比较大的差异，至今也没有统一。当然，也可能难以统一，甚至不必要硬性统一。因为所站的角度、所关注的问题不同，对人水和谐的理解和描述也不尽相同，没有必要完全统一成一个认识、一种观点。笔者依据多年的研究，把人水和谐思想的主要理念概括为以下几个方面[①②]。

（1）主张人与自然和谐相处的观点，倡导采用“和谐”的理念来处理各种人水关系。强调人文系统与水系统和谐，人与人在用水、排水等各种水事活动中的和谐等。追求“和谐”，是人水和谐思想的出发点，也是其最主要的基石。

（2）提倡理性地看待人水关系中存在的矛盾和冲突，允许“和谐”中存在“差异”，提倡以和谐的态度来处理各种不和谐的因素和问题。例如，在处理跨界河流分水问题时，上下游、左右岸对分水方案及河流保护存在不同立场和观点非常正常，允

① 左其亭. 2009. 人水和谐论——从理念到理论体系. 水利水电技术，40（8）：25-30.
② 左其亭. 2012. 和谐论——理论·方法·应用. 北京：科学出版社：19-20.

许存在差异，当然应该理性地分析各种差异和矛盾。

（3）坚持辩证唯物主义哲学思想，正确认识人类改造自然的能力，必须走人和水和谐相处之路。历史证明，过去那种“人定胜天”的思想是不可行的，人类也无法完全摆脱自然界的约束，实际上人类也是自然的一部分。

（4）坚持人类应主动约束自己的行为，协调好社会关系，主动采取措施，确保人水和谐相处。辩证唯物主义哲学认为“人与自然的关系，说来说去是人与人的关系”，主张人类应主动协调好人与人的关系，这是协调人与自然关系的基础。例如，控制一条河流的用水总量，实际上就是协调不同地区在该河流取水量的分配关系，也就是转化为人与人的关系。

（5）坚持系统分析的理念，提倡采用系统的思想来分析人水和谐问题。因为人水关系一般比较复杂，实现和谐目标本身就是一个系统科学问题，需要考虑的因素很多，需要协调的矛盾客观存在，需要解决的问题比较棘手，系统分析方法就有了用武之地。

## 2.5　和谐论及其在水资源管理中的应用

### 2.5.1　和谐论简介

#### 1. 和谐论的由来及主要概念[①]

和谐思想由来已久，我国自古有之。比如，大禹治水之策即为“疏导洪水”，而不是其前人采取的“堵”，倡导“用其利、避其害”的和谐思想；李冰父子修建的都江堰，巧妙地利用山水关系，解决了引水与防洪的矛盾，至今仍发挥巨大的作用；贾让提出著名的治河三策，其上策就是在抵御洪水的同时要给洪水以出路的“和谐治水思想”，至今仍有重要的参考价值；以及孔子倡导的“和为贵”，诸子百家强调的“和睦相处”等思想，都是我国古代的和谐思想。

在西方，和谐思想也普遍存在。毕达哥拉斯提出“整个天就是一个和谐”，赫拉克利特提出“和谐产生于对立的东西”。马克思主义唯物辩证法的根本思想倡导的“对立与统一的辩证关系”，实际上也属于和谐思想。

可见，和谐现象普遍存在，和谐思想在古今中外都有很多论述。

自2001年以来，“和谐”一词出现频率很高，在很多领域都有应用，比如，和谐社会、和谐家庭、和谐校园、和谐团队、人水和谐、人与自然和谐等。“和谐论”一词也有很多用法，比如，经济和谐论、金融和谐论、儒学和谐论、电视媒体和谐论、宇宙和谐论等，多数只是搬用，没有什么真正的理论意义，也缺乏具体的概念、内涵和理论方法。

---

① 左其亭. 2012. 和谐论——理论・方法・应用. 北京：科学出版社：3-6.

左其亭于2009年第一次阐述和谐、和谐论的概念及其定量化问题[①]，随后在多篇文章中介绍和谐论定量研究方法及应用成果，其第一本以和谐论定量化研究为主要特色的和谐论专著《和谐论：理论·方法·应用》于2012年1月由科学出版社出版。左其亭定义如下："和谐"是为了达到"协调、一致、平衡、完整、适应"关系而采取的行动，"和谐论"是研究多方参与者共同实现和谐行为的理论和方法。和谐论是揭示自然界和谐关系的重要理论，是辩证唯物主义哲学思想关于"人与自然协调发展"论断的具体体现。

左其亭提出的和谐论理论方法体系，是以辩证唯物主义"和谐"思想为基本指导思想，倡导"以和为贵、理性看待差异"的和谐思想，用和谐论五要素来定性描述和谐问题，用和谐度方程来定量刻画和谐问题，度量和谐程度，用和谐分析数学方法来构筑和谐论量化研究的数学基础，运用和谐平衡理论来寻找和谐问题的"平衡点"，采用和谐辨识、和谐评估、和谐调控方法对和谐问题进行量化研究。

### 2. 和谐论五要素[①]

和谐问题是一个复杂问题，不同问题描述上也不相同，但也有一般性规律可循，笔者从众多和谐问题分析中，总结出五个要素，即和谐论五要素。把这五个要素描述清楚了，基本上就把和谐问题说清楚了。下面以多部门水资源分配问题为例来简单介绍。

（1）和谐参与者，是指参与和谐的各方，称为"和谐方"，其集合表示为 $H=\{H_1, H_2, \cdots, H_n\}$（$n$ 为和谐方个数），又称为"$n$ 方和谐"。比如，$n$ 个部门水资源分配问题，其和谐参与者就是这 $n$ 个部门。当然，如果是 $n$ 个地区水资源分配问题，其参与者就是这 $n$ 个地区。

（2）和谐目标，是指和谐参与者为了达到和谐状态所必须实现的目标。这是从和谐问题总体上要求实现一定的目标，只有实现这一目标，才可能达到和谐状态。当然，如果不能实现这一目标，就不可能达到和谐状态。例如，多部门水资源分配问题，要求总引用水量不得超过该区域总可利用水资源量"阈值"，这就是该问题的和谐目标之一。

（3）和谐规则，是指和谐参与者为了实现和谐目标所制定的一切规则或约束。例如，多部门水资源分配问题，可以制定一定的分水比例（比如平均分配）或分水原则（比如，按照人口比例、产值比例、其他约定来分配）来约束用水量。这些都是和谐问题的执行"规则"，分析和谐问题都是在所有和谐规则的条件下进行的。

（4）和谐因素，是指和谐参与者为了达到总体和谐所需要考虑的因素。和谐因素可能是1个，也可能是多个。$m$ 为和谐因素总个数。当和谐因素为1个时，令 $m=1$，称为单因素和谐，表示为 $F$；当为多个时，令 $m\geqslant 2$，称为多因素和谐，用集合表示为 $F=\{F^1, F^2, \cdots, F^m\}$。例如，多部门水资源分配问题，可能考虑的因素包括总水

① 左其亭. 2009. 和谐论的数学描述方法及应用. 南水北调与水利科技，7（4）：129-133

量分配、不同水质的水量分配、不同水源的水量分配、不同时间段的水量分配及总排污量分配等。

（5）和谐行为，是指和谐参与者针对和谐因素所采取的具体行为的总称。$n$ 方和谐 $m$ 个和谐因素对应的和谐行为集合可表示为一个矩阵，如下：

$$\boldsymbol{A}=\begin{Bmatrix} A_1^1 & A_2^1 & \cdots & A_n^1 \\ A_1^2 & A_2^2 & \cdots & A_n^2 \\ \vdots & \vdots & & \vdots \\ A_1^m & A_2^m & \cdots & A_n^m \end{Bmatrix} \tag{2.1}$$

例如，8 个部门水资源分配问题，考虑“总水量分配”“总排污量分配”两个和谐因素，这时，$n$=8，$m$=2，和谐行为就是 8 个部门的总水量（$A_1^1$，$A_2^1$，…，$A_8^1$）、8 个部门的总排污量（$A_1^2$，$A_2^2$，…，$A_8^2$）。

## 3. 和谐度方程

为了定量表达和谐程度，左其亭于 2009 年首次提出了和谐度方程[①]。和谐度方程由统一度、分歧度、和谐系数和不和谐系数构成，是定量评估和谐状态的基本方程，是和谐论定量研究的基石。

某一因素（$F^P$）和谐度方程为

$$\mathrm{HD_p}=ai-bj \tag{2.2}$$

或简写为

$$\mathrm{HD}=ai-bj$$

式中，$\mathrm{HD}_p$（或简写为 HD）为某一因素 $F^p$ 对应的和谐度，是表达和谐程度的指标，HD∈［-1，1］。HD 值越大（或越接近于 1），和谐程度越高。

$a$、$b$ 分别为统一度、分歧度。统一度 $a$ 表示和谐参与者按照和谐规则具有“相同目标”所占的比重。分歧度 $b$ 表示和谐参与者对照和谐规则和目标存在分歧情况所占的比重。$a$、$b$∈［0，1］，且 $a+b \leqslant 1$。

$i$ 为和谐系数，反映和谐目标的满足程度，可依据和谐目标计算确定，$i$∈［0，1］。当完全满足和谐目标时，$i$=1；当完全不满足时，$i$=0；其他情况介于 1 和 0 之间。

$j$ 为不和谐系数，反映和谐参与者对存在分歧现象的重视程度，可以根据分歧度计算确定，$j$∈［0，1］。当完全反对时，$j$=1；当完全不反对时，$j$=0；其他情况介于 1 和 0 之间。

多因素和谐度方程：如果和谐问题考虑多因素或多层次，需要在单一因素和谐度的基础上计算综合和谐度，可从最下层开始，利用加权平均法或指数加权法计算。详细的计算过程和参数确定方法可参考左其亭在《和谐论：理论·方法·应用》一书中

① 左其亭. 2009. 和谐论的数学描述方法及应用. 南水北调与水利科技，7（4）：129-133.

的论述[①]。

### 4. 和谐评估

和谐评估是对和谐问题所处的总体和谐水平所做的定量评估，是和谐论量化研究的主要方法之一。通过和谐评估，回答某和谐问题的总体和谐水平如何，并在此基础上分析哪些因素影响着总体和谐水平，为寻找和谐调控策略奠定基础。目前关于和谐评估的方法主要有两类：一类是采用和谐度方程计算的和谐度评价方法；一类是基于多指标的综合评价方法。当和谐因素较少时，可采用和谐度评价方法；当和谐因素较多时，通常采用多指标综合评价方法。

运用和谐度评价方法进行和谐评估时，首先确定待评估问题的和谐因素（指标），然后确定各评估因素对应的统一度（$a$）、分歧度（$b$）、和谐系数（$i$）、不和谐系数（$j$），再采用和谐度方程计算和谐度大小。

目前，和谐评估中常用的多指标综合评价方法是“单指标量化-多指标综合-多准则集成”法（简称 SMI-P 方法）[②]。运用该方法进行和谐评估时，首先需要确定待评估问题的和谐因素（指标），然后根据各指标特征，将指标分为正向指标、逆向指标和双向指标三类，并根据评估问题的实际情况，确定各指标特征值；其次通过构建分段模糊隶属度函数，计算单指标量化结果；最后依次采用加权平均法计算各准则层和谐度，在此基础上，采用加权平均法或指数权重加权法计算待评估问题的综合和谐度。

### 5. 和谐调控

和谐调控是在和谐评估的基础上，针对和谐问题采取一些具体措施以提高和谐度大小而进行的调控[③]。通过和谐调控，可以在一定程度上提高研究问题的和谐度，使和谐问题达到最佳和谐状态。主要有两种计算方法：一是和谐行为集优选方法，即根据和谐度大小先选择和谐行为集，据此确定满足要求的调控措施；二是基于和谐度方程的优化模型方法，即先建立和谐调控模型，通过调控模型计算，得到优选方案，以此制定调控措施。

和谐行为集优选方法，是按照某一选定目标要求，将满足这一要求的所有和谐行为集合放在一起，再从中按照一定规则挑选出需要的和谐行为（或方案）。其关键步骤是：首先组合多个和谐行为（或方案），并按照和谐度方程逐一计算各和谐行为（或方案）的和谐度；接着按照和谐度目标值的大小，组合符合和谐度目标值的所有和谐行为（或方案）集，进而在这些和谐行为（或方案）集中选取最优和谐行为或近似最优和谐行为。

基于和谐度方程的优化模型方法，是一种运用运筹学和系统科学的优化模型进行

---

① 左其亭. 2012. 和谐论：理论•方法•应用. 北京：科学出版社：41-43.

② 左其亭，张云，林平. 2008. 人水和谐评价指标及量化方法研究. 水利学报，39（4）：440-447.

③ 左其亭. 2012. 和谐论：理论•方法•应用. 北京：科学出版社：96-97.

计算的方法。常用方法有三类：一是将和谐度最大作为优化模型的目标函数，建立优化模型，通过优化模型求解，寻找和谐度最大时的最优和谐行为（或方案）；二是将和谐度方程作为一个约束条件建立的优化模型。该模型主要用于寻找和谐度不小于某一极限值的最优和谐行为（或方案）；三是和谐规则的优化，将和谐规则相关的参数作为变量而建立的优化模型。

## 2.5.2　和谐论在水资源管理中的应用

### 1. 从和谐论五要素，诠释水资源开发利用的和谐问题

为了满足人类生活、生产对水资源在数量和质量上的要求，需要合理开发利用水资源。这是最基本的水事活动。基于和谐论思想，从和谐论五要素出发，可以阐述水资源开发利用存在的问题及解决途径。

从“和谐参与者”看，水资源开发利用的和谐参与者有各用水部门、各相关区域、各相关流域、各相关国家等。如果要实现水资源可持续利用的目标，在用水部门层面上应加强多部门协调，保证区域用水总量不突破总量控制指标，排污总量不突破纳污总量控制指标；在流域层面上应加强不同子流域间合作，保证流域“三条红线”指标不突破；在国家层面上应加强国际合作，保证跨界河流用水合理分配，国家间和谐相处。否则，就不可能保障水资源的可持续利用。

从“和谐目标”看，为了实现人水和谐目标，需要满足一系列限制条件，可以将这些条件当作和谐目标，比如，推行的最严格水资源管理制度“三条红线”就可以看作是3个目标“阈值”。因此，必须严格执行最严格水资源管理制度“三条红线”，否则，就不可能保障水资源的可持续利用。

从“和谐规则”看，水资源开发利用是一个系统工程，需要制定一系列科学、可行的执行规则。比如，人人都有享用水资源的权利，可以按照人口数进行用水量分配；考虑经济效益，可以按照生产产值进行水资源分配等，都可以作为水资源分配规则。除了公平分水规则外，为了提高水资源利用综合效益，还可以构建水资源利用综合效益最大化优化模型，来选择最优分配方案，实现水资源优化配置。这就是政府宏观调控与水市场运作相结合的管理模式。

从“和谐因素”看，水资源开发利用考虑的因素很多，需要多管齐下。首先，要应对水资源短缺问题，倡导节水优先。强化节水，提高水资源利用效率，实行用水总量控制；其次，要应对某些时期来水突然增加导致的洪涝灾害，做好防洪减灾工作；再者，要应对水环境污染问题，减小污水排放，实行入河排污总量控制，保障生态用水，维护水生态系统健康。

从“和谐行为”看，应采取供水-需水综合管理模式。供水管理主要从供水角度管理水资源，可能会出现“重开源、轻节流”的结果。需水管理主要从需水角度管理水资源，重视资源稀缺性，合理地满足用水需求，但可能对供水源头考虑不足。因

此，从供水-需水和谐的角度，同时考虑供水因素和需水因素，采取供水-需水综合管理模式，既要抑制用水需求的过快增长，又要确保供水不超过水资源供给能力，保障水资源可持续利用。此外，除了重视水量管理外，还应重视水质管理，保障水功能区达标率、供水水质达标，使人类享用健康的水资源。

### 2. 从和谐度方程，寻找水资源开发利用的和谐调控途径

水资源不开发是不可能的，开发过度也是不可取的。因此，如何适度开发水资源，既能满足经济社会发展的需求，又能合理保护水资源，以实现水资源可持续利用呢？可基于和谐度方程找到答案。

在水资源开发利用过程中，为了提高人水和谐程度，都必须减小分歧，达成共识，以提高“统一度”（$a$）值、降低“分歧度”（$b$）值。在水资源开发利用活动中，各用水户必须认识到“水资源是有限的”“水资源开发利用不能超过其承载能力”“都要采取措施，抑制过度的用水需求，共同维护水资源供需平衡”“都必须遵守政府宏观调控措施，严格执行水资源管理制度，公平合理地利用水资源”。

为了提高人水和谐程度，还要控制自己的行为，保障和谐目标实现，尽量减少不和谐因素，以提高“和谐系数”（$i$）值、降低“不和谐系数”（$j$）值。影响人水和谐的因素很多，需要尽量减少影响人水和谐的不和谐因素，比如，在规划水利工程建设时，不仅要考虑其带来的经济效益，还要充分考虑工程建设对水环境、水生态的影响；在进行经济发展规划时，不仅要考虑经济发展，还要考虑经济发展带来的水需求，要以水定产、以水定规模、以水定需，使产业布局适应水资源条件；还要注重污水排放与水体的自净能力是否相适应。

此外，也可以利用和谐度方程，构建水资源优化配置模型，从而优选调控途径。比如，针对水资源分配问题，可以应用和谐度方程，建立水资源优化配置模型，在此模型求解的基础上制订水资源分配方案。

### 3. 跨界河流分水的和谐论模型及应用[①]

跨界河流一般是指跨越不同区域的河流。跨越两个或两个以上国家的河流称为跨国界河流（又称为国际河流）。一条河流的可利用水资源量是有限的，纳污能力是有限的，承载的经济社会规模也是有限的，为了保护河流健康，必须共同采取措施控制总引用水量，共同控制排污量，共同保护河流环境和生态。然而，由于跨界河流特别是跨国界河流，处于不同位置，有不同外部条件、不同发展水平、不同观念的差异，在对待河流开发方面存在很大差异，往往会带来人与水的矛盾、河流上下游之间的矛盾、不同区域之间的矛盾，最终可能会导致河流灾难。因此，跨界河流分水问题一直以来是一个难题。

从和谐论的角度来分析，为了实现河流健康，跨界河流相联系的各个区域必须加

① 左其亭. 2012. 和谐论：理论•方法•应用. 北京：科学出版社：158-163.

强合作，和谐共处，共同维护好河流水循环再生能力。针对跨界河流特点，可以建立跨界河流分水的和谐论模型，通过和谐论模型计算，可以分析不同分水方案的和谐度大小，作为分水方案选择的依据[①]。

#### 4. 基于和谐度方程的水污染负荷分配模型及应用

随着经济社会的快速发展，水环境问题越来越严重。为了应对这一问题，在最严格水资源管理制度“三条红线”中，专门制定了水污染总量控制红线，严格控制入河污染物总量。那么，如何在各控制单元间合理分配污染物排放量，既不超过水体的纳污能力又能满足不同单元的排污需求？这是一个难点问题。

可以引用和谐度方程，构建水污染负荷分配模型。该模型是以和谐度最大为目标函数，以水功能区达标率约束、水域污水排放总量控制目标、水环境治理技术及工程建设资金投入等作为约束条件建立的优化模型。通过该模型的求解，可以得到污染物排放量分配行为达到总体和谐的较优方案，作为水污染负荷分配的依据[②]。

#### 5. 和谐论在最严格水资源管理制度中的应用

提出最严格水资源管理制度的初衷是解决日益凸显的人水矛盾。实际上，人水关系复杂，现实矛盾众多，特别是人类面临前所未有的开发带来的环境灾难，必须走“和谐”之路，这是人类发展的必然选择。和谐论正好符合这个需求，在最严格水资源管理制度中有“用武之地”，可用于解决众多人水矛盾问题。

关于和谐论在最严格水资源管理制度中的应用内容，将在第 4 章 4.2 节中详细论述，本节就不再赘述。

## 2.6 人水和谐量化研究方法及其在水资源管理中的应用

### 2.6.1 人水和谐量化研究方法简介

#### 1. 人水和谐量化研究发展过程及研究框架

人水和谐思想于 2001 年起才开始慢慢为人们所知，从 2004 年才逐步进入人们意识形态中，一直到 2006 年，人水和谐还主要是一句口号，没有形成一个量化研究理论体系。从 2006 年起，左其亭带领的团队开展了人水和谐量化研究工作，首先提出人水和谐量化研究框架[③]，构建了人水和谐评价的指标体系（即 H-D-H 指标体系）、量化准则，提出一套量化研究方法[④]，并在塔里木河流域、淮河流域、河南省区域、

① 左其亭. 2012. 和谐论：理论•方法•应用. 北京：科学出版社：161-169.

② 左其亭，庞莹莹. 2011. 基于和谐论的水污染物总量控制问题研究. 水利水电科技进展，31（3）：1-5.

③ 左其亭，高丹盈. 2006. 人水和谐量化理论及应用研究框架//高丹盈，左其亭. 人水和谐理论与实践. 北京：中国水利水电出版社：1-5.

④ 左其亭，张云，林平. 2008. 人水和谐评价指标及量化方法研究. 水利学报，39（4）：440-447.

郑州市区域、新密市区域进行应用，其编著的我国第一本以人水和谐量化研究为主要特色的学术专著《人水和谐量化研究方法及应用》于2009年出版[①]，至此人水和谐量化研究理论体系基本形成。

人水系统是水与社会、经济、生态、环境等诸多要素相互作用、协同耦合而成的复合巨系统。对这个复合巨系统进行和谐程度定量分析和评价，主要包括以下内容[②]。①量化准则：为了对复杂的人水系统进行综合的分析评价，首先应该针对人水系统的组成和结构特点，浓缩人水和谐的思想，将人水和谐的内涵转换成便于量化的准则。②指标体系：在准则的框架下，建立一套指标体系来评价人水和谐程度。③量化方法：需要采用明确的量化方法，根据评价指标，来综合评估人水和谐程度。④实例研究和推广应用：需要在实践中检验和发展提出的理论方法，使其更好地应用到实际工作中。

## 2. 人水和谐量化研究准则及指标体系

从人水和谐量化研究的角度，有三个基本准则。①健康。“健康”主要是从水系统的角度考虑，指“水系统特别是河流系统生态功能没有受到损坏，具有较强的自我修复、更新能力及一定的抗干扰能力”。健康不是追求一种自然的原始状态，而是反映人们的期望，其标准随着不同时期不同阶段人们的期望值不同而不断发生变化。②发展。“发展”主要是从人文系统特别是经济社会发展水平的角度考虑，是指“经济社会的发展在不破坏地球上生命支撑系统的范围内，实现经济社会的可持续发展”。发展反映高效利用享有的资源，支撑社会发展的规模、经济发展的程度。发展也是建设节约型和谐社会的本质要求。③协调。“协调”主要是从人文系统和水系统之间的相互作用的角度考虑，是指“人文系统与水系统关系处于协调发展的状态，即水系统必须为人类及经济社会的发展提供必要支撑和安全保障；人类在发展中不断为河流的健康提供保障，并不断主动采取改善的措施，人水关系进入不断改善的良性循环的状态”。这就要求水能够支撑经济社会可持续发展；人能为河流的健康提供政策、思想、实际行动方面的保障，做到开发与保护并重，协调好人和水的关系，达到人水和谐的状态[②]。

以量化准则为基本框架，建立以目标层、准则层、分类层及指标层四个层次构成的量化指标体系框架。①目标层。人水和谐度是用来综合反映人文系统与水系统相互协调和发展的程度。用人水和谐度来表达某个区域的人水和谐的总体程度、总体态势和总体效果。②准则层。通过提出的健康、发展和协调三大量化准则，分别从水系统、人文系统、水系统与人文系统的相互作用及关系的角度来衡量人水系统的健康度、发展度和协调度。③分类层。人水系统是由多个系统构成的复杂大系统。每个准则又包含不同类型和方面的指标。④指标层。通过具体的量化指标，来反映具体某个

① 左其亭，张云. 2009. 人水和谐量化研究方法及应用. 北京：中国水利水电出版社：35-43.
② 左其亭，张云，林平. 2008. 人水和谐评价指标及量化方法研究. 水利学报，39（4）：440-447.

方面的人水和谐程度。每个分类层由多个具体指标构成。

按照人水和谐量化准则，将人水和谐程度计算指标分为“健康”（针对水系统，记作 H）、“发展”（针对人文系统，记作 D）、“协调”（针对人文系统与水系统相互作用，记作 HA）三大类指标，构成人水和谐量化指标体系（简称 H-D-H 指标体系）。左其亭和张云归纳给出一个有代表性的人水和谐量化指标体系①，当然，在指标选择和确定过程中，可以根据研究区的情况，选择其中一些有代表性的指标，也可以在各分类层下补充能反映该研究区和谐状况的其他未列出的指标。

### 3. 人水和谐量化计算方法

这里简要介绍左其亭于 2008 年提出的“单指标量化-多指标综合-多准则集成”评价方法（SMI-P 方法）②。

用“人水和谐度”（HWHD）指标来度量人水关系的和谐程度，取值范围为［0，1］。和谐程度越大，其值越接近于 1；和谐程度越小，其值越接近于 0。人水和谐度（HWHD）由三个准则的和谐度构成，即由健康度（HED）、发展度（DED）、协调度（HAD）构成。每个准则的和谐度又由多个指标的子和谐度构成。因此，计算的基本思路是：先从单指标量化开始，再计算由多个指标组成的三个准则的和谐度，再计算由三个准则组成的总体和谐度。

1）单指标量化

对于单个指标的定量描述，可以采用分段线性隶属函数量化描述方法。在指标体系中，各个指标均有一个子和谐度（SHD），取值范围为［0，1］。为了量化描述单指标的和谐度，作以下假定：各指标均存在 5 个（双向指标为 10 个）代表性数值——最差值、较差值、及格值、较优值和最优值。取最差值或比最差值更差时该指标的子和谐度为 0，取较差值时该指标的和谐度为 0.3，取及格值时该指标的和谐度为 0.6，取较优值时该指标的和谐度为 0.8，取最优值或比最优值更优时该指标的子和谐度为 1。当某个指标值等于最差值或比最差值更差时，SHD=0，说明“完全不和谐”；当某个指标值等于较差值时，SHD=0.3，说明“较不和谐”；当某个指标值等于及格值时，SHD=0.6，说明“基本和谐”；当某个指标值等于较优值时，SHD=0.8，说明“较为和谐”；当某个指标值等于最优值时，SHD=1，说明“完全和谐”。

正向指标是指子和谐度随着指标值的增加而增加的指标（比如人均水资源量），逆向指标是指子和谐度随着指标值的增加而减小的指标（比如万元工业产值用水量）。双向指标是指子和谐度随着指标值的增加而增加，当增加到某个值后子又随着指标值增加而减小的指标（比如水资源开发利用率）。利用 5 个特征点（双向指标为 10 个）及上面的假定，就可以得到某指标子和谐度的分段线性折线及其数学表达式。根据该数学表达式就可以计算任一指标值对应的子和谐度。在此就不再一一

① 左其亭，张云. 2009. 人水和谐量化研究方法及应用. 北京：中国水利水电出版社：35-43.

② 左其亭，张云，林平. 2008. 人水和谐评价指标及量化方法研究. 水利学报，39（4）：440-447.

列举。

对于单个定性指标，按百分制先划分若干个等级，并制定相应的等级划分细则，制定问卷调查表，采用打分调查法获取单指标的隶属度值，即为子和谐度。

2）多指标综合

反映水系统健康度、人文系统发展度及人水系统协调度的指标很多，可以采用多种综合评价方法，定量计算由多个指标综合表征的健康度、发展度、协调度。比如，模糊综合评价方法，多指标集成方法。模糊综合评价方法是基于模糊数学思想，从众多单一评价中获得对某个或某类对象的整体评价。多指标集成方法是根据单一指标隶属度按照权重加权计算，也可采用根据单一指标隶属度按照指数权重加权计算。

3）多准则集成

由三个准则的和谐度（健康度、发展度、协调度）来集成计算得到最终的人水和谐度值，可以采用加权平均计算或按照指数权重加权计算。

### 2.6.2 人水和谐量化研究方法在水资源管理中的应用

#### 1. 和谐评估及应用

利用上文介绍的人水和谐评估方法，可以对某一具体流域或区域的人水和谐程度进行综合评估，以反映人水关系的总体和谐程度，据此分析影响和谐程度的主要因素，制定提高和谐程度的策略。

比如，左其亭等在郑州市区域尺度上所做的应用研究成果[①]，计算了郑州市总体及7个行政分区不同年份的人水和谐度，提出了改善人水和谐状态的调控对策，并用于指导郑州市水资源综合规划方案选择。

再比如，左其亭等在塔里木河流域尺度上所做的应用研究成果[②③]，计算了塔里木河流域总体及7个分区不同年份的人水和谐度大小，提出了改善该流域不同分区的人水和谐状态的调控对策。

#### 2. 基于人水和谐的水资源优化配置模型及应用

基于人水和谐的水资源优化配置，是以人水和谐理论为指导，以人水和谐评估为基础，建立的包含人水和谐程度计算在内的水资源优化配置模型，并以此为依据制订水资源配置方案。其意义除具有一般水资源优化配置的作用外，主要是应用了人水和

---

① 左其亭，张云. 2009. 人水和谐量化研究方法及应用. 北京：中国水利水电出版社：100-127.

② Zuo Q T，Zhao H，Mao C C.2015. Quantitative analysis of human-water relationships and harmony-based regulation in the Tarim River Basin. Journal of Hydrologic Engineering, 20（8）：1-11.

③ 左其亭，张云. 2009. 人水和谐量化研究方法及应用. 北京：中国水利水电出版社：74-99.

谐量化研究成果，基于对不同配置方案下的人水和谐程度定量化计算结果进行分析计算，选择的最终水资源配置方案是确保人水和谐程度较高的水平。笔者已将其应用于郑州市水资源综合规划、塔里木河流域水生态保护对策研究中，取得很好效果。

### 3. 在最严格水资源管理制度中的应用

人水和谐思想是我国新提出的治水指导思想，最严格水资源管理制度是应对出现的水问题所提出的水管理制度，两者的目标是一致的，具有密切的联系。把人水和谐理论应用于最严格水资源管理制度中具有重要意义，也是十分必要的。左其亭和张志强详细分析了人水和谐与最严格水资源管理制度之间的关系，并分别从“三条红线”“四项制度”和“制度建设”三个方面论述人水和谐理论在最严格水资源管理制度中的具体应用[①]，可供参考。

关于人水和谐理论在最严格水资源管理制度中的应用，将在第 4 章第 4.3 节中详细论述，并在以后多个章节中涉及，本节就不再赘述。

① 左其亭，张志强. 2014. 人水和谐理论在最严格水资源管理中的应用. 人民黄河，36（8）：47-51.

# 第3章　最严格水资源管理制度理论体系及支撑保障*

最严格水资源管理制度是我国新时期水利改革发展形势下提出的新的治水方略，是对传统水资源管理制度的总结和升华，与传统的水资源管理制度相比，在理论体系、支撑技术、保障措施等方面存在着显著差异。因此，需要重新构建一套完善的理论体系，明晰保障其顺利实施的关键技术、保障措施，以适应实行最严格水资源管理的需求。基于以上考虑，本章在深入剖析最严格水资源管理制度概念和内涵的基础上，构建最严格水资源管理制度理论体系框架；接着，根据目前研究中存在的不足，归纳总结落实最严格水资源管理制度的几个关键问题，并提出相应的解决途径；最后，介绍几个关键技术，为该项制度的顺利实施提供技术保障。

## 3.1　最严格水资源管理制度理论体系①

最严格水资源管理制度是我国新提出的一项严格管理水资源的行政手段，对水资源开发利用行为进行严格管理的国家管理制度。最严格水资源管理制度涉及水资源管

* 本章执笔人：左其亭、张志强（其中，左其亭撰写3.1节和3.3节，张志强撰写3.2节）。本章研究工作负责人：左其亭。主要参加人：左其亭、张志强、马军霞、胡德胜、靳润芳、凌敏华、窦明、张翔、张金萍、李可任、韩春辉。

本章部分内容已单独成文发表，具体有：（a）左其亭，李可任. 2013. 最严格水资源管理制度理论体系探讨. 南水北调与水利科技，11（1）：13-18；（b）左其亭，李可任. 2012. 最严格水资源管理制度的理论体系及关键问题// 中国水利学会水资源专业委员会，郑州大学水利与环境学院. 最严格水资源管理制度理论与实践——中国水利学会水资源专业委员会2012年年会暨学术研讨会论文集. 郑州：黄河水利出版社：25-39；（c）胡德胜. 2012. 最严格水资源管理的政府管理和法律保障关键措施刍议// 中国水利学会水资源专业委员会，郑州大学水利与环境学院. 最严格水资源管理制度理论与实践——中国水利学会水资源专业委员会 2012 年年会暨学术研讨会论文集. 郑州：黄河水利出版社：165-169；（d）张志强. 2015.基于人水和谐理念的最严格水资源管理三条红线量化研究.郑州大学硕士学位论文.

① 该部分的主要内容来源于下列阶段性成果：左其亭，李可任. 2013. 最严格水资源管理制度理论体系探讨. 南水北调与水利科技，11（1）：13-18.

理的各个方面，是一项复杂的系统工程，急需构建该制度的理论体系，用来指导该项工作的开展。本节基于前期研究成果，从指导思想、核心内容、理论基础、基本原则、科技支撑、实施目标、保障措施等方面，初步构建出最严格水资源管理制度理论体系（图 3-1），并对关键内容进行探讨。

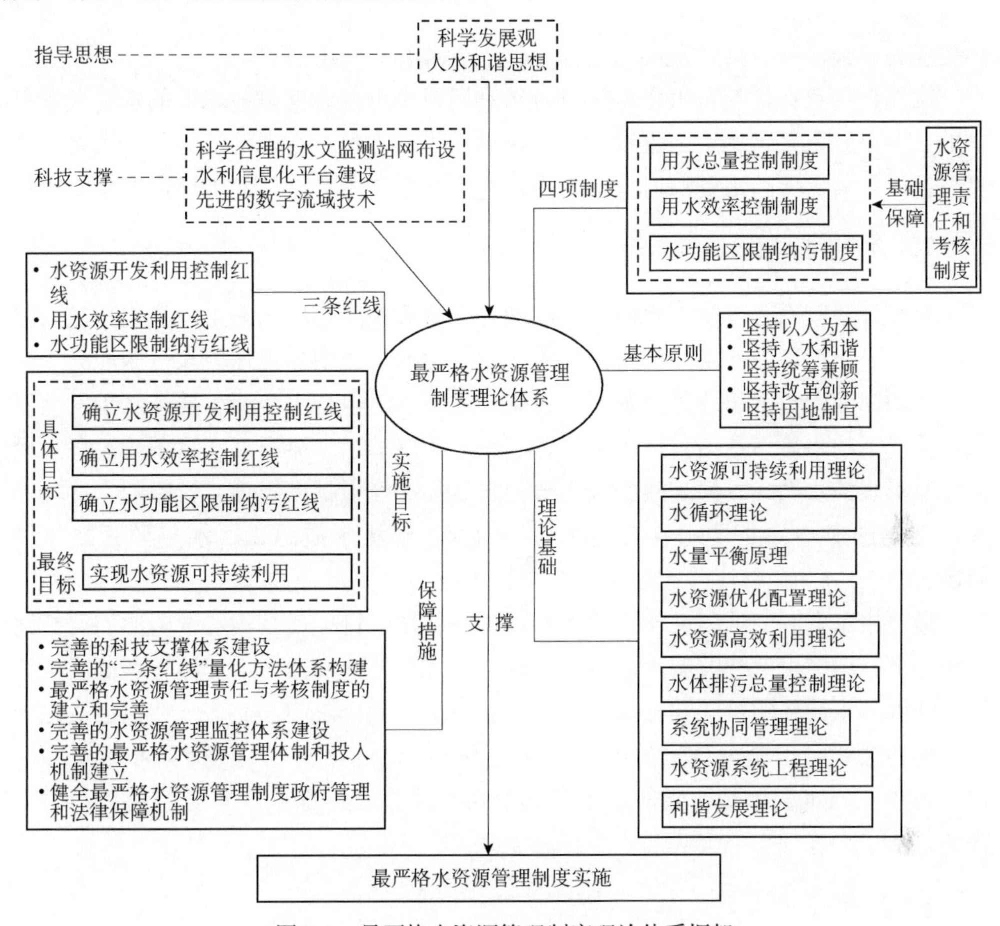


图 3-1　最严格水资源管理制度理论体系框架

关于最严格水资源管理制度的指导思想、基本原则和实施目标，已在第 1 章第 1.4 节进行了详细介绍，这里就不再赘述。本节将阐述最严格水资源管理制度的理论基础、重点工作、保障措施和科技支撑。

### 3.1.1　理论基础[①]

以下简要介绍实行该项制度必要的理论基础。

① 该部分的主要内容来源于下列阶段性成果：左其亭，李可任. 2012. 最严格水资源管理制度的理论体系及关键问题// 中国水利学会水资源专业委员会，郑州大学水利与环境学院. 最严格水资源管理制度理论与实践——中国水利学会水资源专业委员会 2012 年年会暨学术研讨会论文集. 郑州：黄河水利出版社：25-39.

### 1. 水资源可持续利用理论

水资源可持续利用，是指在维持水循环可持续、水资源可再生及生态系统良性循环的条件下，水资源能持续支撑社会发展、经济增长、环境友好、生态完整，以确保当代人和后代人公平合理地利用水资源。水资源可持续利用是一种在不超过水资源可再生能力、经济社会持续发展的前提下的水资源开发利用模式。

水循环的存在，使得水资源的可持续利用成为可能。但是地球上的水资源量是有限的，并不是取之不尽用之不竭的，其循环再生能力也是有限的。因此，人类必须限制自己的行为，保障水资源可持续利用，这也是水资源可持续利用理论的中心思想。

### 2. 水循环理论

水循环是联系大气圈、水圈、岩石圈和生物圈相互作用的纽带，是水资源形成的基础。正是水循环的作用，使水处在永无止境的循环之中，也使得水资源成为一种可再生资源，因此，水循环是水资源可再生性的基础，也是水资源可持续利用的前提。通常情况下的水循环是指自然界中通过蒸发、水汽输送、凝结降水、下渗过程及径流等环节形成的水循环。但是随着人类改变自然界的能力越来越强，实际的水循环还受人类活动的影响，并且随着人类活动的加剧，形成水质恶化、水资源紧缺等严重问题。

最严格水资源管理制度作为治水新理念，其根本目标就是实现水资源的可持续利用和经济社会的可持续发展，水循环理论的研究是开展最严格水资源管理制度理论研究的基础。水循环的机理和特点决定了水循环是永无止境的，而这一特点也决定了水体的可再生性。但是可再生并不意味着无限可取，因为在一定的时间和一定的区域内，可再生的水资源是有限的，水资源的可再生性是以保证水资源的更新能力为前提的。

### 3. 水量平衡原理

水量平衡原理是研究一切水文现象和水资源转化关系的基本原理。水量平衡是指在任意选择的流域（或区域），任意的时间段内，其收入的总水量减去支出的总水量等于其蓄水量的变化量。水量平衡原理的提出也从根本上说明了水资源是有限的，不是无限可取的。

水量平衡原理是最严格水资源管理制度实施的基础理论。从本质上表明了确立水资源开发利用总量控制红线的根本意义，以及确立用水效率控制红线和水功能区限制纳污控制红线的必要性和重要性。水量平衡原理的存在，决定了宏观和微观上的“开源”措施均不是解决水资源严重短缺的根本措施，只有严格的“节流”措施才是解决这一问题的关键。因此，严格控制用水效率、杜绝用水浪费，严格控制水资源开发利用总量，严格控制水体排污总量，才是改变水资源短缺的根本途径。

### 4. 水资源优化配置理论

水资源优化配置理论就是基于水资源优化配置模型或其他方法，通过工程和非工程措施，协调利益相关者的用水矛盾，合理分配水资源量，尽可能提高总体的用水效益。

水资源优化配置的实质就是提高水资源的配置效率，一方面提高水的分配效率，合理解决各部门和各行业（包括环境和生态用水）之间的竞争用水；另一方面则是提高水的利用效率，促使各部门或各行业内部节约高效用水。通过最严格水资源管理制度的实施，将“以需定供的水资源配置”模式向“以供定需的水资源配置”模式转变，最终转变为“可持续发展的水资源配置”模式。

### 5. 水资源高效利用理论

水资源高效利用的目的就是满足经济社会发展和生态环境维系的需水要求，以提高水资源的单位经济效益和生态效益，以水资源的可持续利用支撑经济社会的可持续发展，促进人水和谐。由于水资源高效利用的宏观性、广泛性、综合性和整体性，所以，关于水资源高效利用的研究必然涉及整个流域或区域的各个行业、各个地区的取用水情况，同时还涉及降水、地表水、土壤水和地下水的条件，以及它们之间的转化关系①。

水资源高效利用的直接效用就是提高用水效率，杜绝各种用水浪费，还能更进一步地减少取用水总量，实现水资源开发利用总量控制，最终实现水资源的可持续利用。因此，水资源高效利用理论是最严格水资源管理制度理论体系的重要理论基础。

### 6. 水体排污总量控制理论

水体排污总量控制的基本思路是，根据流域或区域的经济社会发展状况，通过行政与经济干预及各种技术措施，逐步将污染物排污总量控制在水环境容量范围之内的过程。在控制手段上，指通过控制某一区域污染源允许排放总量，并优化分配各污染源，以实现预期水环境质量目标的规划性管理措施。在进行水体排污总量控制时必须要考虑水体的纳污能力，将水体排污总量控制理论与水环境容量理论相结合。在制定政策、规划和计划时，应从水环境容量的角度出发，采取以改善水环境为目标的综合总量控制制度，严格控制水功能区的限制纳污总量，实现人与自然和谐相处。

### 7. 系统协同管理理论

对于一个复杂的系统而言，协同是指各子系统或各部门之间相互协调、相互协作、相互支持而形成的一种良性循环态势。协同管理理论是一种基于复合系统的结构功能特征，运用协同学原理和方法，根据实现可持续发展的期望目标，对复合系统进行有效管理，进而实现系统协调并产生协调效应的理论方法②。最严格水资源管理的

---

① 裴源生，张金萍. 2005. 水资源高效利用概念和研究方法探讨//中国水利学会. 中国水利学会 2005 学术年会论文集.北京：中国水利水电出版社.

② 李彦. 2010. 区域土地利用系统协同管理的理论与方法研究. 南京农业大学博士学位论文：18.

本质是实现人水复合大系统的协调发展，因此，在最严格水资源管理制度实施过程中需要运用系统协同管理理论，对人水系统进行协同管理，实现“人文系统”与“水系统”之间的良性循环发展。

### 8. 水资源系统工程理论

水资源系统工程理论是一门应用系统工程方法对水资源系统进行综合考察和分析，并优化水资源工程规划和运行管理的工程技术理论。最严格水资源管理制度涉及水资源管理工作的许多方面，是一项复杂的系统工程，因此，应采用系统工程的理论方法从系统的角度解决最严格水资源管理过程中遇到的问题。

### 9. 和谐发展理论

和谐发展理论是一种实现人与人之间、人与自然之间相互协调、共同发展的理论方法，要求以和谐的态度看待存在的差异和矛盾。最严格水资源管理制度的本质是协调人与人之间、人与水之间的相互关系，实现人水和谐发展。和谐发展理论为最严格水资源管理制度的顺利实施提供了基础的理论支撑，有助于寻求水资源可持续利用与经济社会长期协调发展的平衡点。

## 3.1.2 重点工作[①]

最严格水资源管理涉及水资源开发利用的方方面面，是一项庞大而又烦琐的系统工程，只有明晰其重点工作内容，才能更好地实行最严格水资源管理制度。笔者研究团队结合最严格水资源管理制度的具体要求和工作目标，梳理工作思路，构建了实行最严格水资源管理制度应开展的重点工作框架，如图 3-2 所示。

### 1. 核心工作

核心工作是指与落实“三条红线”、建立“四项制度”直接相关的工作，是“三条红线”“四项制度”的具体细化。

（1）落实“三条红线”。主要包括以下三方面重点工作：一是构建“三条红线”控制指标体系，明确“三条红线”的控制要素；二是研究“三条红线”控制标准确定方法，确定各级行政区域和流域“三条红线”的控制标准；三是构建“三条红线”量化评估模型，评估各级行政区域和流域“三条红线”控制目标完成情况。

（2）建立“四项制度”。用水总量控制制度包括建立完善的水资源论证制度、取水许可审批机制、流域区域取用水总量控制制度、水资源有偿使用制度、地下水管理和保护制度五方面工作；用水效率控制制度包括建立完善的计划用水与定额管理制度、节约用水管理制度两方面工作；水功能区限制纳污制度包括建立完善的排污总量

① 张志强. 2015. 基于人水和谐理念的最严格水资源管理三条红线量化研究. 郑州大学硕士学位论文：19-21.

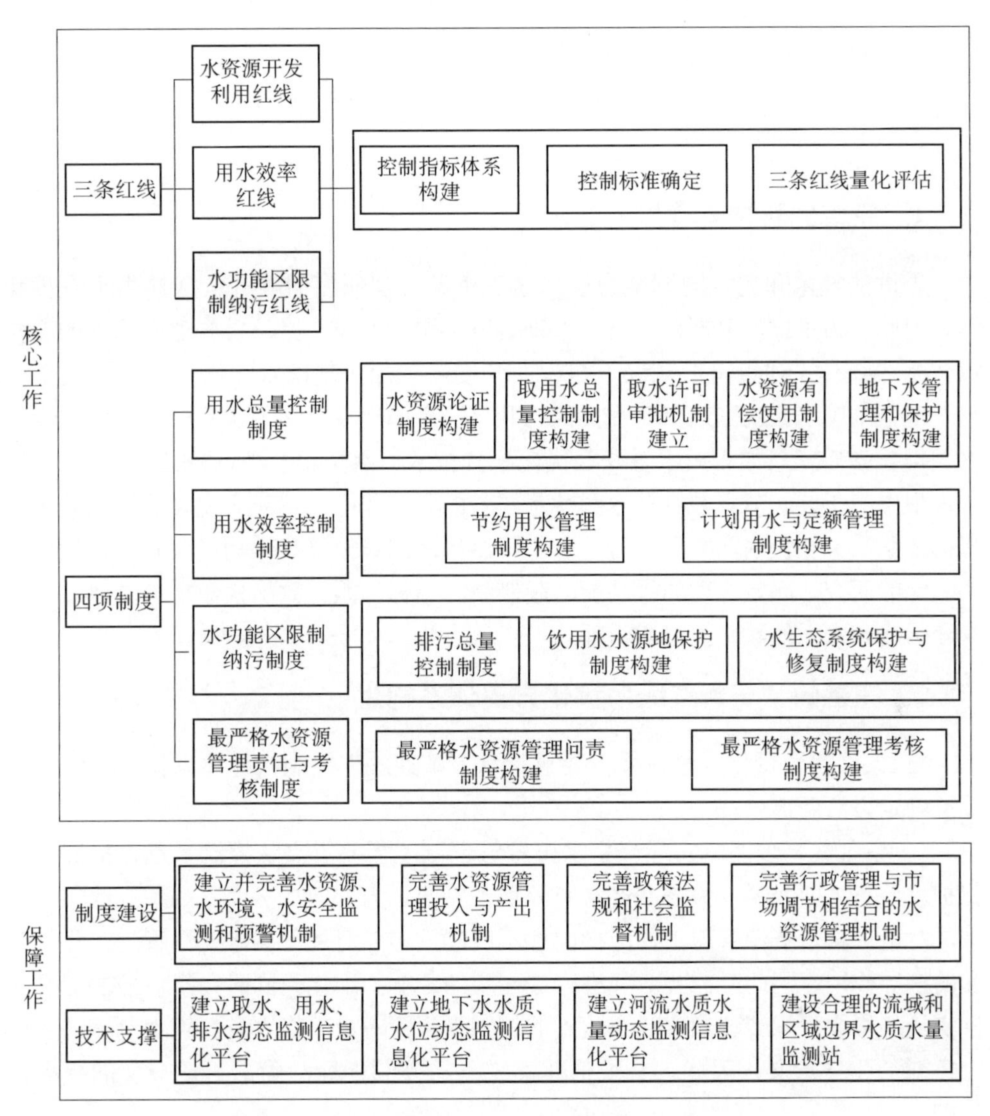


图3-2　实行最严格水资源管理制度重点工作框架

控制制度、水生态系统保护与修复制度、饮用水水源地保护制度三方面工作；水资源管理责任与考核制度包括建立与最严格水资源管理过程相适应的问责机制和考核制度两方面工作。

## 2. 保障工作

保障工作是指为了保障最严格水资源管理制度核心工作的顺利实施所需开展的相关工作，大体可分为制度建设和技术支撑两个方面。制度建设包括建立并完善水资源、水环境、水安全监测和预警机制，完善水资源管理投入与产出机制，完善行政管理与市场调节相结合的水资源管理机制，完善政策法规和社会监督机制四个方面的工作。技术支撑包括建立取水、用水、排水动态监测信息化平台，建立地下水水质、水位动态监测信息化平台，建立河流水质水量动态监测信息化平台，建立合理的河流和区域边界水质水量监测站四方面工作。

### 3.1.3 保障措施

#### 1. 完善的科技支撑体系建设

先进的技术和完善的制度为最严格水资源管理制度的顺利实施提供了支撑和保障。因此，为了保障最严格水资源管理制度的顺利实施，必须首先建立完善的科技支撑体系。该体系建设可以从以下四方面开展：①加快基础水文信息数据的采集和观测，健全全国水文观测站点和水文信息共享平台的建设；②加快最严格水资源管理制度关键技术研究，如水质水量联合优化配置技术、水资源经济调控技术等[①]；③加快节水型生产工艺、节水灌溉技术和节水器具的研发和推广，建立完善的用水效率控制指标体系；④加快水功能区纳污能力与限制排污总量核算和水功能区限制排污总量时空分配的研究，确定合理的水功能区限制纳污指标体系；⑤加快数字流域建设，实现对全国河湖水系的数字模拟和管理。

#### 2. 完善的“三条红线”量化方法体系构建

“三条红线”量化方法体系主要包括“三条红线”控制指标体系构建方法、控制标准确定方法两部分。

“三条红线”表明落实最严格水资源管理制度需要重点从控制水量、提高效率、保护水质三方面入手，为最严格水资源管理指明了大方向，然而“三条红线”过于宏观，对最严格水资源管理工作的指向性不明确，难以对最严格水资源管理工作起到切实的指导作用，因此，需要对其进行进一步的分解和细化。同时，指标控制标准代表落实最严格水资源管理制度需要达到的控制目标，对最严格水资源管理制度的实施具有重要的指导意义，因此，必须构建其完善的控制指标，确定科学合理的指标控制标准。

#### 3. 最严格水资源管理责任与考核制度的建立和完善

完善的水资源管理责任和考核制度有助于上级政府部门准确把握下级行政区最严格水资源管理制度的落实情况，发现最严格水资源管理制度实施过程中存在的问题，进而提出进一步的改进策略，能够有力地推动最严格水资源管理制度的实施，因此，落实最严格水资源管理制度，必须建立并完善最严格水资源管理责任和考核制度。

最严格水资源管理责任和考核制度的建立，要将水资源开发、利用、节约和保护的主要指标纳入地方经济社会发展综合评价体系，建立县级以上人民政府主要负责人对本行政区域水资源管理和保护工作总负责制。同时，国务院定期对各省、自治区、

---

① 王浩. 2011. 实行最严格水资源管理制度关键技术支撑探析. 中国水利，(6)：28-29，32.

直辖市最严格水资源管理制度主要指标的落实情况进行考核，考核结果作为地方人民政府相关领导干部和相关企业负责人综合考核评价的重要依据。

### 4. 完善的水资源管理监控体系建设

完善的监控系统是执行最严格水资源管理制度、考核其效果的重要依据。然而，当前我国水资源监控能力总体薄弱，在一定程度上制约了最严格水资源管理制度的落实。因此，急需要建设完善的水资源管理监控体系。

针对当前落实最严格水资源管理制度的迫切需求，应尽快完善以下三项水资源管理监测体系：加强省界等重要控制断面、水功能区和地下水的水质水量监测能力建设；加强对重点取用水户取水、主要入河排污口等的实时监控；加快水资源信息化建设，实现水资源管理向动态、精细、定量和科学管理转变。

### 5. 完善的水资源管理体制和投入机制建立

完善的水资源管理体制和投入机制是实行最严格水资源管理制度的重要保障。目前急需开展以下几方面工作：一是进一步完善流域管理与行政区域管理相结合的水资源管理体制，切实加强流域水资源的统一规划、统一管理和统一调度；二是强化城乡水资源一体化管理，对城乡供水、水资源综合利用、水环境治理和防洪排涝等实行统筹规划、协调实施，促进水资源优化配置；三是拓宽投资渠道，建立长效、稳定的水资源管理投入机制，保障水资源节约、保护和管理工作经费，能够对水资源管理系统建设、节水技术推广与应用、地下水超采区治理、水生态系统保护与修复等给予重点支持。

### 6. 健全最严格水资源管理制度政府管理和法律保障机制

最严格水资源管理制度作为一项重要的国家管理制度，离不开政府的管理和调控，以及法律的约束，急需建立健全该制度的政府管理和法律保障机制。主要应从以下八个方面入手：①建立用水总量调控制度和许可审批机制，实行水资源统一调配和严格取水控制；②建立一套科学完善的取水权交易机制，运用经济杠杆的调节作用，鼓励提高用水效率；③建立完善的排污权交易机制，通过交易促进污染物排放量减少；④建立健全生态环境用水保障机制，为区域和流域生态环境保护提供保障；⑤强化对水科学知识和节水意识宣传的法律规制建设；⑥强化水资源管理的政府责任机制；⑦建立健全“违法成本＞守法成本”机制，遏制用水户违法取水和排污的经济动机；⑧健全和完善社会公众和利益相关者参与的保障机制[①]。

① 胡德胜. 2012. 最严格水资源管理的政府管理和法律保障关键措施刍议//中国水利学会水资源专业委员会，郑州大学水利与环境学院. 最严格水资源管理制度理论与实践——中国水利学会水资源专业委员会 2012 年年会暨学术研讨会论文集. 郑州：黄河水利出版社：165-169.

### 3.1.4 科技支撑

最严格水资源管理制度是一项严格的、精细化的水资源管理制度，需要一套科学完善的技术支撑体系。概括起来，主要包括以下几方面。

**1. 科学合理的水文监测站网布设**

科学合理的水文监测站网是实行最严格水资源管理制度的重要基础。首先，能够使有关部门及时了解河流水质水量状况，为制订水量分配方案提供参考。其次，能够使有关部门及时了解河情和水情，快速制订相应的应急预案，有效应对突发事件，避免人民生命财产损失。

**2. 水利信息化平台建设**

水利信息化平台建设有利于水文信息的实时动态监测和传输，一方面能够使有关部门掌握河流水情的动态变化；另一方面能够将监测数据直接返回上级机构，避免下级部门对相关数据的更改或监测不准，这是落实最严格水资源管理考核制度的重要基础。

**3. 先进的数字流域建设**

现有技术手段已经不能满足流域实行最严格水资源管理制度的要求，无法充分发挥现有水利工程的水资源综合调配功能，迫切需要利用现代高新技术开展数字流域建设。

数字流域是对流域的数字表述，是在现有的流域数字化体现形式的情况下，运用数字化的手段来处理、分析和管理整个流域，实现流域的再现、优化和预测，对宏观与微观信息都能够比较全面、系统地掌握，从而有效弥补现有流域的运行缺陷，帮助解决流域现有问题，优化流域的建设、管理和运行，促进流域的健康可持续发展[①②]。

数字流域可以通过各种信息的交流、融合和挖掘，综合水文、气象、地理、国土资源、环境、交通等信息，通过数字化现代模拟技术手段，提高流域水资源综合管理水平。显然，这些技术为最严格水资源管理制度的有效落实提供了有力的科技支撑。

## 3.2 落实最严格水资源管理制度的关键问题及解决途径

### 3.2.1 理清“三条红线”之间的相互关系

最严格水资源管理制度“三条红线”分别从水量、用水效率、水质三个方面对水资源开发利用的全过程进行控制和管理。作为最严格水资源管理的三个重要方面，“三条红线”之间具有紧密的联系，正确认识“三条红线”之间的相互关系对实行最

① 刘家宏，王光谦，王开. 2006. 数字流域研究综述. 水利学报，37（2）：240-246.
② 杨玫，董宇阳，孙西欢. 2007. 数字流域构建关键技术研究. 山西水利，（1）：70-71.

严格水资源管理制度具有重要意义。然而，目前关于“三条红线”之间的内在关系还存在许多错误的认识，如有观点认为，水资源开发利用控制红线是“三条红线”的核心，水资源开发利用红线可以代替另外两条红线。实际上，“三条红线”是一个统一的整体，分别从不同的角度对水资源开发、利用、保护三方面进行最严格的管理，“三条红线”各司其职，相互补充，缺一不可[①]。

#### 1. “三条红线”各有侧重

水资源开发利用控制红线侧重于宏观区域层面上取用水量的控制和管理，按照区域水资源开发利用潜力科学划定水资源开发利用红线，并制定严格的用水总量控制制度，避免水资源过度开发，确保实现水资源的可持续利用。用水效率控制红线既包括宏观区域层面上，又包括微观用水户层面上用水效率的管理，通过调整产业结构，改进生产工艺，采用节水器具，实现节约用水和高效用水，从而提高用水效率。水功能区限制纳污红线侧重于河流和水功能区的水质管理，通过限制入河污染物总量，修复受损的水生态，改善水质。

#### 2. “三条红线”之间相互补充、相互支撑，缺一不可

单一的任一条红线都难以真正做到对水量、用水效率和水质的严格控制和管理，需要“三条红线”之间协同合作，共同作用。例如，在进行用水总量控制的过程中，水资源开发利用红线从水资源可持续利用的角度，在宏观层面上划定水资源最大开发利用量，并将其分配到各子区域，实现取用水量的直接控制和管理；用水效率控制红线分别从微观区域和用水户的角度，通过节水和高效用水，对用水量进行间接的管理；水功能区限制纳污红线一方面通过修复已受损的水生态，改善水质状况，提供更多的可利用水资源，另一方面通过增加污水回用量，减少取用水量，最终达到用水总量控制的目的。

#### 3. 用水效率控制红线是实现水资源开发利用红线和水功能区限制纳污红线控制目标的重要保障

用水户用水效率的提高，一方面能够减少新增取用水量，有助于水资源开发利用红线控制目标的实现；另一方面能够增加水资源重复利用率，减少污废水排放量，有助于水功能区限制纳污红线控制目标的实现。

### 3.2.2　完善“三条红线”量化方法体系

#### 1. “三条红线”控制指标体系构建方法

“三条红线”控制指标体系是对“三条红线”管理目标的进一步分解和细化，为最严格水资源管理指明方向，对实行最严格水资源管理制度具有重要意义。最严格水

① 张志强. 2015. 基于人水和谐理念的最严格水资源管理三条红线量化研究. 郑州大学硕士学位论文：28-29.

资源管理制度提出以后，许多学者在“三条红线”控制指标体系构建方面展开了广泛研究。但多数指标体系是基于某一条红线或某一实际地区提出的，完整性和通用性仍需加强。

最严格水资源管理的最终目标是实现人水和谐，“三条红线”控制指标对最严格水资源管理具有重要的导向性，因此，为了保证人水和谐目标的实现，在构建“三条红线”控制指标体系时必须从实现人水和谐需求的角度出发，构建一套基于人水和谐理念的“三条红线”控制指标体系。基于人水和谐理念构建“三条红线”控制指标体系，首先，必须明确人水和谐理念对“三条红线”控制指标体系构建的指导作用，理清三条红线之间的相互关系。其次，需要依据指标体系构建原则和三条红线与三大和谐过程的对应关系，构建基于人水和谐理念的“三条红线”控制指标体系框架。最后，提出指标选取的步骤和方法，构建基于人水和谐理念的“三条红线”控制指标体系[①]，具体流程如图 3-3 所示，关于“三条红线”指标体系构建的具体内容详见第 5 章。

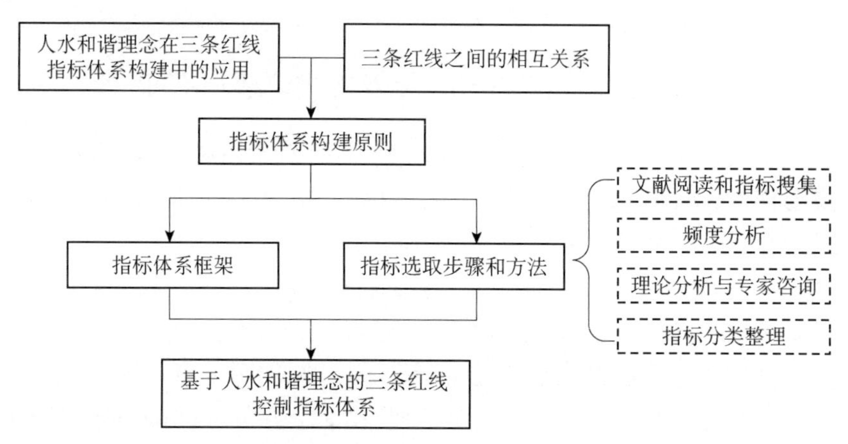

图 3-3　基于人水和谐理念的“三条红线”控制指标体系构建流程

## 2. “三条红线”控制标准确定方法

“三条红线”控制标准即“三条红线”的管控目标，表征“三条红线”管理需要达到的程度，科学划定“三条红线”控制标准对于实行“三条红线”管理具有重要意义。最严格水资源管理制度提出以后，许多学者在“三条红线”控制标准确定方面也展开了广泛研究。有些学者采用定性分析法确定了各指标的控制标准。例如，陶洁等在“三条红线”控制指标体系构建的基础上，提出了一套“三条红线”指标红线值的确定方法[②]；王偲等（2012）在“三条红线”内涵分析的基础上，阐述了“三条红线”控制指标确定的思路[③]；张洪等（2012）在水功能区限制纳污红线管理风险分析

① 张志强. 2015. 基于人水和谐理念的最严格水资源管理三条红线量化研究. 郑州大学硕士学位论文：29-33.
② 陶洁，左其亭，薛会露. 2012. 最严格水资源管理制度“三条红线”控制指标及确定方法. 节水灌溉，(4)：64-67.
③ 王偲，窦明，张润庆. 2013. 基于“三条红线”约束的滨海区多水源联合调度模型. 水利水电科技进展，32(6)：6-10.

的基础上，阐述了区域水功能区限制纳污指标的分配方法[①]。有些学者采用定量计算法确定了各控制指标的控制标准。例如，方彦舒等（2013）基于水量优化配置模型，提出了利用动态规划法确定区域各月（旬）用水总量控制指标的方法[②]。刘年磊等（2014）在构建水污染物总量控制目标分配指标体系的基础上，利用熵值法和改进等比例分配相结合的方法，将 2015 年国家 COD 和 $NH_3$-N 总量控制目标分配到各省级行政区[③]。有些学者采用定性和定量相结合的方法，确定各指标的控制标准。例如，孙可可等（2011）根据武汉市实际情况，确定了武汉市“三条红线”控制指标，并对各控制指标进行了初步量化[④]。刘淋淋等（2013）通过对狭义、广义及严格意义地表（地下）水资源可利用量的对比分析，提出了确定用水总量控制指标的方法[⑤]。分析已有研究成果，不难看出，虽然“三条红线”控制标准确定方法已被广泛研究，但确定方法主观性较大，难以复制应用到其他地区，因此还需做深入研究。

“三条红线”控制标准的确定不仅要考虑水资源特征，还要考虑经济社会发展对水资源的需求。以逐步实现人水和谐为原则，确定“三条红线”短期控制标准、中期控制标准和长期控制标准，因此，“三条红线”控制标准的确定也必须以人水和谐思想为指导。首先，在统筹考虑水系统健康与经济社会发展用水需求的基础上，提出水资源开发利用控制红线的控制标准确定方法。接着，在统筹考虑水域纳污能力与经济社会排污需求的基础上，提出水功能区限制纳污控制红线的控制标准确定方法。最后，以水资源优化配置模型为方法和纽带，提出用水效率控制红线的控制标准确定方法[⑥]。

### 3.2.3　科技支撑能力建设

与传统的水资源管理制度相比，最严格水资源管理制度需要更多的科技支撑，上节已提出包括三方面，即科学合理的水文监测站网布设、水利信息化平台建设、先进的数字流域建设。这一系列科技能力建设是最严格水资源管理制度有效实施的重要保障。然而，就目前的状况来看，由于最严格水资源管理制度提出的时间较短，现有的技术条件还难以全面支撑最严格水资源管理制度的实施[⑦]。

针对以上不足，在今后的一段时间内，仍需继续加强最严格水资源管理制度科技支撑能力建设，具体包括以下七个方面的内容。

---

① 张洪，季友玉，李合海. 2012. 区域水功能区限制纳污指标与水质达标率确定初探. 地下水，34（3）：97-98.

② 方彦舒，艾萍，牟萍. 2013. 一种用水总量控制指标的时间分配方法. 水电能源科学，31（8）：42-45，243.

③ 刘年磊，蒋洪强，卢亚灵. 2014. 水污染物总量控制目标分配研究——考虑主体功能区环境约束. 中国人口・资源与环境，24（5）：80-87.

④ 孙可可，陈进. 2011. 基于武汉市水资源“三条红线”管理的评价指标量化方法探讨. 长江科学院院报，28（12）：5-9.

⑤ 刘淋淋，曹升乐，于翠松. 2013. 用水总量控制指标的确定方法研究. 南水北调与水利科技，11（5）：159-163.

⑥ 张志强. 2015. 基于人水和谐理念的最严格水资源管理三条红线量化研究. 郑州大学硕士学位论文：34-43.

⑦ 左其亭，李可任. 2012. 最严格水资源管理制度的理论体系及关键问题//中国水利学会水资源专业委员会，郑州大学水利与环境学院. 最严格水资源管理制度理论与实践——中国水利学会水资源专业委员会 2012 年年会暨学术研讨会论文集. 郑州：黄河水利出版社：25-39.

（1）加快基础水文信息数据的采集和观测，健全国家水文观测站点和水文信息共享平台的建设，以确保实时、准确的水文基础数据传输和应用，避免出现伪造和篡改数据的现象。

（2）加快建设全国范围内的河湖水系连通网络，提高水资源的统一调度能力。

（3）加快基于水循环理论的用水总量控制模型的研究，科学系统地构建一套完善的用水总量控制指标体系，建立覆盖流域、省市县三级行政区域的用水总量控制标准，保障用水总量控制制度的顺利实施。

（4）加快节水型生产工艺、节水灌溉技术、节水器具的研发和推广，建立完善的用水效率控制指标体系。

（5）创新节能减排技术和工艺，加快水功能区纳污能力与限制排污总量的核算和水功能区限制排污总量时空分配方法的研究，确定科学合理的水功能区限制纳污控制指标体系，建立完善的水环境监测预警系统。

（6）加快基于地理信息系统（GIS）和遥感系统（RS）的全国范围的数字流域建设，实现对全国河流水系的数字控制和管理。

（7）建立从流域和区域到各供水水源和水功能区的多维度、多功能的水质水量动态监测和预警系统，实现全过程、全方位的动态监测、预警和管控。

### 3.2.4 保障体系构建

最严格水资源管理制度有别于传统的水资源管理制度，需要更强有力的保障体系的支撑。而目前的许多保障措施需要进行进一步的强化完善甚至重新制定。比如，加强重要控制断面水质水量监测能力建设，加强取水、排水、入河湖排污口计量监控设施建设，加强国家水资源管理系统建设，建立水资源管理责任和考核制度，加强水政执法能力建设，完善水资源管理投入机制等。

## 3.3 实行最严格水资源管理制度需要的关键技术

剖析实行最严格水资源管理制度的过程和实际需求，归纳总结实行最严格水资源管理制度需要的关键技术，主要包括以下九个方面①。

### 1. 水文快速监测、数据传输与存储技术

水文工作是水利部门的重要基础工作，也是水资源管理的重要基础。依据一般性的理解，水文工作主要包括：地表水和地下水的水量、水质监测，突发水污染、水生态事件水文应急监测，防汛抗旱的水文及相关信息收集、处理、监视、预警，水文及

① 该部分的主要内容来源于下列阶段性成果（有较大改动）：左其亭，李可任. 2013. 最严格水资源管理制度理论体系探讨. 南水北调与水利科技，11（1）：13-18.

水利信息化建设，水文水资源监测数据整编和情报预测，水资源调查评价等[①]。水文工作在实行最严格水资源管理制度工作中占有重要的地位，对实行最严格水资源管理制度具有重要的科技支撑作用。其主要表现为：最严格水资源管理制度主要目标的考核需要依靠水文行业扎实的基础工作；地表水、地下水的水量、水质监测，是实行最严格水资源管理制度“三条红线”的重要基础工作；突发水污染、水生态事件水文应急监测，是健全水资源监控体系，全面提高监控、预警和管理能力的重要组成部分；防汛抗旱的水文及相关信息监视与预警，是提高防汛抗旱应急能力的重要基础；水文及水利信息化建设，是现代水利信息化建设的重要部分，是实行最严格水资源管理制度的重要基础；同时，最严格水资源管理制度关键科学问题的解决，需要水文科学的支持和广泛参与。

在目前情况下，需要进一步研究基于现代信息通信技术的水文快速、准确监测，数据高效传输与大数据存储技术及示范应用，实现水文监测自动化、资料数据化，实现实时监测、快速传输的目标，为最严格水资源管理制度的监督考核提供数字化信息源。监测和存储的数据包括水文、气象、供水、用水、排水、水质、生态、水权交易及经济社会指标等的信息。

### 2. 水循环过程综合模拟技术

用水总量控制红线和水功能区限制纳污红线是水资源和水环境承载力的体现，用水效率红线则是社会水循环支撑经济社会发展的定量标准，“三条红线”的制定均离不开与人类活动有关联的水循环过程的模拟与计算，因此，水循环过程综合模拟技术是最严格水资源管理的重要基础。在实行最严格水资源管理制度实践中，有必要以系统的思维和方法，充分考虑水循环、水环境和水生态三大系统之间物质（含水分）与能量的交换关系，耦合气候模式、流域水循环模型、流域水质模型及流域生态模型，构建流域水循环及其伴生过程综合模拟系统，为相关管理和调控措施的出台提供有力的支撑工具。

### 3. 用水总量控制模型技术

用水总量控制是最严格水资源管理制度的主要抓手之一，也是实现水资源可持续利用的重要基础条件。然而，目前关于用水总量控制指标的确定方法仍以主观性确定方法为主，尽管采用了一些定量化的计算方法，但仍受主观因素的干扰。因此，建立准确的用水总量控制模型就显得非常重要和迫切。

从便于最严格水资源管理的角度来看，用水总量控制模型应该是在科学评价流域（区域）水资源量、水资源可利用量的基础上，综合考虑经济、社会、生态、环境的用水需求，以及公平、高效与可持续原则，通过多目标决策分析将水资源合理分配到经济社会的各个部门，确定流域（区域）各发展阶段的用水总量控制指标，从而为最

① 左其亭. 2012-04-12. 水文为实行最严格水资源管理制度提供科技保障. 中国水利报，007.

严格水资源管理的高效实施提供了强有力的支持[①]。

### 4. 用水效率控制相关技术

用水效率控制也是最严格水资源管理制度的主要抓手之一，是“节水优先”原则的直接体现。用水效率控制是针对“取水、用水、排水”的一个中间环节，其控制目标是否能实现直接关系到用水总量控制目标的实现，并且与废污水排放量、水功能区水质达标情况有很大的相关性。用水效率控制是与具体用水行为关系最紧密、效果最直接的管理手段，因此，严格控制用水效率是实施最严格水资源管理制度的关键环节。

从便于最严格水资源管理的角度来看，用水效率控制应该是朝着更加精准的方向发展，更精细化地管理水资源。可以采取用水效率分层、分级控制，分层控制是指从宏观控制到微观控制分层控制，分级控制是指从高到低进行“红”“黄”“蓝”三条线的分级控制。通过进一步的细化和精准化控制，提高监管能力、明细考核目标、促进用水单位节水的积极性，对最严格水资源管理制度的有效实施具有重要作用。

### 5. 水功能区限制纳污控制相关技术

水功能区限制纳污红线是以水体功能相适应的保护目标为依据，根据水功能区水环境容量，严格控制水功能区受纳污染物总量，并以此作为水资源管理及水污染防治管理不可逾越的限制。红线要求按照水功能区划对水质的要求和水体的自净能力，核定水域纳污能力，提出限制排污总量。合理的水功能区限制纳污指标体系建立所要求的关键部分就是水功能区纳污能力与限制排污总量的准确核算及水功能区限制排污总量时空分配的确定。合理的水功能区限制纳污指标体系能为水功能区限制纳污红线的落实提供前期的基础，也为最严格水资源管理制度的有效实施提供必要的科技支持[②]。

### 6. 水质水量联合优化配置技术

最严格水资源管理制度涉及水量控制和水质保护两方面内容，单纯的水量控制势必难以实现水环境保护的目标，反之单纯的水质保护也难以实现取用水总量的控制，因此，在实行最严格水资源管理制度的过程中，需要水质水量两手抓，实现水质水量的双控制。因此，水质水量联合优化配置技术是实现“三条红线”管理目标的关键技术。

在具体管理实践中，为了保证用水总量控制、用水效率控制和入河排污限制目标的实现，需要分别制定更加具体的控制手段和子目标，统筹“三条红线”的关系，可以将“三条红线”进一步分解为地表水取水量、地下水取水量、非常规水利用量、生态环境用水量、入海（湖）水量、经济社会耗水量、污染物排放量、污染物入河量八

---

① 王浩. 2011. 实行最严格水资源管理制度关键技术支撑探析. 中国水利，(6)：28-29，32.
② 彭文启. 2012. 水功能区限制纳污红线指标体系. 中国水利，(7)：19-22.

大分量，因此以八大总量为分环节控制核心的水质水量联合配置技术，将能为“三条红线”的制定和管理提供有效的支撑①。

### 7. 水资源管理经济调节技术

水资源作为经济社会发展不可或缺的自然资源，具有一定的社会属性。同时，水资源的有限性和稀缺性，使得水资源逐渐成为一种可交易的商品。因此，实行最严格水资源管理制度不仅需要政策法规的约束，也需要采用经济杠杆，运用市场的调节作用，实现水资源在各用水户之间的再分配。因此，为了保障最严格水资源管理制度的顺利实施，必须建立起相应的经济调节体制，主要包括合理水价制定、水权交易、生态补偿及水资源费的高效管理等。

### 8. 水资源调度能力提升技术

最严格水资源管理制度的核心之一是建立水资源开发利用控制红线，严格实行用水总量控制，这意味着最严格水资源管理要从取水源头出发，从取水总量上进行第一步的“最严格”控制。而我国国情和水情共同决定了水资源的时空分布不均，这严重影响了水资源的开发利用及居民的生活生产，这也是出现地下水超采及局部水资源供应紧缺的根本原因。水资源调度作为改变水资源天然时空分布不均的有效途径，能够起到实现流域水资源合理配置的作用，是落实用水总量控制方案的重要抓手，也是实行最严格水资源管理制度的基础性工作。

2011 年“中央一号文件”明确指出，实行最严格水资源管理制度要强化水资源统一调度，协调好生活、生产、生态环境用水，完善水资源调度方案、应急调度预案和调度计划。提升水资源调度能力，是实施最严格水资源管理制度的必然要求和有效抓手。同时，高效的水资源调度能力是最严格水资源管理制度快速和有效实施的科技支撑。

### 9. 数字流域建设相关技术

数字流域是对流域的数字化表述，是在现有的流域数字化体现形式的基础上，运用数字化的手段来处理、分析和管理整个流域，实现流域的再现、优化和预测，能够比较全面、系统地掌握宏观与微观信息，从而有效弥补现有流域的运行缺陷，帮助解决流域现有问题，优化流域的建设、管理和运行，促进流域的健康可持续发展②。

最严格水资源管理需要更加详细、全面、及时的信息，更加标准的数据。这些信息的收集、传输、集成、分析等工作需要建立在先进的数字流域基础之上，否则，很难完成最严格水资源管理的复杂工作。先进的数字流域建设为有效落实最严格水资源制度提供了坚实的技术支撑。

---

① 王浩. 2011. 实行最严格水资源管理制度关键技术支撑探析. 中国水利，(6)：28-29，32.

② 刘家宏，王光谦，王开. 2006. 数字流域研究综述. 水利学报，37（2)：240-246.

# 第4章　基于人水和谐理念的最严格水资源管理制度研究框架*

人水和谐思想是我国政府自2001年以来坚持的主要治水指导思想之一。最严格水资源管理制度是水利部于2009年提出的一项重要水资源管理制度，并于2011年上升到国家管理层面。如何在人水和谐思想指导下研究和实行最严格水资源管理制度，具有非常重要的理论和现实意义。本章在前期研究工作的基础上，阐述最严格水资源管理制度与人水和谐之间的联系，采用和谐论对最严格水资源管理制度进行解读，剖析人水和谐理论在最严格水资源管理制度中的具体应用。接着，提出基于人水和谐理念的最严格水资源管理制度研究框架，探讨在这一框架下最严格水资源管理制度的核心体系和主要内容，包括最严格水资源管理制度技术标准体系、行政管理体系、政策法律体系，从而为进一步完善和落实最严格水资源管理制度提供科技和管理上的有力支撑。

## 4.1　最严格水资源管理制度与人水和谐的联系①

人水和谐思想的本质是改善人水关系，解决人水矛盾，实现水系统和人文系统的

---

* 本章执笔人：左其亭、张志强，其中，左其亭撰写4.4节和4.5节，张志强撰写4.1节、4.2节和4.3节。本章研究工作负责人：左其亭。主要参加人：左其亭、胡德胜、窦明、张翔、张志强、马军霞、靳润芳、韩春辉、张金萍、甘容、陶洁。

本章部分内容已单独成文发表，具体有：(a) 左其亭，胡德胜，窦明，等. 2014. 基于人水和谐理念的最严格水资源管理制度研究框架及核心体系. 资源科学，36 (5)：906-912；(b) 张志强，左其亭，马军霞. 2013. 最严格水资源管理制度的和谐论解读. 南水北调与水利科技，11 (6)：133-137；(c) 左其亭，张志强. 2014. 人水和谐理论在最严格水资源管理中的应用. 人民黄河，36 (8)：47-51；(d) 张志强. 2015. 基于人水和谐理念的最严格水资源管理三条红线量化研究. 郑州大学硕士学位论文.

① 该部分的主要内容来源于下列阶段性成果：张志强，左其亭，马军霞. 2013. 最严格水资源管理制度的和谐论解读. 南水北调与水利科技，11 (6)：133-137；张志强. 2015. 基于人水和谐理念的最严格水资源管理三条红线量化研究. 郑州大学硕士学位论文：21-23.

长期协调发展。最严格水资源管理制度的目的是缓解我国日益紧张的人水关系，实现水资源与经济社会的长期协调发展。两者之间关系如图 4-1 所示。

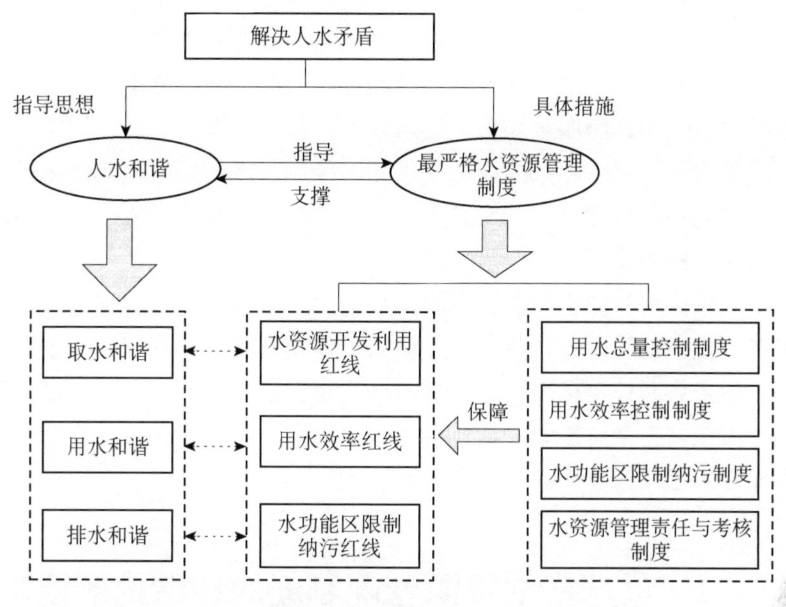


图 4-1　人水和谐与最严格水资源管理制度之间关系

### 1. 人水和谐与最严格水资源管理制度的目的都是相同的

人水和谐与最严格水资源管理制度都是在我国人水关系日益紧张的背景下提出的，其目的都是解决我国水资源问题，实现人水关系和谐发展。不同的是，人水和谐是一种指导思想，而最严格水资源管理制度是一项重要措施。

### 2. 人水和谐是实行最严格水资源管理制度必须始终坚持的基本原则和重要指导思想，也是实行最严格水资源管理制度的最终目的

2011 年“中央一号文件”明确指出，实行最严格水资源管理制度必须坚持人水和谐的基本原则。水资源开发利用必然会对水系统造成一定的损害，如果一味地强调水系统健康，大幅削减取用水量和排污量，必将导致经济社会发展的停滞甚至倒退；反之，如果过度地开发利用水资源，超过其承载能力，必将导致水系统遭受不可逆转的破坏，最终也将影响经济社会的发展。如何把握两者之间的这个“度”，实现水系统健康与经济社会长期协调发展，需要以人水和谐思想为指导。

从最严格水资源管理制度的提出背景和核心内容不难看出，最严格水资源管理制度是在人水关系日益恶化，水资源问题日益突出的形势下提出的，是实现水资源合理开发、高效利用和有效保护的重要措施。作为其核心内容的“三条红线”“四项制度”，也都是围绕着改善人水关系，实现人水和谐的目标提出的。因此，实行最严格水资源管理制度必须始终坚持人水和谐的基本原则，以实现人水和谐为最终目的。

### 3. 最严格水资源管理制度是人水和谐的具体体现和重要保障

人水和谐为我国水资源管理指明了大方向，具有重要的指导意义，但由于缺少具体实施措施，比较空泛，难以具体操作。最严格水资源管理制度划定了水资源开发利用控制、用水效率控制、水功能区限制纳污控制三条红线，分别从源头取水、过程用水和末端排水三方面保障取水和谐、用水和谐、排水和谐的实现。同时，最严格水资源管理制度又细分为用水总量控制、用水效率控制、水功能区限制纳污控制，以及水资源管理责任与考核制度“四项制度”，从不同方面保障“三条红线”的落实，进而保障人水和谐目标的实现。

此外，最严格水资源管理制度在不同层面上，改善我国人水关系，保障人水和谐目标的实现。在宏观层面上，建立覆盖流域，以及省、市、县三级行政区的“三条红线”控制指标体系和控制标准，建立最严格水资源管理问责与考核制度，改善流域和区域的人水关系。在微观层面，通过普及节水器具、建立水权交易平台等具体措施，落实人水和谐思想，改善局部的人水关系。

## 4.2 最严格水资源管理制度的和谐论解读①

### 4.2.1 最严格水资源管理制度中的和谐论思想

（1）最严格水资源管理制度是在理性认识人与人之间矛盾、人与水之间矛盾和人与自然之间矛盾的基础上提出来的，提出的目的就是解决多方参与者之间的矛盾，最终实现和谐发展的目标。在实施的过程中，深入贯彻落实科学发展观，通过协调人与人之间、部门与部门之间、地区与地区之间的关系，调整用水方式、产业结构，以和谐的态度处理人文系统与水系统之间存在的不和谐问题和因素，最终实现水资源可持续利用和经济社会长期平稳较快发展。因此，在落实最严格水资源管理制度的过程中，应始终坚持和谐论思想，促进人水和谐目标顺利实现。

（2）最严格水资源管理制度通过“三条红线”和“四项制度”，着力解决我国当前面临的严峻水问题，保障饮水安全、供水安全和生态安全，在实施的过程中尊重自然规律和经济社会发展规律，以和谐的态度处理水资源开发与保护的关系，协调生活、生产和生态用水，上下游、左右岸、干支流、地表水和地下水之间的关系，这充分体现了坚持以人为本，全面、协调、可持续的科学发展观，解决各种矛盾和问题的和谐论理念。

（3）最严格水资源管理制度是新时期水利改革形势下的治水方略，是水资源管理制度的一次重大改革。为了保障最严格水资源管理制度的顺利实施，系统地提出了用

① 该部分的主要内容来源于下列阶段性成果：张志强，左其亭，马军霞. 2013. 最严格水资源管理制度的和谐论解读. 南水北调与水利科技，11（6）：133-137.

水总量控制制度、用水效率控制制度、水功能区限制纳污制度、水资源管理和责任考核制度“四项制度”，完善了最严格水资源管理的体制。在实施的过程中，考虑到各地区实际情况的不同，在进行“三条红线”指标分配时，划定不同的指标值，既保障了地区经济社会的快速发展，又保证了水资源的可持续利用。这体现了采用系统论的理论方法解决多方参与问题的和谐论理念。

## 4.2.2　和谐论在最严格水资源管理制度研究中的应用

### 1. 运用和谐论五要素对最严格水资源管理制度“三条红线”进行解读

水资源开发利用控制红线主要是针对水资源开发利用的取水环节，实现对流域和区域取用水总量的严格控制。在制订流域水量分配方案时，对于跨省流域，各省份为了满足经济社会发展对水资源的需求，都希望获得更大的水资源分配量，但是流域可利用的水资源总量是有限的，这势必会加剧各省份之间的取水矛盾和人类社会发展与生态环境之间的矛盾。为了正确处理各省份之间、人类社会发展与生态环境保护之间的矛盾，可以基于和谐理论，从和谐论五要素的角度来剖析流域水量分配问题，制订科学合理的流域水量分配方案。跨省流域水量分配问题的和谐论五要素见表 4-1。

**表 4-1　跨省流域水量分配问题的和谐论五要素**

| 五要素 | 具体内容 |
| --- | --- |
| 和谐参与者 | 该流域内的各个取水省份 |
| 和谐目标 | （1）流域水资源开发利用总量小于红线规定值；<br>（2）实现水资源与经济社会的协调发展；<br>（3）保护生态环境 |
| 和谐规则 | （1）在分水时，坚持水资源开发利用总量小于红线规定量，并预留出一部分空余的原则，并且要首先满足基本的生态环境用水；<br>（2）公平使用水资源的原则：依据各省份经济发展状况和水资源供需现状进行水量分配，对于经济发展快、供需矛盾突出的省份可以适当地多分水 |
| 和谐因素 | 各省份水资源开发利用现状和水资源供需矛盾，各省份其他水源可利用水资源量，主要水功能区水质等 |
| 和谐行为 | 在考虑各种和谐规则与和谐因素的情况下，各省份能够获得的水资源量 |

对于一个特定地区，为了使该地区总的用水效率小于用水效率控制红线的规定值，需要对各个用水部门制定科学合理的用水定额，实行严格的用水管理。用水部门一般包括生活用水、工业用水、农业用水和生态用水四个部门。在制定各部门用水定额的过程中，由于水资源利用水平有限，并且用水效率的提高需要投入大量成本，所以各部门都希望本部门的用水定额被制定得大一些，这势必会导致各用水部门之间矛盾加剧。为了正确处理各部门之间的矛盾，可以从和谐论五要素的角度剖析各部门用水问题，为各用水部门制定科学合理的用水定额提供指导。用水定额制定问题的和谐论五要素见表 4-2。

表 4-2　用水定额制定问题的和谐论五要素

| 五要素 | 具体内容 |
|---|---|
| 和谐参与者 | 工业用水、农业用水、生活用水和生态用水 |
| 和谐目标 | （1）提高各部门用水效率，使区域总的用水效率达到甚至超过红线规定值；<br>（2）遏制用水浪费，加快推进节水型社会建设 |
| 和谐规则 | （1）结合地区总的用水效率，依据生活用水和生态用水优先的原则，制定各部门用水定额；<br>（2）增强各用水部门的节水意识，改善节水技术；<br>（3）限制高耗水工业项目建设和高耗水服务业发展，遏制农业粗放用水 |
| 和谐因素 | 现状的万元工业增加值用水量、灌溉用水定额、人均生活用水量、生态用水占总用水的比例等指标，各用水部门的节水技术 |
| 和谐行为 | 各用水部门的用水定额 |

水功能区限制纳污红线针对水资源开发利用的排水环节，严格控制入河湖排污总量。对于某条具体的河流，首先需要确定该水功能区的水环境容量，然后基于人水和谐理念，考虑水功能区的水环境容量，合理确定各排污点的排污量。在确定各排污点排污量的过程中，各排污单位为了降低污染物处理成本，提高自身经济效益，都希望获得更多的允许排污量，这势必会造成流域上下游之间、各排污单位之间的矛盾。为了满足水体纳污能力的要求，保证河流湖泊生态健康，需要加强流域上下游之间、各排污单位之间的协调与合作，可以从和谐论五要素的角度出发，分析各排污点的排污量分配问题①。各排污点排污量分配问题的和谐论五要素如表 4-3 所示。

表 4-3　各排污点排污量分配问题的和谐论五要素

| 五要素 | 具体内容 |
|---|---|
| 和谐参与者 | 该水功能区内的各个排污单位 |
| 和谐目标 | 主要污染物的入河总量小于水体能够承纳的最大污染物总量；改善水质，保持水功能区生态健康 |
| 和谐规则 | （1）公平使用水环境容量的原则：按照各个排污单位的经济发展状况和排污状况进行合理分配；<br>（2）各排污点排污水质，达到水功能区规定水质要求时才可以排放 |
| 和谐因素 | 水功能区水环境容量；各排污单元的污水处理能力 |
| 和谐行为 | 各排污单元允许的最大排污量 |

## 2. 和谐度方程、和谐评估、和谐调控在“三条红线”中的应用

和谐度方程、和谐评估、和谐调控是和谐论的主要定量计算方法，在落实最严格水资源管理“三条红线”中具有重要应用。

和谐度方程的应用主要体现在以下两个方面。①“三条红线”的落实涉及多方利益相关者，各方利益相关者为了实现各自利益的最大化，会尽可能增加取水量和排污量，这将最终导致水资源过度开发和水环境污染，出现人水不和谐现象。为了解决这一问题，可以将该问题转化成和谐问题，在确定和谐论五要素的基础上，构建和谐度

① 张志强，左其亭，马军霞. 2013. 最严格水资源管理制度的和谐论解读. 南水北调与水利科技，11（6）：133-137.

方程，并通过对计算参数统一度（$a$）、分歧度（$b$）、和谐系数（$i$）、不和谐系数（$j$）的分析，提出落实“三条红线”的指导性策略。②在进行水权和排污权分配的过程中，定量描述水资源开发利用控制红线，开展水资源和谐分配调控研究，解决水资源利用地区之间、部门之间、行业之间的用水矛盾问题。定量描述用水效率控制红线，研究影响用水效率的主要影响因素及其作用大小，选择有效措施，提高用水效率总体水平。定量描述水功能区限制纳污红线，开展排污总量控制及排污权和谐分配调控研究，解决排污总量控制和排污权分配难题。

和谐评估的应用主要体现在“三条红线”绩效考核方面。“三条红线”控制指标体系是一个具有递阶层次结构的指标体系，采用“单指标量化-多指标综合-多准则集成”的和谐评估方法能够通过逐级集成计算各层和谐度，能够更好地发现“三条红线”实行过程中存在的问题，及时制订整改方案。

和谐调控的应用主要体现在实施方案的优选方面。在多组实施方案制订的基础上，以“三条红线”和谐度最大为目标，通过方案集优选方法选取最优实施方案。

## 4.3 人水和谐理论在最严格水资源管理制度中的应用研究[①]

最严格水资源管理制度的核心内容是落实“三条红线”、建立“四项制度”。本节针对第 3 章第 3.1.2 节中提出的实行最严格水资源管理制度应开展的重点工作，分别阐述人水和谐理论在“三条红线”“四项制度”中的应用。

### 4.3.1 人水和谐理论在落实“三条红线”中的应用

“三条红线”分别与人水和谐的取水和谐、用水和谐、排水和谐三个过程相对应。水资源开发利用控制红线重点是对各类水源的开发利用量和区域水资源开发利用总量进行控制，保证水系统的健康发展，实现取水过程的和谐。用水效率控制是针对用水低效问题，通过强制性手段提高各行业和区域综合用水效率，实现用水过程和谐。水功能区限制纳污控制是指通过核定水域纳污能力，科学划定水功能区纳污红线，逐步改善水环境质量，实现排水过程的和谐。

#### 1. 人水和谐理论在“三条红线”控制指标体系构建中的应用

构建“三条红线”控制指标体系的本质是选取重要的控制过程和控制要素，细化“三条红线”管理目标，使其更具有可操作性。然而，水资源管理是一项复杂而又庞

① 该部分的主要内容来源于下列阶段性成果：左其亭，张志强. 2014. 人水和谐理论在最严格水资源管理中的应用. 人民黄河，36（8）：47-51；张志强. 2015. 基于人水和谐理念的最严格水资源管理三条红线量化研究. 郑州大学硕士学位论文：23-26.

大的系统工程，过程复杂，要素众多，如何在众多的过程和要素中筛选出合适的控制要素，一直困扰着广大水科学工作者。从“三条红线”与三大和谐过程的对应关系可以看出，“三条红线”控制指标体系的构建可以从实现取水和谐、用水和谐、排水和谐的需求出发，选取代表性指标，构建基于人水和谐理念的“三条红线”控制指标体系。

#### 2. 人水和谐理论在“三条红线”控制标准确定中的应用

确定“三条红线”控制标准的本质是基于水资源可持续利用与经济社会发展用水需求之间的博弈关系，确定的取水量、排污量的上限值及用水效率的下限值。人水和谐思想对“三条红线”控制标准的确定具有重要的指导意义，在确定红线控制标准时，需要同时考虑水资源可利用量和水环境容量的限制与经济社会发展用水和排污需求，寻求两者之间的平衡。

#### 3. 人水和谐理论在“三条红线”量化评估中的应用

“三条红线”量化评估是指对“三条红线”管理目标的完成程度进行科学合理的综合评价，是一个多指标综合评价问题。人水和谐量化方法是一种多指标综合评价方法，该方法通过对单指标评价结果的逐级集成，最终得出综合的评价结果，便于对比分析各条红线的目标完成程度，可以应用于“三条红线”量化评估。

### 4.3.2 人水和谐理论在建立“四项制度”中的应用

#### 1. 人水和谐理论在用水总量控制制度构建中的应用

（1）建立建设项目水资源论证制度：坚持人水和谐思想，在流域和区域层面进行水资源统一规划，优先满足居民生活用水的需求，保障供水安全和饮水安全；做好防洪规划，减少甚至避免洪涝灾害对人民生命财产造成的威胁。在此基础上，将水资源在各行业各部门之间进行科学合理规划，充分发挥水资源的多种功能，使水资源综合效益最大，也就是使人水和谐程度总体最大。

（2）建立取用水总量控制制度：坚持人水和谐思想，构建覆盖流域及省、市、县三级行政区的取用水总量控制指标体系，确定各控制指标的控制标准，并以严格的手段进行管理。另外运用经济手段，建立水市场，鼓励水权交易，通过市场调节机制，激励流域和区域减少取用水量。

（3）建立取水许可审批机制：坚持人水和谐思想，严格控制流域和区域的取水总量，避免对水系统造成不可逆转的破坏。取水总量接近甚至超过区域水资源开发利用红线控制标准的地区，对于新增用水项目的审批实行严格控制甚至停止审批。

（4）建立地下水管理和保护制度：坚持人水和谐思想，统筹考虑地下水可持续利用和经济社会发展对地下水的需求，逐步削减超采量以实现地下水的采补平衡。对地

下水超采严重地区，一方面科学划定地下水的禁采和限采范围，尽力避免地下水超采现象进一步恶化；另一方面积极采取地下水回灌补给等措施，努力修复地下水超采区的生态环境。

### 2. 人水和谐理论在用水效率控制制度构建中的应用

（1）建立节约用水管理制度：坚持人水和谐思想，统筹考虑工业、农业、生活等方面用水的差异和节水潜力的不同，采取不同的节水措施。在工业节水方面，通过调整产业结构，改进生产工艺进行节水；在农业节水方面，通过调整种植结构，采用高效的节灌技术进行节水；在生活节水方面，通过宣传节水知识，提高公众的节水意识，同时制定科学合理的水价制度进行节水。

（2）建立计划用水与定额管理制度：坚持人水和谐思想，在制定行业用水定额的过程中，理性认识不同地区不同行业之间在用水效率方面的差异，结合国家标准、地区实际情况，制定科学合理的行业用水定额，同时以发展的眼光，及时修订本区域内各行业的用水定额。在制订各用水户用水计划的过程中，既要考虑各用水户的用水需求，又要考虑区域用水总量和纳污能力的限制，系统考虑社会效益、经济效益和生态效益，以综合效益最大化为原则，制订科学合理的用水计划方案。

### 3. 人水和谐理论在水功能区限制纳污制度构建中的应用

（1）建立排污总量控制制度：坚持人水和谐的原则，考虑经济社会发展的排污需求，划定水功能区限制纳污红线控制标准，并统筹考虑用水效率、经济效益、社会效益等多方面因素，运用和谐度方程，将该控制标准在各排污口之间进行科学合理分配。对水体污染严重的地区，严格限制审批新增取水和排污口，避免水环境进一步恶化。

（2）建立饮用水水源地保护制度：坚持以人为本的基本理念，保障人民群众饮水安全。依法划定饮用水水源保护区，禁止在饮用水源保护区设置排污口；加强水土流失治理工作，防治面源污染；建立饮用水水源应急管理机制，完善饮用水水源突发污染事件应急预案，建设备用水源地，保障人民饮水安全。

（3）建立水生态系统保护和修复制度：坚持人水和谐思想，保障基本生态用水需求，保持河流的合理流量和湖泊、水库、地下水的合理水位，维持河流水生态系统健康。对于已污染的河流，加强水生态系统的修复工作，建立健全水生态补偿机制。

### 4. 人水和谐理论在水资源管理责任与考核制度构建中的应用

建立水资源管理责任与考核制度，是顺利实行最严格水资源管理制度的重要保障，也是实行最严格水资源管理制度的重要推动力。人水和谐理论在其中的应用主要表现为人水和谐量化方法在水资源管理绩效评估中的应用。

# 4.4 基于人水和谐理念的最严格水资源管理制度研究框架及核心体系[①]

## 4.4.1 基于人水和谐理念的最严格水资源管理制度研究框架

基于人水和谐理念，剖析人水关系存在的矛盾与水管理问题，从解读 2011 年“中央一号文件”，2012～2013 年国务院和水利部有关文件精神入手，进一步理顺人水和谐思想与最严格水资源管理制度之间的关系，构建基于人水和谐理念的最严格水资源管理制度研究框架。研究框架包括最严格水资源管理制度的和谐论解读及应用研究、人水和谐理论在最严格水资源管理制度中的应用研究及三个核心体系的研究。三个核心体系分别为最严格水资源管理制度技术标准体系、行政管理体系、政策法律体系。这三个体系是支撑和保障最严格水资源管理制度实施的重要基础。研究思路如图 4-2 所示。

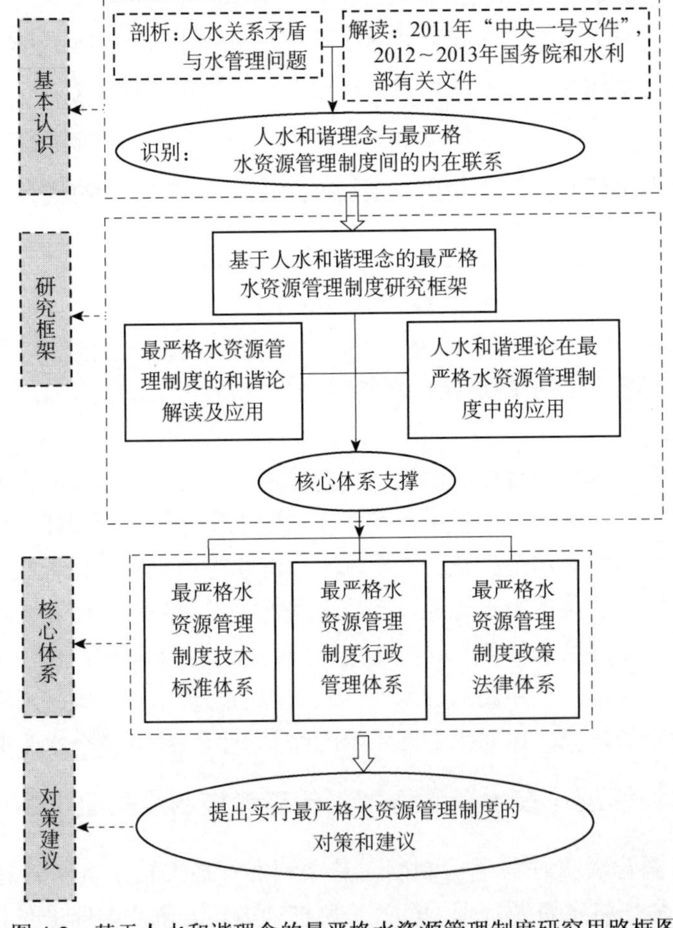


图 4-2 基于人水和谐理念的最严格水资源管理制度研究思路框图

① 该部分的主要内容来源于下列阶段性成果：左其亭，胡德胜，窦明. 2014. 基于人水和谐理念的最严格水资源管理制度研究框架及核心体系. 资源科学，36（5）：906-912.

### 4.4.2 基于人水和谐理念的最严格水资源管理制度核心体系及主要内容

最严格水资源管理制度是一项具有鲜明中国特色的水管理制度，是在系统总结、深入思考传统水资源管理基础上的制度创新。“最严格”突出了我国水危机背景下水问题的严峻性、水管理的紧迫性，是基于我国人口问题、耕地问题、粮食问题等特殊国情，并考虑未来经济社会可持续发展需要，提出的水资源管理制度。首先，实行最严格水资源管理制度，必须制定一套新的技术标准体系，来定量控制“三条红线”，考核最严格水资源管理制度的执行效果。其次，因为与以往水资源管理制度相比，最严格水资源管理制度更加“严格”，相应的行政管理体制和工作流程必然应随之变化，这就需要一套新的行政管理体系。此外，应该对应建立一套新的政策法律体系。笔者将由这三方面构成的体系称为最严格水资源管理制度的核心体系。

#### 1. 最严格水资源管理制度技术标准体系

最严格水资源管理制度的落实，必须要有一整套科学合理、简便易行的技术标准体系作为技术支撑，但由于最严格水资源管理制度提出时间不长，且国内学者的研究工作多聚焦于管理指标的构建、管理效率的评估、管理制度的制定等某一方面，尚未形成相对规范的技术体系。然而，最严格水资源管理制度的落脚点就是如何将“三条红线”指标落实到相关的责任主体，并通过规范的监控手段来促进管理工作走向正规化。为此，需要从实际出发，基于人水和谐理念，构建一套由“三条红线”评价指标体系、评价标准、评价方法及绩效考核保障措施体系组成的最严格水资源管理制度技术标准体系，为落实最严格水资源管理制度提供技术支撑。

（1）指标体系。指标体系可以分为结果指标和过程指标。作为结果指标的“三条红线”指标的科学确定，是实行最严格水资源管理制度的前提和基础。由于我国水资源管理工作的复杂性，要想全面、客观、真实地反映出水资源管理水平，必须构建一套比较科学、完备的过程指标体系。目前水利部已提出了“三条红线”指标的初步设计方案，但是在实际应用中，需要进一步具体考虑人水和谐的各个方面和目标要求，完善和制定本区域的“三条红线”结果指标和过程指标。

（2）评价标准。在指标体系建立的基础上，还要划定相应的衡量标准作为检验“三条红线”控制好坏、判别水资源管理水平优劣的依据。目前水利部已给出了省级行政区层面的“三条红线”指标控制标准，但由于不同地区的水资源条件、管理水平、管理方式存在较大差异，很难用同一标准对所有地区进行衡量，所以如何提出一个制定具有普适性评价标准的方法，就显得尤为重要。在对我国不同地区水资源管理特点、差异进行比较的基础上，应按照评价标准确定原则，参考人水和谐量化研究方法，制定“三条红线”指标评价标准。

（3）评价方法。在确定了指标体系和评价标准之后，还需要选择比较科学的评价方法。在对目前国内外已有评价方法总结分析的基础上，遵循客观公正、实事求是的原则来选取评价方法。可供选择的方法有“单指标量化-多指标综合-多准则集成”方法、模糊综合评价方法、层次分析方法、集对分析方法等。

（4）绩效考核保障措施体系。在指标体系、评价标准、评价方法的基础上，需要构建实行最严格水资源管理绩效考核制度有关的相关技术标准和手段，包括绩效考核目标、准则、责任主体和考核对象、目标要求、层级考核操作流程和步骤、考核单位和监管部门的具体要求和责任，以及有效落实绩效考核的管理办法和保障措施。为了确保最严格水资源管理制度的实施，必须有一套完善的保障措施，主要包括：科技支撑保障（包括水文科技工作、水资源调控技术、数字流域及水利现代化工作等）、“三条红线”指标选择和控制措施、水资源管理责任和考核制度、水资源管理体制和投入机制、政策法规和社会监督机制。[①]

### 2. 最严格水资源管理制度行政管理体系

与以往的水资源管理制度相比，最严格水资源管理制度主要体现在“最严格”上，这可能会在以往水资源管理矛盾尚未完全解决的基础上又增添新的矛盾和难题，因为以往形成的水资源管理行政体制和工作流程可能不适合“最严格”的要求。所以，势必要研究最严格水资源管理制度下行政管理需要改进哪些方面、需要建立一个什么样的行政管理体系，从而建立、健全或者完善若干关键性的政府管理机制或措施。

（1）一体化用水总量调控和许可审批机制。2002 年颁布实施的水法第十二条规定：“国家对水资源实行流域管理与行政区域管理相结合的管理体制。”但是，十多年过去了，目前仍存在部门之间、流域管理机构和行政区域政府（或其部门）之间、不同行政区域之间、不同级别的政府（及其部门）之间在水资源管理方面职责不清、分工模糊、行为随意、运转不灵的机制性问题[②]。在取用水总量控制方面，应该基于人水和谐理念及和谐论思想，研究如何建立科学、合理、可行的流域管理与行政区域管理相结合、不同级别行政区域管理相结合的用水总量调控和许可审批工作机制。

（2）基于用水定额的取水权交易机制。对于通过采用节水技术和加强管理措施，促进用水效率提高，从而节约下来的取水权指标，需要研究设计出一套取水权交易制度。该取水权交易制度应当基于人水和谐理念及和谐论思想，遵循市场机制规律而设计，建立起和谐的用水机制和取水权交易制度。只有这样，才能够不仅有利于鼓励公众提高用水效率，而且能够确保提高用水效率者有利可图。否则，用水户缺乏提高用水效率的积极性，只会被动地实施节水措施。

（3）基于水域纳污能力的排污权交易机制。建立充分反映水域纳污能力这一自然资源稀缺程度和经济价值的排污权交易机制，基于人水和谐理念及和谐论思想建立排

---

① 胡德胜，王涛. 2013. 中美澳水资源管理责任考核制度的比较研究. 中国地质大学学报（社会科学版），13（3）：49-56.

② 胡德胜，潘怀平，许胜晴. 2012. 创新流域治理机制应以流域管理政务平台为抓手. 环境保护，（13）：37-39.

污总量分配方案，可以提高纳污能力的配置效率、充分发挥可以流通部分的排污权的经济价值，引导企业约束排污行为、减少污染物排放量，形成减少排污的内在激励机制，促进经济增长方式的转变，保护水生态，促进人与自然和谐共处。

### 3. 最严格水资源管理制度政策法律体系

针对最严格水资源管理制度落实过程中现有政策和法律体系存在的问题，就法律保障的关键性措施进行研究，构建适应最严格水资源管理制度的政策法律体系。

（1）水科学知识教育的法律规制。我国在政策上虽然鼓励进行有关宣传工作，但主要是政府主管部门进行临时性的宣传，导致宣传缺乏长期性、系统性、稳定性。而水资源稀缺的严峻性却是长期的。需要借鉴其他国家在这方面进行强制性规范的经验，结合我国国情，基于人水和谐理念，以构建和谐社会为目标，提出我国的规制方案。

（2）生态环境用水保障机制。考察已有的水资源法律与政策，可以发现，需要研究以下内容：生态环境用水需求的法律地位，生态环境用水供应在水资源配置（权利）结构中的地位顺序，水资源战略、规划和计划中关于生态环境用水的规定，生态环境用水数量上的确定程序、规则或者方法，取水许可制度关于生态环境用水的内容，生态环境用水水质保护机制，生态环境用水供应的激励机制，以及紧急情况下生态环境用水供应制度。

（3）“违法成本＞守法成本”机制。在市场经济条件下，如果违法行为带来的经济效益大于该违法行为招致的经济制裁时，不少市场主体都极可能选择实施该违法行为[①]。因此，如果不能有效地解决“违法成本远远低于守法成本”的问题，无证取水、超取和滥取就会比按规取水更有利可图，用水户必然选择违法取水，违法排污。为此，需要研究成本-效益分析的经济学分析方法，在行政处罚或罚款措施的确定上，确保违法成本大于守法成本。

（4）水资源管理中的公众参与保障机制。公众和利益相关者参与不仅是民主政治的体现，而且是公众特别是利益相关者维护其切身利益的重要途径，也是创新政府和社会管理方式、实现善治的体现。需要从可操作性及确定公众特别是利益相关者参与机会方面，就涉及“三条红线”的社会公众和利益相关者参与机制的健全和完善进行研究，并建立相应的保障机制。

（5）政府责任机制强化。通过完全的市场配置不仅会忽视生态安全和国家安全，而且会阻碍经济结构的优化和升级，从长远角度来看，不适宜可持续发展。虽然我国在政策上明确提出要“强化政府责任”“突出强调政府责任”，但是在我国现行法律规定中，关于政府责任的措辞存在大量的政府或其主管部门“可以”、“有权”的表述，这实际上是在弱化政府责任，而不是强化政府责任。需要通过逐一甄别，将政府责任确定为一种法律义务、一种“应当”履行的义务，而不是一种可为

① 胡德胜. 2012. 我国水污染防治法按期间制裁机制的完善. 江西社会科学，28（7）：165-169.

可不为之事。

## 4.5　本书框架结构和主要内容

根据上文介绍的最严格水资源管理制度研究框架及核心体系，构建了本书的框架结构，分成四大部分，即四篇。第一篇为总论，是全书的基础内容和框架介绍。第二～第四篇分别针对最严格水资源管理制度的三大核心体系展开，分别介绍了三大核心体系的主要内容，目标是通过系统研究，形成完善的最严格水资源管理制度体系，如图 4-3 所示。

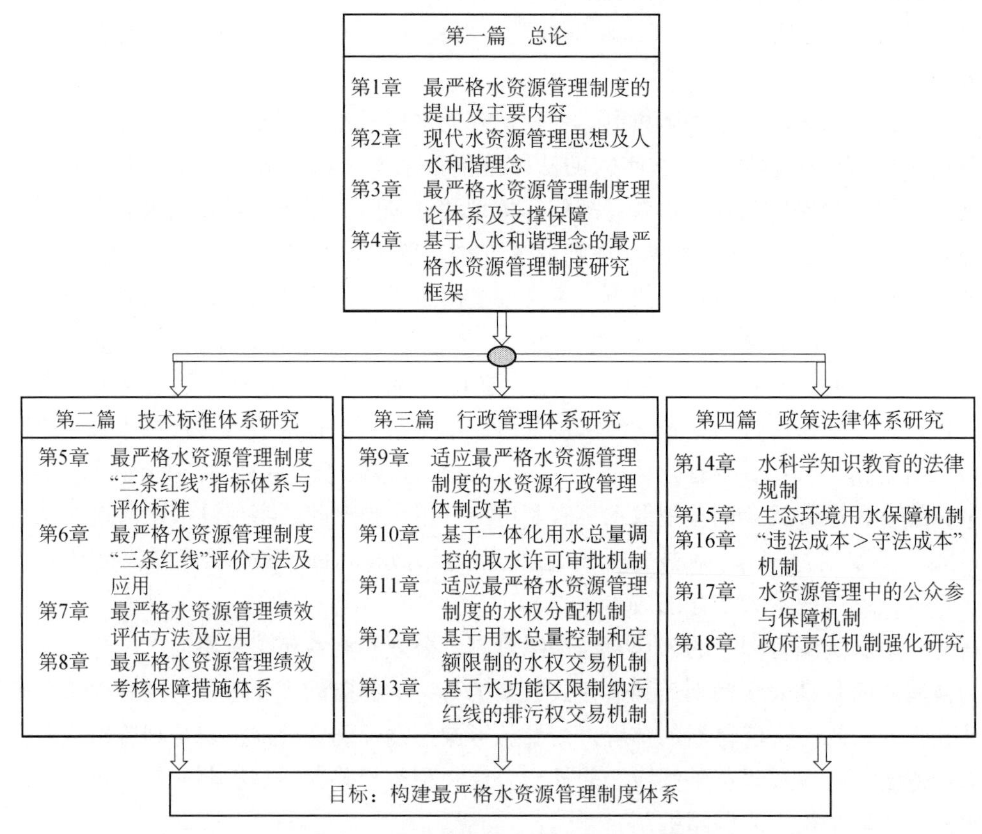


图 4-3　本书框架结构与分章安排一览表

第一篇包括 4 章。第 1 章全面论述了提出最严格水资源管理制度的渊源，回答了最严格水资源管理制度提出的原因和历史背景；详细介绍了最严格水资源管理制度提出的经过，全面阐述了最严格水资源管理制度的概念、内涵、主要特点及主要内容。第 2 章系统总结了 2010 年以前我国水资源管理存在的主要问题，说明构建现代水资源管理体系的必要性；系统介绍了我国现代水资源管理新思想，重点介绍了人水和谐思想，以及和谐论、人水和谐量化研究方法在水资源管理中的应用，为全书做好现代水资源管理新思想方面的知识铺垫。第 3 章详细介绍了构建的最严格水资源管理制度

理论体系，系统阐述了实行最严格水资源管理制度的科技支撑和保障体系。第 4 章初步阐述了最严格水资源管理制度与人水和谐的联系，用和谐论对最严格水资源管理制度进行解读，介绍了人水和谐理论在最严格水资源管理制度中的应用；重点阐述了新提出的基于人水和谐理念的最严格水资源管理制度研究框架及三大核心体系，是构建全书框架结构的基础。

第二篇包括 4 章。第 5 章全面阐述了最严格水资源管理制度“三条红线”指标体系构建与评价标准确定的原则和依据，分别系统介绍了用水总量控制指标体系与评价标准、用水效率指标体系与评价标准、纳污总量控制指标体系与评价标准。第 6 章系统介绍了最严格水资源管理制度“三条红线”评价方法，并详细介绍了其应用实例——汉江流域“三条红线”评价。第 7 章阐述了最严格水资源管理绩效评估指标体系的构建原则、思路及指标选择，阐述了评估标准的确定思路和方法，并详细介绍了绩效评估方法和在郑州市的应用实例。第 8 章阐述了最严格水资源管理绩效考核保障措施体系构建的原则及主要内容。

第三篇包括 5 章。第 9 章简要介绍了我国水资源行政管理体制的历史沿革、现状及存在的主要问题，阐述了笔者对适应最严格水资源管理制度的我国水资源行政管理体制改革的一些思考。第 10 章简要介绍了取水许可审批机制、一体化用水总量调控及其要素，剖析了我国现行取水许可审批机制存在的主要问题，介绍国外取水许可审批制度的经验和教训，阐述了笔者对完善我国取水许可审批机制的建议。第 11 章阐述了新时期水权制度建设需求，提出了基于“三条红线”的初始水权和谐分配方法，并介绍了该方法在沙颍河流域初始水权分配中的应用成果。第 12 章介绍了水权交易的基本概念及相关知识，提出了可交易水权量化方法，阐述水权交易保障措施，并介绍了可交易水权量化方法在沙颍河流域取水权交易中的应用。第 13 章介绍了排污权交易的基本概念及相关知识，提出了可交易排污权量化方法，阐述排污权交易保障措施，并介绍了可交易排污权量化方法在沙颍河流域排污权交易中的应用。

第四篇包括 5 章。第 14 章介绍了水科学知识教育宣传和普及的相关基本内容，分析了我国水科学知识教育存在的问题和改革方向，重点阐述了其法律规制。第 15 章介绍了国际政策法律和学术层面对生态环境用水管理的理解，剖析了我国生态环境用水保护现状、政策法律及存在的问题，阐述了笔者对建立并不断健全我国生态环境用水保障机制的一些建议。第 16 章简要介绍了违法和守法的经济学分析，剖析了与水资源有关的违法行为的现状及与水资源有关的违法行为的法律经济分析，系统阐述了最严格水资源管理制度下违法和守法成本的协调处理。第 17 章介绍了社会公众参与的一般原理，分析了最严格水资源管理制度对公众参与的需求及其存在的主要问题，阐述了作者对最严格水资源管理制度中公众参与保障机制的一些建议。第 18 章介绍了政府责任的一般原则，重点阐述了最严格水资源管理制度下的政府责任及其存在的问题，阐述了笔者对强化政府责任的一些建议。

# 第二篇 最严格水资源管理制度技术标准体系研究

## 内容导读

落实最严格水资源管理制度需要有一整套科学合理、简便易行的技术标准体系作为技术支撑。本篇以人水和谐理念为指导，将最严格水资源管理制度的“三条红线”“四项制度”与水资源管理需求有机结合，构建一套科学合理的最严格水资源管理制度技术标准体系（包括“三条红线”指标体系构建、评价标准和评价方法确定等），提出水资源管理绩效考核的实施办法和保障措施。

本篇共包括四部分内容。首先，在充分分析用水总量控制、用水效率控制和纳污总量控制影响因素的基础上，分别建立了用水总量控制、用水效率控制和纳污总量控制的评价指标体系，并在参考国际标准、国内平均水平、研究区域规划水平及已有研究成果的基础上，确定了评价指标的评价标准等级；其次，介绍了当前系统综合评价的常用方法，包括模糊综合评价法、基于熵权的模糊物元综合评价法、层次分析法、主成分分析法等，并采用基于熵权的模糊物元评价法对汉江流域最严格水资源管理进行了综合评价；再次，基于“三条红线”评价指标和评价标准，构建了最严格水资源管理绩效评估体系，提出了最严格水资源管理绩效评估分区标准，以及确定评估指标标准的思路和方法，并应用于郑州市的最严格水资源管理绩效评估；最后，为了保障和落实最严格水资源管理绩效评估工作，从法律法规保障、行政保障、经济保障、政策保障、技术保障五个方面，构建了最严格水资源管理绩效考核的保障措施体系。

# 第 5 章　最严格水资源管理制度“三条红线”指标体系与评价标准*

最严格水资源管理制度“三条红线”涉及水资源承载能力、水环境与经济社会等多方面因素，其中还广泛存在各种不确定性，针对这样一个十分复杂系统的定量描述，行之有效的方法就是建立一套科学的、可操作性强的指标体系，并制定合理的评价标准，在此基础上进行多指标综合评价。自最严格水资源管理制度“三条红线”提出以来，国内对“三条红线”指标体系已有一些研究，但并无统一标准，现有指标体系在不同地区的适用性还有待进一步研究讨论。本章在充分分析用水总量控制、用水效率控制和纳污总量控制影响因素的基础上，依据一定的原则，分别建立了用水总量控制、用水效率控制和纳污总量控制的评价指标体系，并在参考国际标准、国内平均水平、研究区域规划水平及已有研究成果的基础上，提出相应指标的评价标准。

## 5.1　“三条红线”指标体系构建原则

构建“三条红线”指标体系的目的，是为了通过一套指标来“简明”地表达“三条红线”的落实情况，促进最严格水资源管理制度的实施，为水资源可持续利用提供基础支撑。由于水资源系统十分复杂，简单用几个指标很难评估其整体情况，且评价指标的选取直接决定着整个评价过程及评价效果的优劣，因此，建立一套科学合理的

---

* 本章执笔人：王华阳、梁秀、李薇、张翔、高仕春、张利平，其中，王华阳、高仕春、张翔执笔 5.1 节、5.2 节、5.3 节和 5.4 节，李薇、张利平执笔 5.5 节，梁秀、张翔执笔 5.6 节。本章研究工作负责人：张翔。主要参加人：张翔、高仕春、张利平、王华阳、梁秀、李薇、夏菁、刘建峰、靳润芳。

本章部分内容已单独成文发表，具体有：(a) 梁秀，张翔，刘建峰，等. 2015. 长湖纳污能力及水产养殖污染负荷估算. 水资源保护，31 (3)：78-83；(b) 夏菁，张翔，朱志龙，谢平，刘建峰. 2015. TMDL 计划在长湖水污染总量控制中的应用. 环境科学与技术，07：176-181.

指标体系是保证最严格水资源管理评价准确可靠的基础，也是引导水资源管理走向正确方向的重要手段。“三条红线”指标体系不是简单地将一些指标堆积与组合，而是根据一些原则建立起来的，并且能综合反映一个区域水资源利用、节约和保护状况的指标集合。本书在综合已有研究的基础上，结合水资源系统特征，提出以下构建原则。

### 1. 科学性原则

评价指标体系要建立在科学、合理与准确的基础上，所选的指标尽可能地采用标准的名称、定义和计算方法，并且能够体现最严格水资源管理“三条红线”控制的内涵。选取那些稳定性强且能够客观真实地反映水资源利用、节约和保护的指标，而且数据的选取、计算与合成等都应具有科学性、真实性和规范性。

### 2. 全面和重点相结合原则

一方面，“三条红线”控制指标体系应尽量全面地考虑到水资源利用、节约和保护所涉及的各个方面及其内在联系，反映与之相关的资源、环境、社会和经济等各方面的综合情况，以保证综合评价的全面性和可信度；另一方面，又不可能做到“面面俱到”，应突出主要指标和具有代表性指标。因此，要尽可能根据评价目标，对评价指标进行筛选，使指标体系的大小适宜，内部逻辑清晰合理，以尽可能少的精简指标来表达尽量全面的内涵。

### 3. 独立性原则①

指标的独立性是指各指标间自由变动而彼此不受牵制的性质，是指评价不受决策者、管理者、执行者和前期评价人员的干扰，是一个与指标重叠性相对应的概念。指标独立性要求指标在内涵和信息上没有重叠，也就是不存在内涵式重叠和信息重叠。内涵式重叠是指两个指标是对所描述对象同一性质的不同表达方式，即两个指标的内涵是一样的，其间存在一定的常数关系，如人均日用水量与人均年用水量；信息重叠是指各指标之间存在一定的关系，是一种通过数据信息表现出来的低层次的重叠。独立性原则就是要求所选的指标精练，尽可能避免上述两种形式的重叠，即在指标选择过程中避免选择相关性太高、意义相近的指标，尽量选择那些能单独反映水资源系统某一方面属性和状态的具有相对独立性的指标，以免影响评价结果的精度。

### 4. 定性与定量相结合的原则

水资源系统是一个复杂系统，所包含的信息量巨大，有很多指标难以被定量化，而过多的定性指标会导致指标体系在实践过程中难以被操作，但是如果一味地追求定量化指标而摒弃所有的定性指标，则会使指标的内涵无法体现出来，进而难以准确地反映水资源系统的真实状况。因此在构建“三条红线”控制指标体系时，应保留部分

---

① 张国祥，杨居荣. 1996. 综合指数评价法的指标重叠性与独立性研究. 农业环境保护，15（5）：213-217.

内涵丰富的定性指标，同时保证其余指标的资料数据易于获取且具有一定的精度，使得建立的指标体系定量定性相平衡，以此来提高评价的可靠性。

#### 5. 可比性原则

可比性原则是指同一层次的所有元素指标的计量范围和计算口径应该一致，计算方法应该相同，并且指标取值尽量采用相对值，尽量不用或少用绝对值。一方面，可比性原则首先要求指标体系在研究区内能够普遍适用，也就是虽然各地指标数据值不同，但指标代表含义相同，并且要求指标体系对各评价对象是公平的、可比的，打破指标体系应用尺度的局限，适用于不同的水资源条件、不同区域的产业结构，指标不应该含有明显的“倾向性”，能够保证评价标准的公平性及评价结果的可比性，实现不同地区间的横向比较。另一方面，评价指标在选择时应考虑选择的指标在一定时期内含义、范围与方法等方面不会发生变化，以便对系统的长期趋势和变化规律进行研究，从而保证指标的纵向可比性。总而言之，可比性原则要求在建立整个评价指标体系时，选择的评价指标要既能反映实际情况，又便于比较优劣，查明水资源管理薄弱环节。

#### 6. 区域性原则

尽管任何地区实行“三条红线”控制的总体目标是一致的，但由于水资源系统的多样性，不同区域或流域的水资源特征各不相同，所以当把建立的评价指标体系应用到具体的某一区域或流域时，需要根据实际情况有针对性地选择适用的评价指标，做到适当的取舍，使选择的指标具有区域特色，反映本区域的水资源条件和用水问题。区域性原则是要求建立的指标体系在把握影响水资源利用、节约和保护主导因素的基础上，再综合考虑能够体现区域或流域具体特色的指标。

#### 7. 政策相关性和导向性原则

理论的研究必须要应用到实践中才能发挥它应有的价值，政策相关性和导向性就意味着构建的指标体系能够在实践中对决策者有实实在在的支持与指导作用，能够描述其与资源、环境、经济、社会等方面的关系，并与已有的政策目标和有关标准相关，从而切实为政府制定相关政策提供理论决策依据。

## 5.2　指标体系构建步骤及框架

### 5.2.1　指标体系构建过程

“三条红线”指标体系的选择是一个由具体到抽象再到具体的辩证逻辑思维过程，是对“三条红线”的认识由浅入深的过程，对体系逐步深入、系统化的过程。为了建立一套科学合理的“三条红线”控制指标体系，一般需要如图 5-1 所示的三个步骤。

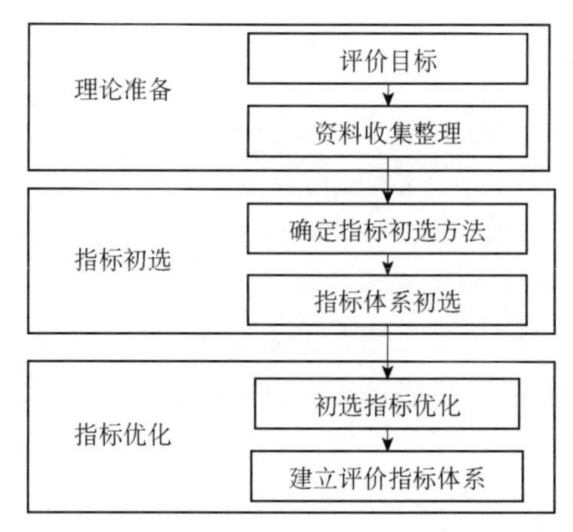


图 5-1　“三条红线”评价指标体系构建过程示意图

（1）理论准备。明确“三条红线”指标内涵，全面系统地了解国内外研究现状，熟悉评价指标体系的构建方法，掌握一定的统计理论及方法，确定指标的选择方法。

（2）指标初选。熟悉指标初选方法，根据“三条红线”指标构建框架与构建原则，构建初选指标体系。

（3）指标优化。初选指标可能存在遗漏、重复或概念不清等问题，因此需要选用科学合理的优化方法，对初选指标进行优化，进而形成科学合理的指标体系。

## 5.2.2　指标选择及优化方法

### 1. 指标初选方法

指标的初选是参考以往专家学者对相关指标的研究，从一系列相关的指标之中挑选出对本评价内容有影响的指标，一般工作量很大，因此选用科学合理的选取方法尤为重要。通过文献阅读，归纳总结出指标选择方法有频度分析法、专家咨询法、文献资料法、层次分析法、指标属性分组法、理论分析法等。本书根据实际资料掌握情况，选用了常用的理论分析法、文献资料法、频度分析法。

（1）理论分析法。理论分析法是一种常用的指标选择方法，其选择思想是先将要评价的目标分为不同的部分，然后针对各个部分选择指标进行表征。在本书中，首先根据“三条红线”的内涵及影响因素，对评价目标进行了划分，然后对每一部分再进行进一步的分解，最后可以用一个或者几个指标来表征各个部分，建立起评价指标体系。理论分析法在整个指标体系建立过程中都有体现。

（2）文献资料法。“三条红线”的研究涉及水科学、经济学、管理学、法学、社会学等学科领域，这些学科的理论知识基础都需要通过查阅文献资料和书籍才能获得。本书在研究过程中查阅了有重要参考价值的论文、报告和书籍等，通过分析整

理，得到了相当多的有价值的东西，对本书指标的筛选、指标体系的建立提供了很多有益的参考。

（3）频度分析法。关于“三条红线”评价指标的研究很多，提出的指标也很多，对涉及的指标进行频度统计，选出那些既有丰富内涵，使用频率又较高的指标，可以使建立的指标体系更加科学和完整。

### 2. 指标优化方法

虽然单个指标在选择的过程中可以认为是合理的、科学的，但是选择过程中难免存在不确定性、主观性或者模糊性，导致构成的指标体系整体上不够协调。由初步选择的指标构成的指标体系往往不够科学，进而会影响评价结果的合理性，因此，一般需要对单个指标和指标体系分别进行优化。

（1）单项指标优化。单项指标的优化就是对得到的每一个指标进行可行性、正确性分析。可行性分析主要是分析某个指标是否能够通过原始资料得到，或者是通过原始资料经过分析计算而得到，并且要分析其得到的难易程度、准确程度和成本大小，如果原始资料很难获得或者不够精确或者花费不够合理，则在实际应用中这个指标就是不可行的，就需要对其进行修正甚至替换。正确性分析主要是检验指标与指标要素及评价目标之间的关联性，包括检验指标的完整性及与指标要素之间的关联性大小。

（2）整体优化。指标体系的整体优化就是对各个指标之间的协调性、关联性、必要性进行检查，即分析所选指标是否必不可少，是否内涵和目的相近或相同，是否满足协调性的要求等。

## 5.2.3　指标体系构建框架

为使最严格水资源管理制度的实施和考核定量化且具有可操作性，指标的选择应具有充分的灵活性，突出重点指标的主导作用，同时考虑地区特点与差异。因此，将“三条红线”评价指标分为三大类，即强制性指标、选择性指标和相关性指标。

强制性指标，即为 2014 年水利部等十部委在《实行最严格水资源管理制度考核工作实施方案》中明确规定的指标，综合反映“三条红线”指标控制情况，因此为必选指标。

另外，由于全国不同流域或区域地理位置不同，经济发展水平和水资源条件各异，“三条红线”评价指标的选取还需结合区域或流域实际情况。因此，还需选择一部分指标可供流域或区域根据自身特点选择，称为选择性指标。

再者，相关性指标，是指与“三条红线”相关或可供计算分析用的指标。在实例研究中指标数量偏多会导致可靠性差、资料收集困难，这样的指标体系虽然较为全面，但是会使评价可操作性降低，也会凸显多指标综合评价中的权重确定问题，同时还会弱化核心指标对评价的影响。因此，可以根据研究区域特点及经济社会发展等情况，选择一定的有代表性的指标作为相关性指标，供评价时使用，但其作用可以等同使用也可以作为参考。

本书研究就是按照“强制性指标-选择性指标-相关性指标”的框架，来构建“三条红线”评价指标体系。

## 5.3 评价标准制定思路和方法

建立指标体系的评价标准，就相当于制作了一把“尺子”，可以根据评价对象的实际情况，依据一定指标，定量评价其所处的状态。针对“三条红线”评价，通过实际情况与评价标准的对比，可以定量表达“三条红线”控制的状态，说明与国内其他区域、全国平均水平、国际先进水平的比较情况，为进一步开展“三条红线”考核、绩效评估、指标调控、水资源管理提供科学依据。

本书针对所选的评价指标，考虑到不同指标标准在不同时间、不同空间可能存在的差异，参考其他学者的研究成果，优先以全国平均水平为基准进行指标评价标准的等级划分，在具体应用到某个地区或某个流域时，再根据当地的实际情况做出适当的变动，做到“因地制宜、与时俱进”。具体划分依据如下。

（1）参考国际、国家层面已有的标准。一些指标的等级标准值已经在国际或国家层面有所规定，已经证明了其合理性，本书直接采用。

（2）参考国际、国家评价水平或规划值。一些指标并没有明确的标准等级值，可以根据现状平均水平、发达国家或地区水平及规划值等指标值来确定。

（3）对于某些没有参考的指标标准，采取向专家和相关主管部门专业人员咨询的办法，综合分析确定其标准等级值。

按照评价指标反映的控制好坏从高到低，划分五级，分别为Ⅰ级、Ⅱ级、Ⅲ级、Ⅳ级、Ⅴ级，对应定性描述为很好、较好、中等、较差、很差，或者其他类似的定性描述（因为不同指标的表述文字有所不同）。

## 5.4 用水总量控制评价指标体系与评价标准

### 5.4.1 概述

用水总量控制的研究可从两个方面进行：一是从供给方面也就是资源的角度出发进行的水量控制，即在遵循公平性、有效性和可持续性的原则下，通过保障有效水资源供给、合理抑制水资源需求、维护和改善生态环境质量等手段和措施，对流域内自然水源在不同区域间和不同用水部门间进行配置后的可利用水量；二是从需求方面也就是用水户的角度出发进行的目标水量控制，即考虑了区域内用水户现有的用水结构、水资源管理制度、生产技术、投资能力和用水意识等因素后的需求水量，目标水

量考虑了水资源利用技术效率，能够反映区域节水潜力，为建设节水型社会、实施最严格水资源管理制度提供了有价值的参考。

相应地，用水总量控制评价指标的确定也应从以下两个方面来考虑：一是当地自然水资源（包含可用的水资源）的特性，反映当地自然因素，即客观条件；二是当地经济社会和生态环境对水的需求及对水资源的开发利用状况，反映当地人为因素，即主观条件。用水总量控制评价指标的确定应是主观与客观相协调的结果。

本章基于对最严格水资源管理制度内涵及用水总量控制内涵的分析理解，明确用水总量控制研究内容及研究方法，在研究借鉴国内外水资源管理经验和用水总量控制评价指标体系，以及考虑社会、经济、生态、资源等方面因素对用水总量控制的影响的基础上，针对我国水资源特点和面临的问题，确定用水总量控制为控制目标，从供给、需求两个方面进行管理，构成管理层。在管理层下设主控因素层，其中将“需求”管理层分为“生产、生活、生态”三类，即主控因素层。将各项评价指标分类纳入主控因素层，即最下一层的指标层。具体设计框架见表5-1。

**表5-1　用水总量控制评价指标体系层次框架**

| 目标层 | 用水总量控制 | | | |
|---|---|---|---|---|
| 管理层 | 供给 | 需求 | | |
| 主控因素层 | 资源 | 生产 | 生活 | 生态 |
| 指标层 | $X_1$，$X_2$，… | $X_i$，… | … | $X_n$ |

## 5.4.2　用水总量控制影响因素分析

用水总量控制研究涉及社会、经济、生态、资源等各个方面，是一个复杂的系统问题。在此系统中，每一个因素都可以看成该系统的一个子系统，其变化可能会对系统产生正向或者负向或大或小的影响[①]，因此，在进行用水总量控制评价时，必须对社会、经济、生态、资源等多方面的影响因素进行全面综合的考虑，具体影响因素见图5-2。

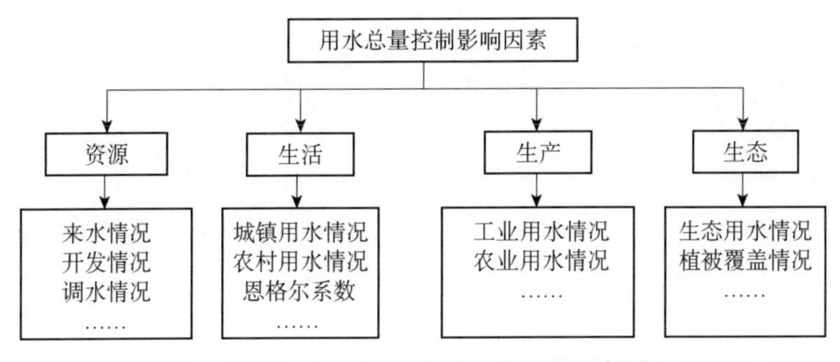


图5-2　用水总量控制的影响因素示意图

① 姜文来，罗其友. 2000. 区域农业资源可持续利用系统评价模型. 经济地理，20（3）：78-81.

### 5.4.3 用水总量控制评价指标体系构建

根据以上论述，按照“强制性指标-选择性指标-相关性指标”的框架，来构建用水总量控制评价指标体系。强制性指标，是 2014 年水利部等十部委在《实行最严格水资源管理制度考核工作实施方案》中提出的指标，即用水总量，综合反映水资源使用情况，为必选指标。另外，在综合分析用水总量控制评价各种影响因素的基础上，经过广泛查阅国内外相关文献资料，最终筛选出 6 个选择性指标、5 个相关性指标，构成一个指标体系，如表 5-2 所示。该指标体系中包含 12 个具体评价指标，其中多为无量纲表达形式，易于比较分析，且适用范围广。

**表 5-2 用水总量控制评价指标体系**

| 类型层 | 指标层 | 单位 |
|---|---|---|
| 强制性指标 | 用水总量 | 亿米$^3$ |
| 选择性指标 | 万元工业产值用水量 | 米$^3$ |
| | 灌溉定额 | 米$^3$/亩 |
| | 城镇人均用水定额 | 升/天 |
| | 农村人均用水定额 | 升/天 |
| | 生态环境用水率 | % |
| | 植被覆盖率 | % |
| 相关性指标 | 来水情况 | % |
| | 河道内生态用水率 | % |
| | 地表水开发程度 | % |
| | 地下水开发程度 | % |
| | 水资源调出（入）率 | % |

### 5.4.4 用水总量控制评价指标的评价标准

本章结合研究实例区——汉江流域，对用水总量控制评价指标的标准确定依据说明如下。

（1）强制性指标——用水总量的标准以国家颁布的最严格水资源管理中用水总量控制目标为标准。

（2）来水情况。考虑到来水情况在不同时间、不同空间存在差异性，本书根据国家标准《水文基本术语和符号标准》（GB/T 50095—98）将来水情况分为特丰水年、偏丰水年、平水年、偏枯水年和特枯水年五大类别，划分丰、平、枯水年的标准一般是根据来水系列的 P-Ⅲ型概率分布，采用频率分析法确定统计参数和各频率设计值，具体划分标准如表 5-3 所示。

（3）河道内生态用水率。河道内生态用水率参考 Tennant 法确定基流标准，对其划分方法进行简化，概括为五个标准，如表 5-4 所示。

**表 5-3　来水情况等级划分标准**

| 丰平枯级别 | 标准范围（来水频率 $P$/%） |
|---|---|
| Ⅴ级（特丰水年） | $P \leqslant 12.5$ |
| Ⅳ级（偏丰水年） | $12.5 < P \leqslant 37.5$ |
| Ⅲ级（平水年） | $37.5 < P \leqslant 62.5$ |
| Ⅱ级（偏枯水年） | $62.5 < P \leqslant 87.5$ |
| Ⅰ级（特枯水年） | $P > 87.5$ |

**表 5-4　参考 Tennant 法确定的河道内生态用水率等级标准**

| 流量的定性描述 | 推荐的基流标准（年平均流量百分数/%） |
|---|---|
| Ⅰ级（最佳） | >80 |
| Ⅱ级（极好） | 50～80 |
| Ⅲ级（较好） | 30～50 |
| Ⅳ级（一般） | 10～30 |
| Ⅴ级（极差） | 0～10 |

（4）生产指标。根据资料统计，我国万元工业产值用水量为 90～110 米$^3$，发达国家为 9～18 米$^3$。全国灌溉定额约为 410 米$^3$/亩，发达国家为 90～150 米$^3$/亩，全国平均灌溉水利用系数为 0.4～0.5，发达国家为 0.7～0.8。本书以我国平均水平确定的范围作为“中等”，以发达国家平均水平确定的范围作为“很好”，其他等级做适当划分，划分后的等级标准如表 5-5 所示。

**表 5-5　工业、农业生产用水指标评价标准等级划分**

| 指标 | 等级 | | | | |
|---|---|---|---|---|---|
| | Ⅴ级（很差） | Ⅳ级（较差） | Ⅲ级（中等） | Ⅱ级（较好） | Ⅰ级（很好） |
| 万元工业产值用水量/米$^3$ | >400 | 150～400 | 80～150 | 30～80 | <30 |
| 灌溉定额/（米$^3$/亩） | >550 | 450～550 | 350～450 | 200～350 | <200 |

（5）其他指标。根据以上分析，其他几个指标的分级采用类似的方法，按照五级划分标准，将用水总量控制指标评价标准分为“很好、较好、中等、较差、很差”五个等级。具体的等级标准划分如表 5-6 所示。

**表 5-6　用水总量控制评价指标等级标准划分**

| 指标 | 单位 | 等级 | | | | |
|---|---|---|---|---|---|---|
| | | Ⅴ级（很差） | Ⅳ级（较差） | Ⅲ级（中等） | Ⅱ级（较好） | Ⅰ级（很好） |
| 用水总量 | 亿米$^3$ | 按照国家颁布的标准 | | | | |
| 万元工业产值用水量 | 米$^3$ | >400 | 150～400 | 80～150 | 30～80 | <30 |
| 灌溉定额 | 米$^3$/亩 | >550 | 450～550 | 350～450 | 200～350 | <200 |
| 城镇人均日用水定额 | 升 | <80 | 80～150 | 150～200 | 200～250 | >250 |
| 农村人均日用水定额 | 升 | <40 | 40～70 | 70～80 | 80～90 | >90 |

续表

| 指标 | 单位 | 等级 | | | | |
|---|---|---|---|---|---|---|
| | | Ⅴ级<br>（很差） | Ⅳ级<br>（较差） | Ⅲ级<br>（中等） | Ⅱ级<br>（较好） | Ⅰ级<br>（很好） |
| 生态环境用水率 | % | <1 | 1～2 | 2～3 | 3～4 | >4 |
| 植被覆盖率 | % | <10 | 10～20 | 20～30 | 30～40 | >40 |
| 来水情况 | % | >87.5 | 62.5～87.5 | 37.5～62.5 | 12.5～37.5 | <12.5 |
| 河道内生态用水率 | % | 0～10 | 10～20 | 20～30 | 30～50 | >50 |
| 地表水开发程度 | % | >90 | 60～90 | 40～60 | 20～40 | 0～20 |
| 地下水开发程度 | % | >90 | 60～90 | 40～60 | 20～40 | 0～20 |
| 水资源调出（入）率 | % | >30 | 20～30 | 10～20 | 5～10 | <5 |

## 5.5 用水效率控制评价指标体系与评价标准

最严格水资源管理“三条红线”从取水、用水和排水三个不同的角度对水资源利用和保护进行管理，其中用水效率与用水方式紧密相关，提高用水效率对减少用水总量和废污水排放量、提高水功能区水质达标率具有重要的作用。

### 5.5.1 用水效率控制的影响因素

影响用水效率控制的因素包括自然因素、经济因素、社会因素等。

（1）自然因素。我国水资源量年际、年内变化大，人均、亩均占有量不高，且空间分布不均。针对某一个具体流域或区域，其水资源条件可能有所不同，在一定程度上会影响到用水习惯，进而影响到用水效率。

（2）经济因素。在经济相对落后的地区，由于受到技术水平和经济条件的制约，资源的利用效率往往不高。随着经济发展，如果盲目利用资源，必然导致资源的大量浪费。当经济发展到一定水平特别是在社会生产力和技术水平发展到一定阶段时，资源的利用效率也相应有所提高。因此经济因素或多或少在一定程度上影响着水资源的利用效率。产业结构的不同也直接影响了一个区域的用水结构，决定了不同行业的用水比例，从而对用水效率产生影响。

（3）社会因素。水资源利用效率受许多社会因素的影响，比如人口素质、技术水平、国家政策等。一般来讲，人口素质越高，越易于接受更多的节水教育，对提高水资源利用效率有比较大的影响；先进的技术应用是促进节水的重要基础，特别是工业技术、农业灌溉技术，对提高生产用水效率有直接的关系；此外，国家政策特别是用水政策直接引导用水理念，影响用水效率，比如，节水型社会建设、节水器具普及、城市自来水管网改造、用水效率控制与考核等。

### 5.5.2　用水效率控制评价指标体系构建

用水效率控制评价涉及自然因素、经济因素、社会因素等多方面的指标，需要构建一个完善的指标体系。本节仍按照“强制性指标、选择性指标、相关性指标”的架构来选择指标，按照“目标层、类型层、指标层”的层次列举指标。

（1）强制性指标。水利部等十部委在 2014 年印发的《实行最严格水资源管理制度考核工作实施方案》中，确定的与用水效率控制评价相关的指标有两项，即“万元工业增加值用水量、农田灌溉水有效利用系数”，将其作为用水效率控制的强制性指标。

（2）选择性指标、相关性指标。在综合分析用水效率控制评价各种影响因素的基础上，经过广泛查阅国内外相关文献资料，初步筛选出 23 个初选指标，涵盖综合、工业、农业、生活的用水效率控制评价指标，见表 5-7。

**表 5-7　用水效率控制评价初选指标一览表**

<table>
<tr><th>目标层</th><th colspan="2">类型层</th><th>指标层</th></tr>
<tr><td rowspan="23">用水效率控制</td><td colspan="2" rowspan="9">综合性指标</td><td>万元 GDP 用水量/米$^3$</td></tr>
<tr><td>人均综合用水量/（米$^3$/天）</td></tr>
<tr><td>水资源开发利用率/%</td></tr>
<tr><td>中水回用率/%</td></tr>
<tr><td>管网漏损率/%</td></tr>
<tr><td>农村实际供水量与总引水量比值</td></tr>
<tr><td>城镇实际供水量与总引水量比值</td></tr>
<tr><td>生产、生活、生态用水比例</td></tr>
<tr><td>总用水弹性系数</td></tr>
<tr><td rowspan="14">行业指标</td><td rowspan="4">工业</td><td>万元工业增加值用水量/米$^3$</td></tr>
<tr><td>工业用水重复利用率/%</td></tr>
<tr><td>高用水行业单位产品用水定额/米$^3$</td></tr>
<tr><td>工业用水比例/%</td></tr>
<tr><td rowspan="6">农业</td><td>亩均灌溉用水量/米$^3$</td></tr>
<tr><td>农业用水比例/%</td></tr>
<tr><td>节水灌溉率/%</td></tr>
<tr><td>农业灌溉水有效利用系数（-）</td></tr>
<tr><td>单方水粮食产量/千克</td></tr>
<tr><td>万元农业增加值耗水量/米$^3$</td></tr>
<tr><td rowspan="4">生活</td><td>人均生活日用水量/升</td></tr>
<tr><td>农村生活人均日用水量/升</td></tr>
<tr><td>城镇生活人均日用水量/升</td></tr>
<tr><td>节水器普及率/%</td></tr>
</table>

再在表 5-7 的初选指标的基础上，根据综合分析和实际研究的需要，选择主要指标作为选择性指标和相关性指标。

本书共筛选出 7 项指标作为用水效率控制评价指标。图 5-3 按照“综合用水”“工业用水”“农业用水”“生活用水”分类列出。其中，强制性指标是万元工业增加值用水量、灌溉水有效利用系数；选择性指标是工业用水重复利用率、农田亩均灌溉用水量；相关性指标是万元 GDP 用水量、城镇生活人均日用水量、农村生活人均日用水量。

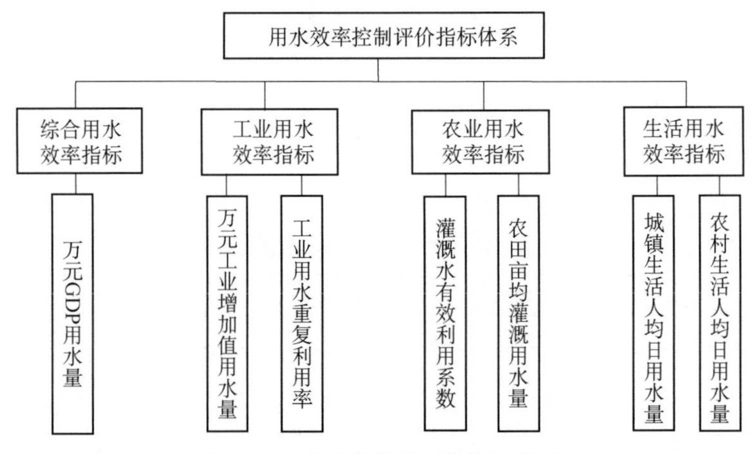


图 5-3 用水效率控制评价指标体系

## 5.5.3 用水效率控制评价指标的评价标准

本章结合研究实例区——汉江流域，对用水效率控制评价指标的标准确定依据说明如下。

（1）万元工业增加值用水量：2000～2007 年，我国万元工业增加值用水量为 131～288 米$^3$。2005～2010 年，汉江流域万元工业增加值用水量为 146～281 米$^3$，基本呈逐年下降趋势。2013 年国务院办公厅在《实行最严格水资源管理制度考核办法》中提出了关于用水效率考核指标的要求：到 2015 年，全国万元工业增加值用水量下降到 80 米$^3$ 以下。这一指标在发达国家目前一般在 10～40 米$^3$。根据上述对国内外这一指标的分析，将其评价标准划分为 5 个等级：Ⅰ级——60 米$^3$，Ⅱ级——100 米$^3$，Ⅲ级——120 米$^3$，Ⅳ级——200 米$^3$，Ⅴ级——300 米$^3$。

（2）灌溉水有效利用系数：我国平均灌溉水有效利用系数为 0.4～0.5，发达国家为 0.7～0.8，《实行最严格水资源管理制度考核办法》中提出，到 2030 年农田灌溉水有效利用系数提高到 0.6 以上，结合国外先进水平和国内现状水平及未来规划年份的控制目标，将灌溉水有效利用系数评价标准划分为 5 个等级：Ⅰ级——0.6，Ⅱ级——0.55，Ⅲ级——0.5，Ⅳ级——0.4，Ⅴ级——0.3。

（3）工业水重复利用率：我国工业水重复利用率为 50%，发达国家工业水重复利用率为 75%～85%，参考国内外水平将工业用水重复利用率评价标准划分为 5 个等

级：Ⅰ级——90%，Ⅱ级——80%，Ⅲ级——70%，Ⅳ级——60%，Ⅴ级——40%。

（4）农田亩均灌溉用水量：统计数据显示，我国农田亩均灌溉用水量为 429～479 米$^3$，汉江流域农田亩均灌溉用水量为 300～450米$^3$，且有逐年减少之势。由于水资源条件、农业种植结构及节水水平不同，不同地区这一指标差异较大，如珠江流域较高，达到 822～916 米$^3$，黄河中游地区、淮河流域较低，分别为 220～246 米$^3$、212～306 米$^3$。《实行最严格水资源管理制度考核办法》的要求是：2015 年全国农田亩均用水量降到 370 米$^3$以下。农田亩均灌溉用水量越小，农业用水效率越高。依据上述对我国这一指标的分析，将该指标评价标准划分为 5 个等级：Ⅰ级——200 米$^3$/亩，Ⅱ级——350 米$^3$/亩，Ⅲ级——450 米$^3$/亩，Ⅳ级——550 米$^3$/亩，Ⅴ级——600 米$^3$/亩。

（5）万元 GDP 用水量：2010 年，长江流域的万元 GDP 用水量为 145 米$^3$，全国平均万元 GDP 用水量为 150 米$^3$。2005～2010 年，汉江流域万元 GDP 用水量为 169～353 米$^3$，且呈现逐年递减趋势，2008～2012 年，各行政区万元 GDP 用水量分别为 93～462 米$^3$、81～394 米$^3$、71～388 米$^3$、59～260 米$^3$、49～292 米$^3$。同时，参考 2006 年前后发达国家万元 GDP 用水量——日本 22.45 米$^3$、美国 85 米$^3$、德国 26 米$^3$、韩国 80 米$^3$，将万元 GDP 用水量评价标准划分为 5 个等级：Ⅰ级——70 米$^3$，Ⅱ级——120 米$^3$，Ⅲ级——160 米$^3$，Ⅳ级——200 米$^3$，Ⅴ级——300 米$^3$。

（6）城镇生活人均日用水量：根据资料统计，全国范围内城镇生活人均日用水量为 193 升；2010 年，长江流域城镇生活人均日用水量为 231 升；2005～2010 年，汉江流域城镇生活人均日用水量为 164～201 升。发达国家的城镇生活人均日用水量为 160～260 升。参考上述资料，将城镇生活人均日用水量评价标准划分为 5 个等级：Ⅰ级——100 升，Ⅱ级——160 升，Ⅲ级——220 升，Ⅳ级——260 升，Ⅴ级——300 升。

（7）农村生活人均日用水量：根据资料统计，全国范围内农村生活人均日用水量为 83 升，2010 年长江流域为 75 升，2005～2010 年汉江流域平均为 50～58 升。参考上述资料，将农村生活人均日用水量评价标准划分为 5 个等级：Ⅰ级——50 升，Ⅱ级——70 升，Ⅲ级——80 升，Ⅳ级——100 升，Ⅴ级——120 升。

综合上述分析，确定各用水效率控制评价指标评价等级划分如表 5-8 所示。

**表 5-8 用水效率控制评价指标等级标准**

| 指标 | 单位 | 性质 | 评价等级 | | | | |
|---|---|---|---|---|---|---|---|
| | | | Ⅰ级 | Ⅱ级 | Ⅲ级 | Ⅳ级 | Ⅴ级 |
| 万元工业增加值用水量 | 米$^3$ | ↓ | 60 | 100 | 120 | 150 | 200 |
| 灌溉水有效利用系数 | — | ↑ | 0.6 | 0.55 | 0.5 | 0.4 | 0.3 |
| 工业用水重复利用率 | % | ↑ | 90 | 80 | 70 | 60 | 40 |

续表

| 指标 | 单位 | 性质 | 评价等级 | | | | |
|---|---|---|---|---|---|---|---|
| | | | Ⅰ级 | Ⅱ级 | Ⅲ级 | Ⅳ级 | Ⅴ级 |
| 农田亩均灌溉用水量 | 米$^3$ | ↓ | 200 | 350 | 450 | 550 | 600 |
| 万元 GDP 用水量 | 米$^3$ | ↓ | 70 | 120 | 160 | 200 | 300 |
| 城镇生活人均日用水量 | 升 | ↓ | 100 | 160 | 220 | 260 | 300 |
| 农村生活人均日用水量 | 升 | ↓ | 50 | 70 | 80 | 100 | 120 |

注：↑表示越大越优，↓表示越小越优；Ⅰ级为评级最优

## 5.6 水功能区限制纳污控制评价指标体系与评价标准

### 5.6.1 概述

近些年，随着经济快速发展、人口不断膨胀和城市化进程的加快，废污水排放量快速增长，人类活动对自然水环境的干扰加强，大量废污水未经处理而直接排入水域，导致水环境日益恶化。恶化的水质不仅影响水体的使用功能，使水体的使用价值降低，而且对人们的身体健康造成严重威胁，由此产生的水质型缺水更加剧了水资源供需矛盾，使水资源无法得到可持续利用，水环境健康受到严重的损害[①]。最严格水资源管理制度“三条红线”中的水功能区限制纳污控制红线便在此背景下应运而生，是从国家层面上高度重视水环境保护问题的重要体现。纳污总量控制涉及水域的自然条件、污染物排放状况、经济社会发展水平和环境治理水平等多方面因素，本章在充分分析这些影响因素的基础上，依据 5.1 节中的原则，构建了水功能区限制纳污控制评价指标体系，并在参考国际标准、国内平均水平及已有研究成果等的基础上，进行了评价标准等级的划分。

### 5.6.2 纳污总量控制影响因素分析

水体中污染物的来源，主要包括工业废水、生活废水和农业面源污染等方面，而要实现纳污总量控制的目标——水质达标，对区域纳污总量控制水平进行合理评价，就应从工业、生活、农业面源的排污状况和治污水平等各方面进行全面的评价，使纳污总量控制的评价考核结果有章可循，为地区水污染防治提供方向。纳污总量控制的具体影响因素见图 5-4。

① 周晓蔚，王丽萍，张验科. 2008. 基于最大熵的河流水质恢复能力模糊评价模型. 中国农村水利水电，(1)：23-25.

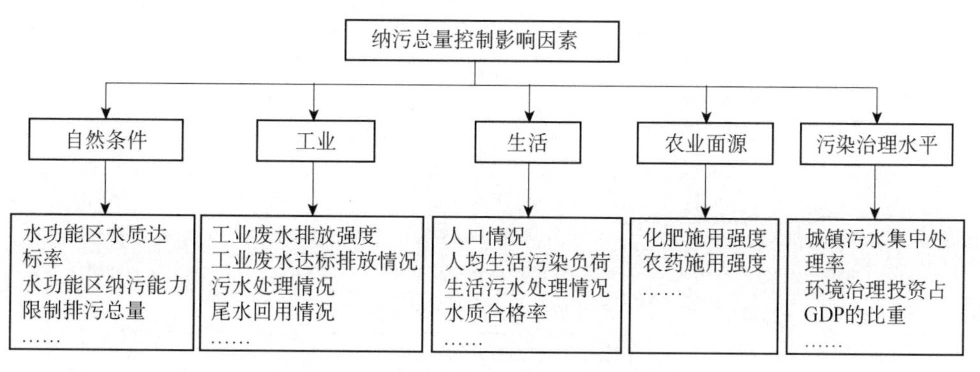


图 5-4　纳污总量控制影响因素示意图

## 5.6.3　纳污总量控制指标体系构建

### 1. 指标体系的初选

为使最严格水资源管理制度的实施和考核定量化且具有可操作性，指标的选择应具有充分的灵活性，突出重点指标的主导作用，同时考虑地区特点与差异。因此，将纳污总量控制指标体系也分为三大类，即强制性指标、选择性指标和相关性指标。强制性指标即水功能区水质达标率，是 2012 年国务院《关于实行最严格的水资源管理制度的意见》中明确规定的限制纳污控制指标，能够综合反映水体的水质污染状况和纳污总量控制水平，因此为必选指标。由于各个区域或流域的水资源条件和水环境特点存在差异，纳污总量控制指标的选取还需结合区域或流域实际情况，且对于某一特定区域，也因水域类型等不同（如河流、湖泊）导致指标选取存在差异，所以还需选择一部分指标可供流域或区域根据自身特点选择，称为选择性指标。相关性指标是指与纳污总量控制相关，或可供计算分析参考的指标。

本章在综合分析纳污总量控制影响因素的基础上，查阅相关文献资料，参考以往专家学者对纳污总量控制指标的研究，选取其中应用频率较高、意义明确的指标，构成一套初选指标体系，如表 5-9 所示。

### 2. 指标筛选

选择性指标中包括 9 项综合指标，其中水功能区纳污能力和限制排污总量是表示水体满足水质目标所能容纳的最大污染物量，然而目前关于纳污能力的计算尚存在争议，不同的计算方法计算出的纳污能力相差很大，且纳污能力实际上是一个具有时间动态变化特征的量，水功能区纳污能力和限制排污总量很难以某一定量标准进行衡量评价，因而筛除这两项指标；入河污水排放量、主要污染物入河湖总量、污径比和万元 GDP 污染物排放量都是表示地区排放状况和水平的指标，由于本质上影响水体水质的是废水中的污染物量，而不是废水排放量，且万元 GDP 污染物排放量同时反映了经济增长与污染物排放两重因素，便于进行地区间的比较，所以从这四个指标中选

**表 5-9　纳污总量控制初选指标体系**

| 类型层 | | 指标层 | 单位 |
|---|---|---|---|
| 强制性指标 | | 重要江河湖泊水功能区水质达标率 | % |
| 选择性指标 | 综合 | 水功能区纳污能力 | 吨/年 |
| | | 限制排污总量 | 吨/年 |
| | | 入河污水排放量 | 吨/年 |
| | | 主要污染物入河湖总量 | 吨/年 |
| | | 万元 GDP 污染物排放量 | 千克 |
| | | 污径比 | — |
| | | 环境治理投资占 GDP 的比例 | % |
| | | 城市污水处理率 | % |
| | | 富营养化综合状态指数 | — |
| | 工业 | 工业废水达标排放率 | % |
| | | 工业废水排放量 | 吨/年 |
| | | 工业废水排放强度 | 吨/万元 |
| | | 污水处理厂的污水处理能力 | 万吨/天 |
| | | 污水处理厂尾水回用率 | % |
| | | 工业污水集中处理率 | % |
| | | 工业污染治理投资额 | 万元 |
| | 生活 | 城镇生活废水排放量 | 万吨 |
| | | 人均生活污染负荷 | 克/天 |
| | | 集中式饮用水源地水质达标率 | % |
| | | 安全供水保障率 | % |
| | | 城市生活污水处理率 | % |
| | 农业面源 | 农药施用强度 | 千克/公顷 |
| | | 化肥施用强度 | 千克/公顷 |
| 相关性指标 | | 人口自然增长率 | % |
| | | 人均 GDP | 万元 |
| | | 城镇化水平 | % |
| | | 生态环境用水保证率 | % |
| | | 生径比 | — |
| | | 水土流失治理率 | % |

择万元 GDP 污染物排放量作为纳污总量控制评价指标；对于易发生富营养化的湖泊水库，可采用富营养化综合状态指数反映富营养化水平，而对于不易发生富营养化的河流，可不选用这一指标。

考虑水环境系统的特点与纳污总量控制评价指标选取的原则，并借鉴已有的纳污总量控制评价方面的研究成果，经过筛选得到最终的纳污总量控制评价指标体系，见表 5-10。

**表 5-10　纳污总量控制评价指标体系**

| 类型层 | | 指标层 | 单位 |
|---|---|---|---|
| 强制性指标 | | 水功能区水质达标率 | % |
| 选择性指标 | 综合 | 万元 GDP 的污染物排放量 | 千克 |
| | | 环境治理投资占 GDP 的比例 | % |
| | | 城市污水处理率 | % |
| | 工业 | 工业废水达标排放率 | % |
| | | 工业废水排放强度 | 吨/万元 |
| | 生活 | 人均生活污染负荷 | 克/天 |
| | | 集中式饮用水源地水质达标率 | % |
| | 农业面源 | 化肥施用强度 | 千克/公顷 |

### 5.6.4　纳污总量控制指标评价标准

本章结合研究实例区——汉江流域，对纳污总量控制评价指标的评价标准确定依据说明如下。

（1）水功能区水质达标率：根据国务院办公厅《关于实行最严格水资源管理制度考核办法》中对全国和湖北省水功能区水质达标率控制目标的要求，并参考已有的关于汉江流域水功能区水质达标率评价标准的研究成果[①]，将水功能区水质达标率等级划分为：Ⅰ级——≥95%，Ⅱ级——80%～95%，Ⅲ级——70%～80%，Ⅳ级——60%～70%，Ⅴ级——50%～60%。

（2）万元 GDP 污染物排放量：2013 年各省（自治区、直辖市）万元 GDP 的 COD 排放量变化范围为 0.92～9.78 千克，其中北京、天津、江浙、广东、上海等发达地区最低，为 0.92～2.79 千克，安徽、江西等南方省份，湖北、河南等中部省份，以及四川、云南等西南省份变化范围为 3.10～5.37 千克，甘肃、新疆、宁夏、黑龙江、吉林等地区最高，为 5.86～9.78 千克，全国平均万元 GDP 的 COD 排放量为 4.14 千克。据此将万元 GDP 的 COD 排放量等级划分为：Ⅰ级——≤3 千克，Ⅱ级——3～4 千克，Ⅲ级——4～4.8 千克，Ⅳ级——4.8～6 千克，Ⅴ级——6～10 千克。同理，将万元 GDP 氨氮排放量等级划分为：Ⅰ级——≤0.35 千克，Ⅱ级——0.35～0.4 千克，Ⅲ级——0.4～0.5 千克，Ⅳ级——0.5～0.6 千克，Ⅴ级——0.6～1 千克。

（3）工业废水排放达标率：我国“十一五”规划提出的工业废水排放达标率为 95%。将工业废水排放达标率等级划分为：Ⅰ级——≥96%，Ⅱ级——90%～96%，Ⅲ级——80%～90%，Ⅳ级——70%～80%，Ⅴ级——60%～70%。

（4）工业废水排放强度：2011 年全国工业废水排放强度（当年价）为 10 吨/万元[②]，根据《湖北省统计年鉴》，湖北省 2013 年工业废水排放强度为 6.98 吨/万元。

---

① 高超，梅亚东，吕孙云. 2014. 基于 AHP-Fuzzy 法的汉江流域水资源承载力评价与预测. 长江科学院院报，31（9）：21-28.

② 罗海江. 2013. 经济增长与污染排放的空间耦合分析——以工业废水为例. 生态环境学报，22（7）：1199-1203.

将工业废水排放强度等级划分为：Ⅰ级——<5 吨/万元，Ⅱ级——5～7 吨/万元，Ⅲ级——7～10 吨/万元，Ⅳ级——10～15 吨/万元，Ⅴ级——15～25 吨/万元。

（5）人均生活污染负荷：根据《湖北省水源地环境保护规划基础技术方案》中规定，城市人均生活污染物量按 COD 60～100 克/天，氨氮 4～8 克/天进行复核和调整，不宜偏离此范围。因此将城镇生活人均 COD 污染负荷等级划分为：Ⅰ级——≤70 克/天，Ⅱ级——70～75 克/天，Ⅲ级——75～85 克/天，Ⅳ级——85～95 克/天，Ⅴ级——95～100 克/天；将城镇生活人均 COD 污染负荷等级划分为：Ⅰ级——≤5 克/天，Ⅱ级——5～5.5 克/天，Ⅲ级——5.5～6.5 克/天，Ⅳ级——6.5～7.5 克/天，Ⅴ级——7.5～8 克/天。

（6）集中式饮用水水源地水质达标率：《国务院关于实行最严格水资源管理制度的意见》中要求到 2020 年城镇供水水源地水质全面达标，据此将集中式饮用水源地水质达标率等级划分为：Ⅰ级——100%，Ⅱ级——95%～100%，Ⅲ级——90%～95%，Ⅳ级——85%～90%，Ⅴ级——70%～85%。

（7）城市污水处理率：2012 年全国城市污水处理率为 84.9%，根据《汉江流域（襄樊段）水污染防治与生态保护专项规划》，2015 年城市污水集中处理率的规划值为 90%，据此将城市污水集中处理率等级划分为：Ⅰ级——>95%，Ⅱ级——90%～95%，Ⅲ级——85%～90%，Ⅳ级——70%～85%，Ⅴ级——60%～70%。

（8）化肥施用强度：发达国家为防止化肥对土壤和水体造成危害而设置的化肥施用强度安全上限为 225 千克/公顷[①]，取为优秀等级Ⅰ级；全国化肥平均使用量为 330 千克/公顷，取为良好等级Ⅱ级；根据《汉江流域（襄樊段）水污染防治与生态保护专项规划》，2015 年农用化肥施用强度的规划值为 500 千克/公顷，取为中等Ⅲ级，《湖北省水源地环境保护规划基础技术方案》中采用标准农田的农药化肥施用强度与修正系数的乘积计算实际的农药化肥施用强度，且明确规定了修正系数的取值范围，按化肥亩施用量为 35 千克以上的情况分别取修正系数的上下限值，作为化肥施用强度的较差等级Ⅳ级和很差等级Ⅴ级。因此将化肥施用强度等级划分为：Ⅰ级——≤225 千克/公顷，Ⅱ级——225～330 千克/公顷，Ⅲ级——330～500 千克/公顷，Ⅳ级——500～800 千克/公顷，Ⅴ级——800～1400 千克/公顷。

（9）环境污染治理投资占 GDP 的比重：中国环境科学研究院 1989 年研究表明，环保投资与环境质量改善有显著的关系，他们得出的结论是，要使环境质量有明显改善，环保投资需占 GDP 的 2%以上；要使环境问题基本解决，这一指标需达到 1.5%；要使环境污染基本得到控制，这一指标需达到 1%[②]。根据有关文献分析得出的结论，一个国家在经济高速增长时期，环保投入要达占 GDP 的 1%～1.5%，才能有效控制污染；达到 3%才能使环境质量得到明显改善[③]。目前发达国家这一比例为 2%～3%[④]，而根据 2014

① 孙辰. 2013. 汉江襄阳段水环境容量及总量控制研究. 华中科技大学博士学位论文：59.
② 龚玉荣，沈颂东. 2002. 环保投资现状及问题的研究. 工业技术经济，(2)：83-84.
③ 吴舜泽，陈斌，王金南. 2007. 中国环境保护投资失真问题分析与建议. 中国人口·资源与环境，(3)：112-117.
④ 毛晖，汪莉，杨志倩. 2013. 经济增长、污染排放与环境治理投资. 中南财经政法大学学报，(5)：73-79.

年《中国统计年鉴》资料，全国环境污染治理投资占 GDP 的比重为 1.67%。因此，将环境污染治理投资占 GDP 的比重等级划分为：Ⅰ级——>3%，Ⅱ级——2%～3%，Ⅲ级——1.5%～2%，Ⅳ级——1%～1.5%，Ⅴ级——0～1%。

以上各控制指标的评价标准汇总如表 5-11 所示。

**表 5-11 纳污总量控制评价指标等级标准**

| 指标 | | 单位 | 性质 | 评价等级 | | | | |
|---|---|---|---|---|---|---|---|---|
| | | | | Ⅰ级 | Ⅱ级 | Ⅲ级 | Ⅳ级 | Ⅴ级 |
| 水功能区水质达标率 | | % | ↑ | 95 | 80 | 70 | 60 | 50 |
| 万元 GDP 的污染物排放量 | COD | 千克 | ↓ | 3 | 4 | 4.8 | 6 | 10 |
| | 氨氮 | 千克 | ↓ | 0.35 | 0.4 | 0.5 | 0.6 | 1 |
| 工业废水排放达标率 | | % | ↑ | 96 | 90 | 80 | 70 | 60 |
| 工业废水排放强度 | | 米$^3$/万元 | ↓ | 5 | 7 | 10 | 15 | 25 |
| 人均生活污染负荷 | COD | 克/天 | ↓ | 70 | 75 | 85 | 95 | 100 |
| | 氨氮 | 克/天 | ↓ | 5 | 5.5 | 6.5 | 7.5 | 8 |
| 集中式饮用水源地水质达标率 | | % | ↑ | 100 | 95 | 90 | 85 | 70 |
| 城市污水处理率 | | % | ↑ | 95 | 90 | 85 | 70 | 60 |
| 化肥施用强度 | | 千克/公顷 | ↓ | 225 | 330 | 500 | 800 | 1400 |
| 环境治理投资占 GDP 的比例 | | % | ↑ | 3 | 2 | 1.5 | 1 | 0 |

注：↑表示越大越优，↓表示越小越优

# 第 6 章　最严格水资源管理制度"三条红线"评价方法及应用*

"三条红线"指标体系与评价标准的确定为最严格水资源管理制度的落实提供了前提和基础。在实际的水资源管理工作中，需要基于"三条红线"指标体系与评价标准的量化数据，定量评价最严格水资源管理制度的执行情况。

目前，不少专家学者提出了较多的多指标综合评价方法，包括主成分分析法、关联矩阵法、层次分析法、模糊综合评价法、灰色层次决策方法等。在最严格水资源管理制度"三条红线"评价方法的研究中，不仅要考虑方法的科学性，还要考虑构建的指标体系的特殊性对评价方法的具体要求，这样才能使评价结果更加准确合理。本章主要介绍应用较广泛的模糊综合评价法、层次分析法和主成分分析法。在本章的实例研究区进行"三条红线"评价，拟采用模糊综合评价法和模糊物元评价法。

由于每个指标的作用大小或主次可能不同，在评价过程中需要确定其权重向量。目前，确定指标权重的方法大致可以分为主观赋权法和客观赋权法两类，其中主观赋权法有层次分析法、德尔菲法等，客观赋权法应用较广泛的有熵权法。主观赋权法容易受人的主观因素影响而产生较大偏差，而客观赋权法是根据各指标的数据计算确定权重，避免了人为因素的影响。在应用实例中，本书选择熵权法进行指标赋权。以汉江流域为例，分别针对"三条红线"进行了综合评价。

---

* 本章执笔人：陈燕飞、王华阳、梁秀、李薇、范晓香、张翔、高仕春、张利平。其中，陈燕飞、张翔执笔 6.1 节，王华阳、范晓香、高仕春执笔 6.2.1 和 6.2.2 节，李薇、张利平执笔 6.2.3 节，梁秀、张翔执笔 6.2.4 节。本章研究工作负责人：张翔。主要参加人：张翔、高仕春、张利平、陈燕飞、王华阳、梁秀、李薇、范晓香、夏菁、刘建峰、朱才荣、靳润芳。

本章部分内容已单独成文发表，具体有范晓香，高仕春，王华阳，等. 2015. 汉江流域用水总量控制指标实施方法研究. 人民长江，46（13）：8-12.

# 6.1　最严格水资源管理制度“三条红线”评价方法

## 6.1.1　模糊综合评价法

模糊综合评价法是基于模糊数学的一种评价分析方法，其做法是把评价对象和反映对象特征的指标组成一个模糊集合，通过建立合适的隶属函数，应用模糊集合论的相关运算对评价对象进行定量化的分析。模糊综合评价法是随着控制论专家查德（L. A. Zadeh）于 1965 年提出模糊集合的概念而诞生的，因其建模简单、容易掌握并能够对具有模糊性、不确定性的事物或现象进行全面有效的评价而得到了广泛的应用。其过程概括如下：首先确定由多种因素（评价指标）组成的模糊集合（称为因素集 $C$），再确定这些因素（评价指标）所能选取的评价等级，组成不同等级层次评语的模糊集合（称为评判集 $V$），然后根据权重分析方法得到各因素在评价目标中的权重矩阵 $\boldsymbol{W}$，经过模糊变换确定各单一因素（指标）对应于各个评价等级的隶属程度即为模糊评判矩阵 $\boldsymbol{R}$，最后利用一定的模糊方法将模糊评判矩阵 $\boldsymbol{R}$ 与权重向量集 $\boldsymbol{W}$ 进行运算，并将计算结果进行归一化，就得到模糊综合评判结果矩阵 $\boldsymbol{B}$，于是一个由（$C$，$V$，$\boldsymbol{R}$，$\boldsymbol{W}$）构成的综合评判模型便建立起来了。具体过程如下。

### 1．确定评价因素集 $C$

$$C=\{c_1,c_2,\cdots,c_i,\cdots,c_m\},\ i=1,2,\cdots,m \tag{6.1}$$

式中，$c_i$ 为评价指标；$m$ 为同一层次上指标数目，这一集合即为评价指标体系框架。评价指标通常分为定量指标和定性指标。

### 2．确定评价等级标准的评判集 $V$

$$V=\{v_1,v_2,\cdots,v_i,\cdots,v_n\},\ i=1,2,\cdots,n \tag{6.2}$$

式中，$v_i$ 为评价等级标准；$n$ 为等级数。评判集给出了每个评价指标评价结果的选择范围，每个等级对应一个模糊子集。与评价因素 $c_i$ 相对应，评价等级元素 $v_i$ 可以是定量值，也可以是定性描述。

### 3．确定评价指标权重向量 $\boldsymbol{W}$

$$\boldsymbol{W}=\{w_1,w_2,\cdots,w_i,\cdots,w_n\};\ i=1,2,\cdots,n \tag{6.3}$$

式中，$w_i$ 为第 $i$ 个指标 $c_i$ 在该层次评价中的重要程度，在合成前进行归一化处理。本书确定权重的方法选用层次分析法，将在下文进行介绍。

### 4．确定模糊评判矩阵（隶属度矩阵）$\boldsymbol{R}$

在确定等级标准评判集之后，每一个指标 $c_i$ 都可以得到一个对应于 $v_j$ 的模糊向量 $\boldsymbol{R}_i$，

$$\boldsymbol{R}=\left\{r_{i1},r_{i2},\cdots,r_{ij}\right\},\ i=1,2,\cdots,m;\ j=1,2,\cdots,n \tag{6.4}$$

式中，$r_{ij}$ 为评价指标 $c_i$ 属于 $v_j$ 的程度，$0\leqslant r_{ij}\leqslant 1$，对每个层次上的 $m$ 个指标进行评价，就可以得到 $m$ 个模糊向量，这 $m$ 个向量组成一个 $m\times n$ 阶的矩阵，称为模糊评判矩阵，也称为隶属度矩阵。隶属度矩阵可表示为 $\boldsymbol{R}$：

$$\boldsymbol{R}=\begin{pmatrix} r_{11} & r_{12} & \cdots & r_{1n} \\ r_{21} & r_{22} & \cdots & r_{2n} \\ \vdots & \vdots & & \vdots \\ r_{m1} & r_{m2} & \cdots & r_{mn} \end{pmatrix} \tag{6.5}$$

指标分为定量指标和定性指标，隶属度的计算也对应有各自的计算方法，且计算方法有很多，比如对于定性指标可用专家打分法确定，对于定量指标可选用合适的隶属度函数进行计算。定量指标都有数值表现形式，因而一旦确定了它们对应于各个等级模糊子集的隶属度函数，隶属度矩阵也就非常容易求得了。

在模糊数学中，隶属函数的论域若为实数域，则称为模糊分布。模糊分布主要分为偏小型（戒上型）、偏大型（戒下型）与中间型（对称型）三种类型，在实际评价中需要结合具体指标特性与等级模糊集合，凭借经验选择合适的方法得到模糊分布形式并确定其中参数。常用的模糊分布有 $K$ 次抛物线分布、正态分布、柯西（Cauchy）分布、矩形分布、梯形分布、三角形分布等，在应用中需要根据实际情况选择合适的公式。

### 5. 合成模糊综合评价结果矩阵 $\boldsymbol{B}$

模糊综合评价结果矩阵 $\boldsymbol{B}$ 是由权重向量 $\boldsymbol{W}$ 和模糊评判矩阵 $\boldsymbol{R}$ 通过某种模糊变换法则即模糊合成算子进行运算而得到，即有

$$\boldsymbol{B}=\boldsymbol{W}*\boldsymbol{R}=\left(w_1,w_2,\cdots,w_n\right)*\begin{pmatrix} r_{11} & r_{12} & \cdots & r_{1n} \\ r_{21} & r_{22} & \cdots & r_{2n} \\ \vdots & \vdots & & \vdots \\ r_{m1} & r_{m2} & \cdots & r_{mn} \end{pmatrix}=\left(b_1,b_2,\cdots,b_n\right) \tag{6.6}$$

式中，“*”为模糊合成算子。模糊合成算子有很多种，常见的合成算子分类列出如表 6-1 所示。

**表 6-1　常用模糊合成算子及其比较**

| 合成算子 | 计算公式 | 综合程度 | 权数作用 | 利用 $\boldsymbol{R}$ 信息 | 类型 |
|---|---|---|---|---|---|
| $M(\wedge,\vee)$ | $b_j=\max\limits_{1\leqslant i\leqslant m}\left\{\min\left(\omega_i,r_{ij}\right)\right\}$ | 弱 | 不明显 | 不充分 | 主观因素决定型 |
| $M(\bullet,\vee)$ | $b_j=\max\limits_{1\leqslant i\leqslant m}\left\{\omega_i,r_{ij}\right\}$ | 弱 | 明显 | 不充分 | 主观因素突出型 |
| $M(\wedge,\oplus)$ | $b_j=\min\left\{1,\sum\limits_{i=1}^{m}\min\left(\omega_i,r_{ij}\right)\right\}$ | 强 | 不明显 | 充分 | 不均衡平均型 |
| $M(\bullet,\oplus)$ | $b_j=\min\left\{1,\sum\limits_{i=1}^{m}\omega_i r_{ij}\right\}$ | 强 | 明显 | 充分 | 加权平均型 |

根据表 6-1 中的对比可知，合成算子 $M$（∧，∨）只考虑主要影响因素，而忽略其他因素，在进行单指标评价时比较适用；合成算子 $M$（•，∨）和 $\boldsymbol{M}$（∧，⊕）兼顾考虑了主要因素和次要因素，更加突出主要因素，在权重最大因素起主导作用的评价中比较适用；合成算子 $M$（•，⊕）即“加权平均型”算子，兼顾考虑了所有元素的权重，能够体现评价对象的整体特征，在模糊整体评价中比较适用。

经过以上步骤，建立一个基于因素集 $C$、评判集 $V$、评判矩阵 $\boldsymbol{R}$、权重向量集 $W$ 的模糊综合评价模型。

## 6.1.2　基于熵权的模糊物元评价法

### 1. 熵权法确定指标权重

第一步：构造式（6.2）评判集 $V$。

第二步：对评判集 $V$ 进行归一化处理，得到式（6.4）的隶属度矩阵：

$$\boldsymbol{R}=（r_{ij})_{mxn}(i=1,2,\cdots,\ m;\ j=1,2,\cdots,\ n)$$

对于越大越优型指标：

$$r_{ij}=\frac{x_{ij}-\left(x_{ij}\right)_{\min}}{\left(x_{ij}\right)_{\max}-\left(x_{ij}\right)_{\min}} \tag{6.7}$$

对于越小越优型指标：

$$r_{ij}=\frac{\left(x_{ij}\right)_{\max}-x_{ij}}{\left(x_{ij}\right)_{\max}-\left(x_{ij}\right)_{\min}} \tag{6.8}$$

式中，$r_{ij}$ 为第 $i$ 个指标对第 $j$ 个等级的相对隶属度；$\left(x_{ij}\right)_{\max}$、$\left(x_{ij}\right)_{\min}$ 分别为同一指标不同等级指标值 $x_{ij}$ 中的最大值和最小值。

第三步：确定评价指标的熵。

$$f_{ij}=\frac{1+r_{ij}}{\sum_{j=1}^{n}\left(1+r_{ij}\right)} \tag{6.9}$$

$$H_i=\frac{\sum_{j=1}^{n} f_{ij}\ln f_{ij}}{\ln n} \tag{6.10}$$

式中，$f_{ij}$ 为第 $j$ 个等级第 $i$ 项指标在该等级总指标中的比重（$i$=1,2,…,$m$；$j$=1, 2, …, $n$）；$H_i$ 为各等级中第 $i$ 项指标的熵值；$n$ 为所选等级个数。

第四步：计算评价指标熵权。

$$\boldsymbol{W}=\left(\omega_i\right)_{1\times m} \tag{6.11}$$

$$\omega_i=\frac{1-H_i}{\sum_{i=1}^{m}\left(1-H_i\right)} \tag{6.12}$$

式中，$\boldsymbol{W}$ 为评价指标熵权特征向量；$\omega_i$ 为各评价指标的熵权，$0 \leqslant \omega_i \leqslant 1, \sum_{i=1}^{m} \omega_i = 1$。

### 2. 模糊物元评价

第一步：构造从优隶属度模糊物元。

越大越优型：

$$\mu_{ij} = \frac{x_{ij}}{\left(x_{ij}\right)_{\max}} \tag{6.13}$$

越小越优型：

$$\mu_{ij} = \frac{\left(x_{ij}\right)_{\min}}{x_{ij}} \tag{6.14}$$

式中，$\mu_{ij}$ 为从优隶属度；$\left(X_{ij}\right)_{\max}$ 和 $\left(X_{ij}\right)_{\min}$ 分别为各评价指标所有量值中的最大值和最小值。构造的从优隶属度模糊物元记为 $R_{mn}$。

第二步：构造标准模糊物元与差平方复合模糊物元。

用 $\Delta_{ij}$（$i = 1,2,\cdots$，$m$；$j = 1,2,\cdots$，$n$）表示标准模糊物元 $R_{m0}$ 与从优隶属度模糊物元 $R_{mn}$ 中各项差的平方，得到差平方复合模糊物元 $R_{\Delta}$。

$$R_{\Delta} = \begin{bmatrix} \Delta_{11} & \cdots & \Delta_{1n} \\ \vdots & & \vdots \\ \Delta_{m1} & \cdots & \Delta_{mn} \end{bmatrix} \tag{6.15}$$

式中，$\Delta_{ij} = \left(1 - \mu_{ij}\right)^2 \left(i = 1,2,\cdots,m; j = 1,2,\cdots,n\right)$。

第三步：计算贴近度和综合评价。

贴近度表示被评价样本与标准样本之间互相接近的程度，其值越大，两者越接近。本书采用欧式贴近度 $\rho H_j$ 计算，构造贴近度模糊物元矩阵 $\boldsymbol{R}_{\rho H}$。

$$\rho H_j = 1 - \sqrt{\sum_{i=1}^{m} \omega_i \Delta_{ij}} \tag{6.16}$$

$$\boldsymbol{R}_{\rho H} = \left[\rho H_1, \cdots, \rho H_n\right] \tag{6.17}$$

## 6.1.3 层次分析法

权重向量 $\boldsymbol{W}$ 是模糊综合评价模型建模过程中一个非常重要的参数，在很大程度上决定着评价结果的优劣。目前指标权重确定的方法有很多，如确定定性指标权重的德尔菲（Delphi）法，确定定量指标权重的主成分分析法，以及定性定量相结合的层次分析法（AHP）[①]，本研究所建立的指标体系中既有定性指标又有定量指标，所

① Saaty T L. 1979. The US-OPEC energy conflict the payoff matrix by the Analytic Hierarchy Process. International Journal of Game Theory，8（4）：225-234.

以，在实例研究中拟采用定性和定量相结合的层次分析法。

层次分析法是 20 世纪 70 年代中期提出的，将定量分析与定性分析综合集成的一种典型系统分析方法。该法一方面简化了系统分析与计算的工作量，另一方面能够使决策者保持其思维过程和决策过程原则的一致性[①]，因此在由多指标组成的复杂评价系统中得到了广泛的应用，特别是权重确定的一种重要工具。应用 AHP 分析决策问题的基本思路是：首先，根据系统组成元素之间的关系，将这些元素分解到不同的层次上，建立递阶层次结构；然后，根据一定的标度对元素进行两两比较，构建判断矩阵；再者，由判断矩阵解计算得到特征根和特征向量；最后，进行一致性检验后，即得到权重向量。

阐述层次分析法的文献很多，总结前人的研究成果[②]，将其具体计算步骤概括如下。

### 1．递阶层次结构的建立

在应用 AHP 确定指标权重的时候，首先需要把指标因素条理化、层次化，即按照指标属性将其分成不同的层次，构造出一个层次分明的结构模型，上一层次的指标元素为下一层次指标元素的支配准则。一般情况下，层次结构可分为以下三层。①最高层：在评价模型中最高层一般为评价的目标层，只含有一个指标元素，即评价目标。②中间层：这一层次可分为若干个元素，属于为实现目标而设置的中间环节。③最底层：包含了各种指标、措施或决策方法等以实现评价目的。各层次的名称可根据具体问题分析而不同，也可根据问题的复杂程度将中间层进一步细化分为多个层次。为了方便各层次元素之间进行比较，每个层次的元素一般不超过 9 个。最简单也最典型的递阶层次结构示意图如图 6-1 所示。

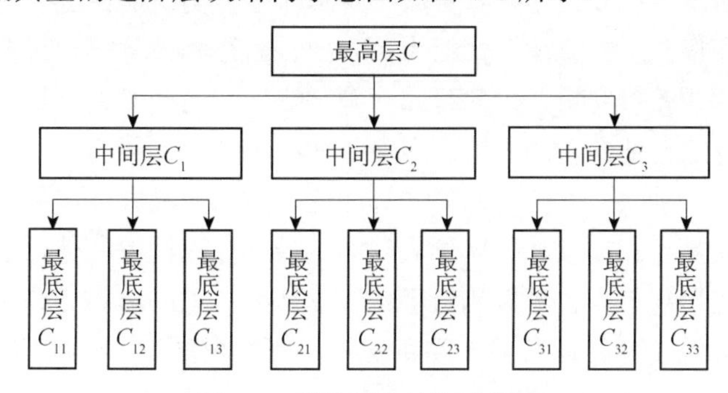


图 6-1　递阶层次结构示意图

### 2．判断矩阵的构造

递阶层次结构建立后，各元素的隶属关系也就确定了。但是对于每一层次上的元素的重要程度，即该层元素对上一层准则的贡献程度大小仍然未知，特别是该层元素

① 叶珍. 2010. 基于 AHP 的模糊综合评价方法研究及应用. 华南理工大学硕士学位论文：7.
② 刘豹，许树柏，赵焕臣. 1984. 层次分析法——规划决策的工具. 系统工程，2（2）：23-30.

较多时，往往很难周全地考虑各元素对上层准则的重要性，这就需要选用合适的方法确定出其权重。对于两个元素来说两者的重要程度容易确定，因此 AHP 确定权重的做法是进行两两比较，其做法可简要概括如下：设要比较 $m$ 个元素 $\{c_1, c_2, \cdots, c_m\}$ 的重要程度，每次取两个元素 $c_i$ 、 $c_j$ ，以 $a_{ij}$ 表示 $c_i$ 和 $c_j$ 之间重要程度之比的标度，易知若 $c_i$ 和 $c_j$ 之间重要程度之比为 $a_{ij}$ ，那么 $c_j$ 和 $c_i$ 之间重要程度之比为 $1/a_{ij}$ ，则所有元素的比较结果就可用矩阵 $\boldsymbol{A}=\left(a_{ij}\right)_{m\times m}$ 表示，即构成这一层次的判断矩阵。AHP 利用 1～9 级比例标度（表 6-2）来表示两个元素之间的重要程度之比，利用此比例标度可以很清晰地描述每两个元素之间的重要程度大小，从而确定出其权重。

**表 6-2　两个元素之间的重要程度之比的比例标度**

| 标度 | 含义 |
|---|---|
| 1 | 表示两个元素之间重要性相同 |
| 3 | 表示两个元素之间前者比后者略微重要 |
| 5 | 表示两个元素之间前者比后者明显重要 |
| 7 | 表示两个元素之间前者比后者强烈重要 |
| 9 | 表示两个元素之间前者比后者绝对性重要 |
| 2，4，6，8 | 表示介于上述相邻判断之间 |
| 倒数 | 对应于上述判断，表示后者比前者的重要程度 |

### 3. 单一准则下元素的排序权向量及一致性检验

得到上述两两比较判断矩阵 $\boldsymbol{A}$ 后，下一步就是要根据上一层准则的支配，确定该层次元素的相对权重，也就是低层中各元素对于上一层各单一准则的排序权向量，最终自下而上通过各准则下的权重合成确定总排序权向量，并进行一致性检验。由判断矩阵推求排序权向量的方法可概括为：先由判断矩阵计算得到其主特征向量，然后经归一化即得到排序权向量。由此可知，确定排序权向量的关键是计算判断矩阵的主特征向量。计算主特征向量的方法有很多，如在工程中常用的幂法、反幂法、最小二乘法、对数最小二乘法、上三角元素法等，这些方法的最大优点是精度较高，最大的一个不足之处就是计算烦琐，计算量大，需要借助计算机编程进行求解。当然，在对精度要求不高的情况下，也可以用近似的方法求解，Thomas L. Saaty 在其文献中给出了用于近似计算主特征向量的“和积法”与“方根法”。下面针对使用效果比较好的一种和积法和方根法进行简要介绍。

1）和积法

首先对判断矩阵每列元素进行归一化处理，即用每列元素的和分别去除该列各元素；然后对规一化后的各列进行了平均，即用归一化后的各行元素之和除以该行元素个数，得到的列向量即为排序权向量。用公式表示如下：

$$w_i = \frac{1}{n}\sum_{j=1}^{n}\frac{a_{ij}}{\sum_{k=1}^{n}a_{kj}} \quad (i,k=1,2,\cdots,n) \tag{6.18}$$

式中，$n$ 为元素的数目；$w_i$ 为第 $i$ 个元素的排序权值；$a_{ij}$ 为两个元素之间重要程度之比的标度。

2）方根法

首先分别对判断矩阵各行的 $n$ 个元素进行连乘，对结果开 $n$ 次方作为分量，即对各列向量求几何平均，然后对得到的列向量进行归一化处理即得到排序权向量。用公式表示如下：

$$w_i = \sqrt[n]{\prod_{j=1}^{n}a_{ij}} \Bigg/ \sum_{k=1}^{n}\sqrt[n]{\prod_{j=1}^{n}a_{kj}} \quad (i,k=1,2,\cdots,n) \tag{6.19}$$

式中，变量含义如前所述。

不管是用精确解法还是用近似解法，最后求得的排序权向量都需要经过一致性检验。本章介绍一种粗略估计矩阵一致性的方法，其具体分析步骤如下。

1）根据上述求解的排序权向量$\boldsymbol{\omega}$推算主特征值$\lambda_{\max}$

$$\lambda_{\max} = \frac{1}{n}\sum_{i=1}^{n}\frac{(Aw)_i}{w_i} \tag{6.20}$$

式中，$(Aw)_i$ 表示向量 $\boldsymbol{Aw}$ 的第 $i$ 个元素，$(Aw)_i = \sum_{j=1}^{n}a_{ij}w_j$。

2）计算一致性指标 CI（Consistency Index）

$$\mathrm{CI} = \frac{\lambda_{\max} - n}{n-1} \tag{6.21}$$

3）统计平均随机一致性指标 RI（random index）

AHP 中，通过用随机方法从 1～9 标度中任取数字得到的互反矩阵的一致性指标称为随机一致性指标。随机一致性指标可供参考的研究有很多，如 Thomas L. Saaty 等学者在宾夕法尼亚大学华顿学院构造了从 1 阶到 11 阶的各 500 个随机互反矩阵，计算得到对应阶数的平均随机一致性指标；我国学者龚木森和许树柏（1986）构造了 1～15 阶各 1000 个随机互反矩阵的平均随机一致性指标。鉴于样本容量越大，统计摆动影响就越小，本章采用龚木森、许树柏的研究成果，如表 6-3 所示。

**表 6-3　平均随机一致性指标值（RI）**

| 阶数 | 1 | 2 | 3 | 4 | 5 | 6 | 7 | 8 |
|---|---|---|---|---|---|---|---|---|
| RI 值 | 0 | 0 | 0.52 | 0.89 | 1.12 | 1.26 | 1.36 | 1.41 |
| 阶数 | 9 | 10 | 11 | 12 | 13 | 14 | 15 | |
| RI 值 | 1.46 | 1.49 | 1.52 | 1.54 | 1.56 | 1.58 | 1.59 | |

4）计算一致性比例CR（consistency ratio）

$$CR = \frac{CI}{RI} \tag{6.22}$$

一般认为，当 CR<0.1 时，认为一致性可以接受；当 CR≥0.1 时认为判断矩阵不符合要求，应做适当的修改。

### 4. 确定合成权重

前面得到了每一层元素对应的相对权重，最后还要自下而上确定下层指标对上层目标，尤其是最底层指标对应总目标的排序权重，即“合成权重”。用数学语言表示如下：

假设第 $k$ 层上 $m$ 个元素的排序权重向量 $w^A = \left(w_1^A, w_2^A, \cdots, w_m^A\right)^{\mathrm{T}}$ 已经由上面步骤算出，第 $k$+1 层上 $n$ 个元素以 $k$ 层的第 $i$ 个元素为准则的排序权重向量为 $w_i^B = \left(w_{1i}^B, w_{2i}^B, \cdots, w_{ni}^B\right)^{\mathrm{T}}$ 同样也已算出，现在求第 $k$+1 层元素的层次总排序权重 $w^B = \left(w_1^B, w_2^B, \cdots, w_n^B\right)$，合成方法如表 6-4 所示。

**表 6-4　总排序权重合成方法**

| $K$+1 \ $K$ | $w_1^A$ | $w_2^A$ | … | $w_m^A$ | $K$+1 层总排序权重 |
|---|---|---|---|---|---|
| $w_1^B$ | $w_{11}^B$ | $w_{12}^B$ | … | $w_{1m}^B$ | $\sum_{i=1}^{m} w_{1i}^B w_i^A$ |
| $w_2^B$ | $w_{21}^B$ | $w_{22}^B$ | … | $w_{2m}^B$ | $\sum_{i=1}^{m} w_{2i}^B w_i^A$ |
| ⋮ | ⋮ | ⋮ | ⋮ | ⋮ | ⋮ |
| $w_n^B$ | $w_{n1}^B$ | $w_{n2}^B$ | … | $w_{nm}^B$ | $\sum_{i=1}^{m} w_{ni}^B w_i^A$ |

虽然各层次单排序权重通过一致性检验，但是这种一致性并非是绝对的，因此在进行综合考察时，各层次的微小的非一致性很有可能积累起来进而导致最终结果不满足一致性，故在总排序权重确定之后，还需要进行总排序权重的一致性检验。

## 6.1.4 主成分分析法

主成分分析法是一种能够有效降低变量维数，并已得到广泛应用的分析方法。其主要原理是：假设观测了 $p$ 个指标，分别为 $x_1, x_2, \cdots, x_p$，取这些指标的线性组合即 $y = a_1x_1 + a_2x_2 + a_3x_3 + \cdots a_px_p$ 做主成分的表达式。由于各组合的系数不同，可以得到很多不同的综合指标，其中反映原始指标变量变动最大的那个综合指标被称为第一主成分，其次为第二主成分，依次类推，第 $K$ 个综合指标即为第 $K$ 个主成分。若记原始的指标 $x_1, x_2, \cdots, x_p$，第一主成分 $y_1$，第二主成分 $y_2$，第 $K$ 个主成分 $y_k$，则主成分表达式为

$$
\begin{aligned}
& y_1 = a_{11}x_1 + a_{12}x_2 + a_{13}x_3 + \cdots + a_{1p}x_p \\
& y_2 = a_{21}x_1 + a_{22}x_2 + a_{23}x_3 + \cdots + a_{2p}x_p \\
& \cdots\cdots \\
& y_k = a_{k1}x_1 + a_{k2}x_2 + a_{k3}x_3 + \cdots + a_{kp}x_p
\end{aligned}
\tag{6.23}
$$

且有方差 Var（$y_1$）>Var（$y_2$）>…>Var（$y_k$）。由此可见，主成分分析法的原理就是在保证数据信息丢失最少的情况下，由少数几个具有代表意义的新变量代替原始变量，同样能反映研究对象的特征。

由式（6.23）的 $n$ 个样本和 $p$ 项指标，可得数据矩阵 $\boldsymbol{X}=\left(x_{ij}\right)_{n\times p}$，$i=1,2,\cdots,n$，$j=1,2,\cdots,p$，如下：

$$
\boldsymbol{X}=(x_{ij})_{n*p}=\begin{pmatrix} x_{11} & x_{12} & \cdots & x_{1p} \\ x_{21} & x_{22} & \cdots & x_{2p} \\ \vdots & \vdots & & \vdots \\ x_{n1} & a_{n2} & \cdots & x_{np} \end{pmatrix} \tag{6.24}
$$

式中，$x_{ij}$ 为第 $i$ 个样本的 $j$ 个指标值。主成分分析法的具体计算步骤在许多文献中有详细介绍，此处不再赘述。

# 6.2 最严格水资源管理制度“三条红线”评价实例——汉江流域

## 6.2.1 汉江流域概况

汉江又称汉水，是长江中游最长的支流，其发源地在陕西省西南部秦岭与米仓山之间的宁强县（隶属陕西省汉中市），而后向东南穿越秦巴山地的陕南汉中、安康等市，进入鄂西后过十堰市流入丹江口水库，出水库后继续向东南，流过襄阳、荆门等市，在武汉市汇入长江。汉江干流流经陕西、湖北两省，流域范围涉及湖北、陕西、河南、四川、重庆、甘肃 6 省市，其面积 15.1 万千米$^2$，资源较丰富，经济发达，是我国主要商品粮基地之一。汉江流域示意图如图 6-2 所示。

## 6.2.2 汉江流域用水总量控制评价

### 1. 汉江流域水资源供需形势分析

汉江流域地表水资源量为 566 亿米$^3$，地下水资源总量为 188 亿米$^3$。扣除两者相互转化的重复水量，全流域水资源总量达 582 亿米$^3$[①]。年际和年内分布的变化较大，

① 马建华. 2008. 关于汉江流域实施水量分配管理若干问题的思考. 人民长江，41（17）：1-6.

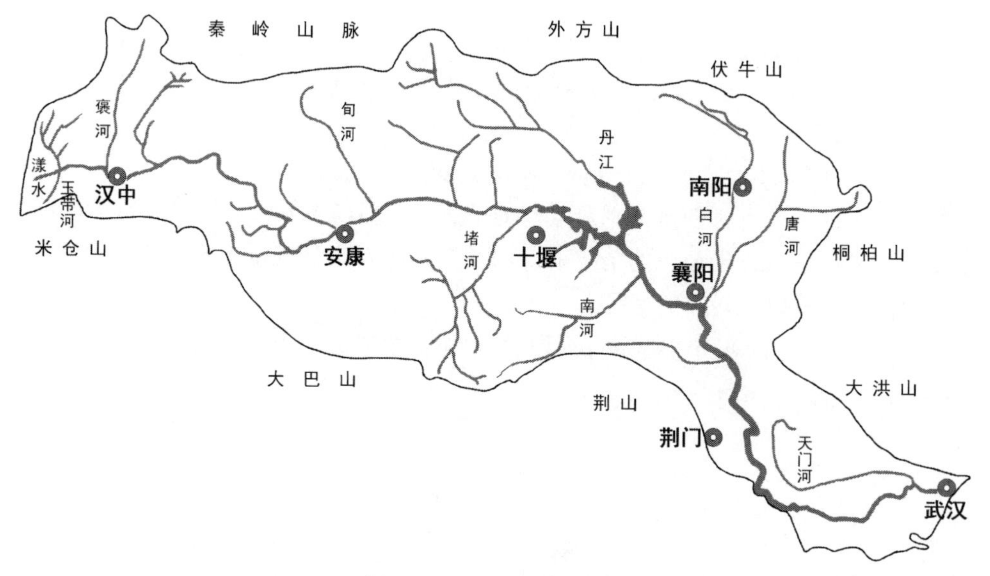


图 6-2　汉江流域示意图

最大年径流量为最小年径流量的 4 倍多；年径流量的 2/3 集中在汛期。预计到 2030 年，在充分考虑节约和保护的情况下，流域内多年平均年总需水量将缓慢增长到 226 亿米$^3$，可供水量 211 亿米$^3$，缺水 15 亿米$^3$。当遇到特枯水年时供需矛盾将更为突出。汉江流域作为贯彻 2011 年“中央一号文件”、实行最严格水资源管理制度的试点流域，分析其水资源供需平衡状况及其供需趋势有着十分重大的意义。因此，实行用水总量控制、实现供需平衡已成为该地区经济社会发展的迫切任务。

### 2. 用水总量控制评价指标体系

第 5.4 节构建了用水总量控制评价指标体系，具体到实例研究对象汉江流域，还需要根据流域的实际情况对指标进行分析。分析过程一方面要充分考虑流域经济社会发展状况和地域特点，尽可能保留具有代表性的指标，如汉江流域地表水资源较丰沛，地下水利用相对于地表水来说比例很小，因此在评价中不考虑“地下水开发程度”指标。经过分析，最终确定了 17 个指标，构成了汉江流域用水总量控制评价指标体系，见表 6-5。

第一层：从“开源”和“节流”两方面采取措施，控制用水总量，实现水资源供需平衡。

第二层：属于管理层，分别从资源、工程、用户进行管理。显然，资源管理是大局，需要严格控制；工程管理是桥梁，用户管理是实施。

第三层：一级指标层。其中用水户主要分为农业、工业、生活，同时考虑环境、社会和经济发展情况。这里的指标可根据具体情况，分析后选用。

第四层：针对上一层指标的进一步细化。入河排污量是自然资源和人类活动对生态影响的综合反映。

**表 6-5　汉江流域用水总量控制评价指标体系**

<table>
<tr><td>目标</td><td colspan="17">用水总量控制</td></tr>
<tr><td>管理层</td><td colspan="8">供给</td><td colspan="9">需求</td></tr>
<tr><td rowspan="2">指标层</td><td colspan="3" rowspan="2">水资源可利用量</td><td colspan="5" rowspan="2">可供水量</td><td colspan="6">用水效率</td><td rowspan="2">环境</td><td rowspan="2">社会</td><td rowspan="2">经济</td></tr>
<tr><td colspan="2">农业</td><td colspan="2">工业</td><td colspan="2">生活</td></tr>
<tr><td>分类指标层</td><td>地表水来水丰枯情况</td><td>地下水水位控制</td><td>蓄水工程调蓄能力</td><td>蓄水工程</td><td>提水工程</td><td>引水工程</td><td>调水工程</td><td>其他水源工程</td><td>农田亩均灌溉用水量</td><td>灌溉水利用系数</td><td>万元GDP用水量</td><td>万元工业增加值用水量</td><td>城镇人均日用水量</td><td>农村人均日用水量</td><td>入河污水排放量</td><td>人均用水量</td><td>万元GDP用水量</td></tr>
</table>

当遇到枯水年或特枯水年，资源型缺水不可避免。在“开源”条件有限的情况下，为实现水资源总量控制，需要从“节流”方面挖潜力，将缺水量具体落实到基本用水户。因此，需要选取能够反映用水户社会、经济、生态情况，又比较容易获取的指标。这里选取用水总量、人均 GDP、用水效率及入河污水排放量作为评价指标。根据用水户近期的用水情况，采用熵权法计算各用水户削减水量的权重，在用水总量控制指标一定的情况下，可得到各用水户的用水总量控制指标。同理，各用水户可进一步将指标分摊到下一级用水户。

## 3. 各取水用户削减水量的权重确定

### 1）综合用水效率指标的确定

因生态用水量比较小，所以不考虑生态用水的削减。根据 2010 年水资源公报可得汉江中下游沿途城市的用水指标（表 6-6），这些用水指标较易取得，且代表了近期生产和生活用水水平。

**表 6-6　各用水户用水指标统计表**

| 指标 | 武汉 | 襄阳 | 十堰 | 孝感 | 荆门 | 仙桃 | 天门 | 潜江 |
|---|---|---|---|---|---|---|---|---|
| 农业亩均灌溉用水量/米 $^3$ | 443 | 329 | 551 | 487 | 421 | 373 | 435 | 367 |
| 万元工业增加值用水量/米 $^3$ | 96 | 244 | 136 | 360 | 227 | 257 | 214 | 218 |
| 城镇生活人均日用水量/升 | 169 | 172 | 173 | 177 | 159 | 180 | 180 | 180 |
| 农村生活人均日用水量/升 | 109 | 55 | 50 | 60 | 63 | 63 | 63 | 63 |

汉江中下游沿途各城市经济发展水平不同，因此为避免单一用水效率指标的片面性，本书采用综合用水效率指标代表城市总体用水水平。根据城市各用水户的用水效率指标，利用熵权法即可求得城市综合用水效率指标（表 6-6 中 4 个指标的单位都转化为米 $^3$ 再加权计算）。各用水指标信息熵及熵权见表 6-7，各用水户综合用水效率见表 6-8。

**表 6-7　各用水指标信息熵及熵权**

| 用水效率指标 | 信息熵 | 熵权 |
| --- | --- | --- |
| 农田亩均灌溉均用水量 | 0.866 | 0.245 |
| 万元工业增加值用水量 | 0.888 | 0.206 |
| 城镇生活人均日用水量 | 0.920 | 0.146 |
| 农村生活人均日用水量 | 0.780 | 0.403 |

**表 6-8　各用水户综合用水效率指标**　　（单位：米 $^3$）

| 武汉市 | 襄阳市 | 十堰市 | 孝感市 | 荆门市 | 仙桃市 | 天门市 | 潜江市 |
| --- | --- | --- | --- | --- | --- | --- | --- |
| 128.41 | 130.88 | 163.09 | 193.47 | 149.94 | 144.35 | 150.70 | 134.85 |

由表 6-8 可以看出，武汉市综合用水效率较高，与表 6-6 中武汉市基本数据较小相符。由表 6-6 知，孝感市生产用水量和生活用水量较大，从而得其综合用水效率较低。各城市综合用水效率差距较大，多数城市用水水平较低，节水空间较大。

2）用户削减水量的权重计算

用户消减水量与用户的用水总量、用水效率、经济社会发展情况及污水排放量紧密相关，其中用水户人均 GDP 代表了当地的经济社会发展水平。武汉市约 1/3 的用水取自汉江，因此武汉市用水总量取其原用水总量的 1/3，相应的入河污水排放量也取其总量的 1/3。人均 GDP 可由用户的经济发展等相关资料查得，对用户削减水量来说，由于它是负向指标，在计算各用水户削减水量权重时，需要对人均 GDP 指标进行添加负号的处理。具体用水指标见表 6-9。

**表 6-9　各用水户用水指标**

| 用水户 | 武汉 | 襄阳 | 十堰 | 孝感 | 荆门 | 仙桃 | 天门 | 潜江 |
| --- | --- | --- | --- | --- | --- | --- | --- | --- |
| 用水总量/亿米 $^3$ | 39.25 | 33.29 | 11.02 | 27.23 | 21.41 | 9.49 | 8.52 | 6.30 |
| 综合用水效率/米 $^3$ | 128.41 | 130.88 | 163.09 | 193.47 | 149.94 | 144.35 | 150.70 | 134.85 |
| 人均 GDP/万元 | 6.60 | 2.61 | 2.08 | 1.51 | 2.42 | 1.94 | 1.35 | 2.87 |
| 入河污水排放量/（万吨/年） | 15 655 | 38 702 | 19 160 | 22 688 | 27 352 | 12 786 | 7 397 | 10 921 |

根据上述用水指标，利用熵权法计算得各用户的削减水量权重，具体见表 6-10。

**表 6-10　各用水户削减水量权重**

| 武汉市 | 襄阳市 | 十堰市 | 孝感市 | 荆门市 | 仙桃市 | 天门市 | 潜江市 |
| --- | --- | --- | --- | --- | --- | --- | --- |
| 0.120 | 0.185 | 0.123 | 0.231 | 0.152 | 0.075 | 0.072 | 0.041 |

由表 6-9 可知，孝感市用水总量较大，且孝感市用水效率最低，人均 GDP 较低，入河排污量居中，所以得其削减水量权重最大。潜江市用水总量最低，其综合用水效率一般，但人均 GDP 较高，且其入河排污量较小，这与表 6-10 中其削减水量权重最低相符合。虽然武汉市用水总量最大，但武汉市用水效率最高，人均 GDP 最高，且其入河排污量居中，得其削减水量权重大小居中。由此分析可知，其结果是相对合理的。

### 4. 二次分配——以襄阳为例

为达到控制用水总量的目的，在确定了需要削减的总水量前提下，由以上的权重计算结果，可得到各用户需要削减的水量。进一步，用户还需将削减水量具体落实到二级用水户。

以襄阳市为例，由于生态用水量很小，暂只考虑工业、农业、生活三个用水户。这里选取指标代表不同部门的用水需求、用水效率和用户重要性的三个指标，即用水总量、用水效率和优先权作为评价指标。

参照表 6-11 中的用水效率控制指标评价标准，世界先进水平用水效率评分为 0，汉江流域各用水户中最低用水效率评分为 10。根据 2010 年水资源公报，可插值计算得各部门的用水效率评分，见表 6-12。

**表 6-11　汉江流域用水水平和用水效率与国内外比较**

| 区域 | 万元 GDP 用水量/米 $^3$ | 万元工业增加值用水量/米 $^3$ | 灌溉水利用系数 |
| --- | --- | --- | --- |
| 汉江 | 129 | 86 | 0.54 |
| 中国 | 109 | 67 | 0.52 |
| 发达国家 | 85～90 | 25～50 | 0.6～0.7 |

**表 6-12　各部门用水评价指标**

| 评价指标 | 工业生产 | 农业生产 | 生活 |
| --- | --- | --- | --- |
| 用水总量/亿米 $^3$ | 18.45 | 11.58 | 3.26 |
| 用水效率评分 | 6.37 | 1.38 | 1.00 |
| 优先权 | −7.00 | −5.00 | −9.00 |

根据用水指标，利用熵权法计算得各部门的削减水量权重，具体见表 6-13。

**表 6-13　各部门削减水量权重**

| 工业生产 | 农业生产 | 生活 |
| --- | --- | --- |
| 0.596 | 0.404 | 0.000 |

由表 6-13 可以看出，工业生产削减水量权重较大，这与其用水总量较大、用水效率较低情况相符。由表 6-12 知，襄阳市农业生产用水效率较高，但其用水总量较大，且农业生产在襄阳市经济发展中较工业生产所占比重小，因此其削减水量次之。生活用水的重要性不言而喻，并且生活用水总量较小，用水效率较高，削减空间不大。

### 5. 供需平衡协调对策

1）“开源”对策

针对汉江流域的缺水问题，首先要充分利用现有供水水源，积极开发建设新的水源工程，加强工程运行管理，增加可供水能力；其次，由于汉江水资源利用程度较高，在规划水平年已经达到水资源利用量极限，所以仅靠增加供水工程的供水能力来增加供水已经不可行。因此，跨流域调水成为增加供水的重要途径。根据流域规划资料可知，引江济汉工程、引江补汉工程计划每年共向汉江实现调水约 90 亿米 $^3$，这将在很大程度上缓解汉江流域的缺水问题。

为了应对出现严重缺水的特枯水年或者特枯季节，除了提前在管理方面做好对策（比如提前建设备用水源地，建立应急抢险和干旱基金等）之外，还可以控制外调水量，以保证本流域基本的用水需求①。同时可根据实际缺水程度适当减少生态用水保障量，满足不同程度的生态用水，以增加可利用水源。

2）“节流”对策

用水指标是衡量用水水平和用水效率的一种尺度参数，通过对一个地区或流域的用水现状及用水效率的分析，可以找出该从什么地方进行“节流”，以求实现流域内水资源量供需平衡。虽然汉江流域的用水效率在近几年有了很大的提高，用水各项指标已达到国内平均水平，但是与发达国家相比差距还很大，用水效率还有一定的提高空间。在保证公平用水、高效用水的原则下，为了缓解用水压力，实现水资源供需平衡，在提高生产用水效率方面可采取以下对策。

（1）农业方面。通过改进灌溉设备，采用节水灌溉方式，提高灌溉水利用系数。农业一直是用水大户，需水量大，在控制农业用水零增长的情况下，通过节水措施的实施，有望产生可观的节余水量，这将在很大程度上解决农村在城镇化过程中日益增加的用水问题。

（2）工业方面。通过技术改造、设备更新，推广应用节水型设备，提高水重复利用率，减少工业单位产值用水量；同时发展污水处理及中水回用工程，积极引用再生水，减少工业用水量。

（3）其他方面。除了在技术方面进行改进达到节约用水、提高用水效率的目的之外，还可以通过经济手段进行调节，减少浪费；必要时运用行政手段限制高耗水用户用水。

（4）在严重缺水的特枯年份或季节，除了采取以上节水措施外，为了合理分配水资源，尽量减少总体损失，还应根据用水部门和用水地区的重要程度，建立相应的缺水应急水量分配预案，这里给出一个建议的优先等级和保证率：生活用水保证率（90%～95%）、工业用水保证率（80%～90%）、农业用水与河道外生态用水保证率（75%）。

### 6.2.3 汉江流域用水效率控制评价

按照行政区划将汉江流域分为 12 个典型区域，分别为陕西（汉中、安康、商洛）、河南（南阳）、湖北（十堰、襄阳、荆门、孝感、天门、潜江、仙桃、武汉）。

① 陈进，朱延龙. 2011. 长江流域用水总量控制探讨. 中国水利，(5)：42-44.

根据各省（市、县）的统计公报、水资源公报、统计年鉴、水利发展规划等确定汉江流域各行政区各指标的值。对于可以直接从资料中获取的数据，需要将此数据与定义计算所得数据进行比较，如果差别不大则采用统计资料上的数据；如果差别很大，需要找到原因然后再确定指标的值。对于不能直接从资料上获取的数据，则需要根据定义以其他原始数据间接计算得来。对于直接或定义计算都不能获取的数据，可参考引用已有相关研究中的数据或者根据该数据相邻年份的资料分析计算得来。

### 1. 汉江流域用水效率控制评价指标体系与评价标准

汉江流域用水效率控制评价指标体系选用前述 5.5.2 节中确定的 7 项指标，即万元 GDP 用水量、万元工业增加值用水量、工业用水重复利用率、农田灌溉水有效利用系数、农田亩均灌溉用水量、城镇生活人均日用水量、农村生活人均日用水量。汉江流域各行政区 2010 年、2012 年各指标值统计如表 6-14 和表 6-15 所示。汉江流域用水效率指标评价标准采用前述 5.5.3 节中确定的指标评价标准。

**表 6-14　2010 年汉江流域各行政区用水效率控制评价指标值**

| 指标 | 汉中 | 安康 | 商洛 | 南阳 | 十堰 | 襄阳 |
|---|---|---|---|---|---|---|
| 万元 GDP 用水量/米$^3$ | 311.4 | 192.1 | 94.1 | 116.41 | 150 | 216 |
| 万元工业增加值用水量/米$^3$ | 75.16 | 41.25 | 96.68 | 78.65 | 136 | 224 |
| 工业用水重复利用率/% | 0.8966 | 0.7114 | 0.5146 | 0.9359 | 0.4246 | 0.8602 |
| 灌溉水有效利用系数 | 0.507 | 0.507 | 0.507 | 0.567 | 0.47 | 0.415 |
| 农田亩均灌溉用水量/米$^3$ | 874 | 550.9 | 305 | 172 | 551 | 329 |
| 城市生活人均日用水量/升 | 170 | 175 | 120 | 137 | 173 | 172 |
| 农村生活人均日用水量/升 | 55 | 67 | 50 | 41 | 50 | 55 |
| 指标 | 荆门 | 天门 | 潜江 | 仙桃 | 孝感 | 武汉 |
| 万元 GDP 用水量/米$^3$ | 295 | 388 | 217 | 326 | 340 | 71 |
| 万元工业增加值用水量/米$^3$ | 227 | 214 | 218 | 257 | 360 | 96 |
| 工业用水重复利用率/% | 0.4357 | 0.42 | 0.4257 | 0.45 | 0.6 | 0.8741 |
| 灌溉水有效利用系数 | 0.471 | 0.473 | 0.488 | 0.471 | 0.377 | 0.521 |
| 农田亩均灌溉用水量/米$^3$ | 420 | 435 | 367 | 373 | 487 | 443 |
| 城市生活人均日用水量/升 | 159 | 180 | 180 | 180 | 117 | 169 |
| 农村生活人均日用水量/升 | 63 | 63 | 63 | 63 | 60 | 109 |

注：①汉中、安康、商洛的 2010 年城镇和农村生活人均日用水量无法从水资源公报直接查找或者利用相关数据直接计算得来，需要参考其他年份的数据资料和间接数据分析计算而来，存在一定的误差；②2010 年各行政区灌溉水有效利用系数根据各省市的水资源公报、统计年鉴，以及开展的全国及各省（区、市）的灌溉水有效利用系数测算分析结果，以及其他文献、报告和网络收集到的成果而来

**表 6-15　2012 年汉江流域各行政区用水效率控制评价指标值**

| 指标 | 汉中 | 安康 | 商洛 | 南阳 | 十堰 | 襄阳 |
|---|---|---|---|---|---|---|
| 万元 GDP 用水量/米$^3$ | 212 | 139 | 65.3 | 90 | 111 | 136 |
| 万元工业增加值用水量/米$^3$ | 44.62 | 42.64 | 52.36 | 56.26 | 110 | 126 |
| 灌溉水有效利用系数 | 0.516 | 0.516 | 0.516 | 0.576 | 0.482 | 0.447 |
| 农田亩均灌溉用水量/米$^3$ | 708 | 468 | 251.1 | 189 | 563 | 385 |
| 城市生活人均日用水量/升 | 165 | 185 | 135 | 134 | 174 | 173 |
| 农村生活人均日用水量/升 | 60 | 70 | 55 | 41 | 60 | 65 |

续表

| 指标 | 荆门 | 天门 | 潜江 | 仙桃 | 孝感 | 武汉 |
|---|---|---|---|---|---|---|
| 万元 GDP 用水量/米$^3$ | 199 | 296 | 147 | 217 | 288 | 49 |
| 万元工业增加值用水量/米$^3$ | 143 | 140 | 130 | 152 | 236 | 63 |
| 灌溉水有效利用系数 | 0.486 | 0.491 | 0.504 | 0.486 | 0.439 | 0.544 |
| 农田亩均灌溉用水量/米$^3$ | 531 | 439 | 349 | 372 | 462 | 393 |
| 城市生活人均日用水量/升 | 160 | 180 | 180 | 180 | 177 | 161 |
| 农村生活人均日用水量/升 | 75 | 75 | 75 | 75 | 73 | 93 |

## 2. 汉江流域用水效率控制综合评价与分析

依据汉江流域用水效率控制评价指标体系与评价标准，本书采用基于熵权的模糊物元评价法对汉江流域2010年和2012年的用水效率进行综合评价。由于汉江流域各行政区工业用水重复利用率指标数据统计标准不一，区域间相差很大且年份数据不全，会对熵权法计算指标权重产生很大影响，直接影响用水效率控制评价的准确性，故不予考虑。

1）采用熵权法确定指标权重

本节采用 6.1.2 节介绍的熵权法来确定汉江流域用水效率控制评价的指标权重。根据熵权法原理，结合汉江流域各指标值和评价标准值数据，得到2010年、2012年各指标值权重见表6-16。

**表6-16　2010年、2012年汉江流域用水效率控制评价各指标权重**

| 指标 | 2010年 | | 2012年 | |
|---|---|---|---|---|
| | 信息熵 | 权重 | 信息熵 | 权重 |
| 万元 GDP 用水量 | 0.9929 | 0.2635 | 0.9926 | 0.2549 |
| 万元工业增加值用水量 | 0.9953 | 0.1750 | 0.9946 | 0.1849 |
| 灌溉水有效利用系数 | 0.9959 | 0.1515 | 0.9965 | 0.1215 |
| 农田亩均灌溉用水量 | 0.9982 | 0.0676 | 0.9948 | 0.1774 |
| 城镇生活人均日用水量 | 0.9959 | 0.1521 | 0.9963 | 0.1272 |
| 农村生活人均日用水量 | 0.9949 | 0.1903 | 0.9961 | 0.1342 |

2）汉江流域用水效率控制评价

根据 6.1.2 节介绍的模糊物元评价法的原理，对汉江流域用水效率进行综合评价。以2010年为例，汉江流域用水效率控制评价过程如下。

（1）针对汉江流域2010年、2012年两个水平年分别建立由12个行政区和5项评价标准组成的17个样本、6项指标的复合模糊物元模型R。

（2）构造从优隶属度模糊物元$R_{mn}$。

（3）构造差平方模糊物元$R_{\Delta}$。

（4）根据熵权法确定的各指标权重，计算出欧式贴近度$\rho H_i$，构建贴近度模糊物

元矩阵$R_{\rho H_i}$，得到各个样本的贴近度。

2010 年各样本的欧式贴近度：$R_{\rho H_i}$ =（0.4715，0.5543，0.6811，0.6950，0.5181，0.4471，0.4125，0.3870，0.4400，0.3953，0.3877，0.5707，0.8432，0.5772，0.4716，0.3869，0.3018）。

根据各行政区在汉江流域中面积比例与 2010 年各行政区所得贴近度乘积之和，可以得出汉江流域的贴近度，见表 6-17。

**表 6-17 2010 年汉江流域用水效率控制评价贴近度**

| 行政区 | 汉中 | 安康 | 商洛 | 南阳 | 十堰 | 襄阳 |
|---|---|---|---|---|---|---|
| $\rho H_i$ | 0.4715 | 0.5543 | 0.6811 | 0.6950 | 0.5181 | 0.4471 |
| 流域内面积比例 | 0.1234 | 0.1471 | 0.1032 | 0.1496 | 0.1487 | 0.1062 |
| 行政区 | 荆门 | 天门 | 潜江 | 仙桃 | 孝感 | 武汉 |
| $\rho H_i$ | 0.4125 | 0.3870 | 0.4400 | 0.3953 | 0.3877 | 0.5707 |
| 流域内面积比例 | 0.0589 | 0.0165 | 0.0034 | 0.0159 | 0.0176 | 0.0132 |
| 汉江流域 $\rho H_i$ | 0.4913 | | | | | |

依据上述计算可得 2010 年各级评价标准贴近度值见表 6-18。

**表 6-18 2010 年汉江流域用水效率控制评价各级评价标准贴近度值**

| 年份 | 评价标准贴近度值 | | | | |
|---|---|---|---|---|---|
| | Ⅰ级 | Ⅱ级 | Ⅲ级 | Ⅳ级 | Ⅴ级 |
| 2010 年 | 0.8432 | 0.5772 | 0.4716 | 0.3869 | 0.3018 |

将各行政区样本及汉江流域总体的贴近度值与各年份各级评价标准的贴近度值比较可以得出 2010 年汉江流域及各级行政区的用水效率控制评价等级，见表 6-19。

**表 6-19 2010 年汉江流域及各行政区用水效率控制评价等级**

| | | | | | | | |
|---|---|---|---|---|---|---|---|
| 2010 年 | 行政区 | 汉中 | 安康 | 商洛 | 南阳 | 十堰 | 襄阳 |
| | 贴近度 | 0.4715 | 0.5543 | 0.6811 | 0.695 | 0.5181 | 0.4471 |
| | 等级 | Ⅲ级 | Ⅱ级 | Ⅱ级 | Ⅱ级 | Ⅲ级 | Ⅲ级 |
| | 行政区 | 荆门 | 天门 | 潜江 | 仙桃 | 孝感 | 武汉 |
| | 贴近度 | 0.4125 | 0.387 | 0.44 | 0.3953 | 0.3877 | 0.5707 |
| | 等级 | Ⅳ级 | Ⅳ级 | Ⅲ级 | Ⅳ级 | Ⅳ级 | Ⅱ级 |
| | 汉江流域贴近度 | 0.4913 | | | | | |
| | 汉江流域等级 | Ⅲ级 | | | | | |

2012 年各样本欧式贴近度：$R_{\rho H_i}$ =（0.4691，0.5287，0.7704，0.7315，0.4821，0.4708，0.4006，0.3827，0.4616，0.4097，0.3518，0.6417，0.7919，0.5211，0.4236，0.3483，0.2781）。

根据行政区样本中各行政区在汉江流域中面积比例与 2012 年各行政区所得贴近度乘积之和，可以得出汉江流域的贴近度，见表 6-20。

同理得到 2012 年各级评价标准贴近度值见表 6-21。

表 6-20 2012 年汉江流域用水效率控制评价贴近度

| 行政区 | 汉中 | 安康 | 商洛 | 南阳 | 十堰 | 襄阳 |
|---|---|---|---|---|---|---|
| $\rho H_i$ | 0.4691 | 0.5287 | 0.7704 | 0.7315 | 0.4821 | 0.4708 |
| 流域内面积比例 | 0.1234 | 0.1471 | 0.1032 | 0.1496 | 0.1487 | 0.1062 |
| 行政区 | 荆门 | 天门 | 潜江 | 仙桃 | 孝感 | 武汉 |
| $\rho H_i$ | 0.4006 | 0.3827 | 0.4616 | 0.4097 | 0.3518 | 0.6417 |
| 流域内面积比例 | 0.0589 | 0.0165 | 0.0034 | 0.0159 | 0.0176 | 0.0132 |
| 汉江流域 $\rho H_i$ | 0.4989 | | | | | |

表 6-21 2012 年汉江流域用水效率控制评价各级评价标准贴近度值

| 评价标准贴近度值 | | | | | |
|---|---|---|---|---|---|
| 年份 | Ⅰ级 | Ⅱ级 | Ⅲ级 | Ⅳ级 | Ⅴ级 |
| 2012 年 | 0.7919 | 0.5211 | 0.4236 | 0.3483 | 0.2781 |

2012 年汉江流域及各级行政区的用水效率控制评价等级见表 6-22。

表 6-22 2012 年汉江流域及各行政区用水效率控制评价等级

| | 行政区 | 汉中 | 安康 | 商洛 | 南阳 | 十堰 | 襄阳 |
|---|---|---|---|---|---|---|---|
| 2012 年 | 贴近度 | 0.4691 | 0.5287 | 0.7704 | 0.7315 | 0.4821 | 0.4708 |
| | 等级 | Ⅲ级 | Ⅱ级 | Ⅰ级 | Ⅰ级 | Ⅱ级 | Ⅲ级 |
| | 行政区 | 荆门 | 天门 | 潜江 | 仙桃 | 孝感 | 武汉 |
| | 贴近度 | 0.4006 | 0.3827 | 0.4616 | 0.4097 | 0.3518 | 0.6417 |
| | 等级 | Ⅲ级 | Ⅳ级 | Ⅲ级 | Ⅲ级 | Ⅳ级 | Ⅱ级 |
| | 汉江流域贴近度 | 0.4989 | | | | | |
| | 汉江流域等级 | Ⅱ级 | | | | | |

## 3. 汉江流域用水效率控制评价结果分析

1）汉江流域综合用水效率分析

由表 6-19、表 6-22 综合可得出，2010 年、2012 年汉江流域各行政区用水效率等级分布，每级行政区按贴近度由大到小排列，见表 6-23。

表 6-23 2010 年、2012 年汉江流域各行政区用水效率等级分布

| 年份 | 等级 | 行政区 |
|---|---|---|
| 2010 年 | Ⅰ级 | 无 |
| | Ⅱ级 | 南阳、商洛、武汉、安康 |
| | Ⅲ级 | 十堰、汉中、襄阳、潜江 |
| | Ⅳ级 | 荆门、仙桃、孝感、天门 |
| | Ⅴ级 | 无 |
| 2012 年 | Ⅰ级 | 商洛、南阳 |
| | Ⅱ级 | 武汉、安康、十堰 |
| | Ⅲ级 | 襄阳、汉中、潜江、仙桃、荆门 |
| | Ⅳ级 | 天门、孝感 |
| | Ⅴ级 | 无 |

由以上结果可以得到，汉江流域用水效率控制评价等级水平为：2010 年Ⅲ级，2012 年Ⅱ级。各行政区用水效率主要集中在Ⅱ级、Ⅲ级，即中等和较好水平。南阳、商洛、武汉较其他行政区用水效率等级较高，与这几个行政区各指标数据都处在较高水平的情况相一致。南阳、商洛分别位于河南和陕西，属于较为缺水的省份，节约用水自然成为发展之本。武汉虽处在水资源相对丰富的湖北，但其经济发展水平较高，节水技术相对较好，并把节约用水作为建设资源节约型社会的一项重要内容严格实施，其万元 GDP 用水量仅 49 米$^3$，为全流域最低，达到了国际先进水平。天门、孝感用水效率等级最差，处在水资源较为丰富的湖北，注重经济发展的同时没有注重节水，万元 GDP 用水量接近 300 米$^3$，几乎是武汉的 6 倍。对比分析 2010 年和 2012 年两个年份，从各行政区来看，南阳、商洛、十堰、荆门、仙桃 5 个区域的用水效率水平提升了一个等级，南阳、商洛的用水效率更是达到了Ⅰ级水平，其他行政区虽没有相对 2010 年提升一个等级，但是贴近度值相对该级评价标准的贴近度值都有了明显的提高，说明 2012 年汉江流域用水效率水平有了很大提高。从总体来看，2012 年汉江流域的整体用水效率水平提升了一个等级，这与汉江流域的发展状况比较接近，但从贴近度数据来看，汉江流域贴近度数据值与Ⅰ级水平还存在很大的差距，说明汉江流域在最严格水资源管理用水效率控制上还存在很大的提升空间。

2）汉江流域不同行业用水效率分析

（1）汉江流域综合用水效率分析。根据对汉江流域用水效率的评价结果可以看出，武汉市作为汉江流域综合发展最好的城市，其综合用水效率较高，2012 年的万元 GDP 用水量仅 49 米$^3$，万元工业增加值用水量为 63 米$^3$，都为全流域最低，达到了国际先进水平。农田灌溉水有效利用系数为 0.544，仅次于南阳市处于第二。武汉市重点实施节水型城市建设，各项用水指标都处在较好的水平。南阳市综合用水效率较高，其规模效率比襄阳市等汉江中下游几个用水效率较高的城市略小，其 2012 年的万元 GDP 用水量 90 米$^3$，万元工业增加值用水量为 63 米$^3$，南阳市处在水资源相对较少的河南省，需要把节水作为发展之本，提高工业等的用水效率。南阳市的农田亩均灌溉用水量为 189 米$^3$，为全流域最低，农田灌溉水有效利用系数为 0.576，为全流域最高，其 2010 年的耕地面积达到 1624.42 千公顷，旱田面积达到 95%以上，这也是南阳市用水效率较高的主要原因。汉江中上游汉中市、安康市、商洛市用水纯技术效率较高，商洛市的万元 GDP 用水量较低，为 94.1 米$^3$，这三个市的万元工业增加值用水量指标值都较低。但是它们的产业结构和规模不合理导致规模效率很低，汉中市相对安康市、商洛市效率值较低，这与汉中市的农田亩均灌溉用水量高达 874 米$^3$ 有很大的关系。万元 GDP 用水量接近 300 米$^3$，几乎是武汉市的 6 倍。汉江中下游襄阳市、十堰市、潜江市的用水效率比南阳市的用水效率低，纯技术效率和规模效率都有待提高。中下游的天门市、潜江市、仙桃市、孝感市的用水效率为全流域最低，纯技术效率和规模效率都有很大的提升空间，特别是孝感市各用水指标均较高，节水空间很大。

（2）工业用水效率。工业作为社会发展和国民经济的命脉，决定着现代化建设的速度和水平，在国民经济中起着主导作用。工业用水占用水总量的很大一部分，也是最容易实现可观的中水利用及节水的行业，因此提高工业用水效率对实现最严格水资源管理用水效率控制具有重要的意义。

本书构建的用水效率控制评价指标体系，针对汉江流域的实际情况，工业用水效率筛选出万元工业增加值用水量一个指标。2010 年、2012 年汉江流域各行政区万元工业增加值用水量如图 6-3 所示。

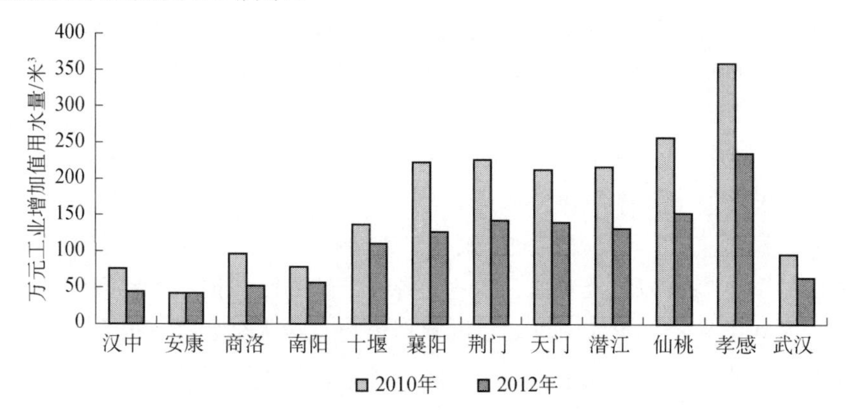


图 6-3　汉江流域各行政区万元增加值用水量

由图 6-3 可以看出，汉中市、安康市、商洛市、南阳市、武汉市的工业用水效率较高，其 2010 年、2012 年万元工业增加值用水量均在 100 米$^3$ 以下；十堰市、襄阳市、荆门市、天门市、潜江市处在中等水平；仙桃市、孝感市的工业用水效率最差，孝感市 2010 年的万元工业增加用水量达到 360 米$^3$，属于工业严重粗放用水的情况。对比 2010 年和 2012 年的万元工业增加值用水量情况，2012 年各行政区除了安康市变化不大外，其他区域的工业用水效率都有了明显的提升，但是大部分的行政区域的工业用水效率距离国内外先进水平还有很大差距，同时最严格水资源管理制度对于各省市的主要目标要求，到 2015 年万元工业增加值用水量比 2010 年下降的标准，河南省、湖北省为 35%，陕西省为 25%；到 2020 年全国万元工业增加值用水量降低到 65 米$^3$；到 2030 年进一步降低到 40 米$^3$。汉江流域大部分行政区的万元工业增加值用水量值与规划年的控制值差距较大，工业用水存在一定的节水空间。

（3）农业用水效率。农业用水在汉江流域总用水量中占有很大的比例，陕西省汉江流域农业灌溉用水量占到了总用水量的一半以上，农业耗水量很大，因此提高农业用水效率、减少农业灌溉用水量是当今水资源短缺现状下亟待解决的问题。

本书构建的用水效率控制评价指标体系，针对汉江流域的实际情况，农业用水效率筛选出灌溉水有效利用系数和农田亩均灌溉用水量两个指标。2010 年、2012 年汉江流域各行政区灌溉水有效利用系数和农田亩均灌溉用水量如图 6-4、图 6-5 所示。

由图 6-4、图 6-5 可以看出，南阳市的农业用水效率最高，灌溉水有效利用系数在两个年份中处于最高水平，农田亩均灌溉用水量处于最低水平，这与南阳市的农业种植以旱地为主有很大的关系。汉中市农业灌溉用水量很大，占全市总用水量的 70%以上，农田亩均灌溉用水量很大，2010 年、2012 年的数据分别为 874 米$^3$、704 米$^3$，农业用水效率很低，灌溉技术和灌溉节水亟待改善和提高。2012 年汉江流域大部分行政区的农田亩均灌溉用水量都有了明显降低，但是农田亩均灌溉用水量总体偏高，根据国务院关于实施最严格水资源管理制度的意见要求到 2015 年、2020 年、2030 年全国的灌溉水有效利用系数分别要达到 0.53、0.55 和 0.6 以上，而汉江流域特别是中下游的大部分行政区的灌溉水有效利用系数不足 0.5，农业用水效率还需要很大的提高。

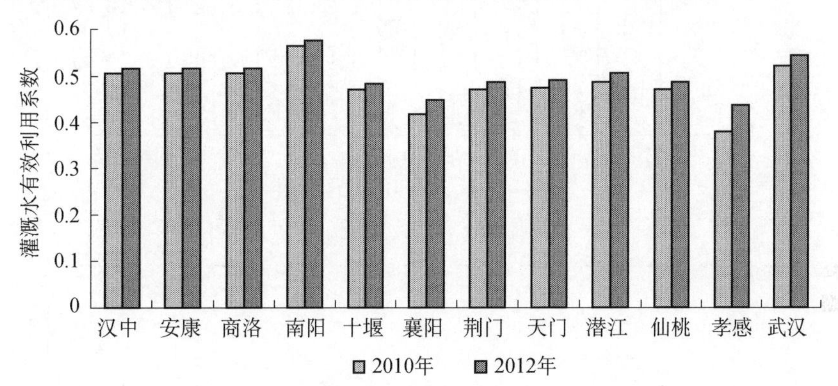


图 6-4　汉江流域各行政区灌溉水有效利用系数

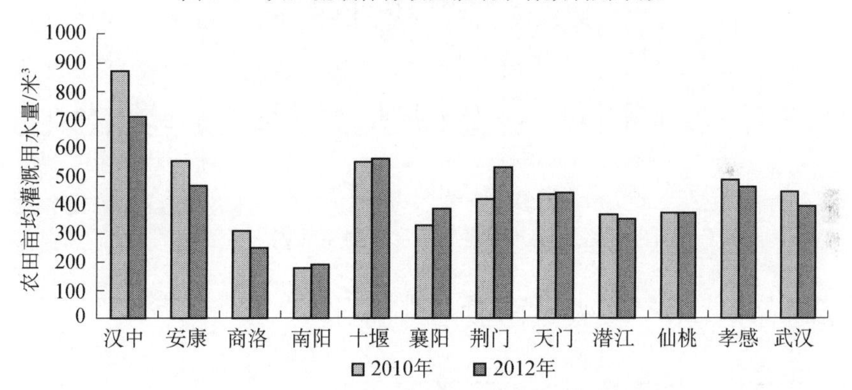


图 6-5　汉江流域各行政区农田亩均灌溉用水量

（4）生活用水效率。居民生活用水水平各地区之间、城乡之间差别很大，根据本书构建的用水效率控制评价指标体系，针对汉江流域的实际情况，生活用水效率筛选出城镇生活人均日用水量和农村生活人均日用水量两项指标。2010 年、2012 年汉江流域各行政区城镇生活人均日用水量和农村生活人均日用水量如图 6-6、图 6-7 所示。

由图 6-6、图 6-7 可以看出，南阳市城镇、农村的生活人均日用水量都为最低，这可能与其人口基数较大存在一定的关系。安康市的城镇、农村生活人均日用水量最高，与其规划所定的居民生活用水定额相差较大，生活用水存在严重的浪费现象。由于经济社会的快速发展，汉江流域各行政区除武汉市以外居民生活用水量还处在一个上升阶段，武汉市作为节水的重点城市，其 2012 年的城镇、农村居民生活用水量较 2010 年都有所降低，但是因其城市发展与生活水平较高，居民生活用水量比其他行政区要高出很多。生活用水量在用水总量中所占的比例较低，汉江流域大部分区域不足 10%，但是提高生活用水效率，有效减少人均生活用水量，提高城市节水器具普及率，增强居民节水意识，对于提高整体用水效率水平的意义不容忽视。

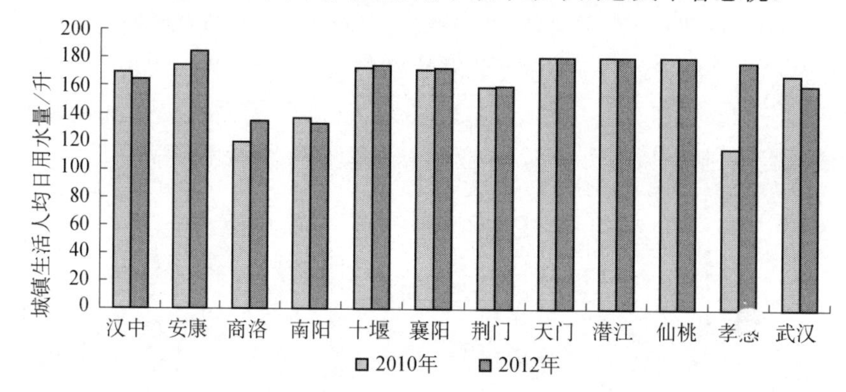


图 6-6　汉江流域各行政区城镇生活人均日用水量

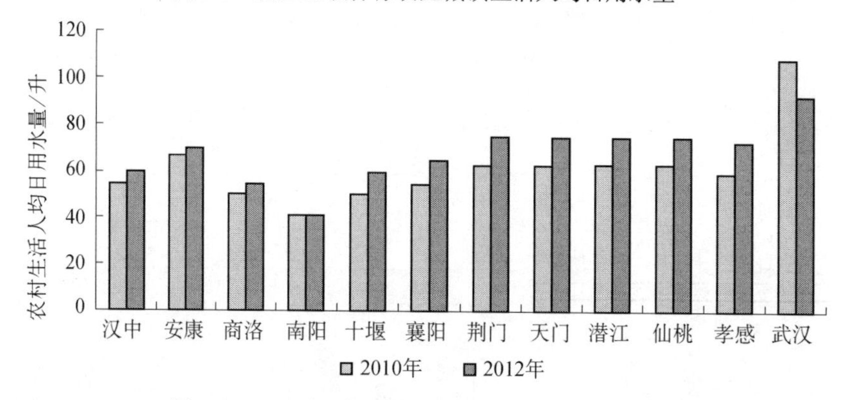


图 6-7　汉江流域各行政区农村生活人均日用水量

## 6.2.4　汉江流域纳污总量控制评价

### 1. 汉江中下游干流水功能区划

根据《湖北省水功能区划》的结果，汉江中下游干流水功能区划分为 12 个一级区、20 个二级区，具体如表 6-24、表 6-25 所示。

**表 6-24　汉江中下游干流水功能区划（一级）**

| 序号 | 功能区名称 | 河段 | 起始断面 | 终止断面 | 长度/千米 | 区划依据 |
|---|---|---|---|---|---|---|
| 1 | 丹江口-襄樊保留区 | 丹江口-襄樊 | 丹江口水库坝前 | 竹条镇 | 107 | 开发利用程度不高 |
| 2 | 襄樊开发利用区 | 襄樊市区 | 竹条镇 | 余家湖王营 | 32 | 重要城市江段 |
| 3 | 汉江襄阳-宜城-钟祥保留区 | 襄阳-钟祥 | 余家湖王营 | 陈家台 | 107 | 开发利用程度不高 |

续表

| 序号 | 功能区名称 | 河段 | 起始断面 | 终止断面 | 长度/千米 | 区划依据 |
|---|---|---|---|---|---|---|
| 4 | 汉江钟祥开发利用区 | 钟祥市区 | 陈家台 | 南湖农场 | 29 | 重要城市江段 |
| 5 | 汉江钟祥-潜江保留区 | 钟祥-潜江 | 南湖农场 | 王场镇 | 124 | 开发利用程度不高 |
| 6 | 汉江潜江开发利用区 | 潜江 | 王场镇 | 张港 | 16 | 重要城市江段 |
| 7 | 汉江天门-仙桃保留区 | 天门-仙桃 | 张港 | 多祥镇 | 67 | 开发利用程度不高 |
| 8 | 汉江仙桃开发利用区 | 仙桃市区 | 多祥镇 | 万福闸 | 24 | 重要城市江段 |
| 9 | 汉江仙桃-汉川保留区 | 仙桃-汉川 | 万福闸 | 马鞍镇 | 54 | 开发利用程度不高 |
| 10 | 汉江汉川开发利用区 | 汉川 | 马鞍镇 | 新沟镇 | 25 | 重要城市江段 |
| 11 | 汉江武汉保留区 | 武汉 | 新沟镇 | 张湾镇 | 8 | 开发利用程度不高 |
| 12 | 汉江武汉开发利用区 | 武汉市区 | 张湾镇 | 龙王庙 | 41 | 重要城市江段 |

**表 6-25 汉江中下游干流水功能区划（二级）**

| 序号 | 功能区名称 | 范围 | | 长度/千米 |
|---|---|---|---|---|
| | | 起始断面 | 终止断面 | |
| 1 | 汉江襄樊樊城饮用水源、工业用水区 | 竹条镇 | 闸口 | 14 |
| 2 | 汉江襄樊襄城饮用水源、工业用水区 | 闸口 | 钱家营 | 8.2 |
| 3 | 汉江襄樊襄城排污控制区 | 南渠排污口 | 湖北制药厂排污口 | 1.5 |
| 4 | 汉江襄樊钱家营过渡区 | 湖北制药厂排污口 | 湖北制药厂排污口下游2千米 | 2 |
| 5 | 汉江襄樊余家湖工业用水、饮用水源区 | 湖北制药厂排污口下游2千米 | 余家湖王营 | 6.3 |
| 6 | 汉江钟祥磷矿工业用水区 | 汉江俐河河口 | 钟祥中山 | 5.5 |
| 7 | 汉江钟祥过渡区 | 钟祥中山 | 钟祥市陈家台 | 10.5 |
| 8 | 汉江钟祥皇庄饮用水源区 | 陈家台 | 皇庄 | 3 |
| 9 | 汉江钟祥皇庄农业、工业用水区 | 皇庄 | 南湖农场 | 10 |
| 10 | 汉江潜江红旗码头工业用水区 | 王场镇 | 三叉口 | 5 |
| 11 | 汉江潜江谢湾农业用水、饮用水源区 | 三叉口 | 泽口 | 2.4 |
| 12 | 汉江潜江泽口工业用水区 | 泽口 | 周家台 | 1 |
| 13 | 汉江潜江王拐农业用水区 | 周家台 | 张港 | 7.6 |
| 14 | 汉江仙桃饮用水源区 | 多祥 | 沔城 | 9.5 |
| 15 | 汉江仙桃排污控制区 | 沔城 | 何家台 | 6 |
| 16 | 汉江仙桃过渡区 | 何家台 | 万福闸 | 8.5 |
| 17 | 汉江汉川饮用水源、工业用水区 | 马鞍 | 熊家湾 | 5 |
| 18 | 汉江汉川工业用水、饮用水源区 | 熊家湾 | 新沟 | 20 |
| 19 | 汉江武汉蔡甸、东西湖区农业、工业用水区 | 张湾镇 | 蔡甸自来水公司上游1千米 | 15.4 |
| 20 | 汉江武汉城区、蔡甸、东西湖区饮用水源、工业用水区 | 蔡甸自来水公司上游1千米 | 龙王庙 | 25.6 |

## 2. 汉江中下游最严格水资源管理纳污总量控制评价

### 1）汉江中下游流域纳污总量控制评价指标数据与评价标准

汉江中下游流域纳污总量控制评价指标数据主要来源于各市的水资源公报、环境质量公报、统计年鉴、国民经济和社会发展统计公报等，2012 年的指标数值见表 6-27。评价标准依据表 5-11，并参考国家相关标准、全国平均水平、研究区规划及前人的研究成果等，划分为Ⅰ、Ⅱ、Ⅲ、Ⅳ、Ⅴ共五级，详见表 6-26。

表 6-26　2012 年汉江中下游纳污控制评价指标数据与评价标准

| 指标 | | 老河口 | 襄樊 | 宜城 | 钟祥 | 天门 | 潜江 | 仙桃 |
|---|---|---|---|---|---|---|---|---|
| 水功能区水质达标率/% | | 100 | 100 | 100 | 91.67 | 100 | 100 | 100 |
| 万元 GDP 的污染物排放量/千克 | COD | 8.5 | 4.21 | 6.53 | 10.18 | 7.27 | 1.09 | 4.67 |
| | 氨氮 | 0.82 | 0.27 | 0.76 | 1.30 | 1.10 | 0.18 | 0.50 |
| 工业废水排放达标率/% | | 95.36 | 95.36 | 95.36 | 94.93 | 79.48 | 98.9 | 100 |
| 工业废水排放强度/（吨/万元） | | 5.94 | 21.78 | 15.36 | 9.83 | 4.26 | 9.99 | 10.61 |
| 城镇生活人均污染负荷/（克/天） | COD | 60 | 61.55 | 60 | 43.51 | 56.26 | 71 | 53.98 |
| | 氨氮 | 7 | 7 | 7 | 6.95 | 4.94 | 5.68 | 5.79 |
| 集中式饮用水源地水质达标率/% | | 100 | 100 | 100 | 100 | 91.5 | 100 | 100 |
| 城市污水集中处理率/% | | 75 | 75 | 75 | 77.25 | 82.1 | 80 | 69 |
| 化肥施用强度/（千克/公顷） | | 780.2 | 1462.2 | 889.6 | 1146.7 | 700.44 | 500 | 834.84 |
| 环境治理投资占 GDP 的比例/% | | 3.21 | 2.02 | 2 | 0.798 | 0.705 | 2.577 | 1.94 |
| 指标 | | 汉川 | 武汉 | Ⅰ级 | Ⅱ级 | Ⅲ级 | Ⅳ级 | Ⅴ级 |
| 水功能区水质达标率/% | | 100 | 100 | 95 | 80 | 70 | 60 | 50 |
| 万元 GDP 的污染物排放量/千克 | COD | 3.01 | 2.66 | 3 | 4 | 4.8 | 6 | 10 |
| | 氨氮 | 0.40 | 0.35 | 0.35 | 0.4 | 0.5 | 0.6 | 1 |
| 工业废水排放达标率/% | | 96.39 | 99.2 | 96 | 90 | 80 | 70 | 60 |
| 工业废水排放强度/（吨/万元） | | 10.89 | 10.8 | 5 | 7 | 10 | 15 | 25 |
| 城镇生活人均污染负荷/（克/天） | COD | 54.52 | 44.43 | 70 | 75 | 85 | 95 | 100 |
| | 氨氮 | 8.79 | 6.26 | 5 | 5.5 | 6.5 | 7.5 | 8 |
| 集中式饮用水源地水质达标率/% | | 100 | 100 | 100 | 95 | 90 | 85 | 70 |
| 城市污水集中处理率/% | | 95 | 92 | 90 | 85 | 75 | 60 | 50 |
| 化肥施用强度/（千克/公顷） | | 846.44 | 646.91 | 225 | 330 | 500 | 800 | 1400 |
| 环境治理投资占 GDP 的比例/% | | 2.06 | 0.347 | — | — | — | — | — |

2）确定指标权重

应用 6.1.2 节介绍的熵权法确定各指标的权重，见表 6-27。

表 6-27　汉江中下游纳污控制评价指标体系中各指标权重

| 评价指标 | | 权重 |
|---|---|---|
| 水功能区水质达标率 | | 0.1016 |
| 万元 GDP 的污染物排放量 | COD | 0.1044 |
| | 氨氮 | 0.0914 |
| 工业废水排放达标率 | | 0.0853 |
| 工业废水排放强度 | | 0.0826 |
| 城镇生活人均污染负荷 | COD | 0.0974 |
| | 氨氮 | 0.0871 |
| 集中式饮用水源地水质达标率 | | 0.0703 |
| 城市污水集中处理率 | | 0.0858 |
| 化肥施用强度 | | 0.0926 |
| 环境治理投资占 GDP 的比例 | | 0.1010 |

3）汉江中下游纳污总量控制评价

根据 6.1.2 节介绍的模糊物元评价法的原理，针对汉江中下游流域建立由 9 个行政区和 5 项评价标准组成的 14 个样本、11 项指标的复合模糊物元，对汉江中下游纳污总量控制进行综合评价，得到各样本的贴近度：$R_{\rho H_i}$ =（0.5461，0.5314，0.4977，0.4483，0.4967，0.7237，0.5485，0.5709，0.5397，0.7163，0.6222，0.5230，0.4285，0.3118）。2012 年汉江中下游流域纳污控制评价贴近度和各级评价标准贴近度分别见表 6-28 和表 6-29。

**表 6-28　2012 年汉江中下游流域纳污控制评价贴近度**

| 行政区 | 老河口 | 襄阳 | 宜城 | 钟祥 | 天门 | 潜江 |
| --- | --- | --- | --- | --- | --- | --- |
| $\rho H_i$ | 0.5461 | 0.5314 | 0.4977 | 0.4483 | 0.4967 | 0.7237 |
| 流域内面积比例 | 0.0247 | 0.4731 | 0.0506 | 0.1074 | 0.0627 | 0.0479 |
| 行政区 | 仙桃 | 汉川 | 武汉 | | | |
| $\rho H_i$ | 0.5485 | 0.5709 | 0.5397 | | | |
| 流域内面积比例 | 0.0607 | 0.0398 | 0.2032 | | | |
| 汉江中下游流域 $\rho H_i$ | 0.5697 | | | | | |

**表 6-29　2012 年汉江中下游流域纳污控制评价各级评价标准贴近度**

| 2012 年 | 评价标准贴近度值 | | | | |
| --- | --- | --- | --- | --- | --- |
| | Ⅰ级 | Ⅱ级 | Ⅲ级 | Ⅳ级 | Ⅴ级 |
| | 0.7163 | 0.6222 | 0.5230 | 0.4285 | 0.3118 |

将表 6-28 的贴近度值与表 6-29 各级评价标准的贴近度值比较，得出 2012 年汉江中下游流域及各级行政区的纳污控制评价等级，见表 6-30。汉江中下游流域纳污控制评价结果表明，老河口市、襄樊市区、仙桃市、汉川市、宜城市、天门市和武汉市纳污总量控制水平为Ⅲ级中等水平，潜江市区纳污总量控制水平为Ⅰ级优秀水平，钟祥市的纳污总量控制水平为Ⅳ级较差水平；汉江中下游流域总体纳污控制评价为Ⅲ级中等水平。

**表 6-30　2012 年汉江中下游流域及各行政区纳污控制评价等级**

| | 行政区 | 老河口 | 襄樊 | 宜城 | 钟祥 | 天门 | 潜江 |
| --- | --- | --- | --- | --- | --- | --- | --- |
| | 贴近度 | 0.5461 | 0.5314 | 0.4977 | 0.4483 | 0.4967 | 0.7237 |
| | 等级 | Ⅲ级 | Ⅲ级 | Ⅲ级 | Ⅳ级 | Ⅲ级 | Ⅰ级 |
| 2012 年 | 行政区 | 仙桃 | 汉川 | 武汉 | | | |
| | 贴近度 | 0.5485 | 0.5709 | 0.5397 | | | |
| | 等级 | Ⅲ级 | Ⅲ级 | Ⅲ级 | | | |
| | 汉江中下游流域贴近度 | 0.5697 | | | | | |
| | 汉江中下游流域等级 | Ⅲ级 | | | | | |

# 第7章 最严格水资源管理绩效评估方法及应用*

绩效评估是绩效考核的重要工具。最严格水资源管理制度“三条红线”评价是从具体的“三条红线”控制情况出发，为最严格水资源管理制度执行情况提供定量评价结果。最严格水资源管理制度执行情况的另一个重要评价内容是绩效评估，它是对水资源管理的责任落实和实施效果的评估，是各级政府水资源管理部门行政考核的依据。就水资源管理绩效评估来看，目前还属于一个全新的研究领域，特别是 2011 年“中央一号文件”明确指出要对地方政府水资源管理成效进行评估，把评估结果“作为地方政府相关领导干部综合评价的重要依据”。最严格水资源管理绩效评估是用水总量控制制度、用水效率控制制度和水功能区限制纳污制度的实施保障，并对红线控制指标的实现起约束和督促作用。开展水资源管理绩效评估，是及时发现水资源管理工作中的薄弱环节，明确今后工作重点、调整管理思路、提高管理水平的有效手段，这就更凸显了这一领域研究的紧迫性。

本章首先从水资源管理绩效评估概念、开展绩效评估必要性及意义等方面对最严格水资源管理绩效评估进行阐述；在剖析指标体系构建思想、指标选取概念框架、指标筛选原则和思路的基础上，结合压力-状态-响应模型，构建了最严格水资源管理绩效评估体系，提出了最严格水资源管理绩效评估分区标准，以及确定评估指标标准的思路和方法；引入最严格水资源管理绩效指数，采用“单指标量化-多指标综合-多准则集成”方法，来度量最严格水资源管理绩效状态或水平，并采用等级评估法对最严格水资源管理绩效评估等级进行划分。

---

* 本章执笔人：靳润芳、左其亭。本章研究工作负责人：张翔。主要参加人：靳润芳、左其亭、张翔、马军霞、凌敏华、张金萍、张志强、罗增良、韩春辉。

本章部分内容已单独成文发表，具体有：(a) 左其亭，靳润芳. 2014-2-13. 以最严格水资源管理支撑生态文明建设（访谈）. 中国水利报，005；(b) 靳润芳. 2015. 最严格水资源管理绩效评估及保障措施体系研究.郑州大学硕士学位论文.

# 7.1　最严格水资源管理绩效评估概述[①]

## 7.1.1　水资源管理绩效评估概念

“评估”是指人们参照一定的标准对事物的价值或优劣程度进行评判比较的过程，是一种认知过程，同时也是一种决策过程。绩效是效率和业绩的统称，包括行为和结果两项内容，即活动过程效率和活动结果[②]。绩效评估是指运用一定的计算程序和方法，对企业、公共部门等一定时期内的效益、业绩等进行客观、公正和准确的综合评判[③]，是管理实践过程中的一个重要环节。绩效评估可以作为一个反应机制，通过真实有效的评估，了解管理制度执行情况及管理目标实现程度等，从而反映管理部门当前所处状态和存在问题，使其不断纠正执行过程中的偏差，有效配置资源，保证绩效目标的实现。绩效评估具有约束、激励和推动作用，合理的评估机制有利于发挥政绩“导向之手”的引领作用，便于国家资源配置及经济社会发展目标更好地实现[④]。

水资源管理绩效评估是一个相对新颖的名词，目前仍缺乏明确、统一的定义。要加强水资源管理，落实最严格水资源管理制度，势必要提高水行政主管部门的运作及工作能力，对水资源管理部门实施绩效评估也有助于在其体制内形成浓厚的绩效意识，有利于把提高绩效贯穿于水资源管理活动的各个环节。因此，对其开展的内部建设及本职工作的绩效进行评估就显得尤为重要。但目前真正关于水资源管理绩效评估体系的研究少之又少，尤其是针对最严格水资源管理制度落实背景下的绩效考核，缺乏统一的评估方法和评估标准，实践力度和效果也不平衡。开展最严格水资源管理制度背景下的水资源管理绩效评估研究具有重要意义。

参考环境绩效评估的概念，对“水资源管理绩效评估”这一概念进行分析。环境绩效评估是指利用适当的指标将某一区域的环保业绩转化为易懂信息的过程，是一种审查区域环境因素、对区域环境绩效量测与评价的程序和工具[⑤]，是一种通过评估当前环境状况与既定环境目标之间差距来评价各级政府的环境管理水平的重要途径，是一种有助于将环境绩效纳入政府综合绩效考核的管理手段[⑥]。水资源管理绩效评估是对区域水资源管理绩效进行评价和量测的程序与工具，是将目前水资源管理实际完成情况与计划完成情况进行对比来评价各级政府水资源管理水平的有效方法，是进行客

① 该部分的主要内容来源于下列阶段性成果：靳润芳. 2015. 最严格水资源管理绩效评估及保障措施体系研究. 郑州大学硕士学位论文：30-35.

② 蔡志明，陈春涛，王光明. 2005. 绩效、绩效评估与绩效管理——基于对建立医院绩效评价体系有借鉴作用的述评. 中国医院，9（3）：71-76.

③ 王秀香，施红勋，牟善军. 2011. 基于层次分析法的企业 HSE 管理绩效评估. 中国安全生产科学技术，7（3）：98-103.

④ 任理轩. 2010-4-7. 把握经济发展方式转变的战略重点——论经济结构调整. 人民日报，007.

⑤ 第二章环境绩效评估简介. http：//www.cqvip.com/read/read.aspx?id=10816509#［2014-3-2］.

⑥ 曹颖，张象枢，刘昕. 2006. 云南省环境绩效评估指标体系构建. 环境保护，（1）：61-63.

观恰当和有效管理的重要措施和基本前提。水资源管理绩效评估的实质就是评价水资源管理目标的实现水平。实施水资源管理绩效评估主要包括两个阶段：一是识别体现水资源管理目标实现情况或是体现区域关键水资源问题的指标，构建绩效评估指标体系，即指标体系构建阶段；二是根据建立的指标体系，收集数据，进行水资源管理现状与既定目标之间的比较分析，识别水资源管理过程中的缺陷和不足，即水资源管理制度缺陷分析阶段。在整个绩效评估过程中，指标体系质量直接决定了评估结果的有效性①，水资源管理绩效评估指标体系的建立要综合考虑多种因素的影响，主要包括水资源管理水平、经济社会发展水平、水环境容量、水资源承载力、河道内生态用水量和水功能区管理目标等因素，然后根据研究对象的特点及评估方法的需要，遵循一定的原则建立评估指标体系。

### 7.1.2 水资源管理绩效评估的必要性及意义

近年来，水资源管理日益受到党中央、国务院的高度重视，先后出台了一系列制度、文件，为贯彻实行最严格水资源管理制度考核工作提供了依据，也为最严格水资源管理制度的落实起到促进作用，具有深远意义和重要影响。

绩效考核是一根指挥棒，具有很强的激励约束作用，绩效评估是绩效考核的重要工具。开展水资源管理绩效评估，是及时发现水资源管理工作中的薄弱环节，明确今后工作重点、调整管理思路、提高管理水平的有效手段，这就凸显了这一领域研究的必要性。最严格水资源管理制度重在落实，水资源管理绩效评估是确保其主要目标和各项任务具体落实的关键举措和重要保障②。最严格水资源管理绩效评估是用水总量红线控制制度、用水效率红线控制制度和水功能区限制纳污红线控制制度的实施保障，并对红线控制指标的实现起督促和约束作用③。实施水资源管理绩效评估，显得紧迫而有必要。其意义主要在于以下三个方面。

（1）指导水资源管理工作深入开展。实施水资源管理绩效评估，可以客观地评估水资源管理水平，检验当前水资源管理是否符合最严格水资源管理的要求，分析其薄弱环节，明确今后的工作重点，指导水资源管理工作的深入开展；有助于将水资源管理绩效纳入政府政绩考核内容，引导各级政府和领导干部树立和落实正确的科学发展观和政绩观，从而建立和完善长效的水资源管理机制。

（2）倒逼产业转型。根据国务院办公厅《实行最严格水资源管理制度考核办法》（下文简称“考核办法”）和水利部等十部门《实行最严格水资源管理制度考核工作实施方案》（下文简称“实施方案”），将评估结果与地方人民政府相关领导干部和相关企业负责人综合考核评价挂钩并实施一定的奖罚措施。套上这样的考核“紧箍咒”，

---

① 第二章环境绩效评估简介. http：//www.cqvip.com/read/read. Aspx?id=10816509#［2014-3-2］.

② 胡四一. 2013. 落实最严格水资源管理制度的重要保障——解读《实行最严格水资源管理制度考核办法》. 中国水利，(1)：10-11.

③ 张旺，庞靖鹏. 2012. 落实最严格水资源管理制度亟需解决的问题和下一步对策建议. 水利发展研究，(4)：12-15.

有利于“三条红线”的严格管理，并促进地区产业布局优化和转型。

（3）提高全国水资源管理工作整体水平。通过对某一时期不同地区最严格水资源管理水平进行绩效评估并加以横向对比，可以使各个地区互相学习和借鉴，取长补短，有利于提高全国水资源管理工作整体水平。

### 7.1.3　构建水资源管理绩效评估体系对策建议

绩效具有动态性、多因性和多维性，绩效评估是政府向管理要效益的客观要求，也是实现有效管理的必然要求。因此，建立一套科学的、严格的、行之有效的绩效评估体系能为管理者提供管理和评估的便利，使绩效评估的结果更具有公平性。水资源管理绩效评估体系是正确认识水资源管理水平、及时掌握工作动态的一种水资源管理辅助评估技术体系和管理手段。从最严格水资源管理需求角度出发，正确认识最严格水资源管理制度的研究现状和实施进展，分析构建通用性好、可操作性强的水资源管理绩效评估技术方法和步骤，可为绩效评估提供保障，也为落实最严格水资源管理制度提供指导作用和技术支撑。

（1）绩效评估指标体系要合理。根据水资源管理特点，选取能够全面反映不同地区、不同管理特点及目标的最严格水资源管理绩效评估指标。所选指标既要全面又要有代表性，同时兼备可操作性和实用性，整体性与针对性相结合。绩效评估虽有一定的周期性，但也需要动态调整，因此指标体系也应体现评估标准的动态性和可执行性[①]。

（2）绩效评估要坚持一定的原则。首先，绩效评估必须坚持严格的原则。评估不严格，就会流于形式，形同虚设。另外，要坚持单头考评的原则，即水资源管理分级评估时，都必须由被评估部门的“直接上级”进行，“间接上级”对评估结果有调整修正作用，但是不能擅自修改“直接上级”的评估结果。此外，为了保证评估的公平与合理，评估结果应对被评估部门公开，这样不仅有利于被评估者了解自身优点和缺点，便于其发现问题，再接再厉，也可以使大家相互学习和借鉴，共同交流。

（3）完善绩效评估的流程。管理者应持续不断地根据评估工作中存在的问题及时改进评估工作，保持工作制度化、持续性的开展。要注重各个评估环节的落实，严格评估程序，将评估与激励相结合，建立问题跟踪解决机制等，充分发挥评估的优势和作用[②③]。

（4）建立有效的沟通网络。对于管理者来说，绩效沟通有利于管理者及时掌握各部门的运行状况，并针对存在的问题给予引导和支持。对于各部门来说，通过沟通，获得反馈信息，便于了解自己的整体水平，发现问题，不断改进绩效。管理者应营造

---

① 关锋，左其亭，赵辉. 2011. 地下水资源管理工作评价关键问题讨论. 南水北调与水利科技，9（1）：130-133.

② 蒋小丰. 2007. 我国公共部门人力资源管理中激励机制的缺失与重构. 企业家天地下半月刊（理论版），（5）：70-71.

③ 杨淑岚. 2007. 集团公司建立科学绩效考核体系初探. 企业家天地下半月刊（理论版），（5）：17-18.

一个坦诚、畅通的双向沟通环境，推动管理目标的实现[①]。

（5）建立及时有效的反馈机制。良好的反馈工作能强化绩效评估的效果。将评估结果及时反馈给被评估者，可以提高其重视程度、改进工作绩效。管理者应及时、准确地告知被评估者在评估周期内的工作绩效情况，与其共同探讨存在问题的原因及解决办法；同时，告知其奖惩情况，并提出要求、期望和建议[①]。

（6）制定出合理的奖惩制度。奖励和惩罚是激励的主要内容，奖罚分明是管理的基本原则。"评估办法"和"实施方案"明确提出绩效评估结果与领导干部考评紧密挂钩，评估结果作为主要负责人和领导班子综合评估评价的重要依据[②]。依法严格监管，严格评估，对触碰"三条红线"的行为坚决"零容忍"[③]；对于忠于职守、绩效好的，应给予物质或精神奖励。

### 7.1.4 最严格水资源管理绩效评估思路

绩效评估是管理实践的重要环节。在水资源管理实践中，绩效评估大致可以分为三个方面：①过程评估，即检验当前的水资源管理实践是否符合既定的水资源管理程序要求；②影响评估，即衡量当前的水资源管理对其系统外界经济社会发展造成的长期和短期影响；③绩效评估，即评价当前水资源管理对实现既定水资源管理目标的贡献大小[④⑤]。

2011 年"中央一号文件"提出，建立水资源管理责任与考核制度是我国水资源管理过程中的一项重大突破，也是能否真正实现最严格水资源管理预期目标的关键[⑥]。针对最严格水资源管理，实施水资源管理绩效评估是落实最严格水资源管理制度的根本保障。最严格水资源管理绩效评估体系主要包括评估对象、评估程序、评估内容、评估方式及结果运用等。在构建绩效评估指标体系时，要以"考核办法"和"实施方案"为依据，因地制宜，统筹兼顾。

各级人民政府是落实最严格水资源管理制度的责任主体，政府的主要负责人对本行政区的水资源管理、保护工作负总责，因此省级评估主体为省级人民政府，具体评估工作由省级水行政主管部门组织实施。市（州）、县（市、区）人民政府及其取用水户为评估对象，其中，市（州）政府由省政府对其进行绩效评估，县（市、区）政府由市（州）政府开展评估工作。"考核办法"和"实施方案"将评估内容主要分为目标完成情况、制度建设和措施落实情况，前者主要是对"三条红线"考核，后者包

① 黄才华. 2007. 企业绩效考核体系中的问题与对策. 河南师范大学学报（哲学社会科学版），34（5）：100-102.

② 胡四一. 2013. 落实最严格水资源管理制度的重要保障——解读《实行最严格水资源管理制度考核办法》. 中国水利，（1）：10-11.

③ 左其亭，靳润芳. 2014-2-13. 以最严格水资源管理支撑生态文明建设（访谈）. 中国水利报，005.

④ Global Water Partnership（GWP）. 2006. Monitoring and evaluation indicators for IWRM strategies and plans（Technical Brief 3）. GWP Secretariat，Stockholm.

⑤ Global Water Partnership（GWP）. 2004. Catalyzing change：A handbook for developing integrated water resources management（IWRM）and water efficiency strategies. Elanders.

⑥ 孙雪涛. 2011. 贯彻落实中央一号文件实行最严格水资源管理制度：中国水利杂志专家委员会会议暨加快水利改革发展高层研讨会专辑. 中国水利，（6）：33-34，52.

括“四项制度”建设及相应的措施落实情况。在进行绩效评估时，评估内容应参考“考核办法”和“实施方案”。最严格水资源管理绩效评估工作与国民经济和社会发展的五年规划相对应，规定每五年为一个考核期，采用年度评估和期末评估相结合的评估方式。在期末评估时，分别给予年度评估结果和期末评估结果相应的权重，加权求得最终结果。评估结果与项目安排、用水总量指标调整、干部任用及升迁加薪等紧密挂钩。最严格水资源管理绩效评估思路框架如图 7-1 所示。

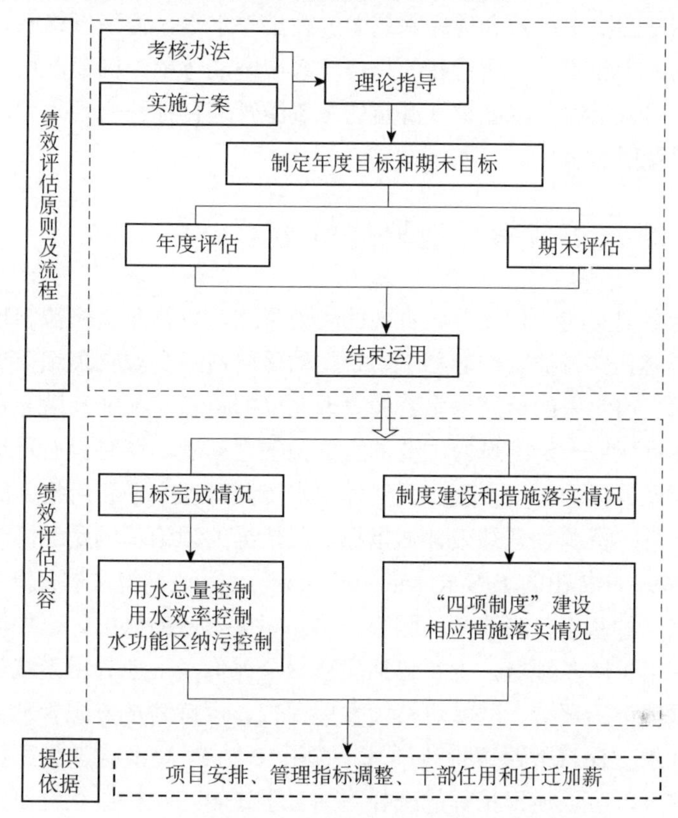


图 7-1　最严格水资源管理绩效评估思路框架图

## 7.2　最严格水资源管理绩效评估指标体系构建[①]

### 7.2.1　绩效评估指标体系构建思想

在构建最严格水资源管理绩效评估指标体系时，应紧密联系当前水资源管理工作中的实际需要，充分反映最严格水资源管理工作的特色，系统、科学、全面地筛选指标。

① 该部分的主要内容来源于下列阶段性成果：靳润芳. 2015. 最严格水资源管理绩效评估及保障措施体系研究. 郑州大学硕士学位论文：35-48.

实行最严格水资源管理制度的最终目标是实现水资源可持续利用，进而实现人水和谐。因此，在构建最严格水资源管理绩效评估体系时，要坚持以人水和谐思想为指导思想，遵循自然规律，尊重经济社会发展规律，以水资源管理工作的区域性、阶段性和层次性特征为基础，以为水资源管理工作服务为目标，紧密结合当前最严格水资源管理工作的需要和特色，构建一套科学性、可操作性和适用性的绩效评估指标体系，以全面反映最严格水资源管理工作的目标、内容和绩效，正确、客观认识最严格水资源管理制度的实施成效和地区水资源管理工作水平，为最严格水资源管理制度的深入开展提供参考和指导。所构建的指标体系应既能体现中国最严格水资源管理的特点，又具有普遍适用性；既能体现既定的水资源管理目标的实现程度，又要体现中国最严格水资源管理的水平。

### 7.2.2 绩效评估指标选取的概念框架

指标是复杂现实的一种简单、直观的表现形式，也是对水资源管理问题的潜在原因和优劣水平的具体表征。一套科学、合理的最严格水资源管理绩效评估指标体系应既能体现我国当前实施的最严格水资源管理制度的特点，又能反映一定阶段水资源管理的重点关注领域或一定区域内主要的水资源管理问题，同时具有普适性；既能体现既定水资源管理目标的实现程度，又能体现水资源管理水平和所投入的成本因素。

选取最严格水资源管理绩效评估指标，所依据的理论基础是经济合作与发展组织（OECD）于 1994 年提出的 P-S-R（pressure-state-response）概念框架模型[①②]（图 7-2）。P-S-R 模型是一种基于较为清晰的因果关系和相关指数的框架，已经被国内外众多学者所认可并应用于诸多领域，主要包括生态安全评价、土地利用系统健康评价、土地质量评价、湿地健康评价、区域可持续发展评价、可持续水资源管理评价、水资源承载能力评价、水土保持效益评价等领域。选用 P-S-R 模型构建最严格水资源管理绩效评估指标体系，可以使得指标的选择更加合乎逻辑，指标层次性更加清晰，各个指标层与指标之间的关系也更加明了。

P-S-R 模型将表征一个自然系统的评价指标分为压力、状态和响应三种类型，每种类型又分成若干种指标。这一模型具有综合性的特点，既可以包括人类活动和水资源管理状态，又包括政策响应。基于这一模型构建指标体系，可以避免传统的单一指标简单描述水资源管理状态的局限性，比较准确、全面地描述水资源管理-经济-社会这一复合系统的复杂性，以及水资源、经济、社会等子系统之间相互作用的因果关系。

---

① Ruzicka I. 2003. Technical paper NO. 2 Proposed guidelines on the development of environmental indicators and indicators' core set. National Performance Assessment and a Strategic Environmental Framework for the GMS Subregion（SEF II），2-44.

② Schomaker M. 1997. Development of environmental indicators in UNEP. FAO Land and Water Bulletin，（5）：25-33.

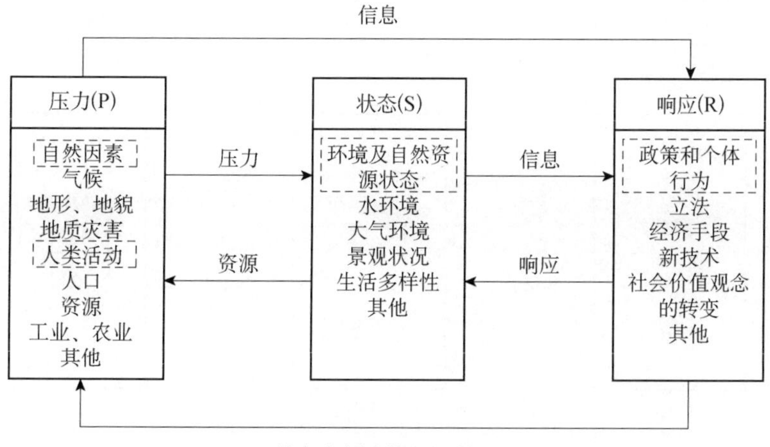


图 7-2　压力-状态-响应（P-S-R）概念框架

基于 P-S-R 模型的原理，提出一个广义的最严格水资源管理绩效评估指标体系。该指标体系涵盖的指标范围较广，不是针对特定的水资源情势、水资源管理水平和经济社会发展水平，但是具有普适性。在具体应用时，可根据具体情况，选择具体的指标，使其更具有针对性，能反映特定系统的特点。最严格水资源管理制度的核心内容在于“三条红线”的管控和“四项制度”的建设，所构建的指标体系应紧紧围绕这一核心，并依据不同指标的隶属性、重要性和特殊性，将指标归为三类：一是核心指标（core indicator），即强制性指标，用以描述受关注程度和重视程度比较高的问题或领域，对各个受评地区普遍适用；二是关键指标（key indicator），即选择性指标，用以描述受评地区重要的水资源问题、水资源管理问题和变化趋势，以便更加真实地反映受评地区特殊的水资源问题和情势；三是一般指标，即相关性指标，指实际研究中与考核相关或可供计算分析的指标，用以补充核心指标和关键指标。最严格水资源管理绩效评估指标的 P-S-R 概念框架如图 7-3 所示。其中，将压力指标定义为直接施加在水资源管理过程中促使水资源管理状态发生变化的压力，主要是水资源利用、废污水排放等；将状态指标定义为在水资源管理过程中压力作用下水资源系统所处的状态，状态指标用来描述其物理特征、化学特征等及其变化趋势，主要包括水资源开发利用情况、水质变化等方面的指标；响应指标是指决策者对水资源管理问题或重点关注领域采取的管理措施，为了便于评估，采用一些定量指标将具体的水资源保护措施量化。基于 P-S-R 概念框架，建立最严格水资源管理绩效评估指标体系结构框架如图 7-4 所示。

### 7.2.3　绩效评估指标筛选原则

构建一套科学合理的最严格水资源管理绩效评估指标体系，是有效考核最严格水资源管理制度具体落实情况的前提条件、重要工具和依据。水资源管理工作涉及领域比较多，包括资源、环境、社会、经济、生态等，同时涉及开发利用、工程投入、宣

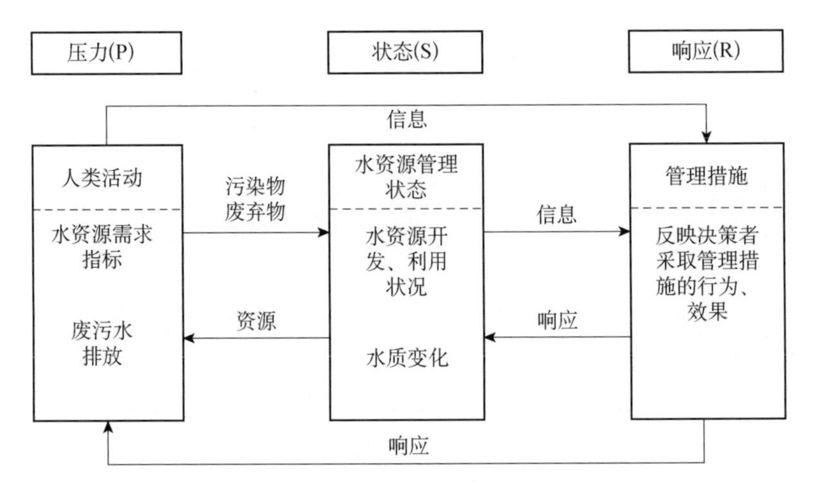


图 7-3　最严格水资源管理绩效评估指标 P-S-R 概念框架

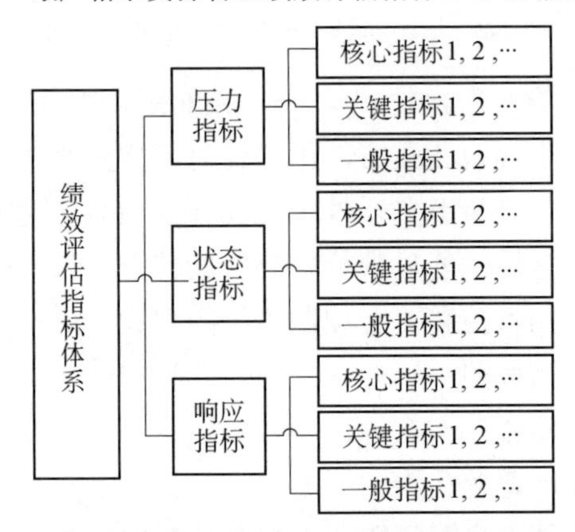


图 7-4　最严格水资源管理绩效评估指标体系结构框架图

传教育、设施建设等各个方面，每个领域和方面都存在着相互联系和影响，且考虑到最严格水资源管理制度的内容、要求和管理特色，需要构建一套科学合理、系统全面、可操作性强的最严格水资源管理绩效评估指标体系。从绩效评估的目的和要求，结合最严格水资源管理的工作内容及特点来构建广义的最严格水资源管理绩效评估指标体系。在此基础上，对于不同的区域层次，应结合其水资源情势特点、水资源管理能力和经济社会发展水平确定具体的指标。在筛选指标时应遵循以下六个原则。

（1）核心性原则。考核指标应能充分反映最严格水资源管理的关键领域。例如，在选取用水效率红线的评估指标时，要充分反映节水过程，而农业和工业是节水潜力比较大的领域，因此必须将其纳入考核指标的范畴。

（2）代表性原则。实际工作中，如果考核指标过多可能会导致数据收集困难、可靠性差、可操作性降低等问题，甚至会弱化核心指标的影响。因此，结合研究区域特点和经济社会发展等情况，选取合适数量代表性强的指标，充分反映最严格水资源管理制度的执行情况、管理水平和效果等，是在目前绩效考核指标体系仍不完善的情况下进行最严格水资源管理绩效评估较为有效的方法。

（3）政策相关性原则。筛选指标时应因地制宜，充分结合考核地区的特点，并与

其政策导向相一致，所选指标应能充分反映考核地区政策的执行效果。

（4）数据可得性原则。所选的指标要易于获得，数据获取应采用比较成熟、公认的方法，尽量避免主观因素的干扰，尽量减少不易量化的指标。

（5）信息综合性原则。应选取那些包含信息比较多的指标，用尽可能少的指标全面反映其丰富内涵，以使评估结果更加准确和有效。

（6）可比性原则。选取指标时应充分考虑我国水资源的地区差异性，所选指标应具有通用性，能够实现不同区域间、不同时段间的比较。

在选择指标时经常会遇到一个难题，即所筛选指标之间全面性与独立性的矛盾，这时可以通过采用变异系数法、熵值法、相关系数法、条件广义极小方差法、极大不相关法和聚类分析法等定量方法加以解决①。

### 7.2.4　绩效评估指标筛选思路

评估指标的选取直接影响最终评估结果，在对最严格水资源管理进行绩效评估工作中，指标的筛选十分关键。现有的指标筛选方法可以归结为三种：①数理统计筛选方法，如主成分分析法、因子分析法、相关系数法、条件广义极小方差法等，这种方法主要是纯粹依靠统计数据进行客观与定量的筛选，但是忽视了人的主观意识作用，在机理上有一定的局限性；②融入专家主观评判的筛选方法，如 vague 集方法，这种方法融合了专家的知识和经验，有助于得到比较接近事实的结论，并且通过主客观结合，扩展了指标筛选范围，具有更强的适用性；③知识挖掘性的筛选方法，这种方法能深度挖掘评估指标信息，找出评估指标和评估结论间的规律，实现智能化综合评估，如粗糙集方法和神经网络方法都比较典型。

为了科学、合理、准确地反映影响最严格水资源管理绩效评估的因素，要剔除叠盖重复或重叠、高度相关的指标，选择代表性强、数量适中的指标。在进行指标筛选时，要在遵循核心性、代表性、全面性、可比性、可操作性等原则的基础上，理清各指标之间的层次及隶属关系，综合考虑水资源管理工作的复杂性。所选取的指标应既有可以从原始数据直接得到的基本指标，用来反映子系统的特征；又包括对基本指标进行抽象、总结的综合指标，用来说明子系统之间的联系，以及作为一个整体的区域复合系统所具有的性质，如一些“指数”、“率”、“比”及“度”等。另外，要特别注意选择具有控制论意义，易受管理措施影响的指标；选择可以显示变量间相互关系，以及变量与外部环境之间有交换关系的特征指标；选择可以反映空间和时间动态特征的指标。为此，拟定最严格水资源管理绩效评估指标筛选的方法和步骤如下。

（1）系统分析。根据最严格水资源管理绩效评估的内涵、目的、特征和内容进行分析综合，分层次、分模块构建绩效评估指标体系框架，将能反映管理绩效的指标尽可能全面地列出，以全方位地考虑问题，从而满足指标筛选的目的性和全面性原则。该步骤是对最终确定的指标体系进行指标筛选、分析的基础和前提。

① 汤光华，曾宪报. 1997. 构建指标体系的原理与方法. 河北经贸大学学报，（4）：60-62，65.

（2）频度分析。采用频度分析的方法对目前相关研究成果中的指标进行统计和分析，归纳出使用频度较高的指标，以满足指标筛选的科学性原则。

（3）理论分析与专家咨询。在对最严格水资源管理绩效进行深入认识的基础上，结合实际，综合专家们的咨询意见和建议，进一步调整指标，由此获得一般的指标体系。为使指标体系更具可操作性，需要进一步考虑受评地区的水资源情势特点、经济社会发展状况和水资源管理水平，同时考虑指标数据的易获得性，并再次咨询专家，以此得到具体的评估指标体系。

（4）主成分分析和独立性分析。在上述步骤获得的指标体系的基础上，再进一步进行主成分分析与独立性分析，以选择内涵丰富且相互独立的指标。在以上基础上，进一步征求专家的意见，对所选指标进行微调和相应的检验，从而建立评估指标体系。

指标筛选的程序如图 7-5 所示。

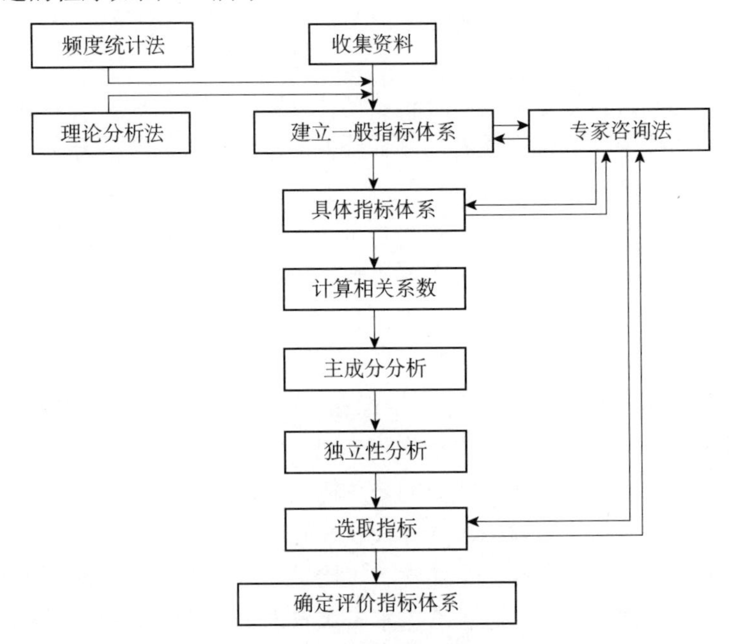


图 7-5　绩效评估指标筛选程序

## 7.2.5　绩效评估指标确定及说明

由于区域之间存在差异性，构建的评估指标体系中所筛选的指标也不尽相同，为此需要先选取评估指标体系的指标全集。在进行评估时，针对不同评估区域、不同评估阶段，从构建的指标全集中筛选合适的评估指标。根据上文中最严格水资源管理绩效评估指标体系构建的原则和方法，以构建的最严格水资源管理绩效评估指标体系概念框架和结构框架为基础，结合最严格水资源管理制度的目标和要求，最终确立最严格水资源管理绩效评估初选指标体系，如表 7-1 所示。指标体系构建的整体思路及流程如图 7-6 所示。水资源-经济-社会复合系统涉及水资源、经济社会及生态环境子系统等，水资源管理同样也起到协调各个子系统成分关系的作用。基于对最严格水资源

管理制度核心内容的考虑，兼顾各个子系统的因素，所选取的指标涵盖最严格水资源管理“三条红线”的目标完成情况、用水效益、环境可持续性等绩效内容。主要指标（即关键指标及核心指标）的内涵及说明如下。

**表 7-1　最严格水资源管理绩效评估指标体系**

| 评估目标 | 评估维度 | 分类层 | 指标层 | 单位 | 代码 |
|---|---|---|---|---|---|
| 最严格水资源管理绩效 | 压力指标 | 核心指标 | 用水总量 | 万米$^3$ | X1101 |
| | | 关键指标 | 农田亩均灌溉用水量 | 米$^3$ | X1201 |
| | | | 城市人均日生活用水量 | 升 | X1202 |
| | | | 人均城市污水排放量 | 吨/年 | X1203 |
| | | | 耗水率 | % | X1204 |
| | | | 污径比 | % | X1205 |
| | | 一般指标 | 工业用水量 | 万米$^3$ | X1301 |
| | | | 农业用水量 | 万米$^3$ | X1302 |
| | | | 人均综合用水量 | 米$^3$/年 | X1303 |
| | 状态指标 | 核心指标 | 重要江河湖泊水功能区水质达标率 | % | X2101 |
| | | | 农业灌溉水有效利用系数 | 无量纲 | X2102 |
| | | | 万元工业增加值用水量 | 米$^3$ | X2103 |
| | | 关键指标 | 工业废水排放达标率 | % | X2201 |
| | | | 万元 GDP 用水量 | 米$^3$ | X2202 |
| | | | 万元农业 GDP 用水量 | 米$^3$ | X2203 |
| | | | 总用水弹性系数 | 无量纲 | X2204 |
| | | | 万元 GDP 污染物排放量 | 千克 | X2205 |
| | | | 水资源开发利用率 | % | X2206 |
| | | | 城市供水管网漏损率 | % | X2207 |
| | | | 工业用水重复利用率 | % | X2208 |
| | | | 万元工业增加值废水排放量 | 吨 | X2209 |
| | | 一般指标 | 生态环境用水率 | % | X2301 |
| | | | 富营养化综合状态指数 | 无量纲 | X2302 |
| | | | 饮用水源水质达标率 | % | X2303 |
| | | | 评估河长水质达标率 | % | X2304 |
| | | | 农业用水弹性系数 | 无量纲 | X2305 |
| | | | 工业用水弹性系数 | 无量纲 | X2306 |
| | 响应指标 | 核心指标 | — | — | X3101 |
| | | 关键指标 | 节水器普及率 | % | X3201 |
| | | | 节水灌溉率 | % | X3202 |
| | | | 水利及环保投资占 GDP 比重 | % | X3203 |
| | | | 城市污水处理率 | % | X3204 |
| | | | 节水型企业（单位）覆盖率 | % | X3205 |
| | | 一般指标 | 农业用水计量安装率 | % | X3301 |
| | | | 计划用水实施率 | % | X3302 |
| | | | 重点取用水户远程实时监控率 | % | X3303 |
| | | | 水资源费征收到位率 | % | X3304 |
| | | | 建设项目水资源论证率 | % | X3305 |

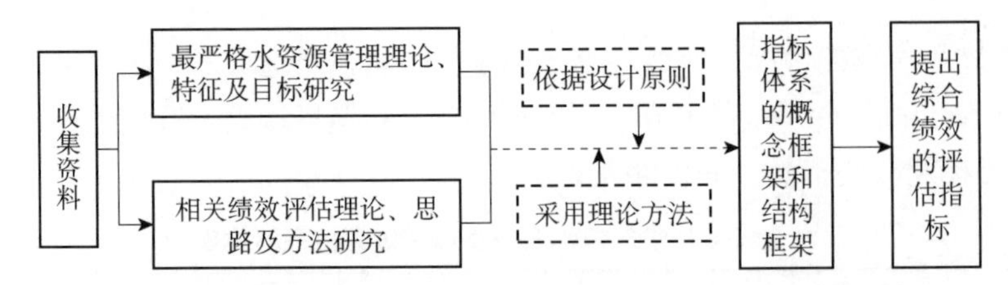


图 7-6　建立最严格水资源管理绩效评估指标体系流程图

## 1. 压力指标

### 1）用水总量（X1101）

用水总量指各类用水取用的包括输水损失在内的毛水量，包括工业、生活、农业用水和生态环境补水四类，单位为万米$^3$。考核时，当年的用水总量折算成平水年的用水总量[①]。

该指标是十部委印发文件中制定的考核指标之一，在评估中属于强制性指标。

### 2）农田亩均灌溉用水量（X1201）

农田亩均灌溉用水量指区域灌溉用水总量与区域实际灌溉面积的比值，单位为米$^3$，其计算公式为

$$农田亩均灌溉用水量=\frac{区域灌溉用水总量}{区域实际灌溉面积}$$

该指标反映单位灌溉面积的灌溉用水量情况，在评估中属于选择性指标。

### 3）城市人均日生活用水量（X1202）

城市人均日生活用水量指城市居民每人每日平均生活用水量，单位为升，其计算公式为

$$城市人均日生活用水量=\frac{一年内城市居民生活用水总量}{城市年末总人口\times 天数}$$

该指标可以反映在生活用水方面对水资源的节约程度，在评估中属于选择性指标。

### 4）人均城市污水排放量（X1203）

人均城市污水排放量指在一个国家或地区，城市平均每人每年排放的污水量，单位为吨/年，其计算公式为

$$人均城市污水排放量=\frac{一年内城市污水排放总量}{城市年末总人口}$$

该指标是反映城市污水排放程度的指标，在评估中属于选择性指标。

① 《实行最严格水资源管理制度考核工作实施方案》（水资源［2014］61 号）.

5）耗水率（X1204）

耗水率指耗水量与用水量的比值。其中，耗水量指在输用水过程中通过蒸发、人和牲畜饮用、土壤吸收等途径消耗掉而不能回归地表水体或地下含水层的水量，计算公式为[①]

$$耗水率=\frac{耗水量}{用水量}\times 100\%$$

该指标可以反映水资源综合利用状况，也可反映一个国家或地区用水水平的特征[①]，在评估中属于选择性指标。

6）污径比（X1205）

污径比指污水排放量与纳污水体水量的比值；对于河流而言，污径比为污水排放量与河流径流量的比值，一般是小于1的系数，其计算公式为[②]

$$污径比=\frac{污水排放量}{河流径流量}$$

该指标可以量化反映河流环境容量的盈亏度，是生态水质评价的重要表征指标[②]，在评估中属于选择性指标。

## 2. 状态指标

1）重要江河湖泊水功能区水质达标率（X2101）

重要江河湖泊水功能区水质达标率指水质评价达标的水功能区数量与全部参与考核的水功能区数量的比值，单位为%，其计算公式为[③]

$$重要江河湖泊水功能区水质达标率=\frac{达标的水功能区数量}{参与考核的水功能区数量}\times 100\%$$

该指标是反映水功能区水质状况和管理水平的重要指标，是十部委印发文件中制定的考核指标之一，在评估中属于强制性指标。

2）农业灌溉水有效利用系数（X2102）

农田灌溉水有效利用系数指一定时期内灌入田间可被作物吸收利用的水量与灌溉系统取用的灌溉总水量的比值，其计算公式为[③]

$$农田灌溉水有效利用系数=\frac{灌入田间可被作物吸收利用的水量}{灌溉系统取用的灌溉总水量}$$

该指标可以反映各级渠道的输水损失及田间用水情况，是衡量灌溉水利用程度、工程质量及管理水平的重要指标，是十部委印发文件中制定的考核指标之一，在评估中属于强制性指标。

---

① 水资源综合规划名词解释. http：//wenku.baidu. com［2014-3-2］.

② 黄强，张泽中，王宽. 2008. 改进污径比计算方法及应用. 安全与环境学报，8（1）：37-39.

③ 《实行最严格水资源管理制度考核工作实施方案》（水资源［2014］61号）.

3）万元工业增加值用水量（X2103）

万元工业增加值用水量指工业用水量与工业增加值的比值，单位为米$^3$，其计算公式为[①]

$$万元工业增加值用水量=\frac{工业用水新水量}{工业增加值}$$

该指标可以表示工业经济发展对水资源利用的效率，是反映水资源在工业层面综合利用效率的重要指标，是十部委印发文件中制定的考核指标之一，在评估中属于强制性指标。

4）工业废水排放达标率（X2201）

工业废水排放达标率指工业废水处理后达到排放标准的水量与工业废水排放总量的比率，其计算公式为[②]

$$工业废水排放达标率=\frac{工业废水达标排放量}{工业废水排放总量}\times 100\%$$

该指标可反映工业废水对环境的污染程度，表征工业废水达标排放水平。计算过程中应首先采用《中国城市建设统计年鉴》《城市统计年鉴》或者地方其他年鉴等的统计数据[②]，在评估中属于选择性指标。

5）万元 GDP 用水量（X2202）

万元 GDP 用水量指年用水量与年生产总值的比值，单位为米$^3$，其计算公式为[②]

$$万元GDP用水量=\frac{一年用水总量}{年生产总值}$$

该指标表示一个国家或地区平均每实现 1 万元 GDP 所需要的水量，可以衡量宏观经济发展条件下水资源总体利用效率发生的变化，是反映国家、流域和行政区域水资源利用效率及用水效益的指标，在评估中属于选择性指标。

6）万元农业 GDP 用水量（X2203）

万元农业 GDP 用水量指每实现 1 万元农业增加值所需要利用的水量，单位为米$^3$，其计算公式为

$$万元农业GDP用水量=\frac{一定时期内农业用水量}{农业GDP}$$

① 《实行最严格水资源管理制度考核工作实施方案》（水资源［2014］61 号）.

② 国家节水型城市考核标准. http://baike.baidu.com/view/8624802.htm［2014-3-2］.

该指标可以表示农业经济发展对水资源的利用效率，是反映农业综合用水方面水资源利用效率的指标，在评估中属于选择性指标。

7）总用水弹性系数（X2204）

总用水弹性系数指总用水量年增长率与同期 GDP 年增长率之比，其计算公式为[①]

$$总用水弹性系数=\frac{总用水量年增长率}{GDP年增长率}$$

该指标可以反映用水量对经济变化的弹性影响，是判断用水节水水平及内部重复利用率大小的指标，一般应小于 1.0[②]，在评估中属于选择性指标。

8）万元 GDP 污染物排放量（X2205）

万元 GDP 污染物排放量指某种污染物的排放量与年生产总值的比值，单位为千克，其计算公式为

$$万元GDP污染物排放量=\frac{污染物的排放量}{年生产总值}$$

该指标表示一个国家或地区平均每实现 1 万元 GDP 的污染物排放量，是反映地区污染物排放状况的指标，可表示经济发展对污染物排放水平的影响，在评估中属于选择性指标。

9）水资源开发利用率（X2206）

水资源开发利用率指流域或区域用水总量占水资源总量的比率，单位为%，其计算公式为[③]

$$水资源开发利用率=\frac{用水总量}{水资源总量}$$

该指标可以反映水资源的盈缺，是表征水资源开发利用程度的一项指标，在评估中属于选择性指标。

10）城市供水管网漏损率（X2207）

城市供水管网漏损率指城市公共供水总量和有效供水总量之差与供水总量的比值，单位为%，其计算公式为

$$城市供水管网漏损率=\frac{城市公共供水总量-有效供水总量}{城市公共供水总量}\times100\%$$

该指标可以从微观层面反映用水效率的变化，在评估中属于选择性指标。

---

① 左其亭，窦明，马军霞. 2008. 水资源学教程. 北京：中国水利水电出版社：202-203.

② 宋松柏. 2003. 区域水资源可持续利用指标体系及评价方法研究. 西北农林科技大学博士学位论文：63.

③ 水资源开发利用率. http：//baike.baidu.com［2014-3-2］.

11）工业用水重复利用率（X2208）

工业用水重复利用率指在一定计量时间内，生产过程中重复用水量与用水总量的比值，单位为%，其计算公式[①]为

$$工业用水重复利用率=\frac{工业重复用水量}{工业用新鲜水量+工业重复用水量}\times 100\%$$

该指标是考核工业生产中工业用水循环程度的专项指标，可反映工业上对水资源重复利用的情况，可以作为衡量一个企业或城市工业层面节水水平的重要指标，在评估中属于选择性指标。

12）万元工业增加值废水排放量（X2209）

万元工业增加值废水排放量指计算期内工业废水排放总量与计算期内工业增加值的比值，单位为吨，其计算公式为[②]

$$万元工业增加值废水排放量=\frac{计算期内工业废水排放总量}{计算期内工业增加值}$$

该指标可反映工业经济发展对废水排放的依赖程度，在评估中属于选择性指标。

### 3. 响应指标

1）节水器普及率（X3201）

节水器普及率指在用用水器具中节水型器具数量和采用节水措施改造的用水器具数量之和与在用用水器具总数量的比值，单位为%，其计算公式为[①]

$$节水器具普及率=\frac{节水型器具数+采用节水措施改造的用水器具数}{用水器具总数}\times 100\%$$

该指标可以直接反映公众节水意识及其在实践中的节水程度，在评估中属于选择性指标。

2）节水灌溉率（X3202）

节水灌溉率指节水灌溉面积与有效灌溉面积的比率，单位为%，其计算公式为[③]

$$节水灌溉率=\frac{节水灌溉面积}{有效灌溉面积}\times 100\%$$

该指标是反映一个国家或地区农业节水意识及在实践中农业节水程度和水平的重要指标，在评估中属于选择性指标。

3）水利及环保投资占 GDP 比重（X3203）

水利及环保投资占 GDP 比重单位为%，其计算公式为

① 国家节水型城市考核标准. http：//baike.baidu.com/view/8624802.htm［2014-3-2］.
② 蔡上游，王爱莲. 2006. 基于循环经济的企业竞争力指标体系构建. 商业时代，(35)：27-28.
③ 《“十一五”节水型社会建设规划工作大纲》.

$$\text{水利及环保投资占GDP比重} = \frac{\text{水利及环保投资额}}{\text{GDP}} \times 100\%$$

该指标反映一个国家或地区对水利及环保的重视度，在评估中属于选择性指标。

4）城市污水处理率（X3204）

城市污水处理率指达到规定排放标准的城市污水处理量与城市污水排放总量的比值，单位为%，其计算公式为[①]

$$\text{城市污水处理率} = \frac{\text{达标排放的城市污水处理水量}}{\text{城市污水排放总量}} \times 100\%$$

该指标是反映城市污水处理程度的重要指标，在评估中属于选择性指标。

5）节水型企业（单位）覆盖率（X3205）

节水型企业（单位）覆盖率指按新水取水量计，省级节水型企业（单位）年用水量之和与非居民用水量的比值，单位为%，其计算公式为[②]

$$\text{节水型企业（单位）覆盖率} = \frac{\text{省级节水型企业（单位）年用水总量}}{\text{非居民用水总量}} \times 100\%$$

该指标是反映一个国家或地区企业（单位）节水程度和水平及经济社会发展的指标，在评估中属于选择性指标。

## 7.3　最严格水资源管理绩效评估标准确定[②]

### 7.3.1　评估标准确定意义

在构建最严格水资源管理绩效评估指标体系的基础上，在对政府实施最严格水资源管理制度的绩效进行评估时，还需要相应的衡量（评估）标准。由于不同地区之间管理目标和管理方式存在区域差异性，因此，评估标准应具有客观性和统一性，同时，在制定长时期和不同时段的绩效评估标准时，还应体现其动态性、适用性和可执行性[③]。确定评估标准的意义主要体现在以下四个方面。

（1）水资源管理绩效评估标准是对水资源管理机构及其主要负责人进行评估考核的基本依据，对被评估者具有导向作用；科学、具体的评估标准是有效考核最严格水资源管理制度落实情况的起点[④]。它是一定时期内最严格水资源管理制度要求和目标的具体化，是进行水资源管理绩效评估的前提、基础和核心。

① 国家节水型城市考核标准. http：//baike.baidu.com/view/8624802.htm［2014-3-2］.

② 该部分的主要内容来源于下列阶段性成果：靳润芳. 2015. 最严格水资源管理绩效评估及保障措施体系研究. 郑州大学硕士学位论文：48-51.

③ 关锋，左其亭，赵辉. 2011. 地下水资源管理工作评价关键问题讨论. 南水北调与水利科技，9（1）：130-133.

④ 刘志仁. 2013. 最严格水资源管理制度在西北内陆河流域的践行研究——水资源管理责任和考核制度的视角. 西安交通大学学报（社会科学版），33（5）：50-55，61.

（2）建立一套评估标准，可以比较清晰地界定一定时期、一定区域最严格水资源管理制度的实施情况和绩效等级，也有利于找出最严格水资源管理工作中的薄弱环节，提高管理工作的实效性和针对性，从而更加贴近最严格水资源管理制度的要求。

（3）建立一套评估标准，以此作为某一时期不同区域最严格水资源管理绩效水平的衡量标准，将评估结果加以横向对比，可以使各个地区之间相互借鉴和学习，取长补短；也可以针对评估等级较低的地区，提出针对性的政策和措施，督促其加强管理，从而有利于提高全国水资源管理工作整体水平。

（4）建立一套评估标准，通过这个“可公度”的量化标准，可以评估某一区域不同时期的最严格水资源管理绩效水平，从而从纵向上反映不同时期最严格水资源管理水平的动态变化。

## 7.3.2 评估分区的判别方法

### 1. 评估分区意义

开展最严格水资源管理绩效评估，如果采取绝对统一的标准来衡量，可以显示全国不同区域统一标准下的综合水平。然而，由于各个地区经济技术水平、水资源丰富程度和产业结构等差异性较大，对评估指标采取同一评估标准有失合理性，不能够反映地区间水资源管理工作难度和目标的差异性。因此，在制定评估标准时，可以先对全国进行分区，然后针对不同分区制定不同评估标准，以便更客观、公平地对各个地区进行最严格水资源管理绩效评估。

### 2. 评估分区确定方法及标准

不同地区经济技术发展水平、水资源丰富程度和产业结构等存在很大差异性。考虑到统一性和适用性，本研究在确定指标评估标准时，对此问题进行了简化，充分考虑不同地区水资源丰富程度的差异，以人均水资源量为划分标准进行分区。

我国水资源十分短缺，2014 年，人均水资源量为 2100 米$^3$，约为世界平均水平的 28%。另外，我国水资源空间分布差异明显，区域人均水资源量差距显著，如 2014 年，处于半湿润和湿润区的江苏和广东，人均水资源量只有 501 米$^3$和 1603 米$^3$，处于干旱区的新疆，人均水资源量为 3163 米$^3$。因此，根据我国各个地区人均水资源量概况，综合考虑国际水资源紧缺限度（≤1000 米$^3$），对全国进行如下分区：将区域人均水资源量超过世界平均水平（7500 米$^3$）的区域定为一级区；结合我国人均水资源占有量，将区域人均水资源量为 2100～7500 米$^3$的区域，确定为二级区；将人均水资源量为 1000～2100 米$^3$的区域，确定为三级区；将人均水资源量为 500～1000 米$^3$的区域，确定为四级区；将人均水资源量小于 500 米$^3$的区域定为五级区。最严格水资源管理绩效评估区分区标准见表 7-2。

**表 7-2　最严格水资源管理绩效评估分区标准**

| 人均水资源量 | 区域级别 |
| --- | --- |
| ≥7500 米$^3$ | 一级区 |
| 2100～7500 米$^3$ | 二级区 |
| 1000～2100 米$^3$ | 三级区 |
| 500～1000 米$^3$ | 四级区 |
| ≤500 米$^3$ | 五级区 |

## 7.3.3　评估标准确定思路和方法

### 1. 基本思路

参考前人研究成果和大量统计资料，针对每个指标，选用 5 个节点（即特征值），把其划分成 4 个等级，称为“5 节点标准”①。用［0，1］范围的值表示最严格水资源管理综合绩效指数，0 为最差，1 表示最好。用 0、0.3、0.6、0.8、1 表示 5 个节点，每个指标均包含最差值（$a$）、较差值（$b$）、及格值（$c$）、较优值（$d$）、最优值（$e$）共 5 个特征值，最后依据综合绩效指数确定评估等级。此时，建立最严格水资源管理绩效评估标准实质上就转化为确定最严格水资源管理绩效评估体系中每个指标的指标理想集，即绩效评估指标评定的基准值，也就是 5 个节点对应的特征值。

在确定特征值时，指标分为三类——正向、逆向和双向指标。其中，正向指标是评估结果随着指标值增大而增大的指标，逆向指标是评估结果随着指标值增大而减小的指标，两类指标都包含 5 个节点和 5 个特征值，且均用 0、0.3、0.6、0.8、1 这 5 个节点分别对应最差值、较差值、及格值、较优值、最优值这 5 个特征值；双向指标是评估结果随着指标数值增大而增大，增大到某个数值后保持一段定值而后又随着指标值的增大而减小或达到某个值后就随着指标的增大而减小的指标（在当前构建的指标体系中暂不存在这类指标）。

### 2. 确定方法

不同分区的评估指标需要制定不同的评估标准。本书采用基数选择法和优选法两种方法相结合进行指标特征值的确定。其中，在受水资源量影响比较小的这类评估指标中，对于人们目前已经普遍接受的指标按照基数选择法进行确定，常用的确定方法是采用国际认可标准值、国家认可标准值、国家发展规划指标值和区域发展规划指标值；对于某些目前人们还没有公认的指标采用优选法进行确定②。采用优选法时，可以综合考虑发达国家、发展中国家、不同区域所处的不同发展水平及人们对各个指标的期望值等，结合研究区现状加以确定。对于受水资源量影响比较大的评估指标，可以按照表 7-2 的分区标准先确定分区，然后再确定评估标准，不同分区可以采用不同的缩放系数得以体现。

---

① 左其亭，王丽，高军省. 2009. 资源节约型社会评价——指标·方法·应用. 北京：科学出版社：33-34.

② 宋松柏. 2003. 区域水资源可持续利用指标体系及评价方法研究. 西北农林科技大学博士学位论文：53.

# 7.4 最严格水资源管理绩效评估方法①

## 7.4.1 最严格水资源管理绩效指数

本书引入“最严格水资源管理绩效评估指数”（SWRMPI），从压力、状态、响应三个方面，全面度量最严格水资源管理绩效情况。压力指标对最严格水资源管理绩效产生的影响由压力指标绩效指数（PIPI）表示；状态指标对最严格水资源管理绩效产生的影响由状态指标绩效指数（SIPI）表示；响应指标对最严格水资源管理绩效产生的影响由响应指标绩效指数（RIPI）表示，取值范围均为［0，1］。

## 7.4.2 绩效评估方法的选择与建立

### 1. 一般常用的评估方法

一般地说，绩效评估常采用绩效指标分值加以体现。常用的绩效指标分值的计算方法主要包括以下三类。

1）累积分数法

累积分数法是指根据所划定的评估标准对评估对象逐项进行评分，再将各项分数相加得到总分，计算公式为

$$S=\sum_{i=1}^{n}S_i w_i \tag{7.1}$$

式中，$S$ 为累积总分；$w_i$ 为评估对象第 $i$ 项指标权重；$S_i$ 为第 $i$ 项指标评定值。这种评估方法的缺陷是当各个工作难易程度差别较大时，不能很好地体现公平性。

2）标准分数法

标准分数法是将测评出来的原始分值转换成标准分数，把各个测评结果分值看成是来源于同一指标测度而进行比较。该方法可以解决测评指标不同、测度不一致而引起结果中平均数及标准差偏小或偏大的问题。该方法有多种表示方式，常见的有两种。

第一，$Z$ 分数。$Z$ 分数是指平均数是 0，标准差是 1 的标准分数。它比较典型，其他形式一般都是由其派生出来的。计算公式为

$$Z=\frac{X-\overline{X}}{S} \tag{7.2}$$

式中，$X$ 为原始分值；$\overline{X}$ 为原始分值平均数；$S$ 为原始分值标准值。

第二，$T$ 分数。$T$ 分数由 $Z$ 分数转化而来，其分数值一般为 20～80 分，克服了 $Z$ 分数中常出现的小数点及负数的缺点，易于计算。

① 该部分的主要内容来源于下列阶段性成果：靳润芳. 2015. 最严格水资源管理绩效评估及保障措施体系研究. 郑州大学硕士学位论文：52-61.

3）综合评价法

综合评价法是利用模糊数学中对模糊性进行隶属度定量描述后再进行综合评价的一种方法。对这种方法的介绍比较多见，其也有多种派生方法。比如，下文将要介绍的 SMI-P 方法实际上就是一种派生的综合评价方法。

## 2. 本书采用的评价方法及步骤

分析以上各个评价方法的特点，结合本书评估结果以等级性表示的特点，引入左其亭提出的一种针对多指标-多准则的定量评价方法——“单指标量化-多指标综合-多准则集成”评价方法①②，用于绩效评估。

1）单指标定量方法

单指标定量方法利用分段线性隶属函数进行量化描述。通过模糊隶属函数，将各个指标映射到［0，1］上，操作性和可比性比较强。

在指标体系中，各指标都有一个子绩效指数（sub performance index，SPI），在［0，1］范围内变化。为了量化评估单指标的最严格水资源管理绩效，做如下假定：各指标均存在 5 个（双向指标为 10 个，见后文）代表性数值，即最差值、较差值、及格值、较优值和最优值，分别对应的子指数为 0、0.3、0.6、0.8 和 1。

由于不同指标数值，反映效果不同，将量化评估指标分为正向、逆向和双项指标三类。设 $a$、$b$、$c$、$d$、$e$ 分别用来表示某个指标的最差值、较差值、及格值、较优值、最优值，采用（$a$，0）、（$b$，0.3）、（$c$，0.6）、（$d$，0.8）和（$e$，1）五个节点及上面的假定，可以得到正向指标、逆向指标的子绩效指数变化曲线（图 7-7 和图 7-8）及表达式（见式（7.3）和式（7.4））。

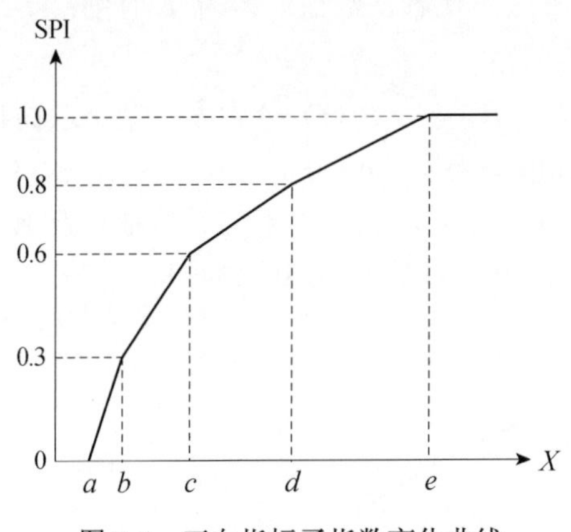


图 7-7　正向指标子指数变化曲线

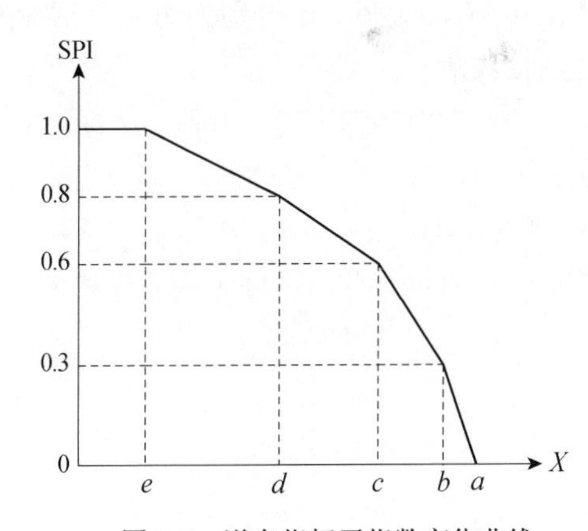


图 7-8　逆向指标子指数变化曲线

正向指标和逆向指标子指数计算公式如下：

① 左其亭，张云，林平. 2008. 人水和谐评价指标及量化方法研究. 水利学报，39（4）：440-447.
② 左其亭，张云. 2009. 人水和谐量化研究方法及应用. 北京：中国水利水电出版社：43-48.

$$\mathrm{SPI}_i=\begin{cases}0, & x_i \leqslant a_i \\ 0.3\left(\dfrac{x_i-a_i}{b_i-a_i}\right), & a_i<x_i \leqslant b_i \\ 0.3+0.3\left(\dfrac{x_i-b_i}{c_i-b_i}\right), & b_i<x_i \leqslant c_i \\ 0.6+0.2\left(\dfrac{x_i-c_i}{d_i-c_i}\right), & c_i<x_i \leqslant d_i \\ 0.8+0.2\left(\dfrac{x_i-d_i}{e_i-d_i}\right), & d_i<x_i \leqslant e_i \\ 1, & e_i<x_i\end{cases} \tag{7.3}$$

$$\mathrm{SPI}_i=\begin{cases}1, & x_i \leqslant e_i \\ 0.8+0.2\left(\dfrac{d_i-x_i}{d_i-e_i}\right), & e_i<x_i \leqslant d_i \\ 0.6+0.2\left(\dfrac{c_i-x_i}{c_i-d_i}\right), & d_i<x_i \leqslant c_i \\ 0.3+0.3\left(\dfrac{x_i-b_i}{c_i-b_i}\right), & c_i<x_i \leqslant b_i \\ 0.3\left(\dfrac{x_i-a_i}{b_i-a_i}\right), & b_i<x_i \leqslant a_i \\ 0, & a_i<x_i\end{cases} \tag{7.4}$$

式中，$\mathrm{SPI}_i$ 为 $T$ 时刻第 $i$ 个指标的子绩效指数，$i$=1，2，…，$n$，$n$ 是指标选用的个数；$a_i$、$b_i$、$c_i$、$\mathrm{d}_i$、$\mathrm{e}_i$ 分别为第 $i$ 个指标的各关键代表性数值，$x_i$ 为 $T$ 时刻第 $i$ 个指标的指标值。

针对双向指标，设 $a$（$j$）、$b$（$i$）、$c$（$h$）、$d$（$g$）、$e$（$f$）分别表示某个双向指标的最差值、较差值、及格值、较优值、最优值，采用（$a$，0）、（$b$，0.3）、（$c$，0.6）、（$d$，0.8）、（$e$，1）、（$f$，1）、（$g$，0.8）、（$h$，0.6）、（$i$，0.3）、（$j$，0）特征点及上面的假定，可以得到双向指标子绩效指数的变化曲线（图 7-9）和式（7-5）。

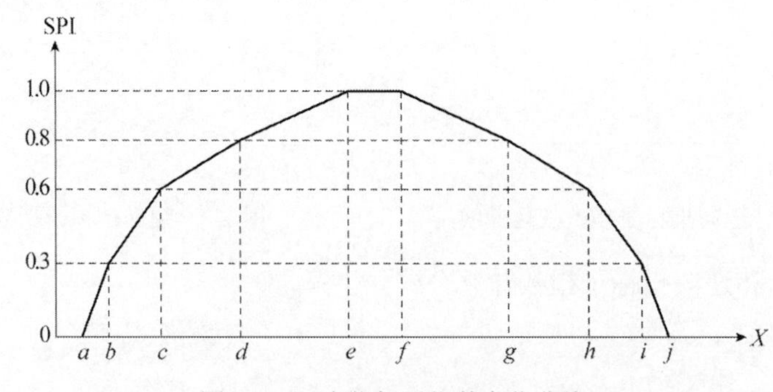


图 7-9　双向指标子指数变化曲线

双向指标的子指数计算公式如下：

$$\mathrm{SPI}_i=\begin{cases}0, & x_i \leqslant a_i \\ 0.3\left(\dfrac{x_i-a_i}{b_i-a_i}\right), & a_i<x_i \leqslant b_i \\ 0.3+0.3\left(\dfrac{x_i-b_i}{c_i-b_i}\right), & b_i<x_i \leqslant c_i \\ 0.6+0.2\left(\dfrac{x_i-c_i}{d_i-c_i}\right), & c_i<x_i \leqslant d_i \\ 0.8+0.2\left(\dfrac{x_i-d_i}{e_i-d_i}\right), & d_i<x_i \leqslant e_i \\ 1, & e_i<x_i \leqslant f_i \\ 0.8+0.2\left(\dfrac{g_i-x_i}{g_i-f_i}\right), & f_i<x_i \leqslant g_i \\ 0.6+0.2\left(\dfrac{h_i-x_i}{h_i-g_i}\right), & g_i<x_i \leqslant h_i \\ 0.3+0.3\left(\dfrac{i_i-x_i}{i_i-h_i}\right), & h_i<x_i \leqslant i_i \\ 0.3\left(\dfrac{j_i-x_i}{j_i-i_i}\right), & i_i<x_i \leqslant j_i \\ 0, & x_i>j_i\end{cases} \tag{7.5}$$

式中，$\mathrm{SPI}_i$ 为 $T$ 时刻第 $i$ 个指标的子绩效指数，$i$=1，2，…，$n$，$n$ 为指标选用的个数；$a_i$、$b_i$、$c_i$、$d_i$、$e_i$、$f_i$、$g_i$、$h_i$、$i_i$、$j_i$ 分别为第 $i$ 个指标的各关键代表性数值，$x_i$ 为第 $i$ 个指标在 $T$ 时刻的指标值。

2）多指标的综合描述

针对最严格水资源管理绩效指数（SWRMPI），从压力指标绩效指数（PIPI）、状态指标绩效指数（SIPI）和响应指标绩效指数（RIPI）三个评价维度进行评价，利用多指标集成方法，计算过程如下。

令某个量化指标 $T$ 时刻的数值是 $Y^i(T)$，子绩效系数为 $\mathrm{SPI}_i(Y^i(T))$。则压力指标绩效指数、状态指标绩效指数和响应指标绩效指数的计算公式如下：

$$\mathrm{PIPI}(T)=\sum_{i=1}^{n_1} w_i\,\mathrm{SPI}_1\left(Y_1^i(T)\right) \tag{7.6}$$

$$\mathrm{SIPI}(T)=\sum_{i=1}^{n_2} w_i\,\mathrm{SPI}_2\left(Y_2^i(T)\right) \tag{7.7}$$

$$\mathrm{RIPI}(T)=\sum_{i=1}^{n_3} w_i\,\mathrm{SPI}_3\left(Y_3^i(T)\right) \tag{7.8}$$

式中，$\mathrm{PIPI}(T)$ 为 $T$ 时刻的压力指标绩效指数；$\mathrm{SIPI}(T)$ 为 $T$ 时刻的状态指标绩效指数；$\mathrm{RIPI}(T)$ 为 $T$ 时刻的响应指标绩效指数；$n_1$、$n_2$、$n_3$ 分别为三类绩效指数的量化指标个数；$w_i$ 是各个指标的权重，后文中将详细介绍其确定方法。

3）最严格水资源管理绩效指数的集成

按照最严格水资源管理绩效指数的含义，最严格水资源管理绩效指数计算需要综合考虑压力指标、状态指标和响应指标三者的影响。可以采用多准则集成方法，把压力指标绩效指数、状态指标绩效指数、响应指标绩效指数多指标综合起来表征最严格水资源管理绩效指数。最严格水资源管理绩效指数量化方法如下：

$$\mathrm{SWRMPI}(T)=\mathrm{PIPI}(T)\beta_1+\mathrm{SIPI}(T)\beta_2+\mathrm{RIPI}(T)\beta_3 \tag{7.9}$$

式中，$\beta_1$、$\beta_2$、$\beta_3$ 分别为给定的压力指标绩效指数 $\mathrm{PIPI}(T)$、状态指标绩效指数 $\mathrm{SIPI}(T)$、响应指标绩效指数 $\mathrm{RIPI}(T)$ 的权重。根据特定时期特定区域内三种类型指标的重要程度，分别给 $\beta_1$、$\beta_2$、$\beta_3$ 赋值；$\mathrm{SWRMPI}(T)$ 为 $T$ 时刻的最严格水资源管理绩效指数，是衡量 $T$ 时刻“最严格水资源管理绩效”的“尺度”，$\mathrm{SWRMPI}(T)\in[0,1]$。$\mathrm{SWRMPI}(T)$ 越趋近于 1，认为最严格水资源管理绩效水平越高；反之，越趋于 0，则越差。

4）最严格水资源管理绩效评估等级的划分

为了比较好地定位最严格水资源管理绩效水平，以便于各地区之间的对比，本书采用等级评估法（又称等级鉴定法），对评估结果划分等级。等级评估法作为一种绩效考核技术，历史悠久、应用广泛、实施简便、适应性强，可以避免趋中、严格或宽松的误差。

通过咨询专家意见，依据最严格水资源管理绩效指数的特点和大小，以 0.2 为间隔进行绩效等级划分，其评估等级标准如表 7-3 所示。

**表 7-3　最严格水资源管理绩效评估等级划分表**

| 绩效评估等级 | SWRMPI 取值范围 |
|---|---|
| 优 | 0.8≤SWRMPI≤1.0 |
| 良 | 0.6≤SWRMPI<0.8 |
| 中 | 0.4≤SWRMPI<0.6 |
| 可 | 0.2≤SWRMPI<0.4 |
| 劣 | 0≤SWRMPI<0.2 |

## 7.4.3 权重确定

权重是以数量形式权衡和对比受评事物诸多因素相对重要性的量值。权重的合理

性与评价结果的科学性、合理性、公平性、客观性直接相关。指标权重可以比较真实地反映各个指标对所构建指标体系的价值及评价者对各指标重要性的认识。目前常用的权重确定方法可以分为三类：①主观赋权法，如层次分析法、德尔菲法、相邻指标比较法、二元比较模糊决策分析法等；②客观赋权法，如熵值法、均方差法、主成分分析法、变权法、人工神经网络、遗传算法、粗糙集理论等；③主客观相互结合的组合赋权法。

主观赋权法可以避免确定的指标权重与实际情况相悖，但是主观随意性较强，一定程度上有可能对评价结果的有效性产生影响；客观赋权法的客观性比较强，精度也比较高，但在实际应用中有些数据较难获取，且过于依赖指标数值；组合赋权法可以将主观与客观赋权法相互结合，从而避免单纯的主观或客观赋权法所产生结果的片面性。

本章采用主观赋权与客观计算相互结合的组合赋权法来确定权重。由层次分析法进行主观赋权，再根据熵权法确定客观权重，最后利用最小鉴别信息原理构造组合权重，具体计算方法见 6.1 节。

## 7.5　最严格水资源管理绩效评估实例——郑州市

### 7.5.1　郑州市概况

郑州市是河南省省会，北临黄河，西依太行山脉，东南为黄淮平原，地形总体趋势是东北低、西南高，东西最大横距为 166 千米，南北最大纵距为 75 千米，行政分区有郑州市区及所辖的 5 个市、1 个县，分别为郑州市区、登封市、巩义市、荥阳市、新密市、新郑市和中牟县，全市总面积为 7446.2 千米$^2$。

郑州市属于温带大陆性季风气候，年平均气温 14℃左右，极端低温达到-19.7℃，极端高温达到 43℃，最炎热月份和最寒冷月份的平均温差为 26～27℃。境内共有河流 124 条，29 条流域面积在 100 千米$^2$以上，分属于黄河和淮河两大水系。全市多年平均降水量为 635.6 毫米（1956～2011 年），其中，汛期降水量占全年降水的 70%以上，年降水量基本呈现南多北少的趋势。多年平均水资源总量约为 13.23 亿米$^3$，其中，地表水资源量 7.03 亿米$^3$，地下水资源量 7.72 亿米$^3$，重复计算量 1.52 亿米$^3$。多年平均水资源可利用量为 7.22 亿米$^3$，其中，地表水可利用量 2.19 亿米$^3$，地下水可开采量为 5.64 亿米$^3$（重复计算量为 0.61 亿米$^3$）。

改革开放以来，郑州市经济取得了长足发展。人均 GDP 由 2001 年的 1.873 万元增加至 2005 年的 2.319 万元，到 2011 年的 5.622 万元。

行政分区及地形分布示意图如图 7-10 所示，分区多年平均水资源量示意图如图 7-11 所示，分区水资源可利用量示意图如图 7-12 所示。

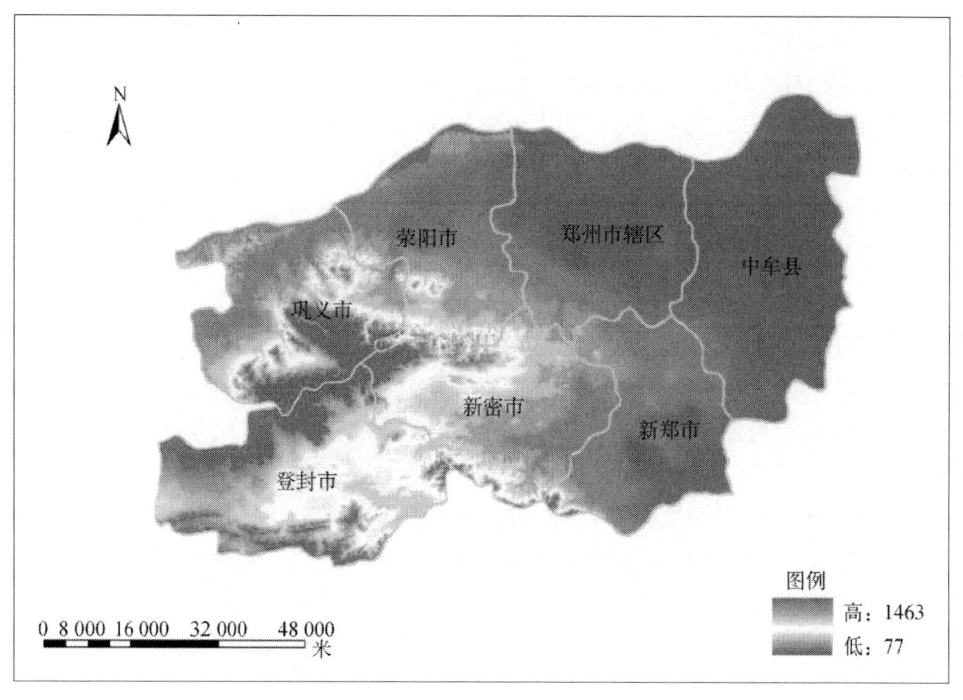


图 7-10 郑州市行政分区及地形分布示意图（详见书末彩图）

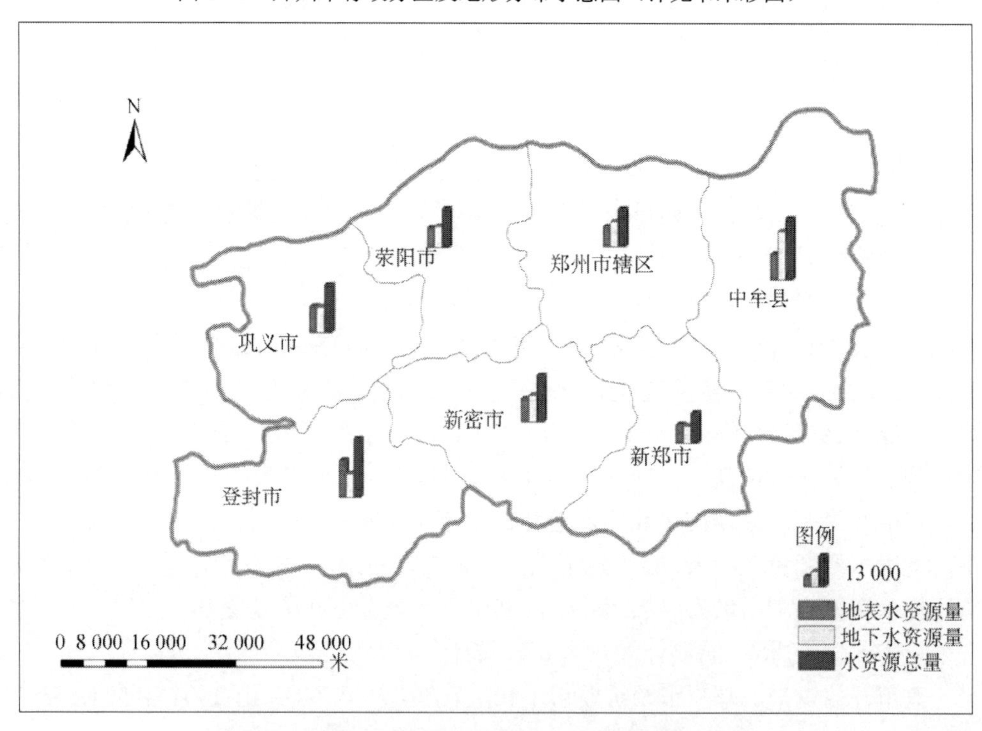


图 7-11 郑州市各行政分区多年平均水资源量示意图

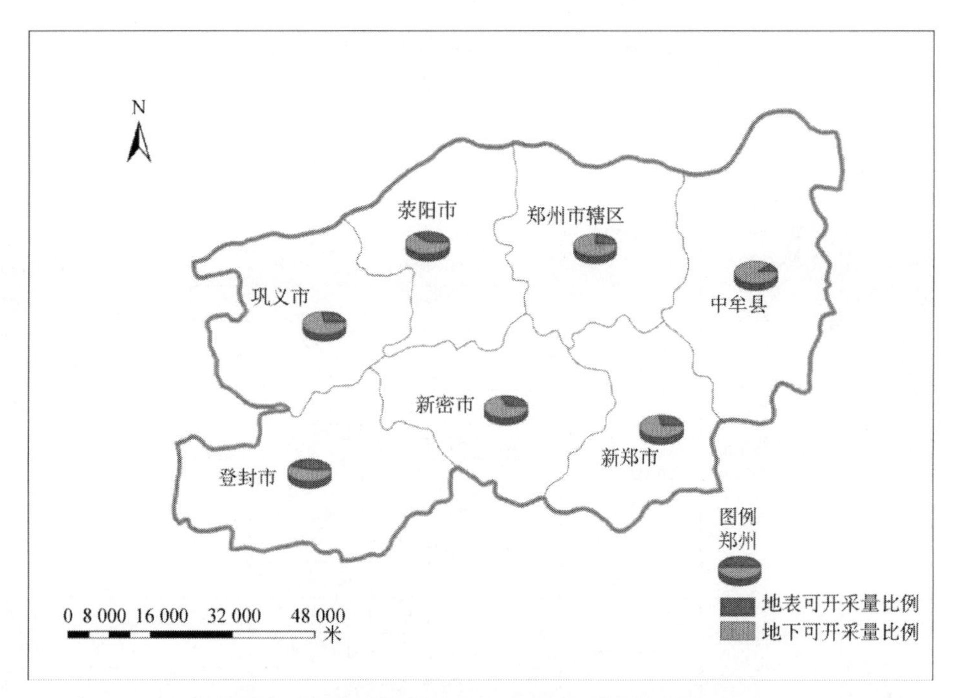


图 7-12　郑州市各行政分区水资源可利用量示意图

## 7.5.2　郑州市 2008～2011 年最严格水资源管理绩效评估①

### 1. 指标体系及研究数据

以上面构建的指标体系作为初选指标体系，结合郑州市水资源禀赋、水资源管理情况及可获得的数据资料，综合考虑专家意见，建立了适用于郑州市的具体指标体系，采用主成分分析和独立性分析的方法②对指标进行筛选，进而得到郑州市最严格水资源管理绩效评估指标体系，见表 7-4。

按照郑州市行政分区划分计算单元，即以郑州市区、登封市、巩义市、荥阳市、新郑市、新密市和中牟县等行政区为计算单元，对该区 2008～2011 年最严格水资源管理绩效进行评估。计算所选用的指标数据主要来源于《郑州市水资源公报》和《郑州市统计年鉴》、《河南省水资源公报》和《河南省统计年鉴》，以及郑州市统计局、郑州市水务局、郑州市环保局等相关单位。

### 2. 子绩效指数计算

根据单指标量化方法，计算得到郑州市各分区 2011 年压力指标、状态指标和响应指标评估维度下各分类层中指标的子绩效指数。本书仅以 2011 年为例列出，其他年份类同，不再一一列出。郑州市各分区 2011 年各指标子绩效指数计算结果见表 7-5。

① 该部分的主要内容来源于下列阶段性成果：靳润芳. 2015. 最严格水资源管理绩效评估及保障措施体系研究. 郑州大学硕士学位论文：74-84.

② 曹利军，王华东. 1998. 可持续发展评价指标体系建立原理与方法研究. 环境科学学报，18（5）：526-532.

**表 7-4　郑州市最严格水资源管理绩效评估指标体系**

| 目标 | 评估维度 | 分类层 | 指标层 | 单位 | 编号 |
|---|---|---|---|---|---|
| 最严格水资源管理综合绩效指数 SWRMPI | 压力指标绩效指数（PIPI） | 核心指标 | 用水总量 | 万米³ | X1101 |
| | | 关键指标 | 农田亩均灌溉用水量 | 米³ | X1201 |
| | | | 城市人均日生活用水量 | 升 | X1202 |
| | | | 人均城市污水排放量 | 吨/年 | X1203 |
| | | | 耗水率 | % | X1204 |
| | | | 污径比 | % | X1205 |
| | 状态指标绩效指数（SIPI） | 核心指标 | 农业灌溉水有效利用系数 | 无量纲 | X2101 |
| | | | 万元工业增加值用水量 | 米³ | X2102 |
| | | 关键指标 | 万元 GDP 用水量 | 米³ | X2201 |
| | | | 总用水弹性系数 | 无量纲 | X2202 |
| | | | 水资源开发利用率 | % | X2203 |
| | | | 工业用水重复利用率 | % | X2204 |
| | | | 万元工业增加值废水排放量 | 吨 | X2205 |
| | | 一般指标 | 评估河长水质达标率 | % | X2301 |
| | 响应指标绩效指数（RIPI） | 关键指标 | 节水器普及率 | % | X3201 |
| | | | 水利及环保投资占 GDP 比重 | % | X3202 |
| | | | 城市污水处理率 | % | X3203 |

**表 7-5　郑州市各分区 2011 年各指标子绩效指数计算结果**

| 指标层 | 巩义市 | 登封市 | 荥阳市 | 新密市 | 郑州市区 | 新郑市 | 中牟县 |
|---|---|---|---|---|---|---|---|
| 用水总量 | 0.858 | 0.942 | 0.844 | 0.882 | 0.155 | 0.832 | 0.559 |
| 农田亩均灌溉用水量 | 0.776 | 0.785 | 0.761 | 0.688 | 0.735 | 0.768 | 0.396 |
| 城市人均日生活用水量 | 0.347 | 0.667 | 0.724 | 0.354 | 0.413 | 0.253 | 0.359 |
| 人均城市污水排放量 | 0.376 | 0.480 | 0.309 | 0.431 | 0.974 | 0.161 | 0.627 |
| 耗水率 | 0.772 | 0.635 | 0.525 | 0.840 | 0.806 | 0.635 | 0.389 |
| 污径比 | 0.907 | 0.985 | 0.749 | 0.728 | 0.130 | 0.650 | 0.918 |
| 农业灌溉水有效利用系数 | 0.770 | 0.770 | 0.770 | 0.770 | 0.770 | 0.770 | 0.770 |
| 万元工业增加值用水量 | 0.646 | 0.926 | 0.664 | 0.865 | 0.797 | 0.771 | 0.775 |
| 万元 GDP 用水量 | 0.906 | 0.971 | 0.863 | 0.952 | 0.949 | 0.864 | 0.515 |
| 总用水弹性系数 | 0.607 | 0.566 | 0.570 | 0.577 | 0.627 | 0.524 | 0.853 |
| 水资源开发利用率 | 0.926 | 0.983 | 0.797 | 0.778 | 0.454 | 0.659 | 0.706 |
| 工业用水重复利用率 | 0.671 | 0.671 | 0.671 | 0.671 | 0.779 | 0.671 | 0.671 |
| 万元工业增加值废水排放量 | 0.744 | 0.944 | 0.870 | 0.856 | 0.305 | 0.760 | 0.711 |
| 评估河长水质达标率 | 0.740 | 0.000 | 0.961 | 0.000 | 0.000 | 0.000 | 0.000 |
| 节水器普及率 | 0.643 | 0.643 | 0.643 | 0.643 | 0.834 | 0.643 | 0.643 |
| 水利及环保投资占 GDP 比重 | 0.134 | 0.925 | 0.248 | 0.038 | 0.699 | 0.343 | 0.638 |
| 城市污水处理率 | 0.120 | 0.340 | 0.316 | 0.886 | 0.930 | 0.289 | 0.297 |

## 3. 权重计算

采用上文介绍的权重确定方法，即组合赋权法，确定权重。郑州市各分区指标权重计算结果见表 7-6。

**表 7-6　郑州市各分区指标权重计算结果**

| 指标层 | 主观权重 | 巩义市 | | 登封市 | | 荥阳市 | | 新密市 | | 郑州市区 | | 新郑市 | | 中牟县 | |
|---|---|---|---|---|---|---|---|---|---|---|---|---|---|---|---|
| | | 客观权重 | 组合权重 | 客观权重 | 组合权重 | 客观权重 | 组合权重 | 客观权重 | 组合权重 | 客观权重 | 组合权重 | 客观权重 | 组合权重 | 客观权重 | 组合权重 |
| 用水总量 | 0.600 | 0.182 | 0.380 | 0.212 | 0.400 | 0.141 | 0.347 | 0.188 | 0.380 | 0.157 | 0.350 | 0.206 | 0.405 | 0.262 | 0.435 |
| 农田亩均灌溉用水量 | 0.100 | 0.154 | 0.143 | 0.193 | 0.156 | 0.122 | 0.132 | 0.278 | 0.189 | 0.118 | 0.124 | 0.124 | 0.128 | 0.125 | 0.123 |
| 城市人均日生活用水量 | 0.159 | 0.124 | 0.161 | 0.124 | 0.157 | 0.152 | 0.185 | 0.124 | 0.159 | 0.288 | 0.244 | 0.109 | 0.151 | 0.127 | 0.156 |
| 人均城市污水排放量 | 0.046 | 0.196 | 0.110 | 0.185 | 0.104 | 0.203 | 0.115 | 0.140 | 0.091 | 0.136 | 0.090 | 0.301 | 0.136 | 0.145 | 0.090 |
| 耗水率 | 0.051 | 0.153 | 0.102 | 0.138 | 0.094 | 0.131 | 0.098 | 0.146 | 0.098 | 0.142 | 0.097 | 0.150 | 0.101 | 0.208 | 0.113 |
| 污径比 | 0.043 | 0.191 | 0.104 | 0.148 | 0.090 | 0.250 | 0.124 | 0.122 | 0.082 | 0.160 | 0.095 | 0.110 | 0.079 | 0.134 | 0.083 |
| 农业灌溉水有效利用系数 | 0.250 | 0.099 | 0.167 | 0.116 | 0.179 | 0.123 | 0.185 | 0.090 | 0.160 | 0.101 | 0.170 | 0.098 | 0.165 | 0.089 | 0.161 |
| 万元工业增加值用水量 | 0.250 | 0.104 | 0.171 | 0.139 | 0.196 | 0.118 | 0.182 | 0.119 | 0.184 | 0.112 | 0.180 | 0.120 | 0.183 | 0.104 | 0.174 |
| 万元 GDP 用水量 | 0.111 | 0.103 | 0.114 | 0.145 | 0.134 | 0.121 | 0.123 | 0.119 | 0.123 | 0.081 | 0.102 | 0.102 | 0.113 | 0.105 | 0.117 |
| 总用水弹性系数 | 0.032 | 0.067 | 0.049 | 0.081 | 0.053 | 0.083 | 0.054 | 0.089 | 0.057 | 0.068 | 0.050 | 0.066 | 0.048 | 0.147 | 0.074 |
| 水资源开发利用率 | 0.080 | 0.142 | 0.113 | 0.100 | 0.094 | 0.121 | 0.104 | 0.076 | 0.083 | 0.078 | 0.085 | 0.109 | 0.099 | 0.083 | 0.088 |
| 工业用水重复利用率 | 0.044 | 0.091 | 0.067 | 0.107 | 0.072 | 0.114 | 0.075 | 0.083 | 0.065 | 0.075 | 0.062 | 0.090 | 0.067 | 0.082 | 0.065 |
| 万元工业增加值废水排放量 | 0.033 | 0.074 | 0.052 | 0.123 | 0.067 | 0.120 | 0.066 | 0.132 | 0.070 | 0.157 | 0.077 | 0.094 | 0.058 | 0.098 | 0.061 |
| 评估河长水质达标率 | 0.200 | 0.321 | 0.268 | 0.189 | 0.205 | 0.201 | 0.212 | 0.293 | 0.258 | 0.328 | 0.275 | 0.320 | 0.267 | 0.291 | 0.260 |
| 节水器普及率 | 0.333 | 0.338 | 0.336 | 0.311 | 0.322 | 0.176 | 0.251 | 0.325 | 0.329 | 0.282 | 0.311 | 0.191 | 0.256 | 0.438 | 0.414 |
| 水利及环保投资占 GDP 比重 | 0.333 | 0.322 | 0.328 | 0.343 | 0.338 | 0.580 | 0.454 | 0.296 | 0.314 | 0.496 | 0.413 | 0.466 | 0.400 | 0.514 | 0.449 |
| 城市污水处理率 | 0.333 | 0.340 | 0.337 | 0.346 | 0.340 | 0.244 | 0.295 | 0.379 | 0.356 | 0.222 | 0.276 | 0.344 | 0.344 | 0.048 | 0.137 |

## 4. 最严格水资源管理绩效评估结果

采用“单指标量化-多指标集成”方法，计算得到郑州市各分区 2008～2011 年压力指标绩效指数、状态指标绩效指数和响应指标绩效指数。郑州市各分区 2008～2011 年压力指标、状态指标、响应指标的绩效指数计算结果分别如表 7-7、表 7-8、表 7-9 所示。

表 7-7 郑州市各分区 2008～2011 年压力指标绩效指数

| 年份 | 巩义市 | 登封市 | 荥阳市 | 新密市 | 郑州市区 | 新郑市 | 中牟县 |
|---|---|---|---|---|---|---|---|
| 2008 | 0.721 | 0.833 | 0.685 | 0.781 | 0.394 | 0.756 | 0.492 |
| 2009 | 0.707 | 0.794 | 0.717 | 0.754 | 0.442 | 0.697 | 0.387 |
| 2010 | 0.774 | 0.826 | 0.721 | 0.763 | 0.435 | 0.746 | 0.472 |
| 2011 | 0.707 | 0.802 | 0.706 | 0.704 | 0.425 | 0.611 | 0.524 |

表 7-8 郑州市各分区 2008～2011 年状态指标绩效指数

| 年份 | 巩义市 | 登封市 | 荥阳市 | 新密市 | 郑州市区 | 新郑市 | 中牟县 |
|---|---|---|---|---|---|---|---|
| 2008 | 0.358 | 0.458 | 0.407 | 0.402 | 0.377 | 0.448 | 0.294 |
| 2009 | 0.420 | 0.512 | 0.410 | 0.443 | 0.337 | 0.428 | 0.277 |
| 2010 | 0.488 | 0.563 | 0.645 | 0.501 | 0.347 | 0.450 | 0.414 |
| 2011 | 0.758 | 0.684 | 0.794 | 0.600 | 0.512 | 0.545 | 0.531 |

表 7-9 郑州市各分区 2008～2011 年响应指标绩效指数

| 年份 | 巩义市 | 登封市 | 荥阳市 | 新密市 | 郑州市区 | 新郑市 | 中牟县 |
|---|---|---|---|---|---|---|---|
| 2008 | 0.211 | 0.469 | 0.639 | 0.356 | 0.702 | 0.294 | 0.474 |
| 2009 | 0.213 | 0.493 | 0.252 | 0.241 | 0.735 | 0.277 | 0.493 |
| 2010 | 0.248 | 0.543 | 0.280 | 0.271 | 0.763 | 0.307 | 0.552 |
| 2011 | 0.300 | 0.635 | 0.367 | 0.539 | 0.805 | 0.401 | 0.593 |

根据现阶段最严格水资源管理制度的实施情况，结合指标体系，将郑州市最严格水资源管理绩效评估的压力指标、状态指标和响应指标三个评估维度的权重分别定为 0.3、0.4 和 0.3。采用多准则集成方法，计算得到郑州市各分区 2008～2011 年最严格水资源管理绩效指数，结果如表 7-10 所示。郑州市各分区 2008～2011 年压力指标绩效指数、状态指标绩效指数、响应指标绩效指数、最严格水资源管理绩效指数的评估结果见图 7-13。

表 7-10 郑州市各分区 2008～2011 年最严格水资源管理绩效指数

| 年份 | 巩义市 | 登封市 | 荥阳市 | 新密市 | 郑州市区 | 新郑市 | 中牟县 |
|---|---|---|---|---|---|---|---|
| 2008 | 0.423 | 0.574 | 0.560 | 0.502 | 0.479 | 0.494 | 0.407 |
| 2009 | 0.444 | 0.591 | 0.455 | 0.476 | 0.488 | 0.463 | 0.375 |
| 2010 | 0.502 | 0.636 | 0.558 | 0.511 | 0.498 | 0.496 | 0.473 |
| 2011 | 0.605 | 0.704 | 0.639 | 0.613 | 0.574 | 0.522 | 0.548 |

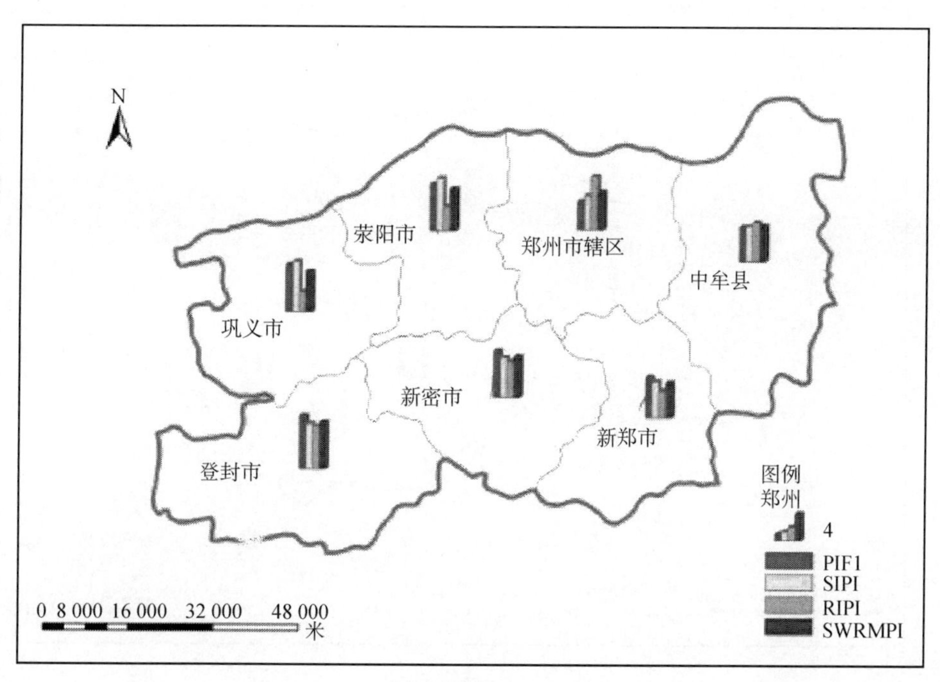


（a）2008年

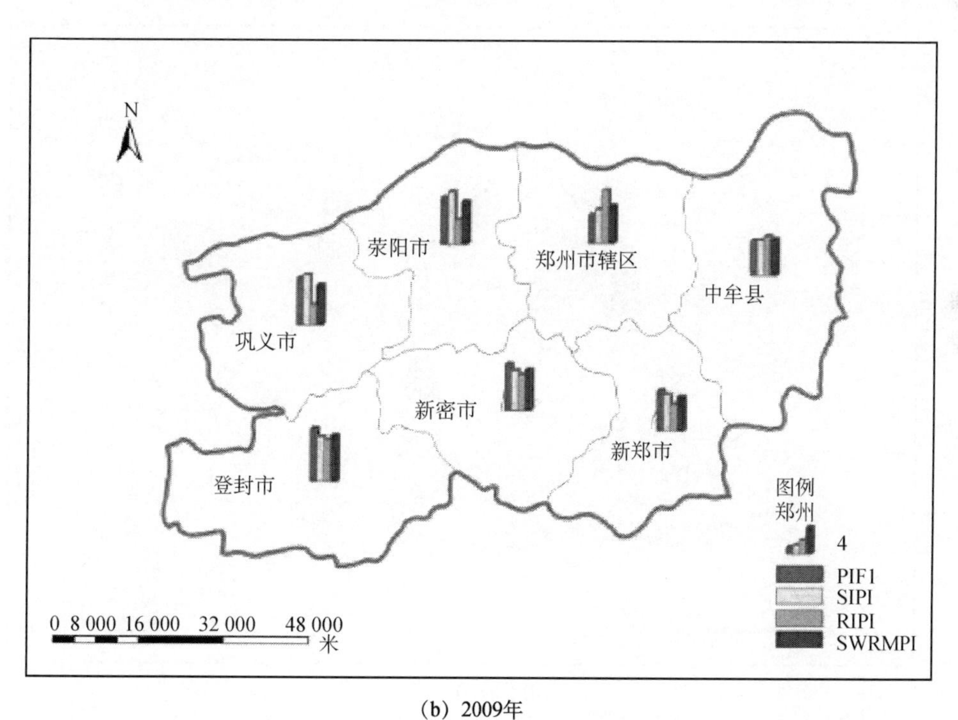


（b）2009年

图 7-13　郑州市各分区 2008～2011 年最严格水资源管理绩效评估结果示意图

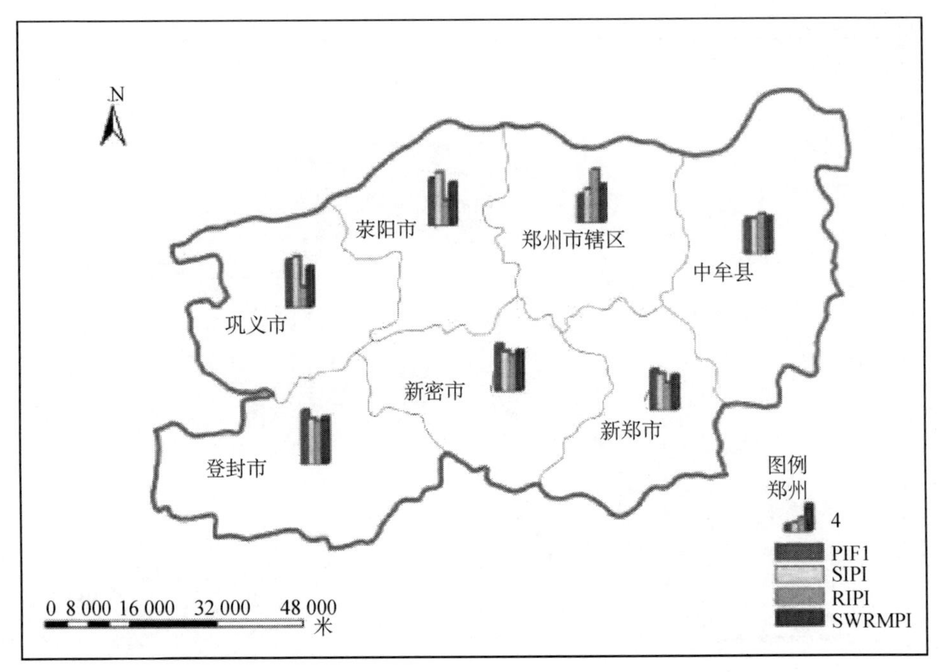


(c) 2010年

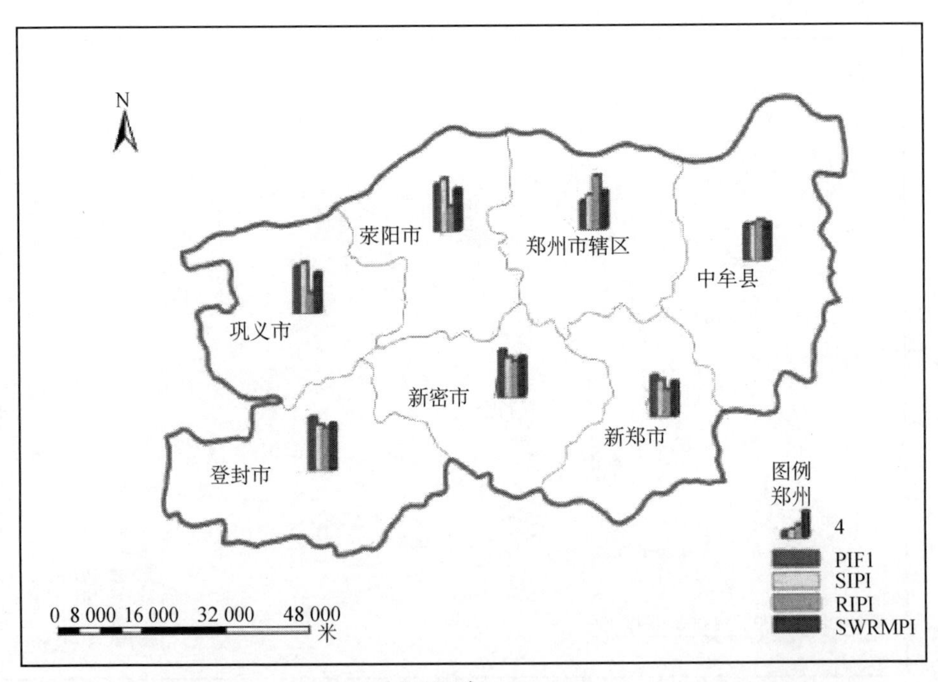


(d) 2011年

图 7-13 郑州市各分区 2008～2011 年最严格水资源管理绩效评估结果示意图（续）

## 5. 评估结果分析

根据上文中郑州市各分区 2008～2011 年最严格水资源管理绩效评估结果，得到

郑州市各分区 2008～2011 年最严格水资源管理绩效评估结果变化趋势图和各分区最严格水资源管理绩效评估结果对比图，分别如图 7-14 和图 7-15 所示。

根据图 7-14 和图 7-15，分析郑州市各分区压力指标绩效指数、状态指标绩效指数、响应指标绩效指数、最严格水资源管理绩效指数，可以得出以下结论。

（1）对于压力指标绩效指数，郑州市各分区指数值有增有减，小范围内波动。其中郑州市区的指数值最低，中牟县次之，且远低于其他几个分区，这主要与需水压力有关，郑州市区人口密集，用水总量大，水资源压力较大。

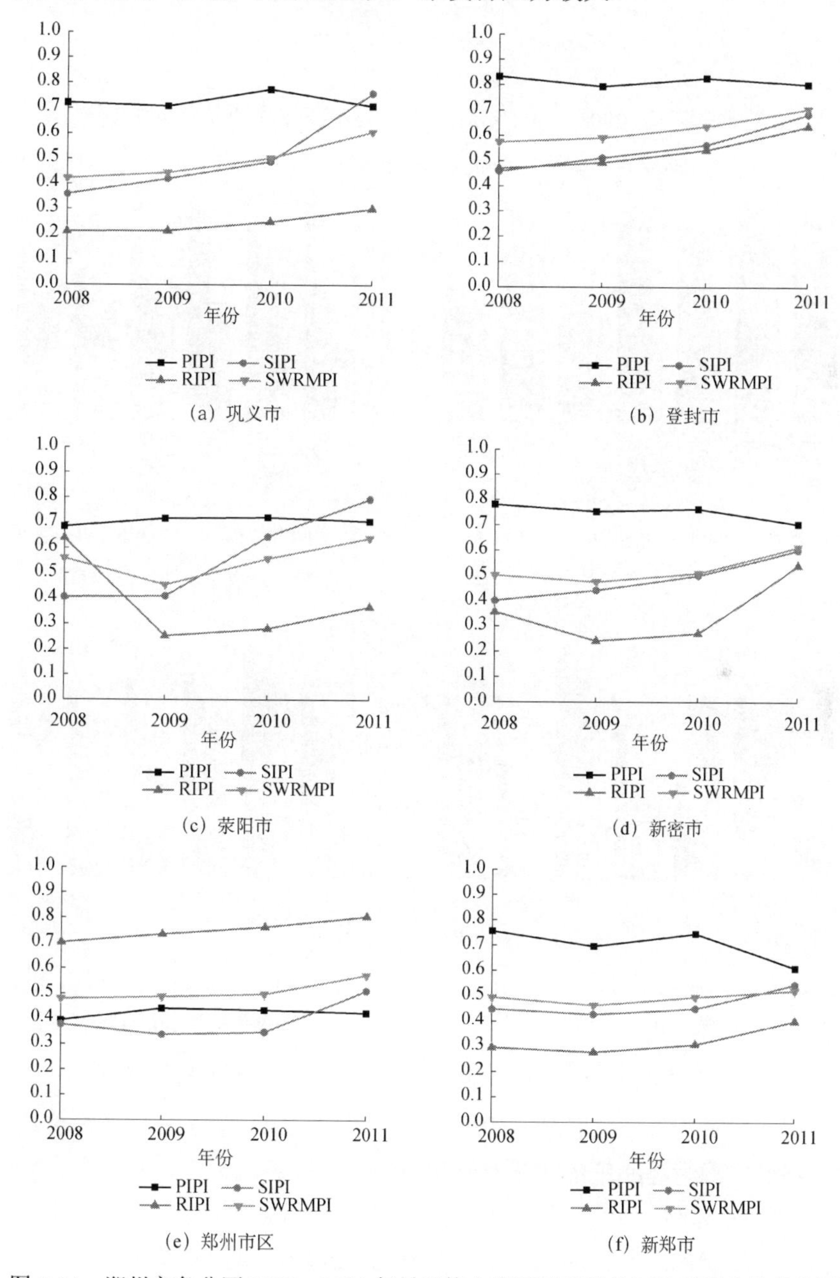


（a）巩义市　（b）登封市　（c）荥阳市　（d）新密市　（e）郑州市区　（f）新郑市

图 7-14　郑州市各分区 2008～2011 年最严格水资源管理绩效评估结果变化趋势图

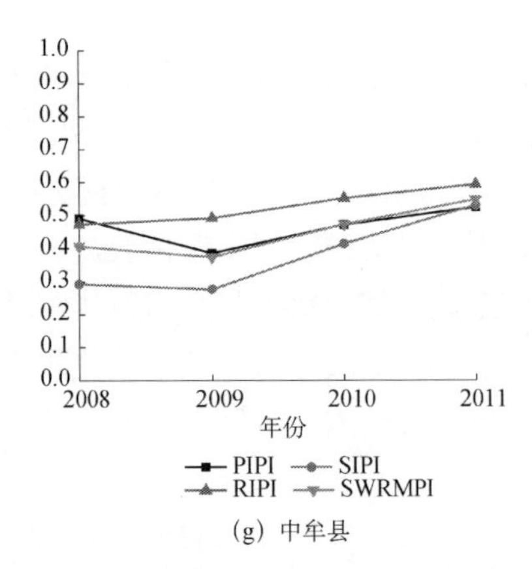


(g) 中牟县

图 7-14　郑州市各分区 2008～2011 年最严格水资源管理绩效评估结果变化趋势图（续）

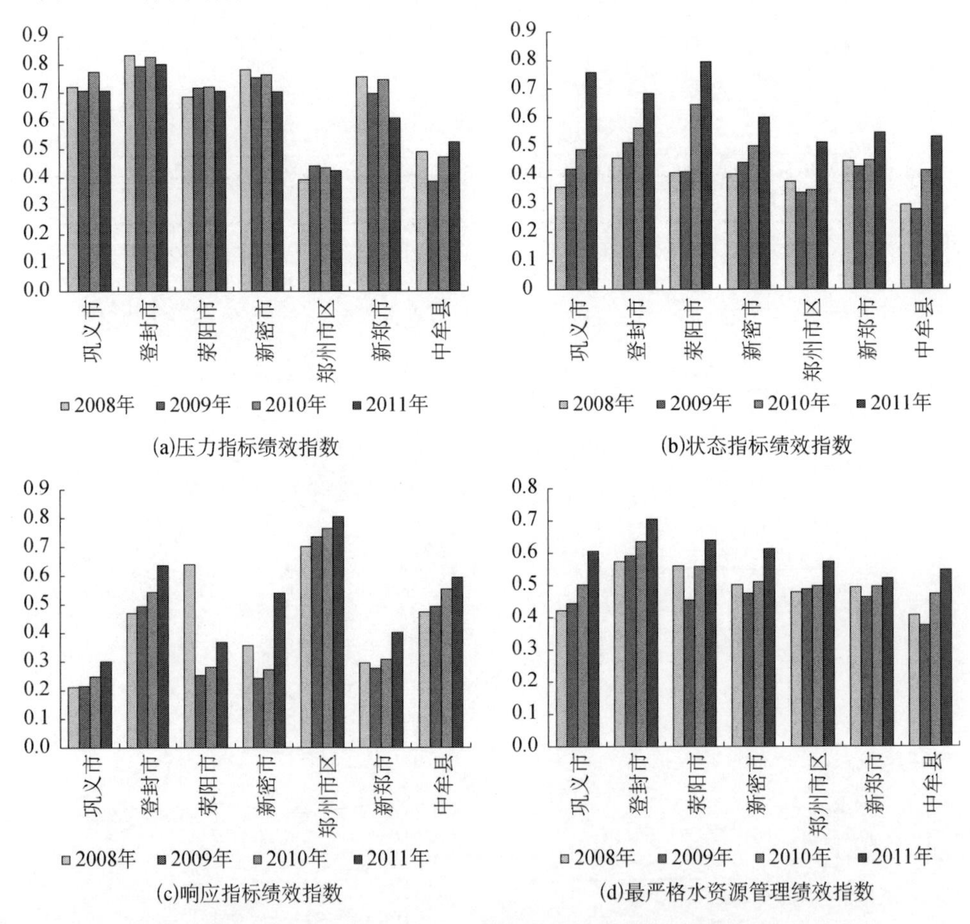


图 7-15　郑州市各分区 2008～2011 年最严格水资源管理绩效评估结果对比图

（2）对于状态指标绩效指数，很明显可以看出 2011 年各分区指数值均为最大，说明最严格水资源管理制度的实施有一定效果。特别是巩义市、登封市、新密市、荥阳市，指数值在 2008～2011 年逐年上升，水资源状况逐年好转；郑州市区、新郑市和中牟先降低后增加，分析原因主要是由万元工业增加值用水量和万元 GDP 用水量

大幅度增加引起。

（3）对于响应指标绩效指数，巩义市、登封市、郑州市区、中牟县逐年好转，当地政府在最严格水资源管理方面积极响应，开展了相关工作。而荥阳市、新密市、新郑市指数值均先下降后上升，尤其是荥阳市，2011 年指数值低于 2008 年指数值，一方面是由于荥阳市在水利及环保投资占 GDP 比重下降，另一方面是由于城市污水处理率明显降低。

（4）对于最严格水资源管理绩效指数，各分区指数值均不断好转，且 2011 年指数值达到最大，说明各地区最严格水资源管理已起到一定作用。郑州市政府不断加强实施最严格水资源管理制度的制度建设，根据最严格水资源管理理念对《郑州市水资源管理条例》进行了修订，黄河水利委员会加强了对黄河支流水量调度工作等，这些都为郑州市实施最严格水资源管理制度提供了保障。

# 第8章　最严格水资源管理绩效考核保障措施体系*

最严格水资源管理绩效考核工作的顺利开展，需要配套一系列措施体系予以保障。目前，针对最严格水资源管理制度，注重理论探讨，对其绩效评估的研究相对较少，更缺乏对其绩效考核保障体系的探索研究。目前，我国还没有一套统一的、从“最严格”视角来探索落实水资源管理绩效考核的管理机制，缺少具体的、能够有效落实绩效考核的保障措施。本章从价值目标入手，提出了最严格水资源管理绩效考核保障措施体系的四项原则，对其评价功能、规范功能、保障功能和制裁功能进行了分析，最后提出了最严格水资源管理绩效考核保障措施体系框架，并分别从法律法规保障、行政保障、经济保障、政策保障、技术保障五个方面阐述了水资源管理绩效考核保障的主要措施。

## 8.1　最严格水资源管理绩效考核保障措施体系的价值目标

### 8.1.1　总体价值目标

布莱克法律辞典中对“价值目标”做了如下解释：某种事物的重要性、实用性或值得获得性，是人们对某种客观事物的重要性、意义、实用性或者值得获得性的总体

---

* 本章执笔人：靳润芳、左其亭。本章研究工作负责人：张翔；主要参加人：靳润芳、左其亭、张翔、胡德胜、马军霞、凌敏华、张金萍、刘志仁、张志强、罗增良、韩春辉、王涛。

本章部分内容已单独成文发表，具体有：(a) 靳润芳. 2015. 最严格水资源管理绩效评估及保障措施体系研究. 郑州大学硕士学位论文；(b) 刘志仁. 2013. 最严格水资源管理制度在西北内陆河流域的践行研究——水资源管理责任和考核制度的视角. 西安交通大学学报（社会科学版），33（5）：50-55，61；(c) 胡德胜，王涛. 2013. 中美澳水资源管理责任考核制度的比较研究. 中国地质大学学报（社会科学版），13（3）：49-56.

评价和看法。

一般来说，凡是能够借助保障体系的保护、限制、鼓励和禁止等行为来加以保护和促进的美好事物，都可以归为保障措施体系的价值目标。水资源管理绩效考核保障措施体系的价值目标是指为完善我国水资源管理绩效考核所体现或追求的经济、社会和环境绩效方面的价值理念。水资源管理绩效考核保障措施体系的构建和完善是为了更好地保障水资源管理绩效考核工作的进行，从而确保更好、更快地实现水资源管理目标，因此，对水资源管理绩效考核保障措施体系的价值目标进行研究十分必要。

最严格水资源管理绩效考核保障措施体系的价值目标，是指保障措施体系在水资源管理绩效考核工作开展中能够保护和增加的正义、秩序、效率、效益、公平等价值，能够反映水资源管理绩效考核的目标和宗旨。

最严格水资源管理绩效考核是对当前水资源管理制度的执行情况及管理目标的实现程度进行的客观评价，是“三条红线”实施的保障。水资源管理绩效考核保障措施体系的价值目标是以反映、体现和响应水资源管理绩效考核目标为基础的，而可持续发展作为一个综合性、战略性的发展目标，已经得到广泛认可和接受。因此，水资源管理绩效考核保障措施体系的总体价值目标是实现可持续发展（图 8-1）。

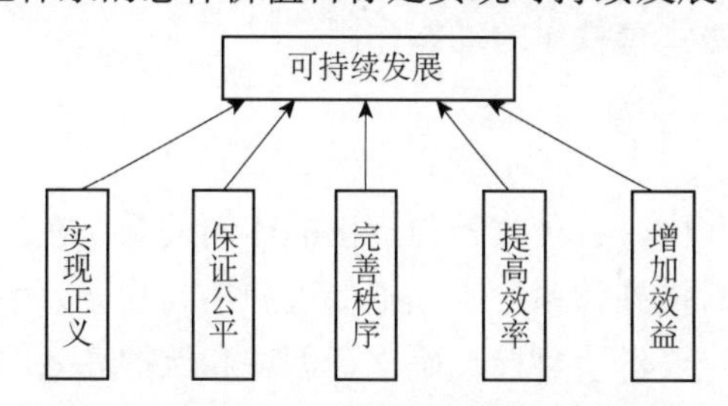


图 8-1　最严格水资源管理绩效考核保障措施体系的价值目标图

## 8.1.2　具体价值目标

作为最严格水资源管理绩效考核保障措施体系价值目标的综合性目标，可持续发展这一总体价值目标的实现，由正义、公平、秩序、效率和效益五个相互联系的具体价值目标的实现共同体现。

### 1. 实现正义

正义，即公正、合理等。作为水资源管理绩效考核保障措施体系价值目标的具体目标之一，实现正义这一价值目标是指在进行水资源管理绩效考核时，通过建立绩效保障体系，遵循一定的规范和标准，规范绩效考核过程，规范执行者行为，从实际情况出发，彰显符合事实、道理、规律的行为。

在水资源管理绩效考核保障措施体系价值目标系统中，参考法律层面的分类，将其分为三类：制度正义、形式正义及程序正义。制度正义指所制定的社会制度要体现正义，具体包括社会责任、义务等分配或执行得是否正当和合理；形式正义指对法律制度执行的公正一致性；程序正义指保证前两项正义实现的步骤和方法等。

**2. 保证公平**

公平，即一种平等的社会关系，是反映制度本质的基本特征。公平体制有利于调动人们参与的积极性，有利于民主改善和社会稳定，切实保障制度的落实。

在水资源管理绩效考核保障措施体系价值目标系统中，从法律、制度、体制等层面努力改善，通过制度限制、法律保障和制裁、行为约束、标准规范等切实落实水资源管理绩效考核工作，确保其公平、有效开展。

**3. 完善秩序**

秩序，指的是一种稳定的，具有一致性、可延续性和确定性的社会状态。对于水资源管理绩效考核保障措施体系来说，其建立和完善对维护绩效考核秩序具有重要的作用。一方面，体现在保障措施体系中各种保障制度的规范、约束、调整和保护等功能方面，即对完善秩序的静态作用；另一方面，体现在水资源管理绩效考核保障措施体系可以维护水资源管理绩效考核工作的运作秩序，维护各级政府及社会公众权力运行的秩序等方面，即对完善秩序的动态作用。

**4. 提高效率**

效率是指特定时间内，各种收入与产出的比例关系。在当前市场经济条件下，水资源管理绩效考核保障措施体系还必须把促进和提高社会效率、经济效率和环境效率作为一个不可缺少的重要价值目标，确立、创造和保护高效的经济运行模式，提高环境容量配置，提高水资源利用效率，维护社会稳定。

**5. 增加效益**

效率包括效果和利益。在保证提高效率的基础上，还必须兼顾效益。效益增加是社会发展的物质保证，可以反映一个国家或地区的经济管理水平。

在水资源管理绩效考核保障措施体系价值目标系统中，还必须把增加社会效益、经济效益和环境效益作为一个重要的价值目标，提高水资源管理的经济性和效益性。

## 8.2 最严格水资源管理绩效考核保障措施体系的原则和功能

### 8.2.1 保障措施体系构建的原则

构建保障措施体系的原则是指对水资源管理绩效考核保障措施体系的建立和完善起指导作用的基本准则。主要包括以下三个原则。

（1）权益合理性原则。在构建保障措施体系，尤其是法律法规保障体系和制度保障体系时，要注意强调各级政府或部门权力和责任之间的监督与制约，即权力与权力之间、责任与责任之间的平衡、协调和制约，防止权力和责任过分集中于某一或某些部门，或者出现交叉、责权不分明的现象。以此可以防止行政主管部门滥用职权或规避责任，进而可以提高水资源管理绩效考核工作顺利开展的效率。

（2）环境有益与经济可行原则。构建水资源管理绩效考核保障措施体系应能够有利于环境的可持续保护与改善，切实提高环境效益。另外，在构建保障措施体系的过程中，不能过分消耗资源、精力和财力，给实施主体带来不必要的或是难以承受的经济负担；同时，还应促进经济效益的提高。

（3）实施可行性原则。构建的水资源管理绩效考核保障措施体系应具有可适用性和可操作性，即这一保障体系应符合实际，适应当前需要，在现实生活中能够被各利益相关者接受，能够得到遵守。

### 8.2.2　保障措施体系的功能

最严格水资源管理绩效考核保障措施体系可以划分为不同种类，从不同层面上保障水资源管理绩效考核工作的实施。它作为一个比较完善的体系，具有评价、规范、保障、制裁等功能。

（1）评价功能。水资源管理绩效考核保障措施体系可以作为一种特殊的规范或标准，用来评价一个国家、地区或部门的保障体系建设工作达到的水平，找出其工作开展的薄弱环节，从而为下一阶段工作提供指导，使其更具有针对性。

（2）规范功能。构建水资源管理绩效考核保障措施体系，对各级政府或部门的职权、职责或权力、义务等关系进行明晰，有利于实施主体在执行过程中规范行为。另外，法律法规和制度保障体系等也具有极大的权威性和约束力，更加凸显其规范功能。

（3）保障功能。水资源管理绩效考核保障措施体系是保障绩效考核工作正常开展的重要手段和支撑，它保障着各个主体的正当权益和地位，维护水资源管理绩效考核工作正常运作。

（4）制裁功能。为了保障水资源管理绩效考核工作有效开展，保障措施体系应设置强制性和惩罚性措施，对违法行为进行依法制裁，以维护各利益相关者的权益。

## 8.3　最严格水资源管理绩效考核保障措施体系的构建

### 8.3.1　保障措施体系框架

水资源管理绩效考核关系到经济、社会、管理的方方面面，涉及多个利益主体，是推动水资源管理的重要筹码。构建水资源管理绩效考核保障措施体系是确保绩效考核持续、稳步、健康开展的固本之策，也是我国开展最严格水资源管理绩效考核工作的当务之急。

实行最严格水资源管理绩效考核是现在及未来相当长一段时间内的一项战略任务，是我国水资源管理中具有全局性、基础性和战略性的重大问题，需要加强领导，强化资金、体制、制度能力等方面的保障措施。系统的水资源管理绩效考核保障措施可以确保绩效考核工作有效落实，切实提高政府及相关管理部门的责任意识，进而保证绩效考核结果的有效性①。

水资源问题涉及多个行业和领域，因此，水资源管理绩效考核保障措施体系具有十分丰富的内涵，涵盖不同学科领域，并且牵涉到经济、社会、法律、管理等多个层面，需要政府政策的支持与推动，需要专家的建议和意见，需要相关部门的协调与积极配合，同时需要公众的积极参与和互动。所以，必须详细分析水资源管理态势，严密论证支持水资源管理绩效考核的保障条件，深入研究最严格水资源管理绩效考核保障措施体系的构建原理和框架结构，科学规划，全面考虑，构建系统、多样、严格的保障体系，做到全过程、多层次、多角度有机结合，为有效开展最严格水资源管理绩效考核工作提供保障。

在充分认识最严格水资源管理绩效考核保障措施体系价值目标的基础上，遵循对建立和完善绩效考核保障措施体系起指导作用的基本准则，全面考虑水资源管理绩效考核保障措施体系的四大评价功能，提出最严格水资源管理绩效考核保障措施体系框架，主要包括法律法规保障、行政保障、经济保障、政策保障、技术保障五个方面（图 8-2）。

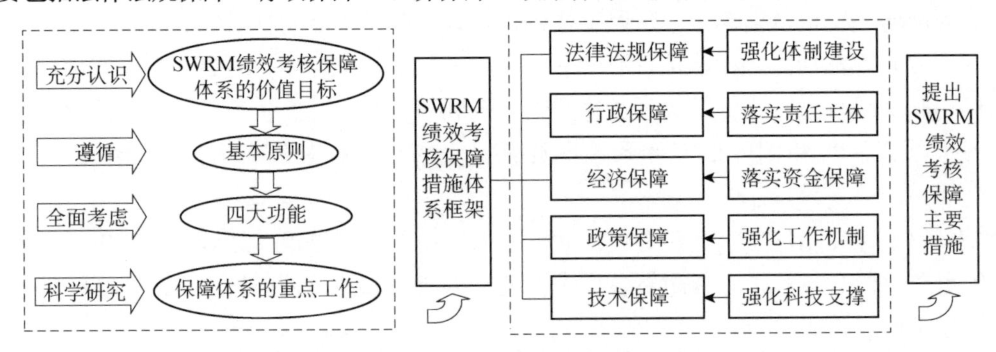


图 8-2　最严格水资源管理绩效考核保障措施体系框架图

## 8.3.2　主要保障措施

### 1. 法律法规保障——构建法律保障体系

我国水资源管理实行流域管理与行政管理相结合的管理机制。国务院水行政主管部门负责全国水资源的统一监督和管理；流域管理机构对其管辖范围内的水资源行使

① 刘志仁. 2013. 最严格水资源管理制度在西北内陆河流域的践行研究——水资源管理责任和考核制度的视角. 西安交通大学学报（社会科学版），33（5）：50-55，61.

管理和监督职责；县级以上地方水行政主管部门负责本行政区域内的水资源管理和监督。尽管水法规定了流域管理机构和水行政主管部门的职责，但是过于原则，且缺少配套的具体规定、程序和措施予以保障和落实[①]。现行的法律和法规，没有明确具体的统一监督权及其他相关权利部门之间的关系，很少能真正适用于解决水资源管理绩效考核现实问题，不利于集中统一执法。并且，原则性的法律法规通常不具有很强的可操作性，在对其进行理解和运用的过程中也很容易出现一些分歧或误解，使在实际运用过程中取得的实际效果有很大的局限性。因此，针对最严格水资源管理绩效考核，建立与之配套的法律法规体系，健全法律制度，明晰法律责任，使管理和考核有法可依、有章可循，从法律上明确水资源管理考核的内容、执法主体和对破坏水资源管理行为的处罚标准等，可为实施最严格水资源管理绩效考核提供必要的法律保障，是落实水资源管理责任和考核制度顺利实施的一项根本措施。

首先，应对政府及其各部门设定必要的执法程序，包括其实施行政行为的步骤、方法、时间、形式等，赋予政府及其各部门相应的行政执法地位，将其责、权、利关系用法规的形式固化，使上下级和各部门之间的行为更加规范化，形成约束机制。

其次，赋予利益相关者知情权、申诉权、了解权或听证权等程序性权利，增加行政过程的公开性和透明度，形成干预机制。另外，针对考核过程及其考核后的违规行为，有必要事前制定更加明晰的法规予以明确。例如，坚持"污染者负担"原则，明晰污染防治责任、损害赔偿责任等；通过立法确定水生态税率，对污染排放行为课税，对企业水保护行为用税收优惠进行鼓励。以此形成惩罚机制和激励机制。

### 2. 行政保障——落实责任主体

在我国现行的水资源管理体制中，众多部门共同参与水资源管理工作，存在"九龙治水"的现象，并且逐渐形成流域上"条块分割"、地域上"城乡分割"、制度上"政出多门"、职能上"部门分割"的局面。水资源管理各部门之间虽有一定程度的分工和协作，但是存在管理职能相互交叉的问题，加之水资源管理中多重领导现象尚未完全消除，在管理实践过程中出现问题后众多管理部门又相互推诿责任，最后导致没有哪个管理部门真正对问题后果承担起管理责任，水资源管理的行政效率比较低下。针对现存体制下"九龙治水"，不同管理部门之间职能和利益上的交叉、冲突和矛盾问题，应明晰管理权和经营权，进一步明确水资源管理的权、责、利，明确责任主体。

在对最严格水资源管理绩效进行考核时，首先应根据被考核区域实际情况建立相应的考核机构，应确立牵头单位及各成员单位，建立起工作机制，各级政府和责任部门各司其职、各负其责，确保各项工作和措施落到实处。另外，省、市、区级各下属水利部门之间，要密切协调配合，通力合作，形成发展合力，发挥整体优势。

---

① 胡德胜，王涛. 2013. 中美澳水资源管理责任考核制度的比较研究. 中国地质大学学报（社会科学版），13（3）：49-56.

### 3. 经济保障——落实资金保障

开展最严格水资源管理绩效考核工作涉及面广、任务重、要求高，需要在水源的监测与计量、方案编制、工程建设、统计评估体系建设、信息系统建设等诸多方面投入大量资金。因此，必须按照市场经济的要求，实行多层次、多元化、多渠道融资机制，加强经济保障。首先，充分利用国家专设的补助资金，同时要力争引起国家及各级政府的高度重视，以争取更多的财政投入；其次，秉持统一规划、分步实施、分工负责的原则，对水利建设和管理资金进行整合，为最严格水资源管理提供更强的资金合力；最后，将社会资本引进作为资金投入的一种形式，鼓励企业或公众投资投劳。

### 4. 政策保障

1）健全水资源管理监督考核机制

最严格水资源管理绩效考核工作的顺利开展离不开一系列具有可操作性的配套政策提供保障。从 2009 年最严格水资源管理制度提出至今，国家先后出台或颁布了“中央一号文件”、实施意见、考核办法、实施方案等政策性文件，各个省、市、区地方政府也顺应国家政策，颁布了一系列政策文件和办法，对考核工作加以部署和细化，并对考核目标任务进行分解。

接下来，要不断细化水资源管理考核标准和程序，严格日常监督检查；进一步优化水资源管理目标考核与绩效分配制度，实行精细化管理，并制定明确的奖惩机制；健全绩效考核体系，建立覆盖省、市、区三级行政区域的“三条红线”控制指标体系和节水考核管理制度；制订更详尽的实施方案，细化工作目标、考核细则、标准和实施步骤，明确实施主体。

2）完善公众参与机制建设

在最严格水资源管理制度的实施过程中，公众参与具有十分重要的作用[①]。公众对政府和部门的有关管理工作进行监督是社会公众参与不可或缺的内容之一。

目前，我国水资源管理责任考核制度在形式上基本建立起来，但是对于地方各级政府水资源管理责任的履行情况及水资源管理情况，公众基本是仅对考核结果有知情权，而很少有实际参与权，仅个别省级行政区制定的考核办法允许公众有一定程度的参与权。另外，我国目前的考核制度中，考核目标及其落实情况、考核结果基本是政府及其部门自定的，缺乏促进公众参与考核的规定或机制。公众参与的理念目前还没有真正贯彻到我国现行的水资源管理绩效考核中。

在开展最严格水资源管理绩效考核时，应吸收更多的利益相关者加以监督，从而保证水资源管理考核工作有效率、有效果地顺利进行。首先，应在最严格水资源管理立法中规定和保障公众的知情权和申诉权；明确公众参与水资源管理的范围、途径、

① 刘志仁. 2013. 最严格水资源管理制度在西北内陆河流域的践行研究——水资源管理责任和考核制度的视角. 西安交通大学学报（社会科学版），33（5）：50-55，61.

程序和方法，确保其反馈意见能得到合理公正的处理。其次，应吸引公众参与到水资源管理绩效考核工作中，广泛吸收公众的建议和意见，以提高公众参与能力和水平，加强对水资源管理工作的监督。例如，在水资源管理决策前，可以对利益相关者进行信息披露并和其进行协商；在政策执行阶段，可以将其执行情况及时地向公众提供准确的信息。最后，政府应借助媒体等易于接受的形式开展一些宣传活动，对公众进行知识普及及宣传教育，使公众更加关注水资源管理的相关问题，并对其参与水资源管理与决策进行帮助和引导，提高公众参与的热情和积极性，从而形成强大的舆论压力，促进水资源管理考核工作规范有序开展。

3）建立合理的奖惩机制

可以将其制定成一个制度，详细规定水资源管理过程中奖惩办法和条例，使执法部门在执行水资源奖罚时可以依据明确的标准，这样更具可操作性，也更具说服力。

### 5. 技术保障

（1）加快水资源信息化建设。实行最严格水资源管理绩效考核需要提供准确、动态、快速的信息。我国水资源信息系统在监测站网、水环境信息发布、水环境信息管理系统、水文水质数据共享等方面存在诸多不足，信息化水平不高。应加快把水资源管理信息化作为一项战略性任务，抓紧抓好，提高信息采集、传输和处理的时效性、准确性及自动化水平，建立覆盖省、市、县三级的水资源监测体系，提高管理效率和有效性。

（2）加快监测体系建设。水资源监控体系是采集、收集水资源数据资料的基础平台，真实、客观、足量的数据能够更好地支撑绩效考核公平公正地落实，因此，急需针对水资源管理供、用、耗、排过程建立完整的全过程监测体系。“三条红线”管理对水资源监测体系提出的功能需求，可概括如下：①红线能显，即能以非常显著的方式展示“三条红线”；②现状能查，即能准确监测和展现水资源管理现状与“红线”之间的动态关系；③管理有措，即在充分掌握现状信息的基础上为“三条红线”管理提供支撑；④决策有助，即为管理决策人员提供水资源管理决策支持[①]。当前，应建立健全重要供水水源地水质水量信息的实时监控和水资源控制调度，掌握污染物排放情况、水质水量变化趋势等；建立健全取、排水口水量和水质信息监测；建立健全覆盖中央、流域、地方三个层次的水资源监控管理平台。

（3）落实监测质量保障体系。要获得准确、及时、满意的监测数据资料，为开展水资源管理绩效考核提供支撑，当然也需要相应的技术或措施用以保障监测质量。随着流域或区域职能、组织机构、各部门职责和权限等的不断演变，应按照计量认证要求，不断修改和完善监测质量管理手册，以满足不同阶段的管理需要；还需要制定监测规范，统一监测项目和监测频次；加强水功能区监测的质量管理，保证监测结果可

① 蒋云钟，万毅. 2012. 水资源监控能力建设功能需求及实施策略. 中国水利，(7)：26-30.

靠；对发现的信息发布中变幅较大的异常数据，要及时跟踪与调查，多方面分析原因，确保数据的权威性和可信度；加强监测队伍建设，有针对性地组织监测技术培训会或交流会，切实提升监测人员水平。

（4）健全统计评估体系。统计是指通过科学的方法搜集、整理和分析关于经济社会现象的数据资料。统计工作通常要通过具体的统计指标和指标体系来反映。对于水资源管理统计评估体系而言，它包括基础数据资料的搜集、整理、计算、分析和解释。为确保最严格水资源管理绩效考核工作顺利开展，急需健全统计评估体系。首先，应确定完善的水资源绩效评估统计指标。水资源统计体系主要包括对水资源信息的统计和发布等，统计的对象主要包括各类供水源信息、用水户的用水和排水信息、水功能区相关数据信息等。水资源管理绩效评估统计指标体系除了应涵盖与“三条红线”直接相关的指标外，还应统计对其具有间接作用的指标。其次，应建立完善的统计指标计算方法。运用不同的统计指标计算方法可能会求得不同的结果，甚至是截然相反的结果。因此，对一个地区进行考核时，必须建立完善的统计指标计算方法。另外，由于目前在开展考核工作时，往往会面临数据资料难获取或是数据资料属于行业内部管理数据而不便于对外公开等难题，所以可以考虑根据统计法的规定，将水资源统计数据资料纳入政府统计体系，使其具备合法性和权威性。

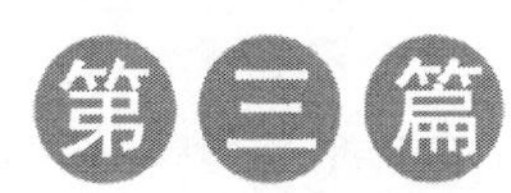


# 最严格水资源管理制度行政管理体系研究

## 内容导读

最严格水资源管理制度的落实，还需要一整套科学规范、有序高效的行政管理体系作为各项制度落实的重要保障。在最严格水资源管理制度行政管理体系中，实施取水许可机制是整个体系构建的首要条件，为此要进一步明确流域机构和行政区政府之间的职责以规范取水许可审批，严格流域和区域的取用水量，避免水资源的过度开采；严格实行用水总量控制和用水效率控制是整个体系构建的基础，为此要建立健全水权分配和交易制度，积极探索水权交易模式，通过市场机制来合理配置水资源，促进节约用水和用水效率的提高；加强水功能区限制红线管理能有效控制入河湖排污总量，提高环境容量的配置效率，充分发挥排污权交易的经济价值，促使企业通过节能减排，形成有效的约束机制和激励机制，进而实现水环境保护目标。

本篇共包括五部分内容。第一，通过论述和探析我国水资源行政管理体制在适应最严格水资源管理制度中存在的问题，提出“适应用水总量控制制度、用水效率控制制度、水功能区限制纳污制度”的水资源行政管理制度改革建议；第二，基于一体化用水总量控制的视角，分析了我国取水许可审批机制存在的问题，提出进一步完善取水许可审批机制的建议；第三，在分析我国新时期水权制度建设需求的基础上，对水权概念进行了全新解读，基于和谐论理论和“三条红线”考核指标，建立了适应最严格水资源管理制度的初始水权分配定量方法；第四，建立了考虑用水总量控制红线和用水效率控制红线的水权交易模式，提出水权交易方案优选方法，并给出相应的水权交易保障措施；第五，建立了考虑水功能区限制纳污控制红线的排污权交易模式，提出排污权交易方案优选方法，并给出相应的排污权交易保障措施。

# 第 9 章 适应最严格水资源管理制度的水资源行政管理体制改革*

本章从最严格水资源管理制度着手，论述我国水资源行政管理体制在适应最严格水资源管理制度中存在的问题，并探析其产生的根本原因，最后据此提出完善中国水资源行政管理体制改革的建议。

## 9.1 中国水资源行政管理体制的历史沿革及现状

### 9.1.1 中国水资源行政管理体制的历史沿革

新中国成立之后，国家对于水资源管理实行多部门分散管理体制：水利部重点负责防洪、除涝和灌溉等工作，交通部、建设部、燃料工业部和农业部分别负责内河航运管理、城市供水、水力发电、农田水利等职能。经过多年的改革，整个水资源管理工作逐渐向水利部集中，包括农田水利和水土保持工作。我国水污染防治法、环境保护法的颁布，确定了对水污染防治实施监督管理的直接机关为各级环保部门。1984年水污染防治法规定，各级人民政府的环境保护部门是对水污染防治实施统一监督管理的机关。1996 年水污染防治法修订，但水污染管理体制基本未变。我国水法于1988 年颁布，其对水资源管理制度的规定是统一管理与分级分部门管理相结合，重新组建水利部，明确水利部作为主管部门负责全国水资源的统一管理工作，其他相关

---

* 本章执笔人：刘志仁。本章研究工作负责人：刘志仁。主要参加人：刘志仁、胡德胜。

本章部分内容已单独成文发表，具体有：（a）刘志仁. 2013. 最严格水资源管理制度在西北内陆河流域的践行研究——水资源管理责任和考核制度的视角. 西安交通大学学报（社会科学版），(05)：50-55，61；（b）刘志仁. 2013. 西北内陆河流域水资源保护立法研究. 兰州大学学报（社会科学版），41（05）：103-108.

部门按照职责分工协同管理。1998 年国务院明确水利部为我国水行政主管部门，同时设立国家防汛抗旱总指挥部，将地下水管理职能从国土资源部转移到水利部，强化水利部管理水资源的职能，其他部门按照职责分工协同管理。

在水资源行政管理方面，我国逐步开始由行政区域管理向流域综合管理转变，流域在水资源管理方面的地位日益增强。20 世纪 50 年代，我国相继成立了长江流域规划办公室（已更名为长江水利委员会）、黄河水利委员会、治淮委员会、珠江流域规划办公室。20 世纪 60～70 年代，撤销了部分流域机构，70 年代末期又逐渐恢复。20 世纪 80 年代，现行的七大江河流域机构全部成立，它们作为水利部的派出单位，负责主要流域防汛调度及水资源规划工作；在水质保护方面，流域机构下设水资源保护局，这是由水利部与环保部双重领导的部门。1988 年水法未涉及流域机构和管理问题，2002 年水法明确了国家对水资源实行“流域管理”与“行政区域管理”相结合的管理体制。水利部在国家确定的重要江河、湖泊设立流域管理机构，在管辖范围内行使行政法规、法律、水资源管理和监督职责①。

与之类似，在低一级的市、县，水资源行政管理在很长一段时间都是城乡分割、多部门协同的分散管理模式，部门职能交叉重复，缺乏协调与沟通。自中央进行水利部归口管理改革后，流域综合管理思想逐渐深入人心，市、县水资源行政管理组织设置也相应调整。其改革方向之一是将水利局改组为水务局，水务局除了行使水利局原有职能外，还增加了城市供排水等原属城建部门职能，成为集城乡防洪、水资源供需平衡、水生态环境保护等业务于一体的水行政管理机构。

### 9.1.2 中国水资源行政管理体制的现状

根据我国实际情况，并借鉴其他国家水资源管理经验，2002 年水法确立了流域管理与行政区域管理相结合、统一管理与分级管理相结合、资源管理与开发利用管理相结合的体制。2008 年，全国人大常委会修订水污染防治法，则明确了各级人民政府的环境保护主管部门对水污染防治实施统一监督管理，水利、国土资源、卫生、建设、农业、渔业等部门，以及流域水资源保护机构协助完成有关水污染防治方面的监督管理工作。

#### 1. 水利部门

水利部门是我国水行政主管部门，其职能包括：统一管理水资源，组织实施有关国民经济总体规划、城市规划及重大建设项目的水资源和防洪论证工作，组织实施取水论证工作，发布国家水资源公报，指导全国水文工作；按照国家资源与环境保护的有关法律、法规拟订水资源保护规划，组织水功能区的划分和对饮水区等水域排污的控制；拟定水利工作的方针政策、发展战略和中长期规划；组织、指导水行政监察和

---

① 谢爱民. 2012. 论鄱阳湖生态经济区水资源行政管理体制的法律规制. 南昌大学硕士学位论文：9.

水行政执法，协调并仲裁部门间和省际水事纠纷等，省级水利厅是各省（自治区、直辖市）水行政主管部门，其职责与水利部在中央一级的职责类似，行政上对省（自治区、直辖市）政府负责，并接受水利部的业务指导。

### 2. 流域管理机构

流域管理机构是水资源行政主管部门的派出机构，按照法律和行政法规的规定在特定范围内行使水资源管理和监督职责。它负责流域内规划管理、河道管理、防洪调度、水工程调度、水量配置、水环境容量配置等，负责落实国家水资源的规划和开发战略，统一管理、许可和审批流域内水资源的开发利用。根据工作需要，可下设一级或二级派出机构，不受地方行政机构的干预，依法监督区域机构对水资源的排放、治污及工程建设等工作。

### 3. 其他部门

涉及水资源管理的部门还有环保部门、农业部门、林业部门、地质矿产部门、城建部门、电力部门、交通部门及水产部门，这些部门与水利部门共同在水资源管理中发挥作用，被形象地称为“九龙治水”。这种治水模式，虽然使得各部门分工合作、协调有序，却不可避免地产生部门间职责和权力的划分混乱。“九龙治水”模式下，水资源是按照区域划分进行管理，而且将地表水和地下水、水质和水量予以分割管理，现实中存在的问题主要表现在：在防洪方面，上下游、左右岸没有从全流域角度出发，缺乏统一规划和调度，不利于整体的防汛抗洪；缺水地区争水现象严重，造成水污染、地下水开采过度、生态环境破坏加剧；对水资源的过度开发使用，不利于城乡规划，而且影响水资源综合效益的发挥①。

现行水行政管理体制有以下特点②。

（1）水行政主管部门是各级水利部门和环境保护部门，在法律规定的范围内分别进行水资源和水环境管理。

（2）水行政实行统管部门与分管部门结合的管理体制，除了水利部门与环境保护部门之外，还有国土资源、卫生、建设、农业、渔业等多个部门涉及水资源管理，许多学者称之为“九龙治水”。

（3）我国水行政实行行政管理与流域管理相结合的制度，除地方各级政府的水利部门与环境部门外，水利部还设立了长江、黄河、珠江、海河、淮河、松辽水利委员会及太湖流域管理局等七个流域管理机构。部分流域管理机构还下设了由水利部和环境保护部双重管理的流域水资源保护局。

（4）部分地方政府将原有的水利局改组为水务局，结合实际工作经验，避免多部门管理的弊端，以期统一行使水行政主管部门职权。截至 2013 年 12 月，全国 31 个

---

① 钱冬. 2007. 我国水资源流域行政管理体制研究. 昆明理工大学硕士学位论文：13.

② 郭普东. 2009. 论我国水环境与水资源行政管理体制的改革. 黑龙江省政法管理干部学院学报，(1)：130-132.

省、自治区、直辖市（港澳台地区数据未统计在内）大部分市、县都成立了水务局。以西藏为例，2013 年 12 月 20 日，西藏首个县级水务局尼木县水务局挂牌成立，这一机构将对尼木县所有城乡水务进行统一规划、统一配置、统一管理，变“九龙治水”为“一龙治水”，标志着西藏水务管理体制发生了实质性的转变。实际上，各地水务局差别很大，有些地区水务局的主管部门并未明确，有些仅仅是对原来水利局更换名称而已。

## 9.2 适应最严格水资源管理制度的我国水资源行政管理体制问题

### 9.2.1 适应最严格水资源管理制度的我国水资源管理法律法规体系中的问题

#### 1. 水资源管理的配套法律不健全，缺乏衔接性和可操作性

首先，立法不协调。在现有水资源行政管理体制之下，水资源管理仍然存在“九龙治水”的情况。根据我国立法的相关规定，虽然各部门并没有制定法律法规的权限，但是在法律法规草拟阶段，都扮演着极为重要的角色，如水法、水土保持法、防洪法、取水许可制度实施办法、河道管理条例等的制定，就是以水行政主管部门为主草拟的。这种立法形式往往会导致各部门从自身利益出发，将自己的利益诉求写进相关法律法规中，极易造成水资源分割管理，导致部门间的冲突，并且在现有规范性文件中，虽然都规定了以不同部门为主的监督管理体制，但是这些部门之间又缺乏相应的协调机制，各部门间的目标及内容往往相互冲突。这在地方性立法领域表现得尤为突出。

其次，立法内容冲突。2002 年新水法中规定水资源行政管理体制是行政区域管理与流域管理相结合，而水污染防治法中虽然强调了流域管理的重要性，但是流域管理的效果并不明显，导致流域管理体制和行政区域管理体制在我国水资源管理中只是并存，真正以流域管理为主的体制效果没有发挥。流域水污染防治规划与流域水资源保护规划、水功能区划分别由国家环境保护部门和水行政主管部门依据不同的法律予以编制和实施，这样难免会导致部门间的权力重叠交叉，这是水资源保护与环境保护分割的体现，加之目前缺乏有效的协调机制，致使二者不能有效地衔接，造成了不必要的重复与混乱。

最后，立法偏重对地表水的规定。地表水和地下水是一个统一的整体，地下水的地位并不亚于地表水，但是地下水在开采过程中存在的一系列问题，缺乏相关法律的规制。目前，我国还没有关于地下水的专门法律，开采过程中管理混乱，无节制开采现象频发，所造成的环境污染必然对水资源系统产生影响，最终影响到整个水环境，

因此应尽快完善地下水方面的立法。

#### 2. 水资源管理的现存法律对不同水资源管理部门的权责规定不明确

首先，我国多个行政管理部门与水资源管理相关，这些部门间职能交叉、纠纷较多，且各自为政，缺乏集中统一管理。我国的水资源管理包括地表水、地下水的治理、保护、开发、利用，因长期由水利、电力、交通、城建、地矿、农业等部门共同治水，部门职能独立，分割严重，导致我国现阶段在水资源管理体制上仍是“九龙治水”的格局。虽然新水法的出台在一定程度上发挥了积极作用，但并未从根本上解决“九龙治水”的问题，各部门从自身利益出发，进行的单一目标规划管理必然与水资源的多功能用途发生冲突，从而不可避免与其他部门发生纠纷。目前，我国行政机关的设立缺乏专门的组织法是形成这一现象的主要原因。各部门都是首先自行制订方案确定职权，再报经国务院批准，在这一过程中难免只从自身利益考虑问题，因此在水资源管理过程中，要么出现管理重叠，要么出现互相推诿。与此同时，尽管水法、水污染防治法、水土保持法、渔业法及环境保护法、海洋环境保护法等法律规定了相应的主管和协调部门，但在分权的机构体系设置下，由于立法缺乏整体平衡，各部门从自身利益出发，造成了权力设置的重复或空白，其结果是只有分工没有协作，不能发挥整体效益。

其次，在水污染防治方面，水利部和环保部门还需协调。1984 年水污染防治法规定水污染防治由国家和地方环保部门实施监督，2002 年水法规定国务院水行政主管部门（水利部）负责全国水资源的统一管理工作，水资源管理既包括水量又包括水质。这样，就产生了水资源保护究竟应该以谁为主的问题[①]。另外，在城市水污染防治工作中，环保部门和城建部门的分工也有待明确。

最后，流域管理机构与地方政府所属的水利、环境保护等部门在水行政管理方面的职权存在一定程度的重合和交叉，由于流域管理机构和地方政府部门代表的利益不同，很容易出现对相同问题的意见冲突，且目前尚无解决机制。就我国水行政管理现状来看，无论是水资源还是水污染的监督管理，依然以传统的行政区域管理为主，流域管理机构所发挥的作用非常有限。

### 9.2.2 适应最严格水资源管理制度的我国水资源行政管理机构的问题

#### 1. 没有统一的国家流域管理委员会及下属机构

根据我国水法的规定，我国实行流域管理与区域管理相结合、水行政主管部门对全国水资源进行统一管理的水资源行政管理体制。在实际中，我国在进行水资源管理时往往是以行政区域为主，法律并没有赋予流域管理部门相应的权限，使其地位明显

① 齐佳音，李怀祖. 2000. 中国水资源管理问题及对策. 中国人口资源与环境，(04)：63-66.

低于行政主管部门，加之由于我国以前实行分级分部门管理模式。这种格局虽然使管水治水落实到各部门，能够使各部门充分配合、协同一致，但是也使得部门之间职能交叉和职能错位的现象并存。这些机构在职能上的交叉，很可能出现各自为政的局面，不但浪费了资源也可能使问题更难解决。即使没有出现各自为政的情形，如果协调不好也同样会出现很多问题。如环保部门和水利部门都对水环境保护规划具有一定职责，并没有明确划分二者的职责界限，进而出现争权现象，不利于水资源的保护。同时在市场经济条件下，各地方政府为了追求本地区经济的快速发展，而置流域整体的综合利益于不顾，导致流域内水资源配置失衡，地区间矛盾日趋尖锐[①]。所以需要统一的协调机制来协调各部门的行为。

### 2. 缺乏水资源管理信息共享与统一决策的协调机制

首先，我国目前的水资源管理是一种以部门自身利益为主的管理模式，而在流域机构和地方机构之间，流域机构只能与上级主管部门进行信息交流，没有形成行之有效的信息共享机制。与其他相关部门间缺乏信息共享，导致信息流通不畅，使得流域水资源在统筹调配上的科学性和合理性不足，为此，必须建立地区间、部门间的信息共享机制。

其次，我国水资源管理必须综合考虑水资源系统完整性，制订多目标的规划方案，而我国水资源管理的多目标决策机制急需加强，各项经济政策在制定和实施过程中均应该考虑到环境因素。在以往水资源管理工作中，重工程建设，轻生态保护；重开发利用，轻资源保护；重水量的调控，轻水质的变化；重水量的供给，轻对水需求的控制。认识上的偏差使得水利部作为国务院的水行政主管部门难以协调其与环保部在水量与水质问题上的矛盾。同时，流域管理部门迄今并没有发挥应有的协调功能，现行法律中没有赋予它们应有的权力，在进行水资源管理的过程中流域管理部门无法统一指挥，水环境管理的实权在地方部门手中。

最后，目前我国水资源管理体系中的诸多部门在机构设置中存在问题。一方面，流域管理部门由于没有独立权限，不仅不能单独决策，而且在人员和经费配置上也常常受到主管部门及地方政府的干涉，不能有效行使职权；水资源管理相关部门之间缺乏必要的职能协调措施，无法形成资源配置上的整体效益，容易导致水资源权力设置的重复与空白，影响水资源管理的执行。另一方面，许多机构自身职能仍有待完善。在机构改革中，许多县区环保机构被削弱、合并或撤销，甚至有被并入城乡建设部门的情形。这种状况延续至今仍未彻底解决，使得我国水资源管理的力量被大大削弱。

### 3. 水资源管理政府责任考核监督追究制度落实不到位

2011 年“中央一号文件”要求建立水资源管理责任和考核制度，2012 年国务院《关于实行最严格水资源管理制度的意见》把建立水资源管理责任和考核制度作为首

---

① 毕明爽. 2003. 论我国水资源管理体制改革和水权制度的构建. 吉林大学硕士学位论文：3.

要的保障措施载入其中，但是在具体实践中存在着如下问题：①不少地方政府片面强调“以经济建设为中心”，加之受“理性经济人”的影响，往往将经济利益置于首位，甚至以牺牲环境利益换取经济利益。2011 年“中央一号文件”及其相关实施意见虽然对政府的水资源管理责任进行了规定[①]，但是具体的考核指标、考核内容和考核目标仍有待进一步完善，致使在进行考核时法律依据不充分。同时，由于考核内容中没有具体有效的奖惩措施，考核的根本目的难以落实。考核制度的缺失导致水资源管理制度在进行制度构建和实施过程中，极易发生办事效率低下的问题。②水资源管理责任体系不健全，考核责任难落实。在管理责任监管方式方面，水资源管理部门之间多为上级对下级的行政监管，流域管理机构与行政区域管理部门之间没有直接、有效的责任监管手段。监管体系的不健全直接影响到最严格水资源管理制度“三条红线”的落实。③公众对考核制度的参与和监督并未产生其应有的法律效果。在环境与资源法的发展中，公众参与成为应对环境与自然资源问题和实现可持续发展的必不可少的组成部分，并逐渐成为环境与资源保护法的一项基本原则，贯穿于程序法和实体法之中[②]。可是在实践中，大部分公民对公众参与制度的认知度不高，如农民真正参与流域内水资源的配置和利用集中表现在年初对自家农业用水量的报送和之后灌溉期间自身用水量的管理上，而对全流域内水资源的配置利用状况并没有直接参与的动力[③]。这使得公众对水资源管理责任和考核制度的参与和监督并未发生其应有的法律效果。

## 9.2.3　适应用水总量控制制度的水资源行政管理制度检视

### 1. 水权初始分配制度的检视

2008 年水利部出台了《水量分配暂行办法》，标志着我国水权初始分配制度的基本建立。通过制度对水量进行分配从而确定各行政区域的水量份额，不仅仅是对用水总量的控制，同时也体现了对水资源的定额管理，体现了横向方面各级水行政机关与流域管理部门的协调，纵向方面上下级水行政机关的监督和审批。在具体的分配上，我国水资源初始分配中还规定了水量分配方案制定机关具有与有关行政区域人民政府协商预留一定水量份额的权力，这样更有利于环境安全，这些都表明这一制度在我国具有较强的可行性。

水权初始分配应该根据用水者的用水权益、所处行业、用水目的等来对水资源进行分配，因此初始分配要尽可能具体化。在水权申请阶段，水权管理机构对初始水权进行审查，特别是引水量（包括水量、水质、流量过程等）对水资源总量及生态环境的整体影响。水资源管理部门对申请人的申请内容进行审查，除了对申请人的基本情

---

① 刘志仁. 2013. 最严格水资源管理制度在西北内陆河流域的践行研究——水资源管理责任和考核制度的视角. 西安交通大学学报（社会科学版），(05)：50-55，61.

② 胡德胜. 2008. 环境与资源保护法学. 郑州：郑州大学出版社：107.

③ 刘志仁，严乐. 2013. 当前西北内陆河流域农民用水者协会健全法制路径探析. 宁夏社会科学，(01)：29-34.

况进行审查外，还要审查其与有关优先水权的关系，对于合理的申请给予审核通过并进行公示，对于申请条件不具备或申请理由不成立的，予以驳回，但要说明原因。当初始水权经公示一定时期无异议之后，水权管理机构即可根据水权初始分配申请者的申请授予其初始水权[①]。目前，水权初始分配首先是注重公平原则，在大中型流域要注重对流域整体宏观目标的实现，并且主要由政府主管部门进行分配；在小型流域则注重培育和建立用水户协会，该协会由行政机关予以授权，民主协商分配初始水权，同时由政府对其进行监管。

此外，目前我国对水权初始分配仅是原则性的规定，要求根据水资源条件、用水历史和现状、供水能力和用水需求等方面的关系，统筹安排生活、生产、生态环境用水；在具体的分配方法上只确立了以流域为单元的区域间协商及上级机关批准的机制，并未涉及水权初始分配的具体依据。水法中规定了要首先满足城乡居民生活用水，生态环境用水与农业、工业及航运处于平行位置，但是当这四者发生冲突时，应该优先满足何种用水的问题并没有具体规定。从总体上来看，我国水权初始分配制度的计划经济色彩浓厚，且其规定过于原则，环境保护力度不够，分配层次不清及无具体并合理的分配方法等问题仍然突出，无法保证水权初始分配的公平、合理及明晰。

### 2. 取水许可证制度的检视

我国取水许可管理体制运行存在如下问题。

（1）取水许可管理步骤明确，但是管理权限不灵活，限制了管理效率的提高。法律中明确规定了取水许可申请的各项步骤，从许可申请提出到取水许可证获得都有明文规定，但是对于特殊情况的处理则未有提及，这极易导致特殊情况出现时的管理混乱，严重影响管理效率。

（2）管理对象和权限明确，但是法律责任模糊。法律法规中明确规定了取水许可管理的对象和权限，但是法律责任相对模糊。据古德诺的观点，“在国家与地方政治共同体之间存在冲突的问题上，地方自治政府倾向于牺牲国家利益，因为它使国家意志的执行即使不是不可能，也是非常困难的”。法律责任的模糊会导致各行政区域管理部门为了各自的利益而不惜牺牲国家利益，逃避法律责任，同时也不利于对取水许可管理进行监督。监督管理应该包括纵向的上下级之间的监督管理，同时也包括横向的各部门之间的平行监管，还包括社会公众对行政部门的监管。众所周知，权力与责任对等，没有不承担责任的权力，因此要在法律中明确政府部门所应承担的法律责任。

（3）管理机构层级设置明确，但是由于现有的规定中，各级管理部门都有发放取水许可证的权限，国家在对取水许可进行全国性的宏观调控时会有一定难度，不方便国家全局性把握，在汇总取水许可证时会出现管理不明确和重复统计的情形。

① 田圃德. 2004. 水权制度创新及效率分析. 北京：中国水利水电出版社：73-74.

2012 年国务院《关于实行最严格水资源管理制度的意见》要求："严格控制流域和区域取用水总量。加快制定主要江河流域水量分配方案，建立覆盖流域和省、市、县三级行政区域的取用水总量控制指标体系，实施流域和区域取用水总量控制。"但是，我国目前是流域管理机构和较高级别的水行政主管部门对取水量较大的用水申请有许可审批权，县级水行政主管部门的许可审批权限较小，而且实行谁许可谁进行许可后的监督检查。这样就产生了密切相关的一系列问题：在流域管理区域和行政管理区域通常不一致的情形下，由哪一个有许可审批权的机关做出许可？它应该如何同另一类许可审批机关进行协调？各自如何履行控制取用水总量的职责？[①]

### 3. 水权转让制度的检视

水资源的权属制度是水资源转让制度的前提和基础，水资源的权属制度决定着我国水资源能否进行转让，因此，只有明晰我国水资源的权属制度，才能更好地了解我国水资源转让制度。我国法律规定了水资源归国家所有，并且所有权不能进行转让，同时法律也规定了可以将使用权许可给私人使用，这种水资源使用权和所有权分属不同主体，行政部门掌握着水资源使用权初次分配的情形，导致产权的经济激励机制难以实现，权利寻租现象滋生，不利于水资源的合理有效配置。

水权转让又称为水权交易，目前我国水权交易市场尚未充分建立，究其原因，首先是水权交易缺乏法律依据。我国现在尚无真正的法律对水权交易进行明确规定，水权交易的程序不规范。其次是一直以来我国用水者都是依靠行政程序达到用水的目的，水权无法通过流转机制予以实现，并且水权一旦获得便具有相对稳定性，用户通过廉价的费用得到水资源使用权后有两种选择：一是有多少用多少，这大大浪费了水资源；二是节约用水后将剩余水资源通过其他不正当的途径实现其潜在价值，这种方式扰乱了水权市场交易秩序[②]。

水资源管理单位存在着政事企不分的情形，水权交易资产管理主体缺位。水资源管理单位是事业单位，但是仍按行政隶属关系管理。现在水管单位内部实行管养分离，一定程度上提高了单位内部的工作效率，但管养同出一源，致使改革难以深入，机构臃肿、管理水平低下等主要问题得不到真正解决。水管单位下一步改革涉及的核心问题是能不能改企的问题。长期以来，人们认为水管单位提供部分公共产品、公共服务或部分福利产品，不能以营利为目的，因此不能以企业的形式组织生产。实际上通过建立公益性支出补偿制度或者建立公共产品、公共服务和社会福利产品购买制度，可以构建一种非营利企业模式，这种企业完全按现代企业模式经营，但不以营利为目的。在此基础上，借鉴澳大利亚、英国、墨西哥、智利等国水改革的成功经验，进行产权制度改革，实现水行政和水服务职能分离。水资源管理单位的性质不清，影响着水资源转让时对水资源的管理，故首先要明确水资源管理单位的性质。

---

① 胡德胜. 2012. 最严格水资源管理的政府管理和法律保障关键措施刍议//中国水利学会，中国水利学会水资源专业委员会 2012 年年会暨学术研讨会论文集. 郑州：黄河水利出版社：234-239.

② 张晓丽. 2013. 水资源节约法律问题研究. 河北大学硕士学位论文：27-28.

### 9.2.4 适应用水效率控制制度的水资源行政管理制度检视

#### 1. 水资源价格制度的检视

价格指导机制体现在两个方面，一是水价格可以指导水资源管理的方向和生产规模，用于调整水产品的生产。一般来说，提高水资源的价格，可以使水资源流向低耗水的行业，促使企业采取措施节约水资源；降低水资源价格，水资源流向高耗水行业，企业不顾水资源的浪费，扩大生产规模。由此可知，水价格的波动会影响到水资源管理，关系着水产品的生产规模，对水产品进行结构调整，有助于实现水资源的优化配置。二是水价格指导着政府对水权市场的宏观调控。水资源市场价格的变化不仅影响着生产者的生产决策，也给国家相关部门进行宏观调控提供信息，方便国家相关部门根据水价格变化来从整体上制订宏观计划[①]。

长期以来，人们只关注水资源的自然属性，而忽视了水资源的商品属性，尤其是我国早期实行的计划经济体制，导致水资源的商品属性一直被忽视，水价偏低，用水主体没有内在的节水动力，很多地区不计成本的开发利用水资源，致使水资源浪费现象严重。尽管我国也出台了多部法律法规来完善水价制度，但是水价制度仍然存在着诸多问题。《关于实行最严格水资源管理制度的意见》要求：确立用水效率红线，强化用水定额管理；各省级人民政府要根据用水效率控制红线确定的目标，及时组织修订本行政区域内各行业用水定额。其第二部分“加强水资源开发利用控制红线管理，严格实行用水总量控制”中提出：“建立健全水权制度，积极培育水市场，鼓励开展水权交易，运用市场机制合理配置水资源”。问题是：如果仅仅依据用水总量指标来建立健全取水权交易制度，允许取水权主体对通过行政许可途径获得的用水指标进行没有前置条件或者基本没有前置条件的交易，就可能产生对通过申请取得的取水权进行投机性交易的可能性。这种投机行为同计划经济条件下倒卖各种指标的行为并无实质上的不同。

#### 2. 节约用水制度的检视

为了有效解决水资源短缺问题，必须重视对水资源的合理开发利用，做到节约用水。从政府层面来说，就是要大力发展节水措施，建立水资源节水技术制度，从立法、执法、司法三方面促进节水措施的实施，同时制定相关政策以保证法律法规的落实；从公众层面来说，促进全民树立节水意识，鼓励公众积极参与节水活动，提高对水资源的利用率。此外，还可以借鉴国外先进经验，将节水活动纳入政府考核范畴，使其成为政绩考核的指标，以使地方政府在发展经济时不以牺牲水资源为代价，保证水资源的可持续利用，实现经济与环境的协调发展。

科技是推动社会发展的重要因素，因此，节水技术在节约用水制度中占有极其重要的地位，它是推进节约用水的基本手段和关键环节。虽然水法在农业、工业和城市

① 李雪松. 2005. 中国水资源制度研究. 武汉大学博士学位论文：96-99.

用水方面有节水技术规定，但是实际生活中我国的水资源浪费现象十分严重，究其原因主要有两点：一是，我国还没有建立对节水技术研发和应用的激励机制，目前对节水技术的研发不够深入，应用不够广泛；二是，我国的水资源管理制度并不完善，在水资源总量控制、定额管理及有偿使用等方面都不完善，同时，我国公民的节水意识淡薄，没有养成良好的节水习惯。要有所改变就必须强化政府的节水责任，建立节水技术制度体系，推进科学用水。我国新水法规定，农业用水、工业用水和城市生活用水中要大力推行节水技术，大力推广和研发节水技术。农业中推行节水灌溉方式，借鉴以色列的滴灌技术，节约农业用水的同时提高农业用水效率；工业中引进新技术、新设备，淘汰高耗水的落后设备，提高工业用水的重复利用率，对仍然使用高耗水设备的企业予以处罚，对采用新型节水设备的企业，给予奖励；城市生活中，在房屋建设过程中强制使用节水型设备，鼓励公众使用节水型生活用具。

### 9.2.5　适应水功能区限制纳污制度的水资源行政管理制度检视

#### 1. 水功能区划定制度的检视

根据水资源自然条件和开发利用现状、流域综合规划、水资源保护规划和经济社会发展要求，在相应水域按其主导功能划定范围并执行相应水环境质量标准的水域被称为水功能区。而针对水功能区必须限制纳污这一点，宏观上可以管理跨行政区之间的水资源，微观上可以管理同一区域内的水资源，并且考核同一区域内的水行政管理部门。将水功能区限制纳污红线作为水污染物排放许可的依据，需要结合水域纳污能力来制定准确的水功能区污染物排放数量，将水功能区污染物的排放量严格限制在确定的范围内。我国当前存在的主要问题如下。

（1）水功能区划的调整需要进一步规范。依据限制纳污红线修订的水功能区，并将其作为各项管理制度措施落实的基础。实践表明，当地方政府为了提高本地区内的经济利益，往往会擅自调整水功能区划，对整个流域水环境造成负面影响，主要原因是法律中对水功能区的调整不具体或者不规范。在《水功能区管理办法》中，规定了“社会经济条件和水资源开发利用条件发生重大变化，需要对水功能区划进行调整”，明显缺失“由谁来判断是否发生重大变化，何为重大变化”。调整后是否还要对其进行评估这一点也属于空白，新规划的水功能区是否会对其他区划和整个流域造成影响呢？同时，水功能区的划定和审批程序在水法中已经明确，但调整程序却未提及，这就导致水功能区划在调整时缺少统一标准。

（2）水功能区纳污能力和限制排污总量意见的权威性不足，需要加强。水资源管理制度规定，水域纳污能力必须从严制定，并将严控入河排污总量作为限制纳污红线的重要实现手段。实际上，水利部门提出的水功能区纳污能力和限制排污总量意见，往往未能得到相关部门足够的认可和重视，提出的意见流于形式，得不到落实。为此，急需通过法律手段确立水功能区纳污能力和限制排污总量的权威地位，并且明确各级人民政府把限制排污总量作为水污染防治和污染减排工作的重要依据，全方位保障限制纳污红线目标的实现。

（3）加强水功能区管理制度的系统性。水功能区管理作为一项系统性工程，涉及水域管理和陆域管理、水利、环境保护、住房和城乡建设、交通、农业等多个相关部门的协调，以及入河排污口、建设项目、水生态修复等多项内容。水法中已有水功能区管理制度的原则性规定，但并未进行细化落实，仍停留在指导意见阶段。相关立法中缺少各部门的明确职责规定，制度衔接不畅，管理制度缺乏统一性。

（4）水功能区监测管理不够。水功能区限制排污总量和水功能区评价考核是依据监测能力得出的。当前，我国在水功能区监测方面，无论是硬件设施还是软件条件（如管理制度）都比较薄弱。针对这一客观实际，迫切需要通过立法加快监测管理硬件建设，同时施以强制手段保证监测管理硬件落实。完善监测机制，适应最严格水资源管理制度，是对水功能区管理和监督考核的有效支撑。

（5）水功能区评价考核制度需要完善。完善水功能区评价考核，能够进一步落实水功能区管理制度，促进水功能区管理目标实现。水功能区的考核规定在当前的法律法规中尚属空白，考核制度的责任主体不明确，考核程序及评价考核结果效力不足，是导致各水功能区主管部门积极性匮乏、监管行为不利的原因之一。

### 2. 排污许可证制度的检视

我国法律虽然规定了流域管理机构具有一定的水资源管理权力，但是由于其地位不明确，权力发挥不具有权威性，流域管理机构的监督和协调作用不能真正发挥。

2008 年以来，水利部先后对海河、淮河和黄河流域管理机构在流域入河排污口的监督管理方面予以批复授权，同时也规定了县级以上水行政主管部门要对流域管理机构的工作进行配合。现实中，流域管理机构的权力和职权范围没有具体化，导致其监督管理的规定流于形式。我国实行的是排污许可（针对污染源）和入河排污口许可双重控制制度，分别由环保部门和水利部门负责实施。所有的排污许可证均由地方政府负责发放和管理，包括各流域内的排污许可证也由地方政府负责。在我国，河流水质保护由水利部门进行管理，污染源治理由环保部门负责，实行的是一种分割管理模式，加之这两个部门间的协调沟通机制不畅，导致我国入河排污监管低效，同时还导致了污染控制与水质目标相分离，不利于水质目标的实现。除此之外，我国现行的许可证制度仅仅是一种事后同意，并没有得到事先的批准，排污单位在水污染物排放之前根本就没有向环境保护部门提出申请，而只是在事中和事后才由环境保护部门被动监督，这在农村地区表现得尤为明显[①]。这种先污染再监督的模式明显不能很好地发挥排污许可的作用，甚至是与其制度设立初衷相悖的。

---

① 刘彤. 2014. 试论我国水污染排污权交易制度. 法学研究，（01）：133-135.

### 3. 排污权交易制度的检视

毋庸置疑，排污权交易制度对防治环境污染有着很大的作用，但是应清醒地认识到，这种制度在实践中也存在一些问题。

首先，我国目前的排污许可证主要由地方政府负责发放和管理，甚至是河湖流域的排污许可证也由地方政府进行发放，这将导致地方政府为了追求本地经济效益的提升，而故意隐瞒污染源排放信息、对企业监管不严、对超标排放行为置之不顾等[①]，并且由于水污染具有跨行政区、跨代际的外部性特征，这种外部性的存在导致排污许可证发放不仅影响到当地，也会影响到该流域内其他地区，辐射范围较广，牵一发而动全身，需要各地区政府相互协商解决，同时，中央对地方政府行为监管不力，这些都导致环境监管的效果和效率难以进一步提高。其次，技术水平不高。由于我国实行排污权交易的起步较晚，技术水平相对于许多发达国家而言较为滞后，不仅缺乏相关的经验，而且在环境监测的硬件设施和手段上都落后于发达国家，这在一定程度上限制了我国排污权交易制度的实施。再次，在排污权交易当中还存在交易成本过高的问题，由于我国没有完善的排污权交易体系和市场，企业在进行排污权交易过程中往往要支付高额的成本，这样就必定会影响交易的效率。最后，就是存在“灰色交易”的问题，由于我国的排污权交易是在政府部门的掌控下进行的，这可能导致有权力参与排污权分配的政府部门（这里特指环保部门），为了谋取私利而摒弃公平公正，借此机会寻求不正当利益。

对排污权进行初次分配时，应注重公平原则，而在排污权的二次分配中，则应注重效率原则，从而寻求一种高效低成本的运作模式。但是，无论是排污权的初次分配还是二次分配，都要求有严格的环境执法和监督体系来保驾护航。尤其是在初次分配中，由政府主管部门进行主导，环保部门依职权对排污权资源进行分配，在这种情形下，如果没有对政府部门进行行之有效的监管，极有可能会出现“权力寻租”的情形。因此，要建立完善的监督体系来对排污权分配进行监督，避免腐败。

## 9.3　适应最严格水资源管理制度的我国水资源行政管理体制改革思考

### 9.3.1　适应最严格水资源管理制度的我国水资源法律法规体系健全与完善

#### 1. 健全水资源管理的配套法律，加强法律的衔接性和可操作性

在制定法律时应该从整个系统出发，打破原先分散立法的理念，协调各种水

① 宋国君，韩冬梅，王军霞. 2012. 中国水排污许可证制度的定位及改革建议. 环境科学研究，(09)：1071-1076.

资源开发利用法律之间的关系，协调水资源开发利用与水资源保护法律之间的关系。协调、修改关于水资源管理体制中不一致的法律，使其更加协调，减少冲突，以适应流域水资源和水环境保护的需求。在现行法律中，没有明确规定流域水污染防治规划与流域水资源保护规划应如何衔接和协调，造成了不必要的重复与混乱。因此应该明确二者的制定主体，流域水污染防治规划可由环保部门根据水污染防治法进行编制和组织实施，流域水资源保护规划可由水利部根据水法组织编制并实施。同时，应该明确水污染防治规划是水资源保护规划中一部分内容的具体化，故二者在整体上应该保持一致性，且水污染防治规划应该依据水资源保护规划进行编制。

#### 2. 修订水资源管理的现存法律，明确不同水资源管理部门的权责

（1）制定关于水法的配套法规来进一步明确水法中未曾具体规定的、有争议的地方。例如，水法第三十四条规定，“对排污口建设的审查同意由县级以上地方政府水行政主管部门或流域机构依职权处理”，但是，对于具体是由县级以上地方政府水行政主管部门还是由流域机构来进行管理并未明确。所以，应当对流域管理机构和水行政主管部门的权力权限予以清晰界定，只有这样才能明确各自的地位，也有利于避免二者之间在权力行使过程中的混乱。应该明确二者之间的权力如何设置与分配，流域机构如何转变传统的工作角色、地位、职能，如何与地方行政机构配合、分工，以避免因为“或者”二字造成职权不清，管理混乱。

（2）在法律中明晰不同管理部门的职责权限，注重市场的调节作用，发挥市场对于配置水资源的重要作用，促进政府行政管理职能与经济职能、服务职能的分离，理顺管理部门间的利益关系。

（3）在法律中提升流域管理部门的法律地位，赋予其更大的权限，允许其代表国家对水资源行使所有权，全面负责本流域的水资源开发利用与管理保护工作。同时，在法律中明确规定流域管理部门制订的规划优先于区域管理部门制订的规划，尤其是在水功能区划分、水资源保护及水污染防治方面，以保证流域管理部门能够对流域水资源进行统一管理。除此之外，结合我国实际情况，流域管理部门除对流域水资源进行宏观管理之外，还要结合各地实际情况，分析当地水环境与水资源存在的特殊性，注重与当地省级水务部门的交流沟通，协调各方利益，充分调动地方政府积极参与到水资源管理中。

### 9.3.2 适应最严格水资源管理制度的我国水资源行政管理机构改革建议

#### 1. 改革水资源机构设置，在国家水资源管理机构中设立国家流域管理委员会

综合流域机构是目前世界上较为流行的一种模式，其职权既不像流域管理局那样

广泛，也不像流域协调委员会那样单一，它具有广泛的水管理职责和控制水污染的职权。在中央一级可以设立国家水资源管理委员会，从全国流域层面制订水资源统一规划和水资源管理决策，并且在坚持流域管理与行政区域管理相结合的基础上，加强与全国水行政主管部门的沟通、协调。我国水资源管理体制运行不顺畅，在很大程度上是行政区域利益与流域利益的博弈使然，因此，解决水资源管理体制问题，首先应该从水资源管理机构入手，设立与全国水资源行政管理机构互补抑或是监督的国家流域管理委员会。虽然看似难度很大，设置的合理性和可行性有待论证，但是作为一种尝试、一种改变现实的初步和不成熟构想未尝不可。

### 2. 建立有效的水资源管理信息共享与统一决策的协调机制

（1）建立有效的信息共享与披露机制。流域管理是综合性、复杂性特点十分明显的工作，其所涉及的主体较多、事项较多、内容较多，所以必须进行信息之间的共享和披露，唯有如此才能有效避免流域管理部门为了获取相关信息而造成的资源浪费，使流域所有利益相关者能够更好地参与其中，并理解和支持流域管理决策，充分参与代表流域管理的各个方面。流域管理部门和地方水行政主管部门在职权划分上存在着问题。流域内水资源是相互影响、不能分割的，不能仅由一个地区部门来做决定，而应该靠流域内不同部门和地区之间、上下游之间的协调与合作，从全局管理流域内的水资源。因此，流域机构和地方水行政主管部门应该增加透明度，建立信息共享机制、有效的合作与交流机制、信息报告制度。流域管理部门定期发布流域内水资源的水质、水量等情况，并将这些情况告知地区水行政主管部门。对流域内水资源和水工程的相关信息都实行共享，为水资源的统一管理和科学调度创造条件。

（2）建立联合协商、统一决策机制。在处理上下游之间、左右岸之间的关系时，都要强调对整个流域水资源进行统一管理，协调各方利益。无论是宏观管理还是微观管理，都应建立协商机制，与相关部门沟通后再进行管理。例如，水量分配问题，应该由该区域的省级水行政主管部门提出本行政区域内的用水意见，并报流域管理部门，由流域管理部门进行综合平衡，尤其要重点考虑边境地区的水资源总量和用水需求。重大建设项目定额以上用水的许可审批、直管河流取水许可管理、建设项目审查审批前都应该先听取当地水行政主管部门的意见，审批后再通知有关部门。地方各级水行政主管部门应当遵循法律法规规定的程序实施管理。对依法由流域管理部门进行管理和审批的事项，应当及时报流域管理部门进行审批。在取水许可管理方面，应当由流域管理部门进行审批的，由流域管理部门向取水单位发放许可证，同时，流域管理部门和有关水行政主管部门在水资源管理方面相互影响，因此二者的协作也必不可少。在水污染问题上，流域管理部门也可以根据需要，与当地水行政主管部门建立联防机制，制定相应的规则和方法，水行政主管部门和流域机构也应当按照法律法规的规定，互相征求意见。这对于避免将来可能发生的意见分歧有很大的帮助。

### 3. 建立水资源管理政府责任考核监督追究制度

（1）逐级具体化考核标准，制定考核责任规章。水利部门制定的考核办法经国务院批准实施后，仍然存在考核体系不明确的现实问题，需要进一步完善和改进。建议将水资源管理的工作细分为水资源开发、水资源利用、水资源保护，并且将这些任务严格按照水资源流经的区域进行职责划分，“过谁门前谁负责”，同时也要加强对水资源管理的日常工作监督检查，落实考核效果。

（2）健全考核配套措施，以保证考核效果。第一，可以成立督察机构，明确其是独立于区域和流域的只受水利部领导并向水利部汇报工作的监管机构，加强对水资源管理机构在水资源开发调配、节约利用和保护等过程中的监管、监察和监督。第二，建立考核通报制度，对水资源管理机构及其主要负责人的考核结果进行公开，接受社会公众的监督，对考核不通过的管理机构及人员进行处罚，并将处罚结果予以公示，同样接受社会公众的监督。第三，建立考核责任追究制度，加强对管理者的警示和威慑[①]。第四，建立奖励制度，激励考核优秀的组织和个人。第五，建立水资源管理机构领导离任审计制度，促使其任期内尽职尽责，不留后患。在考核责任保障制度的构建过程中，应综合考量各个措施的衔接性和可操作性，保证考核责任保障制度相互配合，环环相扣，避免监管空白和重复监管的出现。

（3）要充分考虑公众参与，以保证有效地使用水资源，使公众参与机制在水资源管理的各个方面均发挥重要作用。公众参与制度有助于确保社会公共利益的实现，确保最严格水资源管理制度得以落实和完善，应该从以下几个方面来完善公众参与制度。首先，应加强水资源管理相关内容的宣传和培训，并努力实现统一化和标准化，相关部门应通过各种媒体，如报纸、广播、电视、网络和手机等渠道，对最严格水资源管理制度的内容及相关政策进行广泛宣传，从而形成一个良好的氛围和舆论环境。其次，有关部门应细化管理责任，明确考核主体，使公众深刻意识到管理责任和考核制度在水资源管理中的重要地位，方便公众对之予以监督，同时促使公众以他们自己的方式建设节水型社会，促进最严格水资源管理制度的实现。最后，有关部门应该制定适当的行政奖励制度，调动公众参与的积极性，采取物质奖励与精神奖励相结合的方法，使人们更愿意参与到水资源管理责任的评估活动中去。

## 9.3.3 适应用水总量控制制度的水资源行政管理制度改革建议

### 1. 改革水权初始分配制度

一是，我国水权初始分配不应单独由一个部门进行分配，应该打破我国在水资源和环境管理上的分离性，由相关法律部门共同制定，也就是主要由环保部和水利部共同制定，不能只考虑水资源配置，也要考虑到这种配置对水环境的影响，在分配过程

① 张秋平，柳长顺. 2010. 最严格的土地管理制度对水资源管理的借鉴意义. 水利发展研究，(10)：1-6，20.

中注意对水资源的保护。二是，由于我国水资源的所有权属于国家，故在分配过程中也要将所有权归属体现出来。根据 2006 年《取水许可和水资源费征收管理条例》，除部分跨界水资源费的决定、征收及使用由流域管理机关负责外，都由省级水政机关决定。根据上述规定，在现实生活中就会出现地方政府虽然不具有对水资源的所有权，却依然能够从中获利，对于这些不具有所有权的地方政府来说，在利益的驱使下，加之无任何代价，他们极有可能使用更多的水资源来获取更大的利益，这样的行为往往造成了水资源的浪费，以及地区之间争夺水资源的情况。目前《水量分配暂行办法》确定的协商机制，虽然在一定程度上遏制了这种情况，但要从根本上解决这个问题，还需要强调水资源的所有权属于国家，地方政府应该将其从水资源的获利中拿出一部分来上交国家，遏制这种无休止的水资源浪费问题，提高水资源利用效率。三是，在法律法规中明确规定，在水资源充足的地区，当生态环境用水、农业用水、工业用水及航运用水四者发生冲突时，应该优先满足生态环境用水，如果水资源非常充足，则生态环境用水还可以优先于生活用水。在水资源稀缺的地方，则优先满足生活用水的需要，但当生态环境用水与其他方面的用水发生冲突时，仍优先满足生态环境用水①，这是由可持续发展理念所决定的。

### 2. 改革取水许可证制度

我国在取水许可管理中，对于水资源利用奉行三个原则：公益用水优先原则、公平性原则、效益性原则。公益用水优先原则指的是水作为不可替代的稀缺资源，在进行取水许可时，首先要充分考虑各种不同的用水需求，也就是要考虑人类生活用水、粮食安全生产用水、生态环境用水等的需要。在富水地区，可以优先考虑生态环境用水，其次是生活用水，然后是其他用水；在缺水地区，则优先考虑生活用水。公平性原则指的是政府部门在确定水资源配置时，应该综合考虑各区域内的人口、耕地、经济结构、用水现状及水文化等因素，公平地进行配置。效益优先性原则指的是在对水资源进行二次分配时，结合初次分配确定的各地区各行业的用水定额，再对水资源效益优先进行考虑的原则。

取水许可制度要想得到最好的发展，必须处理好各部门的利益关系，即要处理好部门间的职责分工。根据我国水法对水资源行政管理体制的规定，由水利部对全国水资源管理工作宏观把握和调控，由水利部代表国家履行水资源配置权力。除此之外，明确其他相关部门各自的职责，尤其要正确处理好流域管理机构与行政区域管理机构之间的关系，有效处理好政府的水资源配置职能与行业、部门利益的关系，从可持续发展的角度全面考虑。

### 3. 改革水权转让制度

我国水法规定水资源属于国家所有，所有权禁止交易，却没有规定如使用权、收

---

① 胡德胜. 2010. 生态环境用水法理创新和应用研究：基于 25 个法域之比较. 西安：西安交通大学出版社：38.

益权等他物权是否可以在市场流转；此外，虽然我国《取水许可制度实施办法》规定了取水许可权，但是同时规定取水许可权禁止转让，这也就意味着我国的取水许可制度实行“不用则丧失水权”的原则。这样所形成的后果是，不管在丰水季节还是在枯水季节，无论是否需水，取水许可权的所有者都会竭力取水，因为不取水就会丧失再取水的权利，这对于我国水资源的有效利用极为不利。

要想建立流畅的水权转让机制，就必须首先建立水权交易市场，而我国的水权交易市场还未形成①。建立有效的水权交易市场就必须废除《取水许可制度实施办法》中的“不用则丧失水权”原则，在法律中明确规定获得取水许可证的用户同时获得了水资源的使用权，并可以依法进行转让。依法取得取水许可证的主体如果想要永久性地转让其使用权的，可以去有关部门进行申请，有关部门在接到申请后进行审核，通过审核后可以依法进行转让的，进行备案登记，再由有关的主管部门通过其他形式将国有水资源使用权予以出让；对于那些临时性转让水资源使用权的则在程序上尽可能简化，只要双方协商一致、签订合同并到有关水行政主管部门备案登记即可。水权交易需要制度保障，在流域管理机构已经建立的基础上，围绕水权水价管理建立和健全包括用水总量控制和定额管理、水权分配和转让、水价等在内的一系列用水管理制度。

与此同时，要建立水权监管制度，由各级政府对下一级政府所辖区域内的水权制度执行情况进行监管，如国家以流域为单元，通过跨省界河流断面的水质、水量检测，区域内的地下水位、水质和水环境抽检，对区域水权制度执行情况进行监管②。要制定水权交易管理办法，监督水交易过程，限制环境用水参与交易，限制农业基本用水参与永久性水权交易，核准不同用途之间的水交易，保证水市场的正常运行。

### 9.3.4 适应用水效率控制制度的水资源行政管理制度改革建议

#### 1. 改革水资源价格制度

（1）实行差别水价。目前我国在制定水价时主要考虑用水量的问题，而很少考虑行业区别、水质区别等问题。例如，不分行业采用统一定价形式，这样极容易造成某些企业浪费水资源，因为对某些高耗水高产出的行业来说，当它们浪费水资源能带来的收益明显高于节水所带来的收益时，这些企业将不会采取节水措施。此外，这种定价模式导致采取节水措施、设备的企业所花费成本比未采用节水措施、设备的企业所花费成本高，必将有损单位节水的内在动力，大大削弱了民众节水的积极性。所以，应该实施差别水价，鼓励民众节约用水，比如，根据各行业耗水量及污染程度的不同，制定各行业的用水定额，在定额内实施同一水价，在定额之外加价收费，增大定额内外的水价差额；在城市每户都要安装水表，核定居民用水的基本量，在基本量之内采用低水价，超过部分采用超额累进制水价。

---

① 刘普. 2010. 中国水资源市场化制度研究. 武汉大学博士学位论文：160.

② 滕玉军. 2006. 中国水资源管理体制改革研究. 体制改革，(06)：41-46.

（2）通过提高水价来提高用水效率。美国曾经有人做过研究，水费不同会影响到普通居民是否节约用水，当水费在家庭收入中所占比重较小时，人们基本上没有节约用水的意识，随着水费在家庭收入中所占比重的不断增加，人们对节约水资源的重视程度也随着升高。这项研究表明水价对居民节水有着重要影响，通过水价可以提高居民的用水效率。我国是贫水国家，但是水价在家庭收入中所占的比重却相当小，不足以提高人们节约用水的积极性，导致现实中生活用水浪费严重。所以我国应该提高水价，并实行阶梯定价，运用价格手段提高水资源利用效率。

#### 2. 改革节约用水制度

首先，建立高效的节约用水管理体制。水资源节约应该考虑本国实际情况，借鉴国外先进的管理体制，完善以水利部门为主导，环保等其他相关部门相互配合的节水管理模式，注重对各部门职权的划分，避免出现职权交叉或重叠等情形，注重行政区域管理部门与流域管理部门之间的协调统一，实现全国性水资源联合调度，建立全国性的节约用水管理体系。

其次，应该大力推广和应用节水新技术。加大对国家节水技术政策的执行力度，制定更为严格的节水标准，运用强制手段推行节水器具使用，同时通过组织开展节水技术的推广、交流、咨询和宣传培训等，鼓励公众更换节水器具，建立节水技术追踪体系，不断提高政府在节水服务上的质量，完善节水技术推广服务网络，建立与资源保护相结合的节水服务体系。

最后，要加大对节水技术的研发力度。国家应鼓励企业淘汰高耗水的设备、项目和产品，在制定政策时，对采取节水设备的企业实行政策倾斜，明确对使用高耗水设备、项目和产品的企业予以处罚，对使用节水设备、项目和产品的企业予以奖励，以期鼓励企业在用水设备上的更新换代，并且将重点节水技术项目纳入国家重点科研项目之内，注重对节水技术项目的投资支持，鼓励相关方面的研究。在节水主管部门内设置相应的节水技术研究开发中心，结合实际情况，开展节水技术创新。积极开展节水技术的国际交流与合作，加强对外国先进技术的借鉴和学习，同时加快自主研发，或者通过反向工程来获取相关节水技术的知识产权。

### 9.3.5　适应水功能区限制纳污制度的水资源行政管理体制改革建议

#### 1. 改革水功能区划定制度

一是重点入河排污口设置审批管理。在重点河流的入河排污口设置审批管理，首先在法律法规中明确入河排污口的审批程序，严格按照法定审批程序进行审批，规范审批机关行为，保证审批机关严格依法行事，依法履行其职责；其次，加强对河流排污口的规范调查，认真做好入河排污口审批前期工作，摸清入河排污口的实际情况，完善对辖区内入河排污口的调查和档案管理，监测入河排污口，在有条件的地区逐步建立排污口自动化监测系统，实时关注入河排污口的变化；再次是水行政主管部门或流域管理机构应按照水功能区保护目标和水资源保护规划要求，编制入河排污口整治规划，并组织实施；然后是建立限批制度，限批制度指的是对新增取水量、入河排污口设立等进行限制的一种制度；最后是对饮用水水源区域内的入河排污口进行拆除，严格落实对违规入河排污口的整治，使其符合法律法规①。

二是严格保障各流域重点饮用水水源地安全，根据国家规定的重要饮用水水源地名录，完成水源地复核调查和水质水量达标的相关工作，保证饮用水安全不受污染。

三是加强水量水质的节点监测能力建设，根据国家规定的重点考核及系统评估指标要求，对各流域水功能区水资源情况实施监测评估，建设监控网络及信息平台，对水功能区内的排污行为进行监控，严格按照法定规则及程序来开展监测评估工作。

四是加强各流域水功能区限制排污总量控制监督管理。水功能区并非一成不变，它会根据具体情况而有所变化，对于有变化的水功能区，要针对其变化，重新对排污总量进行测定，核算变化后的水体纳污能力，确定综合衰减系数等，同时重新对限制纳污总量进行配置，并对限制纳污红线进行相应的调整，对确定的红线落实情况进行监管，逐步形成水功能区达标率和限制排污总量双控制的限制纳污红线调控监管执行机制。

### 2. 改革排污许可证制度

一是建立排污许可制度的分级管理模式。由环境保护部牵头，对排污许可证制度实行统一管理。从纵向来说，将工作具体到各排污点的省市级环保部门，具体应该是一种委托代理关系，即将环境保护部的该项职权委托给省市级环保部门来实施；从横向来说，要加强与其他各相关部门的分工合作，明确各相关部门在排污许可中的职权分工，避免职权重叠，有效提高行政效率。同时在实施过程中，要加强对环境保护部门及地方政府排污许可管理的监督，建立以各地环保督查中心为主要督查力量的问责机制，对不合法行政行为进行追责。

二是加快建设排污许可证制度技术规范。制定专门的排污许可证实施手册，对于排污许可证的申请、发放、审核、核查和问责等在内的一系列行为进行规范，明确各行各业排污许可证的文本模板，制定一套完整的实施技术规范体系，以保证排污许可证实施的规范性。结合管理需求和监测能力制订各企业的监测方案，根据每个企业具体特点决定各企业应该如何监测，同时要对各企业的监测费用进行监督，保证每一分钱都用到实处。另外，监测方案中也应该规定相应的处罚手段，以促使排污企业在压力下能够持续达标排放②。

---

① 孙宇飞，王建平. 2012. 水功能区管理立法的必要性及关键制度分析. 水利发展研究，(09)：78-82.

② Schaeffer D J，Kerster H W. 1988. Quality control approach to NPDES compliance determination. Water Pollution Control Federation，60 (8)：1436-1438.

三是整合点源排放控制政策。在现有点源排放控制政策之下，制度实施成本较高，政策实施过程中阻力多，政策实施效率不高，故建议将其整合为一个系统的政策体系，协调各级部门职能，建立信息管理平台，完善信息的收集、处理和公开机制，建立和完善监测核查机制等，使各级管理部门可以各司其职，协调合作。

四是建立排污许可证制度评估机制。排污许可证评估主要是一种事后评估，是在排污许可证制度实施之后，对排污的实施效果、管理成本进行的一种评估，并且根据评估结果不断完善实施程序、更新管理内容。这种评估主要是通过对排污许可后的各排污点排放量进行核查，来检查排污许可证发放是否有效，是否达到了预期的效果。在排污许可证制度实施初期可以根据现有的基础和条件设定管理范围和管理内容，对于直接排放的重点污染源实行严格的排污许可制度，对于范围较小、影响较小的点源，则实施相对简易的排污许可制度。

### 3. 改革排污权交易制度

一是优化政府管理方式。排污权在原始分配的过程中，部分企业因地方政府对其进行干预而从中获益，违背公平性原则，这就需要对政府管理方式进行优化。在排污权分配方案的制订和实施过程中，都要贯彻执行公开公平原则，实行信息公开化，公开政府机关在排污分配方面的工作程序和最终决议，实现程序上和实体上的双重公开；保障企业的合法排污行为，为企业提出排污权申请和进行排污权交易提供便利，简化程序，提高行政效率。

二是充分发挥市场机制作用。我国新中国成立初期实行的计划经济体制，存在着政府过多干预的情况，政府管得过宽过细。即使后来摒弃了这一经济体制，但是这一体制对我国的很多方面仍有影响。体现在排污权管理方面，我国的排污权初始分配是由各地方环保部门决定的，这往往会造成某些干部滥用权力，而企业为了获得较大的排污权而进行权力寻租，因此需要下放政府的行政职能，尽可能发挥市场机制的作用，更多依靠市场这只无形的手进行调节，政府仅在市场不能调节及调节出现偏差时进行修正。

三是完善监督管理体制。一项制度的完美实行离不开行之有效的监督管理。政府在对排污权进行管理时，没有明确规定对之实行监督管理的部门，致使环保部门在行使排污权交易管理时，缺乏约束和监督，这就需要建立一套严格的监督管理制度，明确各部门的职能划分，设置严格的惩处规则，以保证能对排污权管理部门进行严格的监督，减少权力寻租行为的发生。

# 第 10 章　基于一体化用水总量控制的取水许可审批机制*

水资源具有公益性、基础性和战略性等属性，使得对水资源的保护和开发利用不仅关系民生，更与经济发展和社会进步紧密相关。我国水资源空间分布不均，且人均水资源量较小，是世界上水资源最为短缺的国家之一，这一问题已经严重制约了我国经济社会的发展。2011 年“中央一号文件”提出，要建立用水总量控制制度，通过取水许可审批机制的有效运行来保障用水总量控制指标的实现。本章基于一体化用水总量控制的视角，分析我国取水许可审批机制存在的诸多问题，在对比研究美国和澳大利亚两国水资源管理机制的基础之上，结合我国国情提出完善取水许可审批机制的初步建议，力求为今后的水资源立法及最严格水资源管理制度的建设提供理论支持。①

## 10.1　取水许可审批机制概述

取水许可审批机制②作为我国水资源管理的重要手段之一，其有效运行对一体化

---

* 本章执笔人：陈建超。本章研究工作负责人：胡德胜。主要参加人：陈建超、胡德胜、刘志仁、王涛。

本章部分内容已单独成文发表，具体有：(a) 胡德胜，王涛. 2013. 中美澳水资源管理责任考核制度的比较研究. 中国地质大学学报（社会科学版），13（3）：49-56；(b) 胡德胜. 2013. 中美澳流域取用水总量控制制度比较研究. 重庆大学学报（社会科学版），19（5）：111-117；(c) 刘志仁. 2013. 西北内陆河流域水资源保护立法研究. 兰州大学学报（社会科学版），(5)：103-106；(d) 陈建超. 2014. 我国取水许可审批机制的完善——基于一体化用水总量调控的视角. 西安交通大学硕士学位论文.

① 本章主要内容基于下列阶段性成果改写而成：陈建超. 2014. 我国取水许可审批机制的完善——基于一体化用水总量控制的视角. 西安交通大学硕士学位论文.

② 本书之所以使用“机制”而非“制度”，是因为“制度”一词侧重于表达管理部门或者组织的行为模式和办事程序规则，而“机制”更侧重于在制度的基础上，通过各部门之间的合作参与，而完成其整体目标、实现其整体功能的运行方式。所谓“取水许可制度”往往单指我国水资源管理的一种基本制度，而本书所说“取水许可审批机制”涉及取水许可的整个流程及考核等各方面。

用水总量控制及最严格水资源管理制度的有效落实具有决定性意义。

### 10.1.1　取水许可审批机制的概念

取水许可审批机制，是指各级水行政主管部门或流域管理机构实施取水许可审批行为、社会公众对取水许可审批行为进行监督、国家对取水许可制度实施效果予以监督考核的体制、协同、运行方式和过程的机制。具体来讲，取水许可审批机制涉及取水许可审批、对审批过程的监督及对制度实施效果的监督考核整个过程。

### 10.1.2　取水许可审批机制的历史沿革

取水许可制度在 1988 年水法中首次得到确定。1988 年水法颁布之前，频现的水资源问题迫使人们逐步认识到“水资源开发利用必须与经济社会发展和生态系统保护相协调，走可持续发展的道路”[①]。随着 1988 年水法的颁布实施，以及各地对取水许可制度的贯彻和实施，水资源管理秩序出现了明显好转。国务院在 1993 年颁布的《取水许可制度实施办法》中对取水许可审批的相关内容做出了规定。《取水许可制度实施办法》的实施，在当时发挥了积极的作用，并主要体现在以下几个方面：①取水许可证审批、发证、监督管理工作得到了广泛的开展；②初步推进了计划用水和节约用水；③促进了水资源的优化配置；④取水许可制度逐步建立[②]；⑤取用水监督机制逐步建立，《取水许可监督管理办法》的出台，使得取水许可监督管理工作初步实现有法可依；⑥取水许可管理基础工作逐步加强，为进一步提高取水许可管理水平奠定了基础；⑦有效遏制了违法取水现象，基本上遏制了无证取水的现象，对未依照规定取水的用水户给予吊销取水许可证的处罚，规范了用水户的取水活动。

随着我国经济社会的发展，水资源供需状况发生了很大的变化，这对水资源管理工作提出了新的更高的要求。2002 年 8 月 29 日第九届全国人大常委会第 29 次会议通过了对 1988 年水法的修订，但是 2002 年水法并未就取水许可审批机制做出更为具体的规定。2006 年 2 月，为了规范取水许可审批机制的运行，国务院通过了《取水许可和水资源费征收管理条例》（以下简称条例），条例认真落实了水法和行政许可法的要求，继承了《取水许可制度实施办法》、《取水许可审批程序规定》（水利部［1994］第 4 号令）和《取水许可监督管理办法》（水利部［1996］第 6 号令）中行之有效的规定，并总结了近年来取水许可审批工作中的经验。

对比《取水许可制度实施办法》，条例主要在以下几个方面做出了进一步规定。

---

① 左其亭，窦明，马军霞. 2008. 水资源学教程. 北京：中国水利水电出版社：245.

② 在《取水许可制度实施办法》颁布之后，水利部先后出台了《取水许可审批程序规定》（水利部［1994］第 4 号令）、《取水许可监督管理办法》（水利部［1996］第 6 号令）、《取水许可水质管理规定》等有关规章制度，此后水利部又于 1994 年分别发布了关于授予长江、黄河、淮河、海河、珠江、松辽等水利委员会取水许可管理权限的通知，对流域管理机构的取水许可管理权限做出了明确规定。

（1）落实了水法中总量控制和定额管理的要求，条例第七条、第十五条、第十六条第一款、第三十九条第一款都进一步体现了总量控制和定额管理的要求。

（2）进一步规范了审批程序，条例在《取水许可审批程序规定》的基础上对取水许可程序进行了简化和完善，取消了取水许可预审批，体现了便民原则，同时落实了水法要求的建设项目水资源论证制度；条例对取水的各种情形也做出了具体的说明；按照《行政许可法》的规定，条例增加了有关公示、听证和公告的规定，确保了取水许可的公开、公平、公正。

（3）强化了取水许可审批的监督和管理。在继承《取水许可监督管理办法》相关规定的基础上，明确了对审批机关的监督，加强了对取用水户的监管，并取消了年度审验制度。

（4）法律责任更加明确具体。针对原有法律法规对违法行为的法律责任条款中较为原则、缺乏操作性的问题，条例明确了违法行为的处罚机关、应受处罚的行为及处罚的种类和幅度，同时条例在已有经验的基础上，探索性地就取水权的有偿转让制度也做出了规定，这对丰富我国最严格水资源管理制度的内涵具有重要的意义。

根据条例的授权，水利部于 2008 年 3 月 13 日公布实施了《取水许可管理办法》。作为水法和条例的配套规章，《取水许可管理办法》针对条例授权的内容做出了具体的规定，同时对取水许可实施中的相关事项予以进一步明确，对于完善取水许可制度、增强有关制度的可操作性、推进取水许可制度的实施具有重要意义。

水法的出台，条例、《取水许可管理办法》等的公布实施，标志着我国取水许可审批机制已初步形成了较为完整的法律法规体系[①]，基本实现了取水许可审批工作的有法可依。而随着新形势下取水许可审批工作的不断开展，现行取水许可审批机制中存在的一些不规范、不完善、不科学之处也逐渐显现了出来[②]。在这种背景下，2011 年“中央一号文件”指出，要实施“最严格水资源管理制度”，建立用水总量控制制度并严格取水许可审批管理。《国务院关于实行最严格水资源管理制度的意见》对最严格水资源管理制度提出了进一步意见，为我国水资源管理工作奠定了坚实的基础。最严格水资源管理制度成为我国今后和未来一段时期的治水方略，而我国取水许可审批机制也必将在最严格水资源管理制度的要求下不断进行变革。

### 10.1.3 我国取水许可审批机制的主要内容

#### 1. 我国取水许可审批机制的立法现状

目前，我国关于取水许可审批机制的法律文件主要有《中华人民共和国水法》、《中华人民共和国行政许可法》、《取水许可和水资源费征收管理条例》、《取水许可管理办法》、《建设项目水资源论证管理办法》、2011 年“中央一号文件”、2012 年《国

① 刘强，李静希. 2009. 取水许可管理与水资源费征收问题及法律思考. 人民长江，40（13）：90.

② 吴宏平，张晓悦，陈晓东. 2012. 取水许可审批管理机制存在的问题及改进建议. 水电能源科学，30（10）：110-111.

务院关于实行最严格水资源管理制度的意见》、《实行最严格水资源管理制度考核办法》，以及国务院授权流域管理机构制定的实施细则、各级地方政府制定的地方性法规和规章。

我国取水许可审批机制遵循以下原则。

（1）符合水资源总体规划原则。《取水许可和水资源费征收管理条例》第六条规定，实施取水许可必须符合水资源综合规划、流域综合规划、水中长期供求规划和水功能区规划。取水许可审批机制的目的之一就是通过水资源的合理配置，实现水资源的保护和合理开发，所以在实施取水许可时，内在地要求其应该符合水资源总体规划。

（2）统筹考虑地表水和地下水，坚持保护优先的原则。地表水和地下水在水循环过程中相互转化，单纯地考虑其中之一难以做到对水资源的有效管理。实施取水许可审批时，需要因地制宜，统筹考虑地表水和地下水的实际情况。

（3）总量控制与定额管理相结合的原则。总量控制原则要求流域内批准取水的总量不得超过本流域水资源的可利用量，行政区域内批准取水的总量不得超过流域管理机构或者上一级水行政主管部门下达给本行政区域的取用水总量，其中，批准取用地下水的总水量不得超过本行政区域地下水的可开采量。取水许可的总量控制是根据水资源的承载能力自上而下进行的配置，是一种原则性的封顶监督管理，而定额管理则是把总量控制的目标逐层分解，最终落实到每一个用水户。

（4）优先满足生活用水，并兼顾其他需要的原则。首先满足城乡居民的基本生活用水，这体现了以人为本的理念，在此基础上兼顾农业、工业、生态环境用水，逐步形成水资源的合理配置格局和安全供水体系。

### 2. 取水许可的申请和受理

#### 1）取水许可申请主体和适用范围

取水许可审批机制的有效运行，应当首先明确取水许可审批的适用范围和申请主体。《取水许可和水资源费征收管理条例》第二条规定："本条例所称取水，是指利用取水工程或者设施直接从江河、湖泊或者地下取用水资源。取用水资源的单位和个人，除本条例第四条规定的情形外，都应当申请领取取水许可证，并缴纳水资源费。本条例所称取水工程或者设施，是指闸、坝、渠道、人工河道、虹吸管、水泵、水井以及水电站等。"《取水许可管理办法》第七条将取水许可的申请主体和申请范围进一步扩大，该条规定如果取水户取用的是其他取水单位或者是其他取水户的退水或者排水的，同样需要办理取水许可申请。由上述规定可知，直接取用江河、湖泊、地下水，以及其他取水单位或者个人的退水或者排水的单位和个人是取水许可的申请主体。利用取水工程或者设施直接从江河、湖泊或者地下取用水资源的行为，以及直接取用其他取水单位或者个人的退水或者排水的行为，都适用《取水许可和水资源费征收管理条例》和《取水许可管理办法》。这是对取水许可适用范围的规定。

2）取水许可申请的提出和受理

《中华人民共和国水法》第七、第十二条，《取水许可和水资源费征收管理条例》第三、第十四条，以及《取水许可管理办法》第三、第十六条分别对取水许可审批权限做出了规定。

水利部作为我国水资源管理的最高行政主管部门，负责取水许可审批机制在我国的组织实施和监督管理；地方人民政府水行政主管部门负责本地区的取水许可审批机制的组织实施和监督管理；各流域管理机构（直属于水利部）在其管理权限内组织实施本流域的取水许可审批工作及监督管理；在地下水限制开采区申请开采地下水的，由其所在地的省级人民政府的水行政主管部门负责审批；法律规定的其他情况，由流域管理机构负责审批。

根据《取水许可和水资源费征收管理条例》第十条和《取水许可管理办法》第十一条规定，申请取水的单位或者个人，应当向具有审批权限的水行政主管部门或者流域管理机构提出申请。如果申请人申请取用审批权限属于不同审批机构对多种水源的共同控制情况时，申请可向最高一级具有审批权限的机关提出。取水许可申请可以通过书面方式提出，在条件允许的情况下也可以通过信函、电报、电传、传真、电子数据交换和电子邮件等方式提出。《取水许可和水资源费征收管理条例》第十一条和《取水许可管理办法》第十条对申请人申请取水时所应提交的材料做了详细的规定。

取水许可审批权限属于地方水行政主管部门的，相关水行政主管部门自收到取水许可申请之日起 5 日内，应对申请人所提交的申请材料进行审查。如果申请人提交的申请材料符合《取水许可和水资源费征收管理条例》要求，形式上符合法定形式要求，在本水行政主管部门具有审批权限的情况下，应该受理申请人的取水许可申请。如果申请人所提交的申请材料不符合该条例要求，该水行政主管部门应当通知申请人进行补正；申请人补正后，在水行政主管部门具有审批权限的情况下，应该受理申请人的取水许可申请。如果该水行政主管部门不具有审批权限时，不受理取水许可申请，并告知申请人向具有审批权限的机关提出取水许可申请。取水许可审批权限属于流域管理机构的，地方水行政主管部门应当在收到取水户的申请资料后 20 个工作日内对此申请出具书面审查意见，并连同申请资料一同移交流域管理机构。

### 3. 取水许可的审查和决定

根据《取水许可和水资源费征收管理条例》和《取水许可管理办法》的规定，审批机关在受理申请人提出的取水申请之后，应当及时对取水申请材料进行全面审查。

其中审批机关应当对其认为涉及社会公共利益的取水申请进行公告，并举行听证会；对涉及第三人利益的取水申请，审批机关应当在做出是否批准的决定之前，告知该第三人，第三人有权要求审批机关组织听证；对存在争议或者引起诉讼的取水申请，审批机关应当书面通知申请人中止申请程序，待争议或者诉讼结束后，恢复取水申请程序。

具有审批权限的审批机关如果对申请人提出的取水许可申请做出受理的决定，那么该审批机关在做出受理决定之后，应当及时审核取水许可申请人所提交的材料，对取水许可申请批准与否的决定需要在审批机关受理后的 45 个工作日以内做出。具备《取水许可和水资源费征收管理条例》第二十条第一款和《取水许可管理办法》第二十条规定的情形之一的，该取水申请审批机关不予批准，同时审批机关应书面告知申请人不予批准的原因。如果审批机关对于受理的取水许可申请，在经历了法律规定的程序之后，审批机关决定批准该申请时，应同时签发批准文件。如果是审批权限分别归属于不同的流域机构，而且申请人申请取用的就是这些流域的水资源，此时就要由与此相关的不同流域管理机构共同签发批准文件。申请人取得批准文件之后，就可以开始建设取水工程和设施。但如果取水许可申请人在获得批准的文件后三年以内没有开始修建取水工程或者取水设施，那么取水许可申请人之前获得的批准将会作废。取水许可申请人在获得批准后开始建立取水工程或者取水设施，在取水工程或者设施建设之后，首先要进行为期 30 天的试运行，看取水工程或者设施是否可以正常使用，如果试运行正常的话，申请人就可以按照法律的规定，向做出审批的审批机关提交有关的资料文件；如果之前的审批文件是由不同的流域管理机构联合签发的，取水许可申请人可以按照自己的方便，向联合签发批准文件的任何一个流域管理机构提交材料，受理取水许可审批机关应当在 20 日以内，对申请人所建设的取水工程进行现场验收，如果申请人所建设的取水工程合格，在经过验收之后，审批机关应当向申请人发放取水许可证；如果申请人获得的批准文件是由不同的流域管理机构共同签发的，在这种情况之下，签发这份批准文件的每一个流域管理机构应该组织对申请人所建的取水工程进行联合验收，如果合格，那么就应该向申请人发放取水许可证。关于取水许可证的相关情况，《取水许可和水资源费征收管理条例》第二十五条规定我国取水许可证的有效期最长不超过 10 年，一般为 5 年，如果取水许可证届满需要延期的，则应该在取水许可证到期前 45 天内提出延期申请。如果取水单位或者个人根据需求，要变更取水许可证的相关事项的，取水单位或者个人应依照《取水许可管理办法》第二十八条的相关规定，向审批机关提出变更申请。如果取水户停止取水行为时间满两年的，那么他所持有的取水许可证由颁发机关注销；但是如果停止取水行为是由不可抗力或者是重大的技术改造等原因造成的，那么在经过原审批机关同意之后，取水户的取水许可证可以保留。

### 4．取水许可的监督管理

按照《取水许可和水资源费征收管理条例》和《取水许可管理办法》相关规定，全国范围内的取水许可审批机制的监督和管理由水利部总体上负责；各级地方人民政府的水行政主管部门按照各自拥有的管理权限负责监督本辖区内取水许可审批机制的落实；各流域管理机构负责所管辖范围内取水许可制度监督管理。

水行政主管部门和流域管理机构对取水许可审批机制的监督管理主要表现在如下三个方面。

（1）对用水计划和用水总量控制指标的落实进行监督管理。依据《取水许可和水资源费征收管理条例》和《取水许可管理办法》，流域管理机构和各省级人民政府水行政主管部门共同负责制订流域和行政区域年度水量分配方案和用水计划，同时向用水户下达下一年度取用水计划。对新建、改建、扩建的建设项目，取水许可申请人应当在取水工程或者设施验收合格后，在开始正式取水前的 30 日内将本单位或者个人的年度取水计划报送审批机关，在审批机关审查之后，对其下达年度取水计划。

（2）对用水计量的监督管理。根据《取水许可和水资源费征收管理条例》第四十三条和《取水许可管理办法》第四十二、四十四条规定，取水单位或者个人在取用水资源的过程中，应该按照相关的法律法规和技术标准的要求，在取水口附近安装水量的计量设施，取水许可监督机关应当定期查看、记录相关的数据，上级水行政主管部门或者流域管理机构对于发现的问题应当要求相关部门及时纠正。

（3）对取水许可审批的档案管理。根据《取水许可和水资源费征收管理条例》第四十六条和《取水许可管理办法》第四十六、第四十七条的规定，下级水行政主管部门应该及时就本地区取用水情况和取水许可证相关情况向上一级水行政主管部门或者流域管理机构汇报。

### 5. 法律责任

对违反《中华人民共和国水法》、《取水许可和水资源费征收管理条例》及《取水许可管理办法》等法律法规的行为，追究法律责任是确保法律实施的重要手段。《中华人民共和国水法》第六十九条、《取水许可和水资源费征收管理条例》第四十七至第五十七条和《取水许可管理办法》第四十八至第五十条，明确了违反取水许可的表现形式，并规定了行为主体所应承担的法律责任。

法律责任的承担形式，主要包括警告、罚款、没收违法所得和非法财物、吊销取水许可证等行政处罚和行政处分，对于构成犯罪的，按照刑法有关规定追究其刑事责任。

因实施涉水违法行为而应当承担法律责任的主体，可以分为两类：①作为行政相对人的单位和个人，主要是取水单位和个人；②水行政主管部门、流域管理机构或者其他有关部门及其工作人员。他（它）们因贪赃枉法、徇私舞弊、玩忽职守等而不履行、不正确履行行政管理职责，实施涉水违法行为的，应当承当法律责任。

## 10.2　一体化用水总量控制及其要素

一体化水资源管理是目前全球范围内备受认同的水资源管理理念。一体化水资源管理在 1992 年都柏林召开的“水和环境”国际会议上被第一次提出，《21 世纪议

程》对其予以进一步阐述和确认，并在此后不断得到推进[①]。一体化水资源管理改变以往的水资源管理模式，采取需求驱动管理模式，实现可持续发展目标。一体化水资源管理的目的在于改变以往水资源管理过程中存在的局部、分散和脱节的供给驱动管理模式，综合考虑流域内的经济社会发展情况和生态环境保护，并将之纳入国家社会经济框架内综合决策，采取需求驱动管理模式，并将可持续发展作为水资源管理的终极目标。

在一体化水资源管理的诸多定义中，全球水伙伴所下的定义得到了较多的认同，即一体化水资源管理是以公平的、不损害重要生态系统可持续性的方式促进水、土及相关资源的协调开发和管理，使经济社会财富最大化的过程。[②]具体而言，这一理念主要包括以下几方面要素。

### 10.2.1　用水总量控制的内涵

实行用水总量控制是落实最严格水资源管理制度的重要内容之一[③]。所谓用水总量控制，其内涵就是在已制定流域和区域用水总量控制指标的基础上，通过取水许可审批机制的运行、水资源论证及水资源管理责任考核制度的实施，保障流域和区域用水总量控制指标的落实，以实现水资源的可持续利用和经济社会的可持续发展[④]。其中，用水总量控制指标的制定将是实施用水总量控制制度的基础，也是建立健全最严格水资源管理制度、落实水资源开发利用控制红线管理的前提和保障。

《国务院关于实行最严格水资源管理制度的意见》明确要求，到 2015 年、2020 年和 2030 年力争把全国用水总量分别控制在 6350 亿米$^3$、6700 亿米$^3$和 7000 亿米$^3$。《实行最严格水资源管理制度考核办法》附件 1 进一步详细规定了全国 31 个省（自治区、直辖市）（港澳台数据未统计在内，下同）的用水总量控制目标，全国范围内的取用水总量控制指标体系已经初步建立。

在各用水总量控制指标的制定过程中，各流域管理机构和水行政主管部门需要妥善处理好流域内上下游、左右岸及河道内外的用水关系，平衡好生产、生活和生态环境用水，并统筹协调好地表水、地下水和其他各种水资源的开发利用量。国务院于 2010 年 10 月 26 日批复的《全国水资源综合规划（2010—2030 年）》涵盖了全国 10 个一级区（长江区、黄河区、松花江区、辽河区、海河区、淮河区、珠江区、东南诸河区、西南诸河区和西北诸河区），以及 31 个省级行政区规划水平年的水资源配置、保护及工程安排等内容，对全国用水总量控制指标的制定具有重要的意义。此外《取水许可和水资源费征收管理条例》第十五条规定，已获得批准水量分配方案及尚未制

---

① ICWE. 1992. The Dublin Statement On Water and Sustainable Development.

② GWP-TAC（Global Water Partnership Technical Advisory Committee）. 2000. Integrated Water Resources Management. Stockholm：GWP-TAC.

③ 《中共中央国务院关于加快水利改革发展的决定》.

④ 林德才，邹朝望. 2010. 用水总量控制指标与评价体系探讨//湖北省水利学会. 实现最严格水资源管理制度高层论坛论文集. 湖北省水利学会：94-98.

订水量分配方案地区的人民政府间签订的协议是确定流域和行政区域用水总量控制指标的依据。与此同时，《全国主体功能区规划》等国家出台的一系列规划也对用水总量控制指标的制定有重要的参考意义。

### 10.2.2 用水总量控制指标的分解和水资源管理责任考核制度

#### 1. 用水总量控制指标的分解

根据《国务院关于实行最严格水资源管理制度的意见》和《全国水资源综合规划（2010—2030 年）》，国务院办公厅于 2013 年 1 月出台了《关于实行最严格水资源管理制度考核办法》，明确了各省、自治区、直辖市的用水总量控制目标及制度落实情况的考核办法。在此基础上，山东、江苏、陕西、天津等省市人民政府根据本地实际情况先后制订了本地区最严格水资源管理制度实施方案及考核办法。这一系列举措标志着我国已经初步建立了全国范围的用水总量控制制度，并在形式上建立起了水资源管理责任考核制度[①]。

用水总量控制指标的分解应以流域为单元并遵循自上而下的原则。首先确定各流域的用水总量控制指标，然后将流域用水总量分配到流域内各省级行政区；各省级行政区根据分得的用水总量在其辖区内再次对其进行分解，最后确定各用水户的用水总量。[②]

具体而言，第一步，各流域管理机构根据《全国水资源综合规划（2010—2030 年）》和已有水量分配经验，以水资源分区结合省级行政区为单位，对流域可用水总量指标进行初始分解，形成初始分解方案。第二步，流域内各省、自治区、直辖市结合本行政区域水资源开发利用情况和经济社会发展相关规划，对初始分解方案的科学性和可行性进行论证，并提出修改意见反馈给流域管理机构。流域管理机构根据修改意见，对水量分配方案进行进一步研究论证，并将新形成的处理意见或调整方案进行反馈[③]。第三步，若各省级行政区对流域管理机构的水量分解方案无异议，则将流域管理机构水量分配方案作为本行政区域用水总量控制目标。若省级行政区对流域管理机构的水量分解方案仍存在异议，则可以通过进一步的协商，也可在上一级水行政主管部门参与下进行行政协调。第四步，以流域内各省级行政区分得的用水总量为依据对用水总量控制指标进行进一步分解，确定各地市州行政区域的用水总量控制指标。各地市州行政区按照上述程序将用水总量控制指标进行进一步细化，确保将用水总量控制指标分解下达至行政区域内各取用水户。最后，将流域和行政区域用水总量控制指标汇总，确保 2015 年、2020 年和 2030 年全国用水总量分别控制在 6350 亿米$^3$、6700 亿米$^3$和 7000 亿米$^3$。

---

① 胡德胜，王涛. 2013. 中美澳水资源管理责任考核制度的比较研究. 中国地质大学学报，(05)：49-56.

② 陈进，朱延龙. 2011. 长江流域用水总量控制探讨. 中国水利，(05)：44.

③ 汪党献，郦建强，刘金华. 2012. 用水总量调控指标制定与制度建设——《国务院关于实行最严格水资源管理制度的意见》专题报告：14.

## 2. 水资源管理责任考核制度

完善的水资源管理责任考核制度是用水总量控制制度有效实施的保障。《关于实行最严格水资源管理制度考核办法》对我国水资源管理责任考核制度做了详细的规定。

考核内容方面，主要包括目标完成情况、相关制度的建设及有关措施的落实情况三方面。《关于实行最严格水资源管理制度考核办法》附件 1、2 和 3 分别给出了各省、自治区、直辖市的用水总量控制目标、用水效率控制目标及重要江河湖泊水功能区水质达标率控制目标，以此作为最严格水资源管理制度的主要考核目标；相关制度的建设及有关措施的落实情况主要包括“四项制度”的建设和落实情况（第四条）。

考核周期方面，对应国民经济和社会发展五年规划，每一个考核周期为五年，考核方式为年度考核结合期末考核；年度考核于每个考核周期中第二到第五年的上半年开展，期末考核于考核周期结束后第二年上半年开展（第六条）。

考核形式方面，考核采用年度考核和期末考核相结合的方式，各省、自治区、直辖市人民政府要在每年 3 月底将本地区上一年或上一考核期自查报告上报国务院，并抄送考核工作组成员，由考核工作组对自查报告进行审查，同时对各考核地区进行重点抽查和现场检查，划定考核等级并形成年度或者期末考核报告，年度或期末考核报告由水利部于每年 6 月底之前上报国务院并由其进行审定（第六、第八、第九、第十条）。国务院在审定各省、自治区、直辖市的年度和期末考核结果后，将考核结果交干部主管部门，考核结果将成为干部主管部门对各省级政府主要负责人和领导班子考评的重要依据（第十一条）。国务院将对期末考核结果为优秀的省级人民政府予以表扬，在其相关项目的安排上，有关部门也将优先予以考虑。对于优秀单位和个人，将根据国家相关规定予以奖励（第十二条）。年度或期末考核结果为不合格的省级人民政府，需在结果公告后一个月之内，向国务院做出书面报告并提出限期整改措施，同时抄送考核工作组成员单位。在整改过程中，不得批准该地区新增取水许可申请和设置入河排污口申请，新增主要水污染物排放建设项目环评审批也将被暂停；同时监察部门依法依纪追究整改不到位地区相关人员的责任（第十三条）。

组织实施工作和责任主体方面，国务院负责各省级行政区最严格水资源管理制度考核工作，具体由水利部会同国家发改委、工业和信息化部、监察部、财政部、国土资源部、环境保护部、住房和城乡建设部、农业部、审计署、统计局等部门组成的考核工作组负责组织实施；各省级人民政府是实行最严格水资源管理制度的责任主体，各级政府主要领导人是水资源管理责任的考核对象，对本行政区域水资源管理和保护工作负总责（第三条）。

公众参与方面，国务院将由水利部于每年 6 月底前上报的年度或期末考核报告进行审定后向社会公告（第十条）。

### 10.2.3 以流域为水资源管理单元

从世界范围内的水资源管理现状来看，各国的实践是普遍把流域作为水资源管理的单元，这对我国水资源管理具有重要的借鉴价值，相信也是解决我国水资源问题的重要途径。所谓以流域为水资源管理的单元，也就是在流域的尺度上，实现不同的部门及不同行政区域之间的协同合作，在开发利用水资源的过程中力求遵循自然规律，利用生态系统的功能，实现流域和区域范围内的水资源可持续开发利用，最终实现经济、社会和环境福利的最大化及可持续发展。[①]

流域自身的特点决定了把流域作为基本管理单元的可行性。流域不仅包括地表水也包括地下水，所以一个流域是指本流域内地表水和地下水形成的集合，包括从流域的源头到河口的整个过程，是一个完整、独立、自成系统的水文单元。流域内的水量和水质、地表水和地下水之间都存在着紧密的关系，这些联系把一个流域变成了一个统一完整的与行政边界无关的系统。[②]

在 1995 年 10 月 23 日第八届全国人民代表大会常务委员会第十六次会议的《关于〈中华人民共和国水污染防治法修正案（草案）〉的说明》中指出，跨行政区域的流域污染已成为水资源管理过程中的心腹之患。此后，从 1988 年水法到 2002 年水法，我国逐渐建立了流域管理为主、流域管理与行政区域相结合的管理体制，流域管理的地位得到了提升，同时其职责和权限也发生了变化，然而流域管理机构的职能并不清晰，实践中各级水行政主管部门之间及流域管理机构之间的权责划分也并不明确，并且缺乏各部门间行之有效的协调机制，这就导致了一系列问题的出现。适应一体化水资源管理这一先进理念，我国应该加强流域水资源管理立法工作，进一步转变流域管理机构的相关职能，做到对流域范围内取用水总量的有效调控，为最严格水资源管理制度的落实提供有力支持。

### 10.2.4 充分考虑生态环境用水和水功能区纳污能力

流域内的生态保护对整个生态环境有着极为重要的意义。首先流域上流地区的陆地生态系统在降水渗透和地下水回灌等方面都扮演着重要的角色。相对于陆生生态系统，流域内的水生生态系统更是有着很多不可替代的作用，它可以带来大量的经济效益，比如药材和薪柴等。与此同时，它还可以为多种生物提供栖息地，对动植物的生存繁衍有着决定性的意义。生态系统依赖于水流及其季节变化和水位变化，而且以水质作为一种基本的决定因素，土地及水资源管理必须要保证重要的生态系统得到维持，而且在进行开发与管理决策时要考虑对其他自然系统的不利影响及可能的改善措施，在制度上给予重要生态过程和重要生态系统或者生态类自然保护区配置初始用水

① 王毅. 2008. 改革流域管理体制促进流域综合管理. 中国科学院院刊，(03)：134.

② 庞靖鹏，张旺，王海峰. 2009. 对流域综合管理和水资源综合管理概念的探讨. 中国水利，(15)：21-24.

量已经成为“一项反映国际社会共同愿望的法律原则”[①]。满足重要生态过程和重要生态系统或者生态类自然保护区最低数量和适当质量的用水需求将是最严格水资源管理制度的要素之一，是生态文明建设的要义，也是一体化用水总量控制制度应该考虑的要素之一。

与此同时，在进行水量的分配时还要充分考虑该水域的纳污能力，严格依照本水域水功能区水环境容量，以水功能区受纳污染物总量作为水资源管理和水污染物排放不可逾越的限制，在水污染较为严重的地区，限制取水的总量，同时从水质和水量两方面对水资源进行管理。[②]

## 10.3　我国取水许可审批机制存在的主要问题

《中华人民共和国水法》、《取水许可和水资源费征收条例》和《取水许可管理办法》等法律法规的颁布实施，以及 2011 年“中央一号文件”、《国务院关于实行最严格水资源管理制度的意见》和《实行最严格水资源管理制度考核办法》等文件的出台，使得我国取水许可机制在运行中形成了较为完备的法律法规体系。但任何一种机制都不是完美的，在实践中总会出现这样或者那样的问题，取水许可审批机制也不例外。本节主要基于一体化用水总量控制的视角，从法律的角度分析了我国取水许可审批机制中存在的问题。

### 10.3.1　取水许可审批机制相关立法的缺失

当前我国取水许可管理方面的立法主要是由全国人大及其常委会和国务院所制定的全国性法律，流域性管理立法和针对特殊行政区的立法相对较少。全国性法律对取水许可审批机制在全国的开展起到了宏观的管理作用，但我国水资源分布不均，不同地区和流域水资源数量和管理情况差别较大，这就使得全国性法律在不同流域和行政区域的适用缺乏针对性和高效性。

我国对水资源管理实施的是流域管理与行政区域管理相结合、行政区域管理服从流域管理的原则，但是作为水利部的派出机构，流域管理机构并没有立法权限，而地方立法往往顾全不到整个流域的利益，这就导致流域管理屈服于行政区域管理的现状，并不利于流域水资源的一体化管理[③]。从我国立法现状来看，行政区域性法规规章远多于流域管理性法规规章，多数情况下，流域管理性基本法的缺乏，致使流域管理很大程度上受限于行政区域管理，“流域管理与区域管理相结合，行政区域管理服从流域管理”的管理原则也就难以实现[④]。

---

① 胡德胜，窦明，左其亭，张翔. 2014. 我国可交易水权制度的构建. 环境保护，(04)：26-30.
② 彭文启. 2012. 水功能区限制纳污红线指标体系. 中国水利，(07)：19-22.
③ 胡德胜. 2013. 中美澳流域取用水总量控制制度比较研究. 重庆大学学报（社会科学版），19（5）：111-117.
④ 刘志仁. 2013. 西北内陆河流域水资源保护立法研究. 兰州大学学报（社会科学版），(5)：103-106.

这里以位于我国新疆、甘肃、青海、宁夏和内蒙古五省区境内的西北内陆河流域为例进行讨论。西北内陆河流域土地面积 300 余万千米$^2$，年平均降水量在 200 毫米以下，水资源总量约为 2344 米$^3$，约占全国水资源总量的 8%，为我国水资源最为短缺的地区，如何开展西北内陆河地区的取水许可管理工作，对该地区生态环境与水资源保护、经济发展和社会稳定具有重要的作用。我国针对西北内陆河地区的取水许可管理立法主要包括《中华人民共和国水法》等全国性法律，以及 2003 年颁布的《新疆维吾尔自治区实施〈水法〉办法》《新疆维吾尔自治区塔里木河流域水资源管理条例》《甘肃省实行最严格的水资源管理制度办法》等地方性、区域性和流域性法律规范。在取水许可审批实践中，全国性的法律由于缺乏针对性和时效性，主要起宏观的指导性和提倡性作用，而各地方性、区域性法律规范虽在各自地区的水资源管理中起到了积极的作用，但不同区域自然条件、经济社会状况存在差异，难以保证整个西北内陆河流域取水许可审批机制的有效运行。

### 10.3.2 水资源管理体制问题

近年来，流域管理的地位得到了提升，同时其职责和权限也发生了变化，然而法律对各级行政区域管理部门之间及流域管理机构之间的权责划分并不明确，并且缺乏行之有效的协调机制，这就导致不同行政区域管理部门之间、行政区域管理部门和流域管理部门之间都存在着职责不清、分工模糊、行为随意、运转不畅等一系列问题。水资源管理体制上的变革并没有根除实践中“九龙治水”的混乱现象，这也严重阻碍了最严格水资源管理制度的实施。

#### 1）流域管理与行政区域管理之间的权责关系不明确

《取水许可和水资源费征收条例》第三、第十四条及《取水许可管理办法》第三、第十六条分别对取水许可审批权限做出了规定。《取水许可和水资源费征收条例》第十四条规定我国取水许可实行分级审批。水利部总体负责全国取水许可审批机制的组织实施和监督管理；县级以上人民政府的水行政主管部门按照各自管理权限，负责本地区的取水许可审批机制的组织实施和监督管理；流域管理机构负责所管辖范围内取水许可制度的组织实施和监督管理。总体来讲，我国取水许可审批机制实行谁许可谁进行事后监督的方式。但是法律并没有对二者的职责分工予以更进一步的规定，在流域管理区域和行政管理区域不一致的情况下，二者都具有审批权限，就会出现究竟由谁来做出许可、它应该如何同另一类机关进行协调、各自如何履行控制取用水总量等问题。而在实际执行中行政管理往往与地方财政收入挂钩，导致了行政管理更倾向于维护本地区的利益而忽略了流域利益甚至损害流域的整体利益，这就难以做到从流域的角度对用水总量进行调控。比如，某靠近黄河流域的一个县城新建成一个水库，水库的取水许可证由省水利厅颁发，在水库建成后，水库工作人员私自将水库定期排放的水以低于水资源费的价格卖给当地工厂，黄河水利委员会得知后决定对其

进行处罚，但是该水库领导指出水库取水许可证由省水利厅颁发，黄河水利委员会不具有监督权利，此时二者如何协调？

2）各级水行政主管部门之间难以协调

《国务院关于实行最严格水资源管理制度的意见》要求："严格控制流域和区域取用水总量。加快制订主要江河流域水量分配方案，建立覆盖流域和省市县三级行政区域的取用水总量控制指标体系，实施流域和区域取用水总量控制。"但是，在行政区域管理方面，县级水行政主管部门审批权限较小，对用水量较大的取水申请一般不具有审批资格，而取水许可审批机制实行谁许可谁进行事后监督的方式。这就导致了一系列问题的出现，如在省市县三级行政区域取用水总量控制指标体系中，在指标通常已经分配到县的情况下，对于超出目前县级许可审批权限的用水申请，如果由流域管理机构或者较高级别的水行政主管部门进行许可审批并进行许可后监督检查，县级政府水行政主管部门如何能够对本行政区域内的取用水总量进行控制？对于一个新的用水大户的用水指标超过所在县已有取用水指标的情况下，流域管理机构或者上级水行政主管部门有权予以许可审批是否意味着他有权变更已经确定的区域取用水总量？是否意味着他有权通过减少其他行政区域的取用水总量指标而限制被减少行政区域的发展？

3）流域管理机构职能错位

《取水许可和水资源费征收条例》规定，各流域管理机构负责所管辖范围内取水许可制度的组织实施和监督管理，即由长江、黄河、淮河、海河、珠江、松辽水利委员会，以及太湖流域管理局等流域管理机构不分级别和地域地管理监督本流域内的涉水事务，不仅包括本流域内具体取水许可申请的审批、取水许可证的发放，同时负责本流域内取用水总量目标不被突破。这种对取水许可审批机制和用水总量控制的全方位监督管理由于缺乏针对性，实践中难以做到面面俱到，所以效果并不理想。

### 10.3.3　缺乏有效的监督和责任追究机制

《中华人民共和国水法》的第六、第七章，《取水许可和水资源费征收条例》的第五、第六章和《取水许可管理办法》的第五、第六章都对取水许可制度的监督管理和违法责任做出了规定，但在实践中仍然存在如下一系列问题。

#### 1. 监督渠道不足

从《取水许可和水资源费征收条例》和《取水许可管理办法》中可以看出，我国取水许可制度中主要存在以下三种监督关系：首先是取水许可审批机关对取用水单位和个人的监督；其次是上级水行政主管部门或流域管理机构对下级水行政主管部门的监督；最后是国务院水行政主管部门对流域管理机构的监督。以上三种监督都属于自上而下的单向监督，由此看来，并没有赋予社会公众监督的权利。

#### 2. 监督客体的缺失

首先，当前取水许可监督工作主要侧重于对工商业和服务业取水活动的监督，而忽视对农业用水的监督，致使农业用水量得不到有效控制。其次，水源地取水许可监督工作也存在一定缺失。用水户私自取水现象时有发生，一定程度上加大了用水总量控制的难度。最后，下级水行政主管部门向上级汇报取水量过程中虚报、瞒报现象普遍存在，而且监督管理手段的缺乏导致这种现象屡禁不止。

#### 3. 流域管理机构的监督力度不足

以黄河流域为例，2006～2010 年，黄河流域取用水总量控制目标连续五年被突破，这与流域管理机构的监督管理不力有直接的关系。我国流域管理机构对流域内取水许可和用水总量控制采取的几乎是事无巨细的全方位监督管理，在现有的人事编制和技术条件下，这种监督形式并不十分奏效，往往造成某些地区的监管不到位，而且由于监督的责任落实不到个人，导致这种现象难以根除①。

#### 4. 处罚形式较为单一

对于违反《取水许可和水资源费征收条例》和《取水许可管理办法》相关规定的责任人，法律法规规定的处罚方式主要以罚款为主，形式较为单一，如条例第五十二条规定："有下列行为之一的，责令停止违法行为，限期改正，处 5000 元以上 2 万元以下罚款；情节严重的，吊销取水许可证：不按照规定报送年度取水情况的；拒绝接受监督检查或者弄虚作假的；退水水质达不到规定要求的。"这种相对单一和宽松的处罚条件大大降低了违法成本，相关单位和个人只要交纳罚款，就仍然可以获得高额的经济利益。同时，处罚对象多以单位为主，缺乏对直接责任人的约束，导致违法行为不能根除②。

### 10.3.4 水资源管理责任考核制度不健全

《实行最严格水资源管理制度考核办法》规定我国水资源管理责任的考核周期为 5 年，所以第一次期末考核应在 5 年之后才会开展，而第一次全国范围内的年度考核结果尚无法得知，由此本节内容主要是基于逻辑上的理论进行分析。

#### 1. 考核形式相对单一

我国水资源管理责任考核采用年度考核和期末考核相结合的方式，注重对制度实施效果的考核，而且水资源管理责任的考核对象集中于各省级政府的主要负责人，这

① 胡德胜. 2013. 中美澳流域取用水总量控制制度比较研究. 重庆大学学报（社会科学版），19（05）：111-117.
② 刘志仁. 2013. 西北内陆河流域水资源保护立法研究. 兰州大学学报（社会科学版），（09）：103-106.

对增进政府领导人的责任意识，加强最严格水资源管理制度的实施效果很有帮助，但是其也存在明显的缺陷：考核形式上单纯注重对制度实施结果的考察，往往难以有效促进政府及相关部门在水资源管理全过程的科学决策和切实实施；实践中将无法做到对于负有管理责任的政府或其部门管理过程的动态考察，也难以实现各级政府或其水行政机构或流域管理机构进行水资源管理决策过程的有效监督和考核，对于水资源管理政策在实施过程中的情况也不能进行科学监督和评判。

### 2. 常设性考核组织机构缺失

国务院根据规定总体负责各省级行政区最严格水资源管理制度考核工作，水利部会同国家发改委、工业和信息化部、监察部、财政部、国土资源部、环境保护部、住房和城乡建设部、农业部、审计署、统计局等部门组成的考核工作组负责组织实施，可见考核工作的组织实施没有一个常设性机构予以负责，这种具有明显临时性质的考核组织机构显然与最严格水资源管理制度的要求不符。

### 3. 考核过程缺乏公众参与

《实行最严格水资源管理制度考核办法》中对有关公众参与的规定主要体现在第十条，“国务院会将由水利部与每年 6 月底前上报的年度或期末考核报告进行审定后向社会公告”。可见公众仅就各省、自治区、直辖市水资源管理责任的落实，享有对其考核结果的知情权，政府及其部门自定考核目标、自评目标落实情况、自定考核结果，公众并没有途径和机会真正地参与其中。在省级层面的考核上，从个别制定有考核办法的省级行政区域来看，有的允许公众有一定程度的参与权，有的则没有。这表明我国尚没有将公众和利益相关者参与的理念真正贯彻到水资源管理责任考核中。

## 10.3.5　公众参与制度的不健全

公众参与原则，又被称为“依靠群众保护环境的原则”，表现在取水许可审批机制中，这一原则包含以下三方面内容：首先是水行政主管部门对相关信息的公开，这是群众参与的前提和基础。例如，《取水许可和水资源费征收条例》第二十三条第三款就要求审批机关对取水许可证发放情况予以公告。其次是环境决策参与权，即保证每个公民参加环境政策决策的权利，如《取水许可和水资源费征收条例》第十八条规定取水涉及申请人与他人之间重大利害关系时，审批机关在做出是否批准取水申请的决定前，应当告知申请人、利害关系人，申请人、利害关系人要求听证的，审批机关应当组织听证。最后，当单位和个人的环境权益受到不法侵害时，能够通过司法和行政途径保护自己的权益，《取水许可和水资源费征收条例》第四十八条及《中华人民共和国水法》第六十九条均做出了相关规定。由以上规定可以看出，我国已认识到公众参与水资源管理过程的重要性，并积极通过立法的形式保障公众参与，但其不完善之处也显而易见。

### 1. 信息公开缺乏力度

当前水行政主管部门公开的信息多是零散信息及政策文件，而对有关的权威性信息并不能及时公告，甚至不公告。在水行政主管部门所公布的信息中，造假现象也时有发生。其次对于有关机构所公布的信息并不能通过互联网等途径查询，公众没有获得信息的途径，信息公开也就变成一句口号，群众的知情权得不到保障，公众参与也就沦为空谈。

### 2. 注重实体表述，缺乏程序保障

涉及公众参与的法律法规多注重实体的表述，缺乏程序的保障，即对公众参与决策的启动主体、途径、方式和保障措施等并没有做出具体的规定，没有具体实施程序的实体性法律只能变为华丽的外衣[①]。取水许可审批机制中听证制度并不完善。

《取水许可和水资源费征收条例》第十八条规定了取水许可审批管理中的听证制度，水利部也于 2006 年颁布实施了《水行政许可听证规定》，但上述法律法规中只对举行听证的期限做了规定，对听证结束的期限和做出决定的期限并未明确规定，现实中听证制度的实施也主要是依照《行政许可法》中的相关规定，这就容易产生行政机关的懈怠和任意行政，很难做到对相对人听证权益的保障。对于与取水申请人有重大利害关系的他人，并没有明确赋予其陈述与申辩权，更没有规定在其陈述与申辩权利被剥夺时有提起行政复议或行政诉讼的权利，而只是规定了听证的权利。

## 10.4 完善我国取水许可审批机制的建议

针对我国取水许可审批机制中存在的问题，在充分借鉴国外经验的基础上应该从以下几个方面对我国取水许可审批机制进行完善。

### 10.4.1 加强取水许可审批机制相关立法

《中华人民共和国水法》、《取水许可和水资源费征收条例》和《取水许可管理办法》等的颁布实施，对我国取水许可审批机制的完善起到了重要作用，但如上所述，其不足之处也是显而易见的。首先应在最严格水资源管理制度的要求下，从立法的角度积极完善我国取水许可审批机制。

#### 1. 加强立法的针对性和高效性

全国性法律对取水许可审批机制在全国的落实起到了宏观的指导作用，各地方性法律法规也对取水许可审批工作在地方的开展发挥了重要作用。而随着社会和经济的

---

① Bruce H. 2005. Integrated river basin governance：Learning from international experiences. Water Intelligence Online, 4(2)：1476-1777.

不断发展，人与人之间、人与自然之间的矛盾更加突出，现行法律法规的滞后性、各单行法规之间的矛盾就更凸显。以西北内陆河流域为例，西北内陆河流域与我国其他流域的差异性及其内部各地区之间的相似性都为制定针对该区域取水许可制度的专项法律提供了可能性，因此制定一部针对西北内陆河流域的专项法律是具有必要性和可操作性的。

**2. 加强流域管理立法**

应该由全国人大常委会制定水资源管理专项基本法，或者由国务院制定流域管理条例。对流域管理的基本原则、基本制度及运行机制做出系统规定，明确流域管理机构与相关部门、地区的关系及其地位和职能。同时授予有关流域管理机构相应的立法权限，流域管理机构可根据其流域特点制定流域管理办法及取用水总量控制细则等。

### 10.4.2　推进取水许可审批机制管理体制建设

**1. 明确流域管理机构的管理权限**

有效的流域管理并不要求流域管理机构对本流域涉水事务进行全面而事无巨细的管理，而是应该有的放矢，对宏观、重大或关键事项进行直接统一的管理和监督，对其他涉水事项进行组织和协调，注重发挥地方人民政府及其相关工作部门的作用①。为此，可借鉴国外在流域管理方面的成功经验，进一步加强长江、黄河、淮河、海河、珠江、松辽水利委员会，以及太湖流域管理局等流域管理机构的管理职能，通过组织、协调、监督和考核等手段来促进本流域和各地方用水总量不超标。并由各地方水行政主管部门分别负责本行政区域内的取水许可审批机制的落实和用水总量控制目标的实现。上述流域管理机构再下设其各自分区的流域管理机构，各流域所涉及的地方行政区和水资源相关的职能部门在这些流域管理机构的制约下开展各自的工作。

**2. 继续推进流域管理与行政区域管理相结合的管理体制**

明确各级水行政主管部门在取水许可和总量控制管理中的职责，简政放权，增加地方基层水行政主管部门的权力和责任，由各级水行政主管部门分别负责本行政区域内取水许可审批机制的监督落实和用水总量目标的实现。各流域管理机构要从流域整体的角度出发，处理好整体规划和宏观管理工作，以及对流域全局有重大影响的具体工作。地方能够独立处理好且与其他行政区域无关的事项，则由地方处理，流域机构只需在必要的时候介入。地方处理有困难或关系到其他行政区域时，流域机构要加以协调，根据实际情况，可由流域机构与地方联合处理②。

---

① 胡德胜，潘怀平，许胜晴. 2012. 创新流域治理机制应以流域管理政务平台为抓手. 环境保护，(13)：37-39.
② 范红霞. 2005. 中国流域水资源管理体制研究. 武汉大学硕士学位论文：34.

### 10.4.3 加强监督和责任追究机制

孟子曰“徒善不足以为政，徒法不足以自行”，如果缺乏有效的监督和责任追究机制，即使最完备的法律和制度也难以长久地施行下去。

**1. 完善监管工作机制和监管工作制度**

对于与取水许可申请有利害关系的相对人，应确保其监督和救济的权利，同时赋予社会公众一定的监督权。在监督工作中，首先应该加强取水许可的日常监督工作，对于每一个取水户的取水信息都应该及时地掌握，防微杜渐，最大化地降低违法取水现象的发生；同时应该加强取水计量设施的管理，对于取水计量设施的安装和使用信息做到最大化的掌握，并对后期做到有效的监管，对于更新换代的设备进行积极的推广，对于批准的各取水户的取水量，监管部门对此应该做到及时的监管，防止超标现象的发生。[①]

**2. 提高处罚力度，使违法成本大于守法成本**

针对违法行为，不仅要对违法的单位进行处罚，同时应对直接责任人进行处罚，对违法行为的潜在主体起到威慑作用，从根本上避免或减少取水许可审批过程中的违法行为。[②]其次，面对相关违法单位和个人只要交纳罚款，就仍然可以获得高额经济利益的情况，我国应考虑提高罚款起算标准，建立起“违法成本>守法成本”的机制。关于“违法成本”>“守法成本”机制的健全和完善，本书第十六章有专门论述，此处不再赘述。

### 10.4.4 健全公众参与制度

公众参与作为一体化水资源管理的原则之一，被认为是实现水资源可持续利用的关键性要素。在今后一个时期内，我国应加快公众参与制度建设，有效促进取水许可审批机制的完善。为此，建议在取水许可责任考核的相关法律和文件中增加关于公众参与的条款，加大相关知识宣传，鼓励公众参与，并对参与过程中的听证和申诉制度做出规定。例如，在考核目标确定过程中，应当征询社会公众的意见，以确保目标的科学、合理、符合实际，能够解决人民群众的关切问题和事项[③]。关于公众参与的详细讨论，请见本书第十七章。

---

① 李亚平，吴三潮. 2012. 我国取水许可总量调控管理现状及展望. 人民长江，(12)：32.

② 齐晔. 2010. 守法的困境：企业为什么选择环境违法. 清华法治论衡，(01)：281-299.

③ 胡德胜，王涛. 2013. 中美澳水资源管理责任考核制度的比较研究. 中国地质大学学报（社会科学版），13(3)：49-56.

# 第 11 章　适应最严格水资源管理制度的水权分配机制*

自 2013 年党的十八届三中全会召开以来，自然资源资产产权制度作为国家深化改革的一项重要举措，被引入我国自然资源的配置和利用领域，在水资源管理方面明确提出了“推行水权交易制度”。水权分配作为水权交易的基础和前提条件，在有效协调各方利益、解决因水资源短缺而导致的利益冲突方面作用突出、意义重大，日益受到社会各界的关注。本章在深入探析新时期水权制度建设要点和理论基础，分析最严格水资源管理制度与水权制度关系的基础上，引入和谐论等理论方法，提出了一套适应最严格水资源管理制度需求的初始水权和谐分配理论方法。

## 11.1　新时期水权制度建设需求分析

### 11.1.1　水权制度建设发展过程

水权制度是界定、划分、配置、实施、管理和监督水权，确认与处理各个水权主体之间的责、权、利关系，并对水权运行环境进行保障的一系列制度的总称①。由于不同国家和地区的水资源条件和政治文化背景等方面存在一定的差异，从而在开发利

---

* 本章执笔人：窦明、王艳艳、李胚。本章研究工作负责人：窦明。主要参加人：窦明、胡德胜、王艳艳、李胚、赵培培、于璐。

本章部分内容已单独成文发表，具体有：（a）窦明，王艳艳，李胚. 2014. 最严格水资源管理制度下的水权理论框架探析. 中国人口•资源与环境，24（12）：132-137；（b）王艳艳，窦明，李桂秋，等. 2014. 基于和谐目标优化的流域初始排污权分配方法研究. 水利水电科技进展，35（02）：12-16，51；（c）窦明，王艳艳. 2014-07-17. 适应最严格水资源管理需求的水权制度框架. 黄河报，03.

① 左其亭，窦明，马军霞. 2008. 水资源学教程. 中国水利水电出版社：163-165.

用水资源过程中形成了不同的水权分配和管理模式，并由此形成了相应的水权制度。总体来看，目前国外常用的水权制度有四种，即河岸权制度、优先占有权制度、公共水权制度和可交易水权制度。河岸权最早源自古罗马法典，其特点是土地拥有者被赋予与土地相对应的水资源使用权，只要土地所有权不变，水资源的使用权就不会发生变化。河岸权制度在水资源富足时期是可行的，它不仅能满足用户对水资源的需求，还减少了水资源开发利用和管理的成本支出，但随着近代经济社会快速发展和人口激增，用水需求快速增长，水资源供需矛盾日益加剧，优先占有权制度应运而生。优先占有权制度最早出现在美国西部缺水地区，这也是该制度发展比较完善的地区。优先占有权制度具有以下特点：一是时间优先则权利优先；二是效益优先，即用水必须产生效益；三是不用即废。这三点被很多国家在建设水权制度时加以借鉴。可交易水权制度是一种政府和市场相结合的水资源管理制度，即通过市场作用自发调节用水结构以提高水资源配置和利用效率，再辅以国家节水政策作为外在动力共同促进节水机制完善，推进水权交易工作的开展。该制度在优先占有权制度之后产生，是私有水资源产权发展到一定程度的产物，是市场高效配置资源的一种方式和途径。可交易水权制度的形成必须具备以下三点：一是清晰的水权界定；二是可操作的交易平台构建；三是对交易的监督管理。公共水权制度是一种偏向水资源总体规划、开发利用、监督和保护的水权制度，这是在日益突出的水危机状况下由国家宏观调控、配置水资源的一种方式，也是当前最常见的水权制度形式之一。但在实践过程中，许多国家实行的水权制度多是这几种制度的融合，并不像理论上分得那么清楚。

总结国外水权制度建设和管理的经验，有以下五点值得借鉴。

（1）建立流域和区域相结合的水权制度。我国地域辽阔，水资源时空分布差异较大，为适应不同地区的管理需求，有必要与现行的水资源管理模式相结合，统筹考虑流域和区域、国家层面和地方层面、公共利益与个人利益等的有机结合。在水权制度建设过程中，应充分考虑各地区水资源禀赋条件的差异，并将“空间均衡”同“节水优先、系统治理、两手发力”一起作为治水思路以鼓励不同类型试点工作的开展。此外，实行流域管理和区域管理相结合的水资源管理模式还是我国水权制度建设的重要依托。

（2）将尊重历史习俗和用水习惯作为水权制度建设的基本原则[①]。现已形成的用水习惯是国家法律政策所允许的，也是维持用水安全的一种现实需要，因此水权制度改革中要充分尊重水权拥有者的现有利益，这对于推动我国水权制度的建设十分必要。

（3）发挥初始水权分配在水权制度建设过程中的重要作用。初始水权分配是在统筹考虑生活、生产和生态环境用水的基础上，将一定量的水资源作为分配对象，向行

① 李燕玲. 2003. 国外水权交易制度对我国的借鉴价值//水资源、水环境与水法制建设问题研究——2003 年中国环境资源法学研讨会（年会）论文集（上册）. 4.

政区域进行逐级分配，确定行政区域生活、生产可消耗的水量份额或者取用水水量份额[①]。在 2007 年颁布的《水量分配暂行办法》中也将水量分配作为促进水资源合理开发、利用、节约、保护的重要手段，此处的水量分配在一定意义上就是初始水权分配。初始水权分配能有效反映国家水利政策的导向，促进用水结构调整，不仅是水资源管理保护的重要手段，也是国家宏观调控水资源、实施产业结构调整的重要抓手。

（4）应将建立与时俱进的水权交易机制和水市场作为今后水权制度建设的重点。最严格水资源管理制度的实施需要有一套有助于提高水资源利用效率、强化水资源保护工作的管理手段作为支撑，而水市场能通过规范水权交易行为很好地激励用户节约用水、缓解水资源供需矛盾。此外，我国社会主义经济体制的日趋完善为水市场的建立提供了契机，因此在今后一段时期应积极鼓励和推进水权交易机制的形成和发展，为实现水权的流转和水资源高效配置奠定基础。

（5）必须制定规范的交易规则。在水权交易的过程中必然会牵涉到用水的重新分配，各类用户之间进行博弈，会不可避免地产生分歧和纠葛。合理、规范的交易规则是指导水权交易有序开展和平衡各方利益的重要保障，也是处理水事纠纷的基本依据。水权交易规则应至少考虑以下三方面的内容：首先，应充分保障基本的生活用水需求，严格禁止将维持生命安全的水资源用来交易；其次，应突出生态环境保护的重要性，禁止将维持最低生态环境用水需求的水资源用来交易；最后，应考虑国家的安全稳定和可持续发展，禁止将用于基础工业生产和粮食生产的水资源用来交易。因此在水权制度建设的过程中要特别强调“可交易”这一概念，即水权交易并不是随意的，其主客体的选定都要符合相关法规的规范，且要考虑对交易行为所带来的不利影响进行补偿和修复。

为推动水权制度建设，国内也开展了大量的理论研究与实践工作。在最初的几十年里，国内涉足这一领域的学者较少，对水权制度的研究和讨论也并不深入，但在 2000 年“东阳-义乌水权交易”实践完成后，有关水权交易方面的讨论迅速升温，水权制度成为管理者和学术界关注的热点话题。从行政管理方面来看，水利部在 2002 年颁布的《开展节水型社会建设试点工作指导意见》中明确提出，开展节水型社会试点的地区在水资源管理过程中应达到“水权明晰”这一效果；在总结张掖市水权试点工作的基础上，水利部于 2005 年年初颁布了《关于印发水权制度建设框架的通知》，强调建立健全水权制度，这对加强水资源管理、促进水资源可持续利用具有重要作用；同年，《国务院关于做好建设节水型社会近期重点工作的通知》中指出，水权制度是涵盖水资源国家所有，用水户依法取得、使用和转让等一整套水资源权属管理的制度体系，要积极推进国家水权制度的建设[②]。此外，我国还专门出台了《水利部关于水权转让的若干意见》等与水权交易有关的政策。

在学术研究领域近年来也取得了一系列的研究成果，主要表现在以下三个方面。

① 姚润丰. 2008-01-06. 我国基本建立国家初始水权分配制度. 新华每日电讯.

② 郑北鹰. 2005-07-25. 我国将建立国家水权制度. 光明日报.

（1）对水权概念的界定，有一权说、二权说、多权说等不同观点。一权说认为在我国水资源归国家所有，并不需要对其进行讨论，因此水权也就是水资源使用权；二权说认为虽然水法已规定了水资源的所有权归国家所有，但可以分配其使用权，并可以进行使用权交易；多权说认为水权是围绕所有权展开的一系列权利所组成的权利束。此外，一些学者从起初只关注水权的社会属性（即水资源的财产属性和物产属性）到近期开始关注水权的自然属性（即生态环境需水），由此产生了一些新概念，比如水人权、公民的洁水权、生态水权等。

（2）有关水权交易市场构建方面，也有一些研究，比如，提出的构建水权交易所，建立水市场，提出“水权市场会员制”，引入水权交易“准市场”等。

（3）有关初始水权分配方面，涌现出一批研究成果，比如，建立的流域初始水权分配模型、跨界河流分水和谐模型、水资源分配的博弈模型，用水权分配比例确定优化模型等。

但总体来看，水权制度是一个新生事物，在理论方法和管理机制方面还存在许多不成熟的地方，主要表现在以下方面：水权概念内涵不清晰，存在争议较多；配套的法律法规建设滞缓，保障机制与管理措施不到位；在初始水权分配方面缺少全国统一的准则或标准；虽然目前已有许多水权交易的试点或案例，但仍未形成在国家层面的水市场管理模式。此外，前期的水权交易多是政府主导下的行为，市场在水权交易中所起的作用并不显著。

### 11.1.2 水权制度建设的必要性

水权制度建设作为水资源管理制度的重要内容，能通过界定、分配、调控和使用水权，明确政府和政府之间、政府和用水户之间、用水户与用水户之间的责、权、利关系，达到高效配置和合理利用水资源的效果。因此，水权制度的合理设计对水资源利用效率和管理执行力度的提高至关重要，这也是当前我国深化水利改革的重要内容之一。总体来看，加快我国水权制度建设具有以下三方面的意义。

#### 1. 推进水权制度建设，有利于促进水资源高效配置

运用市场机制配置水资源，是水权制度的一个鲜明特点，水权制度建设对水资源高效配置的促进作用也主要通过市场机制来完成。水市场能通过水权的供求机制、竞争机制、价格机制、信用机制、风险机制等的共同作用推动水资源朝高效配置的方向流动。其中，供求机制决定了水资源合理配置的方向；竞争机制决定了水资源的使用效率，使其主体产出最优、最多、最大限度满足需求的产品；价格机制决定了水权在各地区、各行业、各部门的再分配，促使社会自发优化用水结构；信用机制则有利于规范水市场的规则和运行程序，能形成良好的市场秩序；风险机制体现了水市场主体的经营风险，使其力求在进行水权交易时慎重决策、合理规避交易带来的风险。水权制度通过水市场的上述机制，能提高用水效率，促使水资源配置朝更高效的方向流动。

**2. 推进水权制度建设，有利于最严格水资源管理制度落实和推进**

水权制度建设有利于促进用水效率的提高，其最显著的效果就是在满足既定用水需求的同时，减少水资源开发利用总量，这必然促使用水总量控制红线和用水效率控制红线的有效落实；同样水权制度中排污权交易机制的建立也起到类似效果，在确保不突破水功能区限制纳污红线的基础上，完成国家、地区规划发展目标和水生态环境保护目标。水权制度通过市场机制完成对水资源供-用-耗-排过程的管理和调控，与以“三条红线”控制为核心内容的最严格水资源管理制度目标要求相一致。另外，水权制度通过有效组织、协调、配置水资源达到的管理、保护目标也与最严格水资源管理制度的初衷相契合。因此，推进我国水权制度建设，是实施和开展最严格水资源管理的重要途径和举措。

**3. 推进水权制度建设，有利于自然资源资产产权制度的构建**

党的十八届三中全会、四中全会将健全自然资源资产产权制度作为生态文明建设的重要内容，明确提出“对水流、森林、山岭、草原、荒地、滩涂等自然生态空间进行统一确权登记，形成归属清晰、权责明确、监管有效的自然资源资产产权制度”。水资源作为最基本的自然资源，构建和完善相关制度必然是今后水利工作的核心内容之一。水权制度能通过外界的约束和激励，依靠压力和推力，把这种约束、压力、推力转化为自觉行动，以此刺激形成内在的节水机制，促使社会各行各业、个人和集体自发节水①。此外，还可以采取加大政府扶持力度和政策宣传等措施激发实际用水户节水，以推进我国节水型社会建设。

### 11.1.3　新时期水权制度特色分析

立足于我国目前严峻的水形势，新的水资源管理理念应运而生。新时期水资源管理理念主要有人水和谐理念、最严格水资源管理理念等，其中人水和谐理念是一种协调人水关系的新思想，其核心在于通过调整生产力布局、提高用水效率，促使经济结构与资源环境承载能力相适应，进而实现人水和谐发展目标；最严格水资源管理理念则是为解决严峻水问题而提出的具有战略意义的新理念，其核心在于通过确定和落实“三条红线”，解决我国目前水资源过度开发、用水效率低下及水污染严峻等问题，以促进经济社会的可持续发展，确保水资源的可持续利用。这些水资源管理新理念与水权制度有着紧密的联系，它们的出发点和追求目标是一致的，只是解决问题的手段和方法各有侧重。比如，人水和谐理念强调的是在人类社会与水系统之间建立协调平衡的相互关系，最严格水资源管理理念强调的是对水资源管理过程的执行力度和管理效果，水权制度强调的是通过明确水资源开发利用的责权利关系来引导更合理地使用水资源。同时，水权制度建设和全国层面水市场构建日益受到重视，对于促使人水和谐

① 李志峰. 2008. 坚持落实科学发展观努力建设节水型社会. 硅谷，(20)：181.

目标的实现和最严格水资源管理制度的落实也起到了很好的推动作用。

### 1. 水权制度与人水和谐理念的内在联系

水权制度是为解决不同地区之间、行业之间或用户之间用水矛盾，规范各类水权主体责、权、利关系，引导水资源高效利用和优化配置的管理制度[①]。水权制度建设的出发点是在明晰水资源所有权、使用权、转让权等一系列权利属性的基础上，构建一套促进水资源合理分配、高效使用与自由流转的管理与保障机制，以实现人类社会、水系统、生态环境系统的协调发展与相互支撑。合理的水权制度能够激励水权主体节约用水，规范其用水行为，引导水权朝水资源利用效率高的方向流转，最终为人水和谐目标的实现提供制度保障。

水权制度与人水和谐理念两者紧密相连、不可分割。水权制度作为水资源管理的基本制度之一，是规范水权分配、流转、交易等行为的刚性约束，是实现水资源可持续利用的重要保障，是人水和谐理念的具体表现形式。人水和谐理念则是贯穿本书的指导思想，作为水权制度建设的最终目标和落脚点，对于指导水权分配与交易活动的开展具有重要的意义。反过来，水权制度也将有效推动水资源的优化配置和高效利用，有利于人水和谐目标的实现。

### 2. 水权制度与最严格水资源管理制度的内在联系

最严格水资源管理制度是基于我国基本国情和水情，在对过去水资源管理工作深入思考的基础上，并考虑实现经济社会可持续发展对水资源需求而提出的重要制度变革。它以“三条红线”“四项制度”为核心，对水资源开发、利用和保护全过程进行严格管理。我国新时期水权制度应以最严格水资源管理制度为导向，以水资源高效利用与优化配置为目标，通过理顺水资源所有权、使用权、转让权等各项权利属性，来推动水资源产权化建设，形成一种水资源供需关系和市场经济体制相适应的水资源产权管理模式。

就两者关系而言，最严格水资源管理制度从行政管理的角度来规范和约束水权分配与交易行为，是水权制度建设的外部约束和运行环境；水权制度则为用水户占有、使用、收益、处分水资源等行为给予法律保护，是最严格水资源管理制度得以落实的基本保障。目前，我国正处于水资源管理体制改革的关键时期，这也是构建具有中国特色水权制度的最佳时机。一方面，实施最严格水资源管理制度要求对现行水资源管理制度进行改革，这为水权制度融入水资源管理制度提供了机遇；另一方面，随着今后一段时期内水利工程建设的跨越式发展和水利信息化手段的增强，将显著改善水权制度建设所需的硬件支撑条件[②]。因此，我国水行政主管部门要把握时机、积极探索，切实做好水权制度建设的推动以及与最严格水资源管理制度的有机融合，以服务

① 幸红. 2007. 流域水资源管理相关法律问题探讨. 法商研究，(04)：89-95.

② 窦明，王艳艳. 2014-07-17. 适应最严格水资源管理需求的水权制度框架. 黄河报，03.

于国民经济建设的总体目标。

### 3. 未来水资源管理对水权制度建设的要求

随着我国改革开放的不断深入，以前计划经济体制下的水资源管理模式已不能满足现代水资源管理的需求。要解决我国未来发展所面临的水资源问题，就必须进行水资源管理制度创新，尤其是要建立适应中国特色社会主义市场经济体制的水权制度，充分发挥市场机制在水资源配置中的作用。这就要求在水权制度建设中尽快完善初始水权分配机制，加快水权交易机制构建，规范水权制度的保障机制。

完善初始水权分配机制是新时期水资源管理对水权制度建设的基本要求。由于我国正处于水资源管理体制改革的关键时期，将水权完全市场化容易造成水市场的垄断和环境的负外部性，不利于人水关系的和谐发展，因此水权制度建设中应坚持国家宏观调控原则。初始水权分配作为国家调控各区域、各行业均衡发展的手段，是保障经济社会稳定发展的基础，同时也是新时期水资源管理的基本内容和水权交易的必要前提。虽然当前该分配机制已基本确立，但因与其相关的利益主体较多，分配方案对经济社会和生态环境影响较突出，目前仍缺少一种统筹考虑各方利益冲突的理论方法来指导初始水权的分配方案。而和谐论及人水和谐理念能充分考虑各方利益，并将其融入初始水权分配机制中，具体表现为水权分配与管理工作中应坚持人水和谐基本理念，初始水权分配过程中应采用和谐分配的方法生成分配方案。

水权交易机制构建是新时期水资源管理对水权制度建设的核心要求。运用经济杠杆推动水权向高效率、高效益的行业和用水户流转，是践行和落实最严格水资源管理制度的基本手段之一，也是构建水权交易机制的出发点和落脚点。为满足新时期水资源管理的需求，在构建水权交易机制中应落实主体责任和义务，发挥水权交易试点对该机制建设的推进作用，将水权交易和排污权交易作为构建水权交易机制的两大抓手，对其中遇到的关键问题逐个突破，提出可复制的交易模式，给出可交易水权和可交易排污权的计算方法，为交易平台的构建提供必要的理论和技术支撑。交易模式中交易原则的设置要体现最严格水资源管理制度、人水和谐理念的基本思想和“三条红线”的约束作用；量化方法的应用要遵循水资源物理运移和化学反应机理，同时体现对最严格水资源管理制度的推进作用；水市场的构建要坚持以市场微观调控为主，国家宏观调控为辅的基本原则，充分发挥市场的能动性，并遵循我国社会主义市场经济建设的一般规律，逐步逐层开放水权交易市场。

规范水权制度的保障机制是新时期水资源管理对水权制度建设的必然要求。新时期的水资源管理从一定意义上可以说是制度管理，而规范相关的保障机制是制度管理的必然要求。从水资源取-用-耗-排的角度来看，水权制度的保障机制应该有初始水权分配保障机制、水权交易保障机制和排污权交易保障机制。初始水权保障机制在初始水权分配制度确立时已基本确定，故不作为本书讨论的重点。在水权交易机制保障方面，新时期水资源管理将“三条红线”“四项制度”作为其管理和考核的目标，相关法律法规的建设要体现红线约束，制定的考核标准要有助于落实四项制度；在行政管理中，需制定取用水交易管理办法，明细水市场管理责任，提高从业人员的专业素养；在技术保障中，需创新节水技术，完善自动监测系统和电子化交易信息管理；在经济保障中，完善水权交易价格形成机制，以此保障水权交易机制的建设和运行。在排污权交易保障机制方面，水功能区限制纳污红线作为控制水污染的重要内容，也需要从法律法规、行政管理、技术和经济措施四个方面做出相应的规范。

## 11.2 水权概念的新解读

### 11.2.1 水权概念及内涵界定

水权界定是水权制度建设的核心内容之一，概念清晰、权责明确的水权是开展水权分配和实施水权交易的基础。近年来，随着对水权研究的不断深入，一些学者从经济学、法学、管理学、水资源学等不同视角对水权的概念进行了解析，从而使得其内涵和外延更加丰富。水权的经济学释义是产权理论渗透到水资源领域的产物，如有人认为水权即水资源产权，具体包括所有权、使用权、经营权；水权的法学释义则是民法中物权相关法律渗透到水资源领域的产物，如有人认为水权是以所有权为基础的一组权利，从民法意义上来说，所有权是财产权的一种，主要包括占有、使用、收益、处分的权利①。这两点是多数学者界定水权概念的出发点，即从经济学和法学的角度去解释水权，一是可以在意识形态上突出水资源的价值，从而使水权拥有者有目的地开发利用水资源，促进水资源的有效利用和合理保护；二是可以推动水权交易市场的形成，市场的趋利性会促使实际用水户改进节水措施节约用水，进而加快水权从高耗水低效益行业向低耗水高效益行业流转，同时规范的水市场又可以保障生态用水，从而实现水资源的社会价值和生态价值，促进人水和谐目标实现。此外，还有人从政治学、伦理学、哲学等方面对水权的概念进行认识。总之，水权的概念内涵并不是一成不变的，而是随着认识水平的提高和管理需求的变化在不断调整，使之更加切合实际。

从管理学角度来看，水权概念的界定还需符合水权制度建设的总体需求。李晶曾指出我国水权制度建设的目的是通过引入水市场机制激励水权朝高效使用的方向流转，而完善当前水资源的配置方式能保障经济社会发展和水资源承载能力相适应②。基于此，在水权概念界定的过程中不仅要符合其制度建设的根本目的，还要遵循以下基本原则：①要尊重“水权”一词的常规用法，界定的水权概念应是包容的、开放的、发展的；②需明晰水权是依附在客观实物上的形象特征，体现在水权的依附物（即水资源）具有物质性和价值性，因此水权对应的水资源量必须是实际存在的；③应体现其法学概念内涵。物权法赋予水权强制性的法律效力，即水权归属者拥有法律允许范围内自由处置该部分权利的权力，他人不得干预，同时在界定水权时还

① 陈德敏，秦鹏. 2002. 论我国水权管理的法律规制 // 2002 年中国环境资源法学研讨会论文集：13-16.

② 李晶. 2008. 中国水权. 北京：知识产权出版社：20-23.

必须尊重其主体获益的权力，此时水权表现为因拥有强制性权力而获益的权利（或称为权益）；④应具有广义和狭义不同范畴的解读（具体见下文）。水权研究必须理清所研究的具体内容（即狭义水权），这与广义水权概念并不冲突，反而更能满足生态文明建设的需求，提高人们的保护意识，丰富水权的内涵；⑤应反映水权人对水权物（即一定量和质的水资源）的权力和权利（或权益），还应凸显水权人对水权物应负有的责任和义务。我国新时期的水资源管理理念逐渐向生态环境保护方面倾斜，这不仅是可持续发展的现实需要，还反映出我国用水方式正由过去粗放型方式向节约型方式转变。水权界定不仅要体现出人对水资源和水环境的占有、使用权力，也要体现人对其所处自然环境、对所占有使用资源具有不可推卸的保护责任和义务。

根据以上水权界定的基本原则，并结合最严格水资源管理制度需求，给出广义水权和狭义水权的释义。广义水权指由于对水资源的开发、利用、保护、管理等行为而形成的与实际水体相关的权利束，根据水权实施的行为可分为所有权、使用权、转让权等。狭义水权指以区域水资源管理目标为导向，在遵从水资源分配原则下建立的，用户对一定水量和水质的水体所享有的占有、使用、支配、收益、保护等权利，这也是本书研究的水权。通常，它以取水许可证的形式有偿发放给用水户，由此赋予用水户对水资源的使用和支配权利。

就广义水权而言，我国有关法律已做出了相应的解释。例如，宪法第九条第一款规定，“矿藏、水流、森林、山岭、草原、荒地、滩涂等自然资源，都属于国家所有，即全民所有”；水法第三条也规定，“水资源属于国家所有。水资源的所有权由国务院代表国家行使。农村集体经济组织的水塘和由农村集体经济组织修建管理的水库中的水，归该农村集体经济组织使用”。宪法明确规定我国水权的所有权归国家所有，但这并不意味着对所有权的探讨和研究没有意义，而是应将研究重点放在所有权实现上。“所有权”中的“权”应是“权力”的含义，一方面是行使国家主权，另一方面负责初始水权分配，以及履行水资源开发利用的总体规划、监督管理和保护等管理职责。此外水资源所有权中“权利”主要表现在所有权主体（国家）对使用权主体的权利义务上，其中水费征收就是最直接的一种表现。国家赋予行政主管部门管理权、监督权等，并赋予不同使用权主体相应的权利和义务；而使用权关注的是使用者的权益，这种权益不仅能反映水资源使用权人与非使用权人的权利关系，还能体现其与水资源所有权人的权利义务关系，并由此拓展到水资源使用权人与所有权代表的权利义务关系。①

狭义水权应具有以下内涵。①水权是水资源的自然属性和社会属性延伸到生活中而形成的一种行为概念，在不同的历史条件和水资源供需情况下，水权概念界定的侧重点应有所不同。本书中的水权是在水资源供需矛盾突出、经济结构快速转型的前提下定义的。考虑到所有权在水法中已有明确规定，所以将讨论的重点放到使用权界定方面。②这里的水权既包括直接使用水资源（如饮用、灌溉、工业用水、娱乐业用水等）的权利，也包括将水当成资本转让交易等。虽然从用途来看水权包含很多内容，

① 李晶. 2008. 中国水权. 北京：知识产权出版社：20-26.

但考虑到最严格水资源管理制度重点围绕水资源管理的取水、用水、排水等环节来展开，因此本书研究重点将聚焦在水权中的取水权、用水权和排污权三个方面。③水权能反映水资源稀缺情况下人们对水资源的占有关系。

### 11.2.2 水权分类[①]

水资源功能的多样性、水资源属性的多重性、水资源形成和来源的差异性，以及水资源开发利用和保护过程的复杂性都决定了水权属性的多样性。按照不同属性和用途等对水权进行分类，一是有利于水权概念的理解，深化水权的内涵，拓展水权研究的范围；二是便于水权管理工作开展，实现水权分层次、分目标的多元化管理；三是有利于水价差异性机制的建立，反映在水资源稀缺前提下不同水质、不同用途水资源的供需关系[②]；四是建立水市场和实现公平、公开、高效水权交易的必然要求，同时还能为最严格水资源管理制度下的水资源有偿使用制度服务；五是可以明确可交易水权的范围，有效避免“公地悲剧”的发生。

目前，有关水权分类方面还没有形成统一的标准，一般可以按照不同标准进行分类。从水资源整体上看，水权分类应是按照水资源的使用功能和属性、利用方式与结果、水权起源与资源载体等形成的体系。如果从行政管理需求角度来看，则水权应至少包含所有权、使用权和交易权等权利，并由此形成一个两级分类体系（图 11-1）。

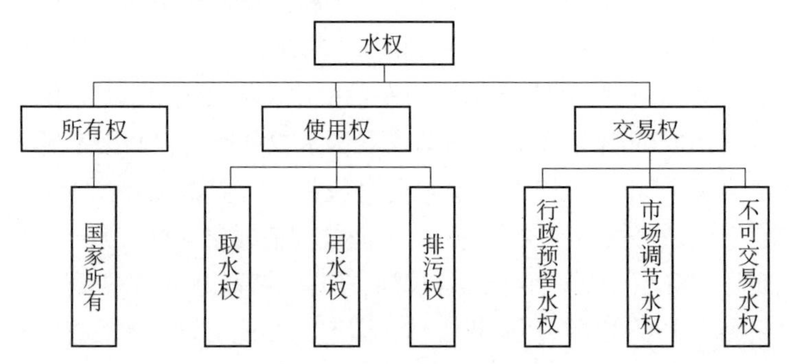


图 11-1 水权的两级分类体系

在该体系中所有权归国家，这是我国水法所赋予的权利。使用权由取水权（也称为汲水权或引水权）、用水权和排污权三部分构成。部分学者曾将取水权与用水权混为一体，这是不合适的。首先两者的权利主体并不相同，取水权的权利主体是各级人民政府及其水行政主管部门，而用水权则是实际用水户；其次两者的客体也不相同，取水权的客体是按照水资源开发利用控制红线分配到本辖区的允许开采水量，而用水权的客体是进入使用者终端的用水量。在由取水权向用水权转化的过程中，通常先由政府部门完成对水权的分配和调控，再由用水户根据自身需求来购买或转让水权，这

① 该部分的主要内容来源于下列阶段性成果：窦明，王艳艳，李胚. 2014. 最严格水资源管理制度下的水权理论框架探析. 中国人口·资源与环境，24（12）：132-137.

② 马国忠. 2009. 水权分类研究. 经济研究导刊，（01）：163-164.

样就实现了水资源管理与利用的分离。排污权，即水污染物排放权，也是使用权的一个重要组成部分。由于水资源具有“量”和“质”双重属性，所以在利用水量的同时会影响到水体纳污能力，同样向水体排污的时候又会影响到可利用水量的多少。把排污权纳入水权，从而使水权管理与水资源管理成为一个有机的整体，并实现了水量和水质管理的统一。交易权包括行政预留水权、市场调节水权和不可交易水权。行政预留水权是各级政府在初始水权分配时预留的，其中部分预留水权可以进入水市场进行流转；市场调节水权是由用水户节省或转让出来的、投入水市场以谋求更多利益的可交易水权；不可交易水权则是为保障人们基本生活用水需求和维持较好生态环境质量而不能用来交易的水权。

在上述水权分类体系中，明确使用权的形式和内容对水权制度构建和实现水资源市场配置的意义最为重要。使用权包括取水权、用水权、排污权三部分，分别对应着水资源开发、利用和污水排放三个环节和最严格水资源管理制度的“三条红线”。三项使用权与“三条红线”之间存在十分密切的对应关系（图 11-2）。其中，取水权管理服务于用水总量控制和水资源开发利用控制红线考核；用水权管理服务于水资源优化配置和用水效率控制红线考核；排污权管理服务于水环境保护和水功能区限制纳污红线考核。同时，“三条红线”也对使用权形成了严格约束：用水总量控制要求限制当地的取水规模，所设置的取水权不得超过开发利用红线；用水效率控制激励用水户厉行节水，效率不高的用水户想获取用水权就必须付出更高的代价；水功能区限制纳污控制要求限制任意排水，排污者要么高价购买排污权、要么积极采取治污减排措施。总之，使用权的确定有利于理顺国家对水资源所有权和民事主体对水资源使用权的关系——所有权不能转让和交易，而使用权则是一种可转让的权利；有利于赋予权利主体在取用水领域的自由，进而保障他们正常的生活和生产；有利于提高水资源的利用效率，为水市场的建立提供必要的条件①。

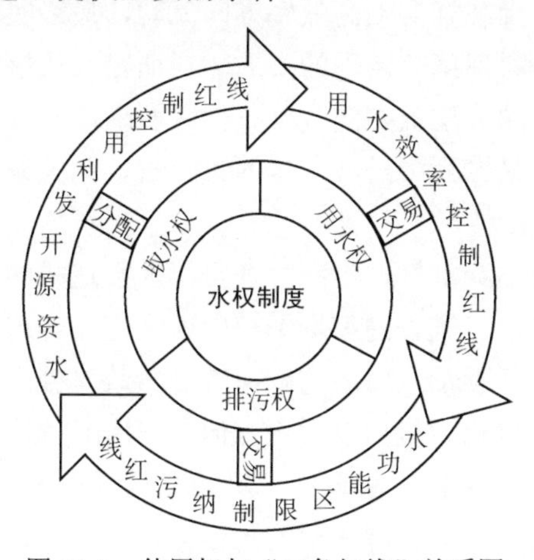


图 11-2　使用权与“三条红线”关系图

① 方丁. 2012. 关于取水权限制的若干思考——以我国实行“最严格的水资源管理制度”为背景. 湖北行政学院学报，(62)：64-69.

### 11.2.3 水权产权理论基础

水权研究最基本的理论是产权理论。产权这一概念最早由马克思提出，他认为产权是人们围绕财产所形成的经济权利关系，表面上表征的是人和物之间的关系，本质反映的却是人与人之间的关系。目前产权理论主要是以科斯定理为核心的产权经济学。科斯作为西方制度经济学派的代表人物，对“产权”和“交易成本”表述了自己的观点：市场交易是有成本的，如果交易成本为零，只要产权界定清晰，并允许财产所有者进行交易，就能提高经济效率，实现资源的有效配置，使社会效益最大化。但科斯并没有对产权的概念进行明确阐述，仅提到产权是人们享有的、使用稀缺资源的权利。在此基础上，E. G. 菲吕博腾和 S. 配杰威齐对产权进行了界定，他们认为产权不是指人与物之间的关系，而是指因物的存在及关于它们的使用所引起的人们之间相互认可的行为关系，产权界定确定了每个人相对于物的行为规范，每个人都必须遵守与其他人之间的相互关系，或承担不遵守这种关系的成本①。产权有三个基本要素，即产权主体、产权客体和产权权利②。产权并不仅仅指所有权，还包括所有权派生的使用权、处分权、转让权、收益权等一系列权利。

目前得到普遍认可的科斯定理主要包括以下两点：一是在市场允许自由交易的前提下，如果交易成本为零，初始产权的界定不会影响经济运行的效率，这是科斯第一定理；二是如果交易成本为正，不同的产权界定方式会对经济效率产生不同的影响，这是科斯第二定理。③就科斯第一定理而言，在交易成本为零的情况下，初始产权可以分配给任意的市场经济主体，最终均会实现社会总体效益的最大化。但在实际的市场经济中，作为生产要素的产权在交易过程中不会存在交易成本为零的情况，即一般情况下交易成本为正，这就需要对初始产权进行合理的界定，以规范市场经济主体的责、权、利关系，保证稀缺资源朝高效率方向流动，最终实现资源的优化配置，提高社会的总体效益，这是科斯第二定理的实质。科斯定理的核心实际上就是初始产权的界定明晰，这是提高资源分配效率的基础条件。明晰产权并不是要改变产权的归属问题，而是要明确产权交易过程中经济主体的责、权、利关系，促使经济主体规范交易行为，实现资源的最佳配置。

科斯回避了由外部不经济性、不完全竞争等因素造成的市场失灵，他认为只要产权界定清晰，在完全开放、竞争的市场经济中就一定能实现资源的优化配置，使社会福利最大化。市场失灵并不是把问题的解决转交给政府处理的充分条件，市场失灵的很多情况都可以由市场自身力量加以矫正，但是政府必须制定法规来控制较严重的市场失灵和负外部效应，如生态平衡破坏、水和空气污染等④。环境问题可以说是外部不经济性的一个典型例子。从资源分配的角度分析，外部不经济性的存在会影响资源

① 科斯，阿尔钦. 1994. 财产权利与制度变迁（中译本）. 上海：上海三联书店，北京：人民出版社：204.
② 徐洪才. 2006. 中国产权交易市场研究. 北京：中国金融出版社：16-17.
③ 李政军. 2002. 科斯定理 1-2-3. 经济社会体制比较，(05)：72-79.
④ 何秉孟. 2004. 产权理论与国企改革——兼评科斯产权理论. 北京：社会科学文献出版社：53.

分配的效率，不利于资源的高效流动，自然就会影响到资源的高效配置，引起浪费。因此，在稀缺资源的使用过程中，需要国家政府制定相关的法律法规来约束人们的行为，保护环境和经济社会协调可持续发展。

水资源的日益紧缺和水污染的日益严重，导致水资源成为一种稀缺资源，再加上水体纳污能力的有限性，这使得水权具备了产权的特点，进入市场交易已成为必然。同产权一样，水权也拥有三个基本要素，即水权主体、水权客体和水权权利，它所反映的是由水资源和水体纳污能力的存在和使用而形成的人们之间的责、权、利关系。作为水循环取、用、排三个阶段的取水权、用水权、排污权需要国家制定法律法规等强制性措施予以界定明晰，水权明晰并不是改变水权国家所有的性质，而是明晰使用权主体之间的各种权利归属。如果水权和排污权界定不清晰，作为公共资源的水资源和水体纳污能力的权属关系就不清晰，人们在使用过程中就会不计成本，对自身的用水、排污行为就不会加以规范，进而会造成过度浪费和破坏环境的恶劣后果，导致市场失灵，影响资源配置效果。

## 11.3　基于“三条红线”的初始水权和谐分配

初始水权分配作为水权交易的必要前提，是水资源管理推行水权制度的关键。合理的初始水权分配能有效解决区域之间对水资源的竞争性开发利用①，减少由此引发的纠纷和矛盾，不仅是国家宏观调控区域发展和保障社会稳定的必要手段，还是践行水资源开发总量控制和排污总量控制的重要举措。自《水量分配暂行办法》颁布实施，我国初始水权分配制度已基本确定，但在实际工作中，并没有形成统一的理念和方法指导初始水权分配工作的开展，甚至有些地区因盲目追求经济利益，损害了水生态的可持续性，导致一系列问题逐渐凸显，而左其亭提出的和谐论量化研究方法，能较好地处理人文系统和水系统之间的关系。本书将该理论方法应用在初始水权分配之中，力求使初始水权分配达到和谐。

### 11.3.1　初始水权分配的和谐要素分析

左其亭指出，和谐论是揭示自然界和谐关系的重要理论，是一种正确的，积极向上的，符合辩证唯物主义哲学思想的，能在处理社会、经济、政治、文化、宗教等问题上发挥积极作用的思想和观点。②

#### 1. 水权分配的和谐性分析

党的十八届三中全会报告《中共中央关于全面深化改革若干重大问题的决定》指

① 曾碧球，解河海，查大伟. 2015. 国内外初始水权分配的分析及思考. 甘肃农业科技，(06)：59-61.

② 左其亭，马军霞，陶洁. 2011. 现代水资源管理新思想及和谐论理念. 资源科学，33 (12)：2214-2220.

出，要形成归属清晰、权责明确、监管有效的自然资源资产产权制度，推行水权、排污权交易制度，加快推进水生态文明建设[①]。而建立与完善水权制度，是落实最严格水资源管理制度、推进水生态文明建设的重要举措。人水和谐理念作为新时期水资源管理的重要指导思想，有必要将其核心理念融入水权制度建设过程中，以和谐规则来引导水权分配与交易行为，进而达到人水关系协调与经济社会效益最大化。

水市场良性运转的关键在于水权的明晰和水价的制定。水权明晰就是根据水资源情况进行水权的初始分配，并针对分配结果进行确权登记管理。由于水权的用途不同，其分配后的优先使用次序也不一致，如为保证人类最基本的生存需求，应当优先保证生活用水权，其次要保证维护生态系统最低生存需求的生态环境用水权，同时还要严禁生产用水挤占生活、生态用水的现象发生。只有这样，才能协调各地区、各行业的用水需求，以及经济社会发展与生态环境保护之间的用水矛盾。水价制定则应当在一定的市场运作机制下，综合考虑各利益方的需求和利益而确定，以确保在防止水市场垄断的前提下，水权由低效率用途向高效率用途的方向流转。

最严格水资源管理制度中的“三条红线”“四项制度”对我国水资源开发利用总量、开发利用效率及排污总量进行了严格的限制[②]。而水权制度建立作为水资源管理体制改革的重要环节，必然涉及跨流域、流域内不同区域、不同行业、不同用户之间的水权分配问题。流域上下游之间发展不均衡和水资源禀赋差距较大，其左右岸之间因不同地区经济社会发展速度和规模不协调，总会引起用水和排污行为的不协调，往往导致水资源过度开采和实际污染负荷量超过纳污能力的情况发生。在寻求解决水资源短缺和水污染问题的途径时，合理分配流域、区域、用户之间的水权和排污权，有效控制水资源开发利用总量、用水效率和污染物入河总量是行之有效的方法。我国目前尚未建立完善的水权和排污权分配制度，致使初始水权和排污权界定不明确，各流域、区域和用水户因水权和排污权问题而引发的纠纷事件也呈上升趋势，并由此引发流域经济社会发展的不和谐现象。

初始水权分配是一个涉及人与自然多方面关系协调的问题，因此有必要从人水和谐的角度对其进行分配。依据人水和谐的理念，综合考虑社会、经济、环境等方面的因素，选取影响流域、区域和谐程度的指标进行描述，比如水资源可利用总量、水功能区纳污能力、水资源开发利用率、水功能区达标率、人口密度、国内生产总值、万元产值排污量、生活用水保证率、农业用水保证率、环境用水保证率、污水处理能力等。其中，水资源可利用总量越多，水资源开发利用率越高，分配的水量越多，越有利于经济社会效益的提升，反之，则有利于生态环境的维持和改善；人口密度越高，产污量相应也越多；生活用水保证率直接影响居民的生存和健康，农业用水保证率直接影响农业的经济效益和社会的稳定，环境用水保障率直接影响生态环境的可持续性，污水处理能力影响河流的健康程度和人居环境等，这些方面都涉及到取水权、排

① 关于全面深化改革若干重大问题的决定. 人民日报. 2013-11-16.

② 胡四一. 2012-04-12. 解读《国务院关于实行最严格水资源管理制度的意见》. 中国水利报，004.

污权的分配问题。采用和谐论思想，可以综合考虑经济社会发展与水资源水环境承载能力之间的协调，最终达到实现人水和谐的目标。

### 2. 初始水权分配的和谐论五要素

为诠释水权制度中水权分配的和谐性，下面运用和谐论中的和谐论五要素①来解读水权分配与交易过程中的和谐问题。

（1）和谐参与者。在水权制度中，和谐参与者主要由以下四方面构成：一是水权所有者，即地方人民政府、农村集体；二是水权管理者，即国家或地方水行政主管部门，包括国家部门、流域机构、行政区部门等不同层面；三是水权使用者，即用水企业和用水户，包括生产用水户与生活用水户、工农业等不同行业用户、同一行业的不同用户；四是水权存在的载体，即自然界系统，包括水循环系统、生态环境系统等。

（2）和谐目标。水权制度建设的直接目标是构建规范、健全的水权分配、使用与交易机制，有效促进最严格水资源管理制度“三条红线”的落实；水权制度建设的终极目标为实现水资源可持续利用、实现人水和谐的目标。

（3）和谐规则。在水权制度中和谐规则包括以“三条红线”为基准的管理准则、水权交易规则、交易限制等内容。其中，“三条红线”管理准则是指区域取水权总量不得超过用水总量控制红线；各行业用水效率不低于额定用水效率控制红线；区域的排污权不得突破水功能区限制纳污红线。水权交易规则是指用来交易的水权必须是依法获取并通过节水等各种方式节余下来的水权，禁止转让维持人类生存的生活水权和维护生态环境质量的生态环境水权。水权交易限制指水权交易、排污权交易应充分考虑水资源天然禀赋条件，对于大幅改变水循环的交易行为应严格审核，并对其产生的负外部性做出一定的补偿。

（4）和谐因素。影响水权和谐分配的因素很多，从人水系统的相互作用机制来看，大致可将其分为以下三方面：经济社会因素，如人口、GDP 规模等；用水水平，如万元产值用水量、水资源重复利用率等；自然因素，如水质现状、林草地面积等。

（5）和谐行为。本书将有关水权概念界定、初始水权分配、水权交易及其保障体系建立等工作环节作为水权制度中的一些具体和谐行为，并将其分为以下五个方面：①水权相关概念界定及国家政策解读；②初始水权分配及水权确权登记；③水权使用与水资源开发利用；④水权交易平台（水市场）构建及运行管理；⑤水权制度保障体系构建。

以上给出的关于水权制度的和谐要素分析主要从理论研究的角度来进行探讨，在运用于管理实践时还必须充分结合实际情况，使其具有较强的针对性和可操作性。在下面的实际案例分析中，将运用人水和谐理念来指导初始水权分配，由此来验证人水和谐理论与水权制度的内在联系与辩证统一。

---

① 左其亭. 2012. 和谐论：理论·方法·应用. 北京：科学出版社：37-40.

### 11.3.2 基于用水总量控制的初始取水权和谐分配方法

水权分配牵涉到不同地区、不同行业、不同用水部门之间的利益分配问题，在水权分配过程中必然会引发水权争夺，导致不和谐现象的发生。而通过采用科学的分配标准和依据，明确各地区的取水量上限，能协调各种不和谐因素，提高水资源配置和利用效率，获得合理的分配结果。本小节采用左其亭提出的和谐论理论[①]，通过确定初始水权和谐分配的原则，选取和谐状态指标，构建了初始水权和谐分配的指标体系，为和谐分配方案的提出提供依据。

#### 1. 初始水权分配原则

本小节立足人水和谐理念和可持续发展观，在统筹考虑社会公平公正、经济可持续发展、保障基本用水需求的基础上，为落实最严格水资源管理的工作需求，选择基本保障原则、公平性原则、高效性原则和可持续原则作为初始水权分配应遵循的基本原则。

（1）基本保障原则：保障最基本的用水需求。首先，在各类用水环节中生活用水（特别是饮用水）需求必须得以保证[②]，如果生活用水需求得不到足够的保障，就容易引起社会动荡。在生活用水保障方面，不仅要保证水量供应，还要确保满足相应的水质要求。其次，需保障基础产业的用水需求，如农业中的粮食生产是关系到国家安全的首要问题，其他直接关乎人民生命安全、社会稳定和国家安全的产业基本用水也应纳入水权分配重点考虑的方面。最后，随着生态环境问题的日益加剧，有关生态环境修复的问题日益凸显，特别是党的十八届三中全会提出建立系统完善的生态文明制度体系和探索加快生态文明制度建设新途径以后，国家对生态环境问题的重视已提到前所未有的高度，因此在水权分配时还应考虑提高生态环境用水保证率的环境用水权。

（2）公平性原则和高效性原则：初始水权分配应坚持效率优先、兼顾公平的分配原则[③]。处于社会主义初级阶段是我国最大的实际，这是处理一切问题、矛盾的基本立足点和出发点，是党和国家制定路线、方针和政策的重要依据[④]。当前我国的首要任务仍然是发展，在水权初始分配中坚持效率优先的原则具有重要作用。强调效率优先并不是不考虑公平，而是要两者协调兼顾，效率和公平始终是社会主义追求的基本目标，两者相辅相成、相互促进。随着国家政策对经济发展和社会公平的调整，如党的十八届三中全会提出的“建立公平开放透明的市场规则”“保障农民公平分享土地增值收益”“建立更加公平可持续的社会保障制度”等重要决定，公平性原则在资源配置中的作用也得到了重视。

（3）可持续性原则：在初始水权分配过程中要始终坚持可持续原则[⑤]。可持续发

① 左其亭，张云. 2009. 人水和谐量化研究方法及应用. 北京：中国水利水电出版社：33-60.
② 片冈直树，林超. 2005. 日本的河川水权、用水顺序及水环境保护简述. 水利经济，（04）：8-9, 35-65.
③ 王宗志，张玲玲，王银堂. 2012. 基于初始二维水权的流域水资源调控框架初析. 水科学进展，（04）：590-598.
④ 韩振亮. 2008. 牢记社会主义初级阶段的基本国情. 思想理论教育导刊，（01）：21-27.
⑤ 肖淳，邵东国，杨丰顺. 2012. 基于友好度函数的流域初始水权分配模型. 农业工程学报，（12）：80-85.

展一经提出，便引起了学术界的广泛关注，目前“可持续”这一理念早已深入人心，突出可持续对初始水权分配的指导作用对于社会各界来说也很容易达成共识，这既是现实需要，也有利于最严格水资源管理制度的实施和推广。1989 年，联合国环境发展会议（UNEP）审议通过的《关于可持续发展的声明》将“维护和合理使用自然基础资源”“将环境纳入到发展计划和政策制定”同“维护国家和国际平等”“建立支援性的国际经济环境”作为可持续发展定义和战略实施的四个要点①。由此可以看出自然资源在可持续发展中的重要性。水资源具有多重属性，在初始水权分配过程中要始终贯彻可持续发展的重要理念，并落实可持续性原则。

### 2. 初始取水权分配的指标体系

本小节从区域间水权和谐分配的根本要求出发，构建了由和谐目标、和谐规则、和谐因素、和谐参与者等组成的和谐评价指标体系。

和谐目标采用左其亭提出的“和谐度”来综合反映初始水权分配对区域间人文系统与水系统相互协调程度的影响，并用该度量指标来表达研究区域人水和谐的总体程度、总体态势和总体效果。本书将参与水权分配各区域的总和谐度作为初始水权分配的和谐目标。和谐规则选取基本保障原则、公平性原则、高效性原则和可持续原则，分别从生活、生产、生态三个方面选取具体的指标来衡量整个系统的健康度、发展度、协调度②。和谐因素用具体的指标来表征，但须具备以下四方面特点：一是要有代表性，能反映该地区的主要特征；二是简单易于量化，数据可以获取或通过可获取的数据计算处理得到；三是覆盖各分类层；四是具有可以参照的目标或标准值。本书在各个原则下选取具体的表征指标以描述其和谐状态。其中基本保障原则选取生活用水保证率、农业用水保障率和环境用水保证率指标进行表征。生活用水保障率直接影响人民的生活水平，是人民安居乐业、社会稳定的基本保证；农业用水保证率直接影响国家的安全和社会的稳定，也应给予保证；环境用水保证率则是坚持和贯彻生态文明建设，支撑资源、环境、经济、社会可持续发展的基础。这三个指标分别从生活、生产、生态三个方面来保障基本用水，具有较好的代表性。公平性原则选取水资源可利用总量、区域用水总量、土地面积、人口密度四个指标来进行表征。水资源可利用总量能反映流域的水资源禀赋条件，体现初始水权分配的天然公平；区域用水总量能体现区域的用水现状；土地面积能反映水资源情况；人口密度能代表用水需求。高效性原则体现的是一个区域经济发展和水资源开发利用效率水平，选取万元产值用水量、农业灌溉耗水率和人均年产值三个指标进行表征。其中，万元产值用水量能反映区域的水资源利用总体效率，是重要的经济指标；农业灌溉耗水率一般和该地区的水资源利用效率呈正相关关系，可用来表征区域的水资源开发利用效率；人均年产值可反映生产效率的高低，体现水资源的产出水平。可持续性原则选取水功能区达标率和

---

① 周骞. 2010. 试论可持续发展与经济法的关系. 郑州铁路职业技术学院学报，22（02）：90-91.

② 左其亭，赵春霞. 2009. 人水和谐的博弈论研究框架及关键问题讨论. 自然资源学报，（07）：1315-1324.

水资源开发利用率两个指标来进行表征。其中，水功能区达标率反映了河流水质满足水资源开发利用和生态环境保护等功能的需求程度，是今后实施水资源开发利用和水功能区管理保护工作的依据。由于不同的初始水权分配方案会改变水资源的时空分布，进而影响水功能区的纳污状况，所以在水权分配过程中应考虑水功能区的保护目标和管理需求，预留相应的环境保护用水。水资源开发利用率是表征水资源开发利用程度的一项重要指标，过高的水资源开发利用率必然挤占生态环境用水，导致水环境恶化，同样过低的水资源开发利用率会影响经济社会的发展，不利于经济社会的可持续发展。结合和谐目标、和谐规则、和谐因素及和谐参与者构建如图 11-3 所示的初始水权和谐评价指标体系。

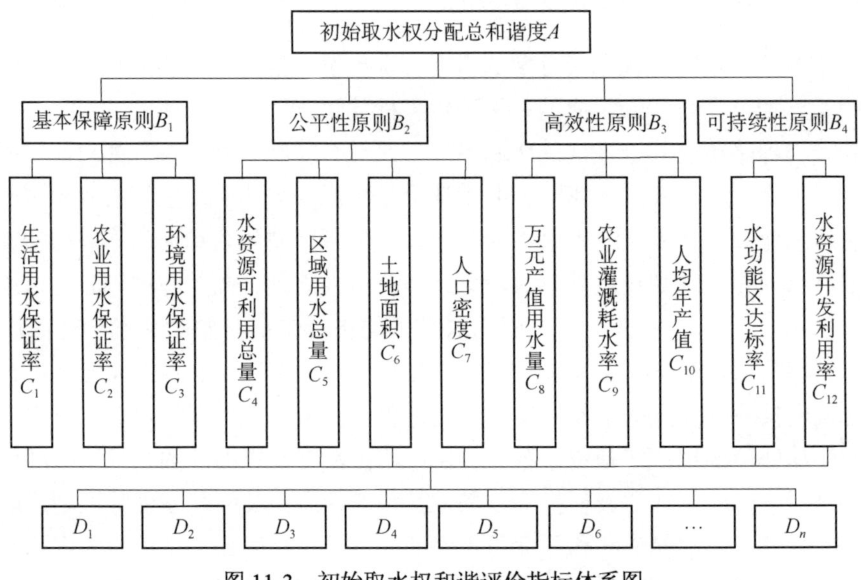


图 11-3 初始取水权和谐评价指标体系图

## 11.3.3 基于排污总量控制的初始排污权和谐分配方法[①]

排污权分配牵涉到流域上下游、左右岸之间，以及不同用水户之间的利益分配问题，为有效解决由此而引发的利益冲突，有必要明确各水功能区的污染物入河总量上限，避免污染物的随意排放。本小节采用左其亭提出的和谐论理论，通过确定初始排污权和谐分配原则，选取和谐状态指标，构建了初始排污权和谐分配的指标体系，为和谐分配方案的提出提供依据。

1）初始排污权分配原则

考虑到初始排污权分配直接关系到排污权交易的效率，为使排污权分配更加合理，在参照初始水权分配原则的基础上，最终选定公平性原则、尊重现状原则、高效

① 该部分的主要内容来源于下列阶段性成果：王艳艳，窦明，李桂秋. 2014. 基于和谐目标优化的流域初始排污权分配方法研究. 水利水电科技进展，35（02）：12-16，51.

性原则和可持续性原则作为初始排污权分配原则。

（1）公平性原则。在我国，水资源所有权归国家所有的特性有助于确保水资源开发利用的公平性。同样，排污权的管理职能也属于国家，目的是保证排污权分配的公平性。但是，水资源时空分布的不均匀性，再加上各地区经济发展水平的差距，这就导致初始排污权分配的空间差异性。根据各地区实际情况和政府对限制排污总量的要求，公平合理分配排污权是进行排污权交易的基础。只有公平合理地分配水环境容量资源，才能最大限度地提高市场配置资源的效率。

（2）尊重现状原则。如果仅仅遵守“公平”原则，则经济发展落后的地区有可能通过排污权的转让暂时获得经济效益的增长，但同时也会牺牲环境，不利于环境的可持续发展，进而加大了地区之间的贫富差距。因此，需要参照当地排污现状，考虑其污水处理水平，并兼顾各水功能区的纳污能力来对初始排污权进行分配，以适应经济社会的发展需要。

（3）高效性原则。在遵守“公平”原则的前提下，还要根据各地区的经济发展水平，确定相应的污水处理效率。政府可以通过调节对不同行业的扶持力度，减少高耗水企业，优化产业结构；企业可以通过改革生产工艺，提高水资源的重复利用率，实现水资源的高效利用，减少废污水的排放量。

（4）可持续性原则。社会水循环包括取水、用水、耗水和排水四个环节，任何一个环节都必须有一个“度”。专家学者对取、用水环节研究较多，而排水环节却是一个不容忽略的重要过程。如果排放的污染物远远超过水功能区纳污能力，那么水体将会被污染，取水和用水环节将会受到影响。因此，必须保证排放的污染物不影响到水环境的健康安全，这样才能保证水资源的良性开发，进而保证人们的饮水安全。

2）初始排污权分配指标体系构建

为确保流域初始排污权分配具备可操作性，还需选取相应的指标来描述各分配原则的和谐状态。公平性原则选取人口密度、土地面积、水资源总量三个具体指标进行表征。其中，人口密度能反映当地生活排污情况，直接影响流域的排污量；土地面积能在一定程度上反映人类的活动情况和污染负荷的排放情况；水资源总量能反映当地水资源的分布情况和水体纳污能力，体现了排污权分配的天然公平。尊重现状原则选取水功能区纳污能力、排污总量、水功能区达标率三个具体指标进行表征。水功能区纳污能力体现了水功能区容纳某种污染物的水平；排污总量反映了流域现状排污情况；水功能区达标率则侧面反映了排污现状，由于现状排污已被当地用户接受，不切实际的排污权分配常常会导致初始排污权分配的失败，不利于资源的优化配置，所以在排污权的初始分配过程中要尊重排污现状，避免排污权分配的随意性。高效性原则选取国内生产总值、万元产值排污量两个指标进行表征。国内生产总值反映了当地的经济发展水平；万元产值排污量反映了资源的利用效率。可持续原则选取工业废水达标排放率、污水处理能力指标进行表征，以体现当地的治污水平，基于我国严重的水污染现状，需在加大水处理力度的基础上保证水环境的健康持续发展。

根据和谐目标、和谐原则及选取的具体表征指标，建立流域初始排污权分配的和谐评价指标体系，如图 11-4 所示。其中流域初始排污权分配总和谐度即为和谐目标，四项基本原则即为和谐规则，具体的评价指标用来表征和谐因素，流域内参与排污权分配的各个行政区即为和谐参与者，和谐论五要素贯穿于流域初始排污权分配的过程中，诠释了排污权分配所蕴含的和谐本质。

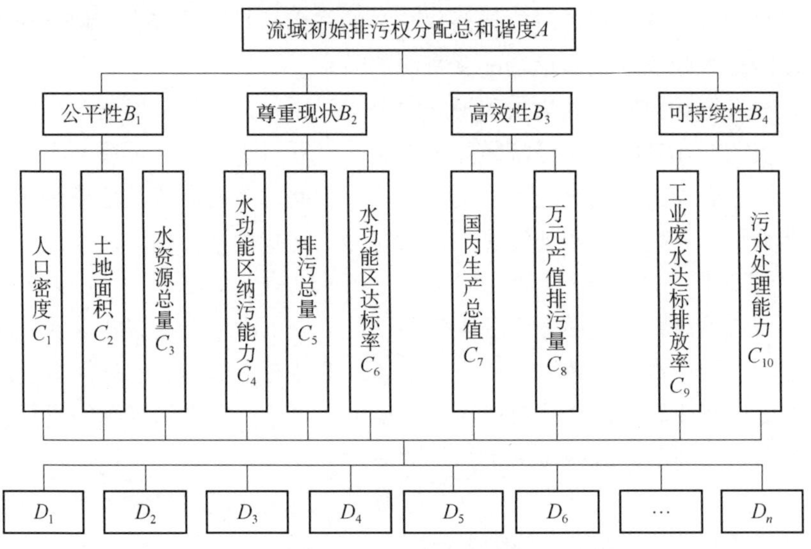


图 11-4 初始排污权和谐评价指标体系图

# 11.4 应用实例

## 11.4.1 沙颍河流域概述

沙颍河是淮河最大的一条支流，由沙河和颍河汇流而成，沙河发源于河南省伏牛山区，颍河发源于河南省嵩山。沙颍河主要流经河南省洛阳、郑州、开封、平顶山、许昌、漯河、周口和安徽省阜阳等 8 个地级市，全长 640 千米（沙河源头至入淮口），流域面积 39 880 千米$^2$（入淮口以上汇水面积），约为淮河流域面积的 1/7，其中山区面积 9070 千米$^2$，丘陵区面积 5370 千米$^2$。沙颍河周口以上为上游，河长 324 千米，流域面积 25 800 千米$^2$；周口至阜阳市为中游，河长 174 千米，其间主要支流有新蔡河、新运河、黑茨河、汾泉河（图 11-5）[①]。据统计数据显示，2011 年沙颍河流域总人口达 2789 万人，耕地 2786 万亩，粮食总产量约 1500 万吨。该区域有丰富的煤炭资源，是我国重要的能源基地，工农业生产发展前景广阔。

① 张兴榆，黄贤金，于术桐. 2009. 沙颍河流域行政单元的排污权初始分配研究. 环境科学与管理，34（03）：16-20.

目前沙颍河流域水资源具有“水多、水少、水脏、水浑”的特点[①]。水多，是指沙颍河流域因暴雨中心分布集中，地理、气候等原因导致洪涝灾害频繁发生；水少，是指该流域水资源的时空分布与经济发展格局、耕地地域不相匹配，导致水资源供需失衡；水脏，是指该流域城市生活、工业生产随意排放污水导致水体严重污染；水浑，指该流域水土流失严重。因此，沙颍河流域承载着水资源供需矛盾日益加剧、水生态环境日趋恶化的双重压力，水危机越来越严重。主要表现在以下三个方面。

## 1. 水资源开发利用不合理

对于沙颍河流域而言，灌溉是农业发展的命脉，关系到该流域经济的发展，但是由于传统的大水漫灌方式造成了严重的水资源浪费现象，抬高了地下水位，诱发土壤次生盐碱化问题。

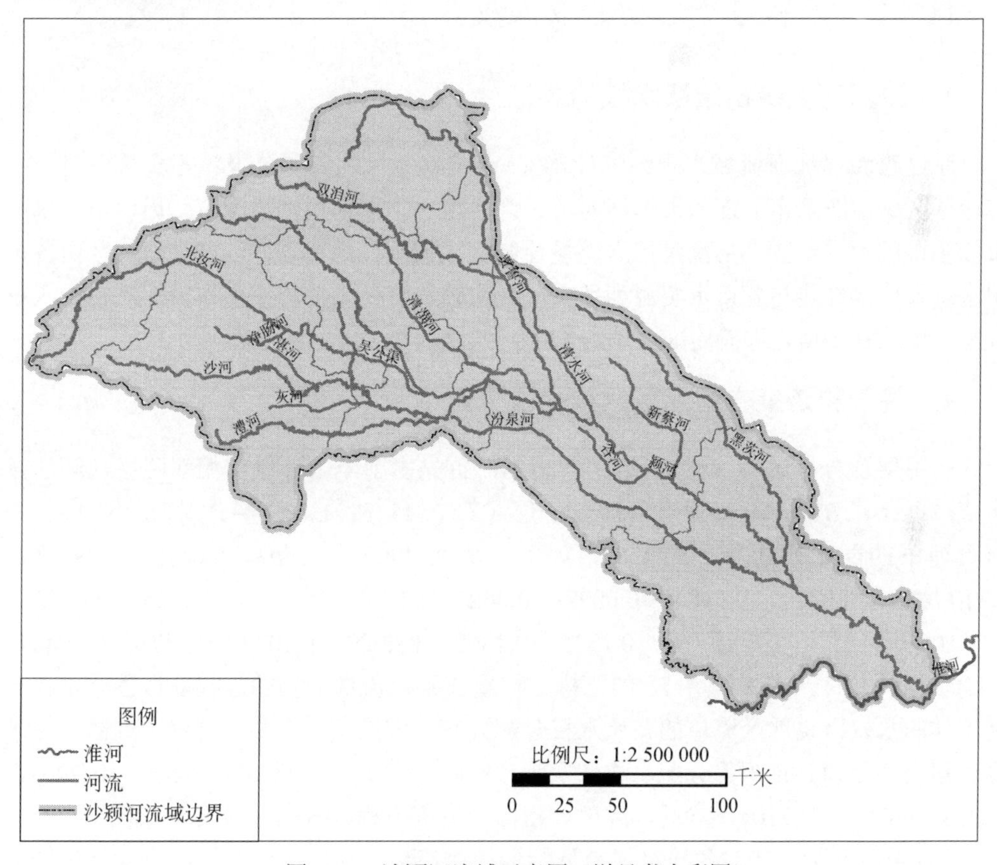


图 11-5 沙颍河流域示意图（详见书末彩图）

## 2. 产业结构不合理，高污染行业比重大

沙颍河流域的主要污染行业有造纸业、食品加工业、化学原料及化学制品制造

① 胡长虹，张含. 2005. 加快水环境与生态问题的研究实现沙颍河流域可持续发展// 中国水利学会、水利部淮河水利委员会. 青年治淮论坛论文集：5.

业、纺织业等，其对当地经济的贡献约为 1/3。这些高污染行业在给流域带来经济效益的同时，还产生了较多的污染物，比如其产生的 COD 占工业废水排放量的 80%。

### 3. 生态环境严重破坏，污染严重

沙颍河流域自产水资源量较少，多年平均水资源量仅占全国水资源总量的 3.4%，这导致其水环境承载能力较小。当地的污废水排放量达到全国污水排放总量的 8.4%，污废水过度排放造成污染物入河量超过多数水功能区的纳污能力，直接影响到饮水安全和生态环境健康发展。

沙颍河流域的用水矛盾和污染现状治理已刻不容缓，对该流域进行初始水权和初始排污权分配已成为沙颍河流域缓解用水矛盾和控制环境污染亟待解决的问题。

## 11.4.2 沙颍河流域初始取水权分配

### 1. 沙颍河流域初始取水权的确定

通过查阅《淮河流域水资源统计年鉴》《淮河流域水资源公报》等相关资料，确定计算区域内洛阳市、郑州市、开封市、许昌市、平顶山市、漯河市、周口市、阜阳市 8 个市的用水定额，为满足用水总量控制红线的硬性约束条件，结合研究区内各市用水总量控制红线与各市水资源利用量进行比较，将其中的较小值作为本次初始水权分配计算的初始值，即确定 8 个地级市的初始水权为 744 110 万米$^3$。

### 2. 基于和谐度方程的取水权初次分配

运用层次分析法①，通过构造比较矩阵，首先由上至下计算出相邻两层之间的排序值，再计算 *B*、*C* 和 *D* 层对目标层 *A* 层（其中 *A*、*B*、*C*、*D* 层分别表示图 11-3 中自上而下的四层）的总排序权重值如下：*B*={0.4909，0.1507，0.0670，0.2913}；*C*={0.1446，0.0279，0.3184，0.0092，0.062，0.0573，0.0222，0.0425，0.0175，0.0071，0.2185，0.0728}；*D*={0.1325，0.1868，0.0989，0.1029，0.1478，0.0980，0.1301，0.1031}。将决策层 *D* 的总排序权重值乘以流域的初始水权即得各个水权分配主体的水权，也就是流域的初始水权分配方案，即洛阳、郑州、开封、许昌、平顶山、漯河、周口、阜阳的分配水权依次为{98585，138986，73585，76561，109969，72915，96799，76710}。然后，运用单指标和谐度方程、多指标多准则加权集成的方法②，首先由下至上计算各地级市具体指标的单指标和谐度，然后由权重加权法和多准则集成法计算各地级市的和谐度，最后应用权重加权法计算出流域总和谐度为 0.3588，属于较不和谐的状态。

---

① （美）T. L. 萨蒂. 1988. 层次分析法——在资源分配、管理和冲突分析中的应用. 北京：煤炭工业出版社：2-202.
② 左其亭，张云. 2009. 人水和谐量化研究方法及应用. 北京：中国水利水电出版社：33-61.

### 3. 基于和谐目标优化的取水权二次分配

在计算出初步水权分配方案的基础上，进一步开展了基于和谐目标优化的取水权二次分配研究。研究中用到的优化模型的目标函数为

$$\mathrm{HD}=\max\sum_{j=1}^{8}W_j\cdot \mathrm{SHD}_{D_j}$$

$$=\max\sum_{j=1}^{8}W_j\cdot(W_{SP}\cdot \mathrm{SP}_{SHDj}+\mathrm{W}_F\cdot F_{SHDj}+\mathrm{W}_E\cdot E_{\mathrm{SHD}\,j}+\mathrm{W}_S\cdot S_{\mathrm{SHD}\,j})$$

$$SP_{\mathrm{SHD}\,j}=\sum_{i=1}^{3}W_i\cdot \mathrm{SHD}_{ij}\;;\;F_{\mathrm{SHD}\,j}=\sum_{i=1}^{2}W_i\cdot \mathrm{SHD}_{ij}\;;\;E_{\mathrm{SHD}\,j}=\sum_{i=1}^{4}W_i\cdot \mathrm{SHD}_{ij}\;;\;S_{\mathrm{SHD}\,j}=\sum_{i=1}^{3}W_i\cdot \mathrm{SHD}_{ij}\;;$$

式中，HD 为初始取水权分配的总和谐度；$j$ 为取水权分配主体个数；$W_j$ 为第 $j$ 个取水权分配主体的分配权重；$\mathrm{SHD}_{D_j}$ 为第 $j$ 个取水权分配主体的和谐度；$SP_{\mathrm{SHD}\,j}$、$F_{\mathrm{SHD}\,j}$、$E_{\mathrm{SHD}\,j}$、$S_{\mathrm{SHD}\,j}$ 分别为第 $j$ 个取水权分配主体相对于基本保障原则、公平原则、高效原则、可持续原则的和谐度；$W_i$ 为各个原则下某一具体指标的权重；$\mathrm{SHD}_{ij}$ 为第 $j$ 个取水权分配主体相对于某一原则下某一具体指标的和谐度。

约束条件如下。

基本保障原则：$SP_{\mathrm{SHD}\,j}=\sum_{i=1}^{3}W_i\cdot \mathrm{SHD}_{ij}\geqslant 0.6$。

可持续原则：$S_{\mathrm{SHD}j}=\sum_{i=1}^{2}W_i\cdot \mathrm{SHD}_{ij}\geqslant 0.4$。

公平性原则：$F_{\mathrm{SHD}\,j}=\sum_{i=1}^{4}W_i\cdot \mathrm{SHD}_{ij}\geqslant 0.4$。

高效原则：$E_{\mathrm{SHD}\,j}=\sum_{i=1}^{3}W_i\cdot \mathrm{SHD}_{ij}\geqslant 0.4$。

运用上面建立的优化模型，通过 Matlab 编程，将目标函数的负数（fmincon 函数求出的是目标函数的最小值）作为 fmincon 函数的目标函数，得到各取水权分配主体的和谐度（表 11-1）和初始取水权的优化分配方案，即优化后 8 个行政区的取水权分别为 8081、131524、108441、78146、95750、50326、142201、129571 万米$^3$/年。

**表 11-1　沙颍河流域初始取水权和谐分配结果评估**

| 行政区 | 初次分配 | | 二次分配 | |
|---|---|---|---|---|
| | 和谐度 | 和谐等级 | 和谐度 | 和谐等级 |
| 洛阳 | 0.2729 | 较不和谐 | 0.6741 | 较和谐 |
| 郑州 | 0.4757 | 接近不和谐 | 0.6030 | 较和谐 |
| 开封 | 0.4588 | 接近不和谐 | 0.5297 | 接近不和谐 |
| 许昌 | 0.3763 | 较不和谐 | 0.5762 | 接近不和谐 |
| 平顶山 | 0.4691 | 接近不和谐 | 0.6742 | 较和谐 |
| 漯河 | 0.4604 | 接近不和谐 | 0.6406 | 较和谐 |
| 周口 | 0.1994 | 基本不和谐 | 0.5974 | 接近不和谐 |
| 阜阳 | 0.0906 | 基本不和谐 | 0.4936 | 接近不和谐 |
| 合计 | 0.3588 | 较不和谐 | 0.6047 | 较和谐 |

由表 11-1 可见，研究区域的总和谐度由“较不和谐”提高到了“较和谐”，每个子区间的和谐度都得到了不同程度的提高。其中就单个子区间来看，周口、阜阳和谐度提高幅度最大，分别是从原来的 0.1994 和 0.0906（基本不和谐）提高到了 0.5974 和 0.4936，接近不和谐。经分析发现，产生这一现象的主要原因是周口和阜阳地处于沙颍河下游，水资源供给不仅在水量上，而且在水质上都得不到保障，这导致周口、阜阳即使在牺牲水环境效益的情况下，经济社会也没有得到很好发展。水权制度建立后，在以供定需的前提下，上游私自取水的情况将得到禁止，周口、阜阳两地的用水将得到保障，在经济发展的同时，生态环境也会得到极大改善。从分配结果来看，洛阳、许昌、平顶山、漯河虽然分配的水权有所减少，但和谐度反而有所增加。经分析可知，过去上述四区经济发展主要采用粗放式发展，和谐优化方案通过缩减供水量，促使这些区域通过改革发展模式，调节产业用水结构来推动本地区的发展，同时在环境用水得以保障的前提下，自然环境也得到了改善。

### 11.4.3 沙颍河流域初始排污权分配[①]

#### 1. 沙颍河流域初始排污权的确定

根据淮河流域的水功能区规划成果，并将水资源三级分区套地级行政区作为分区结果来进行初始排污权分配。由此，以洛阳市、郑州市、开封市、许昌市、平顶山市、漯河市、周口市、阜阳市 8 个地市作为排污权分配主体，选取污染物中较易获取资料的 COD 作为排污权分配的客体。排污权比较抽象，故采用限制排污总量来进行衡量，以使分配具有可操作性。根据《淮河流域纳污能力及限制排污总量研究》[②]报告的研究成果：沙颍河流域的排污权（即限制排污总量）为 82 810 吨/年（按 COD 计）。限制排污总量计算时的水文数据采用 90%保证率下的最枯月平均流量，为保持水文数据的一致性，在对水资源总量、水功能区达标率等其他评价指标取值时，所选用的水文数据也采用近似频率下枯水年的来水条件。

#### 2. 基于和谐度方程的排污权初次分配

运用层次分析法，通过构造比较矩阵，由上至下计算出相邻两层之间的排序值，再计算 $B$、$C$ 和 $D$ 层对目标 $A$ 层（其中，$A$、$B$、$C$、$D$ 层分别表示图 11-4 自上而下的四层）的总排序权重值如下：$B$=（0.3021，0.6325，0.0653，0.1414）；$C$=（0.2020，0.0266，0.0734，0.1789，0.4070，0.0467，0.0163，0.049，0.1061，0.0354）；$D$=（0.0802，0.1835，0.103，0.083，0.1204，0.1218，0.1518，0.1564）。将决策层 $D$ 的总排序权重值乘以流域限制排污总量即得各个排污权分配主体的排污权，即流域的初始排污权分配方案为（6639，15194，8532，6869，9968，10085，12573，12950）（单位为吨/

① 该部分的主要内容来源于下列阶段性成果：王艳艳，窦明，李桂秋. 2014. 基于和谐目标优化的流域初始排污权分配方法研究. 水利水电科技进展，35（02）：12-16，51.

② 汪斌. 2006. 淮河流域纳污能力及限制排污总量研究//淮河水利委员会研究报告.

年）。然后，运用单指标和谐度方程、多指标多准则加权集成的方法，首先由下至上计算各个排污权分配主体在相应分配原则下相对于某具体指标的单指标和谐度，然后由权重加权法和多准则集成法计算各个排污权分配主体的和谐度（表 11-2），最后应用加权法计算流域总和谐度为 0.6340，达到较和谐的状态。

从分配原则上看，尊重现状原则的排序权重值最大，为 0.6325，其次是公平性原则，权重为 0.3021。这应该与沙颍河流域严重的污染现状有关，即使削减排污量、恢复水环境容量空间很重要，但是考虑到经济发展的重要性和当地产业结构的不合理性、污水处理效率低等原因，在研究区开展初始排污权分配时首要考虑的问题还应该是各个排污权分配主体的排污现状。从具体指标来看，人口密度所占的比重最大为 0.202，这表明人口密度分布集中的区域对水体的排污较多，是合理的。从分配方案来看，郑州市的排污权分配权重最大，占 0.1835，这与郑州市是河南省会有很大关系，该地区人口密度大，产业集中，环境问题突出，因此需要支配较多的排污权以协调经济、社会、环境的全面发展。

虽然排污权的初次分配使流域的总和谐度达到了 0.6325，但是计算结果不尽理想，如洛阳市的现状排污量是 2434 吨/年，但是流域初始分配的排污权却为 6639 吨/年，不切合实际，因此需要对流域初始排污权的分配进行微调，以使流域的排污权分配方案更加合理。

### 3. 基于和谐目标优化的排污权二次分配

由于运用层次分析法计算出来的权重可能与当地的实际情况不太相符，和谐评估的结果不尽如人意，为整体提高各个区域的和谐度，有必要对初始分配方案进行微调，以使流域总和谐度得到提升。下面通过构建基于和谐目标优化的排污权分配模型，并采用 Matlab fmincon 函数识别出优化方案，以使初始排污权的分配结果更加合理可行。

将流域初始排污权分配总和谐度最大（即目标函数值 HD 达到最大值）作为和谐目标，建立如下优化模型。

（1）目标函数：

$$\mathrm{HD}=\max\sum_{j=1}^{8}W_j\cdot\mathrm{HD}_{D_j}=\max\sum_{j=1}^{8}W_j\cdot\left(W_F\cdot\mathrm{HD}_{Fj}+W_R\cdot\mathrm{HD}_{Rj}+W_E\cdot\mathrm{HD}_{Ej}+W_S\cdot\mathrm{HD}_{Sj}\right);$$

$$\mathrm{HD}_{Fj}=\sum_{m=1}^{3}W_m\,\mathrm{HD}_{mj};\quad \mathrm{HD}_{Rj}=\sum_{n=1}^{3}W_n\,\mathrm{HD}_{nj};\quad \mathrm{HD}_{Ej}=\sum_{P=1}^{2}W_P\,\mathrm{HD}_{Pj};\quad \mathrm{HD}_{Sj}=\sum_{q=1}^{2}W_q\,\mathrm{HD}_{qj}$$

式中，HD 为初始排污权分配的总和谐度；$j$ 为排污权分配主体个数；$W_j$ 为第 $j$ 个排污权分配主体的分配权重；$\mathrm{HD}_{D_j}$ 为第 $j$ 个排污权分配主体的和谐度；$\mathrm{HD}_{Fj}$、$\mathrm{HD}_{Rj}$、$\mathrm{HD}_{Ej}$、$\mathrm{HD}_{Sj}$ 分别为第 $j$ 个排污权分配主体对应各原则下的和谐度；$\mathrm{HD}_{mj}$、$\mathrm{HD}_{nj}$、$\mathrm{HD}_{Pj}$、$\mathrm{HD}_{qj}$ 分别为第 $j$ 个排污权分配主体相对于各分配原则下某一具体指标的和谐度；$W_F$、$W_R$、$W_E$、$W_S$ 及 $W_m$、$W_n$、$W_P$、$W_q$ 分别为公平性原则、尊重现状原则、高效性原则和可持续性原则对应的权重及各个原则下各个具体指标的权重；$W_j$ 为第 $j$ 个排污权分配主体的分配权重。

（2）约束条件：

$$\text{s.t.}\begin{cases}\sum_{j=1}^{8}\rho_j \leqslant \rho_0\\ 0.8Q_j \leqslant \rho_j \leqslant 1.2Q_j\\ W_F+W_R+W_E+W_S=1\\ \sum_{m=1}^{3}W_m=1;\sum_{n=1}^{3}W_n=1;\sum_{P=1}^{2}W_P=1;\sum_{q=1}^{2}W_q=1;\sum_{j=1}^{8}W_j=1\end{cases}$$

式中，$P_j$ 为每个主体分配的限制排放量；$P_0$ 为流域的限制排放总量；$Q_j$ 为每个排污权分配主体的水功能区纳污能力。为保障水体的可持续利用，需保证分配给各个主体的污染物排放总量不高于流域污染物的限制排放量。在通常情况下将所有分配主体的污染物排放量均削减到水功能区纳污能力以下是不现实的，因此认为污染物排放量不大于当地水功能区纳污能力时，污染物排放是和谐的；当污染物排放量大于水功能区纳污能力时，和谐度降低；当污染物排放量达到或超过$1.2Q_j$时，认为此时污染物排放是不和谐的。

由于沙颍河流域水污染严重，考虑到经济社会的发展需要，将流域总排污权全部分配到各个排污主体，即$\sum_{j=1}^{8}\rho_j=\rho_0$。运用上面建立的优化模型，得到各个排污主体的和谐度（表 11-2）和排污权分配的优化分配方案，即优化后 8 个行政区的排污权分别为 2222 吨/年、18 207 吨/年、5139 吨/年、7721 吨/年、9468 吨/年、9868 吨/年、13 847 吨/年、16 338 吨/年。

**表 11-2　沙颍河流域排污权和谐分配结果评估①**

| 行政区 | 和谐度 | | 和谐等级 | |
|---|---|---|---|---|
| | 初次分配 | 二次分配 | 初次分配 | 二次分配 |
| 洛阳 | 0.3722 | 0.7791 | 较不和谐 | 较和谐 |
| 郑州 | 0.8241 | 0.8241 | 基本和谐 | 基本和谐 |
| 开封 | 0.1852 | 0.5921 | 基本不和谐 | 接近不和谐 |
| 许昌 | 0.5625 | 0.5625 | 接近不和谐 | 接近不和谐 |
| 平顶山 | 0.6794 | 0.6794 | 较和谐 | 较和谐 |
| 漯河 | 0.6611 | 0.6611 | 较和谐 | 较和谐 |
| 周口 | 0.6941 | 0.6941 | 较和谐 | 较和谐 |
| 阜阳 | 0.7640 | 0.764 | 较和谐 | 较和谐 |
| 合计 | 0.6340 | 0.7085 | 较和谐 | 较和谐 |

由表 11-2 可见，流域的总和谐度由 0.6340 提升到 0.7085，有一定程度的提高。其中洛阳、开封两市的排污权分配和谐度有了较大提升，这是因为将原来分配给这两个城市的部分排污权调整到其他区域，使得排污分配结果更加合理，和谐度均有相应增加。

① 和谐等级根据以下文献中的和谐等级进行划分：左其亭．2009．和谐论及其应用的关键问题讨论．南水北调与水利科技，7（05）：101-104.

# 第 12 章　基于用水总量控制和定额限制的水权交易机制*

自党的十八届三中全会以来，党的多次重大决定建设将水权制度、培育水市场等战略决策作为今后国家工作的重要内容之一，这表明我国未来一个阶段内水利工作核心将是构建和完善水权交易机制。纵观我国水权交易实践，其所取得的成功经验是进一步构建水权交易机制的重要支撑，由此引发的一些问题也是今后工作应着力探析的研究方向。特别是在落实最严格水资源管理制度中，如何灵活运用市场机制来推进制度建设将是水权交易机制研究的重要内容。基于最严格水资源管理制度和水市场建设的实际需求，本章将从水权交易模式设计、可交易水权量化和制度保障措施等方面来探索我国水权交易机制的理论体系，并以沙颍河流域为例验证理论方法的合理性。

## 12.1　水权交易概述

开展水权交易的重要意义，就是通过经济手段缓解水资源供需矛盾，发挥市场在资源配置中的作用[①]，进而达到提高水资源的配置效率、促进节水的目的。本节主要阐述了水权交易的研究进展、我国水权交易模式，并在收集整理国内外水权交易案例、政策的基础上总结了水权交易的实践经验。

---

* 本章执笔人：窦明、李胚、赵培培。本章研究工作负责人：窦明、胡德胜。主要参加人：李胚、窦明、胡德胜、赵培培、左其亭、张翔。

本章部分内容已单独成文发表，具体有：（a）胡德胜，窦明，左其亭，等. 2014. 我国可交易水权制度的构建. 环境保护，（04）：26-30；（b）胡德胜，窦明，左其亭，等. 2014-03-12. 构建可交易水权制度. 中国社会科学报，A07；（c）李胚，窦明，赵培培. 2014. 最严格水资源管理需求下的水权交易机制. 人民黄河，36（08）：52-56；（d）赵培培，窦明，洪梅，等. 2016. 最严格水资源管理制度下的流域水权二次交易模型. 中国农村水利水电，（1）：21-25.

① 张亮. 2014. 推进水权交易制度建设缓解水资源供需矛盾. 中国发展观察，（08）：33-35.

### 12.1.1 水权交易进展回顾

早在 20 世纪中期以前，就开始了对水权交易的探讨，其概念源于水资源稀缺性，而又滞后于“水资源”，不同于“水资源”[①]。水资源反映的主要是人与自然的关系，而水权交易反映的重点则是人与人之间的关系[②]。20 世纪 80 年代，部分国家或地区建立了正式的水市场，此时水权交易作为水资源配置的一种重要手段而被广泛应用[③]。水权交易最早出现在美国的西部地区，随后在世界各地逐渐发展成熟，目前主要有正规水市场和非正规水市场两种形式。在南亚的一些缺水国家（如巴基斯坦、印度），非正规水市场得到了快速发展，出现了自发的地方性水市场。而智利和墨西哥则建立了国家级正规水权交易市场，美国和澳大利亚的一些州也建立了类似体系，但出于政治和环境因素，以及保护第三方利益的目的，它们在进行水权交易时有很多限制条件，从而增加了交易成本，限制了很多有益的交易行为。另外，为防止垄断现象出现，美国西部和墨西哥均采用了有效用水原则，这在一定程度上也达到了预期效果。例如，美国爱达荷州于 1979 年成立了“水银行”，其运行方式沿袭了早期民间运河公司经营租赁水池的管理模式；加利福尼亚州和得克萨斯州也分别于 1991 年和 1993 年成立了各自的水银行，随后这种水权交易方式被智利引进作为一种水资源管理手段来实施，其理论和实践经验得到了不断创新和丰富。在国内，有学者将水银行理论与我国水资源管理实际相结合，提出水权交易所的概念，为水权交易提供平台；有学者提出以流域为单元来建立水权交易所，来进行水权交易。此后，有学者将拍卖理论引入到水权交易中，提出了水权拍卖交易方式；将实物期权理论应用到水权交易中，提出了水权交易期权交易方式；将水权交易所与期权理论结合，弥补了水权现货市场的不足[④]。此外，“准市场”机制的引入能将国家宏观调控和市场微观调节进行有机结合，将成为今后我国从单一的行政配水方式走向多元配置的重要途径。

我国水权交易实践起步较晚。近年来虽然在张掖等地区开展了有关水权交易的试点，但严格意义上来说我国水权交易机制还未完全建立。有关水权交易方面的研究也主要在 2000 年东阳-义乌水权交易后，才开始真正引起学术界重视。究其原因，可归纳为以下两点：一是水形势的严峻性没有得到社会广泛关注，而计划经济下配置资源的传统管理方式在我国仍具有一定的优越性，在水资源需求基本得到满足的前提下调整配置方式或改变分配模式会增加水资源开发利用的成本，加大有形无形的资本投入，不符合事物发展的一般规律；二是受水法律立法局限性的制约，如 2002 年修订的水法是基于当时对水资源管理和市场机制的认识和把握，对水权制度做出了有关说明；我国实行的取水许可制度中明确禁止水权转让，也是出于对水资源公共性和社会整体利益的考虑，这样的规定无可厚非，但从发展的角度来看

① 裴丽萍. 2007. 可交易水权论. 法学评论，(04)：44-54.
② 张仁田，童利忠. 2002. 水权、水权分配与水权交易体制的初步研究. 水利发展研究，(05)：13-17，25.
③ 王金霞，黄季焜. 2002. 国外水权交易的经验及对中国的启示. 农业技术经济，(05)：56-62.
④ 陈洁，许长新. 2006. 我国水权期权交易模式研究. 中国人口·资源与环境，16，(02)：42-45.

无形中制约了水资源配置的灵活性和有效性，削弱了个人、集体甚至社会参与资源分配的积极性，水资源分配中集规划、管理、监督于一体的模式也加大了对水权监督工作的风险，使水资源供需矛盾不能得到很好的解决，并有可能引发产业结构不合理、发展不平衡的负面效果。因此，在借鉴国内外经验的基础上，探索建立一套符合我国国情的水权交易机制，对于今后水资源管理工作的开展和最严格水资源管理制度的落实具有重要意义。

### 12.1.2　水权交易管理需求分析

近年来，用水规模的日益扩大导致水资源过度开采，不能满足用水户的用水需求，提高水资源利用效率、优化配置水资源已成为实施最严格水资源管理制度的关键，而水权交易制度作为落实最严格水资源管理制度的重要市场手段，能有效推动节约用水和水资源优化配置工作的开展。此外，最严格水资源管理制度对水权制度建设也提出了一些新的要求，如从“三条红线”落实到考核目标量化，从制度体系建设到人水和谐目标实现，均体现出其对水权交易的具体要求。通过归纳，可概述为以下三点：一是对水资源开发利用总量控制的目标需求，它要求在建立水权交易机制时给出合理的可交易水权量化方法，严格限制取用水总量已经达到或超过控制指标地区的水权流转，并对水权交易原则和交易流程加以限制；二是对水资源开发利用效率控制的目标需求，对于没有完成节水指标的水权持有者，禁止或限制其作为交易主体进入水市场；三是对排污总量控制的目标需求，在考虑水权交易的同时还应考虑水功能区纳污能力及污染源的减排潜力[①]。

为适应最严格水资源管理的需求，我国新时期水权交易机制应具备以下特色。①以“三条红线”作为水权交易的重要约束[②]。在进行可交易水权核算、水权交易范围设定、交易流程监管等方面应充分体现“三条红线”对水权交易的约束力，这是水权交易得以持续发展的根本要求。②必须清晰界定水权交易的主客体。只有清晰界定水权交易主客体，才能明确水权交易双方的责、权、利关系，有效防止舞弊钻营和水事纠纷现象的发生[③]。清晰界定水权交易的主客体，不仅要明确其概念，还要给出其内涵与范围，以便划定各种权责关系。③满足不同层次的交易需求[④]。由于不同用水户对水资源的需求存在差异，在水市场建立和运营过程中不仅要充分考虑市场的层次性、行业性和区域性，还要结合各地取水和用水的实际情况，理顺水权交易的层级转换关系。④明确市场与政府的分工。明确分工是充分发挥市场配置资源效率与政府监督管理职责的重要手段，能有效避免市场失灵和政府过分干预。⑤建立全国性的水权交易平台。跨流域或跨省调水对最严格水资源管理制度的落实提出了严峻考验，建立全国性

① 王偲，窦明，张润庆. 2012. 基于“三条红线”约束的滨海区多水源联合调度模型. 水利水电科技进展，32（06）：6-11.

② 水权改革：试点水权交易将组建水权交易所. http：//www.guancha.cn/society/2015_03_22_313159.shtml［2015-4-3］.

③ 陆益龙. 2009. 水权水市场制度与节水型社会的建设. 南京社会科学，（07）：94-100.

④ 李伯牙. 2014-03-10. 中国水权交易探索：地方先行水利部曲线推进. 21 世纪经济报道，011.

水权交易平台能有效协调初始水权分配机制在跨流域配水方面的不足，并且对全国水权交易起到示范引领的作用。

基于以上考虑，笔者提出了“用户-流域-跨流域”三级水权交易模式，并对其中的关键技术进行研究，力图形成一套交易目标明确、交易原则严谨、交易模式可行的水权交易机制。另外，根据水权交易主客体的差别，又将其进一步分为取水权交易和用水权交易两个方面，主要依据 2002 年水法中取水许可制度赋予的权利进一步明确为取水权，而 2007 年物权法中将取水权纳入了用益物权保护范畴，标志取水权“从行政许可权”向“用益物权”转变，为此从取用水的实际出发，考虑其区别及实际用水户的积极性，本节研究将水权交易界定为取水权交易与用水权交易两个方面。除特别注明外，本章水权交易均采用取-用水权交易的内涵。

## 12.2 水权交易模式设计

水权交易模式是在一定水资源管理策略下开展的水权交易管理制度体系，旨在为水权交易市场的建立和运转提供一种可供参照的行为准则。笔者以最严格水资源管理制度为背景，考虑交易过程中用水户、区域和流域之间水权交易主客体的差异性，并基于用水定额和取用水总量的限制，构建了三级取-用水权交易模式（三级指“用户-流域-跨流域“三级”)。基于用水定额限制的用水权交易，对应用户级的水权交易；基于用水总量控制的取水权交易，对应流域内行政区级和跨流域级的水权交易。最严格水资源管理制度中，取-用水权交易起的作用是不一样的：用水权交易更有利于实现用水效率控制红线，推动节水工作的开展；取水权交易更有利于实现区域用水总量的控制，推动区域之间水资源的优化配置。同时，三级取-用水权交易也不是割裂的，而是相辅相成、紧密联系的，共同构成一个有机整体。该水权交易模式的设计旨在实现不同用户之间的水权转让，并对不同方面的水权交易工作进行分层次、有侧重的管理。

### 12.2.1 相关概念界定

#### 1. 水权交易的概念

水权交易是以水资源这一特殊的“物品”作为载体，将其使用权像商品一样在不同主体之间进行买卖交易的经济行为。立足于我国最严格水资源管理的需求，并结合前面对水资源使用权的分类，将水权交易分为取水权交易和用水权交易两个方面。通过调研发现，市场交易的随机性、盲目性和自发性是当前市场经济无法回避的主要问题，国家的宏观调控手段是弥补市场经济缺陷的重要举措[①]，因此在水权交易机制建

① 贾康. 2003. 关于社会主义市场经济下的宏观调控. 广东商学院学报，(05)：11-13，64.

设过程中，既要充分利用市场的能动性，也要发挥政府的宏观调控职能。笔者提出的取-用水权交易模式是将市场配置资源和国家宏观调控两种手段紧密结合，能促进管理因地制宜和水权交易机制的形成。其中，取-用水权交易模式将水权交易的属性和主客体进行了区分和关联：一方面，取-用水权交易所对应的管理控制红线不同，取水权主要针对总量控制红线，而用水权主要针对效率控制红线，这样划分管理的目的性更强，有利于“红线”的落实；另一方面，在水市场建设初期，根据交易带来的影响及其交易主客体的差异，实行取水权准市场交易方式和用水权的自由市场交易方式相结合的模式更符合中国的实际情况。其中，取水权交易是在区域用水总量控制红线的约束下，以当地节约水量和预留水量为基础，以地方政府作为交易主体，对辖区内的可交易取水权进行跨区域交易的过程，类似于准市场交易方式；用水权交易是在用水效率控制红线的约束下，以各行业的节水潜力为基础，以实际用水户、水权交易中心为交易主体，对区域内的可交易水权进行境内交易的过程，是一种自由市场交易行为。

在对水权交易概念阐述的基础上，有以下四点需要说明：①水权交易受到多条红线的约束，在面向不同对象时管理红线所起的作用和约束效力也不相同。例如，取水权交易侧重于用水总量控制红线的实现，这是区域水权总量划定的基础；用水权交易则侧重于用水效率控制红线的实现，这是实施定额管理和节约用水的依据。②从水权交易主客体来看，由于在取水管理、用水管理等不同阶段会涉及不同的管理者和管理对象，所以其交易的主客体也是不同的。③从市场角度来看，取水权交易是一种准市场，政府干预较强，具有一定的强制性特点；用水权交易则更趋向于常规市场，实际用水户在交易中占有主导地位，由市场需求来决定水权的流转方向，政府主要承担宏观调控、监督管理等职责。④取-用水权交易模式并不是一成不变的，而是随着水资源管理水平的提高、水市场机制的完善而变化的，在相应理论研究、制度建设方面也应与时俱进。

### 2. 水权交易的主客体

#### 1）水权交易主体界定

在我国现行水资源管理工作中，取水权等同于水权。这很容易造成将诸如供水公司、水库管理局等供水单位作为水权主体参与水权交易，这与水权交易机制建立的初衷并不相符。允许此类交易自由发生，将很可能导致最严格水资源管理制度实施目标难以实现。因此，从水资源管理的需求出发，笔者认为应将取水权交易与用水权交易的主体分开，这样便可有效解决水权交易主体不清的问题：取水权交易的主体不是实际用水户，而是代表地方政府的相关管理部门或水权交易中心，其水权交易多是在区域或流域层面来完成的；用水权交易面向的是实际用水户，其水权交易是在行政区域内不同用水户之间来完成的。对于目前存在的诸如政府与企业间签订水权转让协议或水资源管理单位作为交易主体进入市场的情况，应规范其行为，尽量保证交易结果的客观公正。

基于以上理解，进一步对水权交易主体做出如下限定。①水权交易的出让主体应是有完全民事行为能力的自然人或者具有独立法人地位的组织，同时要经水权交易中心认可才能将节余水权转让。②用水权交易是区域内实际用水户之间的交易，其出让方是一定量和质的结余或预留水资源使用权合法持有者，交易主体主要包括企事业单位、农村集体组织、个人、水权交易中心等用水权持有者。③取水权交易是跨区域或跨流域的水权交易，其出让方是持有一定量和质的节余或预留水资源使用权持有者，交易主体包括各级人民政府、水行政管理部门、水权交易中心。④水资源作为集体财产交易时，要征得集体同意后方可进行转让；水资源使用权以国有成分出现时，还需经国有资产监督管理部门的批准。⑤水权交易的受让主体应是合法的水资源使用者或经营者，且必须经过水权交易机构的认可。

2）水权交易客体界定

基于对水权概念的解释，一些学者对水权交易的客体也进行了有益探索。例如，裴丽萍[①]将可交易水权分为比例水权、配水量权和操作水权，并分别给出了不同的交易客体，比例水权客体是特定水源中一定比例的水资源，配水量权客体是特定水域中的一定水量，操作水权客体是可采用某种特定方式实际利用的水量；许长新[②]认为水权交易的客体是生产用水节余的水权；李晶[③]认为水权转让的客体包括有形实体和无形权利，即天然状态下未经开发利用的水资源和其本身所具有的使用权、收益权等各项权益。通过对《取水许可和水资源费征收管理条例》《水利部关于实施水权转让的若干意见》的理解，笔者认为水权交易的客体应该是在满足最严格水资源管理制度和初始水权分配制度前提下可用来交易的水权，其中取水权交易的客体主要是通过节约用水获得的节余水权及本地区初始分配时的预留水量，而用水权交易客体主要是实际用水户节余的水权。

基于以上理解，对水权交易客体做出如下限定。①针对实际用水户而言，其交易的水权数量应小于取水许可审批的水量。②在取水权交易时，跨区域交易或跨流域交易的水权数量应小于相应行政区或流域的节余水量与预留水量之和。③严格意义上，优质水不应向高耗水、高污染行业转让，如果确实需要转让必须评估交易带来的负外部性，并对受损方做出补偿。④严格限制保障基本生活用水和生态用水、特殊情况用水（如战略储备用水、城市应急供水、农业抗旱用水等）的水权作为水权交易的客体。

### 3. 取-用水权交易内涵分析

取-用水权交易是以实际用水户为用水权交易基本单位，以行政区域为取水权基本单元，依次向上延伸到流域和跨流域层面的交易。取-用水权交易模式主要针对两种形式的水权（即取水权和用水权）进行转换（图 12-1）：一是，基于取水总量控制

---

① 裴丽萍. 2008. 可交易水权研究. 北京：中国社会科学出版社：93-170.
② 陈洁，许长新. 2006. 我国水权期权交易模式研究. 中国人口. 资源与环境，(02)：42-45.
③ 李晶. 2008. 中国水权. 北京：知识产权出版社：20-23.

的取水权交易，简称为取水权交易，其主要面向流域内跨行政区或跨流域的水权交易；二是，基于用水定额限制的用水权交易，简称为用水权交易，主要面向实际用水户之间的交易。

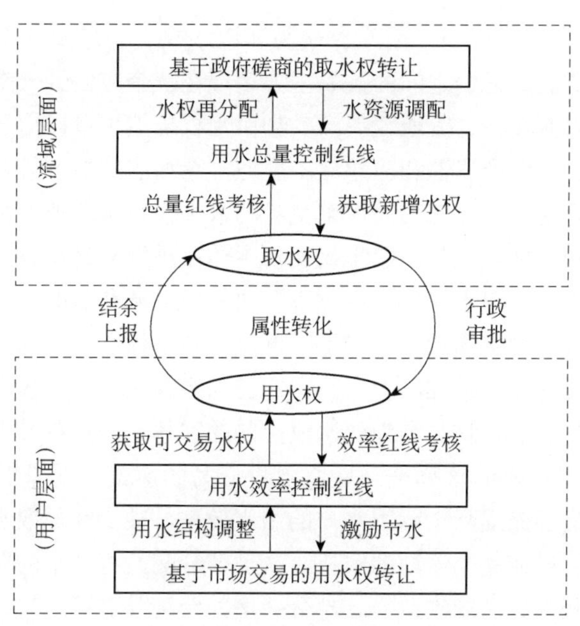


图 12-1　取-用水权交易转换关系

以上取-用水权交易在最严格水资源管理制度落实过程中所起的作用是不一样的。用水权交易对应着实际用水户之间的水权交易，其交易客体仅限于用水户通过采取节水措施而节余的水量。在用水权交易过程中，实际用水户为获得最大的经济效益，通常会主动采取节水措施、调整不合理的用水方式，这就产生了内在的激励作用，促使用水户自发节水。另外，当其他用水户为寻求更大利益而扩大生产规模时，新增用水需求可以在水权交易市场中通过购买新的用水权来满足，但这会相应地增加生产成本，因此用水户会考虑投入的成本。其中，合理的水价机制可以平衡两者关系，使用水效率和经济效益达到一个最优状态。而且当鼓励进行用水权交易时，一些高耗水、高污染企业因生产单位产品的成本较高，反而不如直接出售水权获得的利润高，这就会使得用水权由高耗水企业向低耗水企业流转。由此良性循环下去，能在保障经济发展的同时，推动节水工作的开展，实现用水效率控制红线考核目标。

取水权交易对应着跨区域或跨流域层面的水权交易，其交易客体是本单元通过节约用水获得的节余水量和部分预留水量。实施取水权交易，一方面，可以促使各地区水资源管理机构为获得本地区经济、社会和环境效益的提升而去争取取水权，从而形成一种优化区域和流域用水总量的现象，这有利于实现用水总量控制指标，推动区域间的水资源优化配置；另一方面，严格的考核制度及相应的奖罚措施会促使其推进区域内节水措施的推广，主动调整不合理的用水结构，进而完成最严格水资源管理制度的考核目标。由此可见，取-用水权交易模式设计，不仅有利于促进节水工作由下到上在不同层面的开展，形成良好的节水增产氛围，还有利于理顺不同层面的责、权、利关系，推进最严格水资源管理制度中“用水总量控制红线”“用水效率控制红线”的落实。

在取-用水权交易模式中，用水权交易和取水权交易之间并不是割裂的，而是紧密联系、相辅相成的。它们之间的关系主要表现在三个方面。一是，在取水权交易环节，可交易水权限制较少、流通较灵活，预留水权虽然也可以用于取水权交易，但由于其具有一定的公有财产属性和应急储备属性，牵涉的利益方较多，所以不容易像节余水量那样处置方便。总体来看，用来交易的取水权在量和质上都与交易后赋予的用水权保持较高的相关性，二是，取水权交易主体在进行交易决策时通常要考虑用水权交易主体的基本需求。取水权交易主体不仅要考虑区域利益的实现，还要考虑作为集体成员的实际用水户的主观意识，平衡区域总体和个体之间的利益关系；三是，取水权交易和用水权交易在交易程序上存在一定的因果关系。取水权交易往往在交易程序中处于用水权交易之后，这是因为取水权交易的客体在一定程度上依附于用水权交易的客体，可交易用水权的核算是开展取水权交易的前提。两者的促进关系主要体现在：通过用水权交易能提高实际用水户的用水效率，减少区域取水总量，而取水权交易能通过对整个区域或整个流域的水权再次调节分配，将节余的取水权进行跨区域交易，从而使全区获得更高的收益，这部分新增的经济效益可用来改进用水权转让用户的节水技术或给予一定的经济补偿，提高其节水积极性，促进区域整体用水效率的提高，并有利于用水效率控制红线的落实。

### 12.2.2 水权交易模式设计思路

#### 1. 设计思路

笔者设计的水权交易模式，是在认真贯彻落实人水和谐理念与最严格水资源管理制度，尊重自然规律和社会经济发展规律的基础上，依托于流域管理与区域管理相结合的管理制度，以刺激形成内在的节水机制、落实最严格水资源管理制度、促进节水型社会建设为目标，以水资源开发利用总量控制红线、效率控制红线为切入点，以可持续、总量控制、优先用水保障和公平公正为基本原则，以交易的区域限制、时间限制、行业限制等相关限制为具体准则，以水权交易流程为核心，围绕取-用水权概念而提出的一套三级取-用水权交易思路。该水权交易模式的提出，有利于实现水权交易从理论到实践的过渡，为未来全国层面的水市场构建提供支撑，有利于强化相关部门对水权交易的监督管理能力，促进水资源可持续利用对社会可持续发展的支撑。具体如图 12-2 所示。

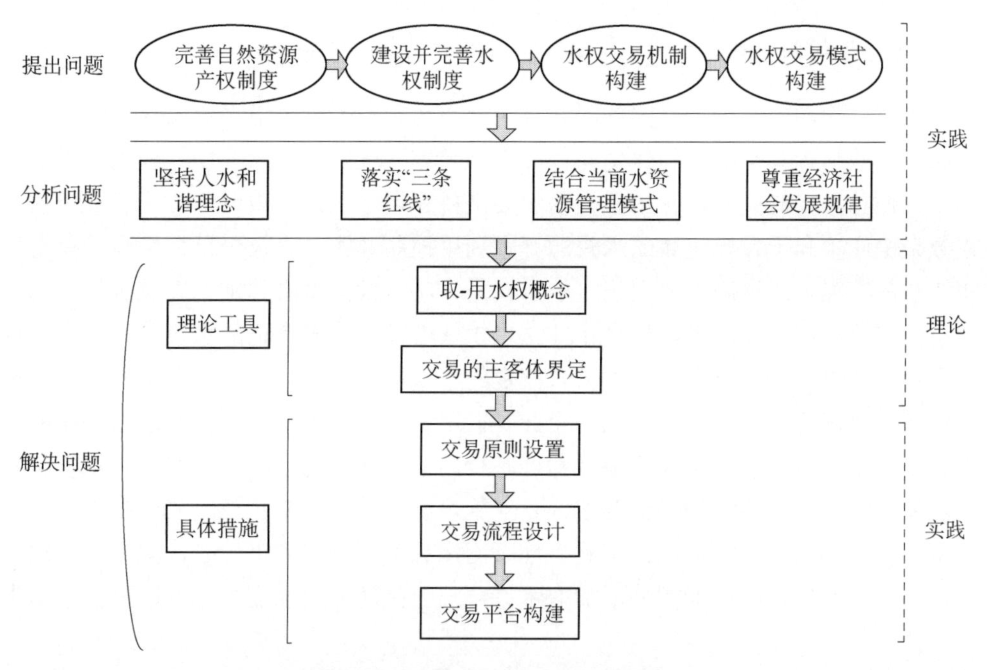


图 12-2　水权交易模式设计思路图

## 2. 水权交易基本原则及限制条件

以上构建的三级取-用水权交易模式要依托各级水市场来实现水权交易。为确保交易的公正有效，在交易过程中必须遵循相应的交易原则。市场交易原则是市场交易活动中规范交易方式和程序的依据，常规的市场交易原则包括自愿、平等、公平、诚实信用等①，这些原则从不同方面对市场上买卖双方的交易方式和交易行为进行了规范。此外，在水权交易过程中，还应遵循以下四个方面的交易基本原则。

1）可持续原则

可持续发展是以保护自然资源环境为基础，以激励经济发展为依据，以改善和提高人类生活质量为目标的发展理论和战略②。同时，它也是最严格水资源管理制度实施的前提，是实现人水和谐的内在要求。在进行水权交易时，应以服务于区域可持续发展为导向，制订科学合理的交易方案，降低由水权交易带来的负外部性，促进水资源的可持续利用和用水结构的优化。在可持续原则下，应尽量做到以下三点：一是水权交易不能与可持续发展相冲突，应严格限制不合理的交易行为，如限制拥有优质水源用水权的用户向高污染行业出售水权，或禁止购买初始分配水权以外的水权；二是应对水权交易造成的环境影响程度（或价值）进行评估，并采取相应措施降低交易造成的负面影响；三是用来交易的水权应该符合经济价值流从低向高的流动规律，防止营私舞弊的恶意水权交易现象发生，确保水资源价值得到实现。

① 吴进平. 2001. 市场交易的原则. 中学政治教学参考，(03)：35-37.
② 牛文元. 2012. 中国可持续发展的理论与实践. 中国科学院院刊，(03)：280-289.

2）总量控制原则

水权交易的各环节应以国务院和各级行政区颁布的最严格水资源管理制度“三条红线”考核目标为基准，任何交易都应在不突破区域用水总量控制红线的前提下来完成。遵循总量控制原则，在水权交易中要坚持三点：一是流域或地方确权登记的水权在数量上应不高于目标区域的水资源开发利用控制红线，确权登记是检验“总量”控制红线的准绳，经过确权登记确定的水权是开展水权交易的基础。确保确权登记的水权总量在目标红线范围内，能防止非法水权（不经过确权登记的水权）进入水市场，若不对此加以限制，将会导致不符合规定的水权进入市场，扰乱水市场秩序，不利于水资源的管理和保护。二是行业、企业等取用和出让的水权总量应严格限制在取水许可允许的水量范围内，水权交易必然会减少出让主体的允许取用水量，是水权交易反映和落实“三条红线”的必然要求，是实施水资源总量控制管理的关键技术。三是当地方确权登记的水权总量已经达到该地区用水总量控制红线指标时，应禁止该地区继续增加确权水权，即不能额外增加取水许可，但就新增用水需求可以通过水市场来寻求解决途径。

3）优先保障原则

水权交易通常会涉及不同用户的不同需求，而有限的水资源又不能同时满足所有用户的用水需求，此时优先保障基本用水是水权交易的重要原则①。基本用水包括城镇和农村居民用水，维持基础工业或农业生产用水，维护生态系统不退化的最低环境用水等。这些用水是涉及社会稳定、经济发展和生态安全等国计民生的重大问题，因此在水权交易过程中应给予重点考虑。在水权交易准备阶段（包括初始水权分配、水权确权登记等）应明确用水的优先顺序：一是合理增加生活、基础产业和环境用水在初始水权分配中的比重；二是根据各地区总体规划和主体功能需求，给出各地区不同行业、用户等的用水优先顺序。在水权交易运行阶段，应严格执行当地的水权交易优先顺序，并根据实际供需矛盾，引导水权交易向基础和重点的行业流转。在水权交易监督管理阶段，则应强化用水顺序管理，促使水权从分配到交易均符合地方的用水优先次序。

4）公平公正原则

水权交易市场的良性运转，离不开公平公正的市场交易环境。要实现公平公正的交易，先决条件就是交易信息公开化②。在推动水权交易市场建设的过程中，要明确规定交易公开面向社会，确保需要交易的水权主体能及时得到有效的信息。在用水权交易过程中要充分发挥市场主导的原则，减少政府的过多干预，支持合法、合理的交易；取水权交易因负外部性较突出，且牵扯到不同地区的整体利益，在市场建设初期

① 晏成明，单以红. 2008. 对我国水权配置主体的选择原则的探讨. 科技资讯，(15)：124-125.

② 钱影. 2009. 公开，抑或不公开——对《中华人民共和国政府信息公开条例》第 13 条的目的论限缩. 行政法学研究，(02)：69-74，119.

应以地方政府间的磋商为主，同时还要尊重区域用户的实际需要，并公开交易的各个环节，以接受群众监督，逐步放开对交易市场的管制。

在介绍了水权交易基本原则后，还应关注交易过程中的一些限制条件，这样才能确保水权交易更加规范合理，且容易被参与各方所接受。就水权交易的内容来看，主要涉及以下限制条件。

（1）交易地域限制。在进行取水权交易时，应根据水权出让方拥有的可交易取水权的数量，对交易地域进行限制。有些地区水资源实际利用量已接近或超过当地的水资源可利用量上限，进一步交易将会对当地的环境带来一定的威胁，因此在这些地区应限制水权向境外转让。此外，对于已划定的地下水禁限采区及国家自然保护区、生态脆弱区等特殊区域也应列入限制转让地域的范围。

（2）用水次序限制。在用水权交易过程中，当可交易的用水权无法满足所有用户需求时，应根据国民经济发展总体要求和用水紧迫程度，对水权的优先供给顺序进行限定。例如，优先供应居民生活、基础生产和生态用水，次之考虑主导产业、市政建设用水，再考虑其他产业、景观娱乐用水。而对于一些关乎国家安全的生产部门用水应限制向其他生产部门的流转或加大流转的额外成本。

（3）损害第三方利益限制。对于损害第三方利益的水权交易行为应加以限制[①]或通过协商对其进行补偿。例如，水权交易会对居住在供水管道沿线的居民造成一定的影响，因此应给予他们一定的补偿金额。

（4）用水行业限制。在进行用水权交易时应对水权流入的行业进行严格监管，特别是应对国家限制性行业、高耗低产行业及高污染行业，在水权交易审批时给予一定的限制。

（5）交易时间限制。实践证明，永久性的水权交易不符合我国实际情况，也容易造成买方用水效率不高或卖方不划算的后果[②]，因此我国水权制度也要对水权交易的有效期进行限定。参照《取水许可和水资源费征收管理条例》中有关取水许可证颁发的有效时间，可将水权交易的时间效力设定为 10～20 年；当有效期满时，原水权使用者需要提前向有关部门提交延长使用期限的申请材料，经相关部门审核并依法取得新水权后方可再恢复使用。

## 3. 三级取-用水权交易运行规则设定

水权交易作为落实最严格水资源管理制度的有效手段，是推进人水和谐与水资源可持续利用的重要途径，能促使市场经济与政府监管机制的有机结合，因此应明晰其交易规则。同时，由于水权交易要遵循市场规律，而市场经济是一种规则经济，其间各项工作、活动必须依据一定的规则来开展。因此，在阐述水权交易原则及限制条件的基础上，从前面建立的三级取-用水权交易模式出发，解析在该模式运行过程中需

① 张丽珩. 2009. 水权交易中的外部性问题研究. 生产力研究，（15）：72-74.

② 张永亮. 2011. 水权交易：实证分析与制度构建——东阳-义乌水权交易案的反思与启示. 苏州大学学报（哲学社会科学版），（02）：102-106.

要遵循的交易规则。规则的设立有助于形成统一的规范和秩序，确保水权交易逐渐走向成熟稳定。

1）面向实际用水户的用水权交易规则

面向实际用水户的用水权交易是三级取-用水权交易模式中最基本的交易环节，也是完全由市场主导的交易形式。其水权交易主要由实际用水户将自身节余水量通过辖区内的水权交易中心来进行交易流转，在不新增用水的前提下满足各方的用水需求。该水权交易的前提条件是所有用水户目前的实际用水权与用来交易的水权之和应小于辖区内分配的初始水权。在用水权交易过程中一些基本用水必须得到充分保障，如最低生态环境用水，除了因自然灾害等不可抗拒因素引发的生活用水短缺外，在任何时候不得以任何理由挪用和转移此项用水权。只有当生活、生产、生态最基本需求得到满足后，通过节水获得充足的节余水权，才能考虑进行用户之间的水权交易。此外，对于一些政策上不鼓励发展的行业，如高耗水、高污染企业，应限制水权向其流转或采取一定的措施补偿交易带来的负面影响。以农业用水权转向工业用水权为例，当农户通过出售拥有的农业用水权以获得更高利益时，会造成部分农户故意压缩耕地面积、减少农业灌溉，这无形中阻碍了农业发展，有可能引起粮食危机，因此在进行农业水权转让时应当加强监督管理，限制农业水权转让规模和转让方式，并将因转让而新增的经济效益以一定的比例反补农业，比如投入资金支持农业节水措施改革、推进灌溉节水技术创新、推广灌溉节水器具等。对于其他一些国家基础性产业或重点保护领域，在向外转让水权时也应采取类似的补偿机制，在确保优势行业发展的同时，促进社会整体效益的提高和各产业之间的协调发展。

由于用水权交易是由市场主导的交易行为，所以在交易过程中还要特别保证交易的公平、公正和公开透明。即使政府机构以用水权交易参与者的身份进入水权交易市场时，它们也要与其他个人或企业用户享受同样的权利并遵守同样的规则。另外，作为政府代言人的水权交易中心要公平公正地对待所有交易主体，及时准确地向参与者公布交易信息，确保交易过程的公开透明和诚信守约。

2）面向跨行政区的取水权交易规则

面向跨行政区的取水权交易是三级取-用水权交易模式的中间环节，在交易的优先级别上要低于用水权交易环节，但高于面向跨流域的取水权交易。该交易环节不同于完全由市场主导的用水权交易环节，其交易主要通过流域内不同行政区的政府间磋商来实现。其水权交易客体不仅限于实际用水户节余的水权，还包括一部分在初始分配时的预留水权；交易主体则由代表地方整体利益的行政管理部门或其他机构（如省级水权交易中心等）担任，实际用水户不再是交易的实际主体。在进行取水权交易时，参与交易者（即地方政府或相关代表单位）首先要从用水权交易市场获取可用于交易的用水权，或得到实际用水户对于用水权转让的许可或委托，进而将其转化为取水权并进行跨区域层面的水权配置和交易，这也是其在交易优先级上低于用水权交易

的主要原因。

在开展实际工作时，取水权交易应特别注意区域用水总量控制红线是其交易的硬性约束，任何交易都应在不突破用水总量控制指标的前提下展开。用水总量控制红线是在严格核算的基础上得出的，它作为区域水资源开发利用的限值，对于合理控制经济社会发展规模、有效保护生态环境具有重要的指导作用。在取水权交易过程中应严格遵循该红线，只有当计划用水量小于用水总量控制红线时方可进行交易，否则禁止交易发生。对于那些由于前期过度开发水资源、已出现相应环境问题的地区，即使红线约束内有节余的水权或当地的计划用水量小于用水总量控制红线，也应禁止进行取水权向外流转。只有通过积极采取地下水压采、水源涵养等措施恢复到水资源平衡状态时，方可重新考虑进行跨区域的取水权交易。而受让区对于新购买的水权，在进行内部分配时也应优先考虑基础用水需求，再根据实际情况对其他用水需求进行配水排序。例如，对于粮食主产区在新增用水后应首先保障用于粮食增产，鼓励将购得的水权优先供给农业生产，同时还可以结合区域内的用水权交易市场进行用水结构的调整，提高粮食生产的供水保证率。

在交易过程中，有关部门还要充分评估和论证水权交易可能带来的负外部性，在供水规模、供水路线、管道布设、分水方案等方面都要将环境因素考虑进去，以确保取水权交易不会对生态环境造成显著影响。由于在跨行政区水权交易中，水资源以私有财产的形式在不同地区间进行流转，这将破坏水文系统的天然结构，并对生态环境的稳定性造成影响。同时，水权交易使得水资源从边际效益低的一端流向边际效益较高的一端，这其中产生的经济效益直观上是转让方损失部分取水权而产生的，但从水资源开发利用的整个过程来看（或从水资源自然属性来看），这部分权利本质上是从生态环境中获得的，所以应将由交易产生的部分经济效益用于生态环境的改善。基于此，交易双方应在定性和定量分析水权交易对环境影响的基础上，采用环境补偿、工程补偿、资金援助补偿等方式来降低对水权出让方所带来的负外部性。另外，不同于用水权交易环节，在跨区域取水权交易过程中其交易的实现主要依赖于地方政府磋商达成的，因此交易的公平性无从考究。为此，可通过交易双方所对应的上级政府或上级管理部门对交易全过程进行监管，同时应将交易信息及时向双方区域内的用水户公布，接受社会和舆论的监督。

3）面向跨流域的取水权交易规则

面向跨流域的取水权交易是三级取-用水权交易模式的终端环节，也是跨区域取水权交易的延伸，在交易的优先级别上要低于前两级的水权交易。该交易环节在制定交易规则时所考虑的问题与跨区域取水权交易类似，但也有不同之处。受水资源时空分布不均的影响，我国各流域发展并不均衡，对水权交易的依赖程度也相差较大。跨流域水权交易不同于常见的流域内或区域内的水权交易，其产生的环境负外部性尤为显著，因此在制定跨流域水权交易方案时要特别慎重，要充分论证交易对环境的影响以及交易的可行性。相对于前两种交易方式，跨流域水权交易受到的限制条件更多，但在满足这些限制条件的基础上是可以进行跨流域水权交易的，这也是开展跨流域水权交易的根本所在。但需要说明的是，在水权交易市场建设的前期，由于跨流域水权交易造成的影响最深远，因此不应急于开展这方面的工作，而要在积极探索其他交易方式的同时，强化监督管理手段，加快基础理论研究，为最终建成全国性的水权交易市场奠定基础。

### 12.2.3 水权交易流程

水权交易流程是水权交易模式中概念和思路的具体反映，可以促进水权交易的规范化管理。笔者设计的水权交易流程，是结合取-用水权概念，以公共资源交易的一般过程作为切入点，将水权交易涉及的理念、原则融入具体的流程中，以此指导水权交易的开展和管理工作的进行。根据取-用水权概念，将水权交易流程总体划分为两部分，并以“确权登记-交易审核-方式选择-价格确定-层级上报-备案登记”为具体环节来构建水权交易的流程（图 12-3）①。其中确权登记是水权交易开展的准备工作，该环节确保了水权交易客体的合法性，是水权交易得以进行的前提和基础；交易审核是水权交易中确保交易原则和限制得以实现的环节，该环节的实施决定了人水和谐理念和新时期水资源管理需求在水权交易中能否得以体现，此外还应严格审核相关的主体资格，规范审核的过程管理，强化审核人员从业素养。方式选择和价格确定是水权交易的重要环节，根据取水权、用水权交易的特点给出相应的交易方式能更好地发挥取-用水权交易机制的优势，使之针对性更强，并确保“总量控制”和“效率控制”红线的落实。层级上报则是实现取-用水权转化的对接环节，主要负责取水权和用水权之间的转换，以便于对取-用水权交易进行管理。备案登记则是为水权交易的影响分析提供数据支撑，为国家和地方的相关政策和规划的制订提供依据。

图 12-3 是构建的三级取-用水权交易模式的流程图。其中面向实际用水户的用水权交易环节位于最上层，面向跨行政区和跨流域的取水权交易环节位于下面两层。图中展现了水权交易的一般过程：从用水户和交易中心自主选择交易方式出发，交易双方提出交易申请并提交相关材料，交易中心审核后通知双方，发生交易后对交易进行备案，最后对发生的交易进行跟踪分析，并向相关部门提交分析报告。以上主要针对的是用水权交易环节。当需要发生跨区域或跨流域取水权交易时，则应由交易中心向上级提出申请，由上一级水权交易中心进行受理。此时，有关水权交易的一些属性发生了变化，如由用水权交易转换为取水权交易，交易主体由实际用水户转换为水权交易中心或相关行政部门，交易方式也由用水户自发选择交易方式转换为政府磋商的交易方式，水权交易市场由单纯的经济市场转换为政府主导的准市场。有关三级取-用水权交易之间的相互转换关系将在下面具体流程解读中进行剖析。

① 该部分的主要内容来源于下列阶段性成果：李胚，窦明，赵培培. 2014. 最严格水资源管理需求下的水权交易机制. 人民黄河，(8)：52-56.

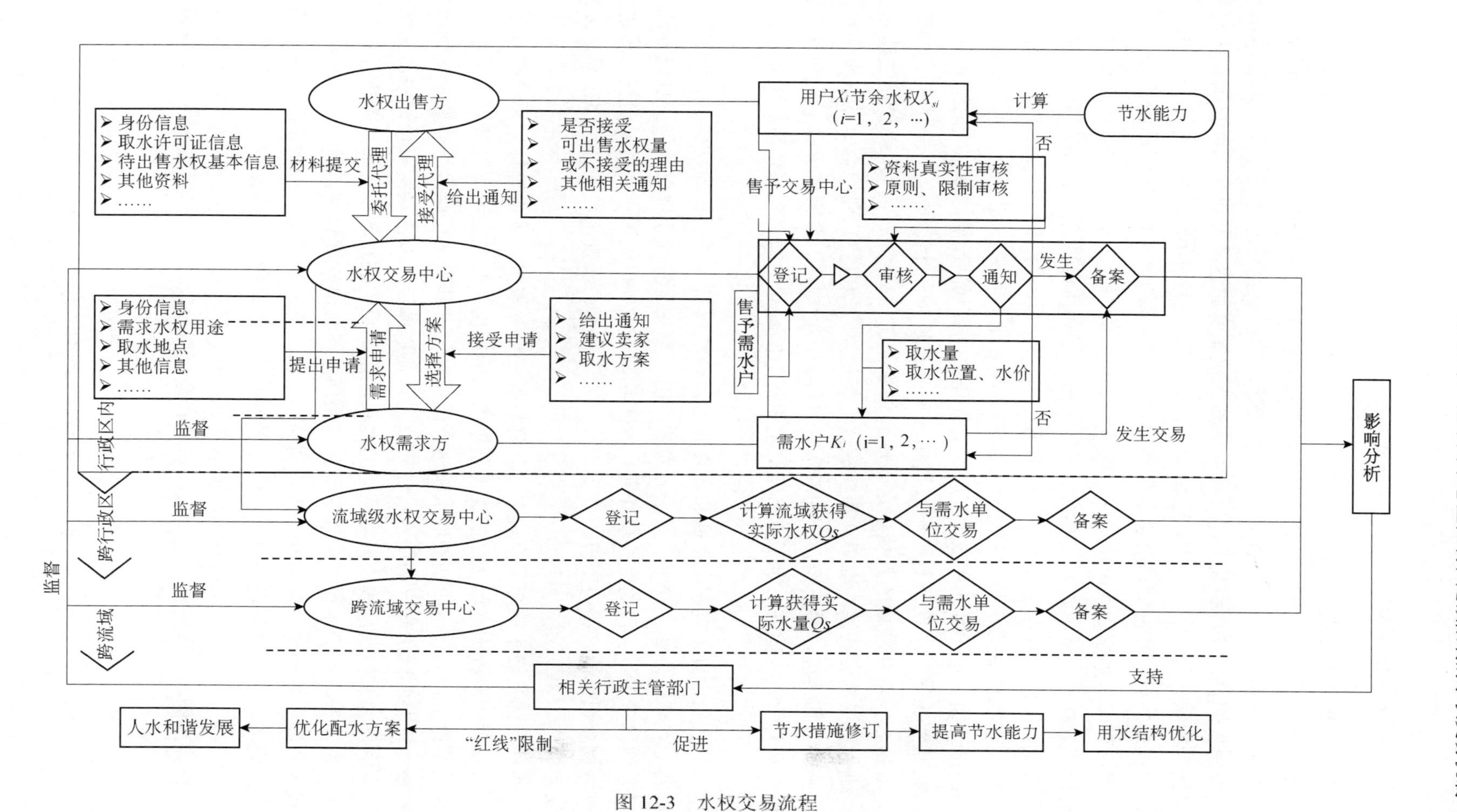

水权出售方
身份信息
取水许可证信息
待出售水权基本信息
其他资料
……
材料提交
委托代理
接受代理
给出通知
是否接受
可出售水权量
或不接受的理由
其他相关通知
……
用户$X_i$节余水权$X_{si}$（$i$=1，2，…）
计算
节水能力
否
售予交易中心
资料真实性审核
原则、限制审核
……
水权交易中心
登记
审核
通知
发生
备案
售予需水户
身份信息
需求水权用途
取水地点
其他信息
……
提出申请
需求申请
选择方案
接受申请
给出通知
建议卖家
取水方案
……
取水量
取水位置、水价
……
否
发生交易
监督
水权需求方
需水户$K_i$（i=1，2，…）
行政区内
影响分析
监督
流域级水权交易中心
登记
计算流域获得实际水权$Q_S$
与需水单位交易
备案
跨行政区
监督
监督
跨流域交易中心
登记
计算获得实际水量$Q_S$
与需水单位交易
备案
跨流域
支持
相关行政主管部门
人水和谐发展
优化配水方案
“红线”限制
促进
节水措施修订
提高节水能力
用水结构优化


图 12-3　水权交易流程

## 1. 水权确权登记

水权确权登记是整个水权交易的第一步，是开展其他有关水权管理方面工作的基础。确权是依照法律、政策的有关规定，经过合法程序确认财产或物品的所有权、使用权的隶属关系。[①]水权确权则是依照水法等法律，确定对一定量和质下水资源所有权和使用权的责、权、利关系，以有效推动水权制度的建设发展。由于我国水资源所有权属于国家[②]，故不存在权属关系的纠纷，本节所涉及的确权主要是关于水资源使用权的权属问题。随着经济社会的快速发展，水资源的经济价值逐渐得到体现[③]，关于其使用权的争议也频繁出现，并逐渐成为水事纠纷的一个重要方面。在水权交易市场的构建过程中，对水资源使用权带来的巨大经济利益进行再分配将是水市场运行的巨大挑战。因此，合理、公平、公正地确定水资源使用权归属，既是水市场构建的前提，也是水权机制的核心内容之一。水权确权登记并不是一蹴而就，也不是毫无章法，而应遵循一定的原则和法定程序，另外还需制定强制性的法律法规对确权后的权属人利益实施保障。在确权登记过程中还应注意以下两个方面。一是要依法确权登记。根据相关法律法规的具体规定开展确权登记工作，严禁弄虚作假和违法违规操作，确保成果的真实性、准确性和权威性。二是要因地制宜。要结合地方取水许可管理实施的具体情况，对已经发证的取水许可行为进行规范，并采取多种形式和途径进行确权登记管理。此外，对于集体经济组织拥有的水塘中的水资源使用权也要进行确权登记。

为了在确权登记过程中平衡和保障各方的合法权益，各水权确权试点应积极探索确权的主客体、条件、程序、方法等内容，出台有关水资源使用权的确权登记办法、管理条例等，引导工作的进一步开展。参照我国土地确权流程，水资源确权一般也要经过水权登记申请、相关调查、核实审核、登记注册、颁发水权证等程序，最后才能确认和确定。

在构建的三级水权交易模式中，其确权登记要分取水、用水进行分别确权登记。但在水权使用流程和水权交易的优先顺序上恰恰相反。首先在考虑区域用水总量控制红线的基础上，对流域级别的取水权进行确权登记；其次是行政区域的取水权确权登记；最后才是实际用水户的用水权确权登记。在流域层面取水权确权登记中，其水资源开发利用总量控制红线为确权登记的水权上限约束；在行政区层面，确权登记的可利用水量，一方面受出让方的水资源开发利用总量控制红线约束，另一方面还受上级流域水资源开发利用总量控制红线的制约。用水权确权登记是在取水权确权登记的基础上完成的，在水权数量和质量上同样受各行政区划定的红线指标控制。严格的水资源确权登记，还应对依次确定的流域取水权、行政区取水权、实际用水户用水权进行反序核算，即以实际用水户的用水权核算行政区取水权，以行政区取水权核算流域取

① 陈明，武小龙，刘祖云. 2014. 权属意识、地方性知识与土地确权实践——贵州省丘陵山区农村土地承包经营权确权的实证研究. 农业经济问题，(02)：65-74.

② 邱秋. 2009. 水资源国家所有权的性质辨析. 湖北经济学院学报，(01)：123-128.

③ 余艳欢，柳长顺，陈峰. 2014. 关于建立水资源使用权招拍挂制度的思考. 中国水利，(16)：1-3.

水权，且最终确权登记的水资源量要符合各个区域的水资源开发利用总量控制红线要求（图 12-4）。

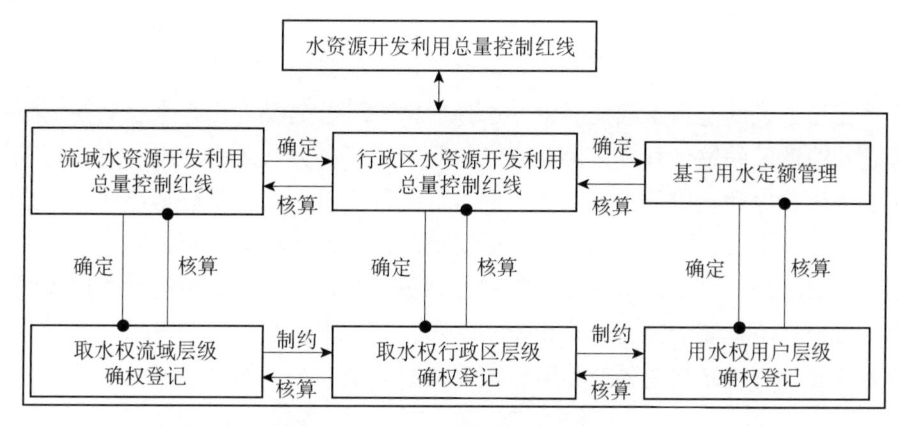


图 12-4　三级取-用水权确权登记

## 2. 水权交易申请和审核

在水权确权后，便可根据实际需要进行水权交易的申请和审核。

（1）水权交易申请。用水权交易可由当事人中的任何一方或双方向本行政区域内的水权交易中心提出书面申请，并提交双方身份证明材料、水权出让方的取水许可证，以及其他有关批准文件和证明资料，说明交易的时间、地点、水权用途、交易期限、双方取水点等。取水权交易主要由地方政府及其相关行政部门之间磋商进行，应向双方所对应的上级水权交易中心提交相关申请，由其在统筹考虑区域经济发展规划、可利用水量、各区域产业结构和水资源保护目标等要素的基础上决定是否接受申请。

（2）交易受理与审核。水权交易中心在接收到交易申请后，应在规定的时间内依据水权交易的相关规定和政策文件要求等，做出是否受理申请的答复。不同意受理的需明确不受理的原因，同意受理的应对提交的材料进行核实。对于同意交易的申请，应及时向社会公示，相关利益方如对其有异议可以在规定时限内提出申请。交易中心通过评估认为交易影响较大的，应对其影响进行评估，并在交易被允许之前召开听证会，对交易的可行性进行论证。

## 3. 水权交易方式选择

在取-用水权交易模式中，取水权交易与用水权交易所选择的交易方式是不同的。取水权交易主要是交易双方所在的地方政府通过磋商，并由上级政府审核和监管来实现；而用水权交易则是用水户节余的水权通过水市场的自由交换来实现。其中用水权交易是一种基于用户选择的一般市场交易，该方式注重尊重水权交易主体的主观意识。采取市场的自主选择方式，用水户可以将节余的水权通过三种途径出售：①直接出售给交易中心；②委托交易中心进行交易；③直接和用水权需求方进行交易（图

12-5）。第一种交易方式是水权交易中心在考虑节余水权的水量水质及当地经济状况后，购买出让方的水权 $x_{si}$；第二种交易方式是水权交易中心接受出让方的委托在水权售出后支付相应费用，而水权交易中心通过市场竞价或价格协商与需求方进行交易；第三种交易方式是用水户间直接协商并通过交易中心的审查和确认后进行交易。前两种交易方式均是由水权交易中心选择需求方进行交易，由于水权交易中心能够统筹考虑其管辖区的整体状况，因此它们相对于第三种方式更为合理，更有利于水权交易的规范化管理和政府的宏观调控；同时前两种交易方式也是获得该地区节余水权的依据，是进一步进行取水权交易的重要支撑。但考虑到市场的自主性原则，第三种方式是不可或缺的，是对前两种交易方式的有效补充，这种方式能提高水市场的自由化程度，促进竞争机制的完善，防止交易垄断。其中水权交易中心可以是水行政主管部门或受政府部门管辖授权的交易所、交易协会、交易公司等。

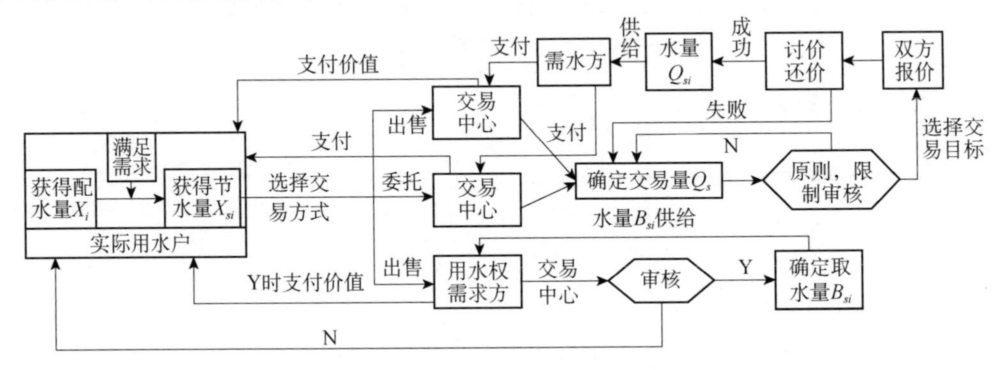


图 12-5　用水权交易方式选择

以上建立的用水权交易方式显然不适用于取水权交易。在取水权交易环节中，交易主体的自主性被削弱，取而代之的是政府之间的协调磋商，其交易可行性也主要依据交易双方的水资源开发利用规划、区域发展规划、用水总量控制红线指标等来确定，此时交易方式呈现很强的政治性。取水权交易方式如图 12-6 所示。

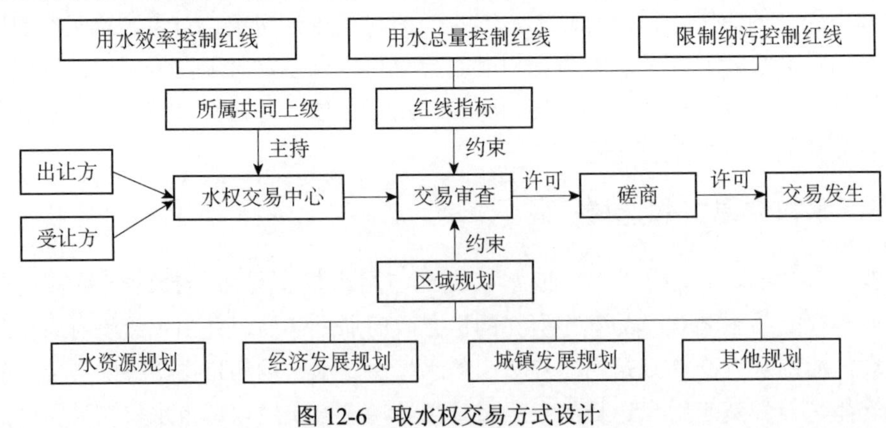


图 12-6　取水权交易方式设计

图 12-6 中的取水权交易包括跨流域取水权交易和跨行政区取水权交易两个方面。这两类交易方式都适用于图中所示的水权交易方式。在取水权交易中，参与双方

不是实际用水户，而是代表地区利益的政府部门或所属地区的水权交易中心，其交易的客体也不仅限于节余水权，还有一部分行政预留水权，但节余水权依然是取水权交易的主要来源。此外，为了更清晰地描述三级取-用水权交易模式中交易过程的内在联系，绘制出该交易模式的内在关系图，如图 12-7 所示。

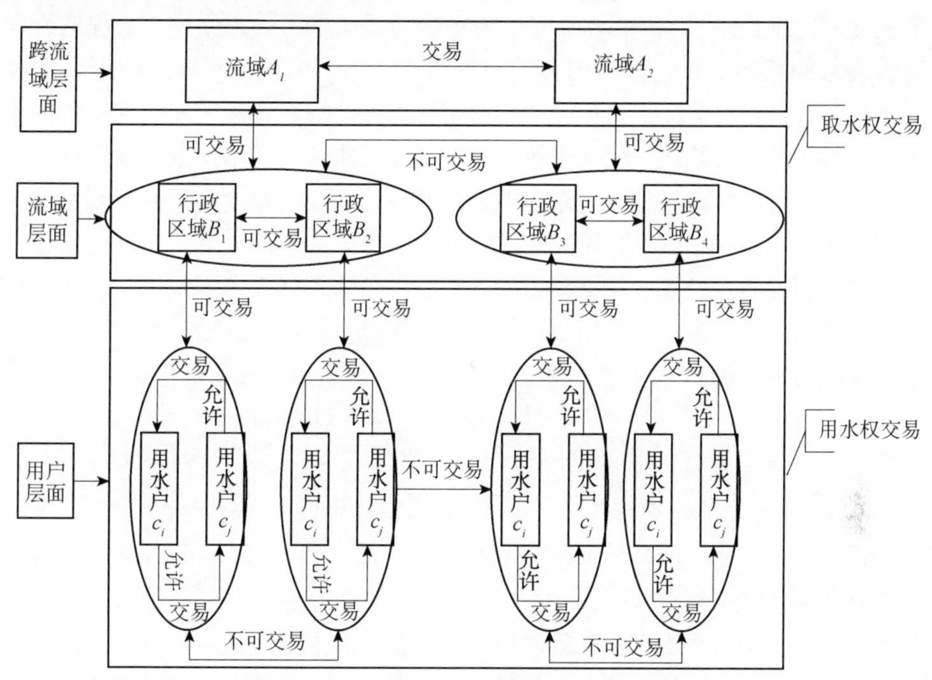


图 12-7　三级取-用水权交易模式关系图

由图 12-7 可见，在三级取-用水权交易模式中不允许用水户私自进行跨区域或跨流域的水权交易，即用水权交易与取水权交易不能交叉进行，这主要是出于水资源管理需求及对取水权交易的不可预知性考虑的。因此，只有当可交易的用水权通过水权交易中心转换为可交易取水权时，才能进行跨区域或跨流域交易。在用水权交易过程中，只要满足资料审查、交易许可等条件后，就可以进行交易，交易过程相对自由；而取水权交易除了以上要求外，还需要符合相关水资源开发利用规划、区域或流域分解的“三条红线”约束等条件。另外，对交易的时间应予以规范，不能突破出让方获得取水许可的年限。

## 4. 水权交易价格确定

从供需角度来看，水权价格是交易双方讨价还价的结果[①]，因此必须符合价值规律，但在实际运行过程中水价还受其他一些因素的影响（如政策调控、特殊用水需求等）。在水价问题上各国所采用的方法不尽相同，如美国加利福尼亚州采用双轨制水价制度；而澳大利亚墨瑞河流域水权交易的价格则完全由市场供需双方来决定[②]。但

① 唐润，王慧敏，王海燕. 2010. 水权交易市场中的讨价还价问题研究. 中国人口. 资源与环境，(10)：137-141.
② 尉永平. 2003. 澳大利亚水改革的成功经验及启示. 山西水利科技，(04)：54-56.

不管采用哪种方法，其基本原则是水价要反映水资源的开发利用成本，特别是要反映水资源的稀缺程度[①]。目前一些观点认为，水价可采用成本分析、收益比较和外部效应分析等方法来确定，但前提是结合当地的实际情况。关于水权交易中外部影响的分析可以采用溢出效应和侵占效应，特别是对社会和第三者的侵害分析计算，以有效指导水权交易的良性运转[②]。笔者研究认为水价必须在满足资源保护、工程造价、信息获取等需求的基础上，充分考虑各行业的用水计划、用水效率红线约束、节水指标等，并根据具体用水情况提出相应的水价确定方案。而在实际交易中的水价并不一定需要严格遵守确定的某一个或几个价格，特别是用水权交易中，应尊重市场的价值规律，由市场决定价格。但是，为避免恶意的价格竞争，需要制定最低限制水价（或称为基准水价），该限制水价并不直接决定交易中的交易价格，而是为防止低于限制水价的交易而设置的，确保水权交易中的水资源的价格不低于成本价格，以达到保护和节约水资源的目的。为此可以用成本水价代替限制水价，以此给出水权交易允许的最低水价（即限制水价）。根据全成本定价模型，水权交易的成本水价表示如下：

$$P_{成}=\frac{AT\cdot(1+\lambda)}{Q_S}\text{或}P_{成}=\frac{AT\cdot(1+\lambda)}{x_{si}} \tag{12.1}$$

式中，$P_{成}$为成本水价；$A$为交易总成本，$A=A_1+A_2+\cdots+A_n$，$A_1$，$A_2$，…，$A_n$分别表示不同的成本；$Q_S$为取水权交易的取水量；$x_{si}$为用户间交易用水量；$T$为交易年限；$\lambda$为利益调整系数。

为进一步推进最严格水资源管理制度的落实，在制定全成本水价中，除了考虑工程成本、运输成本、原始水价成本等基础成本外，还应将三条红线的思想适当地融入其中，具体操作中可考虑以下四点：①没有完成节水指标的企业作为交易主体时，提高其交易成本；②向高污染行业转移时，提高污水处理费用；③排污超标企业接受水权时，提高其环境成本；④低耗水行业向高耗水行业转让水权时，提高耗水成本等。通过提高或减少不同的成本可以调节限制水价，规范水权流转，刺激节水激励机制和约束机制的形成，以此推动最严格水资源管理制度的实施。

### 5. 水权交易纠纷解决

水权交易纠纷是指交易双方在交易过程中因各种原因产生的分歧或因交易发生导致第三方受到影响而引起的纠纷。在处理这些纠纷时应严格遵循相关法律、法规、规章制度和有关流程。第一，如水权交易过程中发生民事纠纷，交易双方均可向人民法院提起诉讼，并作为民事案件进行受理。第二，用水权交易发生纠纷，首先由区域水权交易中心调节，协调不成的可以申请相关部门仲裁；取水权交易发生纠纷，由双方所在共属主管部门出面调解和处理。第三，申请纠纷解决应出具相关材料，提出纠纷

---

① 王绍春. 2004. 城市水价制定的原则和方法. 水利发展研究，(12)：17-19.

② 吕静静. 2005. 不可忽视水权交易的外部侵占效应——东阳和义乌水权交易引发的思考. 浙江经济，(20)：56-57.

处理方应有明确的对象属性，此时双方并未向法院提出仲裁或诉讼。第四，纠纷处理应遵循一定流程，因当事人违规及申请人或另一方拒不执行争议调解协议，同时没对纠纷进一步提出仲裁和诉讼，且影响水权交易正常运行并造成损失的，违规方应承担相应损失。

## 6. 水权交易层级上报

水权交易层级上报，就是在水权交易过程中如涉及不同层级的交易，必须由下级向上级进行报送或备案。因各级取-用水权交易的主客体、市场属性和交易方式等在跨层级交易时发生转化，为便于对水权交易进行规范和管理，需要一种方式来处理此间的种种关系，由此设计了“水权交易的层级上报”这一环节（图 12-8）。该环节主要发生在跨区间交易（包括流域内跨行政区水权交易和跨流域的水权交易）后。首先，当发生流域内取水权交易时，需向其所在的流域水权交易中心提交相关申报材料，材料主要包含水权交易的数量和质量、交易前后的水权用途、协商价格、负责交易的主体（责任人）及交易期限。必要时需对交易做出分析，并征求双方民众的意见，对可能产生的影响进行评价，以此评估交易的可行性。当发生跨流域交易时，则必须向国家水权交易中心提出相关申请，此时交易的水权同为取水权，水权属性没有发生变化，交易的方式也以政府协商为主，但此时工作重点是对可能发生的交易进行影响分析和评估，科学设计相应的输水工程，减轻对生态环境的影响，并确保交易产生的效益大于带来的损失。

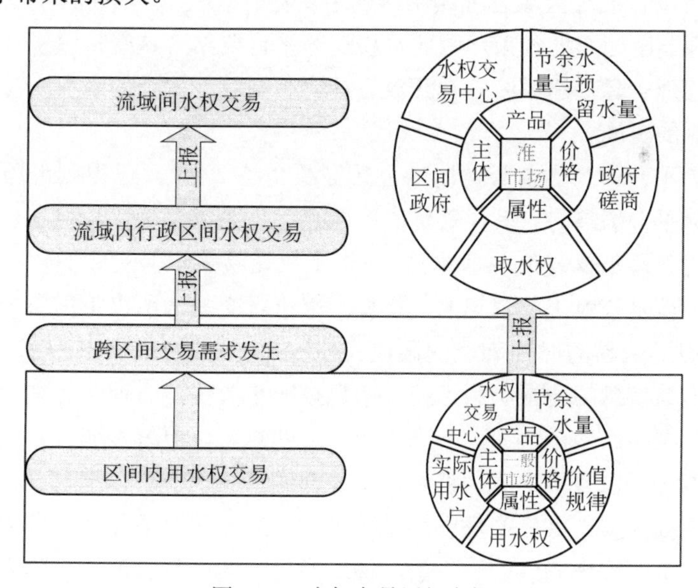


图 12-8　水权交易层级上报

## 7. 备案登记

水权交易不仅对交易双方，而且可能对第三方和社会整体利益都有一定程度的影响，因此，需要一个强制性机构对水市场的日常运行和交易行为进行监管。该机构需以登记备案的方式对因交易引起的水权变动进行有关记录，以方便后期交易的影响和效果分析。参考国有土地使用权的初始登记、变更登记、抵押登记、注销登记相关规定，水权交易登记包括初始登记、变更登记和注销登记。初始登记是初始水权分配的延续和水权交易的开始，是从行政配水到市场配水的中间环节，它主要包括两方面内容：一是确权登记，相当于由政府对水权进行的初始分配；二是用水户在新获得水权后到有关部门进行登记，这是水权在进入市场后的二次配置。变更登记主要包括以水权用途、用水期限变更为主的“内容变更登记”和以用水主体变更为主的“主体变更登记”，两者一般是同步进行，是水权交易登记的主要组成部分。注销登记则是指当一方用水户所拥有的水权全部交易出去，因失去水权使用资格而进行的注销登记。在水权交易完成后，交易双方应及时到水权交易中心办理相关的登记手续，以便交易中心及时归档，能更好地服务于今后水权交易的组织实施。

### 12.2.4 水权交易平台构建

#### 1. 水权交易平台定位

水权交易机制的建立与完善，不仅要形成一套理论支撑体系，还要有相关可操作的支撑平台将其实践化，为此有必要建立一套适用于三级取-用水权交易模式的水权交易平台，并将前面所述的交易原则、交易模式与实际交易流程紧密地联系起来。当前我国实行流域管理与区域管理相结合的水资源管理模式[①]，在管理制度中又以最严格水资源管理制度为重要约束，因此水权交易平台要结合这些特色来设计，充分尊重我国水资源管理实际，建成统一、开放、透明、高效、规范的水权交易平台，以促进水权交易机制的实施。

电子交易平台作为当前最常用的公共资源交易平台[②]，已得到市场验证并有成为今后主流交易平台的趋势。其显著优点有四点。一是以电子流代替实物流可以大量减少人力、物力，降低水权交易成本[③]。对于水权交易来说，实际操作不能以真实水体实物来交易，而是依赖确权登记的“水权”来进行交易，所以不需要一个实物交易场所。二是突破了交易的时间和空间限制，减少了不必要的时间消耗，提高了交易效率。三是对交易信息的传播更为迅速，信息披露更为快捷方便，有利于交易双方及时掌握市场变化规律，做出快速、恰当的决定。四是可以更好地建立市场与交易双方的联系，买卖双方可以直接交流、谈判、签订合同，客户也可以把自己的建议反馈到交易中心，以便其根据交易者的反馈意见改进产品质量和服务品质，做到良性互动。

最严格水资源管理制度的“三条红线”指标从全国到流域再到地方依次分解，指标之间是紧密相连的，某区域或流域红线指标的完成不能算作完全落实最严格水资源管理制度，同样全国整体指标的完成也不能说最严格水资源管理制度已经有效实施，

---

① 赵亚洲. 2009. 我国水资源流域管理与区域管理相结合体制研究. 东北师范大学硕士学位论文.
② 赵可义，韦雄健. 2015-08-03. 年内全部公共资源有望实现电子交易. 江门日报，A02.
③ 皇祯平. 2007. 电子商务优势研究. 生产力研究，(14)：64-65.

只有整体指标和各流域、各行政区分解指标都已完成，才能算作真正落实了最严格水资源管理制度。为达成这一目标，在我国水权交易平台建设方面首先应建成国家层面的交易平台，其次结合流域和行政区管理需求建立相应等级的交易平台。水权交易平台由水权交易中心负责其日常运行和管理。在涉及跨平台交易时（例如用水权向取水权交易转换，或跨区取水权交易向跨流域取水权交易转换），也是由水权交易中心按照层级上报完成。另外，水权交易平台的机构建设、组织实施要具有专业化、高效化的特点；市场层面要公开化、透明化；在操作流程上要规范化、易行化。

## 2. 管理机构

实践表明，水市场的运行在缺水地区比富水地区更有意义。在水资源充足的地区建立同样机制往往不被重视，且会带来难被接受的额外成本，另外确权细化到用水户及实施水权登记代价也十分高昂，并不划算。这预示着我国水市场应该是以点（水权交易试点）带面、逐步发展、循序渐进的模式，一蹴而就地构建水市场是不符合事物发展规律的。考虑到市场和政府在资源配置中的作用，特别是在市场构建过程中应清楚地认识到这是一个由准市场向纯市场转变和发展的过程。在准市场阶段，水行政主管部门主要负责交易的可行性审查，并对水权交易过程进行监管；此外，其他相关部门也负责一定的监督职能，如环保部门对交易发生后的排污状况进行监控等。水权交易中心以国有控股形式的企业管理模式存在，其主要负责交易的实际发生、信息发布、组织实施等。在纯市场阶段，也就是水权交易市场发展的成熟阶段，行政部门应逐步放开对市场的干预，转而担负起对市场的监督管理职责，同时为引导用水结构调整与国家发展需求相适应，在必要时应以宏观调控的方式影响水市场的发展趋势。

## 3. 基本功能

完善的水权交易平台应该包括以下七个管理模块：确权登记管理模块、会员注册管理模块、信息服务管理模块、交易操作管理模块、交易结算管理模块、交易终结管理模块和交易监督管理模块（图 12-9）。这七个模块是有机结合、功能互补的整体。在其共同主导下水权交易平台可以向交易各方提供信息，并对交易行为进行引导，对交易过程进行监管，对交易后的水权交接进行规范及提供其他服务等。

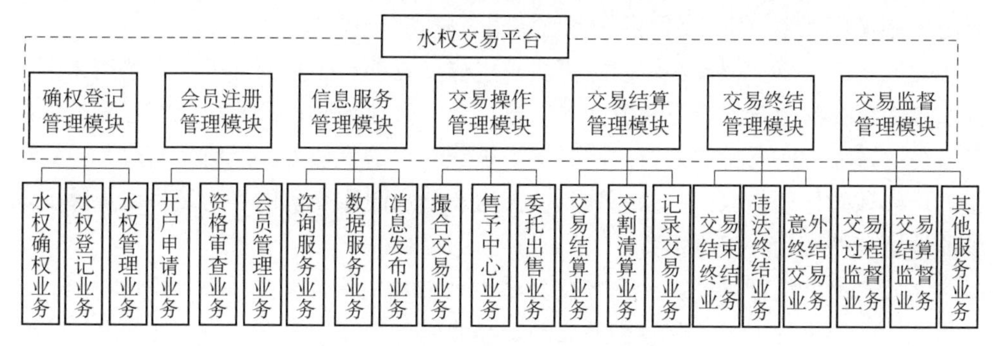


图 12-9　水权交易平台模块划分

（1）确权登记管理模块：该模块主要负责对初始分配水权进行登记管理，以便交易各方了解会员注册信息中水权信息的翔实性。该模块还负责对水权交易各方所拥有的水权情况进行变更和登记管理。当交易完成后，水权交易的客体由原来的转让方转移到受让方，同时转让方失去这一部分水权。确权登记还负责对已经确权在册主体的合法权益进行维护，保证其使用、转让和收益的权利。确权登记管理也是用水总量控制红线完成情况考核的重要依据。

（2）会员注册管理模块：该模块的目的是建立水权交易主体的基本信息账户，以便交易机构能更便捷地完成交易主体资格审查、用户日常管理和实现交易行为等常规业务。该模块中开户申请业务主要负责注册会员信息的录入，包括会员单位名称（或个人姓名）、所属区域、确权登记相关资料等；资格审查业务负责对会员录入信息进行审查，包括资料真实性审查及对注册人是否具有水权交易资格进行审查；会员管理业务主要负责对在册会员信息进行登记、更改等管理，以及对会员参与水权交易的权限进行限定等。各级行政区水权交易平台主要面向辖区内的实际用水户开放，负责用水权交易的会员注册、资格审查及注销等事宜；流域水权交易平台主要面向流域内相关行政区的地方政府及其水权交易中心，负责取水权的会员管理，不接受实际用水户的注册管理；国家水权交易平台是最顶层的交易平台，也是面向取水权交易，但主要负责跨流域的水权交易事宜及平台日常维护管理工作。

（3）信息服务管理模块：该模块主要功能为会员信息查询、交易信息发布、相关数据服务等。其中信息咨询业务用于会员对交易信息、不同行业水价及交易协议等方面内容的查询；数据服务业务用于对辖区内不同水源运行情况、不同行业发生水权交易应缴纳的交易税、交易水量折算系数等数据的查询，同时还负责对交易相关资料表单的下载，为交易的规范化管理提供便利；消息发布业务用于对注册会员交易信息、平台公告及水权交易最新政策等相关信息的发布。

（4）交易操作管理模块：注册会员如对某水权交易信息有意向，即可通过该模块来完成水权交易。该模块的作用是通过网络执行有关水权交易双方会员的交易指令，协助完成交易并对交易结果进行公示。在面向实际用水户的用水权交易中，交易双方可以自主选择交易方式，如撮合交易、委托交易或直接售予交易中心，交易价格也是在水价限制范围基础上，经双方协商后确定；而在取水权交易环节，水价制定也是基于多方面因素由交易双方商定，但交易价格要满足补偿交易成本的要求。

（5）交易结算管理模块：结算模块是水权交易的一个重要环节，主要用来确保交易双方水权交易数量的结算和资金的结算。当一方违约时，该模块就充当违约方的追究方，追讨违约应履行的处罚，同时充当被违约方的责任方，及时对其进行一定的补偿。这样做的好处是保证交易的强制性，避免恶意阻碍交易的行为发生，保障交易市场的健康有序运行。

（6）交易终结管理模块：在水权交易过程中发生分歧、交易不合理现象时，水权交易无法继续进行下去，此时需要启动交易终结管理模块来完成或中止交易。其中交易终结管理业务是对正常完成的水权交易进行管理，并负责对交易信息的记录，包括

记录水价、水量、水质、交易方式、交易结果等；违法交易终结业务是对交易过程中发生违法行为的交易进行终结，并记录相关信息，登记违法事项，在必要时对违法主体就违法行为恶劣程度给予一定的处罚；意外交易终结业务是对前两种情形之外的中止交易业务进行管理，并收集造成交易中止的原因，对以后的水市场活动进行指导。

（7）交易监督管理模块：该模块主要负责对整个水权交易过程及日常业务的监督管理，主要包括以下内容：一是确认交易程序的有效性，对发布的交易信息及交易行为进行监督，建立数据记录档案，对交易进行跟踪管理，并对违法交易进行惩处；二是核实出让方的申请交易水权量是否未超出其可用于交易的水权量，同时确认水权交易的去向是否合理；三是确保协议达成后交易的完成，确保交易水权按照协议流转，并督促发生交易的双方及时办理变更手续，以便于水权交易中心对所管辖水权的管理；四是对交易工作的完成情况进行总结评估，提出工作改进的建议。

## 12.3　可交易水权量化方法

在进行水权交易或转让之前，首先要对水权出让者所拥有的可交易水权进行核算，并依此提出合理可行的交易方案，这就涉及可交易水权量化问题。本节将从可交易水权概念、可交易水权核算、交易折算系数计算、交易方案生成及优选等方面来介绍有关可交易水权量化理论方法。

### 12.3.1　可交易水权概念

从字面上讲，可交易水权就是可以直接用于交易的水权。由于笔者构建的三级取-用水权交易模式中涉及用水权交易和取水权交易两个方面，所以可交易水权也可以从这两个方面来理解。在用水权交易层面，可交易水权是指在初始取水权分配和确权登记的基础上，以实际用水户所拥有的分配水量（即分配的用水权）为基础，通过调整产业用水结构、改进节水技术等措施而节余的可用来交易的用水权。在取水权交易层面，可交易水权是指流域或区域内富裕的可用来交易以获取更大利益的取水权，它包括域内实际用水后的节余水权，以及初始分配的部分预留水权，这部分水权可由代表集体利益的主体（如水行政主管部门或水权交易中心）对其进行交易或流转。

从可交易水权的概念来看，其具有以下内涵。①可交易水权是一项财产权，为水资源非所有人享有，权利属性来源于所有权，同时又与所有权相分离。②可交易用水权不等同于定额配水下实际用户的配水量，是其在达到一定用水效率标准（如目前正在使用的国家或地方用水效率标准）后节余的水量；可交易取水权也不是区域分配的初始水权，而是总量控制红线下区域内用水户节余和部分行政预留的水量，它们不仅和已划定的红线指标有密切联系，还受当前实际来水和未来可能来水等条件的限制。

③可交易水权本身具有排他性和转让性，这一点区别于一般使用权和所有权，是水权在市场上的一种高级表现形式。④在取水权层面，区域可交易水权量与实际用水量之和应严格限制在用水总量控制红线以内。⑤在对各地区用水总量控制进行考核时，不仅要考虑初始分配水权，还要考虑水权交易的影响。

## 12.3.2 可交易水权核算

可交易水权核算是开展水权交易的前提，它包括可交易用水权核算和可交易取水权核算两部分内容。可交易用水权是基于用水效率控制红线、用户现状用水水平及节水潜力等约束原则计算得到的，在此基础上补充一定的约束条件，则可以将用户层面的可交易用水权转化为流域层面的可交易取水权。因此，并不是所有的用水权都能转化为可交易用水权，所有可交易用水权也不一定能全部转化为可交易取水权，只有在满足相应的约束条件下，才有可能发生转化。

### 1. 可交易用水权核算原则

水资源在经过初始分配后进入区域用户层面，通过用水效率控制红线激励节水，促进水权流转，从而达到交易的效果。在用水权交易时，应遵循以下交易原则。①用水总量控制红线约束，包括区域内用户的计划用水量及节约后的需水量两者都不可超过用水总量控制红线，超过用水总量控制红线的地区应禁止向其他地区转让取水权等。②用水效率控制红线约束，主要是各用水户的用水效率不低于用水效率控制红线。③保障基本用水约束，要首先满足基本生活用水需求和最低环境需求的水权，用于交易的水权是在满足各行业基本需求用水后，通过采取节水措施节余的水权。④其他约束，比如应急预留水权不能用于交易、可交易水权主体的用水定额和节水潜力必须合理可行等。

### 2. 可交易取水权核算原则

可交易取水权是在可交易用水权的基础上计算得到的，并不是所有的可交易用水权都能够转化成可交易取水权，当用户层面进行用水权交易后仍有可交易的用水权和行政预留水权，并在满足一定的约束原则下才有可能转化为可交易取水权。在取水权交易时，应遵循的交易原则包括流域的计划用水量不超过其用水总量控制红线等。

将上述原则用下面的公式来进行表示：

$$\text{可交易用水权}\left\{\begin{array}{l}\sum_{j=1}^{m}\left(Q_{jy}-x_{sj}\right)\leqslant W_i \\ \sum_{j=1}^{m}Q_{ja}\leqslant W_i \\ \left|Q_{ja}-\left(Q_{jy}-x_{sj}\right)\right|\leqslant Q_{jr} \\ W_{jl}\geqslant W_{jh} \\ Q_{iar}\geqslant Q_{iart}\end{array}\right. \Longrightarrow \left.\begin{array}{l}\sum_{i=1}^{n}\left(Q_{ia}+Q_{it}\right)\leqslant W \\ \sum_{j=1}^{m}Q_{js}\geqslant Q_{it}\end{array}\right\}\text{可交易取水权} \tag{12.2}$$

式中，$i$ 为第 $i$ 行政区；$m$ 为第 $i$ 行政区内用水户总数；$n$ 为行政区的个数；$j$ 为第 $j$ 个用水户；$Q_{jy}$、$x_{sj}$ 分别为第 $j$ 用水户节水前的需水量、节水潜力；$W_i$ 为第 $i$ 行政区的用水总量控制红线；$Q_{ja}$ 为第 $j$ 用户的计划用水量；$Q_{jr}$、$Q_{js}$ 分别为第 $j$ 用水户剩余水权、可交易用水权；$W_{jl}$、$W_{jh}$ 分别为第 $j$ 用水户的用水效率、其所在行业的用水效率控制红线；$Q_{iar}$ 为第 $i$ 行政区的行政预留水权；$Q_{iart}$ 为第 $i$ 个行政区可交易的行政预留水权；$Q_{ia}$、$Q_{it}$ 分别为第 $i$ 行政区的计划取水量和可交易取水权；$W$ 为流域用水总量控制红线。其中 $x_{sj}$、$Q_{jr}$ 的计算公式具体如下：

$$x_{sj} = Q_{配} \cdot \left(T_{j1} - T_{j2}\right) \tag{12.3}$$

式中，$Q_{配}$ 为用水户 $j$ 所拥有水权的配水量；$T_{j1}$、$T_{j2}$ 分别为第 $j$ 用水户采取节水措施后和节水措施前的节水指标。

$$\begin{cases} Q_{jr} = Q_{ja} - Q_{j基本} \\ Q_{j基本} = Q_{ja} \cdot \left(1 - P_j\right) \end{cases} \tag{12.4}$$

式中，$Q_{j基本}$ 为第 $j$ 用水户保障其自身基本用水需求的水权；$P_j$ 为用水保证率。

由此，得出第 $j$ 用水户的可交易用水权表达式：

$$\begin{cases} Q_{jt} = Q_{ja} - \left(Q_{jy} - x_{sj}\right) \\ Q_{js} = \min\left(Q_{jt}, \mathrm{Q}_{jr}\right) \end{cases} \tag{12.5}$$

如果结果是负值，表示该用户在当前的需水量和节水潜力下，其计划用水量不足以满足自身需水量，需要购买一定的水权；正值表示在当前的计划用水和节水潜力下，除满足其自身需水外仍有富余可转让的水权。

可交易取水权的计算是在可交易用水权计算的基础上计算得到，其表达式为

$$Q_{it} = \sum_{j=1}^{m} Q_{js} + Q_{iart} \tag{12.6}$$

下面给出可交易水权的核算流程。

1）基于定额限制下的用水量计算

用水定额是核算可交易水权数量的基础。初始水权分配仅对区域用水总量做出了限制，并没有进一步说明某行业、某用户所能支配的水量上限是多少。因此，结合区域经济发展水平、产业结构、水资源条件等，确定不同行业的用水定额限值，可有效限制不合理的用水行为，这样既可达到“以供定需”的效果，又可为用水权交易奠定基础。结合研究区统计资料得到各行业的用水定额，将其与同行业的用水定额限定值进行对比，评估实际用水定额是否合理；再采用定额法计算各行业的用水量，并将其与初始分配的水权进行对比，评估用水总量是否超过分配水权。当满足要求时，说明实际用水方式合理。由此，研究区各行业用水量及用水总量计算如下。

农村生活用水量：
$$W_{\mathrm{nl}} = W_{\mathrm{nr}} \cdot P_{\mathrm{nr}} + W_{\mathrm{ds}} \cdot P_{\mathrm{ds}} + W_{\mathrm{xs}} \cdot P_{\mathrm{xs}} \tag{12.7}$$

城镇生活用水量：
$$W_{\mathrm{cl}} = W_{\mathrm{cr}} \cdot P_{\mathrm{cr}} \tag{12.8}$$

工业用水量：
$$W_{gl}=W_{gy}\cdot G \tag{12.9}$$

农业用水量：
$$W_{ny}=W_{nt}\cdot A_{nt}+W_{lg}\cdot A_{lg}+W_{yt}\cdot A_{yt} \tag{12.10}$$

总用水量：
$$W_{y}=W_{nl}+W_{cl}+W_{gl}+W_{ny} \tag{12.11}$$

式中，$W_y$ 为用水总量；$W_{nl}$、$W_{cl}$、$W_{gl}$、$W_{ny}$ 分别为农村生活用水量、城镇生活用水量、工业用水量、农业用水量；$W_{nr}$、$W_{ds}$、$W_{xs}$ 分别为农村居民生活毛用水定额、大牲畜毛用水定额、小牲畜毛用水定额；$P_{nr}$、$P_{ds}$、$P_{xs}$ 分别为农村居民人口数量、大牲畜数量、小牲畜数量；$W_{cr}$ 为城镇居民生活毛用水定额；$P_{cr}$ 为城镇人口数量；$W_{gy}$ 为万元工业增加值毛用水定额；$G$ 为工业增加值；$W_{nt}$、$W_{lg}$、$W_{yt}$ 分别为农田灌溉毛用水定额、林果灌溉毛用水定额、鱼塘补水毛用水定额；$A_{nt}$、$A_{lg}$、$A_{yt}$ 分别为农田灌溉面积、林果灌溉面积、鱼塘补水面积。

$$Q_{计划}=\sum_{i=1}^{n}W_{yi} \tag{12.12}$$

式中，$n$ 为流域内的行政区域个数；$i$ 为某个行政区域；$Q_{计划}$、$W_{yi}$ 分别为流域的计划用水量、第 $i$ 个行政区域的用水量。

2）节水潜力计算

节水潜力是指实际用水户通过提高水资源利用效率或采取产业结构调整等措施可能节余的水量，这部分水量可进入水权交易市场进行交易。如何计算节水潜力及如何在实际交易中获取相应的取水量是水权制度建设的关键技术问题之一。根据各行政区、各行业、各用水户用水定额指标和水资源利用效率指标（如灌溉水利用系数、工业用水重复利用率、管网损失率等），可进一步计算出相应的节水潜力。在确定各行业用水定额与水资源利用效率的前提下，通过分析国内外该行业用水水平与节水技术进展，对比现实和计划的节水指标，可得到该行业的节水潜力，进一步计算出理论意义上的可交易水权数量。由此，用水户 $j$ 的节水潜力 $x_{sj}$ 可表示为

$$x_{sj}=Q_{配}\cdot(\ell_k-\ell_0) \tag{12.13}$$

式中，$\ell_0$ 为该用户的实际水资源利用效率；$\ell_k$ 为行业内水资源利用效率最大值。

由于 $\ell_k$ 是行业内水资源利用效率最大值，此时的节水技术并不是所有用户都能实现的，这受当地的生活水平、经济状况、管理政策等因素影响。为此，在计算节水潜力时，还应根据当地在节水方面的实际情况及未来安排，分析在经济合理、技术可行的前提下能实现的水资源利用效率值 $\ell_{k0}$，将其代入式（12.13）可得到实际节水潜力值，即

$$x_{sj}=Q_{配}\cdot(\ell_{k0}-\ell_0) \tag{12.14}$$

式中：$\ell_{k0}$ 是用户采用相应节水措施下的水资源利用效率值。

3）满足基本需求后的节余水权计算

在满足用户最基本的生活、生产、生态用水需求后，根据节水潜力可进一步测算节余的水权数量，该部分水权是可交易水权计算的基础。

4）可交易水权计算

将通过 1)、2）得到的计划用水量、节水潜力等代入式（12.5），得到可交易水权的理论值。将其进一步与 3）计算得到的节余水权相比，取两者中的较小值，由此得到可交易水权最终值。

5）在满足各行政区域自身用水需求后，仍有剩余的可交易用水权

将其与流域用水总量控制红线约束相对比，并代入式（12.6），可求出流域内各行政区的可交易取水权。此时，完成了由可交易用水权向可交易取水权的转化。

## 12.3.3　水权交易折算系数

在进行跨区域或跨流域取水权交易时，由于水资源在运移过程中的各种损耗，会造成区域间水权不对等的现象，此时需要在水权交易中考虑不同区域之间的水权折算。同时在用水权交易的过程中，取水工程位置的不同也可能会造成水量的损失，如上游用水户与下游用水户之间的用水权交易，由于水资源在河道输移过程中会出现水面蒸发、渠道渗漏等水量损失，所以在交易过程中交易双方不可能等量交易水权，而需要事先通过一定的方法进水量折减计算。有关水权交易折算系数的定义，在由售水户到购水户的交易过程中，可交易水权经损耗后剩余的净交易水权与可交易水权的比值称为水权交易折算系数。

水权交易折算系数的计算主要根据可交易水量 $W_{ij}'$ 在由售水户到购水户的转化过程中扣除水面蒸发、渠道渗漏损失及生态耗损等损失后，得到的剩余水量 $W_{ij}$（即购水户可取得的水量)，由下式计算获得。

由此给出折算系数的计算公式：

$$\alpha=W_{ij}\,/\,W_{ij}' \tag{12.15}$$

式中，$W_{ij}$ 是扣除损耗后购水户获得的水权；$W_{ij}'$ 是售水户出售的水权。

## 12.3.4　水权交易方案优选

在求出可交易水权后，进一步建立基于“三条红线”约束的水权交易优化模型并寻求最优的交易方案，可为实际的水权交易提供借鉴。

由于水权交易包括用水权交易和取水权交易两个方面，所以优化过程也分为两个环节。首先在对同一行政区域内各用水户的可交易水权量化后，其区域内不同用水户

之间通过水权交易寻求用水权交易方案。当交易后仍不能满足该行政区对水资源的需求时，可与同一流域的其他行政区再次进行水权交易，此时由用水权交易转变成取水权交易。下面将针对上述水权交易方案优选过程构建如下最优模型。

### 1. 用水权交易优化模型

根据“三条红线”的硬性约束和生态环境的可持续发展需求，以 GDP 最大作为目标函数，以用水总量控制红线、供水优先顺序等为约束条件建立用水权交易优化模型并优选出可行的用水权交易方案。

1）目标函数

以各行政区域的 GDP 最大为目标，假设流域内有 $n$ 个行政区，第 $i$ 个行政区域内有 $m$ 个用水户，则水权交易优化模型的目标函数可表示为

$$\mathrm{MEB}_i = \max \sum_{j=1}^{m} \mathrm{puG} \cdot \left(Q_{ja} + x_{js}\right) \tag{12.16}$$

式中，$\mathrm{MEB}_i$ 为第 $i$ 个行政区的 GDP 值；$x_{js}$ 为第 $i$ 行政区第 $j$ 用水户交易的水权量，其值为正时表示购买用水权，为负时表示出售用水权；puG 为第 $i$ 行政区域第 $j$ 用水户的单方水 GDP 值；其他符号同上。

2）约束条件

（1）取用水总量约束：区域取用水总量应不高于该地区用水总量控制红线，即

$$\begin{cases} \sum_{j=1}^{m}\left(Q_{jy} - x_{sj} + x_{js}\right) \leqslant W_i \\ W_i > 0, Q_{jy} > 0 \end{cases} \tag{12.17}$$

式中，符号同上。

（2）满足交易条件约束：各用水户交易的水量不能超过该用水户的可交易水量，即

$$x_{js} \leqslant Q_{js} \tag{12.18}$$

式中，符号同上。

（3）交易优先次序约束：该约束是为了鼓励水权从用水效率低的用水户向用水效率高的用水户流转而设定。以用水户单方水 GDP 值作为交易优先次序：对于售水户来说，单方水产生的 GDP 越小，优先级越高；对于购水户来说，单方水产生的 GDP 越大，优先级越高。其中，可交易行政预留水权的单方水产生的 GDP 为零。

### 2. 取水权交易优化模型

通过用水权交易的行政区域仍不能满足自身用水需求，就需要与流域内其他行政区域进行取水权交易。与用水权交易模型相似，取水权交易模型在流域各行政区层面

进行优选，求出可行的取水权交易方案。

1）目标函数

以流域总 GDP 值最大作为目标函数。由于在跨区水权交易过程中会发生水量损失，所以购水方不能交易等量取水权，假设在$n$个行政区中有$l$个行政区购买了取水权，则取水权交易的目标函数可表示为

$$\mathrm{TEB}=\max\left(\sum_{i=1}^{l}\sum_{j=1}^{m}\mathrm{puG}\cdot\left(Q_{ja}+x_{js}+x_{is}^{'}\right)+\sum_{i=l+1}^{n}\sum_{j=1}^{m}\mathrm{puG}\cdot\left(Q_{ja}+x_{js}-x_{is}\right)\right) \quad (12.19)$$

式中，TEB为流域总 GDP 值；$x_{is}$为第$n-l$个售水行政区拟出售的取水权；$x_{is}^{'}$为$l$个购水行政区拟购买的取水权；其他符号同上。

2）约束条件

（1）用水总量约束：流域用水总量应不高于全流域分配的用水总量控制红线，即

$$\begin{cases}\sum_{i=1}^{n}\sum_{j=1}^{m}\left(Q_{ja}+x_{js}+x_{is}\right)\leqslant W\\ W>0\end{cases} \quad (12.20)$$

（2）满足交易条件约束：各行政区域交易的取水权不能超过该行政区域核算的可交易取水权。

$$x_{is}\leqslant Q_{it} \quad (12.21)$$

（3）水量损失约束：对于同一流域内不同的取水地点，当上游节余的水权向下游交易时，购水户需进行相应的水量损失折算，当下游节余的水权向上游交易时，购水户取得的水量不能增加，以免破坏生态平衡，即

$$x_{s}\geqslant x_{p} \quad (12.22)$$

式中，$x_s$为售水户出售的可交易水权量；$x_p$为购水户在与售水户交易时应取得的可交易水权数量。

除了以上约束外，在实际操作中，根据具体情况可增添相应约束，如风险约束、交易评价约束、第三方效益约束等。

### 3. 水权交易方案集的生成

为了获取理想的交易方案，采用如图 12-10 所示的用水权-取水权分层寻优求解思路。具体步骤如下。首先计算得到用水权交易方案。输入目标函数和约束条件得到用水权交易模型，采用 Matlab 软件中的 linprog 函数进行求解，可产生若干个可行解，把前两个可行解代入目标函数，取目标函数较大的为较优方案，依次与剩余方案进行比较，最终优选出目标函数最大所对应的方案即为最优方案。在用水权交易的基础上，输入取水权交易的目标函数和约束条件，通过取水权交易模型，采用 linprog 函数进行求解，寻优过程与用水权交易方案生成类似，最终优选出取水权交易方案。

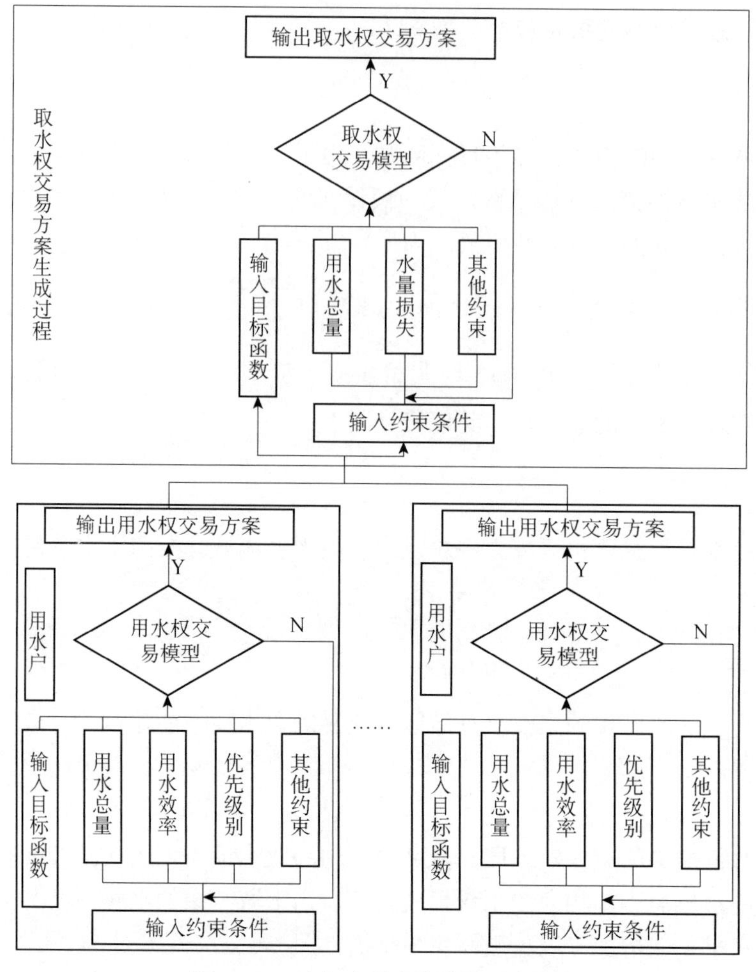


图 12-10　水权交易方案求解示意图

## 12.4　水权交易保障措施

水权交易机制的建立必须辅以健全完善的水权交易保障措施体系，其可归结为以下三个方面：一是推进水权交易机制的完善；二是确保水权交易市场的良性运行；三是规范水权交易中相关部门的管理监督职能。为此可以从法律保障、行政保障、技术保障和经济保障四个方面，来阐述相应的保障措施。

### 12.4.1　法律保障措施

在最严格水资源管理制度下，构建符合我国实际的水权交易机制主要面临的法律问题如下：一是如何深化“三条红线”的控制作用；二是如何使水权交易法律化；三是如何使水权交易管理法制化。

### 1. 深化“总量控制”和“效率控制”红线在相关法律立法中的指导作用

最严格水资源管理将是未来水资源管理的重要内容之一，“三条红线”作为其核心，也必将是水资源量化管理的重要标准。笔者设计的取-用水权交易主要针对其中的“水资源开发利用总量控制红线”和“水资源开发利用效率控制红线”。在相关立法中深化“用水总量控制”和“用水效率控制”的约束作用，这是对水资源管理中用水总量控制的保障和深化：用水总量控制制度一直是我国重要的水资源管理制度之一[①]，新时期管理工作更要求将“总量”进一步细化到流域和地区，在水权交易相关法律制定过程中应体现这一点。而“节余水权”是笔者设计的水权交易客体主要组成部分，“效率”控制是获得节余水权的重要参考指标和判断标准，在立法过程中坚持这一要点。具体实施中可以像水法第四十七条那样对总量控制给出明文规定，将“总量”和“效率”明确在相关立法的具体条文中；另外还应加快出台《水权确权登记办法》、《用水效率监督管理办法》等具体管理办法，以指导水权交易工作的开展。

### 2. 推进相关法律立法进程，明确水权交易的合法地位

水权交易立法有着深远的意义和急迫的现实需求。前期确定的管理、保护等制度是推进水权交易相关立法的良好基础，如《中华人民共和国水法》明确了用水总量控制和定额管理相结合的用水方式；《取水许可和水资源费征收管理条例》实现了对取水环节和用水环节的管理；《水量分配暂行办法》的实施标志着我国初始水权分配制度的基本建立，这些都是推进水权交易相关立法的重要支撑。虽然国家层面的水法律体系已经初步建成，但是由于国家立法原则性较强，难以兼顾区域和未来水资源开发利用与管理的发展需求，特别是无法满足深化经济改革中市场配置水资源的现实需求。这在水权交易机制构建中主要表现为：一是目前水权确权、水权交易等在我国现有法律法规中没有得到明确认可，水权交易机制构建缺少必要的法律支撑；二是现行的涉水法律没有或很少涉及水权转让或水权交易方面内容；三是水权交易市场的建设缺少专项的法律法规；四是水权交易规则缺失。这都给水市场的构建、水权交易工作的开展造成了很大的阻碍和不确定性。水利部颁布了《关于水权转让的若干意见》及《关于开展水权试点工作的通知》，对宏观、定性层面的交易原则把握较好，但细节及具体交易规则方面有所缺失。基于此，在构建水权交易市场过程中，要针对这些问题，尽快推进相关法律法规的立法建设，明确水权交易的合法地位，强化水权交易的法律支撑。而且，要结合我国现行法律法规、行政规章来推进相关立法过程，并修订制约水权交易的法律条款，确保水权交易的合法地位。

### 3. 加快水权交易的法制建设

一是推进水权交易相关法律体系建设，完善水权交易的立法基础[②]。

① 王小军，高娟，童学卫. 2014. 关于强化用水总量控制管理的思考. 中国人口·资源与环境，(03)：221-225.
② 韩锦绵，马晓强. 2008. 论我国水权交易与转换规则的建立和完善. 经济体制改革，(03)：31-35.

二是依托相关法律构建水权交易市场，形成统一的交易系统，从明晰水权交易主客体、交易规则、交易价格形成机制，到交易信息发布和获取、交易平台构建等。

三是通过立法确定水权交易的一般程序。参考土地转让中以出让方式取得国有土地使用权的转让程序，水权交易的流程主要包括以下五部分：①签订取水权转让合同，其中包含转让的水量、水质、价格、期限，双方取水许可信息、个人资料等；②向交易双方所属的水权交易中心提交申请；③交易中心在接到申请后在一定期限内对提交的交易申请审查批复，审查内容为是否符合转让条件、与出让限定条件有无实质性冲突、是否改变原水权用途、成交价格是否合理等；④缴纳相关税费；⑤登记发证（不允许交易的，告知其理由）。

四是通过立法建立和完善水权交易的责任追究机制和交易纠纷处理机制，追究违法行为既是对法律强制性的践行，也是保障“三条红线”有效落实、维护受害人利益、确保水权交易市场正常运行的基础。纠纷处理机制主要是解决交易过程中产生的各种矛盾和摩擦，保障交易双方的合法利益，营造良好的交易氛围，建设和谐共赢的水权交易市场。

### 12.4.2 行政保障措施

#### 1. 加快政府职能转变，实现市场配置水资源的决定性作用

充分发挥市场自我调节和政府宏观调控的职能，是党的十八大和十八届三中全会中关于深化经济改革的重要决定，也是未来我国水资源管理工作改革的重点。在水权管理工作中，应转变政府工作人员的固有观念，逐渐弱化行政部门对水权交易过程的干涉，充分发挥政府的监督管理职能[①②]。在水资源配置工作中，将初始水权分配、水权确权登记等作为进行水权管理的主要内容，为水权交易的开展奠定基础。在水市场构建中，应明确政府和市场的定位，前期水市场是一种“准市场”模式，政府干预相对一般市场适当加大，以防止市场走形、脱离水资源配置再优化的初衷；中期政策应适当放宽，逐步加强市场的自主能力，积极探索多种交易方式；建设后期，应充分发挥市场配置资源的主动性和自发性，减少政府直接干预，鼓励通过政策和其他间接方式对其进行微调，以引导水权交易更好地为我国社会主义建设服务。

#### 2. 完善水权交易机制的相关规范，加大政策宣传力度

在水权交易机制构建过程中，推动相关政策出台，鼓励实际用水户积极参与尤为重要。应充分认识实际用水户参与水市场建设的重要意义，加强对水权交易的宣传和引导。在实践工作中培育发展行业协会、公益性民间组织，并发挥其提供服务、反映诉求、规范行为的作用，引导民间组织加强自身建设，提高其自律能力[③]。为此做到

① 李兴山. 2014. 进一步转变政府职能更好发挥市场在资源配置中的决定性作用. 理论视野，(01)：21-24.

② 朱明仕，孙佳特. 2014. 市场在资源配置中起决定性作用的制度基础与政府职能. 长春师范大学学报，(09)：11-13.

③ 卢剑峰. 关于充分发挥民政部门职能作用积极参与平安建设的意见. http：//www.qhmz.gov.cn/html/show-322.Html［2014-9-19］.

以下三点：一是加强宣传工作，在我国一些地区虽然开展了水权交易试点工作，但总体来说，这些工作仍不为大多数人所知。出现这一现象的原因一方面是早期市场改革没有涉及水权管理，前期不完善的社会主义市场经济也不足以保障水权交易的良性运行，另一方面则是政策方面未给予特别支持，以致宣传机制缺失。在我国当前社会主义经济体制已基本完善、市场配置水资源又迫在眉睫的背景下，推进水权交易制度化、规范化就十分必要。而促使人们将水资源使用权作为一种私有财产权，自觉参与到对其管理保护中去，显得尤为重要。所以在水市场建设和运营管理中，应加大政策宣传力度，刺激形成内在的水权交易监督管理机制。二是积极培育民间公益性组织、协会等。如由用水户组成的用水协会，因关系自身权力和利益的实现，在水权交易的内部监督方面更加积极主动，这也强化了其自身主人翁意识。三是完善水权交易的相关规范、制度。水权交易的相关规范和办法集中体现了国家在管理水资源过程中所遵循的理念，这是进行水权交易管理的主要依据。国家有关水权交易层面的管理意见已经出台，当前的首要任务一是在此基础上完善水权交易的管理体系，推进水权交易相关规范出台，如水权交易监督管理规范、水市场运行规范等；二是各地方应结合区域特点，出台针对性更强的地方性管理办法。

### 3. 建立责任、考核和问责制度

最严格水资源管理制度作为新时期水资源管理的基本方针政策，其基本要求之一就是责任更加明确、考核更加严格、问责更加严厉①。水权交易作为有效落实最严格水资源管理制度的一项基本对策，其保障措施中建立并完善相应的考核问责制度尤为重要。借鉴土地管理责任和考核制度建设经验，在水权交易机制完善方面应在以下四方面予以重点推进：一是明晰水市场建设管理责任，推进责任落实制度。全国范围水市场的确立是一项浩大的工程，其间利害关系错综复杂，涉及的主体关系到各行各业、社会各个阶层。为此明晰市场建设与管理的责任，是有效防止各部门之间互相推诿、不作为的有效方法，推进责任落实则将明晰的职责对应到有关部门、个人，并作为考核问责的基础。二是制定考核问责办法，明确考核依据。责任明晰后，还不能说一定会很好地促进水市场建设，为此还要对工作进展进行考核问责，对责任人是否担负了相应工作、任务完成情况进行系统评估。为了科学、客观地评估任务的执行情况，需要制定相应的考核问责办法，使考核问责有根有据。三是加快监测体系建设，保障责任落实和考核制度实施。监测体系是对水市场建设管理责任及其落实情况的监督和评测系统，它与责任落实、考核问责办法共同组成水权交易监督管理责任制度。四是严格问责，确保考核效果。确保考核效果的一个重要方面是严格问责，应强化责任制度的强制性、惩罚性，消除责任人的侥幸心理。

---

① 胡四一. 2012. 落实最严格水资源管理制度的重要举措——解读《全国重要江河湖泊水功能区划》. 中国水利，(07)：31-33.

### 12.4.3 技术保障措施

水权交易机制的具体实施离不开相应技术保障措施的支持，如可交易水权的获取、交易监测，以及交易信息的传递和决策等。水权交易机制的技术保障措施应从这些问题出发，形成相应的技术支撑体系。

#### 1. 创新节水技术、优化用水结构、推广节水器具

可交易水量的推算，是完全基于理论假设的前提而设定的。而通常情况下节水需要的生产成本往往比增加引水量的成本要高，从经济角度分析并不符合帕累托最优[①]。但是将资源、环境、经济、社会发展等因素都综合考虑时，创新节水技术又是实现水资源可持续利用的必然选择。此时就需要政府出台相关政策给予支持，加大节水技术的研究投入，引导用水户（特别是大型企业）优化内部用水结构、加快节水技术普及应用。与发达国家相比，我国节水技术落后，用水效率相对较低，节水潜力巨大。通过分析国外先进节水措施，结合我国水资源管理需求，有以下六点值得借鉴：一是制定奖励机制，鼓励技术创新，为节水提供更高效可行的设计理念和技术手段；二是落实“用水效率”的控制指标，将其纳入政府政绩考核项目中去；三是借鉴或引进国外先进的节水技术，国外的一些先进节水技术与我国水资源利用方式和管理实际相符的，将其引用到我国节水工作中，既可以推进我国节水工作的开展，还可以为我国节水技术的研究创新提供参考；四是加强管道检漏工作，减少供水过程的水量损失；五是调整产业用水结构，不合理的产业用水结构和用水方式也会造成水资源浪费，为此要加强企业用水过程管理；六是推广节水器具，节水器具的推广前期投入大于产出，因此开始经常得不到实际用水户的自愿推行，这就需要政策扶植、资金支持等。

#### 2. 加快水量监测系统建设

最严格水资源管理制度的一个鲜明特点就是对“水量”“效率”等量化指标的严格控制，而取水过程的自动化监测，则是实现水资源开发利用数据统计与查询、取水计划管理与控制的关键技术。如何做到实时掌握水权交易实况不仅关系着买卖双方的利益协调，还与第三方、社会、环境的利益息息相关，这就需要对水权交易中水量的变化进行实时监测。但是我国目前取用水过程中的监测系统并不完善，一方面是监测范围不够全面，多是面向城市、企业等进行取水过程监测，在农业用水监测方面覆盖面有限，对取用地下水的监测明显不足；另一方面是监测设备不够齐全，监测技术落后。这就需要加强技术研究、更新落后的监测设备。此外，还需要培训专业的监测人才，并做好取水监测的重要性宣传。从水权交易的影响分析角度，水量监测部门还可以为水权交易的第三方效应研究、交易的内部性和外部性分析等提供数据支撑，因此加快水量监测系统建设，是保障水权交易成功的重要举措。

---

① 李绍荣. 2002. 帕累托最优与一般均衡最优之差异. 经济科学，(02)：75-80.

### 3. 水权交易信息化管理

市场公平与否，关键要看买卖双方对信息掌握是否对称，而且掌握信息的不完全也会造成水权交易的私人边际成本小于社会边际成本，导致水权交易的负外部性增大[①]，这与资源配置追求效率和公平的初衷是不相符的。水权交易的信息化管理即是为水市场营造一个良好的竞争环境，减少获取信息的成本，为交易双方的决策提供信息支撑；此外还便于对交易主体进行管理，公开的信息化管理更可以使得交易透明化，避免投机倒把、虚假交易。而水权交易的信息化管理主要是通过计算机、网络等技术将水权交易基本信息收集并发布，对交易过程相关信息进行规范管理。一个完善的水权交易信息化管理系统主要包括用户登记模块、确权登记模块、交易信息获取模块与发布模块等。用户登记模块主要负责将交易双方的信息收录到信息管理系统中，以便系统管理水权交易参与者，并对参与者的信息进行核实，防止欺诈行为发生，对违反交易规则和限制条件的行为主体准确定位，便于责任追究；确权登记模块主要负责将进入水市场的水权数量、质量、用途、取水水源、途径等基本信息录入信息管理系统，为交易主体之间变更水权提供服务；交易信息获取和发布模块主要负责将交易信息收集整编，并将符合交易规则的信息向社会发布，其中以买卖双方的交易需求信息、报价信息等为主，若需要对某一定水量的水权进行竞拍，还需提前向符合登记在册买家发布通知，告知竞拍的规则与相关信息。

## 12.4.4　经济保障措施

经济保障措施是水权交易制度得以实施的重要组成部分，其实质是通过建立水权交易的经济制约和市场激励机制，运用经济杠杆（如价格、税费、奖励、罚款等手段）来调节社会对水资源的需求和供应，从而达到对水资源配置进行优化、提高水权交易效率的目的。下面将从以下两方面进行阐述。

### 1. 建立水市场资金保障机制

应尽快建立和完善水市场资金保障机制。一是加大市场建设的资金投入。一方面是开展诸如市场模式、价格形成机制、第三方利益保障等理论研究需要匹配相应的资金，这是确保市场得以运行的前提和基础，也是防止市场失灵、外部性扩大的重要措施；此外基础设施建设投入，如网上交易平台的构建、实体交易审核机构的建立、工作人员办公场所等，这些资金可以是政府的一次性投入，也可以通过融资的形式完成。另一方面则是加大节水措施的资金投入。节余水量是水市场中的基本商品，只有充足的节余水权才能活跃市场，而加大节水措施投入是获取更多节余水权的主要途径。加大节水投入一方面是直接以经济补偿的方式对完成既定用水效率的用水户予以奖励，此外还需要加大节水技术研究方面的经费投入，节水技术作为节水型社会建设

---

① 孟戈，王先甲. 2009. 水权交易的效率分析. 系统工程，(05)：121-123.

的重要手段，前期投入必然是一项浩大的工程，需要大量人力和物力的投入。二是建立水权交易自身运营的资金保障机制，水权交易中心不能单纯地依靠政策扶植、国家投入，这样不仅会削弱其自我改进和完善的动力，还会滋生一些假公济私的不法行为，为腐败提供土壤。市场确立后，水权交易中心要依靠市场自力更生，既可以通过征收交易服务费用等方式获得资金来源，也可以通过向政府提供分析数据等方式寻求政府资助。三是确保职业培训资金保障机制。水权交易不同于一般商品交易，其交易规则相对严格，不良交易产生的后果相对严重，而规则是由管理者实施，所以对从业人员、监督人员的专业素养培训是必需的，加大水权交易从业人员、监管人员等培养资金投入是确保相关人员提高专业素养的基础。

#### 2. 完善水权交易价格形成机制

通过制定合理的交易水价，使交易双方都能接受，进而达成交易协议，这是确保水权交易组织实施的关键环节①。同时，水价制定也影响到了水市场的繁荣，当制定的水价偏低时，显然利于市场交易，但很难反映水资源的稀缺性，不利于其保护工作的开展；当水价偏高时，虽然防止了一些不利于水资源保护的水权交易开展，但同时也削弱了交易双方的积极性。目前我国水权交易机制并不成熟，完全放开的定价机制显然不符合现阶段我国的水权交易实际。借鉴国外定价方式，并结合我国市场经济建设特点，我国水权交易定价可以结合试点价格实行渐进复合式的价格形成机制。渐进复合式价格机制是指逐步放开政府对交易水价的干涉，前期根据市场供求、全成本水价、影子理论为水价确定一个基本范围，指导交易市场工作开展，并逐步地放开定价方式，最终将其回归市场自由竞争的管理初衷。

## 12.5 应用实例

### 12.5.1 沙颍河流域水权交易折算系数计算

以沙颍河流域为计算区域，通过第 12.3 节给出的可交易水权量化原则和计算方法，以该流域各地级市作为计算单元，计算出各行政区域用水户的可交易水权量，在在此基础上通过构建的取-用水权交易优化模型对水权交易方案进行优选。其中，对于在同一行政区内进行的用水权交易，设定其取水点位置相同、水量按 1∶1 进行交易；对于不同行政区之间的取水权交易，由于水资源在河道中的蒸发、渗漏等原因，购水户所应取得的水量要进行一定的折算，参考研究区的单位面积水量蒸发损失，交易水量按照河流长度进行折算，单位水量每公里按 1∶0.999 进行交易，亦即单位水量每公里损失 0.1%。

① 李海红，王光谦. 2005. 水权交易中的水价估算. 清华大学学报（自然科学版），45（06）：768-771.

## 12.5.2　沙颍河流域可交易水权核算

结合《淮河流域水文年鉴》《淮河片水资源公报》等文献资料，计算沙颍河流域各计算单元的可交易水权，并将每个单元内的用水户概化为工业、农业、第三产业三类。首先，通过各行业用水定额计算出各行政区内各行业计划用水量（表12-1），其中各行政区的用水总量控制红线由第 11 章计算的初始水权分配结果插值后得到，对不满足约束条件的采用各行业节水比进行调整（表12-2），进而得到各行业满足约束条件下的计划用水量（表12-3）。其次，通过产业结构调整、采用节水器具等节水措施计算各行业的节水量，其中反映水资源利用效率的指标包括农田灌溉水利用系数、工业用水重复利用率及管网损失率等（表12-4）。第三，计算在保障各行业基本用水权后剩余的水权量，计划用水量与保障各行业基本用水之差即为节余水权；第四，将通过上述计算得到的计划用水量、节水量等代入可交易水权计算公式求得可交易水权，加上行政预留水权中的可交易水权后，与计算得到的节余水权相比，取两者中的较小值作为最终的可交易水权。各计算单元的行政预留水权由其分配水量与未节水前的需水量之差计算得到，可用于交易的行政预留水权取总行政预留水权的 15%，由此最终得到各计算单元的可交易水权（表12-5）。

**表 12-1　沙颍河流域计划用水量**　　（单位：万米$^3$）

| 行政区 | 城镇生活分配水量 | | 农村生活分配水量 | | | 工业分配水量 | 农业分配水量 | | | | 总分配水量 | 用水总量控制红线 | 初始分配水权 |
|---|---|---|---|---|---|---|---|---|---|---|---|---|---|
| | 居民住宅 | 综合 | 居民住宅 | 牲畜用水 | 综合 | | 农田灌溉 | 林果灌溉 | 鱼塘补水 | 综合 | | | |
| 洛阳 | 189 | 576 | 897 | 401 | 1 299 | 538 | 4 421 | 168 | 53 | 4 642 | 7 055 | 10 421 | 8 081 |
| 郑州 | 18 455 | 27 948 | 3 986 | 1 808 | 5 794 | 37 392 | 71 273 | 629 | 3 988 | 75 891 | 147 026 | 241 320 | 131 524 |
| 开封 | 3 403 | 4 871 | 5 711 | 3 551 | 9 262 | 12 245 | 73 588 | 650 | 2 412 | 76 650 | 103 028 | 160 750 | 108 441 |
| 许昌 | 3 476 | 3 977 | 6 361 | 3 702 | 10 063 | 15 231 | 33 474 | 52 | 1 316 | 34 842 | 64 112 | 84 933 | 78 146 |
| 平顶山 | 5 573 | 7 762 | 6 062 | 3 424 | 9 486 | 18 867 | 42 450 | 254 | 1 597 | 44 300 | 80 414 | 107 281 | 95 750 |
| 漯河 | 2 052 | 2 747 | 2 952 | 1 551 | 4 503 | 15 045 | 16 907 | 0 | 1 043 | 17 950 | 40 245 | 43 836 | 50 326 |
| 周口 | 3 888 | 5 455 | 16 250 | 8 521 | 24 772 | 19 923 | 101 037 | 3 | 5 469 | 106 509 | 156 658 | 146 900 | 142 201 |
| 阜阳 | 6 712 | 8 557 | 13 629 | 6 798 | 20 427 | 23 367 | 82 407 | 2 819 | 993 | 86 218 | 138 570 | 121 670 | 129 571 |

**表 12-2　沙颍河流域调整后用水定额**

| 行政区 | 城镇生活用水指标/[升/(人·日)] | | | 农村居民用水指标/[升/(人·日)] | 牲畜用水指标[升/(人·日)] | | 一般工业用水指标/(米$^3$/万元) | | 林牧渔用水指标/(米$^3$/亩) | | | 农田灌溉用水指标/(米$^3$/亩) | | | |
|---|---|---|---|---|---|---|---|---|---|---|---|---|---|---|---|
| | 居民住宅 | 公共设施 | 综合 | | 大牲畜 | 小牲畜 | 按总产值 | 按增加值 | 林果灌溉 | 草场灌溉 | 鱼塘补水 | 水田 | 水浇地 | 菜田 | 综合 |
| 洛阳 | 75 | 10 | 85 | 54 | 50 | 20 | 51 | 164 | 93 | 0 | 557 | 612 | 308 | 370 | 311 |
| 郑州 | 147 | 75 | 197 | 50 | 49 | 20 | 49 | 151 | 111 | 0 | 666 | 575 | 288 | 345 | 312 |
| 开封 | 101 | 44 | 144 | 50 | 50 | 20 | 53 | 189 | 122 | 0 | 732 | 359 | 182 | 219 | 188 |
| 许昌 | 105 | 15 | 120 | 53 | 50 | 20 | 31 | 101 | 96 | 0 | 578 | 215 | 108 | 129 | 108 |
| 平顶山 | 108 | 42 | 150 | 53 | 50 | 20 | 51 | 145 | 96 | 0 | 576 | 390 | 197 | 237 | 201 |
| 漯河 | 107 | 36 | 143 | 50 | 50 | 20 | 53 | 186 | 90 | 0 | 590 | 218 | 109 | 131 | 110 |
| 周口 | 78 | 31 | 109 | 51 | 49 | 20 | 49 | 167 | 87 | 0 | 519 | 205 | 102 | 123 | 103 |
| 阜阳 | 103 | 23 | 131 | 61 | 49 | 20 | 143 | 190 | 133 | 0 | 377 | 433 | 94 | 274 | 182 |

**表 12-3 沙颍河流域调整后的用水量** （单位：万米$^3$）

| 行政区 | 城镇生活用水量 | | 农村生活用水量 | | | 工业用水量 | 农业用水量 | | | | 用水总量 | 用水总量控制红线 |
|---|---|---|---|---|---|---|---|---|---|---|---|---|
| | 居民住宅 | 综合 | 居民住宅 | 牲畜用水 | 综合 | | 农田灌溉 | 林果灌溉 | 鱼塘补水 | 综合 | | |
| 洛阳 | 189 | 215 | 897 | 401 | 1 299 | 522 | 4 421 | 168 | 53 | 4 642 | 6 678 | 10 421 |
| 郑州 | 18 086 | 24 248 | 3 907 | 1 772 | 5 679 | 34 440 | 62 721 | 554 | 3 510 | 66 784 | 131 151 | 241 320 |
| 开封 | 3 403 | 4 871 | 5 711 | 3 551 | 9 262 | 11 929 | 73 535 | 650 | 2 412 | 76 597 | 102 660 | 160 750 |
| 许昌 | 3 476 | 3 977 | 6 361 | 3 702 | 10 063 | 14 514 | 33 474 | 52 | 1 316 | 34 842 | 63 396 | 84 933 |
| 平顶山 | 5 573 | 7 762 | 6 062 | 3 424 | 9 486 | 18 236 | 42 435 | 254 | 1 597 | 44 285 | 79 769 | 107 281 |
| 漯河 | 2 052 | 2 747 | 2 952 | 1 551 | 4 503 | 14 276 | 16 907 | 0 | 1 043 | 17 950 | 39 475 | 43 836 |
| 周口 | 3 810 | 5 346 | 15 925 | 8 351 | 24 276 | 18 405 | 88 913 | 3 | 4 812 | 93 728 | 141 754 | 146 900 |
| 阜阳 | 6 577 | 8 386 | 13 356 | 5 159 | 18 515 | 8 779 | 79 632 | 2 678 | 943 | 83 253 | 118 933 | 121 670 |

**表 12-4 沙颍河流域节水潜力分析**

| 行政区 | 农业节水措施 | | 农业节水潜力/万米$^3$ | 工业节水措施 | | 工业节水潜力/万米$^3$ | 第三产业节水措施 | | 第三产业节水潜力/万米$^3$ | 生活节水措施 | | 生活节水潜力/万米$^3$ | 总节水潜力/万米$^3$ |
|---|---|---|---|---|---|---|---|---|---|---|---|---|---|
| | 现状灌溉系数 | 节水灌溉系数 | | 现状重复利用率 | 节水重复利用率 | | 现状管网损失率 | 节水管网损失率 | | 生活管网损失率 | 节水管网损失率 | | |
| 洛阳 | 0.50 | 0.53 | 139 | 0.58 | 0.62 | 23 | 0.18 | 0.14 | 23 | 0.18 | 0.16 | 31 | 192 |
| 郑州 | 0.50 | 0.55 | 3795 | 0.58 | 0.62 | 1613 | 0.16 | 0.14 | 807 | 0.16 | 0.16 | 0 | 5005 |
| 开封 | 0.45 | 0.52 | 5365 | 0.58 | 0.62 | 529 | 0.08 | 0.14 | 0 | 0.08 | 0.16 | 0 | 5630 |
| 许昌 | 0.50 | 0.52 | 697 | 0.58 | 0.62 | 625 | 0.18 | 0.14 | 625 | 0.18 | 0.16 | 293 | 1615 |
| 平顶山 | 0.45 | 0.52 | 3101 | 0.58 | 0.62 | 737 | 0.18 | 0.14 | 737 | 0.18 | 0.16 | 341 | 4179 |
| 漯河 | 0.50 | 0.52 | 359 | 0.58 | 0.62 | 605 | 0.19 | 0.14 | 756 | 0.19 | 0.16 | 266 | 1306 |
| 周口 | 0.50 | 0.52 | 2130 | 0.58 | 0.62 | 826 | 0.21 | 0.14 | 1446 | 0.21 | 0.16 | 1565 | 4831 |
| 阜阳 | 0.48 | 0.50 | 1724 | 0.57 | 0.62 | 39 | 0.19 | 0.16 | 21 | 0.19 | 0.17 | 577 | 2331 |

**表 12-5 沙颍河流域的可交易水权** （单位：万米$^3$）

| 行政区 | 工业 | 农业 | 第三产业 | 行政预留水量 | 可交易取水权 |
|---|---|---|---|---|---|
| 洛阳 | −20 | 139 | −4 | 210 | 326 |
| 郑州 | −4 687 | −5 312 | 1 045 | 56 | −8 899 |
| 开封 | −1 043 | 5 313 | −199 | 867 | 4 938 |
| 许昌 | −498 | 697 | −514 | 2 213 | 1 898 |
| 平顶山 | 554 | 3 086 | 293 | 2 397 | 6 330 |
| 漯河 | −170 | 359 | −1 540 | 1 628 | 277 |
| 周口 | −1 110 | −10 651 | −1 151 | 67 | −12 845 |
| 阜阳 | 439 | −1 241 | −1 792 | 1 596 | −998 |

表 12-5 中第 2～5 列是通过可交易用水权的核算原则和核算公式计算出的可交易用水权，负数表示该行业在正常情况下缺少的水量，需要通过从本行政区的其他行业或者其他行政区购买水权；正数表示该行业通过采取一定的节水措施后，除能满足自身用水需求外还有节余的可交易用水权。第 6 列表示在核算出可交易用水权后，通过可交易取水权核算原则计算得到的可交易取水权，负数表示该行政区通过行业间的用水权交易不能满足其自身用水需求，需要与同流域内的其他行政区进行取水权交易，购买一定的取水权；正数表示该行政区通过行业内的用水权交易后，除满足自身用水需求外仍有剩余的可交易用水权，此时该部分水权在满足一定条件下可转化为可交易取水权，并向同一流域的其他行政区域出售相应的取水权。从表 12-5 中可见，除平顶山市各行业通过采用一定节水措施能满足自身用水需求，不需要进行用水权交易外，其他行政区域各行业间均需要进行用水权交易；开封市农业的可交易用水权最多，周口市农业缺水最严重，郑州市工业和农业缺水均比较严重；总体来看是工业和第三产业不能满足用水需求，农业有节余可交易用水权；许昌市、平顶山市、漯河市、阜阳市的可交易行政预留水权比较丰富，其他各市较少。

## 12.5.3　沙颍河流域水权交易方案优选

### 1. 用户层面用水权交易方案的生成

以沙颍河流域的统计资料为依据，计算得到研究区内各行政区各行业的单方水 GDP 值（表12-6）。通过各行业间的不同用水权交易方案对比，以行政区内 GDP 值最大为目标函数，以用水总量控制红线、交易优先次序等为约束条件，优选出各计区域的最优交易方案，并求出交易后各行政区节余水权（表 12-7）。

**表 12-6　计算区域内各市各行业单方水 GDP 值**

| 行政区 | 工业单方水 GDP/万元 | 农业增加值当年价/万元 | 按面积分摊的折算系数 | 农业单方水 GDP/万元 | 第三产业增加值当年价/万元 | 第三产业单方水 GDP/万元 |
|---|---|---|---|---|---|---|
| 洛阳 | 0.0 056 | 37 771 | 0.14 | 0.0 001 | 69 118 | 0.0 146 |
| 郑州 | 0.0 056 | 329 933 | 0.73 | 0.0 003 | 3 316 183 | 0.0 376 |
| 开封 | 0.0 048 | 629 102 | 0.87 | 0.0 007 | 754 625 | 0.0 137 |
| 许昌 | 0.0 092 | 635 159 | 1.00 | 0.0 018 | 873 526 | 0.0 171 |
| 平顶山 | 0.0 068 | 385 298 | 0.93 | 0.0 008 | 948 641 | 0.0 164 |
| 漯河 | 0.0 051 | 370 810 | 0.95 | 0.0 020 | 409 339 | 0.0 102 |
| 周口 | 0.0 053 | 1 354 141 | 1.00 | 0.0 013 | 994 963 | 0.0 085 |
| 阜阳 | 0.0 588 | 561 510 | 0.96 | 0.0 006 | 1 085 073 | 0.0 119 |

表 12-6 中，农业增加值是根据各行政区 GDP 总值乘以统计年鉴中农业增加值占总 GDP 的比值计算得到，第三产业增加值是 GDP 总值减去农业增加值和工业增加值得到。

各行政区内行业之间的用水权交易如表 12-7 所示。从表中可以看出，用水权交易方式多是可交易的行政预留水权向工业和第三产业进行交易，农业一般都有富余水权，但郑州市、周口市和阜阳市的农业用水量短缺，特别是郑州市、周口市的缺水现象严重，不仅工业缺水，农业缺水量也很大，阜阳市缺水量相对较少。平顶山市不需要进行用水权交易，通过一定的节水措施使该市各行业均可满足自身用水需求，郑州市、周口市和阜阳市通过行业间的用水权交易后仍不能满足自身用水需求，其余各市通过内部各行业间的用水权交易即可满足该市的需求。通过行业间的用水权交易后，除周口市外其他各市第三产业用水需求均得到满足，一般农业均有剩余的可交易用水权转化为可交易取水权，与其他需水区继续进行水权交易，周口市和郑州市工业仍缺水，需要进行跨行政区的取水权交易。综上所述在完成用水权交易后，仍不能满足自身需水的行政区与仍有富余水量的行政区需要进行取水权交易。

**表 12-7　沙颍河流域的用水权交易结果**　　（单位：万米$^3$）

| 行政区 | 可交易用水权交易量 | 工业 | 农业 | 第三产业 | 行政预留剩余可交易水量 |
|---|---|---|---|---|---|
| 洛阳 | 预留转三 4；预留转工 20 | 0 | 139 | 0 | 187 |
| 郑州 | 预留转工 56；三转工 1045 | −3 586 | −5 312 | 0 | 0 |
| 开封 | 预留转三 199；预留转工 668；农转工 375 | 0 | 4 938 | 0 | 0 |
| 许昌 | 预留转三 514；预留转工 498 | 0 | 697 | 0 | 1 201 |
| 平顶山 | 不交易 | 554 | 3 086 | 293 | 2 397 |
| 漯河 | 预留转三 1540；预留转工 88；农转工 82 | 0 | 277 | 0 | 0 |
| 周口 | 预留转三 67 | −1 110 | −10 651 | −1 084 | 0 |
| 阜阳 | 预留转三 1596；工转三 196；工转农 243 | 0 | −998 | 0 | 0 |

注：预留转三是指行政预留水权向第三产业出售用水权，预留转工是指行政预留水权向工业出售用水权，以此类推

## 2. 流域层面取水权交易方案的生成

在用水权交易基础上，利用取水权交易优化模型，优选得出取水权交易方案。在各行政区用水权交易后，通过内部各行业之间的用水权交易不能满足用水需求的有郑州市、周口市和阜阳市，这些地区需要进行跨行政区的取水权交易。在综合分析后，给出研究区跨区取水权交易的最佳方案，如图 12-11 所示。不同行政区域之间的取水权交易，以全流域内的 GDP 最大为目标函数。通过取水权交易后，郑州市农业缺水 3674 万米$^3$，周口市农业缺水 5458 万米$^3$，阜阳市农业缺水 998 万米$^3$。此缺口说明仅仅通过流域内的用水权交易和取水权交易还不能满足区域的用水需求，还需要额外的跨流域调水或跨流域取水权交易，而南水北调中线工程的竣工和运行可在一定程度上满足这一需求。

在最佳交易方案中，行政区之间取水权交易的水权量如表 12-7 所示，交易后流域各市 GDP 的变化如表 12-8 所示。

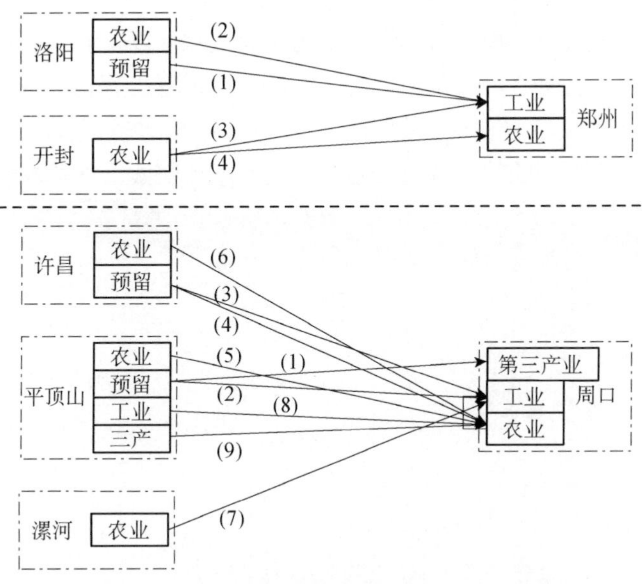


图 12-11　研究区内不同区域间的具体交易过程图

图中数字表示交易优先顺序

**表 12-8　各区域水权交易前后的 GDP 变化**

| 行政区 | 交易前 GDP/亿元 | 交易后 GDP/亿元 | GDP 变化率/% |
|---|---|---|---|
| 洛阳 | 10.34 | 10.36 | 0.2 |
| 郑州 | 575.60 | 556.71 | −3.3 |
| 开封 | 188.34 | 192.26 | 2.1 |
| 许昌 | 285.71 | 297.80 | 4.2 |
| 平顶山 | 247.19 | 236.11 | −4.5 |
| 漯河 | 148.03 | 163.92 | 10.7 |
| 周口 | 331.73 | 356.26 | 7.4 |
| 阜阳 | 204.28 | 199.08 | −2.5 |
| 总计 | 1991.22 | 2012.51 | 1.1 |

由表 12-8 可以看出，通过流域取水权交易，除郑州市、平顶山市和阜阳市外，其余各市的 GDP 都有所增长，洛阳市 GDP 增长了 0.2 亿元（增长率为 0.2%），阜阳市 GDP 减少了 2.5 亿元（增长率为-2.5%），整个流域的 GDP 增长了 21.29 亿元（增长率为 1.1%）。平顶山市和阜阳市出现 GDP 负增长的原因是其内部各行业均可通过一定节水措施满足自身需求，因此有一部分可交易用水权转化为可交易取水权并向其他区域出售。在进行取水权交易后，其用水总量减少，GDP 也相应减少，为促进综合经济效益提升和交易的达成，要对两地市采取一定的补偿措施；其他各市 GDP 增长的主要原因是其交易前产业结构用水失调，导致工业和第三产业缺水，通过水权交易提高了用水效率，基本满足工业和第三产业的用水需求，从而促进经济的增长。综上所述，在沙颍河流域可以通过节水措施来推进水权交易。

此外，解决郑州市、周口市和阜阳市的农业缺水问题，有两种可行办法；一是进行跨行政区的取水权交易，二是结合地区实际情况采取工程措施或非工程措施来进行节水。考虑到跨流域取水权交易的条件、范围及审核比较严格，并且投资较大，因此，解决其农业缺水问题的有效方法还是立足于本地实际，采用相应的工程或非工程措施节水。

# 第13章　基于水功能区限制纳污红线的排污权交易机制*

随着我国经济的快速发展和人们生活水平的提高，污染物的排放总量迅速增加，而水体的自净能力是有限度的，水环境容量作为一种自然资源的稀缺性逐渐显现。为体现环境容量作为稀缺性自然资源的经济价值，确保排污者排放污染物的权利，有必要引入排污权交易制度，对环境容量资源进行重新配置，减少污染物的排放量。本章在阐述排污权交易重要性和历史沿革的基础上，提出了基于水功能区限制纳污红线的排污权交易模式设计思路，并给出相应的可交易排污权量化方法，最后构建了排污权交易保障体系。

## 13.1　排污权交易概述

作为一项重要的经济调控政策，排污权交易制度能有效提高环境容量的配置效率，充分发挥排污权的经济价值，对我国排污权交易市场的形成与发展起到重要推动作用。本节主要回顾了排污权交易的发展情况，并针对目前的排污权交易实践进行总结。

### 13.1.1　排污权交易进展回顾

关于排污权交易立法最早的是美国，其于 1963 年颁布了《清洁空气法》①，并严格

---

* 本章执笔人：窦明、王艳艳。本章研究工作负责人：窦明。主要参加人：王艳艳、窦明、胡德胜、赵培培、于璐、李聪颖。

本章部分内容已单独成文发表，具体有：（a）Dou M，Wang Y Y，et al. 2014. Oil leak contaminates tap water：a view of drinking water security crisis in China. Environmental Earth Sciences，72（10）：4219-4221；（b）窦明，王艳艳，李胚，等. 2016. 基于限制纳污红线的排污权交易模型. 环境污染与防治，（已录未刊）.

① 郭韶阳. 2014. 从美国《清洁空气法》看我国“雾霾”立法完备性. 法制与社会，（29）：179-180.

限制了排污主体的污染物排放量，但是该法律仅仅将规范对象限定为二氧化碳，且没有考虑排污主体的排污成本和效益的问题。1972 年美国提出排污权总量控制制度，为排污权交易埋下了伏笔；美国于 1975 年起开始尝试建立针对大气污染源管理的排污权交易政策体系；1986 年，美国环境保护署（EPA）在“排污权交易政策总结报告”中对排污权交易的一般原则进行了规定；1990 年，美国通过了《清洁空气法》修正案，正式将排污权交易制度予以法律化[①]。随后，德国、英国也对本国的二氧化碳排放进行了规范，如德国于 2004 年颁布的《温室气体排放许可证交易法》，主要从国内交易、跨国企业间交易和国家间交易这三个方面对温室气体的排放权利、排放许可、排放权分配和交易等方面进行规制，为德国温室气体交易提供了重要的法律依据[②]。

而我国的排污权交易起步较晚，没能形成完善的排污权交易模式和市场。早期，我国的污染物控制政策主要是浓度控制，如环境保护目标责任制是一种规范生产废物有组织排放或者达标排放的行政管理制度；《城市环境综合整治定量考核实施办法》（1988 年）是一项以排污浓度监测管理的环境监督制度；而污染集中控制制度以集中治理为主，强化了环境管理；限期治理制度（1979 年）则是一种针对污染严重的污染源限定治理时间、治理内容以及治理效果的强制性行政措施等。这些制度在一定程度上控制了排污口的污染物排放浓度，但由于污染物排放浓度受到排污过程时空变化及超额排污惩罚不严的影响，导致排污主体为追求经济效益的最大化，以牺牲环境为代价大量排放污染物，水污染问题越来越严重。

1985 年，上海开始试行污染物排放总量控制管理办法，徐州、厦门、深圳等城市也陆续推广，其中污染物排放总量控制的法律化，为解决生态环境问题提供了新的途径。《上海市黄浦江上游水源保护条例》（1985 年）是我国首次实行污染物浓度控制和污染物排放总量控制相结合的制度。《水污染物排放许可证管理暂行办法》（1988 年）第二条明确指出排污政策要逐步由污染物浓度控制向污染物浓度控制和污染物排放总量控制相结合的政策转变，并规范了排污申报制度，以加强对排污企业的监督和管理。《水污染防治法实施细则》（1989 年）第九条对排污许可证制度进行了原则性的规定，以对排污主体实行排污许可证管理。《开远市大气污染物排放许可证管理暂行办法》（1993 年）规定了开远市排污权交易的范围、原则和做法，推进了排污权交易市场的形成。《上海市环境保护条例》（1994 年）第三十一条规定，在实行污染物排放总量控制的范围内，排污主体排放的污染物必须达到规定的排放标准。《中华人民共和国水污染防治法》（1995 年）指出实行重点污染物排放的总量控制制度。《“九五”期间全国主要污染物排放总量控制计划》（1996 年）提出将污染物排放总量控制作为我国的一项环境政策，并规定了实行污染物排放总量控制的范围及总量分配的方法等，该环境政策为我国排污交易的实施提供了制度基础。《水污染防治法实施细则》（2000 年）对污染物排放总量控制制度进行了细化，使相关规定更具有可操作性，还

---

① 沈满洪，钱水苗. 2009. 排污权交易机制研究. 北京：中国环境科学出版社：13.

② 曹明德，李玉梅. 2010. 德国温室气体排放许可证交易法律制度研究. 法学评论，(04)：104-110.

补充了排污许可证制度，但并未规定排污许可证可在市场上自由交易。《排污许可证管理条例（征求意见稿）》（2008 年）对排污许可证的申请和受理进行了明确的规定。《嘉兴市主要污染物排污权交易办法》（2007 年）、《嘉兴市主要污染物排污权交易办法实施细则》（2009 年）规定，新建企业必须以建设项目“三同时”验收的排放量为标准向排污权交易中心购买排污权；且排污权交易必须在储备交易中心进行，在中心外的交易无效。《关于加快推进排污权有偿使用和排污交易工作的指导意见》（2010 年）则针对排污权指标分配、有偿使用等方面进行了系统设计，明确了下一步的工作目标及工作方向，有利于加强地方试点工作的指导。《北京市碳排放权交易管理办法（试行）》（2014 年）规范了碳排放管控和配额管理，并对重点排放单位及其他自愿参与交易的单位实行碳排放权交易制度，且制定激励政策，这标志着北京市基本建成较为完善的碳排放权交易基本制度。与此同时，在一些地区还建立了专业的排污权交易平台，用于规范排污权交易业务和程序。

由此可见，我国排污权交易政策法规的建设随着排污权交易实践的开展取得了较大的发展，一些经济发展较快的省份排污权交易政策法规建设已取得了不错的成绩。但是还缺乏国家层面的法律法规，对各个省市的排污权交易政策制定进行规范，而且排污权交易的推广还有待加强。

### 13.1.2　排污权交易实践启示

目前，已开展了排污权交易的国家主要包括澳大利亚、美国、日本等极少数发达国家，且以大气污染物的排污权交易为主，有关水污染物的排放权交易比较少，特别是规范有序的排污权交易市场还未形成。针对排污权交易，虽然我国进行了试点和探索，但是这些地区的监测条件并不完善，相关管理机构并不能获得污染源真实的排污信息，以至于不能形成动态的追踪网络，无法有效评估排污权交易的公平性和资源的配置效率，阻碍了排污权交易的市场化推广。在探析国内外排污权交易的基础上，得到以下排污权交易启示。

#### 1. 加强排污权分配方面的立法和实践[①]

我国地方立法及排污权实践过分注重排污权交易的数量和交易产生的效益，而忽略了排污权分配的重要性及分配对交易产生的影响，使得一些试点地区的排污权交易并没有起到优化配置环境容量资源的效果。如果初始分配无相关的立法，那么排污权初始分配将会成为一个很棘手的问题，忽略分配注重交易将在今后一段时间内长期存在。而且我国目前的排污权分配是以行政单位为单元进行的，忽略了水污染物的区域性，且由于水污染物的扩散降解作用，排污权并不能始终按照等量的原则进行交易，应该考虑交易过程中的损耗等因素，以使交易更加合理。

① 李惠蓉. 2013. 我国排污权初始分配问题探析. 商业会计，(01)：17-19.

### 2. 排污权交易需要以市场为基础

排污权交易制度是一种以市场为基础的环境经济政策，在市场化程度比较高的地区，市场主体容易形成，有利于形成具有供求关系、自由竞争的排污权交易市场；但在市场化程度不高的地区，行政干预作用比较强大，有些地方由于地方保护主义会阻碍排污权交易市场的形成。在自由竞争的排污权交易市场中，其交易价格势必会随着供需矛盾的加剧而上升，就有可能导致垄断现象的产生。此外，排污权市场交易规则的制定对于规范交易双方的行为起到了重要的作用，而且还有利于交易双方信息的获取，减少交易成本。因此，政府的宏观调控是必需的，有必要在政府的宏观调控下，逐渐形成排污权交易市场，造福于社会。

### 3. 排污权交易需要有完善的法制基础

美国的排污权交易之所以取得成功，是与美国完备的排污权交易政策密不可分的。而我国的排污权交易政策仅仅存在一些地方性法规，国家宏观层面的政策还没有，因此迫切需要建立权威性的法律法规以指导我国排污权交易市场的建立和完善，规范排污权交易流程等①。而且，还需建立与排污权交易相关的配套设施和服务体系，比如监管体系的建立、交易平台的构架、监测体系的建立等，这会对排污权交易市场的运行起到重要支撑作用。此外，还要建立激励政策，提高企业积极减排的动力，减轻环境的压力，推进国民经济发展与环境保护相协调。

### 4. 需要加强政府对排污权交易的监督和管理

不能过度追求 GDP 的增长而牺牲环境，要以和谐发展为目标，构建排污权交易机制，加强排污权交易的监督和管理。只有采取减排措施并拥有排污许可证的排污权交易主体才可以进入市场进行交易，而排污许可证是由政府颁发的，因此为保证排污权交易市场的有效运行，政府必须对排污许可证的颁发、使用、转让等行为进行有效的监督和管理，严管企业偷排等无证排污现象，这样才能为排污权的有序交易提供保障。我国排污权交易机制的试点比较多，但是真正交易成功的案例很少，这是由于政府的干预过度，再加上排污权交易的相关政策缺失，一些地区不具备交易的条件。

### 5. 设计完善的排污权交易框架②

水污染物和大气污染物的属性、特点不同，大气污染物具有流动性、跨流域、跨区域、跨国界的特点，所以大气污染物可以在大范围内进行交易，而水污染物则是以河流、湖泊为载体进行传输的，原则上没有水力联系的河流、区域和流域之间是不能进行排污权交易的。由于其流动范围的限制性，水排污权交易不

---

① 孔国荣，吕东锋. 2008. 浅论我国排污权交易制度. 企业经济，（12）：187-189.

② 吴玲，李翠霞. 2008. 中国排污权交易制度设计与框架. 生态经济，（04）：64-66，82.

可能像大气排污权交易那样形成全国乃至全世界的交易，而只能在相互联系的水域范围内进行交易，比如湖泊、河流的上下游等。因此，排污权交易框架的构建需要考虑多个方面。

（1）有必要将排污权分配和交易进行衔接。排污权交易必须依托于分配的初始排污权，可用于交易的排污权不能超过分配的初始排污权上限，同时排污权分配还必须考虑当地的实际情况，能为将来的交易留出空间。因此，相关部门应综合考虑实际情况及对周边水域造成的负面影响来进行排污权的分配或交易。

（2）有必要建立统一规范的排污权交易平台。在排污权交易过程中，买卖双方需要花费较多的成本去搜集其他交易方的交易意愿，以及市场上的交易价格、交易数量等信息，这无形中增加了排污权交易的成本，不利于排污权交易市场的形成。而排污权交易平台能为排污权交易主体提供交易的场所和信息，方便信息的公示和自由交易的顺利进行。

（3）政府要参与到排污权交易的过程中，监督排污权交易市场的运行。由于我国排污权交易还处于探索阶段、各项保障机制还不健全，如果建立完全竞争的排污权交易市场容易导致市场垄断，不利于资源的优化配置。因此，政府必须参与到排污权的初始分配和交易市场的监督管理中，通过对市场的宏观调控来保证排污权交易市场的有序运行。

（4）排污权交易要考虑水功能区限制纳污红线。各个水功能区的污染源进入排污权交易市场的条件是采取减排措施进行污染物减排，并且减排后污染物的入河量应控制在水功能区限制纳污红线之内，交易之后实际的污染物排放总量也必须控制在水功能区限制纳污红线之内，还不能对下游水质断面的达标造成影响，否则就需要对污染源进行惩罚并对初始排污权分配进行调整。

## 13.2　排污权交易模式设计

建立考虑水功能区限制纳污控制红线的排污权交易模式，能充分利用水功能区的纳污能力实现经济的增长，并通过交易减少污染物的排放总量，严格控制各水功能区的污废水入河量，有助于最严格水资源管理制度的落实，改善河流的水质状况。本书中的排污权交易是以水功能区为基本单元的排污权交易，交易主要发生在水域范围内，即河道内不同水功能区排污口之间的交易，不涉及水功能区内污染源之间及不同污染源跨水功能区等陆域范围的交易。

### 13.2.1　排污权交易的概念

目前，国内学者对排污权交易的界定主要有以下三种代表性观点。一是排污权交易是以政府为主导的排污主体之间的排污权交易行为。这种观点肯定了政府在排污权交易过程中的重要作用，政府需要对水环境容量进行计算，并审核各个污染源的排污申请。交易方式既可以是污染源之间的交易，也可以是污染源与政府之间的交易，有助于政府对排污权交易进行监督。二是排污权交易是一种以市场为基础的经济刺激手段[①]。这种观点弱化了政府的主导作用，强化了市场配置资源的作用。在市场体制下，通过排污权交易能有效激励企业进行技术革新，最大限度地减少污染物排放量，从而将剩余的排污权转让给其他污染源以获得经济上的补偿。同时，超标排污的企业通过购买排污权，以减轻惩罚力度，降低排污成本。三是排污权交易是在排污权规定额度内，排污主体在市场上自由交易的行为。该观点肯定了市场机制在排污权交易过程中的主导作用。政府以环境容量作为排污总量的上限分配额度，排污权可以在市场中自由买卖。这种观点有利于控制污染源的污染物入河量，减少环境的负荷。因此，排污权交易也是一种保护环境的手段，其实质就是将作为稀缺资源的排污权分配给具体的污染源，以调动污染源减排的积极性，促使其改变生产工艺流程，提高治污水平，降低治污成本，最大限度地减少污染物排放量。污染源减排后剩余的排污权指标，可以在排污权交易市场出售，并获取相应的经济效益；而减排后，仍不能满足排污需求的污染源则需要购买新的排污权，以补偿对环境造成的破坏。

本书中的排污权交易是以水功能区为基本单元，在考虑水环境约束的前提下，水功能区对应陆域范围内的污染源通过减排技术革新，而将节余的排污权按照一定的规则在水域范围内进行交易的行为。其概念包含以下内涵：①本书中的排污权交易是指水功能区之间排污口的交易，仅仅限定在水域范围内，不考虑同一水功能区内污染源之间及不同污染源跨水功能区等陆域交易行为；②排污权的初始分配是排污权交易的基础，其分配是否合理直接影响到排污权交易市场的活跃程度，但在排污权的初始分配过程中，需要计算各个水功能区的纳污能力；③在排污权交易的过程中需要考虑水功能区限制纳污红线，避免排污权交易对环境造成严重的影响；④排污权交易的条件是各个水功能区对应陆域范围的污染源采取减排措施拥有节余的排污权，或者拥有的排污权不能满足排污需求，需要购买排污权；⑤排污权交易需要有规则进行约束，以避免垄断势力存在、地方保护主义严重、环境污染的现象发生；⑥排污权交易通过刺激排污主体的积极性，提高污染源的治污水平和环境资源的利用效率，降低治污成本，形成污染水平低、生产效率高的经济布局，实现经济和环境的双赢，并最终达到人水和谐相处的目的。

### 13.2.2 排污权交易模式设计思路

#### 1. 设计思路

笔者构建的排污权交易模式是在分析、研究相关政府文件、文献的基础上，针对排污权交易现状，结合最严格水资源管理制度中水功能区限制纳污红线对排污权制度

① 张学刚，李颖. 2007. 排污权交易的经济分析. 湖北经济学院学报（人文社会科学版），4（03）：49-51.

建设的要求，对其进行设计。在考虑最严格水资源管理制度对排污权制度建设需求的基础上，对排污权交易的主体和客体进行界定；同时立足于水资源的高效配置和可持续利用制定了排污权交易的原则，并结合产权市场一般的交易规则和流程，构建了以“确权登记-申报审批-基准价确定-纠纷解决-价款结算”为主要内容的交易程序；最后构建了以“账户管理-信息管理-监测管理-电子竞价-公众查询-价款结算-监督管理”为子系统的电子化排污权交易平台，具体思路如图 13-1 所示。

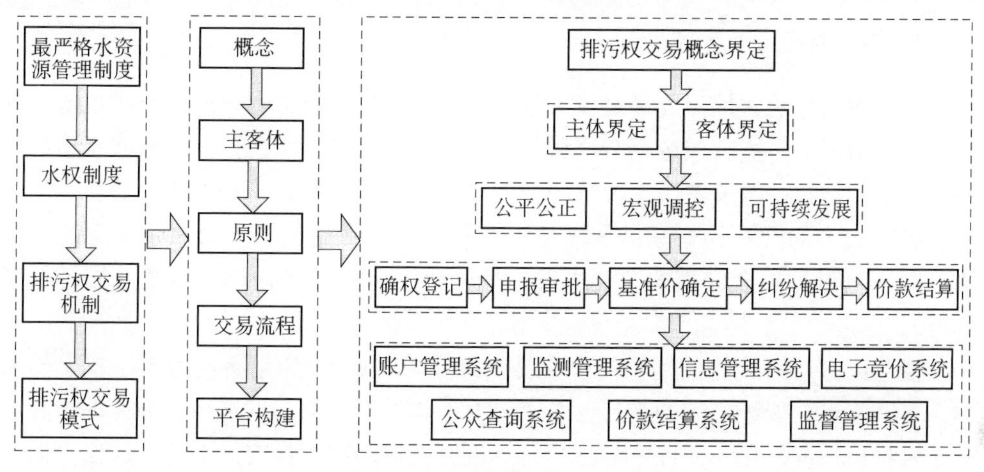


图 13-1 排污权交易模式思路

## 2. 排污权交易主客体界定

### 1）排污权交易主体界定

排污分为两种：一是居民为满足自身生存需要而进行的生活排污，其污染物的排放量是有限的，一般不会超过水功能区纳污能力；二是企业在生产经营过程中为赚取利润而进行的排污。考虑到排污权是一种环境资源，应为公众所持有，但在现实情况中，排污权却集中在少数企业手里，这些企业在无成本或低成本的排污过程中，会无限度地排放污染物，破坏环境，而环境恶化的后果却需要公众共同承担。为了避免企业的无限度排污，政府有必要对企业的排污行为进行统一管理，让排污主体为他们的排污行为付出相应的代价，以补偿对环境造成的破坏，使排污的外部不经济性内部化。

在排污权分配的过程中，首先应保证居民使用环境容量资源的权利，且该排污权不能用来交易[①]。只要是符合国家法律要求，依法取得并且采取工艺改造、技术革新、治污工程建设等措施淘汰落后产能，达到国家或地方主要污染物排放标准、总量控制及污染物入河量要求，经相应环境保护行政管理部门审核认定拥有节余排污指标的污染源或者经政府授权的负责排污权交易和储备的管理机构均能成为排污权出让者，而受让者是经减排仍需购买排污权以满足自身排污需求的污染源。由于笔者研究

① 尹萌. 2008. 排污权交易制度在我国实践中存在的问题. 中国商界（下半月），(04)：143.

的是在水域范围内不同水功能区之间的交易，因此排污权交易主体应是水功能区所归属的地方政府及相关行政管理部门。另外，我国曾长期实行计划经济，这使得排污权交易市场化存在一定障碍，因此在排污权交易过程中政府的宏观调控是必不可少的[①]。可以说，政府是排污权交易的监督管理主体，其可以通过买进排污权以改善环境质量。此外，排污权交易主体的相关信息还需要进行严格的资格审查，并且需要将其录入到排污权交易的管理系统中，为水功能区限制纳污控制红线的考核提供依据。

2）排污权交易客体界定

排污权交易的客体需要满足以下条件：①排污权交易的客体应选取在当地经济条件允许的情况下，能有效进行监测和监督，成本在承受范围之内，且能够实施总量控制的污染物指标；②参考国家规定的节能减排指标，并结合当地的实际情况，选取对环境影响较大的污染物指标；③排污权交易的客体若是威胁人类生命安全的有毒物质，则应从保护公众健康的角度出发，严格限制污染源的排污行为及其排污权交易行为。

根据国家对污染物的约束选取交易对象，如 COD、$SO_2$ 等作为排污权交易的客体。本书中水功能区之间的交易选取 COD 作为排污权交易的客体。为了便于交易，有必要将排污权量化，并以限制排污总量来表征排污权。在交易之前，政府根据各个水功能区往年的排污情况及河道的水质达标情况等因素将限制排污总量分配给各个水功能区，各个水功能区之间的排污权交易则按照排污口排放的污染物数量进行交易。

## 3. 交易原则

排污权交易原则的制定对于规范排污权交易市场的秩序具有重要的作用，本书中的排污权交易原则包括以下三个方面。

1）公平公正原则

优质的人居环境与生态环境是促进经济发展必不可少的因素，然而环境容量资源并不是取之不尽、用之不竭的，在日常生活、生产过程中不可避免地会对环境排放污染物，这在一定程度上会影响环境的质量，因此必须采取有偿获得排污权的方式对环境做出补偿。排污权的初始分配应遵循公平的原则，采用一定的方式进行分配，以保证排污主体拥有排放污染物的权利和义务。而且，政府应充分发挥宏观调控的作用，避免市场垄断现象的发生，维护市场交易的秩序，保证排污权交易的公正性。

2）国家宏观调控原则

政府在排污权交易的过程中，不宜通过行政干预决定排污权交易的对象和交易的价格，而应采取宏观调控的方式对市场进行监督管理。政府可以通过在市场中购买或

① 魏琦，刘亚卓. 2006. 我国实施排污权交易制度的障碍及对策. 商业时代，(24)：65-67.

卖出排污权对市场的排污权交易价格进行调整，而且政府的相关管理机构还需对交易双方进行资格审查，比如审查卖方排污权的合法性和出售排污权的合规性，买方购买排污权的合法性及当地水功能区纳污能力等因素。但政府不能干涉具体的排污权交易行为，否则将会造成市场失效或运转不畅。同时相关行政管理部门也应考虑预留一定的环境容量预防突发的污染事故。

3）可持续发展原则

排污权交易应遵守可持续发展原则，对于没有纳污空间的区域，原则上不能通过购买排污权增加排污量。而且，市场上交易的排污权必须是通过减排技术创新节余的排污权，否则不能进入市场进行交易。通过排污权交易，能激励排污主体减少污染物的排放量，提高其经济收益。但是每个排污主体的排污量必须控制在相关部门分配的限制排污总量以内，且排污的浓度必须控制在目标浓度值以下，这样才不会导致环境的继续恶化。同时，还必须逐步削减污染物的入河量，以使环境质量得以改善，经济效益得以提升，最终实现经济社会和生态环境的协调健康可持续发展。

### 13.2.3　排污权交易流程

在进行排污权交易之前，需要明确排污权交易的前提条件，即只有满足一定的交易条件，排污权交易双方才有资格进入排污权交易市场，才有发生交易的可能性。考虑到本书的重点是以水功能区划为基础，以水功能区所在区域的地方政府或相关行政管理部门作为排污权交易的主体，进行跨水功能区的排污权交易，包括上游向下游转让排污权、下游向上游转让排污权及不同支流之间的交易等。其中，上游向下游转让排污权是最简单的排污权交易形式，自然水流方向与交易水流方向一致，上游只需要减少污染物的排放量即可，交易容易发生，但均需满足下游水质控制断面的水质要求，否则不能进行交易。下游向上游转让排污权的限制因素比较多，比如水功能区的纳污能力、河道生态流量等。下游向上游转让排污权，上游增加污染物的排放量，而下游减少污染物的排放量，但均需考虑所在水功能区的水质目标要求，不能超越所在水功能区纳污能力的限制，若超越该限制，就会影响到生态环境系统的功能。不同支流之间的交易，需要有一定的水力联系，即有受影响的第三方，转让方将排污权转让给第三方，第三方再将排污权转让给受让方，以实现双方的交易。总体来说，排污权交易方式分为三种：一是直接交易，上游直接将排污权转让给下游；二是间接交易，通过下游多排污上游少排污的形式实现或者通过有水力联系的第三方进行周转实现；三是不可交易，指没有水力联系，不具备河道或渠道条件的不能交易。

排污权交易流程的规范和明晰是排污权得以顺利交易的基础，排污权作为一种产权，参考产权交易提出以下排污权交易流程，见图 13-2。

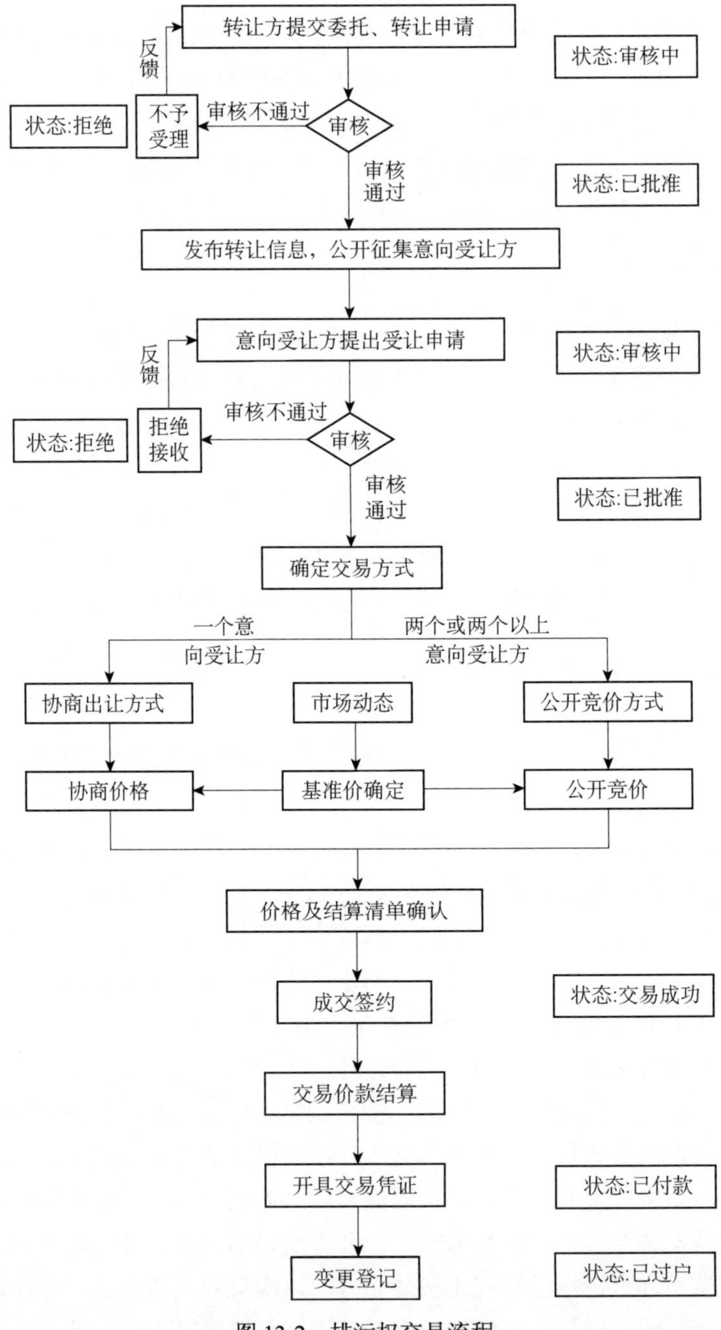


图 13-2 排污权交易流程

首先，排污权转让方需要提交转让申请和委托代理申请，随后系统进入“审核”状态，若审核不通过，则不予受理，系统进入“拒绝受理”的状态；若审核通过，系统进入“已批准”的状态，由相关的业务受理部门负责转让方的业务受理，并发布出让公告，公开征集意向受让方。随后，意向受让方进行登记、提出受让申请，若审查不通过，拒绝接收，若审核通过，则确定交易方式。如果在规定的期限内只有一个意向受让方符合资格条件，则由交易中心出面，采用协商出让的方式进行交易，如果有

两个或两个以上意向受让方符合资格条件，则进入交易大厅，采用公开竞价的交易方式进行交易，两种交易方式下的交易价格均不能低于交易中心在市场动态条件下设置的基准价。交易达成后，转让方需要对排污权交易中心出具的《成交价格确认书》及《相关费用结算清单》进行确认并签字、盖章，以使交易生效，并到财政部门进行交易价款结算，开具交易凭证，此时系统进入“已付款”的状态，最后再核减转让方的排污权，增加受让方的排污权，此时系统进入“已过户”的状态。转让方和受让方在交易的过程中可以通过电话查询、短信查询及网上信息浏览等方式了解交易的状态。

排污权交易作为一项复杂的产权交易，其转让方必须是排污权的合法拥有者，受让方必须在流域交易平台注册并认可之后，才能进入市场购买排污权，以避免排污权交易市场违规操作、囤积居奇、哄抬市场价格等破坏市场秩序的行为发生。排污权交易的各环节，比如排污权交易登记、申报、审批，基准价制定，纠纷解决，交易价款结算等方面应予以明确的规定，以解决排污权交易双方在交易过程中出现的问题、纠纷等，保证交易的顺利进行。

### 1. 排污权确权及登记

排污权交易双方在进行排污权转让申请时需要向流域排污权交易中心提交材料，以便登记排污权交易双方的基本情况，保障交易双方的合法权益，维护正常的交易秩序。排污权交易转让方应向交易中心提供以下文件：排污权转让申请书、排污权持有证明、委托代理等书面文件。而且，排污权转让方还需要与交易中心签订《排污权转让合同》，明确交易的对象、委托事项、权限、期限、双方的权利和义务、费用、支付方式、违约责任和纠纷解决方式，以及双方约定的其他事项等。资格审核通过后，交易中心需向排污权出售方出具《排污权转让申请通知书》，并进行信息公示。此外，因相关文件存在差错、遗漏、虚假等导致相关方利益受损时，排污权转让方应承担相应的赔偿责任。

### 2. 排污权交易申报及审批

应当建立申报审批机制，对排污权交易双方资格的合理性进行审核，这是初始排污权分配的重要问题。排污权交易双方必须提交排污权转让申请书和排污权受让申请书，然后排污权交易中心在综合考虑买卖双方的排污权数量、水功能区纳污能力及水质断面等因素的前提下对提交的申请进行审批，审批通过才能进入市场进行交易。一般情况下，只要符合信息公告，交易中心就应予以受理。在对排污权交易双方进行审核时，还需核定两者是否具备可交易的限制条件，即是否具有水力联系，排污是否集中等问题，以避免局部水质的恶化。排污权转让（受让）申请书的内容应包括污染源的相关信息，如污染源账号、所在水功能区、河段、管理机构、转让（受让）排污权的数量，以及转让（受让）排污权的总价、转让（受让）方的银行信息（如开户行名称、用户名、银行账号等）及转让（受让）方的详细信息（如通讯地址、电话号码、电子邮件等）。而且，在申请表中还需标明交易主体往年实际的排污权数量和种类，往年平均排放浓度及采取减排措施后消耗的排污权数量，作为审批考核的依据。此外，为防止排污权的圈购，当前可交易的排污权必须小于当年总配额的 10%，超过此标准继续申请转让排污权的申请不被批准。

### 3. 排污权交易基准价确定

排污权交易基准价的确定是排污权交易进行协商定价和公开竞价的基础，因此有必要综合考虑参与市场交易主体的排污权出价及交易数量等信息，制定动态基准价，以规范排污权交易市场的秩序①。基准价的制定如下：首先将交易中心所有转让方的待转让排污权按出价进行升序排序，将所有受让方按其出价进行降序排列；然后计算该交易过程中的累计转让排污权数量和受让方需要的排污权数量；当转让方出价刚好不大于受让方出价，且市场中仍有购买需求和排污权供给的时候，为交易成交点，此时市场的需求量大于供给量，随后市场的需求量将会降低但仍会有需求，因此该交易价格下能达到的交易数量是最多的，即交易市场能获得最大交易量，所对应的买卖双方平均出价为该期交易的建议排污权交易价格。具体的交易定价规则如表 13-1 所示。其中，加粗部分表示成功的排污权交易，即这些排污主体能出售或购买到排污权；不加粗部分表示失败的交易，表示该部分排污主体无法将排污权进行转让或受让，这是因为转让方的出价高于受让方所能承受的价格。假设某一市场中的排污权转让方有 $m$ 个，受让方有 $n$ 个，转让方将出价按升序进行排列；各个转让方申请转让排污权的数量分别为 $A_1$，$A_2$，$A_3$，…，$A_n$，出价分别为 $PS_1$，$PS_2$，$PS_3$，…，$PS_n$，且 $PS_1 \leqslant PS_2 \leqslant PS_3 \leqslant \cdots \leqslant PS_n$；受让方将出价按降序进行排列；各个转让方申请的排污权数量分别为 $B_1$，$B_2$，$B_3$，…，$B_n$，出价分别为 $PP_1$，$PP_2$，$PP_3$，…，$PP_n$，且 $PP_1 \geqslant PP_2 \geqslant PP_3 \geqslant \cdots \geqslant PP_n$。当 $m=i$，$n=j$ 时，转让方出价刚好大于受让方出价，即 $PS_i \geqslant PP_j$，且累计受让排污权数量大于累计转让排污权数量，市场中仍有需求，即 $CB_j \geqslant CA_i$，将交易价格定为此时交易双方的平均出价，即 $P=(PS_i+PP_j)/2$。

**表 13-1 排污权交易基准价制定规则表**

交易时间：×××

| 转让方（卖方）排序 | | | 受让方（买方）排序 | | |
|---|---|---|---|---|---|
| 出价 | 申请转让排污权量 | 累计排污权转让量 | 出价 | 申请受让排污权量 | 累计排污权受让量 |
| $PS_1$ | $A_1$ | $CA_1$ | $PP_1$ | $B_1$ | $CB_1$ |
| $PS_2$ | $A_2$ | $CA_2$ | $PP_2$ | $B_2$ | $CB_2$ |
| $PS_3$ | $A_3$ | $CA_3$ | $PP_3$ | $B_3$ | $CB_3$ |
| ⋮ | ⋮ | ⋮ | ⋮ | ⋮ | ⋮ |
| $PS_{i-1}$ | $A_{i-1}$ | $CA_{i-1}$ | $PP_{j-1}$ | $B_{j-1}$ | $CB_{j-1}$ |
| $PS_i$ | $A_i$ | $CA_i$ | $PP_j$ | $B_j$ | $CB_j$ |
| $PS_{i+1}$ | $A_{i+1}$ | $CA_{i+1}$ | $PP_{j+1}$ | $B_{j+1}$ | $CB_{j+1}$ |
| ⋮ | ⋮ | ⋮ | ⋮ | ⋮ | ⋮ |
| $PS_m$ | $A_m$ | $CA_m$ | $PP_n$ | $B_n$ | $CB_n$ |

① 王世猛，李志勇，万宝春. 2012. 排污权交易基准价定价机制探讨. 中国环境管理，(05)：15-19.

#### 4. 排污权交易纠纷解决

排污权交易纠纷是排污权交易过程中常见的问题。当申请人针对交易中的某具体事项有争议时，应提交相应的支撑材料，而交易中心则要在核实申请人提交材料的真实性和有效性的基础上，促使排污权交易双方协商解决，如果该事项不牵涉其他人的利益，并且交易双方均愿意接受调解，可以由相关调解机构出具调解协议。在调解的过程中，调节机构应以相关法律政策、交易市场规则等为依据，并遵循公平、公正的原则进行调解。如果在调解过程中出现因当事人原因影响到排污权交易正常进行，并对其他相关人或者排污权交易中心造成经济损失的，应该承担相应的经济赔偿。

#### 5. 交易价款结算

排污权交易价款的结算内容主要包括交易保证金和排污权交易价款两个方面。交易保证金是为保证意向受让方遵守交易规则、履行承诺而向交易中心交纳的资金。排污权交易中心应保证交易资金的安全，不能挪作他用。排污权交易价款是指受让方通过交易中心向转让方支付转让排污权的资金。排污权交易双方在签订交易协议后，保证金在扣除服务费后可直接转为交易价款，交易价款的差额部分受让方应当在约定的期限内支付到排污权交易中心的结算账户，再由排污权交易中心转到受让方账户，并向其出具收款凭证。针对没有达成协议的意向受让方，交易中心需要及时退还保证金。待排污权变更手续完成后，转让方需向排污权交易中心提供排污权变更证明文件、收款凭证、相关人身份证件等以划转排污权交易价款。此外，排污权交易双方还应按照相关收费标准向排污权交易中心支付交易服务费用。

### 13.2.4　排污权交易平台构建

#### 1. 排污权交易平台定位

由于我国流域水资源系统是一个完整的复杂系统，而行政区的划分却对流域水资源进行了分割。当地政府为追求各自经济社会效益的快速增长，不可避免地会因跨水功能区河段的排污问题产生纠纷、难以协调，为保护流域水资源的完整性，有必要以水功能区划为基础，在考虑自然地理特征的基础上研究流域内水功能区之间的排污权交易问题[①]。为规范流域内各个水功能区之间的交易活动，需要构建统一、开放、透明、高效的排污权交易平台，以促使排污权交易市场的形成。特别是随着现代信息技术的飞速发展，排污权交易电子化平台的构建已成为排污主体进行交易的重要场所和排污权交易信息化管理的重要组成部分。通过信息技术的应用，能提高信息传递的速度，规范排污权交易流程，降低排污权交易成本，从而使得排污权交易更加透明、规范、公平公正。这也有助于提高排污权交易的效率，进而降低污染物的入河量。考虑到排污权交易平台承担着排污权交易活动的组织、管理、服务等职能，笔者以水功能

① 李清雅，许筝，应珊珊. 2010. 基于流域管理的排污权交易模式研究——以太湖流域为例. 中国人口·资源与环境，20（03）：43-46.

区划为基础，构建一个交易活动决定于市场的排污权交易电子化平台，以监督各个水功能区的污染物入河量，使最严格水资源管理制度中的水功能区限制纳污控制制度得以落实。

### 2. 管理机构

考虑到政府不仅要担当减排的主体，提供技术支持和资金支持，还要监督减排任务的执行，承担着巨大的减排压力，所以以政府为主导的排污权交易无法激发排污主体减排的动力和创新性，不利于排污主体之间的沟通交流和资源优化配置，将市场融入污染减排过程中就显得非常有必要。因此，排污权交易中心应积极引入市场机制，弱化政府的作用，在市场机制下激励排污主体自主减排，进而实现减排目标。笔者认为水功能区之间的排污权交易应归属国家授权水利部建立的相关流域管理局进行监督管理，且可以将排污权交易平台纳入到流域管理局以实时监控，其内部需设一些相关的机构，比如咨询服务部、业务受理部、交易竞价部、财务部、监督部、网络部、办公室等以提高排污权交易的公开透明度，加强信息的采集和披露能力，确保排污权交易的顺利实施。咨询服务部的主要职能是向排污权交易主体提供咨询服务，并由相关工作人员出具委托业务和受让申请业务所需要的资料清单；业务受理部的主要职能是对咨询服务部提供的资料清单进行审核，并发布出让公告，且确定交易的时间和参与人，并予以公布；交易竞价部的主要职能是负责确定交易的基准价，交易的合同管理，交易资金的结算，以及交易结果的公示和交易协议的发放；财务部的主要职能是负责交易双方各项资金的结算及发票开具；监督部的主要职能是监督排污权交易的各个流程是否有违规现象出现及相关机构处理业务的合法性；网络部的主要职能是负责交易中心门户网站的维护和更新工作，以及相关水质监测系统的完善工作；而办公室的主要任务是负责交易中心的日常行政工作。

### 3. 基本功能

排污权交易平台的构建是在相关机构的监督指导下，设置对外的公共网络平台，通过网络实现交易价格、数量、结果等的动态查询、更新、统计和监督。笔者构建的电子化排污权交易平台主要包括以下七方面的内容：账户管理系统、监测管理系统、信息管理系统、公众查询系统、电子竞价系统、价款结算系统和监督管理系统（图13-3）。其中，账户管理系统是进行排污权交易的基础条件，这是进行排污权交易的第一步，即进行账户的注册和相关排污用户的信息管理；用户注册之后，需要相关部门对其污染物的排放情况进行监测，为排污权交易提供技术和数据支撑；若进入市场进行交易，则按照 13.2.3 小节中排污权交易的流程进行交易，并将相关信息在信息管理系统中进行发布和更新；公众查询系统既可以查询最新的交易动态，又可以了解交易行情。为保证排污权交易不对第三方造成负面影响，监测管理系统还需对排污权交易后实际排放的污染物数量及相应的水质断面进行监测。如果排污权交易双方不按照约定排放污染物，相关管理部门要处以罚款；若按要求排放污染物，但水质断面的污

染物浓度仍超过该水功能区的水质目标要求，则需削减影响该水质断面的污染物排放量。如果初始分配的排污权数量不会影响到该水质断面的浓度，则需控制该水功能区购买的排污权数量；如果影响到该水质断面的浓度，则需削减该水功能区初始分配的排污权，以逐步落实水功能区限制纳污红线控制制度。此外，在各个系统运作的过程中，均需要进行监督和管理，以规范排污权交易双方的行为和相关执法人员的行为。总之，在排污权交易过程中，各个系统在发挥自身作用的同时，还与其他系统相互依存，以保障排污权交易的顺利进行。

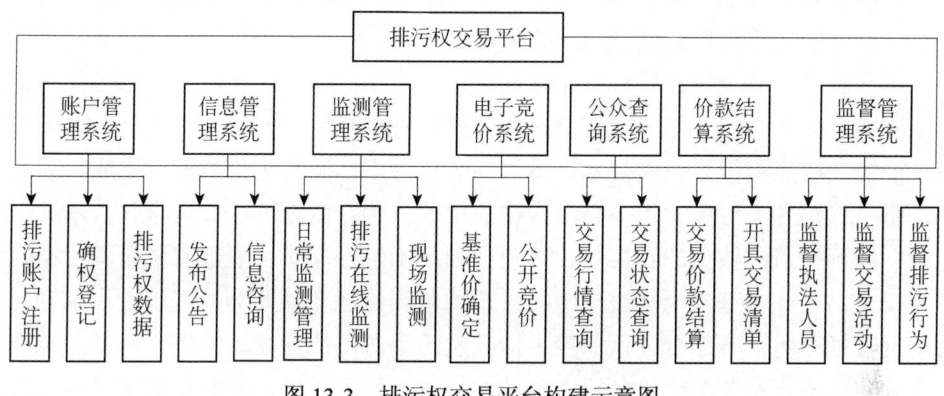


图 13-3　排污权交易平台构建示意图

1）账户管理系统

排污权交易主体的账户管理系统是进行排污权交易的基础条件，其主要包括排污权数量统计、数据动态更新等。账户管理系统主要是统计排污主体的信息，减少排污权交易双方的信息成本，方便其进行交易，而且有利于流域管理机构清楚地了解该流域的排污状况，并适时调整储存的排污权数量，以便实现污染物排放总量控制，改善环境质量。同时，排污权交易主体还可以通过账户管理系统提交并维护各自信息。

账户管理内容包括排污主体的基本信息录入和排污权的动态更新。首先，每个注册用户都应分配一个排污权账号以方便系统的管理。排污主体的基本信息录入包括排污主体的排污权账号、名称、所属河段、水功能区、辖区、上下游断面、联系人、联系电话等基本信息。排污权的动态更新内容包括该排污主体的排污权总配额、截止到当前累计使用的排污权、截止到当前累计交易排污权（若为排污权的购买方，交易排污权为正；若为排污权的出售方，交易排污权为负），账户余额（账户余额=排污主体排污权总配额-截止到当前累计使用的排污权+截止到当前累计交易排污权）等。分配给排污主体的总配额只在特定的时间内有效。截止到当前累计使用的排污权是指规定的时间内该排污主体排放的污染物数量；截止到当前累计交易排污权包括购买排污权的数量和出售排污权的数量两种，且转让配额之后污染物的排放量必须使下游断面水质达标。在每个达标期结束时，需要对各个排污主体的排污权进行核实，如果出现偷排、多排的现象应取消其进行交易的资格，并进行整顿，严格排污权交易用户的资格管理。

2）监测管理系统

排污权交易不仅需要相关的法律法规来规范排污权交易的各个环节，以保证排污权交易相关利益方的权益，还需要制定强制性的规定以协调政府之间因自身利益而产生的矛盾和利益冲突，以保证环境质量的改善。同样，充分发挥市场经济杠杆的作用也可以通过调整排污权交易的价格来体现排污权的稀缺性，进而对环境的损害进行经济补偿。而排污监测系统的构建作为实现排污权有序流转的基础，有必要在综合运用各种管理手段的基础上加强对排污各环节的监测管理，以掌握排污主体的污染物排放情况，有效保证排污权交易市场的顺利运行。

该监测管理系统包括日常监测管理、排污在线监测、现场监测、排污权的追踪、公众监督等。日常监督管理包括相关监测设备的安装、更新，技术人员的培训等方面；排污在线监测需要相关技术人员为各个排污主体安装污染物连续排放自动监测系统，用以追踪各个污染源每小时污染物的排放量和排放浓度，并对这些基本数据进行记录，以确保监测数据的真实性、客观性和准确性，同时需要建立数据库，将其作为排污权交易统计的基础以便进行考核；现场监测是在自动监测的基础上，定期对污染源进行取样分析，并结合公众的投诉情况及污染源的历史排污数据，对某些重要的排污主体实行不定期监测，避免重大事故的发生；排污权的追踪是根据交易中心的排污权动态交易信息，并结合排污主体实际的污染物排放量，来追踪污染物的排放情况，还需根据监测数据进行分析整理并上报相关主管部门以掌握污染源的真实排污情况；公众监督则是发动民众对排污主体的排污行为进行监督，以避免污染源污染物的排放浓度过高、严重污染环境的现象发生。此外，当排污权交易结束之后，排污权交易平台还需对排污权交易双方的执行情况进行监督，并与在线系统相连，自动录入监测数据，追踪污染源的排污情况，当排污主体实际的污染物排放量达到或者接近剩余排污权时，需要由监督部对其进行警告。

3）信息管理系统

信息管理系统主要用于发布相关管理部门的最新信息、业界动态、政策法规、交易规则、排污权出让公告、成交公告、成交记录及市场动态价格等，以方便排污权交易主体进行信息的查询。在排污权交易过程中，如果存在信息不对称的现象，将会导致排污权交易的高成本，降低排污主体进行排污权交易的积极性，减少排污权交易的数量，不利于排污权交易市场的高效运行，因此，信息的搜集和披露直接影响排污权交易市场的活跃程度。而该管理系统能够有效避免市场交易过程中因信息不对称性而产生的盲目交易，使排污权交易主体能够更清楚地了解市场信息，并根据市场动态预测交易情况，有助于排污权交易的顺利实现[①]。同时，信息公示还需接受公众的监督，尽可能地避免不公平现象的发生，减少交易过程中产生的矛盾和纠纷。

排污权交易中心业务受理部门在接到排污权转让方申请之后，需要对其上交材料

① 魏琦，刘亚卓. 2006. 我国实施排污权交易制度的障碍及对策. 商业时代，(24)：65-67.

的真实性进行核实，并严格审核排污主体拥有的排污权数量及减排计划，在考虑排污主体历史排污情况及技术改造创新水平的基础上评估减排计划完成的可能性，且相关管理部门应协同排污主体安装自动监测系统，以保证数据资料的准确性。当排污权转让方资料审核通过之后，业务受理部必须及时通知转让方，并按照提交材料及时编写公告进行发布，公开征集意向受让方，以降低信息的不对称性。发布的内容会以公告的形式在交易中心网站上进行发布，内容应该详细，包括交易转让方所在水功能区、交易的价格、编号、可转让的排污权数量等，同时还需要在综合服务大厅的显示屏上进行发布。待排污权交易双方按照相关的规则和流程达成协议之后，需要交易竞价部出示交易结果，且应由相关部门对排污权交易的结果进行初步评估后，决定该交易进行的可能性，并接受公众的监督。交易结果的公示包括交易成交的时间、交易详情等，交易详情中应包括交易的价格、数量、有效期、付款情况，以及排污权转让双方的信息等。交易的价格不能低于当时的市场基准价。在公示期间，交易双方不能无故变更或取消所发布的信息，因特殊原因需要变更或者取消发布信息的，需要提交相关的证明文件。各个排污权交易主体均可以查询区域的交易数量、交易价格等有关情况。如有异议，要在监督部门的监督下对异议申请人和被申请人进行审核和调解。

4）排污权电子竞价系统

排污权电子竞价系统的功能主要是为排污权交易双方提供排污权交易数量、价格等方面的信息，并为排污权交易参与方提供竞价平台，以提高竞价的透明度，保证排污权交易的公平和公正，方便监督管理部门进行实时监控。当仅有一个意向受让方时，采取协商议价的方式进行交易，而存在两个或两个以上的意向受让方时，必须采取电子竞价的方式进行交易。电子竞价前需要核实竞价参与人的资格、明确竞价规则以规范排污权交易参与方的行为，避免串标现象的发生①。电子竞价过程中需保证报价均高于基准价，当时间截止时，以最高报价为排污权交易的价格。排污权竞价结束后，电子竞价系统需要显示竞拍项目、标的、出让方、受让方（即中标单位）、交易数量、交易期限、交易价格等相关信息。而且，竞价成功的排污权交易双方需要签订相关文件以确认竞价结果。

5）公众查询系统

公众查询系统的功能主要是用于信息的查询，不仅能方便排污权交易双方查询交易业务的处理状态，还能了解市场交易行情，降低排污权交易双方的信息成本，同时还能为公众参与排污权交易过程提供机会，监督排污权交易活动的公平、公正。公众查询系统可以让排污权交易双方通过交易编号、交易时间来查询交易业务的处理状态，也可以通过电话或者短信对交易业务的状态进行查询，同时还可以进行相关业务的查询，比如业务的受理流程，出让（受让）申请需要提交的材料、交易的时间、交

① 李志勇，洪涛，王燕. 2012. 排污权交易试点总体工作框架研究. 环境与可持续发展，（04）：41-48.

易审批的流程、当时的市场基准价等，以方便排污权交易用户对交易活动的追踪，降低污染源获取交易信息的成本，提高交易的透明度。此外，公众还能选择时间、区域等条件搜索以往的排污权交易活动，进而了解一定时期内市场的历史交易数据、统计信息等。

6）价款结算系统

排污权交易价款结算系统是明确排污权交易双方后进行资金流转的关键。排污权交易受让方通过该系统将需支付的资金转交给排污权交易中心，经排污权交易中心扣除相应费用后直接转入排污权出让方的账户。为保证交易顺利进行而缴纳的保证金可以按照排污权交易参与人的意向进行处理，当出现违约情况时，需扣除部分或全部违约金以补偿受害人的损失。该系统不仅有利于资金的运行管理，提高交易的效率，还能规范排污权交易价款结算的流程和排污权参与人的行为，减少纠纷。该系统是排污权交易平台的关键，其运行情况直接关系到排污权交易平台的收益情况。当排污权受让方支付相应价款后，排污权交易中心财务部需出具相关证明，排污权交易双方根据该证明更新账户管理系统中的排污权信息。

7）监督管理系统

监督管理系统的建立对于规范排污权交易市场尤为重要，不仅要监管排污权交易过程中的各个环节，还需要对相关的执法人员进行监督，而且还需对排污主体的排污行为进行监督，以保障排污权交易的透明化。

该监督管理系统允许公众网上举报，以充分调动公众保护环境的积极性，鼓励公众对污染源进行监督。首先，需要对排污权交易活动进行监督管理，比如，要严格排污权交易主体的审查，明确排污权交易双方的资格，对提交材料的真实性和有效性进行监督，以避免违法交易，促使水功能区水质目标的实现；要严格规范排污权的交易流程，避免囤积、垄断的现象发生，并对排污权交易的数量进行统计分析，以总体掌握流域的水环境状况。其次，需要对交易变更后的排污主体污染物排放情况进行监督，比如，监测部门的相关技术人员需要不定时抽查水样，以保证交易双方履行承诺，购买方的排污权使用量不能超过所购买的排污权数量，出售方应按承诺减少排污权的使用量。再次，需要加大对执法人员的监督力度，对诸如操纵排污权交易价格、非法转让排污权等不正当行为进行处罚，并对相关执行人员进行监督，保证交易的公平性和公正性。此外，考虑到公众监督是必不可少的一种监督途径，故需建立公众投诉系统，允许公众通过媒体、网络等渠道对排污权交易的各个过程及排污权交易的结果进行质疑、监督，以防止市场垄断及污染源违章交易现象的发生。

在排污权交易电子平台的构建中，这七个系统是一个有机联系的整体。账户管理系统是规范排污权交易的基础，由业务受理部门统计该流域内参与排污权交易的主体，并对各排污主体提供的信息进行核实，各水功能区的排污权总配额由水行政主管部门进行核定分配，累计排污权根据该交易平台的排污权交易情况进行更新，由财务

部门负责管理。监测管理系统主要由水行政主管部门会同环境保护行政主管部门进行管理，主要是负责监测各个排污口的污染物排放情况及重要水质断面的水质情况，并且和账户管理系统进行衔接，以确保可交易排污权核算结果的合理性。信息管理系统中的业界动态、政策法规、交易规则等信息由办公室进行管理；排污权出让公告、成交情况由业务受理部进行更新；市场交易的动态价格则由交易竞价部进行制定。公众查询系统由网络部进行维护和管理。监督管理系统由监督部进行管理，不仅包括对参与排污权交易主体的监督，还包括对各个部门的执行人员进行监督，此外还需对交易的整个过程进行监督，并允许公众通过相应的公众投诉系统提出质疑。因此，排污权交易平台是通过环境保护行政主管部门和水行政主管部门等相关部门之间相互协作共同实现的排污权流转场所，能有效控制水功能区的污染物入河量，确保水功能区限制纳污制度的落实。

## 13.3 可交易排污权量化方法

在开展排污权交易之前，首先需要对可交易排污权进行估算，并提出合适的排污权交易方案，这就牵涉到可交易排污权的量化问题。本节从可交易排污权的概念、计算方法、折算系数生成及方案优选等方面进行阐述。

### 13.3.1 可交易排污权概念

可交易排污权是指水功能区所在陆域范围内的污染源通过技术革新等措施超额减排而节余的排污权，主要是从水功能区的角度出发。从本质上来说，超额减排的水功能区将节余的排污权转让给因减排代价过高而不愿减排的水功能区而获得经济上的补偿，以实现资源的优化配置和经济效益最大化。本书中的可交易排污权既不等同于环境保护行政主管部门以排污许可证形式分配给各个排污企业的排污权，也不等同于排污企业在现有设备条件下实际污染物的排污量，而是指因陆域污染源超额减排，排污口节余的污染物入河量，只有该部分排污权才可以用来交易。

该概念中包括以下内容：①可交易排污权指的是一个水功能区节余的排污权，进行排污权交易的主体是水功能区所归属的地方政府及相关行政管理部门，并不是水功能区陆域范围内的排污企业；②可交易的排污权数量应该等于超额减排的数量与相关部门下达的减排量的差值，如果超额减排的数量比较多，就可以节余排污权，并在排污权交易市场上进行交易，赚取利润；如果减排的数量较少，不能达到减排目标，则需要在市场上购买排污权，以弥补超量排污；③可交易排污权的明晰是实现跨水功能区交易的前提，应将可交易排污权的明晰予以法律化，以便于可交易排污权的确定；④可交易排污权的出让方是可交易排污权的拥有者，其出让排污权是对其超额减排的一种经济补偿；可交易排污权受让方是可交易排污权的接收者，其受让排污权是对其超量排污的一种经济惩罚，也是对环境负外部性的一种补偿。

### 13.3.2 可交易排污权计算方法

本小节主要阐述可交易排污权的量化方法，以解决水环境容量的分配问题，并在考虑水功能区纳污能力和不同水功能区减排潜力的基础上，给出可交易排污权的交易方案。

#### 1. 研究思路[①]

我国新时期跨水功能区的排污权交易应与最严格水资源管理制度有机结合起来，以“三条红线”中的限制纳污控制红线作为排污权管理的重要约束，以使排污权交易的最终分配不超越各个水功能区纳污能力的限制。与用水权交易相似，排污权交易也是一种重要的经济激励手段。交易时，出让方通过出售排污权而获得经济回报，购买方通过购买排污权而获得新的排污机会，最终在满足环境保护要求的前提下，实现排污效益的最大化。借鉴第 12 章用水权交易的思路，提出基于水功能区限制纳污红线的排污权交易方法，包括以下内容和步骤（图 13-4）。

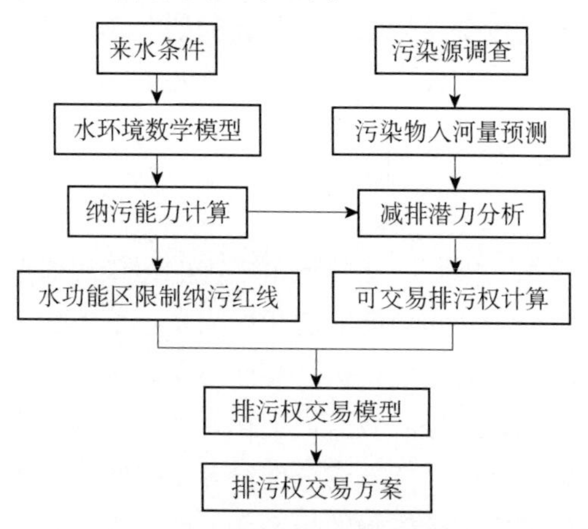


图 13-4 可交易排污权计算流程

（1）预测污染物入河量。通过对重点污染源的调查，掌握水体中污染物的来源及数量，预测未来的污染物入河量，为编制可行的排污权交易方案提供依据。为此，根据对研究区经济社会和需水量预测成果，预测未来生活污染源、工业污染源等点源的污染物排放量；根据耕地面积、水土流失面积、畜牧养殖规模等预测各类非点源的污染物排放量。同时，考虑未来的污水管网覆盖率、污水处理能力、土地利用类型变化等因素，确定主要污染源的入河系数，计算各水功能区的污染物入河量。

（2）纳污能力计算。在对污染源、河道进行概化的基础上，建立能有效描述污染

① 窦明，王艳艳，李胚. 2014. 最严格水资源管理制度下的水权理论框架探析. 中国人口·资源与环境，24（12）：132-137.

物在水体中迁移转化过程的水环境数学模型，以对不同的来水条件进行模拟。由水环境数学模型可以模拟出一定来水条件下的水功能区纳污能力及主要控制断面的水质浓度，并评价各水功能区的水质达标情况。

（3）分析减排潜力。结合各水功能区的主导产业、污染物入河量及工业产值，计算其陆域污染源的污染物排放量，并依据实际排放量计算各污染源对水功能区污染负荷的贡献率；在参考 COD 排放水平与国家平均水平差距的基础上，通过分析各个水功能区污废水处理设备的处理能力，计算各个水功能区的减排潜力。

（4）计算可交易排污权。可交易排污权主要来自于政府预留排污权、污染源减排所得排污权及其他途径得到的排污权，可根据各水功能区当前剩余的纳污能力、污染源的减排潜力等计算得到。在交易时，双方不能以等量的排污权进行交换，而应按等贡献值的原则（采用排污交易折算系数进行折算）来进行交易。等贡献值是指由排污权交易所引起的、在不同地点排放的污染物对控制断面的贡献应当是等同的，即对控制断面水质的影响是相等的。利用水环境数学模型，可计算出不同污染源排放的污染物在相应控制断面的贡献值，进而确定其排污交易折算系数①。在交易时，应依照污染源对控制断面的贡献值大小，按一定的比例进行折算和交易。

（5）提出排污权交易方案。同水权交易类似，排污权交易方案也可以通过一个最优化模型来获取。排污权交易决策模型，是以排污权交易的综合效益最大（可选取排污消费所产生的 GDP 效益）作为目标函数，以水环境数学模型为各水功能区的联系纽带，以满足水功能区限制纳污红线为硬性约束，同时还考虑了纳污能力约束、限制纳污红线约束等其他约束条件。采用系统优化技术或计算机模拟技术对该模型进行求解，可得到满足所有约束条件的排污权交易方案。

## 2. 相关计算方法

在可交易排污权计算的过程中，必须严格控制污染物的入河总量和水功能区控制断面的水质浓度，以保证限制纳污红线的实现。首先，各个水功能区的污染源在排污权交易前后污染物的入河量均不能超过初始分配的排污权，且各水功能区污染物的入河量之和需控制在水功能区纳污能力的一定范围之内。其次，河流水功能区控制断面达标率需满足管理的要求；最后，可交易排污权必须是污染源经减排后节余的排污权，不采取减排措施节余的排污权不能进入市场进行交易。排污权交易的具体计算内容包括纳污能力、减排潜力及可交易排污权的计算等方面。

### 1）纳污能力计算

水功能区纳污能力是保障最严格水资源管理制度“三条红线”中的限制纳污控制红线得以有效实施的基础，是水资源保护工作开展的关键性内容。在计算纳污能力之前首先要对污染源进行概化，而污染源概化的位置不同，得到的纳污能力也会有所差

---

① 王书国，段学军，李恒鹏. 2006. 流域水污染物排放权交易构建. 云南环境科学，25（01）：14-17.

异。也有研究成果显示，排污口概化在中点与排污口均匀概化得到的结果相差不大，在实际计算时两种方法可以看作等效；中点概化方法计算较为简单，一般适用于长度较短的功能区河段，对于排污口信息不全的功能区河段，纳污能力计算也可以简单地采用中点概化方法①。由于不同地区的排污情况不相同，可根据排污口实际布设情况选择不同的排污口概化方式，在这里采用中心概化方法进行一维水质模型纳污能力的计算，其概化如图 13-5 所示。

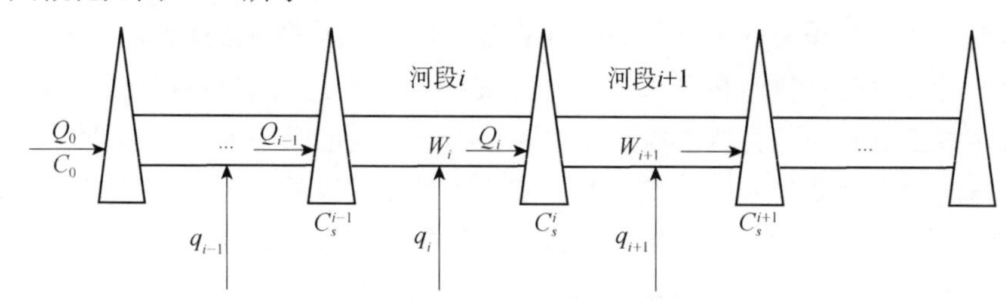


图 13-5　一维水质模型概化图

设河段初始断面的设计流量为 $Q_0$（米$^3$/秒），来水浓度为 $C_0$（毫克/升），河段$i$的初始断面流量为 $Q_{i-1}$（米$^3$/秒），污染物的目标浓度值为 $C_s^{i-1}$（毫克/升）；末端面的流量为 $Q_i$（米$^3$/秒），污染物的目标浓度值为 $C_s^i$（毫克/升）；入河排污量为 $q_i$（克/秒），河段长度为 $L_i$（米），对应的水功能区的纳污能力为 $W_i$（吨）。

针对第$i$河段，上断面到河段中间的浓度为

$$C_i^m = C_{i-1}\exp\left(-k_i L_i / 2u_i\right) \tag{13.1}$$

式中，$C_i^m$ 为第$i$河段断面中点的浓度（毫克/升）；$C_{i-1}$ 为第 $i$ 河段首断面的水质浓度（毫克/升）；$k_i$为第$i$河段的综合衰减系数（1/秒）；$u_i$为设计条件下第 $i$ 河段的平均流速（米/秒）。

在断面中点处，由稀释混合模型得

$$C_i^m Q_{i-1} + q_i = \left(Q_{i-1} + q_i\right) C_{i-1}' \tag{13.2}$$

式中，$C_{i-1}'$为第$i$河段断面中点混合后的浓度（毫克/升），其他变量同上。

相对于水量而言，污水的流量较小可以忽略，故利用稀释混合模型的时候，可以将混合后的流量近似认为是 $Q_{i-1}$，由此得稀释混合后的浓度：

$$C_{i-1}' = C_i^m + q_i / Q_{i-1} \tag{13.3}$$

再进行稀释，若得到末断面的浓度为

$$C_{i-1}' \exp\left(-kL_i / 2u_i\right) = C_s^i \tag{13.4}$$

则上面给出的 $q_i$ 即为所容纳污染物的上限值。

由式（13.3）和式（13.4）可得

$$q_i = \left(C_s^i - C_{i-1}\exp\left(-kL_i / u_i\right)\right) Q_{i-1} \exp\left(kL_i / 2u_i\right) \tag{13.5}$$

故河段$i$的纳污能力为

① 路雨，苏保林. 2011. 河流纳污能力计算方法比较. 水资源保护，27（04）：5-9，47.

$$W_i = 31.536q_i \tag{13.6}$$

假设水功能区的个数为 $n$，则该流域的水体纳污能力 $W$ 为

$$W=\sum_{i=1}^{n} W_i \left( i=1,2,\cdots,n \right) \tag{13.7}$$

从纳污能力计算公式可以看出，不同的设计流量对应着不同的纳污能力，纳污能力随着设计流量的变化而变化，一般以 90%最枯月平均流量、75%保证率枯水期平均流量或近期平水年枯水期平均流量作为设计流量。但考虑到排污分配是在年初制定的，并不能预测该年的来水丰枯情况，而水体的环境容量是有限的，为确保限制纳污控制红线不被突破，需采用水功能区的安全纳污能力，选取近 10 年最枯月平均流量作为设计流量，计算相应水功能区的安全纳污能力（即最小纳污能力）。在纳污能力计算后还需对其进行核定，这对最严格水资源管理制度的实施及水功能区限制纳污红线的明确起到了重要作用，在一定程度上严格控制了污染物的入河量，减缓水环境的纳污压力，促进经济社会和资源环境的协调、健康发展。

2）减排潜力分析

减排潜力是指水功能区陆域污染源通过创新减排技术节余的排污权。首先，要分析各水功能区的主导产业（如果该水功能区的主导产业有多个，则按照工业产值对当地 GDP 贡献比例来计算减排量），重点考虑造纸、食品加工业、化学原料及化学制品制造业等高污染行业，并根据工业产值和污染物的入河量计算产污强度（取万元 GDP 的污染物产生量作为测算指标，该指标是衡量污染源清洁生产水平的重要指标，能在一定程度上反映经济社会的发展水平）；其次，将目前该水功能区主导产业和国家行业平均水平进行比较，并在考虑污废水设备投入的基础上，估算其处理能力；然后，根据行业的污废水排放量，结合污染物入河系数，计算出该水功能区排污口的污染物入河减排量。产污强度计算公式如下：

$$D=W/V \tag{13.8}$$

式中，$D$ 为产污强度（千克/$10^4$ 元）；$V$ 为工业产值（万元）；$W$ 为污染物产生量（千克）。

假设在加大污染物处理设备投资的基础上，污染物处理能力为 $\eta$，则可以计算出一个水功能区内的污染物入河量减排潜力，即

$$E=\sum_{i=1}^{n}\left( k\left( D_i V_i \left(1-\eta\right) - \overline{M}_i V_i \right)\right) \tag{13.9}$$

式中，$E$ 为某一水功能区的污染物入河量减排潜力（吨/年）；$i$ 为该水功能区主导产业的个数；$k$ 为该水功能区污染物的入河系数（假设该水功能区陆域所有行业的污染物入河系数是一样的）；$D_i$ 为该水功能区第 $i$ 个主导产业的产污强度（千克/$10^4$ 元）；$\overline{M_i}$ 为第 $i$ 个主导产业某种污染物指标的全国平均产污强度（千克/$10^4$ 元）；$V_i$ 为该水功能区第 $i$ 个主导产业的工业产值（万元）；其他变量同上。

如果该水功能区只有一个主导产业，则

$$E=k\left(DV\left(1-\eta\right)-\overline{M}V\right) \tag{13.10}$$

式中，各变量同上。

由式（13.9）可以看出，减排潜力的计算包括两部分：一部分是水功能区污染物可能的入河量，一部分是该行业国家平均产污水平。若水功能区的污废水处理能力较高，则该水功能区的污染物入河量就比较少，与国家平均产污水平差距就比较小，甚至低于国家平均产污水平，就拥有较多的排污权；若污废水处理能力低，则该行业的产污强度会高于国家平均产污水平，就需要加大清洁生产，逐步淘汰落后产能。

3）可交易排污权计算

经分析，可交易排污权的量化和初始分配的排污权、经减排后的污染物排放量密切相关。其中，初始分配的排污权是依据污染源对经济的贡献率、减排技术革新、相关设备的运行、排污现状等因素进行分配的。设初始分配的排污权为 $P$，实际的污染物入河量为 $R$，通过采取减排等措施可以削减的污染物排放量为 $E$，可交易排污权为 $T$，则有

$$T=P-\left(R-E\right) \tag{13.11}$$

如果实际的排污量与减排潜力之差大于初始分配的排污权，即 $R-E>P$，则没有可交易的排污权，即

$$T=P-\left(R-E\right)=0 \tag{13.12}$$

如果实际的排污量与减排潜力之差小于初始分配的排污权，即 $R-E<P$，则有可交易的排污权，即

$$T=P-\left(R-E\right) \tag{13.13}$$

假设有两个水功能区 $A$ 和 $B$，水功能区 $A$ 的陆域排污企业通过调整或者改善生产工艺，提高了治污水平，治污成本比较低，使得水功能区排污口的污染物入河量逐渐减少，并拥有节余的排污权，为 $T_A=P_A-(R_A-E_A)$；水功能区 $B$ 由于治污成本较高，排出的污染物入河量超过初始分配的排污权数量，就需要购买排污权以维持正常的排污需要，可交易的排污权 $T_B=0$。但在交易的过程中，需考虑各个水功能区的限制排污总量控制红线，在对各个水功能区污染物入河量削减的基础上逐步实现最严格水资源管理制度的目标。

4）排污权交易折算系数

由于流域内各排污口所处的地理位置不同，对下游同一河道断面的水质影响程度也不同，所以不同排污口之间不能以等量的原则进行排污权交易，而应按照等贡献值的原则（如采用排污权交易折算系数进行估算）进行交易。假定河流为均匀流，污染物能迅速在横断面上均匀混合，其浓度只沿程变化，且排污口的污废水入河量远小于河道流量，根据一维水质模型可得到各水功能区在进行排污权交易时的折算系数。

假设沿河道的水流方向有两个水功能区 $i$ 和 $j$，$i$ 水功能区向 $j$ 水功能区进行排污

权转让的折算系数为 $C_{ij}$，$j$ 水功能区向 $i$ 水功能区进行交易的折算系数为 $C_{ji}$，该系数表示每交易一个单位排污权需转让或受让的排污权数量。河流的流速为 $u$（米/秒），初始浓度为 $C_0$（毫克/升），污染物综合衰减系数为 $k$（$1/s$），第 $i$ 个水功能区的排污口距控制断面的距离为 $x_i$，第 $j$ 个水功能区的排污口距控制断面的距离为 $x_j$，由一维水质模型得到第 $i$ 个水功能区排污口的污染物到达控制断面的浓度为 $C_i=C_0\exp(-kx_i/u)$，第 $j$ 个水功能区排污口的污染物到达控制断面的浓度为 $C_j=C_0\exp(-kx_j/u)$，则

$$C_{ij}=C_i/C_j=\exp\left(k\left(x_j-x_i\right)/u\right) \tag{13.14}$$

$$C_{ji}=C_j/C_i=\exp\left(k\left(x_i-x_j\right)/u\right)=1/C_{ij} \tag{13.15}$$

由式（13.14）、式（13.15）可见，当水功能区 $i$ 位于河流上游，而水功能区 $j$ 位于河流下游时，$x_i>x_j$，$C_{ij}<1$，$C_{ji}>1$，即上游向下游交易，交易的排污权数量会减少。

### 13.3.3　排污权交易方案的优选

在排污权交易方案优选之前，为方便排污权交易模型的建立和求解需做如下假设：①污染物排放总量在一个水功能区内是封闭的，即一个水功能区的排污量仅来自所对应陆域范围内的污染源；②假设每个水功能区只有一个排污口；③不考虑排污企业的产品数量、质量、价格和生产成本等方面的差别；④假设排污权交易主体自由竞争，市场处于完全竞争的状态，不考虑排污权交易的成本，且不受其他外界因素（如价格垄断、地方保护主义等）的干扰；⑤假设排污权交易只发生在河道内，各地区之间是以水功能区为单元来进行交易的。

当流域内部分水功能区有可交易排污权时（即满足式（13.13）），此时可以进行排污权交易。理论上的排污权交易方案可通过本书建立的排污权交易模型获取，该模型是一个优化模型，由以下内容构成。

#### 1. 目标函数

以经济最优为目标函数，即该水功能区陆域所有污染源产生的 GDP 效益最大。考虑到各个污染源的减排成本不易确定，故采用单位排污产生的 GDP 效益来表示，可得到流域整体经济效益 TEB，即

$$\text{TEB}=\max\left(\sum G_{pj}E_{pj}-\sum G_{si}E_{si}\right) \tag{13.16}$$

#### 2. 约束条件

（1）污染物入河总量约束：确保在排污权交易后，买卖双方的污染物入河量均不超过所在水功能区的污染物入河总量约束。对于买方而言，减排后实际排放的污染物入河量与购买的排污权之和必须在总量控制范围之内；对于卖方而言，交易后实际排放的污染物的入河量与出售的排污权数量之和也必须在总量控制范围之内；整个区域的实际污染物入河量必须在流域初始排污权总分配额控制范围之内，以确保排污总量

控制目标的实现。

$$\begin{cases} W_{\text{减排}j}+E_{pj}=W_{\text{实}j}\leqslant W_{\text{限}j}\left(P\right) \\ W_{\text{实}i}+E_{si}\leqslant W_{\text{限}i}\left(S\right) \\ \sum_{i=1}^{m}W_{\text{实}i}+\sum_{j=1}^{n}W_{\text{实}j}\leqslant W_{\text{限总}} \end{cases} \tag{13.17}$$

（2）初始排污权分配约束：为保证初始排污权分配的合理性及排污权交易的有效性，初始排污权分配必须要考虑各水功能区的纳污能力，即每个水功能区分配的排污权必须控制在一定的纳污能力范围之内，且流域颁发的排污权数量必须小于等于流域总的纳污能力。

$$\begin{cases} W_{\text{限}i}\leqslant tW_{\text{纳}i}\left(S\right) \\ W_{\text{限}j}\leqslant tW_{\text{纳}j}\left(P\right) \\ \sum_{i=1}^{m}W_{\text{限}i}+\sum_{j=1}^{n}W_{\text{限}j}\leqslant W_{\text{纳总}} \end{cases} \tag{13.18}$$

（3）限制纳污红线约束：该约束用以保证提供的方案能够满足各个水质监测断面的水质要求。

$$W_{\text{实}l}/Q_{l-1}+C_{l-1}\cdot\exp\left(-k_l x_l/u_l\right)\leqslant C_l^*\left(l=1,2,\cdots,m+n\right) \tag{13.19}$$

式中，$P$为买方（即受让方）；$S$为卖方（即出让方）；$G_{pj}$为第$j$个水功能区单位排污而产生的GDP效益，$G_{si}$为第$i$个水功能区单位排污而产生的GDP效益；$E_{pj}$为水功能区$j$购买的排污权，$E_{si}$为水功能区$i$出售的排污权；$W_{\text{实}j}$、$W_{\text{实}i}$分别为水功能区$j$、$i$实际排放的污染物；$W_{\text{限}j}$、$W_{\text{限}i}$分别为水功能区$j$、$i$分配的初始排污权，以限制入河总量的形式表示；$W_{\text{限总}}$为流域初始分配的总排污权；$m$、$n$分别为买方、卖方的水功能区个数；$W_{\text{纳}j}$、$W_{\text{纳}i}$为水功能区$j$、$i$的纳污能力；$t$为调节系数，可根据实际情况来设定，一般情况下$t\leqslant 1$，如果污染较严重可适当放宽，使数值大于1；$Q_{l-1}$、$C_{l-1}$、$k_l$、$x_l$、$u_l$、$C_l^*$分别为第$l$段河流的首断面流量、水质浓度、衰减系数，以及该河段的长度、流速、末端面的水质目标浓度值。

排污权交易方案的优选，采用遗传优化算法和fmincon函数相结合的方法进行求解。首先运用遗传优化算法寻出较优解，并以此为初值，运用fmincon函数进一步寻得最优解。

## 13.4 排污权交易保障措施

目前，我国的排污权交易机制不完善，市场不成熟，直接导致排污权交易的效率较低，不能有效提高排污主体治污的积极性。因此，有必要从法律、行政、技术、经济四个方面建立相应的保障措施，对排污权交易进行调控，从而实现社会、经济、环境的协调发展。

### 13.4.1　法律保障措施

法律保障措施是进行排污权交易的基础保障，只有明确排污权的法律地位，才有建立排污权交易市场的可能性。鉴于我国以前的排污权交易主要是政府采取行政命令的方式进行交易，没有引入市场机制，无法有效发挥市场经济杠杆作用，再加上我国法律仅仅提到污染物总量控制制度，缺乏相关法律法规去规范排污权交易过程，使得排污权交易市场的构建难上加难。因此，有必要从法律角度对污染物总量控制制度进行细化，明确排污权的法律地位，并完善排污权交易立法，为排污权交易机制的建立提供法律保障。

**1．污染物总量控制具体化**

目前，我国的市场化进程在不断加快，过去单纯依靠行政措施来改善环境质量的方式虽然取得了一定的成效，但已不能满足水环境容量的需求，将市场引入排污权优化配置的过程中已成为我国环境管理的重要手段。只有将排污权交易融入市场中才能发挥其对资源的优化配置作用，但市场作用的充分发挥需要相关法律法规的切实保障，而这正是我国目前所欠缺的，因此有必要出台与排污权交易制度相适应的法律法规。污染物总量控制是继浓度控制之后，用于改善环境的重要手段。但考虑到我国目前的污染物总量控制制度在法律上并没有具体规定，仅仅做了一些原则性说明，而污染物总量控制不仅能体现排污权作为产权的稀缺性，还能体现其经济价值，是进行排污权分配的前提，更是确保排污权交易市场高效运转的基础，因此科学核算和公平分配污染物排放总量已迫在眉睫。建议尽快出台《污染物排放总量控制管理办法》，规范污染物排放总量的核算原则、方法，并制定科学的分配原则和方法，以确保分配结果的公平公正。同时，还需明确初始排污权分配的有偿性，追究相关主体的法律责任等。《污染物排放总量控制管理办法》中还需针对水污染物做出专门规定，并针对水环境容量的计算进行说明。此外，考虑到我国水资源管理是以流域为单元来推进的，建议设立隶属于流域管理机构的排污权交易中心，对全流域的污染物排放总量进行控制，并为排污权交易活动提供信息平台和交易场所，且应鼓励流域内跨水功能区的交易，提高排污权交易的活跃性。

**2．明确排污权的法律地位**

由于我国的自然资源归国家所有，而排污权作为一种自然资源，其所有权也归国家所有，所以有必要制定和出台相应的法律法规，明确排污权的法律地位，明晰排污权的归属，并对污染源排放污染物进行法律上的确认。建议出台《排污权交易管理条例》，将排污权法律化、量化，明确采用治污减排措施而节余的排污权可进行自由转让的属性，并且政府能储备、转让排污权以对市场进行宏观调控。首先，需规定排污权的种类、数量、范围等，对人体有害的物质不能直接排放；污染严重的区域不允许购买排污权以赚取经济效益的提升，且不允许排污权集中向某个区域转移；其次，规范排污权交易的流程，针对交易过程，严格按照相关规定进行交易，确保排污权交易市场资源共享、自由交易、公平竞争，但也需对交易的数量进行限定，以避免排污权交易市场的垄断；最后，需要明确各个排污权交易主体之间的责任，严格排污权的流转，建立监督执法体系，不仅要对交易过程中的违法行为进行处罚，还需对超标排污行为进行严肃处理，提高排污违法成本，以促使排污权交易方自觉遵守相关法律规则。此外，还需对相关的执法人员进行监督，提高法律的执行力。

### 3. 完善排污权交易相关立法

排污权交易作为一项环境政策，对于环境质量的改善起到重要作用，但在我国目前的环境立法中，比如《中华人民共和国环境保护法》《中华人民共和国水污染防治法》等仍缺少关于排污权交易方面的法律规定。再者，排污权交易在我国尚未推广，仅在部分地区进行了试点，另外虽有一些政府文件、规章及地方性法规，却没有全国性的法律法规，这使得排污权交易制度的建立缺少相应的法律保障，因此有必要加快排污权交易的相关立法为地方法规的制定提供依据。首先，需要在环境保护的基本法律，如《中华人民共和国环境保护法》中明确规定实施污染物总量控制，并出台《污染物排放总量控制管理办法》，以规范和约束政府实施污染物排放总量控制的行为；其次，出台《排污权交易管理条例》，明确排污权交易的管理机构，排污权交易的主客体，排污权交易的范围、种类等，规定相应的处罚机制以约束污染源排污和交易行为，并制定相应的实施细则以规范排污权交易过程；最后，要完善与排污权交易相关的地方性法规，针对区域的环境、经济、产业分布情况，在考虑本区域排污权交易活跃程度的基础上，合理选择可交易污染物的种类、数量、范围等，并在参考全国排污权交易流程、监督管理体系的基础上，制定适合本区域的排污权交易法规和规章制度。

## 13.4.2 行政保障措施

行政保障措施和法律保障措施有所区别，前者主要是根据一些强制性的规定来规范排污权的交易行为，比如制定排污权的交易规则、交易流程等，而后者则是通过立法的形式来约束排污权交易市场和程序，具有不可侵犯性，情节严重的需承担刑事责任。虽然行政保障措施没有很强的法律效力，但其对规范排污权交易市场起到了非常重要的作用，能有效指导排污权的交易过程，确保交易市场有序运转。为使排污权交易市场更高效，需要转变政府职能以充分发挥政府的监管作用，并强化对政府职能部门、交易中心、污染源等的监督考核机制。

### 1. 转变政府职能

政府应从主导排污权交易过程转变为监督管理交易过程，承担起水环境容量核算、初始分配、监督等职责，并为排污权交易市场提供相关技术和资金的支持，以使其能有效运转，确保市场机制的正常运作。政府需要指导相关管理部门依据河流的水质目标拟定各个水质断面允许的污染物浓度，并对监测断面进行实时监测以反映河流的水质状况；在污染物入河口设置自动连续监测装置对污染物的排放浓度、排放数量

进行监测，以核实排污主体削减污染物的能力；交易完成后，还需核实各个排污主体是否履行了交易承诺，保证污染物排放量不超过自身拥有的排污权。政府在监督管理过程中，要尽可能地利用经济手段对市场进行宏观调控，减少行政手段的干预，比如当市场交易价格比较低时，政府可以买进排污权以改善环境的质量；当市场交易价格比较高时，政府可以出售储备的排污权，防止排污权交易的垄断和不稳定性，以达到宏观调控的目的。同时，还需对相关部门的权力进行约束，比如在排污权初始分配过程中，需要采用公平、公正、科学的方法进行分配，且分配方案需接受全社会的监督，严惩谋取私利的公职人员。在政府对排污权交易进行宏观调控的过程中，需对其购置排污权的数量进行限制，防止滥用权力。此外，政府还需制定详细的排污权交易规则和程序，规范排污权的流转，赋予公众更多参与排污权交易的机会，保障公众的知情权，以充分发挥其在排污权交易过程中的监督作用，进而约束排污权交易相关方的交易行为。

### 2. 强化考核机制

强化考核机制是排污权交易管理中的一项重要内容，能有效调动职能部门监督管理排污权交易市场的能动性，提高排污权交易中心相关人员的业务素质，提高排污主体创新治污减排措施的积极性。对于政府而言，要及时掌握各个排污主体的污染物排放情况、污染物在线监测情况，并定期对排污主体进行考核，核定排污权的使用情况及治污设备的运转情况等，尤其是对重点污染源，要进行随时抽查，根据考核结果，调整次年的排污权使用计划；针对偷排现象要严厉处罚，处罚成本必须远高于排污权交易价格，以约束排污主体的排污行为。对排污权交易中心而言，要严格审核排污主体的排污权富余情况，加强排污权交易过程的管理，保障交易有序进行，同时要为政府提供交易信息，以方便政府及时了解排污权的变更情况和流向，避免排污权集中转移到某个区域，造成环境的局部污染。对于排污主体而言，要按照相关要求安装水质自动监测设备，并积极研发治污减排技术，提高单位排污量的经济效益，同时还要按照规定于每年年初上报排污计划，于年中和年末分别上报排污信息、设备运行和维护等资料。

### 3. 完善相关政策和规则

完善的排污权交易政策和规则是排污权交易市场得以良性运转的关键。排污权交易中心及其管理机构要结合相关法律法规制定排污权交易规则，以规范排污权交易过程。首先，要明确规定排污权交易的前提条件，即用来交易的排污权必须是污染源通过创新减排技术、提高治污水平而节余的排污权或者是政府储备的排污权；其次，要规范排污权交易过程，明确规定排污权交易双方需要提交的申请材料，严格审核交易双方资格及节余的排污权数量，规范排污权交易基准价的确定，并对排污权交易过程中产生的纠纷解决方式及交易价款结算方式进行规定；再次，要协调地方政府之间的利益关系，遏制地方政府在排污权交易中的利益博弈，防止其操纵交易，破坏正常的交易秩序；最后，严肃处理排污权交易过程中的违法行为，以防止排污主体弄虚作假，公职人员投机取巧、控制市场。对于违反交易规则、交易流程等情节轻微的行为①，可以责令其限期改正；对于超标排污但是对水质影响不大的行为处以稍高的经济处罚；但对局部环境造成严重污染的，不仅要停止该主体拥有的排污资格，还应追究其法律责任。此外，应制定有关公众参与排污权交易方面的规则，开通公众举报违法行为的通道，以对排污主体的交易和排污行为、行政人员的执法行为进行监督，达到约束排污权交易相关方的目的。

### 13.4.3 技术保障措施

技术保障措施的缺乏是我国排污权交易市场还不成熟的一个重要因素。排污权交易制度必然会涉及水环境容量核算、水功能区排污口监测、水质断面监测、信息共享平台构建及交易后排污权追踪等问题，这些都需要相关技术的支持，但是目前我国在相关技术研发方面滞后于管理需求，这使得排污权交易政策难以落实。因此，急需加快与之有关的关键技术研发和管理平台建设，以保障相关政策的有效落实和排污权交易市场的顺利运转。

#### 1. 完善自动监测系统

完善的自动监测系统是保障排污权交易顺利进行和改善环境质量的关键措施。自动监测设备的安装不仅能提高水功能区污染物入河量数据的准确性和完整性，还有助于保证相关管理机构及时掌握各水功能区污染物的排放情况。我国目前虽已形成了全国性的水质监测系统，但由于国土面积广阔、实际情况复杂，监测点的覆盖面极为有限，特别是在对污染源的排污计量方面基础比较薄弱，难以满足最严格水资源管理制度考核的需求。同时，受客观条件的制约，相关管理机构不能有效追踪排污权交易的情况，不利于市场机制的形成，因此有必要扩大安装自动监测设备的范围，提高行政人员的执法能力，以确保对污染物排放和交易全过程的跟踪。考虑到污染物排放种类的多样性、监测设备和监测技术的复杂性，我国应培养相应的技术人员队伍，对监测设备的运行维护、技术改造担负起相关责任。此外，还需要对排污权监测设备的选择、技术规范、采样方法、监测频率等规定相应的操作细则以指导污染物排放监测工作。根据监测出来的污染物排放浓度、排放流量、排放量等数据做好资料的统计整编工作，至少每一季度向相关管理机构提交一次，为排污主体的定期考核，以及排污权交易的审核、交易后的追踪提供基础资料，且为次年的排污权发放提供依据。

#### 2. 加快减排技术创新

减排技术创新是活跃排污权交易市场的重要保障。但鉴于治污减排技术的创新不仅要消耗大量的研究资金，还需培养和引进专业人才，购置高昂的减排设备，而排污权的

---

① 刘鹏崇. 2011. 基于公众参与的我国排污权交易制度完善研究. 黑龙江省政法管理干部学院学报，（2）：136-139.

购买成本较低，这使得排污主体更愿意购买较多的排污权以满足生产经营的需要，获得经济效益的提升，而忽略环境的负外部性，这不利于优化经济布局和产业结构，因此政府有必要提高排污主体的排污成本，刺激和激励排污主体加快减排技术的创新。政府可通过政策的调整（比如增加排污成本，补贴减排技术的创新等方式）控制高耗能、高污染行业的过快增长，以淘汰落后产能，支持战略新兴产业，进而促进产业结构的调整。政府还需加大资金的投入，建立资金保障机制，为自主研究减排技术的排污主体提供财政支持，并对其在交易过程中产生的费用进行优惠甚至减免，加快科研机构研发相关行业（比如造纸、发电、化工、印染等行业）减排技术的速度，以促使排污主体创新减排技术，提高治污水平，减少污染物的入河量。同时，排污主体之间也可以联合进行减排技术的研究，并共享研究成果以加快减排的速度，增加效益。此外，政府还需要加强宣传力度，建立减排技术服务体系，推动环保产业的健康发展。

#### 3. 建立信息管理系统

实时准确的排污信息是降低排污权交易成本、提高市场交易效率的基础，能为排污权交易主体进行决策提供重要参考，因此有必要建立信息管理系统，公布排污权交易信息，提高排污权交易的公平性和透明性，促进排污权的有效交易。信息管理系统的构建主要是利用现代计算机网络技术，将排污主体的排污信息、交易信息等进行系统管理，主要包括账户管理系统、排污权交易信息发布平台、排污追踪系统等。其中，账户管理系统主要是对排污主体的污染物排放情况、交易情况进行统计分析，以保证其排放的污染物在允许范围之内，不会造成环境的恶化；排污权交易信息发布平台主要是公布排污权交易主体的信息、转让公告、交易结果公告等，在为排污权交易方提供排污信息的前提下接受公众的监督，以规范排污权交易的流程；排污追踪系统主要是根据在线自动监测设备提供的数据及排污主体提供的材料进行对比分析，且对交易后排污权的变更进行追踪，以保证排污主体按照承诺进行排污。这些系统是相互联系的，比如账户管理系统的构建能为交易平台提供交易信息，交易平台的交易结果需要反映到排污追踪系统中，而追踪系统的数据需要和账户管理中的排污权数量进行联动更新，其最终的目的是建立高效的排污权交易市场机制，保证在提高流域经济效益的同时，减少污染物的排放，改善环境质量。

### 13.4.4　经济保障措施

排污权交易市场不仅需要政府的宏观调控，还需要利用市场机制以调节排污权的供需关系，进而利用市场的经济杠杆作用来限制污染物的排放强度。但是市场机制的充分发挥需要相关配套设施的建设和资金的充分保障，为此，政府需要运用经济政策，调动排污主体减排的积极性，加大对自动监测系统、交易平台、排污权追踪系统等的资金投入，进一步完善价格机制，制定相应的激励政策以保障排污权交易市场的有效运转。

### 1. 建立资金保障机制

考虑到我国排污权交易市场不成熟，监管体系建设还不完善，因此有必要建立相应的资金保障机制，加大对排污权交易市场建设的投入力度，这是排污权得以正常运转的经济基础。首先，各级政府应投入专项资金，用以相关环境基础设施的建设及增加对环境保护的投入，比如对自动监测系统的维护及运行提供资金支持，加强对专业技术人员的培训和素质教育等[①]；其次，政府应鼓励有关排污权交易平台建设和排污权交易关键技术、共性技术的研究，特别是鼓励研究人员和企业内部的相互结合，并将研发费用纳入预算，加大对减排技术和减排项目的投资力度，支持能耗低、效益高、排污少的产业发展，推动产业减排技术创新和产业改造，同时对积极削减污染物排放总量并出售节余排污权的排污主体从资金方面予以支持，带动其治理污染的积极性；最后，排污权交易中心通过征收排污权交易费用的方式筹集相应的资金，用于电子化交易平台的构建和交易信息的管理，确保为排污权交易主体及时提供排污权交易信息，降低排污权交易的信息成本。此外，还需要加强监管体系的建设，严格监督排污主体的交易行为及相关执法人员的行为，并对政府储备排污权提供财政支持，进而达到宏观调控排污权交易的目的。

### 2. 完善价格机制

完善的价格机制是国家进行宏观调控的重要手段[②]。鉴于我国当前的经济结构不尽合理，生产方式较为粗放，经济高度运转所付出的环境成本较高，有必要通过价格机制和市场经济杠杆作用来推动经济发展方式的转变和产业结构的调整。在市场竞争过程中，价格变动和市场供需相互影响和制约，价格变动会影响供给和需求，而供需关系的变化反过来又会引起价格的变动，使得市场供需最终处于动态平衡的状态，可以说价格机制是市场经济中最敏感、最活跃的调节机制。价格机制对整个排污权交易过程有着十分重要的影响，合理的价格能促进资源的有效配置，提高资源的配置效率，促进市场供需动态平衡。因此，政府应减少对市场价格形成机制的过多干预，尊重市场经济规律，建立起真正反映市场供需关系、体现资源稀缺程度的价格机制，提高排污权交易的市场化程度。同时，还需制定相关的政策，削减政府对市场价格的过多干预，避免垄断现象的发生，建立适合市场的价格动态调整机制。

### 3. 相关激励政策的制定

经济激励是市场经济条件下有效保护环境的重要手段，为此有必要制定相应的激励政策和措施对排污主体进行奖惩，以促进其积极减排并将节余的排污权投入市场中，从而建立真正意义上的排污权交易市场。首先，政府需要尽快出台相应的激励政策，比如鼓励排污主体在追求效益的同时积极引进高新减排技术，减少污染物排放，

---

① 甄杰，任浩. 2009. 排污权交易市场构建中的问题与对策研究. 科技进步与对策，26（13）：42-44.

② 张京凯，陈廉. 2009. 我国排污权有偿使用和交易的实证研究——以嘉兴市、南京市、深圳市为例. 政府法制研究，（09）：1-43.

实现环境容量资源的重新配置；其次，初始排污权的有偿取得，在一定程度上也起到增加排污主体的生产成本、约束排污行为、提高环境保护意识的效果；最后，政府应积极采取补贴和优惠措施，激励排污主体加快减排技术的创新。对于政府扶持的重点行业，在其进行排污权交易时可以适当给予补贴，以提高其购买排污权的能力；对于采用低环境影响生产工艺进行减排技术创新的排污主体，应给予一定的补贴或不同程度减免税收的优惠，鼓励其积极开展技术革新和污染治理；对于安装治理设施和污废水处理设备的排污主体进行补贴，加快污废水处理设施的建设；对于自觉安装自动监测设备的排污主体进行技术支持和补贴，以促进排污的信息化管理。此外，政府还需加大对治污减排项目的补贴。

# 13.5　应用实例

## 13.5.1　沙颍河流域水功能区概化

首先对沙颍河流域的水功能区进行概化，主要包括保护区、保留区、缓冲区和开发利用区，见图 13-6。在沙颍河流域 102 个水功能区中，保护区、保留区和缓冲区

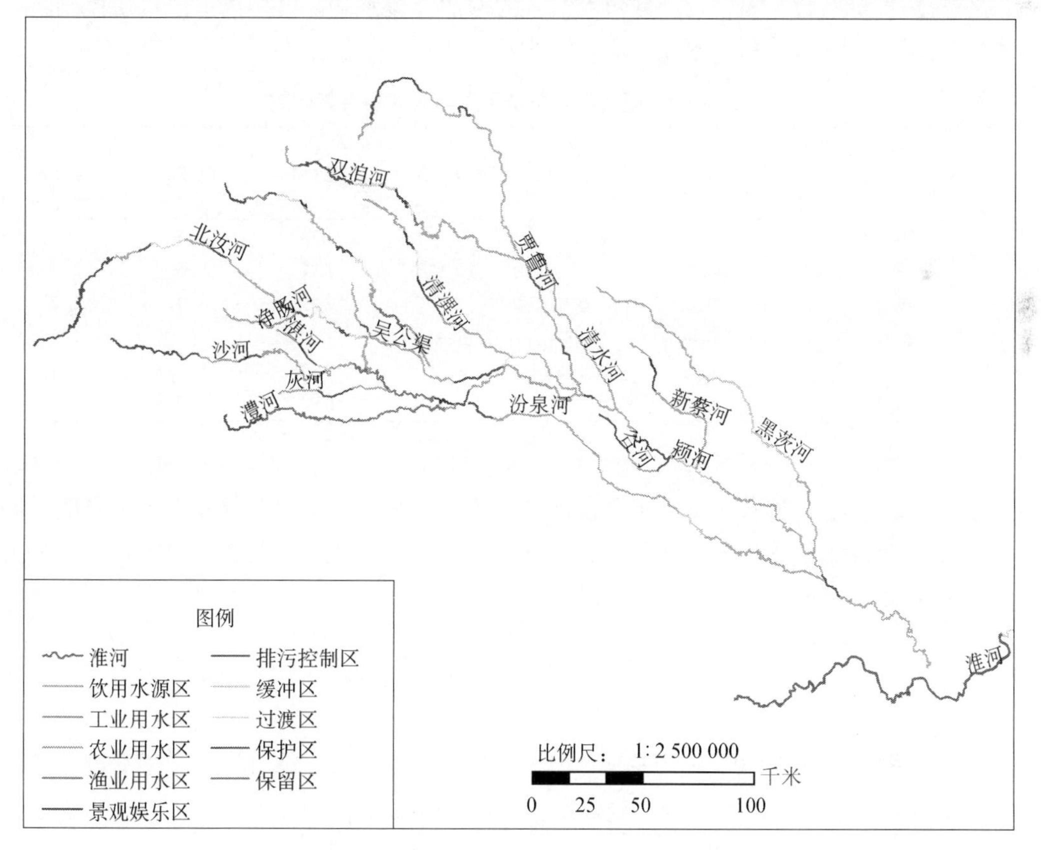


图 13-6　沙颍河流域水功能区示意图（详见书末彩图）

分别为 3 个、1 个和 3 个。其中，二级水功能区有 95 个，饮用水源区、工业用水区、农业用水区、渔业用水区、景观娱乐用水区、过渡区、排污控制区分别为 9 个、1 个、39 个、3 个、7 个、10 个和 26 个，具体见表 13-3。本书选取颍河干流周口闸以下的 6 个水功能区（即颍河周口排污控制区（编号 1）、颍河商水淮阳农业用水区（编号 2）、颍河项城沈丘排污控制区（编号 3）、颍河界首太和阜阳农业用水区（编号 4）、颍河阜阳排污控制区（编号 5）、颍河阜阳颍上农业用水区（编号 6））作为研究对象。

## 13.5.2 沙颍河流域排污权交易折算系数计算

由于不同水功能区之间的交易是通过增加或者减少水功能区排污口的污染物排放量来实现的，而污染物在水中存在一定的消减降解作用，不同水功能区的等量污染物到达下游同一水质控制断面的浓度是不同的，因此有必要采用一维水质模型计算出各个水功能区之间进行排污权交易的折算系数。假定在同一水功能区内不同污染源排污对下游水质控制断面造成的影响是相同的，则在同一水功能区内的交易折算系数为 1。本书的研究重点是跨水功能区的排污权交易，一般上游向下游交易，折算系数小于 1；反之，下游向上游交易，折算系数大于 1。经计算得到各水功能区之间进行排污交易的折算系数见表13-2，且随着编号的增加，该水功能区距离下游水质控制断面的距离越近，即编号沿着水流方向依次增加。

表 13-2　研究区内各排污主体的交易折算系数

| 折算系数（购买方＼出让方） | 编号 1 | 编号 2 | 编号 3 | 编号 4 | 编号 5 | 编号 6 |
|---|---|---|---|---|---|---|
| 编号 1 | 1 | 1.06 | 1.18 | 1.28 | 1.35 | 1.49 |
| 编号 2 | 0.95 | 1 | 1.12 | 1.21 | 1.28 | 1.41 |
| 编号 3 | 0.85 | 0.90 | 1 | 1.09 | 1.14 | 1.27 |
| 编号 4 | 0.78 | 0.83 | 0.92 | 1 | 1.05 | 1.11 |
| 编号 5 | 0.74 | 0.78 | 0.88 | 0.95 | 1 | 1.11 |
| 编号 6 | 0.67 | 0.71 | 0.79 | 0.90 | 0.90 | 1 |

水功能区 1～6 是沙颍河干流由上游至下游的 6 个水功能区。由表 13-2 可见，若上游向下游交易，随着两水功能区之间的距离逐渐增加，交易折算系数逐渐降低，偏离 1 的幅度越来越大；若下游向上游交易，随着两水功能区之间的距离增加，交易折算系数逐渐升高，偏离 1 的幅度也越来越大。

## 13.5.3 沙颍河流域可交易排污权核算

### 1. 纳污能力计算

根据图13-6，按照水功能区类型进行统计，选取 90%最枯月平均流量作为设计流量，并运用一维水质模型计算各水功能区的纳污能力，结果如表 13-3 所示。

**表 13-3　纳污能力统计结果**

| 功能区 | | 个数 | 长度/ | 总纳污能力 |
|---|---|---|---|---|
| 一级 | 二级 | | 千米 | COD/（吨/年） |
| 保护区 | | 3 | 143 | 3 129 |
| 保留区 | | 1 | 159 | 2 875 |
| 缓冲区 | | 3 | 44 | 1 860 |
| 开发利用区 | 饮用水源区 | 9 | 101 | 3 667 |
| | 工业用水区 | 1 | 17 | 1 034 |
| | 农业用水区 | 39 | 1 491 | 50 823 |
| | 渔业用水区 | 3 | 92 | 2 731 |
| | 景观娱乐用水区 | 7 | 46 | 1 219 |
| | 过渡区 | 10 | 133 | 4 765 |
| | 排污控制区 | 26 | 315 | 10 707 |
| | 小计 | 95 | 2 195 | 74 946 |
| 全流域 | | 102 | 2 541 | 82 810 |

由表 13-3 可见，纳污能力最大的功能区类型是农业用水区，COD 总纳污能力为 50 823 吨/年；其次是排污控制区，COD 总纳污能力是 10 707 吨/年。从一级水功能区来看，开发利用区的纳污能力最大，COD 总纳污能力占全流域的 91%。

## 2. 减排潜力分析

考虑到沙颍河流域水功能区较多，而水功能区之间必须具备一定的水力联系才可以进行交易，故选取排污相对集中、对河流污染负荷贡献率大的干流水功能区进行减排潜力分析。选取沙颍河干流周口以下的水功能区作为排污权交易主体，依据相关资料得到周口和阜阳两地市的 6 个水功能区基本信息，并统计各个水功能区陆域的排污企业；分析这 6 个水功能区陆域范围的主导产业性质、产污能力及企业产值，估算各水功能区排放单位 COD 所产生的经济效益；在考虑治污设备投入的基础上，估算企业的污废水处理能力；最后根据污染物的排放及入河情况，计算水功能区减排潜力，并求出各水功能区企业减排后的污染物入河量，如表 13-4 所示。

**表 13-4　水功能区减排潜力计算结果**

| 编号 | 二级区 | COD 排放水平/（千克/万元） | 水功能区纳污能力/（吨/年） | 初始分配排污权/（吨/年） | 减排后的入河量/（吨/年） |
|---|---|---|---|---|---|
| 1 | 颍河周口排污控制区 | 12.35 | 762 | 526 | 657.5 |
| 2 | 颍河商水淮阳农业用水区 | 226.36 | 1774 | 1774 | 1455.5 |
| 3 | 颍河项城沈丘排污控制区 | 234.75 | 1320 | 1320 | 963.0 |
| 4 | 颍河界首太和阜阳农业用水区 | 840.84 | 3051 | 2745.9 | 2357.1 |
| 5 | 颍河阜阳排污控制区 | 4.29 | 2390 | 2055.4 | 2355.6 |
| 6 | 颍河阜阳颍上农业用水区 | 99.58 | 1216 | 1218 | 1095.0 |

由表 13-4 得出如下结果：①减排后所有水功能区的污染物入河量都在其纳污能

力控制范围之内；②初始分配的排污权（即限制排污总量）也都在相应的水体纳污能力控制范围之内；③减排后的污染物入河量并不一定会小于初始分配排污权，其中颍河周口排污控制区和颍河阜阳排污控制区减排后的污染物入河量仍高于初始分配排污权，为此可考虑通过排污权交易市场购买相应的排污权以满足当地的经济发展需求，而其余水功能区减排后的入河量均低于初始分配排污权，可考虑通过排污权交易市场出售排污权以获得更多的经济效益，这就使得水功能区之间的排污权交易具备可行性。

### 3. 可交易排污权计算

在计算各污染源减排潜力的基础上，根据污染源的入河系数求出相应的污染物入河量，并根据初始排污权分配的情况来判断排污权的富余情况。

根据水功能区的初始排污权分配量和减排后的污染物入河量，并参考水功能区纳污能力，进一步求出可交易排污权数量。可交易排污权为初始分配排污权和减排后的污染物入河量之差，此外还要具备以下两个条件：一是确保排污权出让方减排后的污染物入河量和出让的排污权之和小于等于相应的水功能区纳污能力；二是确保排污权受让方减排后的污染物入河量和购买的排污权之和小于等于相应的水功能区纳污能力。按照这一思路，计算出研究区内 6 个水功能区的可交易排污权数量，如表 13-5 所示。

**表 13-5　研究区内各排污主体的可交易排污权**

| 编号 | 二级区 | 减排后的入河量/（吨/年） | 初始分配的排污权/（吨/年） | 可交易排污权/（吨/年） |
|---|---|---|---|---|
| 1 | 颍河周口排污控制区 | 657.5 | 526 | -131.5 |
| 2 | 颍河商水淮阳农业用水区 | 1455.5 | 1774 | 318.5 |
| 3 | 颍河项城沈丘排污控制区 | 963.0 | 1320 | 357.0 |
| 4 | 颍河界首太和阜阳农业用水区 | 2357.1 | 2745.9 | 388.8 |
| 5 | 颍河阜阳排污控制区 | 2355.6 | 2055.4 | -300.2 |
| 6 | 颍河阜阳颍上农业用水区 | 1095.0 | 1218 | 123.0 |

注：可交易排污权中的负数表示该水功能区需要购买的排污权数量，即为排污权购买方；正数表示该水功能区可出售的排污权数量，即为排污权出售方

由表 13-5 可见，在研究区内排污权转让方有 4 个，受让方有 2 个。其中，排污权受让方主要是颍河周口排污控制区和颍河阜阳排污控制区，其余均为排污权转让方。

## 13.5.4　沙颍河流域排污权交易方案优选

依照第 13.3.3 小节构建的排污权交易模型，参考选取的 6 个水功能区，可知模型中的 $m$=4，$n$=2。根据 Matlab 优选出以下方案，即这 6 个水功能区交易后拥有的排污权依次为{762，1774，1056，2357，2390，1218}（单位为吨/年），交易后的收益

为 601 446 万元，节余排污权为 82 吨。各水功能区初始分配的排污权和优化后拥有的排污权对比如图 13-7 所示。

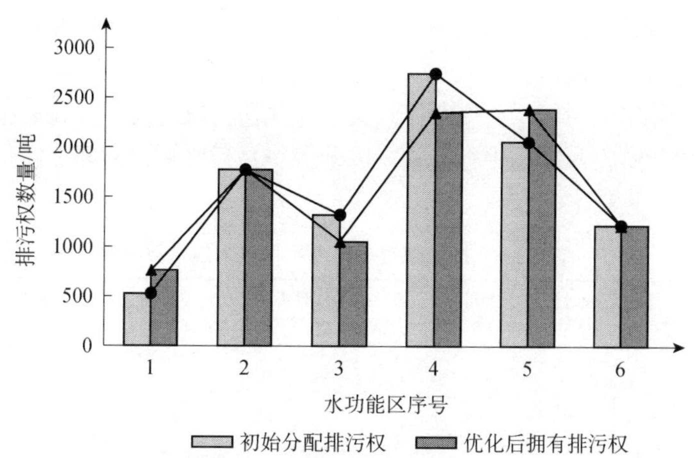


图 13-7　初始分配排污权和交易后拥有排污权对比图

由图 13-7 可见：颍河界首太和阜阳农业用水区（水功能区 4）和颍河阜阳排污控制区（水功能区 5）初始分配排污权和优化后拥有的排污权数量均较多，这与当地水体的纳污能力较大有关；颍河商水淮阳农业用水区（水功能区 2）和颍河阜阳颍上农业用水区（水功能区 6）初始分配和优化后拥有的排污权是一样的，这是因为这两个水功能区在交易的转让方中，其单位排污权产生的 GDP 效益比较大，所以将其节余的排污权留为己用或者通过政府收购备用，单位排污量 GDP 效益低的水功能区（水功能区 3 和水功能区 4）节余下来的排污权可转让给那些单位排污量 GDP 效益高且需要排污权的水功能区；颍河周口排污控制区（水功能区 1）和颍河阜阳排污控制区（水功能区 5）的单位排污量 GDP 效益较高，为提高 GDP 效益，应将排污权转让给这两个水功能区（这与优化结果相一致），从成因上分析，这与水功能区 5 拥有大量酿造业、水功能区 1 拥有通信终端设备等制造业有关。

考虑到不同水功能区之间进行交易时存在折算问题，因此有必要在保证 GDP 效益最大且满足水质目标的前提下，以实际整体消耗排污权最小为目标函数，优化给出既能满足供需要求又最大节省排污权的方案，为此构建以下模型：

目标函数：
$$\min\left(\sum M_{ij}\right)$$

约束条件：
$$\sum_{j=1}^{n} M_{ij} \leqslant W_i,\ \ i=1,2,\cdots,m$$

$$\sum_{i=1}^{m} C_{ij}\cdot M_{ij} \leqslant W_j,\ \ j=1,2,\cdots,n$$

$$M_{ij}\in\left(0,W_i\right)$$

式中，$m$ 为实际转让方的个数；$n$ 为实际受让方的个数；$M_{ij}$ 为第 $i$ 个水功能区向第 $j$ 个水功能区转让的排污权；$C_{ij}$ 为排污权交易的系数矩阵；$W_i$ 为第 $i$ 个水功能区转让排污权的上限；$W_j$ 为第 $j$ 个水功能区受让排污权的上限。

根据该模型，在遵循效益最大的前提下求出理想的排污权交易方案：水功能区 3 向水功能区 1 转让 48.2 吨/年的排污权，向水功能区 5 转让 113 吨/年排污权，还剩余 103 吨/年排污权；水功能区 4 向水功能区 1 出售 140.16 吨/年排污权，向水功能区 5 出售 248.84 吨/年排污权，无剩余排污权。完成排污权交易后，还要根据一维水质模型对交易后的污染物入河量进行校核，以确保交易后水质控制断面能达到相应的水质保护目标要求，见表 13-6。

**表 13-6　排污权交易后水质目标浓度核算结果**

| 编号 | 初始排污权分配/（吨/年） | 剩余排污权/（吨/年） | COD 目标浓度值/（毫克/升） | 交易后水质断面浓度值/（毫克/升） | 是否满足水质要求 |
|---|---|---|---|---|---|
| 1 | 526 | 762 | 20 | 11.3 | 是 |
| 2 | 1774 | 1774 | 20 | 19.9 | 是 |
| 3 | 1320 | 1056 | 20 | 19.5 | 是 |
| 4 | 2745.9 | 2357 | 25 | 20.5 | 是 |
| 5 | 2055.4 | 2390 | 25 | 24.9 | 是 |
| 6 | 1218 | 1218 | 25 | 23.7 | 是 |
| 总计 | 9639.3 | 9557 | 节余排污权 | 82.3 | |

由表 13-6 可见，以 GDP 效益最大为目标函数构建的排污权交易模型使得研究区排污权消耗数量减少了 82.3 吨/年，而且排污权的流转均是由单位排污效益低的水功能区向单位排污效益高的水功能区流转，这也反映出水环境容量资源的经济价值。同时，在 GDP 效益最大的前提下，以排污权消耗量最小为目标函数进行再次优化，因交易折算系数的存在，会存在某些水功能区排污权剩余的现象，但为确保下游断面的水质目标能达标，政府需要收购多余的排污权用以环境质量的改善。

# 最严格水资源管理制度政策法律体系研究

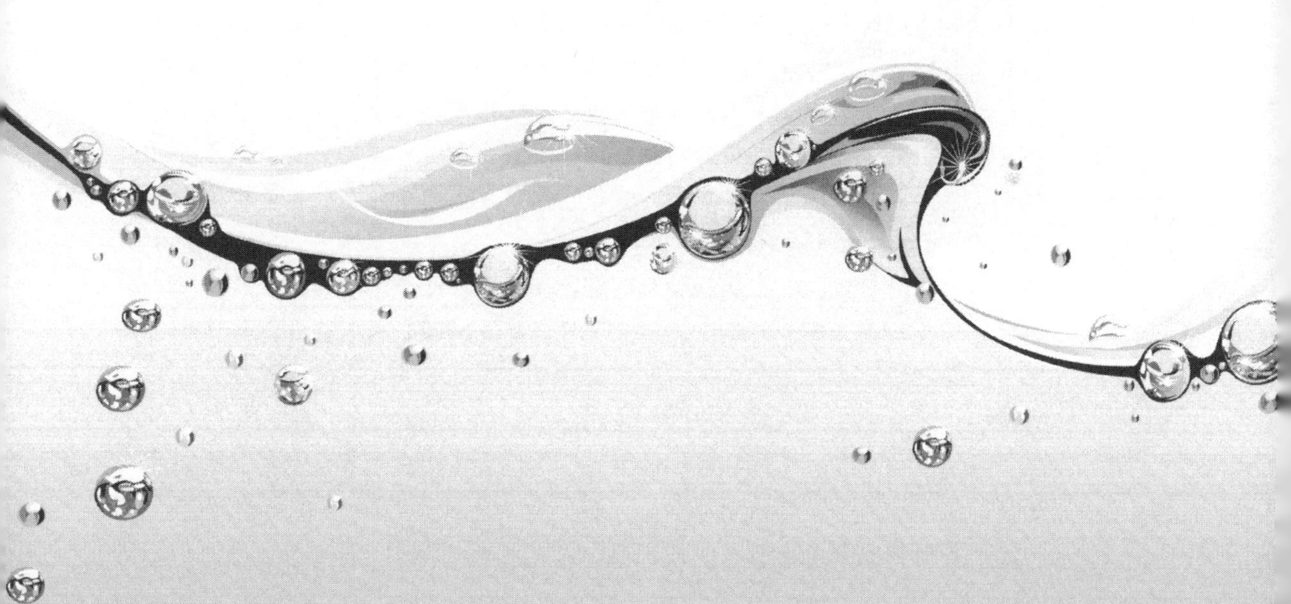

## 内容导读

党的十八大以来，一系列重大文件的出台要求基于可持续发展和法治理念对我国法律体系不断进行健全和完善。就最严格水资源管理制度而言，一方面需要对之予以健全和完善；另一方面必须建立必要的、具有可操作性的政策法律措施来确保其真正落实。本篇讨论健全、完善和实施最严格水资源管理制度的五个方面的政策法律保障关键措施。

本篇包括五部分内容。①阐述水科学知识在最严格水资源管理中的作用，分析我国存在的问题和改革方向，提出从制定法律，建立水科学知识教育组织体制机制，强化学校水科学知识非专业化教育，强化非学校机构水科学知识非专业化教育，加强水科学知识教育保障监督措施和机制等5个方面完善我国水科学知识教育法律规制。②立足于国际视野总结生态环境用水特性，分析我国的现状、政策法律和存在的问题，提出从明确生态环境的用水法律主体地位，建立重要流域（区域）名录，完善水资源配置体制，确定最低用水程序规则或者方法，发挥审批制度的保障作用，运用激励措施，提高公众参与程度，以及重建救济制度等八个方面，健全和完善我国生态环境用水保障制度。③阐释涉水生产行为的外部性及其解决路径，分析涉水违法行为的成本和收益，建议从科学确定处罚的法定成本、有效增大受罚概率，辨证处理法定成本与受罚概率两者之间的关系等三个方面健全和完善“违法成本＞守法成本”机制。④立足于国际视野对“公众参与”概念进行辨析，分析我国存在的问题，提出从五个方面完善我国水资源管理中的公众参与保障机制，即提高相关法律的位阶，在涉水战略和规划领域引入公众参与，明确主管公共机构及其职责，加强水资源保育方面的公众参与及完善程序、弥补漏洞。⑤基于政府水资源管理责任的理论探讨，分析我国的状况和存在问题，提出从四个方面强化我国政府水资源管理责任：清晰有关事权、明确责任单位并不断改善分工和加强协调，以“应当”替代“可以”，增加新的或者修改已有的配套追责规定，以及完善责任考核制度。

# 第 14 章　水科学知识教育的法律规制*

一个人所掌握的知识及所具有的意识对于其具体行动具有巨大的影响。水科学知识对于强化人们的水问题危机意识和自觉做出护水节水行动、不断健全和完善最严格水资源管理制度、促进和保障最严格水资源管理制度切实有效实施等方面具有重要作用。基于对我国水科学知识教育中存在问题的分析、改革方向的探讨，本章通过对发达国家在这方面进行强制性规范的制度和实践效果的研究，借鉴其经验，结合我国国情，从制定水科学知识教育法律、建立水科学知识教育组织体制机制、强化学校水科学知识非专业化教育、强化非学校机构水科学知识非专业化教育及加强水科学知识教育保障监督措施和机制等 5 个方面，就完善我国水科学知识教育法律规制进行讨论。

## 14.1　水科学知识及其在最严格水资源管理中的作用

### 14.1.1　水科学的概念

“水科学”（water science）这一术语虽然在我国学术文献中出现于 1980 年并且于近 20 年来出现频率很高①，但是它在国外早已出现。例如，著名学术期刊 *Water Science and Technology*（《水科学和技术》）创刊于 1968 年，*Developments in Water Science*（“水科学发展系列丛书”）创始于 1974 年。对于国内使用“水科学”一词的情况，左其亭进行了认真研究，并在其主编的《中国水科学研究进展报告》各卷第 1

---

* 本章执笔人：胡德胜。本章研究工作负责人：胡德胜。

本章部分内容已单独成文发表，具体有：胡德胜. 2015. 我国水科学知识教育的法律规制研究. 贵州大学学报（社会科学版），（5）：129-133.

① 左其亭. 2015. 中国水科学研究进展报告（2013—2014）. 北京：中国水利水电出版社：1-3.

章中进行了讨论[①②]。

根据左其亭的研究，2010 年 9 月 2 日在中国知网学术文献网络出版总库中以“水科学”为词的搜索结果中，国内最早明确使用“水科学”一词的文献是《工程勘察》1980 年第 5 期中的新闻报道“国际水资源协会名誉主席周文德教援应邀来华讲学”，随后张盛在《地球科学信息》1988 年第 2 期中提及“水科学”一词，也是一篇新闻报道。他们及在 1990 年以前提到“水科学”一词的文献，都没有对水科学的内容进行详细讨论。1990 年，《水科学进展》在其发刊词中对“水科学”予以明确定义，并且说明了其应该包括的内容[③]：①“水科学是关于水的知识体系。它研究水圈中各种现象及其发生发展的规律，研究水圈同地球其他圈层之间的关系和水与社会发展的关系，为不断改善人类生存环境和社会发展条件服务”；②“内容涉及与水有关的所有学科，包括大气科学、水文科学、海洋科学、地理科学、环境科学、水利科学、水力学、生态学，以及经济学、法学等社会科学中与水有关的学科”。

陈家琦先生于 1992 年发表的《水科学的内涵及其发展动力》一文，是国内第一篇从学术上全面阐述“水科学”概念的文章。他对水科学的定义是：“一切研究有关自然界水的科学（尽管到目前有关的科学或学科大多都已发展成为独立系统），或者说，对地球水圈的认识所形成的知识体系就是水科学，也包括水圈与地球上其他几个圈层的相互关系与相互作用的知识体系。”[④]

后来，国内关于“水科学”的定义主要有两种。①高宗军和张兆香在《水科学概论》[⑤]一书中认为，水科学内容应该包括水在自然界中的分布及存在形式、水的基本性质、水的运动变化规律、水与生命的关系，以及水文学的基本内容。②谭绩文等在《水科学概论》[⑥]一书中这样定义：“水科学”是研究水家族成员（$H_2O$ 与 H、O 同位素）与外界事物相联系的科学，即探索水起源、水分布、水的物理化学性质、生境特征、水循环形成机理，以及在全球水循环驱动下，再生水资源、水环境、水生态、水生命与人体健康等主要的自然和社会科学领域与范畴。

与国内情况类似，国外也很少有人试图对“水科学”进行定义，有时以列举的方式说明水科学的研究范围或者领域。例如，无论是在其 2003 年第 1 版还是在 2008 年第 2 版中，《水科学百科全书》（*Encyclopedia of Water Science*）都没有给“水科学”一个定义；其第 2 版包括的主要内容有河流湖泊的形态和过程、灌溉管理、水土流失控制、水环境经济学、饮水卫生、农林业、法律和法规等[⑦]。在 3 卷本的《U・X・L 水科学百科全书》（*U・X・L Encyclopedia of Water Science*）（2005 年）中，也没有“水科学”的定义；它所涉及的内容包括：①第一卷（自然科学）水科学基础知识、

① 左其亭. 2013. 中国水科学研究进展报告（2011—2012）. 北京：中国水利水电出版社：1-21.
② 左其亭. 2015. 中国水科学研究进展报告（2013—2014）. 北京：中国水利水电出版社：1-27.
③ 《水科学进展》编辑部. 1990. 发刊词. 水科学进展，1（1）：1.
④ 陈家琦. 1992. 水科学的内涵及其发展动力. 水科学进展，3（4）：241-245.
⑤ 高宗军，张兆香. 2003. 水科学概论. 北京：海洋出版社.
⑥ 谭绩文，沈永平，张发旺. 2010. 水科学概论. 北京：科学出版社.
⑦ Bobby A S，Terry H. 2003. Encyclopedia of Water Science（1st edition）. CRC Press；Stanley W T. 2008. Encyclopedia of Water Science（2nd Edition）. Abingdon：Taylor & Francis Press.

海洋和水、淡水、河口和湿地、冰、水、天气和气候；②第二卷（经济学和使用）科学和技术、科学和研究、水的经济性使用、水的娱乐休闲使用、历史和文化；③第三卷（现实问题）环境问题、法律和政治问题。[①]

国际期刊《水科学和技术》（*Water Science and Technology*）在“宗旨和范围”中说明，其希望刊登的文章包括水污染控制和水质管理的科学和技术方面。具体而言，包括五大领域：①雨水及生活、工业和城市污水的废水处理和运输过程；②包括危险废物和点源控制在内的点源污染；③对河流、湖泊、地下水和海水污染的影响；④水的循环使用和水环境恢复；⑤水质的政策、战略、控制和管理[②]。“水科学发展系列丛书”（*Developments in Water Science*）出版下列方面的著作、高水平教材和论文集：涉及水质和水管理的科学和技术领域（主题包括处理工艺、水质标准）的所有方面，水文科学的所有方面，以及诸如地表水和地下水水文、水文气象和水文地质学等。

通过上面的讨论可以发现，也正如有些学者所指出的，“水科学是一个在内容范围上广泛，而且与其益处和技术有关的存在许多不同观点的学科”。[③]陈家琦先生指出，水科学的发展应当遵循这样的原则，即“应注意其自然科学体系与应用科学体系的相互配合，协调发展”。国际水科学领域领军人物、美国国家科学院院士、美国太平洋发展环境安全研究所主任格雷克（Peter H. Gleick）先生指出：“水既是自然科学、经济学和法学类问题，也同时与社会学、政治学、生态学及与我们关切的任何事物相关”[④]。左其亭将水科学定义为“一个研究水的物理、化学、生物等特征，分布、运动、循环等规律，开发、利用、规划、管理与保护等方法的知识体系”，认为“水科学是一个跨越多个学科门类的学科，所研究的内容不可能完全隶属于某一个学科，应该根据不同方向隶属多个学科，同时需要多个学科交叉研究，才能解决水科学问题”；他进而“把水科学描述成涉及 9 个学科门类（理学、工学、农学、医学、经济学、法学、教育学、历史学、管理学），包括相互交叉的 10 个方面，即水文学、水资源、水环境、水安全、水工程、水经济、水法律、水文化、水信息、水科学知识教育”[⑤]。

综上所述，水科学是一种跨多个学科的知识体系，需要进行跨学科研究，需要有关学科之间进行互动和沟通，填补学科之间的特别是从理论到应用之间的缺漏，追求不同学科之间知识体系的融合和整合。这是应对水危机或解决水问题的客观需要。正如联合国教科文组织等机构所指出的：应对未来的水资源短缺必须将跨部门的和跨地区的思想和协作整合到不断提高的新水平上[⑥]。例如，立足于一体化流域管理理念研

---

① Lerner K L，Brenda W L. 2005. U·X·L Encyclopedia of Water Science. New York: Thomson Gale Press.

② Water Science and Technology. Aims and Scope. http：//www.iwaponline.com/wst/aims.htm［2015-6-29］.

③ James D. Water Science and Technology History and Future. In Encyclopedia of Desalination and Water Resources，UNESCO，Encyclopedia of Life Support Systems（EOLSS）. http：//www.desware.net/［2015-6-29］.

④ Peter H G. 2014. How Water Pricing，Human Rights，and an International Perspective Can Help to Provide Water for the Growing California Population. McGeorge Law Review，46（1）：9-21.

⑤ 左其亭. 2015. 中国水科学研究进展报告（2013—2014）. 北京：中国水利水电出版社：5-6.

⑥ UNESCO. 2012. The United Nations World Water Development Report 4（Vol.1）：Managing Water under Uncertainty and Risk. Paris：UNESCO：221.

究流域管理问题，不仅仅需要水利学科、生态学、环境科学等自然科学的知识，还需要经济学、管理学、法学等哲学社会学科的知识，并且需要使这些知识得到系统化的应用。

### 14.1.2 水科学知识教育的主要内容

水科学教育目标在于使水资源管理决策者及水事政策法律的制定者、遵从者、执行者具有一定程度的水学科知识水平，确保决策正确、政策法律的内容科学、遵从者遵从政策法律的自觉性强、执行者执法水平高。从内容上讲，要使他们拥有与自己在水资源管理中的角色或者地位相适应的水科学知识水平、对水资源的稀缺性，以及水危机和水问题有全面深入的理解或者认识，从而有利于并服务于最严格水资源管理。有专家提出，在社会文明节水/防污层次上，基于水问题意识的水科学知识教育包括认识教育、贯彻教育和技能教育三个层次；[①]这是有一定道理的。

相对于水科学知识教育，环境教育的提出较早，出现于20世纪60年代后期。在1972年斯德哥尔摩联合国人类环境会议召开后，联合国教科文组织和联合国环境规划署发起拟订了国际环境教育方案并正式确定了“环境教育”（environmental education）这一术语。1975年，这两家组织在贝尔格莱德召开了国际环境教育研讨会，会上通过了《贝尔格莱德宪章》。宪章提出了环境教育的如下目标：促进全人类去认识、关心环境及相关问题，促使个人或集体具有解决当前问题和预防新问题的知识、技能、态度、动机和义务[②]。在环境教育理论中，广为大家所接受、认可或者被作为发展基础的理论是澳大利亚学者阿瑟·卢卡斯（Arthur Lucas）于1972年在其提交给美国俄亥俄州立大学的博士学位论文中提出的三维环境教育理论，即“关于环境的教育、在环境中的教育、为了环境的教育”（education in，about and for the environment)；这一论文于1979年以“环境和环境教育：概念问题与课程要义”为题名以著作形式由澳大利亚国际新闻出版社出版。[③] 1992年6月里约热内卢联合国环境与发展会议之后，可持续发展成为一种风靡全球的理念和战略。

《21世纪议程》第36.1段指出：“教育、提高公众认识和培训几乎与《21世纪议程》各个领域都有关系，与满足基本需要、能力建设、数据和资料、科学及主要群体的作用等领域的关系尤为密切。”它在第36.3段认为“教育（包括正规教育)、公众认识和培训是使人类和社会能够充分发挥潜力的途径。教育是促进可持续发展和提高人们解决环境与发展问题的能力的关键”。

随之，环境教育在实质内容上逐渐发展为可持续发展教育，而且有的国家或地区在术语上直接以“可持续发展教育”（education for sustainable development，

---

① 李海红，王浩，王建华. 2015. 中国水教育问题与发展刍议. 中国水利，(6)：6-7，14.

② 史嵩宇. 2005. 环境教育立法初探. 科技与法律，(1)：119-122.

③ Gough N，Gough A. 2010. Environmental education// Kridel C. Encyclopedia of Curriculum Studies (Vol.1). Thousand Oaks：Sage Publications：339-343.

education for sustainability）取代“环境教育”。例如，英国教育部在 2000 年对国家课程进行修订时，将可持续发展教育确定为一个跨学科主题，规定地理、科学、公民教育、科学技术 4 门课程中必须包含可持续发展教育的内容；近年来又将可持续发展教育上升到作为学校发展指导思想的高度。[①]在英国的可持续发展教育指南中，“可持续发展教育是指向学生灌输以这样一种方式进行工作和生活所需要的知识和认识、技能和美德的过程，该方式在于确保当代及后代的环境、社会和经济福祉”[②]。环境教育和可持续发展教育两个概念之间的主要区别在于，前者主要关注的是污染物和污染行为对社会的影响、如何减排、自然保护，而后者更关注自然资源的合理利用，以及它们的可持续利用性或者可再生性。[③]

立足于生态系统的整体性，根据可持续发展的理念，基于一体化水资源管理的视野，服务于最严格水资源管理制度的完善、实施和落实，借鉴环境教育和可持续发展教育的概念，可以将水科学知识教育定义为：为了通过水资源的可持续利用促进可持续发展的实现，了解和认识水（资源）、人类及其文化、生态环境、经济活动、社会发展之间的相互关系而必须接受的关于水科学基本知识、水危机或水问题认识、涉水技术技能技巧及贯彻运用方面的教育。从系统论出发，遵循一定的逻辑顺序，笔者认为，水科学知识教育的主要内容应该包括基本科学知识教育、危机意识教育、技术技能教育及贯彻运用教育这四个方面。水科学知识教育的目标在于：促进人们通过学习水科学基本知识，认识、关注和关心水危机或水问题，具有解决当前问题和预防新问题的态度、动机和责任，掌握有关技术、技能和技巧并在生活和生产实践中予以贯彻和运用。[④]

### 1. 基本科学知识教育

基本科学知识教育旨在使人们（重点和主要是本国国民）对水的基本科学知识具有清晰的认识和理解。水的基本科学知识包括但不限于水物质的物理和化学属性，水资源的概念，水及水资源的分布状况、特点、作用和功能等。

水科学基本知识教育是人们全面、客观和科学认识水危机或水问题的严重性和紧迫性的必要前提，是针对性地开发涉水技术、技能和技巧并进行相关教育的基础，是贯彻运用有关技术、技能和技巧活动的助推剂。它是水科学知识教育中的最基本层次，应该以通识性及大众化教育为主。

### 2. 危机意识教育

危机意识教育旨在通过关于全球和（特别是）国内水危机和水问题（如水资源短

① 毛红霞. 2006. 中外环境教育比较. 环境教育，（1）：16-20.

② UK. 2014. Quality Assurance Agency for Higher Education，Higher Education Academy，Education for sustainable development Guidance for UK higher education providers：5.

③ United Nations Economic Commission for Europe. 2009. The UNECE Strategy for Education for Sustainable Development. Geneva：UNECE：146.

④ 胡德胜. 2015. 我国水科学知识教育的法律规制研究. 贵州大学学报（社会科学版），（5）：129-133.

缺、水污染、洪涝等）的认知教育，使人们具有对节约和保护水资源、保护生态环境、应对水危机和水问题的必要性、紧迫性等方面的充分认识。就我国而言，危机意识教育需要对基本国情和水情大力开展广泛深入的宣传教育，从而提高和增强全社会的水患意识、节水意识和水资源保护意识。

没有危机感和问题意识，人们往往会缺乏前进的动力。水危机意识是推动人们探寻解决水危机或水问题方案、方法、措施并在实际生产生活中贯彻运用的不可或缺的主观因素。危机意识教育的基础是科学知识教育，也应该以通识性和大众化教育为主。

### 3. 技术技能教育

技术技能教育是指通过关于水科学的有关教育，使人们获得与其工作、生活有关的用来应对水危机及解决相关具体水问题的技术、技能和技巧。

技术技能教育是一种较高层次的水科学知识教育，比基本科学知识教育和危机意识教育更深一步。它可以分为两类：一是通识性的大众化教育，主要以简单易行的节约和保护水资源的技术、技能和技巧为教育内容，以非专业人士为主要教育对象，使一般社会大众具有在日常生活进行运用的能力；二是专业性的职业化教育，主要以借助一定设备、设施或者工程才能实施节约和保护水资源的技术、技能和技巧为教育内容，以专业人士为教育对象，使其具有在生产和服务提供中进行运用及协同实施的能力。

### 4. 贯彻运用教育

贯彻运用教育旨在使人们在知悉水基本科学知识、具有水危机意识的基础上，运用所掌握的水技术、技能和技巧，贯彻执行国家水事政策法律，自觉而科学地节约和保护水资源，应对水危机和解决水问题。就我国而言，通过贯彻运用教育，要使全社会形成节约用水、合理用水的良好风尚。

“百工居肆，以成其事，君子学以致其道。”（《论语·子张》）贯彻运用教育是最终层次的水科学知识教育，基本科学知识教育、危机意识教育和技术技能教育都是它的基础和条件。同技术技能教育一样，它也可以分为两类：一是通识性的大众化教育，以非专业人士为主要教育对象，使一般社会大众在日常生活中具有运用水科学基本知识、基于危机意识教育，运用技术、技能和技巧来节约和保护水资源的能力和自觉性。二是专业性的职业化教育，以专业人士为教育对象，使其在职业化工作中具有运用水科学基本知识、基于危机意识教育，运用技术、技能和技巧来节约和保护水资源的能力和自觉性，特别是需要具有同其他相关专业人员进行协作的能力和自觉性。例如，城市土地利用规划和水资源管理规划需要相互协调，在它们的制定和实施过程中，水科学知识教育通过改变人们的行为和态度而发挥非常重要的作用。[①]

① UNESCO. 2012. The United Nations World Water Development Report 4（Vol.1）：Managing Water under Uncertainty and Risk. Paris：UNESCO：69.

### 14.1.3 水科学知识在最严格水资源管理中的作用

国内外的共识是：水危机或水问题在一定程度上是由不当的管理或者治理活动所导致的，仅靠技术的或者强制的措施都难以实现明智的水资源管理，因而必须包括教育及认识提升的举措[①][②]。水科学知识教育的不充分致使管理者没有能力制定或者实施明智的水事治理政策法律，或者由于众多用水户缺乏足够的水科学知识教育而无法实施它们。因此，联合国 1992 年《21 世纪议程》指出：教育“可以使人们具有评估和处理他们所关心的持续发展问题的能力”；“对培养环境和族裔意识、对培养符合可持续发展和社会大众有效参与决策的价值观和态度、技术和行为也是必不可少的”[③]。它在标题为“保护淡水资源的质量和供应：对水资源的开发、管理和利用采用综合性办法”的第 18 章“关于淡水资源保护”中多处提及或者涉及水科学知识教育问题。它在第 18.35 段指出：许多水问题“产生于……和公众缺乏保护地表和地下水资源的意识和教育”；“对于发展、管理、使用和处理水资源与水生态系统之间联系的认识，人们广泛缺乏”。

2000 年在海牙举行的第二届世界水论坛将水事教育列为主题之一，认为它对于应对满足人类基本用水需求、确保食物供应、保护生态系统、共享水资源、管理风险、评估水的价值及明智地进行水事治理这七项挑战至关重要。联合国教科文组织在其 2003 年出版的第一部联合国世界水资源开发报告《人类之水，生命之水》中，从水资源管理的视角讨论了环境教育，认为教育对于实施节水和成功的公众参与不可或缺。[④]在 2015 年联合国世界水资源开发报告《世界可持续发展所需的水资源》所描绘的 2050 年水资源管理愿景中，由于教育干预、制度变革、科学和技术知识的进步、经验教训和最佳实践的分享，以及积极性政策法律的发展，关于水事的规范和态度将发生改变。[⑤]

最严格水资源管理是一个由决策及政策法律的制定、遵从、救济等程序构成的一个相互作用、相互影响的有机整体过程。决策者及政策法律制定者、执行者、遵从者的水学科知识水平，在最严格水资源管理中具有重要乃至决定性的作用。

#### 1. 水科学知识是最严格水资源管理的基础思想武器

从根本上讲，科学合理的水资源管理制度要求尊重自然规律，遵从节约用水和减少废水排放的观念，实施一种科学用水、善于用水、和谐用水的生活生产方式。2011 年“中央一号文件”要求“必须下决心……实现水资源可持续利用”，

---

① 胡德胜，左其亭. 2015. 我国生态系统保护机制研究——基于水资源可再生能力的视角. 北京：法律出版社：185-186，224-225.

② UNESCO. 2003. The United Nations World Water Development Report 1：Water for People，Water for Life. Paris：UNESCO：351.

③ 《21 世纪议程》第 18.36.3 段.

④ UNESCO. 2003. The United Nations World Water Development Report 1：Water for People，Water for Life. Paris：UNESCO：146.

⑤ UNESCO. 2015. The United Nations World Water Development Report 6（Vol.1）：Water for a Sustainable World. Paris：UNESCO：8.

并指出人水和谐是水利发展改革的五项基本原则之一，应当“顺应自然规律和社会发展规律”。2014 年联合国世界水资源开发报告第 1 卷《水与能源》指出：为了可持续发展的教育，对于帮助后代人类创造和实施水与能源的双赢必不可少；对于研发来说，私人部门的参与和政府的支持，对于包括水能在内的可再生水资源开发都至关重要。[①]

我国当代加快水利发展改革和实施最严格水资源管理制度的背景是：①人多水少、水资源时空分布不均的基本国情水情；②水资源短缺、水污染严重、水生态环境恶化、洪涝灾害频繁等问题日益突出，农田水利建设滞后，水利设施薄弱；③“随着工业化、城镇化深入发展，全球气候变化影响不断加大，我国水利面临的形势更趋严峻，增强防灾减灾能力要求越来越迫切，强化水资源节约保护工作越来越繁重，加快扭转农业主要‘靠天吃饭’局面任务越来越艰巨。”[②]要全面认识、深刻理解、科学应对水危机和解决水问题，就必须以水科学知识作为基础思想武器。因为只有拥有了水科学知识，才能科学全面深刻地认识水危机、发现具体水问题，才能有效探寻发现应对水危机和解决水问题的科学方案，才能自觉或不自觉地将方案有效地运用到现实生活生产之中。

### 2. 水科学知识是最严格水资源管理政策法律科学性的保障

具体的、负责任的水资源管理及一般的水事治理都依赖于合理的政策决策，而后者需要数据、资料和信息的收集和分析；同时，政府及其所代表的民众日益依赖于水事科学家的专业知识。[③]水科学知识对于最严格水资源管理政策法律的科学性至关重要。由于水科学是一个跨多个学科的知识体系，不同学科的科学家对于同一水事问题难免存在不同的观点，提出不同的解决方案。从各自专业的角度来说，他们绝大多数情况下都是正确的，但是从整体的综合的视野来看，很多时候却是不合理的、不可行的乃至是错误的。2014 年联合国世界水资源开发报告《水与能源》在阐释能源政策和水资源政策之间的关系时，指出它们之间需要包容和协调[④]。其中，加强对各阶层决策者的水科学知识教育至关重要。

2012 年《国务院关于实行最严格水资源管理制度的意见》要求，“开发利用水资源，应当……充分发挥水资源的多种功能和综合效益”。笔者认为，包容和协调应该也适应于水资源管理所涉及的所有学科之间，否则，水资源的多种功能和综合效益就不可能得到开发利用。这就要求政策法律的决策者对多个学科的基本知识有所了解和掌握，能够并且善于组织解决具体水事问题所需要的科学知识的融合。例如，生态需

---

① UNESCO. 2014. The United Nations World Water Development Report 5（Vol.1）：Water and Energy. Paris：UNESCO：5.

② 《中共中央国务院关于加快水利改革发展的决定》（2011 年“中央一号文件”）、《国务院关于实行最严格水资源管理制度的意见》（国发［2012］3 号）.

③ UNESCO. 2006. The United Nations World Water Development Report 2：Water，a Shared Responsibility. Paris：UNESCO：29.

④ UNESCO. 2014. The United Nations World Water Development Report 5（Vol.1）：Water and Energy. Paris：UNESCO：103.

水和生态用水的确定，不仅需要水利学科、生态学、环境科学等自然科学的知识，还需要经济学、管理学、法学等哲学社会学科的知识，并且使这些知识得到系统化的应用。再如，水资源管理与城市土地利用规划一起，需要更具效率来满足目前的和不断增长的由技术和投资产生的需求，需要为了多种目的的使用者而更具有综合性和一体化的规划。正如联合国教科文组织等机构所指出的：由于科学进步的突飞猛进，立法者不再有能力评估公共政策的所有方面，必须依赖于不同专业科学家及其工作单位之间知识的融合[①]。

2011 年“中央一号文件”要求“注重科学治水、依法治水”。最严格水资源管理制度包括的 4 项分制度都需要立足于水科学知识。①用水总量控制制度。其核心是确定主要江河水量分配方案和取用水总量控制指标体系。如何确立控制红线、制订分配方案、建立指标体系，都需要以水科学知识作为支撑。②用水效率控制制度。其核心是确立用水效率控制红线，把节水工作贯穿于生产生活全过程，而确立控制红线需要以水科学知识作为支撑。③水功能区限制纳污制度。其核心是确定水功能区限制纳污总量，控制入河湖排污总量。计算和核定纳污总量、入河湖排污总量，都需要有水科学知识作为根据。如果过于宽松，则不能实现水功能区限制纳污制度的目标。如果过严而不切实际，则会引发结构性的经济和社会问题。④水资源管理责任和考核制度。它的核心是管理责任的考核指标、程序和追责，以及水量水质监测能力建设。它们的内容都需要以水科学知识作为支撑，否则，缺乏真实的监测数据、根据不科学的考核指标、遵循不适当的考核程序、没有追责作为保证，这一制度就会形同虚设。

### 3. 水科学知识有利于提高公民参与最严格水资源管理的能力、水平和效果

“再完美的制度也会有漏洞，再精密的机器也会出故障。”[②]最严格水资源管理核心内容是四项制度和三条红线，其中关键之一是节约用水和减少废水排放。节约用水既包括减少不必要的用水需求，也包括提高用水效率。两者都需要作为用水户的单位和个人改变用水的行为方式。只有当公众的水问题意识上升到一定的程度，才有利于促进这种改变，而这需要水科学知识教育的大力开展[①]。较强的公众水问题意识通常不仅使人们缺乏利用制度漏洞的动机、动力、冲动和愿望，而且会促使人们自觉地遵从或者完善水管理制度，做出节水护水行为。联合国教科文组织等机构的研究表明，鼓励用水户改变高耗水、浪费水的用水方式的政策法律，如果能够与提高管理者和生产人员的用水技术、技能和技巧结合起来，让他们掌握简单的微观配置水和用水决策，就能够明显地降低用水量，而且投入成本很小[③]。目前，我国广大公众的作用还

---

① UNESCO. 2006. The United Nations World Water Development Report 2：Water，a Shared Responsibility. Paris：UNESCO：29.

② 彭波. 2015-09-16. 安全，不能有知识无意识. 人民日报，17.

③ UNESCO. 2003. The United Nations World Water Development Report 1：Water for People，Water for Life. Paris：UNESCO：233.

没有充分发挥出来。由于我国人口基数庞大，如果全社会力量经过深入学习和广泛动员后都能践行节约用水和减少废水排放的生活方式，用水总量将会相对下降、用水效率将会提高、排污总量将会相对减少，这无疑将对我国减轻水资源短缺和水污染压力产生积极作用。

例如，扩大中水利用范围和程度是解决水资源短缺、减少水污染的重要举措。但是，由于对中水的认识不足，人们一般对中水持怀疑乃至拒绝态度。国外实践表明，通过教育可以在很大程度上改变人们的这一看法。新加坡是一个水资源极其匮乏的国家，其供水主要来自其他国家。利用中水是新加坡减少水资源对外依赖、实现水安全、治理水污染和可持续发展的重要途径。通过针对大范围利益相关者进行的一场名为“NEWater”（意为“新水源”）的公共教育运动，介绍中水的生产技术、工艺流程、水质保证等，使中水得到了98%的认同率。[①]

农业面源污染导致的水污染是我国面临的重大难题，经常造成严重损失。例如，2015 年 6 月底由于连降大雨，安徽沱湖宿州泗县等地农田里的化肥、农药等被冲刷到河里，导致河水为劣Ⅴ类水质；再加上不符合规定和规范的泄洪，造成沱湖省级自然保护区 9.2 万亩水域严重污染，900 余户渔民水产死亡 1182 千克，直接经济损失近 2 亿元[②]。控制农业面源污染，需要农业生产者（主要是农民）对面源污染有深刻的认识，获得少量或者避免使用、合理使用农药、化肥的信息、经验和技术[③]。

### 4. 水科学知识是保障公众参与的必要条件、措施和手段

对于公众参与，2012 年《国务院关于实行最严格水资源管理制度的意见》明确提出“大力推进水资源管理科学决策和民主决策，完善公众参与机制，采取多种方式听取各方面意见，进一步提高决策透明度”。水科学知识就是保障公众参与的必要条件、措施和手段，原因如下。

（1）节约用水和防治水污染的理念看似高大上，其实它就蕴含于人们可能忽略的生活生产细节之中。对于那些节约用水和防治水污染的技术、技能和技巧，不能坐而论道，而要起而运用。实施最严格水资源管理是一项长期任务，如果每代的每一个人从身边小事做起，就能集腋成裘、聚沙成塔。水科学知识是人人参与节约用水和防治水污染的必要条件，也是重要措施和手段。

（2）水科学知识教育是促进用水户改进用水时间和方式、节约用水的重要措施和手段。例如，印度在 21 世纪初实施一项基于社区的安得拉邦农民地下水管理系统项目。该项目涉及跨越 7 个易受旱灾区域的 638 个村庄的 2.8 万人口，不提供任何资金或者补贴，而是通过让农户获得科学资料、数据和知识来改变其利用地下水的传统时间和方式。通过选择合适的用水时间和方式，节约了用水量、保护了地下水、提高了

① UNESCO. 2015. The United Nations World Water Development Report 6（Vol.2）：Case Studies and Indicators，Facing the Challenges. Paris：UNESCO：2，25-26.

② 叶琦，常国水，胡磊. 2015-07-22. 泄洪毒死鱼损失谁埋单. 人民日报，14.

③ UNESCO. 2015. The United Nations World Water Development Report 6（Vol.1）：Water for a Sustainable World. Paris：UNESCO：51.

灌溉效率[①]。

（3）水科学知识教育是防治水污染的重要措施和手段。废水是水污染的重要污染源之一。废水管理解决方案涉及减少废水排放、重新利用废水及回收处理废水。这些方案都需要结合大众教育措施予以实施。[②]

（4）公开透明的信息共享能够促进公众参与，以及公众对管理者、对政策法律、对管理制度的信任。研究表明，用水户参与和教育能够促使社会大众同意需方改进项目，即使是在项目增加用水费用的情形下。[③]

## 5. 水科学知识是公平合理执行最严格水资源管理政策法律的保障

2015 年联合国世界水资源开发报告《世界可持续发展所需的水资源》指出：决策者、水管理者和技术人员的能力建设是优化可操作性知识创造的优先事项，新数据源的开发、更好的模型和更强大的数据分析模型，适应性管理战略的设计都需要新的技艺和持续的教育[④]。为了实现水资源管理的目标，不同组织机构之间的协调合作非常必要，来自地方社区和政客的所有利益相关者的意识提升和教育也必不可少[⑤]。

最严格水资源管理政策法律能否得到公平合理的执行，主要取决于三个方面的因素，即政策法律本身的科学性、合理性及可操作性，执行者的意识素质、能力水平和协调合作，以及违反政策法律的行为能否得到制裁。离开必要的水科学知识，这三个方面的因素都难以得到保障。具体而言包括如下四个方面。①在用水总量控制制度中，水资源开发利用控制红线、主要江河水量分配方案和取用水总量控制指标体系分别确立、制定和建立以后，通过社会大众的认同才能够得到切实、有效和顺利的实施，这需要社会大众具有较高的水科学知识水平。②在用水效率控制制度中，是否能实实在在地在生产生活全过程中做到节水和遏制用水浪费，在相当大的程度上取决于数量众多的用水户对节水重要性和紧迫性的认识、对节水措施的采取。这是因为水资源的市场价格非常低，节水措施的成本通常高于节水对用水户带来的收益，而且还存在违法成本远低于守法成本的现象。这样，作为水科学知识教育中最终层次的贯彻运用教育的成功与否就具有决定性作用。③在水功能区限制纳污制度中，控制入河湖排污总量既是硬件上技术和设施的问题，也是软件上的社会大众减少排污的能力及其运用问题；其中，水科学知识教育倍显重要。④在水资源管理责任和考核制度中，社会大众基于较高水科学知识水平的参与，是促进负有责任者尽心、尽力、尽责的外在催

① World Bank. 2010. Deep wells and prudence：towards pragmatic action for addressing groundwater overexploitation in India. A Groundswell of Change：Potential of Community Groundwater Management in India. Washington DC：The World Bank：59-77.

② UNESCO. 2012. The United Nations World Water Development Report 4（Vol.1）：Managing Water under Uncertainty and Risk. Paris：UNESCO：93.

③ UNESCO. 2015. The United Nations World Water Development Report 6（Vol.1）：Water for a Sustainable World. Paris：UNESCO：101.

④ UNESCO. 2015. The United Nations World Water Development Report 6（Vol.1）：Water for a Sustainable World. Paris：UNESCO：68.

⑤ UNESCO. 2012. The United Nations World Water Development Report 4（Vol.1）：Managing Water under Uncertainty and Risk. Paris：UNESCO：149.

化剂，是杜绝虚假成绩、克服形式主义的有力武器。

## 14.2 我国水科学知识教育：存在问题和改革方向

### 14.2.1 我国水科学知识教育存在的主要问题

目前，我国水科学知识教育存在的主要问题可以归纳为如下六个方面。

（1）杂乱无章，缺乏系统性。我国目前的水科学知识教育，特别是面向社会大众进行的知识教育，还处于杂乱无章的状态，远不是系统的水科学知识教育。这突出表现在两个方面[①②]。一是，没有形成系统性的教育体系。根据教育理论，需要依据受教育者的不同学习阶段或者认识水平，提供不同层次的课程或者教育方式。然而，我国目前的水科学知识教育主要停留在警示性宣传层面。二是，缺乏针对水科学知识教育效果的评估机制。成熟的教育系统应该有一套完善的评估体系，用来对教育效果进行评估，不断修改和完善教育的体系、内容和方式方法等，从而实现不断提高教育水平和增进教育效果的目的。但是，我国没有针对水科学知识教育效果的评估机制，这一缺失导致目前进行的水知识宣传更显得杂乱无章和盲目。

（2）“教育形式不够丰富，互动性、参与性和实践性欠缺。”[②]自上而下的填鸭式教育居多，体验式、趣味式等教育不足。这主要表现在两个方面。①我国水科学知识教育主要是自上而下的传统教育模式，在一定程度上阻碍了公众参与，这在一定程度上不利于水科学知识教育工作以多种形式普遍而深入地开展。②受我国传统教育方式的影响，目前的水科学知识教育主要是填鸭式教育，而且形式单调。由于缺乏体验式、趣味式等教育方式，而且填鸭式教育的形式又比较单调、缺乏考核或者激励设计，这就不利于激发人们学习水科学知识的兴趣，因而难以实现预期的教育目标。

（3）运动式、间歇式教育为主，缺乏日常式教育。目前面对社会大众进行的水科学知识教育主要是运动式、间歇式的，而且往往流于形式。例如，在每年 3 月 22 日的“世界水日”和 3 月 22～28 日的“中国水周”这两个固定时间，都会有不同主题的水事宣传活动，就水科学的相关知识和问题向社会大众进行宣传。但是，除此之外，没有大规模的、影响广泛的日常式水科学知识教育活动。尽管“世界水日”“中国水周”这种运动式、间歇式的水科学知识教育方式非常必要，但是流于形式，而且缺乏日常式的教育予以延续、强化和深入，导致社会大众对于水科学知识的认知浅薄，难以形成系统性的认识和理解。

（4）教育活动主体和客体的单一化问题明显。首先，目前我国水科学知识教育的主要承担者是政府机构，教育机构、社会团体及大众媒体等具有广泛群众基础的组织机构或者单位在水科学知识教育系统中应当承担的责任过少，从而造成教育承担主体

① 李海红，王浩，王建华. 2015. 中国水教育问题与发展刍议. 中国水利，(6)：6-7，14.

② 《全国水情教育规划（2015—2020 年）》，《水利部公报》.

单一化，致使水科学知识教育活动一直基本上是政府的“独角戏”。其结果是，一方面，社会力量担当教育活动主体的积极性和主观能动性得不到充分发挥；另一方面，已有教育活动主体之间的协调不足。[①]其次，虽然社会大众是水资源开发或者利用活动的基本主体，应该是节约和保护水资源的不可或缺的参与者、水科学知识教育所应面向的客体，但是我国目前的水科学知识教育更注重面向各政府机构中的水行政管理者及水相关的研究群体，却忽视了对社会大众的教育，以致水科学知识教育的客体出现了严重的单一化现象。

（5）重视专业化教育，轻视大众化教育。这主要表现在两个方面。首先，尽管我国拥有一大批与水相关的高水平的专家和学者，但是基本科学知识教育十分薄弱。[②]这就导致社会大众的水科学知识缺乏、水危机意识淡薄，他们学习、教育和运用日常生活中节水/防污技术、技能、技巧的主观能动性严重不足，从而难以推动危机意识教育、技术技能教育及贯彻运用教育。其次，专业化教育资料和载体多，大众化教育资料和载体少。水科学知识教育资料和载体是进行持续性水科学知识教育的前提，既需要培养职业化人才的专业化的资料，也需要普及型的大众化的资料。但是在目前的水科学知识教育资料和载体中，大多是专业化的，主要是针对与水相关的研究和学习群体及水行政管理者。这类资料和载体由于其专业性和技术性太强，社会大众对其或望而生畏或不感兴趣。大众化的水科学知识教育资料和载体非常少。例如，面向在校学生的通识性资料屈指可数，有中国科协青少年科技中心和联合国教科文组织北京办事处组织编写的《水知识读本（高中）》（科学普及出版社 2008 年版），王浩院士主编、水利水电出版社出版的《水知识读本（小学高年级适用）》（2009 年版）、《水知识读本（初中适用）》（2010 年版）、《水知识读本（高中适用）》（2011 年版）。其结果是，难以形成针对不同群体的差异化和分层次的水科学知识教育体系[①]。

（6）面向社会大众的水知识教育资料和载体的公益性不足，电子载体读物匮乏。首先，面向社会大众的、为数不多的水知识教育资料和载体中，免费的寥寥无几，其他的价格不低。科学普及出版社 2008 年出版的《水知识读本（高中）》由组织编写单位之一中国科协青少年科技中心免费提供纸质版和电子版，但是纸质版印数不多。其次，面向社会大众的水知识教育资料和载体中，适应当代阅读习惯和方式的电子载体读物非常少。这两种情况，一方面，非常不利于面向社会大众的水知识教育活动的广泛和深入开展，不利于日常式教育活动的进行；另一方面，导致人们对人类活动与水资源之间的相关性认识不足，影响公众参与的能力、动力、深度和广度。

① 《全国水情教育规划（2015—2020 年）》，《水利部公报》.

② 李海红，王浩，王建华. 2015. 中国水教育问题与发展刍议. 中国水利，(6)：6-7，14.

## 14.2.2 我国水科学知识教育的改革发展方向

为了引导社会公众不断加深对我国水情的认知，增强其水安全、水忧患和水道德意识，大力宣传节水和洁水观念，水利部会同中宣部、教育部、共青团中央编制了《全国水情教育规划（2015—2020年）》，并于2015年5月18日印发[①]。该规划关于水情教育的概念是："通过各种教育及实践手段，增进全社会对水情的认知，增强全民水安全、水忧患、水道德意识，提高公众参与水资源节约保护和应对水旱灾害的能力，促进形成人水和谐的社会秩序。"它认为水情教育主要包括水状况、水政策、水法规、水常识、水科技和水文化等六个方面的内容。可以看出，水情教育与水科学知识教育两个概念有所不同，在内容上并不是全同关系，总体上前者是后者的基础。针对我国水科学知识教育存在的问题，根据我国水资源开发利用活动对水科学知识的迫切需求，我国未来的水科学知识教育需要适应最严格水资源管理制度的需要和要求，进行改革。笔者认为，改革发展的方向主要包括以下六个方面。

### 1. 从杂乱无章型教育发展为有序的系统化教育

水科学知识教育作为整体最严格水资源管理工作不可或缺的基本内容，逐渐走向有序的系统化是一种必然要求。水科学知识教育的内容在形式上可以零散地见于差异化和分层次的各种教育形式之中，但是知识内容本身和教育体制却既不能杂乱，也不能没有系统性。[②]未来的水科学知识教育体系在知识内容构成上不仅应该包括有关自然科学知识内容，还应该包括文化教育、安全教育等内容；在体系结构上，需要包括完善的教育体制、适宜多样的教育方式和资料载体，以及科学合理的评估手段。这是因为社会大众只有在对水危机和水问题有科学的认识后，才有可能自觉地、积极地和主动地节约和保护水资源，也才会主动地和互动地参与到水科学知识教育活动中来。

### 2. 由填鸭式教育发展为填鸭式、体验式、趣味式、渗透式等多种方式相结合的教育

填鸭式、体验式、趣味式、渗透式等教育方式都既有其优点，也有其缺点，它们之间具有互补作用。首先，体验式和趣味式教育可以弥补填鸭式教育的缺点。因为它更生动形象，能够使受教育者或真实地或有趣地感受到水在生活、生态保护及生产中的不可或缺的作用，以及缺水对人类和自然环境造成的灾难性影响，从而具有更深刻的教育效果。例如，通过受教育者亲身经历的缺水体验，可以达到示例和警示教育的目的。其次，由于正规教育、培训、公共信息、文化传统、媒体和现代通信相互使用，共同影响人类的行为方式及其对外部世界变化的反应[③]，因此将水科学知识渗透

① 《全国水情教育规划（2015—2020年）》，《水利部公报》.

② 人们往往将"零散"与"杂乱而不成系统"、"杂乱无章"或类似表述等同，这是一种不全面的认知。

③ UNESCO. 2003. The United Nations World Water Development Report 1：Water for People，Water for Life. Paris：UNESCO：347.

到各种活动非常重要，有利于受教育者全面而非片面地、整体而非孤立地认识水（资源），更好地掌握有关技术、技能和技巧并运用于生产和生活实践之中。

新加坡 21 世纪初关于推进中水利用的新水源计划（NEWater Program）宣传运动就是多种教育方式相结合的成功范例。社会大众对中水的认可是中水利用能否获得成功的关键。新加坡在这一宣传运动中采用了针对政客、舆论领袖、水事专家、学生和社会大众的多种方式。为了获得社会大众对中水利用的必要性、安全性和可行性的认知，国家电视台制作了国内外中水生产技术和利用情况的纪录片并多次播出，包括总理在内的政府高级官员在许多场合饮用中水装灌的瓶装水。2002 年年底的一次独立调查显示，新水源计划获得了 98%的认可率，其中 82%的人愿意直接饮用中水、16%的人愿意间接饮用。[①]

环境教育及可持续发展教育的研究表明，与室内教育相比，各种户外教育对于学前学生、小学生和中学生更为有益和具有效果：系统接受过户外教育的学生能够更好地说明问题或者危机，往往能够自觉地做出有益于可持续发展的行为，生活基本技能多而熟练，整体素质较好，各科考试成绩较高。[②]

特别需要注意的是，水科学知识教育在教育方式上，必须注意充分发挥填鸭式、体验式、趣味式、渗透式等各种方式的优点，绝不能以其中任何一种方式取代所有其他方式。有文件提出水情教育在教育方式上应当实现“从灌输式向体验式转变”[③]。对于这种单一视角的、非辩证唯物主义的观点或者主张，不宜在水科学知识教育中采纳。

### 3. 由运动式教育为主发展为日常式教育为主

首先，知识、理念、技术、技能和技巧往往需要在不断的重复中得到深入理解、深刻记忆、熟练掌握和灵活运用，乃至自觉或者下意识地做出习惯性行为。因此，水科学知识教育应该是一种持续性的、不断重复的过程。其次，随着科学技术的发展及人类对水（资源）的认识不断深入和全面，水科学知识也会不断发展。例如，历史上的主流观点曾经认为生态系统是一个不产生任何价值的用水户，但是当代科研成果表明，生态系统在全球水文循环中处于中心地位，所有淡水最终都依赖于生态系统持续不断地、健康地发挥功能；生态系统不仅产生价值，而且可以对水进行回收利用[④]。而且，根据笔者已有的研究成果，生态环境在一定自然环境条件下可以增加水资源的数量，提高其质量[⑤]。因而，水科学知识教育在内容上和形式上必然都是不断发展变

① UNESCO. 2015. The United Nations World Water Development Report 6（Vol.2）：Case Studies and Indicators，Facing the Challenges. Paris：UNESCO：25-26.

② UK. 2011. Education Scotland，Outdoor Learning Practical guidance，ideas and support for teachers and practitioners in Scotland：7-12.

③ 《全国水情教育规划（2015—2020 年）》，《水利部公报》.

④ UNESCO. 2012. The United Nations World Water Development Report 4（Vol.1）：Managing Water under Uncertainty and Risk. Paris：UNESCO：69.

⑤ 胡德胜，左其亭. 2015. 我国生态系统保护机制研究——基于水资源可再生能力的视角. 北京：法律出版社：31-35.

化的，而有发展变化就需要及时地予以更新。

例如，在成功实施运动式的新水源计划宣传运动后，新加坡开展了后续的日常式中水科学知识教育。首先，它在 2003 年建立了新水源参观展览中心，作为一处国家艺术类的水事博物馆免费开放。该馆拥有互动式的访问行程和教育研讨会，阐释中水生产原理；向社区免费发放一定数量的灌装了中水的瓶装水，其包装引人注目；参观者可以亲身感受中水生产过程，品尝中水；参观者可以参加趣味式的新水源科学家项目、户外教育及水事大使活动[①]。其次，通过传统媒体、当代媒体和社区项目，继续进行宣传教育。这些后续性的日常式中水科学知识教育活动，延续和维持着新水源计划宣传运动的效果、影响和作用。到 2014 年，中水已经占新加坡供水量的 30%[②]。对于新加坡而言，这极大地缓解了水资源短缺、减少了供水的对外依赖程度、增强了水安全。

### 4. 教育主体、客体由单一化发展为多元化

政府“独角戏”的教育主体客体单一化局面，已经导致了政府在水科学知识教育中自说自唱、自娱自乐、形式主义的严重现象。事实上，社会大众通常并不了解其用水活动是如何对水资源的量和质产生综合性影响的，其结果是人们并不知道应该通过什么方式来对应对水危机或解决水问题做出贡献，因此适当的公共教育和警示能够帮助人们采取行动来节约用水和减少污染，以及向政府施加并要求其采取措施[③]。

联合国环境规划署组织的一项研究表明，水质管理在不同层面上涉及教育与能力建设问题：在国际和国家层面上，启动培训和意识建设；在流域层面上，将个人关于水质影响的认识提升到战略层面，对从业者进行培训及开发最佳实践；在社区和家庭层面上，将个人/社区行为与水质影响联系起来，加强能力建设以促使改善卫生/废水处理[④]。

因此，需要发动各类社会组织机构和个人的主观能动性和积极参与性，发挥他们宣传教育功能的作用，使水科学知识教育朝多元化的主体、客体方向转变和发展。就主体转变而言，需要加强乃至明确各类主体（政府、学校、企业、社会组织、科研院所等）在水科学知识教育工作中的责任，从而增强我国水科学知识教育的广度和深度，快速推进这项工作向良性循环发展。就客体转变而言，水科学知识教育需要面向各种类型的用水户。只有用水户都具有了先进的节约和保护水资源理念、自觉或下意识地采用科学合理的用水方式，才能有效地提高全社会的整体水科学知识水平，从而促进节约和保护水资源工作。

---

① NEWater Visitor Centre. http：//www.pub.gov.sg/water/newater/visitors/Pages/default. aspx［2015-07-27］.

② UNESCO. 2015. The United Nations World Water Development Report 6（Vol.2）：Case Studies and Indicators，Facing the Challenges. Paris：UNESCO：26.

③ UNESCO. 2012. The United Nations World Water Development Report 4（Vol.1）：Managing Water under Uncertainty and Risk. Paris：UNESCO：138.

④ Meena P，Peter H G，Lucy A. 2010. Clearing the Waters：A focus on water quality solutions. Nairobi: UNEP：73.

### 5. 由重专业化轻大众化教育向立足大众化发展专业化教育方向转变

前沿的、高水平的专业化水科学知识教育是水科学不断发展的基础。但是，水科学的前沿理论和技术只有转化为能够在现实中得到广泛应用的技术、技能和技巧，才能够转化为切实而有效的生产力。广泛的应用需要大众化的教育资料和载体，也就是说，高水平的大众化水科学知识教育资料和载体是水科学知识教育成熟和完善的关键和标志。例如，美国联邦环境保护署官方网站（www.epa.gov）有五个一级栏目，即认识问题（Learn the Issues）、科学和技术（Science & Technology）、法律和监管规章（Laws & Regulations）、关于环境保护署（About EPA）及关于署长（About Administrator）。其中，前两个栏目不仅都设有面向社会大众的丰富多样的水科学知识内容，而且还有转向外部权威网站的链接。

2011 年“中央一号文件”提出“加大力度宣传国情水情，提高全民水患意识、节水意识、水资源保护意识”。这意味着水科学知识教育应当具有社会大众性。为此，需要针对不同的读者，编写形式多样的普及性的水科学知识教育资料和载体（例如，各种读本和宣传图册、生动易懂的教育课程、网站、广播电视节目等），从而促进水科学知识教育的不断深入和广泛开展。

### 6. 面向社会大众的水知识教育资料和载体朝公益性、免费获取性方向发展

在国外，由政府或其机构组织编写的或者资助编写的水知识教育资料和载体，在当代科技条件下绝大多数都制作成了电子版，放置于政府或其机构、受托公益机构的网站供社会大众免费在线阅读或者下载后阅读。例如，在美国地质调查局网站（www.usgs.gov）上可以免费阅读和下载成千上万的涉及水科学知识教育的资料和载体，而在联邦政府机构（如环境保护署、美国陆军工程兵团等）和各州有关政府机构网站也都可以下载有关水科学知识教育的资料和载体，其中不乏雨水利用指南、节水（建筑、建设）指南等手册。一方面，它极大地推动了水科学知识教育的广泛深入开展，促进了日常式教育活动；另一方面，由于它减少了纸张使用，所以有利于减少污染和保护森林，促进了生态环境保护。

2011 年“中央一号文件”提出“把水利纳入公益性宣传范围”。因此，电子化、免费化也应该成为我国水知识教育资料和载体的发展方向。我国政府机构组织编写或者资助编写的各级水情雨情及水（资源）知识读本、节水防污和保护利用水资源的手册指南等资料和载体的电子版都应该供社会大众免费在线阅读和下载后阅读。

## 14.3 完善我国水科学知识教育法律规制的讨论[①]

辩证唯物主义认为，在物质和意识之间的关系上，物质是独立于人的意识并能为之所反映的客观存在；意识是物质的反映并对物质具有反作用。一个人所拥有的可持续发展科学知识的深度和广度，对于其可持续发展意识水平具有决定性影响，而可持续发展意识水平对于其能否实施有利于可持续发展的具体行为具有很大影响，较高水平的可持续发展意识有助于做出有利于可持续发展的具体行为。它在很多情况下是采取行动的决定性因素，即使在进行平衡选择时，它也具有较大的影响。

“水事法律与科学之间不是相互对立或者隔绝的两个研究和专业领域。它们都必须将一些看似不相关联的领域整合进来，如教育、城镇规划和社会发展。”[②]前已讨论，水科学知识教育对于促进贯彻、落实和实施最严格水资源管理制度必不可少。而从规范作用的角度来说，法律具有指引、评价、预测、强制和教育这五个方面的作用。因此，对水科学知识教育进行法律规制，是确保其活动顺利和有效进行的重要保障。国际和外国有关政策法律在这一方面都有所规定。《21 世纪议程》第 18 章“保护淡水资源的质量和供应”中要求国家制定全国性水资源管理综合政策，而且政策应该是整体性的、一体化的及生态环境上合理的。它其中强调了操作指南的宣传散发和用水户教育、提高公众意识的教育项目、对不同层次的水事管理者进行培训、发展中国家强化能力培训、职业培训和改善人员知识结构、知识和能力共享、建立或者强化研究和开发项目等有关水科学知识教育方面的内容。例如，其第 18.12 段要求所有国家按照自己的能力和可用资源，通过提高公众觉悟和宣传教育方案等手段和措施，不断完善一体化水资源管理。其第 18.45 段要求，国家在现有学校中设置关于水质保护和控制主题的全国性和区域性的技术和工程课程。美国《1972 年密西西比州法典》第 51-4-5 条规定，在对自然风景河流进行利用和“保育之间，有必要进行合理平衡”，而“这一平衡最好通过一种强调地方教育、参与和支持的非强制性的自愿管理项目来实现”[③]。

《21 世纪议程》第 36.3 段指出：“基础教育是环境与发展教育的支柱，需要将环境与发展教育列为基础教育不可或缺的组成部分。正规和非正规教育对于改变人们态度都是不可缺少的。”对于水科学知识教育，中共中央和国务院在政策性和法律性文件中做出了一些原则性的明确规定。2011 年“中央一号文件”要求“动员全社会力量关心支持水利工作”。结合《国务院关于实行最严格水资源管理制度的意见》的规定，应该采取的举措包括：①广泛深入、加大力度开展基本国情水情宣传教育，提高

① 该部分的部分内容来源于下列阶段性成果：胡德胜. 2015. 我国水科学知识教育的法律规制研究. 贵州大学学报（社会科学版），(5)：129-133.

② UNESCO. 2012. The United Nations World Water Development Report 4（Vol.1）：Managing Water under Uncertainty and Risk. Paris：UNESCO：221.

③ Section 51-4-5，Mississippi Code of 1972.

和增强全社会的水患意识、节水意识、水资源保护意识，形成节约用水、合理用水的良好风尚；②把水情教育纳入国民素质教育体系和中小学教育课程体系；③把水情教育作为各级领导干部和公务员教育培训的重要内容；④把水利纳入公益性宣传范围，为水利又好又快发展营造良好舆论氛围；⑤广泛动员全社会力量参与水利建设；⑥对在加快水利改革发展中取得显著成绩的单位和个人，各级政府要按照国家有关规定给予表彰奖励。

但是，总体而言，我国水科学知识、水资源稀缺性认识宣传和普及的法律规定十分脆弱，教育和宣传缺乏长期性、系统性、稳定性。然而，水资源稀缺的严峻性却是长期的。对我国水资源稀缺性、水污染严重、生态环境恶化认识的严重不足，是当前滥采、超采的潜意识驱动。因此，强化对水科学知识、水资源稀缺性认识宣传和普及的法律规制，是一种必然和迫切的需要。

基于水科学知识教育的内容和其对最严格水资源管理的作用，针对我国水科学知识教育存在的问题，考虑我国水科学知识教育的改革发展方向，根据国际政策法律文件的要求，学习国外政策法律的有益规定及有效做法，借鉴我国已有三部环境教育地方性法规的规定，根据中共中央和国务院政策性和法律性文件的要求，适应最严格水资源管理制度的需要和要求，笔者建议将制定法律、建立组织体制机制、强化学校非专业化教育、加强非学校机构非专业化教育、加强保障监督措施和机制这五个方面作为重点，对我国水科学知识教育进行法律规制，促进和保障其能够切实进学校、进家庭、进社区、进生活的每一个环节，让人们意识到必须珍惜水资源、科学合理地利用水资源。

### 14.3.1　制定水科学知识教育法律

在 2003 年联合国世界水资源开发报告《人类之水，生命之水》中，政策法律与战略、机构体制被视为淡水生态系统管理中第一位的一组重要工具[①]。但是，我国目前缺乏水科学知识教育的明确性和系统性的法律规定。尽管如此，对于水科学知识教育，如前所述，中共中央和国务院在政策性和法律性文件中做出了一些原则性的明确规定，此外也可以在全国人大或其常委会制定的法律中找到间接依据。例如，2014 年《中华人民共和国环境保护法》第九条第三款就环境教育事宜做出了如下原则性规定：“各级人民政府应当加强环境保护宣传和普及工作，鼓励基层群众性自治组织、社会组织、环境保护志愿者开展环境保护法律法规和环境保护知识的宣传，营造保护环境的良好风气。教育行政部门、学校应当将环境保护知识纳入学校教育内容，培养学生的环境保护意识。新闻媒体应当开展环境保护法律法规和环境保护知识的宣传，对环境违法行为进行舆论监督。”

对于“环境”一词，该法第二条将之定义为“影响人类生存和发展的各种天然的

① UNESCO. 2003. The United Nations World Water Development Report 1：Water for People，Water for Life. Paris：UNESCO：145.

和经过人工改造的自然因素的总体，包括大气、水、海洋、土地、矿藏、森林、草原、湿地、野生生物、自然遗迹、人文遗迹、自然保护区、风景名胜区、城市和乡村等”，范围非常广泛。既然“环境”包括水，因而可以认为该法间接地、原则性地规定了水科学知识教育。

但是，对于环境教育，人们关注的环境其重点通常是污染防治。甚至在全国仅有的关于环境教育的三部地方性法规（2011 年 12 月 1 日《宁夏回族自治区环境教育条例》、2012 年 9 月 11 日《天津市环境教育条例》和 2014 年 12 月 4 日《洛阳市环境保护教育条例》）中也是如此，而且它们都既没有提到水或水资源，也没有明确提及水行政主管部门。环境教育法律没有关于“生命之源、生产之基、生态之要”的水的规定，显然是一项重大缺失。因此，非常有必要在不同位阶的政策法律中，就水科学知识教育做出单独式的或者渗透式的规定。

为了保障水科学知识教育的科学、有序和有效进行，促进最严格水资源管理制度的贯彻、落实和实施，笔者提出以下建议。

（1）修改 2002 年《中华人民共和国水法》，就水科学知识教育事宜做出明确规定。可以参照 2014 年《中华人民共和国环境保护法》第九条做出如下规定：“各级人民政府应当加强水资源合理利用和科学保护的宣传和普及工作，鼓励基层群众性自治组织、社会组织和公民个人开展水资源合理利用和科学保护的知识和法律法规的宣传，营造合理利用和科学保护水资源的良好风气。教育行政部门、学校应当将水资源合理利用和科学保护知识纳入学校教育内容，培养学生合理利用和科学保护水资源的意识。新闻媒体应当开展水资源合理利用和科学保护的知识和法律法规的宣传，对涉水违法行为进行舆论监督。”

（2）就水科学知识教育事宜，制定单独式的行政法规或者规章，并在相关法律、法规或者规章中对之做出渗透式规定。就单独式的行政法规或者规章而言，由国务院制定《水科学知识教育条例》或者由水利部牵头有关部委制定《水科学知识教育办法》。就渗透式规定来说，在涉及水或者水资源事项的行政法规、地方性法规或者部门规章、地方政府规章中，规定水科学知识教育的内容。特别是，如果全国人大或其常委会未来制定《生态教育法》（或者《可持续发展教育法》、《环境教育法》等）时、国务院未来制定《生态教育条例》或者有关部委制定《生态教育办法》时，应该就水科学知识教育内容做出明确规定。

### 14.3.2 建立水科学知识教育的组织体制机制

水科学知识教育涉及各行各业，它仅依靠一个单位、一个部门是根本抓不起来的，故而需要多个部门有机协作配合、齐抓共管、共同实施。[①]因此，需要强有力的组织体制机制作为保障，特别是需要形成一种基于政府部门协作的“政府主导、多元

① 李海红，王浩，王建华. 2015. 中国水教育问题与发展刍议. 中国水利，(6)：6-7，14.

融合、高效运转的联动工作机制”[①]。就此而论，将机构体制与政策法律和战略视为管理淡水生态系统的一组重要工具也就不难理解[②]。狭义环境教育的实践证明，如果教育体制机制不顺，各级政府及环境教育相关部门在环境教育时职责不明，它们的工作主动性就不强，就难以形成工作合力，而社会大众参与的积极性就很难调动起来[③]。吸取这一教训，借鉴我国目前已有三部环境教育地方性法规的规定，建议建立“统一规划、分级管理、单位组织、全民参加”的水科学知识教育的组织体制机制。就以水科学知识为主要内容的教育而言，规定各级水行政主管部门和流域管理机构负责牵头组织、协调、指导、监督、检查水科学知识教育工作。就不以水科学知识为主要内容的环境教育而言，各级水行政主管部门和流域管理机构应该积极参与到相应环境保护主管部门牵头组织、协调、指导、监督、检查环境教育工作中去。在这一组织体制机制下，坚持经常教育与集中教育相结合、普及教育与重点教育相结合、理论教育与实践教育相结合的原则；规定有关单位和个人，特别是学校、广播电视报纸等媒介、水事科研机构的水科学知识教育职责。

### 14.3.3　强化学校水科学知识非专业化教育

学校水科学知识非专业化教育是水科学知识教育的基础和重点，对各阶段学生进行不同层次的水科学知识非专业化教育是提高全民水事素质、搞好水资源合理利用和科学保护工作的重要内容。因此，需要特别就学校的水科学知识非专业化教育做出明确规定。例如，土耳其“1983 年环境法”第九条第一款规定，教育部所属教育机构教育项目和学前教育都必须包括环境方面的内容。

2011 年“中央一号文件”要求“把水情教育纳入国民素质教育体系和中小学教育课程体系”。学习国外可行做法，借鉴我国目前已有三部环境教育地方性法规的规定，笔者认为，在制定水科学知识教育法律时，可以：①分别就幼儿园、小学、初中、高中及高等学校开展水科学知识非专业化教育的方式、内容做出明确规定；②规定教育督导机构将学校水科学知识教育列入教育督导规划、计划，并定期实施专项督导。

### 14.3.4　强化非学校机构水科学知识非专业化教育

尽管学校的非专业化教育在水科学知识教育中具有基础性地位和作用，但是，一些重要的非学校机构需要发挥作用，满足日常式和运动式教育的需要。根据 2011 年“中央一号文件”关于把水情教育“作为各级领导干部和公务员教育培训的重要内

---

① 《全国水情教育规划（2015—2020 年）》，《水利部公报》.

② UNESCO. 2003. The United Nations World Water Development Report 1：Water for People，Water for Life. Paris：UNESCO：145.

③ 冯志强. 2011. 关于《宁夏回族自治区环境教育条例（草案）》的说明. 宁夏回族自治区人民代表大会常务委员会公报，(6)：48-50.

容”，开展基本国情水情宣传教育，提高和增强全社会的水患意识、节水意识、水资源保护意识，形成节约用水、合理用水的良好风尚，广泛动员全社会力量参与水利建设等要求，笔者认为，需要从组织培训、科研机构和大众媒体这三个主要方面着手，强化非学校机构水科学知识非专业化教育。

### 1. 组织培训

水科学教育组织培训主要包括四个方面的内容：一是对涉水行政管理人员特别是水行政主管部门工作人员的培训；二是师资性培训，即培训以社会大众为受教育对象的师资；三是重点人员培训，即对用水大户的领导人员、直接水管理人员和操作人员进行培训；四是社会大众培训，即以社会大众为受教育对象的培训。涉水知识和技术培训对促进、支持和实施科学的和科技的研究规划和工程具有重要作用。为了促进水资源利用的可持续性、保护生态环境、形成涉水综合管理方面的知识和经验，巴西就非常注重技术和培训事宜[①]。

为了体现水科学知识教育的公益性，借鉴我国目前已有三部环境教育地方性法规的规定，笔者建议从法律上予以规制。①水行政主管部门或其委托机构承担组织培训的主要责任，而且对于其所组织的培训活动免收培训费和资料费。②用水大户对本单位人员承担培训的主要责任。之所以要求用水大户对其人员承担主要的水科学知识教育责任，一是其用水量大，二是其具有榜样作用，三是它们（特别是水电企业）由于不支付或者象征性地支付用水费用而缺乏节约用水的动力[②]。

### 2. 科研机构

科研机构，特别是政府资助或者以政府科研经费作为主要经费来源的从事水利水电科学研究的公益性研究机构，需要在水科学知识教育中发挥重要的主导作用。这是因为：首先，这些机构具有较高的科学权威，其水科学知识教育内容容易得到受教育对象的青睐和信服；其次，这些机构拥有大量的高水平科研人员，能够产出高水平的前沿科研成果，而科研成果只有得到社会承认，才容易转化为应用。美国法律规定，政府资助经费的美国地质调查局应当承担科学知识的宣传教育和普及职责。为了宣传和普及科学成果和知识，美国地质调查局发布其自己的研究成果或者所资助研究成果的电子版，供人们免费获取；编写科普资料并提供人们可以免费获取的电子版；建立科学知识教育和普及网站，供人们免费登录和获取有关电子资料。特别是，它建立了水科学教育网（http：//water.usgs.gov/edu/），专门进行水科学知识教育。

学习美国做法，我国的国家和地方各级水利水电科学研究院应该由中国水利水电科学研究院牵头，组建一个既体现先进科学水平又体现我国国情的“中国水科学教育网站”。该网站在内容上应该涵盖水科学知识教育的所有内容，在资料和载体形式上

---

① 胡德胜. 2010. 生态环境用水法理创新和应用研究. 西安：西安交通大学出版社：103.

② UNESCO. 2014. The United Nations World Water Development Report 5（Vol.1）：Water and Energy. Paris：UNESCO：6

应该多彩多样、生动活泼，在资料和载体的利用上应该免费开放和可供下载，在法律规制上应该要求所有水科学研究机构、教育机构、国有控股媒体单位等都在其网站主页一级栏目中有“水科学知识教育”的链接，链接到中国水科学教育网站。

### 3. 大众媒体

墨西哥“1992 年国家水法”第 84A2 条要求水事主管部门的秘书处、国家水事委员会和流域组织应当根据法律规定的条件，“在儿童和大众节目中宣传和促进与自然资源合理利用有关的水资源保育文化，以及十分必要的有关生态系统和环境保护的文化”。土耳其“1983 年环境法”第九条规定了电台和电视播出强化社会大众认识环境重要性和提高环境意识的节目的义务，而且具有很强的可操作性。它规定：“土耳其广播和电视公司，以及私人电视频道每天应当至少播出两小时的教育节目，私人电台每天应当至少播出半小时的教育节目。而且，这些节目的 20%应当在黄金时段播出。”但是，我国任何位阶的法律中都没有在水科学知识教育或者环境教育方面做出这样的规定。

借鉴国外经验和做法，笔者建议我国在适当位阶的法律中规定：县级及以上广播电台和电视台，以及私人广播电台和电视台，每周应当至少播出 2 小时的水科学知识教育节目，私人电台每周应当至少播出 1 小时的教育节目，而且这些节目的 20%应当在黄金时段播出。

## 14.3.5　加强水科学知识教育保障监督措施和机制

任何制度，如果缺乏有效的保障监督措施和机制，就是不完善的。因为其很难得到真正实施。为了确保水科学知识教育的有效开展，借鉴我国目前已有三部环境教育地方性法规的规定，笔者建议就下列事项在政策法律中做出规定。

（1）县级以上政府应当将水科学知识教育资金列入其财政预算。水科学知识教育活动没有资金支持是无法开展的，特别是在市场条件下。因此，需要从法律上明确规定水科学知识教育的资金保障。主体性的水科学知识教育是一种公共产品，其成本因而应当基本上由政府财政承担和保证。财政预算需要包括有关政府机构水科学知识教育活动的直接支出、政府采购教育服务和科研的成本，以及政府补贴和奖励支出等项目。

（2）为了保证水科学知识教育的效果，应当建立相应的指标体系和基准体系，并据之进行评价。指标体系用来提示水科学知识教育的发展方向，或者作为这种方向的表征或者体现。基准体系则根据确定的指标体系，制定适用于组织或者个人的相对于其责任或者职责的所应该（当）实现的目标①。可以规定由县级以上水行政主管部门定期通过普查或者抽查等形式，监督检查机关、企事业单位和社会团体进行水科学知

① 胡德胜. 2010. 生态环境用水法理创新和应用研究. 西安：西安交通大学出版社：31.

识教育的情况，公布监督检查的结果。

（3）为了鼓励有关单位和个人开展水科学知识教育，规定县级以上水行政主管部门对在水科学知识教育工作中做出突出贡献的单位和个人应当予以表彰奖励，从而鼓励有关单位和个人开展水科学知识教育。

（4）将水科学知识教育纳入水资源管理责任和考核制度的考核指标。一方面对于有义务而拒不开展或者不依法开展水科学知识教育工作的单位，由县级以上政府予以通报批评。另一方面，将对于水科学知识教育考核指标的考核情况，予以公布，发挥社会舆论的监督作用和功能，并根据考核结果进行追责或者给予表彰奖励[①]。

① 胡德胜，王涛. 2013. 中美澳水资源管理责任考核制度的比较研究. 中国地质大学学报（社会科学版），13（3）：49-56.

# 第 15 章 生态环境用水保障机制*

不对生态系统切实进行科学保护和利用的社会，不是真正的生态文明社会。水是生命之源，任何生态系统都离不开水；健康而稳定的生态环境，有益于水资源可再生能力的维护。科学发展观、人水和谐和生态文明是最严格水资源管理制度的指导思想，它们都要求尊重自然规律、维护和促进生态系统的良性循环①。保障生态环境用水，是最严格水资源管理制度不可或缺的重要方面。立足于国际视野，本章总结生态环境用水的自然科学发展和管理，分析我国生态环境用水保护的现状、政策法律和存在问题，进而从明确生态环境的用水法律主体地位、建立重要生态系统或其所处流域（区域）名录、完善水资源配置体制、确定最低用水程序规则或者方法、发挥许可（证）类审批制度的保障作用、运用激励措施、提高公众参与程度及重建救济制度等8个方面，探讨如何健全和完善我国的生态环境用水保障制度。

## 15.1 生态环境用水概述

### 15.1.1 生态环境的概念

要想对生态环境用水有一个比较全面的了解，首先需要对“生态环境”一词有科学的理解和认识。从字面上看，与该词有关的术语主要有“环境”和“生态系统”两个。在人类中心主义语境下，《中国大百科全书·环境科学》给环境所下的定义具有

---

* 本章执笔人：胡德胜。本章研究工作负责人：胡德胜。主要参加人：胡德胜，左其亭，王涛。

本章部分内容已单独成文发表，具体有：（a）胡德胜，王涛. 2013. 中美澳水资源管理责任考核制度的比较研究. 中国地质大学学报（社会科学版），13（3）：49-56；（b）胡德胜. 2013.中美澳流域取用水总量控制制度比较研究. 重庆大学学报（社会科学版），19（5）：111-117；（c）胡德胜，左其亭. 2015. 澳大利亚河湖生态用水量的确定及其启示. 中国水利，（17）：61-64.

① 详见本书第 1 章 1.4.3 中的有关讨论。

代表性："人群周围的境况及其中可以直接、间接影响人类生活和发展的各种自然因素和社会因素的总体，包括自然因素的各种物质、现象和过程及在人类历史中的社会、经济成分。"①

关于生态系统，世界范围内广为接受的定义是 1992 年《生物多样性公约》第二条中的定义，即"'生态系统'是指植物、动物和微生物群落和它们的无机生命环境作为一个生态单位交互作用形成的一个动态复合体"。不过，更符合国人的定义则是《中国大百科全书·环境科学》中的下列定义："在一定时间和空间内，生物与其生存环境以及生物与生物之间相互作用，彼此通过物质循环、能量流动和信息交换，形成的不可分割的自然整体。"②

至于"生态环境"则是我国特有的一个词汇，并非从任何外文翻译而来。在 1982 年 12 月 4 日第五届全国人大第五次会议通过宪法之前，它在现实生活中很罕见，学术文献中也很少使用而且缺乏对它的定义。③

1982 年宪法第二十六条规定："国家保护和改善生活环境和生态环境，防治污染和其他公害"；"国家组织和鼓励植树造林，保护林木"。这是由当年 4 月 26 日公布的《宪法修改草案（1982 年）》第二十四条修改而来的。第二十四条规定："国家保护生活环境和生态平衡，组织和鼓励植树造林，防治污染和其他公害。"关于"生态平衡"变为"生态环境"的由来，时任全国人大常委会委员、已故中科院院士黄秉维先生的意见起了决定性作用。在全国人大讨论宪法草案时，针对草案中"保护生态平衡"这一说法，他当时认为"平衡可以是好的，也可以是坏的，不平衡也是这样"，所以"就主张将'平衡'改成'环境'"④。就这样，"生态环境"一词进入了我国法律，而且还是作为根本大法的宪法。随后，它得到了广泛使用，无论是官方文件，还是学术界，抑或现实生活中。

然而，主要是学术界对于"生态环境"一词的内涵和外延有不同的看法。黄秉维院士于 1998 年 2 月 13～14 日于其 85 岁华诞上表示："生态环境就是环境，污染和其他的环境问题都应包括在内，不应该分开，所以我这个（"生态环境"的）提法是错误的"；"现在我不赞成用'生态环境'这一名词，但大家都用了……禁止不了，但应该有明确的定义"⑤。2003 年，黎祖交发表文章认为"生态环境"的提法值得商榷⑥，从而引发了学术界对于该术语是否科学、是否应该继续使用的讨论。特别是，钱正英、沈国舫和刘昌明三位院士上书中央领导，建议逐步改正"生态环境"一词的提法⑦。国务院责成全国科技名词委召开专题研讨、提出意见。全国科技名词委于 2005 年 5 月 18 日

① 编辑委员会. 2002. 中国大百科全书•环境科学. 北京：中国大百科全书出版社：134.

② 编辑委员会. 2002. 中国大百科全书•环境科学. 北京：中国大百科全书出版社：328.

③ 侯甬坚. 2007. "生态环境"用语产生的特殊时代背景. 中国历史地理论丛，(1)：116-123.

④ 黄秉维. 1999. 地理学综合工作与跨学科研究//本书编辑组. 陆地系统科学与地理综合研究——黄秉维院士学术思想研讨会文集. 北京：科学出版社：1-16.

⑤ 黄秉维. 1999. 地理学综合工作与跨学科研究//本书编辑组. 陆地系统科学与地理综合研究——黄秉维院士学术思想研讨会文集. 北京：科学出版社：1-16.

⑥ 黎祖交. 2003. "生态环境"的提法值得商榷. 浙江林业，(4)：8-10.

⑦ 钱正英，沈国舫，刘昌明. 2005. 建议逐步改正"生态环境建设"一词的提法. 科技术语研究，(02)：20-21.

召开研讨会，与会专家各抒己见，虽讨论热烈深入，但并未达成共识；该委在其《中国科技术语》2005 年第 2 期“热点词 • 难点词纵横谈”专栏刊登了 14 篇专家文章。对于是否应该继续使用“生态环境”和“生态环境建设”的表述，有学者将专家们的意见归纳为立即纠正、逐步改正、分别使用“生态与环境”和“生态环境”的表述、继续使用，以及继续审定和研讨这五种，认为“在国家大法和施政大纲层面上，‘生态环境’一词属于政府用语（法定名词），语法上表现为偏正和并列结构，可以继续使用，而在学术研究和社会实践的技术操作层面上”则不宜。[①]就这样，“生态环境”一词继续而且更大量、广泛地使用着。

国内学术界关于生态环境的代表性定义有以下六类：①将生态环境与人类环境作为同义词；②将生态环境与生态系统作为同义词；③将生态环境定义为“生态学中的环境”；④将生态环境定义为自然环境；⑤将生态环境定义为以人类为中心的生态系统；⑥将生态环境理解为“生态和环境”[②]。

笔者认为，对“生态环境”一词的出现和使用，需要从动态的、国际的视野进行考察。从环境保护的发展历史来看，在 20 世纪 90 年代以前，当人们提及“环境保护”一词时，通常是指保护人类环境[③]，特别是防治污染。对于“环境保护”中的“环境”一词，人们通常是指《新牛津英语词典》中关于环境（the environment）的第二词义，即“自然世界，特别是指受人类活动所影响的全部或者特定地理区域的自然世界”。然而，由于并非所有的环境要素或者某一环境要素的全部都需要进行保护，以及由于 19 世纪末以来现代生态学的产生和发展，特别是随着人类对于生态系统功能认识的深化，从 20 世纪 70 年代开始，国际上日益注重从生态学或者生态系统的角度讨论环境保护问题[④]。于是世界范围内，无论是在学术文献中还是在法律或者官方文件中，出现了“environment（al）”[环境（的）]、“ecological”[生态学上的，生态系统的]、“（of）ecosystem”[生态系统（的）] 这三种表述相互替代使用的情况或者现象，而且“environment（al）”的实质含义等同于后两者的情况或者现象非常普遍。这表明了一种转变，从以保护环境要素为主到以保护、保育或增进生态系统健康为主理念的转变。无论“生态环境”一词出现的具体过程如何，它却歪打正着地符合了国际范围内的这种转变背景。我国自党的十七大提出建设“生态文明”以来，以“生态（的）”为前缀的术语或者名词日益增多，也体现了这种转变。将“生态环境”这一表述理解为“生态系统、生态学上的环境或者生态系统意义上的环境”，可以全面而科学地涵盖其内涵[⑤]。非常明显的是，生态环境用水绝不是前述《中国大百科全书 • 环境科学》定义下的“环境”的用水，只能是某一个或大或小的生态系统或其所

① 侯甬坚. 2007. “生态环境”用语产生的特殊时代背景. 中国历史地理论丛，（1）：116-123.

② 胡德胜. 2010. 生态环境用水法理创新和应用研究. 西安：西安交通大学出版社：3.

③ “人类环境”这一概念是 1972 年联合国人类环境会议提出的。

④ 例如，1971 年《关于特别是作为水禽栖息地的国际重要湿地公约》（下称《拉姆萨尔公约》）序言第 2 段表明，缔约国将“湿地的调节水份循环和维持湿地特有的动植物特别是水禽栖息地的基本生态功能”作为制定该公约的重要动机、原因或者目的。

⑤ 胡德胜. 2010. 生态环境用水法理创新和应用研究. 西安：西安交通大学出版社：3.

处流域（区域）的用水。

### 15.1.2 生态环境用水的概念

“所有生物都离不开水，任何健康、稳定的生态系统都需要一定最低数量和适当质量的水。水是健康生态环境的关键。”[①]生态环境用水可以分为三种：依水生态系统[②]的用水，依水生态系统以外的陆地生态环境的用水，以及维持全球性或者大范围生物地理生态系统重要进程的用水。其中，前两者可以落实到特定的生态系统或其所处流域（区域），是科学研究相对成熟的领域，是现阶段可以进行管理的领域，也是本章讨论的内容。

关于生态环境用水的现代研究发端于 20 世纪中期的欧美发达国家，旨在回应大型水利基础设施建设和运行及其严重的流量调节和地表水截（引）水而对生物多样性造成的不利影响[③]。到 20 世纪 90 年代就已普遍接受的观点是：“对淡水生态系统的保育及对其环境需求的评估应当从流量机制自然变化的意义上进行审视。”[④]从实证政策法律的角度进行分析，在国际层面上，可以由为大量国际法律文件所确认的 1992 年《21 世纪议程》第 18 章“保护淡水资源的质量和供应：对水资源的开发、管理和利用采用综合性办法”所证明。例如，该章第 18.2 段规定：“水为生命一切方面之所需。总的目标是确使地球上的全体人口都获有足够的良质水供应，同时维护生态系统的水文、生物和化学功能，在大自然承载能力的限度内调整人类活动，并防治与水有关的病媒。”

在国内层面上，澳大利亚和新西兰农业与资源管理理事会、澳大利亚和新西兰环境与保育理事会在 1996 年 7 月《关于生态系统用水供应的国家原则》中的下列表述最有典型价值和意义：“在所有生态系统中，水具有基础性作用。……许多生物物种，要么它们生命周期的全部，要么一部分，都完全依赖于河流或者水流机理。对这些生物物种而言，水为它们提供生境，使它们能够得以移动和迁徙，支撑它们的化学过程，传递或者转移营养物质，或者有助于包括卵和幼仔在内的繁殖物质的传播、有助于短期生境的重新生成。供应环境用水是一种有助于保护水生生态系统的自然生态过程和生物物种多样性的行动。”[⑤]

到了 2003 年，联合国教科文组织等机构认为，“无论就数量方面而言还是从质量

---

① 胡德胜. 2010. 生态环境用水法理创新和应用研究. 西安：西安交通大学出版社：7.

② 依水生态系统是澳大利亚首先运用的一个概念，它是指“其物种组成和自然生态过程是由流水或者静水的长期或者暂时存在而决定的这样一部分环境。河流水域、沿岸植物、泉水、湿地、泛水区都属于依水生态系统”。ARMCANZ，ANZECC. 1996. National Principles for the Provision of Water for Ecosystem. “依水生态系统”与“淡水生态系统”是两个近似、有时被混用的术语。第 10 届国际河流研讨会和国际环境流量会议通过的 2007 年《布里斯班宣言》认为淡水生态系包括河流、湖泊、洪泛平原、湿地及河口。

③ Matthews J H，Forslund A，McClain M E. 2014. More than the Fish：Environmental Flows for Good Policy and Governance，Poverty Alleviation and Climate Adaptation. Aquatic Procedia，(2)：16-23.

④ Smakhtin V，Revenga C，Döll P. 2004. A Pilot Global Assessment of Environmental Water Requirements，Water International，29 (3)：307-317.

⑤ ARMCANZ，ANZECC. 1996. National Principles for the Provision of Water for Ecosystem.

方面来说，水都是任何一个生态系统不可或缺的组成部分。减少自然环境需水的可用数量，将会产生毁灭性的后果”[①]。也就是说，如果一个重要生态流域（区域）缺乏最低数量和适当质量的水，环境、自然或者生态系统将不能维持其良好和健康的秩序或者状态。因此，水资源对于生态系统具有决定性影响。“生态环境具有用水需求，需要得到相应的用水供应。”[②③]

从历史和比较的角度来看，有关确定水体最低水量、水位或者水质的研究和实践，存在时间上的发展过程及地区间的一定差异性。早期主要是为确保航运或者垂钓娱乐需要而研究最低流量或者水位；其后考虑河流污染问题；后来则由于科学特别是环境科学和生态科学的发展，强调应该基于保护生态环境而研究生态环境需水和生态环境用水，涉及水量、水位或者水质等多个方面。当代则注重将生态环境用水管理融入一体化水资源管理之中[④]。就术语而言，有许多表达，而且早期使用但是后来仍然使用的一些术语的内涵发生了变化。例如，最初针对航运而提出的“最小河流流量”这一术语，人们现在已经将其内涵扩大，适用于保护生物或者生态系统方面[⑤]。

在研究这一问题的时候，国内学术界通常使用“生态环境需水”（或“生态需水”）和“生态环境用水”（或“生态用水”）两个概念，来分别表述生态环境所需要的水及其所使用（或者被确定使用、供应）的水。关于这两个术语的相应英文表述，前者主要有 the environmental water requirement，the environmental requirement for water 和 the environmental water need 等；后者主要有 the environmental water-use，the environmental water supply 和 the environmental water provision 等。“生态环境用水有广、狭两义，广义的生态环境用水包括生态环境用水需求和生态环境用水供应，狭义的生态环境用水仅指生态环境用水供应。”[⑥]

生态环境用水需求，简称生态环境需水，是指对某一生态系统的生态机理所需要的维持其生态价值处于较低风险水平的描述。[⑦]关于河道内生态环境需水，亦即依水生态系统需水，广为认同的概念是 2007 年《布里斯班宣言》对环境流量的下述界定：“描述需要用于支撑淡水和河口生态系统，以及依赖于这些生态系统的人类生计和福祉的水流流量的数量、时间和质量”。

生态环境用水供应，简称生态环境用水，是指能够得到满足或者实现的那部分生态环境用水需求。生态环境用水供应可能涉及以下六个方面：①河流中未经配置的流量，以及湿地和地下蓄水层中未经配置的水量；②专门配置的水量，以及/或者专门从储蓄水中给予的水量；③湿地中所保持的水位；④地下水所保持的水位；⑤土壤水

① UNESCO. 2003. The United Nations World Water Development Report：Water for People，Water for Life. Paris: UNESCO: 8.

② 宋炳煜，杨稢. 2003. 关于生态用水研究的讨论. 自然资源学报，18（5）：617-625.

③ 胡德胜. 2010. 生态环境用水法理创新和应用研究. 西安：西安交通大学出版社：7.

④ The Brisbane Declaration as proclaimed at the 10th International River Symposium and International Environmental Flows Conference，held in Brisbane，Australia，on 3-6 September 2007.

⑤ 胡德胜. 2010. 生态环境用水法理创新和应用研究. 西安：西安交通大学出版社：8.

⑥ 胡德胜，左其亭. 2015. 我国生态系统保护机制研究——基于水资源可再生能力的视角. 北京：法律出版社：30.

⑦ ARMCANZ, ANZECC. 1996. National Principles for the Provision of Water for Ecosystem：8；中文译文修改自：胡德胜，陈冬. 2008. 澳大利亚水资源法律与政策. 郑州：郑州大学出版社：92-93.

的状况；⑥向其他用水户配置或者提供的处于输送过程中的、其径流模式可以被描述为满足了某种环境需求的水量[①]。

我国关于生态环境用水问题的自然科学研究起步于 20 世纪末；尽管较晚，但进入 21 世纪后成果颇多。虽然对于“生态环境用水”尚未形成公认的定义，但是得到较多认同的是由中国工程院组织 43 位院士和近 300 位院外专家参加完成的《中国可持续发展水资源战略研究综合报告》中的定义。该报告认为：①广义的生态环境用水是指“维持全球生物地理生态系统水分平衡所需用的水，包括水热平衡、水沙平衡、水盐平衡等，都是生态环境用水”。②“狭义的生态环境用水是指为维护生态环境不再恶化并逐渐改善所需要消耗的水资源总量”；“狭义生态环境用水计算的区域应当是水资源供需矛盾突出，以及生态环境相对脆弱和问题严重的干旱、半干旱和季节性干旱的半湿润区”，主要包括“保护和恢复内陆河流下游的天然植被及生态环境；水土保持及水保范围之外的林草植被建设；维持河流水沙平衡及湿地、水域等生态环境的基流；回补黄淮海平原及其他地方的超采地下水”等方面的用水[②]。

关于生态环境用水需求和供应两者之间的关系，笔者早就指出主要有两个方面[③]。①研究生态环境需水的出发点和目的，在于从生态系统的角度对生态系统同水资源之间的关系进行研究，从而确定特定生态系统或其所处流域（区域）的用水需求的阈值范围。为了保障生态环境不退化或不破坏，必须满足阈值的要求。②从目前的多数情况来看，存在的问题是生态环境需水的最低阈值得不到满足的问题；换句话说，生态环境缺水问题普遍存在。因此，研究生态环境用水供应是在一定条件下确定对特定生态系统或其所处流域（区域）进行生态保育、恢复或者建设所需要的最低数量和质量的水，并且确保该最低数量和质量的水的供应。

### 15.1.3 生态环境用水的规律性和指标确定[④]

#### 1. 概述

关于生态环境用水的规律性和指标确定，需要从两个方面予以理解和考虑。一是作为主体的生态环境的用水需求；二是生态环境对水资源及其可再生能力的影响。第二个方面为大多数学者所忽视。研究表明，生态环境或者生态系统对水资源及其可再生能力具有一定的反作用[②⑤⑥]。首先，生态环境对水的使用通常意味着对水资源量的消耗。其次，在一定条件下，大面积水域生态系统可以增加当地的或者附近的降水

① ARMCANZ, ANZECC. 1996. National Principles for the Provision of Water for Ecosystem：8；中文译文修改自：胡德胜，陈冬. 2008. 澳大利亚水资源法律与政策. 郑州：郑州大学出版社：93.

② 中国工程院“21 世纪中国可持续发展水资源战略研究”项目组. 2000. 中国可持续发展水资源战略研究综合报告. 中国工程科学，2（8）：1-17.

③ 胡德胜. 2010. 生态环境用水法理创新和应用研究. 西安：西安交通大学出版社：10.

④ 该部分的部分内容来源于下列阶段性成果：胡德胜，左其亭. 2015. 澳大利亚河湖生态用水量的确定及其启示. 中国水利，（17）：61-64.

⑤ 胡德胜，左其亭. 2015. 我国生态系统保护机制研究——基于水资源可再生能力的视角. 北京：法律出版社：31-35.

⑥ 沈国舫. 2000. 生态环境建设与水资源的保护和利用. 中国水利，（8）：26-30.

量、地表径流，补充地下水及净化水质，从而在一定程度上改变水资源的空间乃至时间分布。最后，森林和草原生态系统，以及灌溉方式适当的非水田灌溉农田可以较大程度地提高水资源质量或者促进其提高，增加当地或者附近地域的降水量、地表径流及补充地下水，从而增加水资源量，特别是地表水资源量，进而改变水资源的时空分布。

未经人类改变的或者改变程度很小的生态系统，由于经过长期自然演变，它们大都相对稳定，处于一定的平衡状态，其用水需求通常与其所处流域（区域）的水资源可再生能力、时空分布基本协调；这是生态环境用水的先天规律性。对于其中稳定性脆弱但其位置或作用对于人类社会重要的生态系统，以及经人类较大程度改变而稳定性脆弱、恶化但其位置或作用对于人类社会重要的生态系统，人类在提高或者恢复它们的稳定性时，其用水需求通常与其处流域（区域）的水资源可再生能力、时空分布的关联程度相对较小，往往存在不协调的问题；这是生态环境用水的后天规律性。

在研究、讨论和决定生态环境用水问题的时候，从严格的程序过程上讲，往往需要先科学地估算需求，再合理地确定供应，这是生态环境用水的确定问题。然而，无论是在学术研究中还是在实践中，都普遍存在将这两个步骤合而为一进行讨论的做法。

## 2. 生态环境需水的估算

“生态环境需水的计算是生态环境需水研究的核心，是合理配置生态环境用水的依据。”[①]生态环境需水的估算有很多方法。这里运用文献研究方法，对河道内和河道外两种生态环境需水量予以简要归纳。

### 1）河道内生态环境需水量的估算

河道内生态环境需水主要是指河道、湖泊及其他依水生态系统（water-depended ecosystem）的生态环境用水需求。估算河道内生态环境需水在于考虑生态环境功能的要求（例如，动植物、水土保持、输水输沙等），估算相应的需水量。已有方法的代表模型、优缺点及适用范围见表 15-1。

此外，对于湖泊，还有水量平衡法和最小水位法等基本上专门关于湖泊最小生态环境需水量的估算方法[②③④]。湖泊水量平衡原理要求，为了保持湖泊蓄水量的平衡，应该根据出湖水量与入湖水量的差值，补充相应的水量。这个差值水量，就是湖泊生态环境需水量。这种方法就是水量平衡法。它主要适用于吞吐型湖泊；其入湖水量有上游来水、降水等，出湖水量有蒸发、渗漏、流出等。最小水位法是指，根据湖泊生态系统各组成部分的用水需求及其主要生态环境功能的用水需求，先确定湖泊的最小

① 马乐宽. 2008. 流域生态环境需水研究. 北京大学博士学位论文.
② 刘静玲，杨志峰. 2002. 湖泊生态环境需水量计算方法研究. 自然资源学报，17（5）：604-609.
③ 崔保山，赵翔，杨志峰. 2005. 基于生态水文学原理的湖泊最小生态需水量计算. 生态学报，25（7）：1788-1795.
④ 徐志侠，王浩，唐克旺. 2005. 吞吐型湖泊最小生态需水研究. 资源科学，27（3）：140-144.

水位或者水面面积，而后结合湖泊的形状确定湖泊生态环境需水量的方法。

**表 15-1　河道内生态环境需水量估算方法①②③**

| 估算方法 | 方法描述 | 代表模型 | 优点 | 缺点 | 适用条件 |
| --- | --- | --- | --- | --- | --- |
| 水文学方法/标准流量设定法 | 取历史流量资料中的年/季/月/旬均天然径流量的某一百分数作为推荐值 | Tennant 法、Texas 法、7Q10 法 | 历史数据易满足，无须现场测量 | 标准需要验证，没有考虑最大流量 | 比较适合于已进行过多年监测、数据资料充足的情形；主要适用于初步确定 |
| 水力学方法 | 据断面水力学参数（湿周、水面宽度、流速、深度和底质类型等）确定 | 湿周法、流量-河宽关系曲线法、R-2Cross 法 | 现场测量简单，资料易获取，不需详细物种生境关系数据 | 忽略河（湖）的季节性变化，不能适用于时令河（湖） | 比较适合于河（湖）床相对稳定的浅滩式类型 |
| 栖息地法/生境模拟法 | 根据给定物种所需栖息地与河（湖）流量之间的关系，建立定量化模拟模型，确定基流 | IFIM/PHABSIM 法、CASIMIR 法 | 可以量化，考虑生物因素，将生物资料与流量研究相结合，从而更具有说服力；可与水资源规划过程相结合，在水资源配置框架中直接应用 | 需要的生物资料不易获取，各因素之间关系复杂；要求投入相当多的时间、资金和专门技术；不适用于无脊椎动物和植物物种；针对局部地段和少量生物 | 适用于受人类影响较小的河（湖）；要求水体污染较轻，有充分的流量时间关系数据 |
| 环境功能设定法 | ①先划分若干段（区），再根据水质模型计算各段（区）需水量，最后汇总求出整体的最小需水量；②先计算各项生态环境需水，再依据生态优先原则、兼容性原则、最大值原则和等级制原则等，最后确定一个综合的生态环境需水量 | 环境功能设定法 | 思路清晰，理论性强，可从生态学理论上得到支撑；将水质和水量结合，综合考虑 | 结果偏大，实际上难以满足；难点是，在将各功能需水综合出总的生态环境需水时，如何避免重复计算 | 适用于估算湖泊及污染严重情形下的生态环境需水量 |
| 整体法 | 力求克服其他一些方法中只针对局部地段和少量生物，以及数据量不足的缺点，根据专家意见，从整体上全面分析各个组分及其相互关系，识别出对维持生态环境系统稳定性具有重要作用且能得到保障的流量，从而确定出整体生态环境需水 | BBM 法、HEA 法、专家组评价法 | 注重生态整体性；推荐的需水量能够同时满足生物保护、栖息地维持、泥沙沉积、污染控制和景观维护等功能；与流域管理规划较好结合 | 必须有实测天然日径流量系统、专家小组意见及公众参与等；资源消耗大，时间长，一般至少需要两年时间；不易应用 | 适用于具体河（湖）或者其段（区）时需要进行校正，在澳大利亚和南非应用较广 |

2）河道外生态环境需水量的估算

河道外生态环境需水是指依水生态系统以外的陆地生态环境的用水需求。特别是对于干旱和半干旱地区，以及对于本地水资源条件及其他环境条件允许的地区，适当植物的正常和健康生长，不仅能够抑制土地沙化、碱化乃至荒漠化，而且有利于优化水资源的时空分布。已有估算方法的方法描述、优缺点及适用范围见表 15-2。

---

① 靳美娟. 2013. 生态需水研究进展及估算方法评述. 农业资源与环境学报，30（05）：53-57.

② 左其亭. 2005. 论生态环境用水与生态环境需水的区别与计算问题. 生态环境，14（4）：611-615.

③ 马乐宽. 2008. 流域生态环境需水研究. 北京大学博士学位论文.

**表 15-2　河道外生态环境需水量估算方法**

| 方法 | 方法描述 | 优点 | 缺点 | 适用条件 |
|---|---|---|---|---|
| 直接法/面积定额法 | 以某一区域某一类型植被的面积乘以用（需）水定额 | 理论依据充分，方法相对成熟 | 关键点是如何科学确定单位面积需水定额，对参数要求较高 | 适用于基础工作较好的地区与植被类型 |
| 间接法/地下水位法 | 以某一植被类型在某一潜水位的面积乘以该潜水位下的潜水蒸发量与植被系数 | 根据潜水蒸发量的计算来间接计算 | 所需数据量大，强调实验机理 | 适用于湖泊、湿地，干旱区植被生存且主要依赖于地下水的区域 |
| 修正彭曼公式法 | 首先根据气候资料计算植被的可能蒸散量，其次根据植物特性计算植被的实际蒸散量；最后，结合土壤含水量等计算植被的实际需水量（蒸散定额） | 方法简单、成熟，操作性强 | 计算结果为最大生态环境需水量，且计算结果偏大 | 适用于干旱区植被生存且主要依赖于地下水的区域 |
| 基于遥感的植被生态环境需水量计算法 | | 利用遥感和 GIS 技术进行生态分区，确定各级生态分区的面积，然后根据实测资料计算不同植被群落、不同覆盖度、不同地下水位埋深的植物蒸腾和潜水蒸发，进而求出整个区域的生态环境需水量 | 工作量大、技术复杂，需较多数据支撑，数据获取较难，费用较高 | 适用于面积较大的植被区域 |

21 世纪初期，我国有学者提出了城市生态环境用水问题，提出城市生态环境需水量应包括城市生活需水量、工业需水量和自然生态环境需水量，并且进行了一些研究[①②③④]。然而，将城市这一人工生态系统的用水问题作为生态环境用水问题进行研究，一方面偏离了生态环境用水的研究方向，另一方面，违反了“以水定城、以水定地、以水定人、以水定产”的量水而行原则。因为研究生态环境用水问题的目的，在于保护、修复、提高或者改善生态环境的健康，而不是保障缺乏水资源支撑的、无序发展的城市用水，尽管对于城市内及其周边重要的自然生态环境需水需要予以保障。笔者认为，可以研究城市用水需求和供应乃至保障问题，但是不宜冠以“城市生态环境用水”之名。

## 3. 生态环境用水量指标的确定

在对生态环境需水量进行估算之后，下一步的工作是确定生态环境用水量指标，并据之配置水资源。然而，并“不存在单一的关于确定生态流量的最佳方法、路径或者框架”[⑤]。因此，是采用哪一种估算方法的估算值，还是综合考虑两种或者两种以

① 田英，杨志峰，刘静玲，崔保山. 2003. 城市生态环境需水量研究. 环境科学学报，(1)：100-106.
② 姜翠玲，范晓秋. 2004. 城市生态环境需水量的计算方法. 河海大学学报（自然科学版），(1)：14-17.
③ 胡习英，陈南祥. 2006. 城市生态环境需水量计算方法与应用. 人民黄河，(2)：48-50.
④ 于晓，陈稚聪. 2007. 城市生态环境需水量研究. 中国农村水利水电，(6)：4-7.
⑤ Dyson M. 2003. Flow：The essentials of environmental flows. Switzerland：IUCN：6.

上估算方法的估算值来确定生态环境用水量指标是一个问题。

这一问题一方面取决于具体生态系统或其所处流域（区域）本身的特点，其所处位置的地理、气候、降水量、水文等自然状况。例如，在年降水量 400～600 毫米的黄土高原北部，这一降水量是能够支撑某些种类的树木生长的。除了种植和保育期需要取水浇灌外，稳定以后不再需要灌溉；而且大面积的林区不仅可能形成常年地表径流，而且能够补充地下水，从而在一定程度上调整水资源的时空分布。陕北地区通过实施淤地坝工程建设和相应的绿化活动，很多只有在雨季才有径流的山沟有了常年径流[①]。宁夏通过实施六盘山生态修复工程，绿化面积增加几年后，很多干涸多年的山沟有了溪流[②]。例如，辽宁省北镇县李屯小流域，随着林草覆盖率的大幅度提高，原来干涸的山沟支流恢复了清水长流，过去高温、寸草不生的光山秃岭地表温度明显下降，空气湿度提高，干涸的山泉重新出现了清水[③]。

另一方面还需要考虑其他因素或者目标。例如，基于生态系统稳定性理论及生态功能区重要性程度而确定的生态功能区的类别，基于本地水资源状况及其可再生能力而确定的生态环境建设目标，以及外来水可能性的期限和数量。这些都会影响生态环境用水量指标的确定。

## 15.2 生态环境用水管理：国际政策法律和学术层面

### 15.2.1 生态环境用水的国际政策法律[④]

在国际政策法律层面，20 世纪 70 年代以来，制定了许多涉及水资源的国际政策法律文件，而且生态环境用水在其中得到了程度和范围有所不同或者差异的规定。

就全球性文件来说，1971 年《拉姆萨尔公约》承认人类与环境之间的相互依存关系，认同湿地的基本生态功能。由于湿地离不开水，所以湿地有获得水的权利，人类有义务保障其用水。1972 年《保护世界文化和自然遗产公约》第二条规定的自然遗产包括有关由物质和生物结构或这类结构群组成的自然地貌、地质和自然地理结构，明确划分为受威胁的动物和植物生境区，以及天然名胜或明确划分的自然区域。符合条件的湖泊、河流及其他水生态系统被列入了自然遗产[⑤]，从而得到有效保护。1972 年《联合国人类环境会议宣言》提出“自然生态系统中具有代表性的标本，必须通过周密计划或者适当管理加以保护”。由于动物和植物的生命依赖于水并/或生存

① Hu D S. 2009. Poverty reduction and water governance: lessons from and problems in Northwestern China. Water Policy,（11）：645-660.

② 刘峰. 2014-7-12. 干涸的山沟沟有了溪流——宁夏固原市生态移民迁出区生态修复调查. 人民日报，10.

③ 刘善建. 1994. 黄河中游水蚀地区的水与水土保持. 人民黄河，（10）：20-23.

④ 主要内容改写自前期成果：胡德胜. 2010. 生态环境用水：国际法的视角. 西安交通大学学报（社会科学版），30（2）：85-93.

⑤ 例如，中国的福建武夷山、云南三江并流、四川大熊猫栖息地、安徽黄山、黄龙名胜区、武陵源名胜区、九寨沟名胜区和新疆天山都被列入了《世界遗产名录》。

于水体之中，生态环境用水在该宣言中得到了暗含的承认。1992 年《里约环境与发展宣言》原则 1、原则 4、原则 7、原则 23 和原则 25 隐含性地规定了生态环境用水。1992 年《21 世纪议程》第 18 章在多处明确地规定了生态环境用水的实体内容。例如，其第 18.8 段规定，“在开发和利用水资源时，必须优先满足（人类的）基本需要和保护生态系统”。1992 年《关于水与可持续发展的都柏林声明》四项原则之第一项宣告淡水“对于……环境而言都是不可或缺的”，直接涉及生态环境用水的实体内容。1997 年联合国《国际水道非航行使用法公约》第 20 条要求“水道国应当单独地和在适当情况下共同地保护和保全国际水道的生态系统”。2003 年 3 月 23 日在日本东京召开的第三届水论坛上，通过的部长宣言声明“应该以一种可持续的方式保护和使用自然地捕获水、过滤水、储存水和释放水的生态系统，如河流、湿地、森林和土壤”①。

从区域性文件来看，美国和加拿大之间的《1985 年大湖区宪章》明确承认，“维持鱼类和野生动物栖息地，以及平衡的生态系统”是大湖区水资源的多种用途之一，规定其目标的重要内容之一是“维护五大湖及其支流和连接水域的水位和流量，保护和保育五大湖区流域生态系统的环境平衡”。②1994 年《多瑙河保护和可持续利用合作公约》第 2 条中将生态系统的保育和恢复作为合作目标的重要内容，并且要求水事管理合作应当是“基于一种稳定的、环境上合理的开发，同时特别关注避免持续的环境破坏及对生态系统的保护”。1995 年《湄公河流域可持续发展合作协议》的目标中有三项目标直接同生态环境用水有关，即保护环境和生态平衡、维持干流径流，以及预防和停止可能对环境产生的有害影响③。2000 年《共享水道议定书》规定，南部非洲发展共同体成员国有义务来保护和保持共享水道的生态系统，防止、减少和控制共享水道的污染和环境退化，防止外来的或者新的有害物种进入共享水道，保护和保全共享水道的水生生境。④

以上文件的规定可以证明，“生态环境用水的法律地位已经在众多的国际法律与政策文件中得到了承认、体现或者反映，尽管有时是间接的承认、体现或者反映”⑤。

### 15.2.2　生态环境用水管理的国际学术认识

关于是否应该将生态环境用水纳入水资源管理体系之中，国际科研学术机构、著名学者乃至重要的国际组织有着明显的一致认识。

对于备受认同的一体化水资源管理这一理念，全球水伙伴 1999 年的一份技术报

① See para. 24，Ministerial Declaration on 3rd World Water Forum 2003.23 March 2003. http://www.world. waterforum3.com/jp/mc/md_final.pdf [2008-5-31].

② See parts of Findings and Purpose of The Great Lakes Charter of 1985. Michigan Department of Natural Resource website. http：//www.michigan.gov/dnr [2008-12-31].

③ See arts. 3，6-7，Agreement on the Cooperation for the Sustainable Development of the Mekong River Basin，5 April 1995.

④ See art. 4（2）(a)，(b)（i)，(c）and（d)，Revised Protocol on Shared Watercourses.

⑤ 胡德胜. 2010. 生态环境用水：国际法的视角. 西安交通大学学报（社会科学版)，30（2)：85-93.

告将其定义为："一种促进水、土地及相关资源协调开发和管理的过程或者程序，它旨在不危及重要生态系统的可持续性的同时，以一种公平的方式，使经济和社会福祉的综合成果最大化。"[①]非常明显的是，该定义充分考虑了重要生态系统的用水需求。因为，正如时任世界银行主管法律事务副行长法律顾问的萨曼（M. A. Salman）先生所指出的：与一体化水资源管理密切相关的，是保护水资源生态系统的需要，而水资源生态系统范围宽泛，包括了与水源相连的动物、植物和土地。[②]

国际著名水资源政策学者、美国国家科学院院士格雷克认为，"水资源可持续管理必须包括六个方面：①用以维持人类健康的最低数量的水的人权；②对维护和恢复生态系统用水需求的承认；③对结构性方案（如增加供应）的依赖减少；④有效率用水原则的推行；⑤新的供水和分配制度的更有效设计；⑥决策过程中非政府组织和利益相关者的更多参与"[③]。在《水经济学新论》一书中，格雷克等提出"满足生态系统对水的基本需求。根据任何私有化协议，应当确保自然生态系统对水的基本需求。在世界上的任何地方，自然生态系统的基本供水保护必须放到应有的地位。这种保护应当写入每一份私有化合同，并由政府予以审查和强制实施"[④⑤]。

国际上颇负盛名的美国著名环境法和水资源法学家塔洛克（A. Dan Tarlock）经过研究后得出的结论是："尽管水资源可持续利用的定义很多，但都同意必须包括保护环境这一方面。"[⑥]

2003 年，联合国教科文组织等国际组织联合组织编写的联合国世界水资源开发报告《人类之水，生命之水》认为，"无论是从数量方面而言还是从质量方面来说，水都是任何一个生态系统不可或缺的组成部分。减少自然环境需水的可用数量，将会产生毁灭性的后果"[⑦]。在其后的联合国世界水资源开发报告之二《水——我们共同的责任》（2006 年）和联合国世界水资源开发报告之三《多变世界中的水》（2009 年）中，也都关注生态系统（服务）同水（资源）之间不可分割的联系，并强调水资源管理必须考虑生态系统的用水需求[⑧⑨]。

世界银行 2003 年《水资源领域战略》认为，生态性原则是现代水资源管理的 3

① Solanes M，Gonzalez-Villarreal F. 1999. The Dublin Principles for Water as Reflected in a Comparative Assessment of Institutional and Legal Arrangements for Integrated WaterResources Management. Global Water Partnership：22.

② Salman M A，Daniel D B. 2006. Regulatory Frameworks for Water Resources Management：A Comparative Study. World Bank：167.

③ Peter H G. 2000. The Changing Water Paradigm：A Look at Twenty-First Century Water Resources Development. Water International，25（1）：127-138.

④ Peter H G. 2002. The New Economy of Water，Pacific Institute for Studies in Development，Environment，and Security：5.

⑤ 彼得·H·格雷克. 胡德胜译. 2004. 水经济学新论——淡水全球化和私有化的利弊分析. 开封大学学报，18（1）：42-47.

⑥ Tarlock A D. 2005. Water Transfers：A Means to Achieve Sustainable Water Use //Weiss B.Fresh Water and International Economic Law. Oxford Press：35-59.

⑦ UNESCO. 2003. The United Nations World Water Development Report：Water for People，Water for Life. Paris: UNESCO：8.

⑧ UNESCO. 2006. The United Nations World Water Development Report 2：Water，a shared responsibility.Paris: UNESCO: especially Chapter 5.

⑨ UNESCO，et al.2009. The United Nations World Water Development Report 3：Water in a changing world. Paris: UNESCO: Chapter 8 and 9.

大基本原则之一，而且指出“自然环境是一个特别的‘用水户’，因为大多数环境事项都处于宏观水资源管理的核心部分，它不是一个毫不相干的用水领域的一部分”[①]。

世界自然保护联盟（IUCN）2003 年在其组织编写和出版的《环境流量——河流的生命》手册中指出，应该“将实施环境流量评估作为河流流域规划的组成部分”[②]。

2007 年 9 月 3～6 日，第 10 届国际河流研讨会和国际环境流量会议在澳大利亚布里斯班召开，来自 57 个国家的 800 多名科学家、经济学家、工程师、自然资源管理者和政策制定者与会。会议通过的《布里斯班宣言》认为：“环境流量对于淡水生态系统的健康及人类福祉都不可或缺。”

国际法协会 2004 年柏林会议通过的《关于水资源法的规则》第 13 条建议，对于国际共享的水资源，流域国在确定公平合理的利用方式时，需要考虑的因素包括流域的生态情况。它的第 5 章是专门规定保护水生环境。其中，第 22、第 24 条分别建议各国“采取一切适当措施”：①“维持依赖于特定水域的生态系统，以保护其必需的生态完整性”；②“确保能够保证流域水域（包括河口水域）的生态完整性的流量”[③]。

## 15.3　我国的生态环境用水保护：现状、政策法律及存在问题

### 15.3.1　我国生态环境用水的现状

由于单位面积水资源量小且时空分布不均，以及长期以来不可持续的水资源开发利用，我国挤占生态环境用水的现象非常严重。主要表现在河道外用水量的快速增长导致河道内生态环境用水量大量减少，特别是北方地区，甚至最基本的生态环境用水也得不到保障，从而造成水生态系统严重退化[④]。由于生态环境用水供应不足等因素，虽然“全国生态整体恶化态势趋缓，但尚未得到根本遏制，经济发展带来的生态保护压力依然较大”[⑤]。具体表现在以下几个方面。

（1）河湖生态功能退化。经济社会用水挤占生态环境用水，导致河流径流量减少，湖泊水面缩小，局部地区地下水超采，水生态破坏严重；北方主要河流年均挤占河道内生态环境用水约 132 亿米$^3$。20 世纪 60～90 年代实测月径流量资料表明，黄河区、淮河区和海河区的主要河流“干化”月数总体呈明显增加趋势。[⑥]

① World Bank. 2003. Water Resources Sector Strategy：Strategic Directions for World Bank Engagement.World Bank Publication：5，20.

② Dyson M. 2003. Flow：The essentials of environmental flows. Switzerland：IUCN：5.

③ 对于“生态完整性”，2004 年《关于水资源法的规则》的定义是：“水及其他资源足以保证水生环境的生物、化学和物理完整性的自然条件”　。

④ 中国环境与发展国际合作委员会. 2011. 生态系统管理与绿色发展——中国环境与发展国际合作委员会年度政策报告 2010. 北京：中国环境出版社：148.

⑤ 《全国生态保护与建设规划（2013—2020 年）》.

⑥ 中国环境与发展国际合作委员会. 2011. 生态系统管理与绿色发展——中国环境与发展国际合作委员会年度政策报告 2010. 北京：中国环境出版社：143.

（2）自然湿地萎缩，生态功能降低或丧失。2014 年 1 月《第二次全国湿地资源调查结果》显示[①]：全国湿地总面积 5360.26 万公顷，与第一次调查同口径相比减少了 339.63 万公顷；其中，自然湿地面积 4667.47 万公顷，与第一次调查同口径相比减少了 337.62 万公顷。

（3）排污量严重超过水环境容量，部分河湖水污染严重。2013 年，全国Ⅰ～Ⅲ类水河长比例仅为 68.6%，大部分湖泊处于富营养化状态，全国重要江河湖泊水功能区中符合水功能区限制纳污红线主要控制指标要求的达标率仅为 63%[②]。

（4）水土流失严重。国家发改委 2013 年的统计数据显示，全国水土流失面积 295 万千米$^2$，年均土壤侵蚀量为 45 亿吨，每年淤积水库库容为 16.24 亿米$^3$、损毁耕地 6 万多公顷[③]。

（5）森林资源人均水平低，质量不高。同样国家发改委 2013 年的统计数据显示，我国人均森林面积只有世界平均水平的 23%，中幼龄林比例高，结构不合理，总体质量不高。

（6）草地退化严重。我国草原超载过牧仍然严重，生态系统较脆弱。同样国家发改委 2013 年的统计数据显示，可利用天然草原 90%存在不同程度退化，中度以上明显退化的面积接近 50%。

（7）地下水超采严重。在我国部分地区，仍大量超采地下水。据有关统计资料，全国年均超采地下水 215 亿米$^3$，造成部分地下水资源枯竭，带来严峻的环境地质问题。

（8）生物多样性面临严重威胁。随着人类活动的加剧，生物物种遗传资源丧失和流失严重，对野生动植物构成严重威胁。国家发改委 2013 年的统计数据显示，有 233 种脊椎动物、104 种野生植物物种处于濒危或者极危状态。

## 15.3.2 我国生态环境用水的政策法律

### 1. 生态环境用水的法律地位

我国 2002 年水法第四条规定："开发、利用、节约、保护水资源和防治水害，应当全面规划、统筹兼顾、标本兼治、综合利用、讲求效益，发挥水资源的多种功能，协调好生活、生产经营和生态环境用水。"此外，在中共中央和国务院的一些文件中，也提出要考虑或者保障生态环境用水。例如，2005 年 12 月《国务院关于落实科学发展观加强环境保护的决定》在"切实解决突出的环境问题"部分要求"水资源开发利用活动，要充分考虑生态用水"。2011 年"中央一号文件"开宗明义地承认"水是生态之基"，多处指出水利工作要以保护生态为前提，要求"强化水资源统一调度，协调好生活、生产、生态环境用水"。2012 年《国务院关于实行最严格水资源管理制度的意见》关于最严格水资源管理制度的基本原则中，包括保障生态安全，坚持人水

① 国家林业局. 2014. 第二次全国湿地资源调查结果. 国土绿化，（02）：6-7.
② 水利部. 2013. 2013 年中国水资源公报.
③ 《全国生态保护与建设规划（2013—2020 年）》.

和谐，尊重自然规律，协调好生活、生产和生态用水。2015 年 4 月 25 日《中共中央国务院关于加快推进生态文明建设的意见》第（十三）部分要求“研究建立江河湖泊生态水量保障机制”。

分析这些规定，完全可以得出这样的结论：我国水资源政策法律明确承认生态环境用水的法律地位。

### 2. 生态环境用水的优先顺序

生态环境用水在我国水资源配置（权利）制度中的优先地位问题，可以从水资源开发和利用方面、水质保护方面及水权流转方面三个方面进行分析。

在水资源开发利用方面，2002 年水法第二十一条规定：“开发、利用水资源，应当首先满足城乡居民生活用水，并兼顾农业、工业、生态环境用水以及航运等需要”；“在干旱和半干旱地区开发、利用水资源，应当充分考虑生态环境用水需要”。也就是说，一般情况下因地区差异而存在如下两种情形：①在干旱和半干旱地区，城乡居民生活用水（即实现水人权的用水）处于第一优先顺序地位，而生态环境用水处于第二优先顺序地位；②在其他地区，实现水人权的用水处于第一优先顺序地位，而生态环境用水同农业、工业用水，以及航运用水等处于需要统筹兼顾的第二优先顺序地位，但是可能会基于统筹兼顾而在不同具体情况下于取舍方面有所差异[①]。特别是 2012 年《国务院关于实行最严格水资源管理制度的意见》之（十五）“推进水生态系统保护与修复”要求“开发利用水资源应维持河流合理流量和湖泊、水库以及地下水的合理水位，充分考虑基本生态用水需求，维护河湖健康生态”。

在水质保护方面，2002 年水法第三十三条第三款规定，在涉及水功能区的情况下，规定水域纳污能力的核定、水域限制排污总量的意见提出和确定，应当按照水功能区对水质的要求和水体的自然净化能力进行。在有关水功能区的水域构成一个生态系统的情形下，很显然，其对水质的需求被置于第一优先顺序地位；尽管实际上在多数情形下并非如此。

在水权流转方面，根据水利部规章、规章性文件或者政策的规定，将保障生态环境用水置于第一优先顺序地位。这体现在将水权流转对生态环境的影响作为一种限制，如水利部 2005 年《关于水权转让的若干意见》在水权转让的限制范围方面规定：“为生态环境分配的水权不得转让”（第 11 段），“对公共利益、生态环境或第三者利益可能造成重大影响的不得转让”（第 12 段）。

### 3. 生态环境用水量的确定

在生态环境用水的数量确定方面，我国法律目前没有相应的程序、规则或者方法。

---

① 例如，第二十二条关于在进行跨流域调水时应当防止对生态造成破坏的规定，以及第二十六条第二款关于规定建设水力发电站必须保护生态环境的规定，表明生态环境用水处于第二位的优先顺序地位。

鉴于生态环境用水制度不健全的状况，水利部在《水权制度建设框架》中提出水权制度建设的第一个基本原则是可持续发展原则，认为："要将水量和水质统一纳入到水权的规范之中，同时还要考虑代际水资源分配的平衡和生态要求。水权是涉水权利和义务的统一，要以水资源承载力和水环境承载力作为水权配置的约束条件，利用流转机制促进水资源的优化配置和高效利用，加大政府对水资源管理和水环境保护的责任。"

该框架进而提出，应当"建立生态用水管理制度，强化生态用水的管理，充分考虑生态环境用水的需求"。

#### 4. 重要生态环境用水保障措施

2002 年水法第三十条规定，在制订规划时，有关部门或者机构"应当注意维持江河的合理流量和湖泊、水库及地下水的合理水位，维护水体的自然净化能力"。可见，法律要求在流域规划和区域规划中规定生态环境用水的有关内容。

前已讨论，2002 年水法第二十一条规定，开发和利用水资源，在干旱和半干旱地区开发、利用水资源应当充分考虑生态环境用水需要，在其他地区应当兼顾生态环境用水。2008 年水污染防治法第五十条规定，"从事水产养殖应当保护水域生态环境"。

2002 年水法第三十条规定，在制订水资源开发、利用规划和调度水资源时，县级以上水行政主管部门、流域管理机构及其他有关部门"应当注意维持江河的合理流量和湖泊、水库以及地下水的合理水位，维护水体的自然净化能力"。2008 年水污染防治法第十六条也规定，国务院有关部门和县级以上地方政府在对水资源进行开发、利用和调节、调度时，"应当统筹兼顾，维持江河的合理流量和湖泊、水库以及地下水体的合理水位，维护水体的生态功能"。

《取水许可和水资源费征收管理条例》规定，为了维护生态与环境必须临时应急取水的，不需要申请领取取水许可证，尽管这需要经县级以上水行政主管部门或者流域管理机构的同意。我国在实践中已经多次对具有重要生态环境价值的水域实施生态调水，既实现了良好的生态效益，也取得了巨大的社会效益。例如，塔里木河、南四湖、白洋淀、黑河、黄河三角洲等生态调水。然而，存在的问题是，有些水域（如南四湖、白洋淀等）的紧急生态调水几乎是年复一年地进行，这一方面表明我国在水资源政策法律层面上没有能够解决重要生态环境用水的长效保障机制，另一方面也反映出缺乏应对紧急情况下维护生态环境用水的制度。

### 15.3.3 我国生态环境用水政策法律存在的问题

分析我国关于生态环境用水的政策法律，主要存在四个方面的问题[①]。

---

① 胡德胜. 2010. 论我国的生态环境用水保障制度. 河北法学，28（11）：59-67.

（1）在生态环境用水的数量确定方面，2002 年水法规定在开发、利用水资源时，应当在满足城乡居民生活用水之后兼顾农业、工业、生态环境用水及航运等需要，还规定在干旱和半干旱地区开发、利用水资源时必须充分考虑生态环境用水需要。2012 年《国务院关于实行最严格水资源管理制度的意见》要求充分考虑基本生态用水需求。尽管如此，我国目前在法律上缺乏比较明确的、具有可操作性的程序、规则或者方法。这种情形实际上导致生态环境用水无法得到长期有效的制度性保障。

（2）在水质方面，2002 年水法规定了在涉及水功能区的情况下的程序，即县级以上"水行政主管部门或者流域管理机构应当按照水功能区对水质的要求和水体的自然净化能力，核定该水域的纳污能力，向环境保护行政主管部门提出该水域的限制排污总量意见"；2008 年《水污染防治法》将向水体中排污进行许可管理的职责赋予了环保部门。但是，这一关于纳污能力的规定，除了在个别试点地区或者流域的某些方面以外，由于缺乏具有可操作性的规则而无法实施。这样，县级以上水行政主管部门、流域管理机构及其他有关部门"注意维持江河的合理流量和湖泊、水库以及地下水的合理水位，维护水体的自然净化能力"的责任、国务院有关部门和县级以上地方政府"维持江河的合理流量和湖泊、水库以及地下水体的合理水位，维护水体的生态功能"的责任，就无法具体落实。

（3）在涉及生态环境用水的环境影响评价制度和听证程序制度方面，虽然注重公众和利益相关者参与，但是存在漏洞和可操作性不强的问题，不能确保利益相关者或其代表的参与，不能在制度上防止遗漏利害关系人。这种情况致使环境影响评价制度和公众参与制度在保障生态环境用水方面的作用大大降低。

（4）对于损害生态环境用水的违法行为，缺乏有效的、具有可操作性的救济方法、措施和步骤。此外，尽管《水量分配暂行办法》第二条的"地表水资源可利用量"、"地下水资源可开采量"和"可分配的水量"三个概念中分别使用了"在保护生态与环境和水资源可持续利用的前提下"、"在不引起生态与环境恶化的条件下"和"统筹考虑生活、生产和生态环境用水"的条件或者限制，但是都缺乏具有可操作性的规定。

## 15.4　建立并不断健全我国生态环境用水保障机制的探讨[①]

生态文明的基础是有健康生态系统的存续。一个缺乏健康生态系统的社会大讲生态文明无疑是一种笑谈。笔者认为，在我国目前缺乏系统的生态环境用水保障体系的情况下，必须在最严格水资源管理制度之下，建立保障生态环境用水的制度体系，形成一种长效机制，并对其不断健全和完善。以科学发展观为指导，本着建设环境友好型、资源节约型社会，促进法治方略的运用，推进科学立法的原则，完善可持续发展

① 该部分的部分内容来源于下列阶段性成果：胡德胜，左其亭. 2015. 澳大利亚河湖生态用水量的确定及其启示. 中国水利，(17)：61-64.

政策法律体系的目标，我国建立并不断健全以保障江河湖泊生态水量为核心的生态环境用水保障机制需要从以下八个方面着手。

### 15.4.1 明确规定生态环境具有用水权利的法律主体地位

我国虽然在政策法律中承认生态环境用水的法律地位，但是并没有将之确定为一种权利。当代社会是一种权利社会，而且权利是“社会主体活动的核心，并构成社会主体活动的基本内容和具体目标，而凌驾于权利之上的权力退居次要地位并逐渐向权利转化，或慢慢淡化权力固有之色彩”①。

将生态环境用水作为“权利”提出，于国家实践上，首先出现在南非。1996 年 11 月《南非新水法的基本原则和目标》之原则 10 庄严宣告：“在为了公民的基本需要供水之后，被规定为权利的只有另外一种用水，这就是环境预留——保护为我们现在和未来水资源提供基础的生态系统。”②在学术理论上，第一次明确提出将权利赋予生态环境的，是胡德胜 2004 年 12 月向英国邓迪大学（University of Dundee）提交的博士学位论文 *Water rights in China：an international and comparative study*。该论文提出：“生态环境……为了其有益秩序或者可持续能力，享有在一定地点获得最低数量和合适质量的适格水的权利”③。他这样阐释生态环境用水权的内容，它包括两个方面。“①（生态）环境享有不可剥夺的获得最低数量和合适质量的适格的水的权利，从而维持其健康存在。这一权利应当受到法律的保护。②人类及其所组成的不同层次的群体负有职责或者承担义务，来确保（生态）环境的水权利的实现。”④

虽然作为用水权利主体的生态环境无法亲自主张和保护其权利，但是其权利可以由当代社会中的适格个人或其所组成之团体所代为主张和提出保护请求。生物中心论伦理学的创始人阿尔贝特·施韦泽（Albert Schweitzer）认为，有思想的人必须把“道德体系的应用范围从最狭小的家庭圈子首先扩展到家族，其次是部落，然后是全人类，最后是生态共同体”⑤。在 1972 年塞拉俱乐部诉莫顿一案判决中，美国最高法院法官道格拉斯（William Orville Douglas）认为：“当然，赋予自然体权利应当是可以进行意志拟制的，像人类的代理人制度一样地赋予自然物以代理人，这样才能够真正提高自然体的法律地位，使之能够为保护自己而起诉”⑥。从程序法上讲，我国目前关于环境公益诉讼的法律已经基本具备这样的程序性法律规定。因此，我国有必要也有条件将生态环境用水确定为一种权利，将这一权利的法律主体界定为生态环境，并规定这一权利可以由能够提起环境公益诉讼的单位或者个人予以主张和提出保护

---

① 危建华. 2001. 权利社会与权力配置. 行政与法，(4)：9-12.

② (South Africa) Department of Water Affairs and Forest，White Paper on a National Water Policy for South Africa (April 1997)：16，35.

③ Hu D S. 2005. Water rights in China：an international and comparative study. PhD dissertation. University of Dundee.

④ Hu D S. 2006. Water Rights：An International and Comparative Study. IWA Publishing：184.

⑤ 曹明德. 2002. 从人类中心主义到生态中心主义伦理观的转变——兼论道德共同体范围的扩展. 中国人民大学学报，(3)：41-46.

⑥ Sierra Club v. Morton，405 U. S. 727 (1972).

请求。

### 15.4.2　建立重要生态系统或其所处流域（区域）名录

20 世纪以来生态学的发展，特别是生态系统规律的划时代发现，让人类日益认识到："保护环境的实质是保护生态系统，特别是保护地球上的重要生态系统及保护地球整体生态系统的重要过程。"[①]作为一个整体，地球本身就是一个大的生态系统；这个大的生态系统可以分解为既相互独立又相互关联的许多大大小小的生态系统。但是，人类及其群体没有能力、没有可能、也没有必要对其中每个都进行同等的保护或者保育，客观上也不可能满足所有生态系统的用水需求。因此，需要根据唯物主义之矛盾论的理论，选择其中重要的生态系统或其所处流域（区域）进行保护。对此，国外理论界和实务界早有共识。我国学术界在国际交往中也逐渐认识到了这一点。例如，中国环境与发展国际合作委员会编写的《生态系统管理与绿色发展——中国环境与发展国际合作委员会年度政策报告 2010》在给中国政府的政策建议中，建议"强化管理，让重要陆地生态系统休养生息"[②]。

国外政策法律在这一方面的有益做法，值得借鉴。

（1）印尼。印尼政策法律规定，水资源开发应当在野生动物保护区和自然保护区以外进行，并就湿地和河流保护和利用制定了专门性的单行法规。例如，1991 年河流法规注意维持河流流量，规定除非根据政府颁发的许可证，不得改变河流流量。

（2）墨西哥。墨西哥 1992 年国家水法规定了保护区、管制区、保育区和禁止区四种水资源保护区域；其中，管制区、保育区和禁止区直接同重要生态系统的保护相关。特别是第 40 条第 2 款要求有关禁止区的法令必须说明受影响的生态系统或者水生生态系统的状况，以及对水生生态系统、可用水量及其空间分布，抽取量、补充量和径流量的损害的分析结果。第 41 条规定，基于环境保护（包括重要生态系统的保育或者恢复）而确保最低流量的目的，联邦行政部门可以通过命令的形式，宣告或者终止全部或者部分水资源作为保育区。

（3）欧洲。保加利亚 1999 年水法[③]第 116 条第 1 款规定，保护水资源的目标是"维护适宜的水量和水质,以及健康的环境，保育生态系统……"；第 2 款第 3 项规定应当建立水保护区，而且第 149a 条规定水资源管理规划应当包括保护水保护区的内容。土耳其 2005 年湿地条例禁止从湿地中抽取地表水和地下水，禁止将供给湿地的水流和其他地表水改道；1983 年国家公园法规定，在国家公园内不得破坏自然和生态平衡，以及自然生态体系，不得损坏野生动植物。乌克兰 1995 年《水法典》和 1998 年《乌克兰国家环境保护政策原则指南》都要求建立水资源保护区，并制定相

---

① 胡德胜. 2010. 生态环境用水法理创新和应用研究. 西安：西安交通大学出版社.

② 中国环境与发展国际合作委员会. 2011. 生态系统管理与绿色发展——中国环境与发展国际合作委员会年度政策报告 2010. 中国环境出版社：180-181.

③ 保加利亚《水法》颁布于 1999 年 7 月 27 日，生效于 2000 年 1 月 28 日。本书根据其截止于 2011 年 10 月 14 日修改的版本进行讨论。

应制度，从而实现良好水文状况的保持和改善，防止对水、河流产生有害影响。

（4）其他一些国家。加拿大不列颠哥伦比亚省 1996 年水法第 62 条规定，为了解决或者预防用水户同河道内流量要求之间的冲突，或者对水质的风险，部长可以为了制订一项水资源管理规划而划定一个区域；而他可以考虑与鱼类、鱼类栖息地及其他环境问题有关的事项。乌兹别克斯坦 1993 年《水体和水体利用法》第 67 条规定：对于因具有科学或者文化价值而依法被宣布为保护区的水体，不得用于经济用途；国家公园用水是永久性用水，免收水资源费。肯尼亚 2002 年水法第 17 和 44 条，以及 1976 年《野生动物（保育和管理）法》第 9 条分别规定了针对地表水的保护区制度、针对地下水的地下水保育区制度及国家公园管理制度，并规定主管部长可以为了生态环境保护，划定一个区域并优先保障其用水供应。

因此，我国需要基于稳定性和重要性划分生态功能区类型，建立重要生态系统或其所处流域（区域）名录。根据“十一五”规划、“十二五”规划及 2015 年《中共中央国务院关于加快推进生态文明建设的意见》关于建立全国性或区域性的重要生态功能区、促进自然生态恢复的规定或者要求，笔者建议对于重要生态系统或其所处流域（区域）实行（国家、省、市、县）四级两类（强制和自愿）名录制度，并将之纳入最严格水资源管理制度体系之中。

### 15.4.3 完善水资源配置体制

水资源具有多种功能，既是社会物品，又是生态物品，还是经济物品，完全以自由市场进行配置是不科学的，也是行不通的。“水资源配置体制在结构上涉及实体水权利、配置程序、监管机构这三项相辅相成、相互影响的内容。”①从最终用水户用水的目的以及直接经济性两者进行综合考虑，水权利可以分为水人权、生态环境用水权及经济性水权三种基本水权利②。水资源配置有五种基本程序，即自然性享有的法定水权利，通过国家执行或者行政机构程序取得的水权利，依习惯或者传统而享有的水权利，附属于土地权利而享有的水权利及通过市场配置而获得的水权利③。可以综合考虑科学运用这五种程序，使生态环境获得用水供应。

“徒法不能以自行。”（《孟子·离娄上》）因此，必须完善水资源配置体制，确保生态环境用水供应。笔者认为，完善水资源配置体制需要特别关注以下五个方面。①注重运用矛盾论，特别强调和关注满足人类基本需要及确保重要生态系统或其所处流域（区域）用水两个重要方面，建立尊重社会规律、生态规律和经济规律的水资源配置体制。②对于生态环境用水权这一其权利主体不能自行主张的权利，客观上需要根据国家管理原则，主要由国家对生态环境用水进行切实而有效的监管。③在初始配

① 胡德胜，左其亭. 2015. 我国生态系统保护机制研究——基于水资源可再生能力的视角. 北京：法律出版社：73.

② Hu D S. 2006. Water Rights：An International and Comparative Study. IWA Publishing：9-45.

③ 胡德胜，左其亭. 2015. 我国生态系统保护机制研究——基于水资源可再生能力的视角. 北京：法律出版社：77-78.

置程序和实施中，应该确保基本生态环境用水需求得到满足。④允许乃至鼓励可交易水权（配置）的持有者行使权利，用其可交易水权（配置）来满足生态环境用水需求。⑤规定可交易水权（配置）的转让（交易）不得对任何重要生态系统或其所处流域（区域）于转让（交易）之前的生态环境供水状况造成损害。

### 15.4.4　确定最低用水的程序、规则或者方法

只有有了确定重要生态系统或其所处流域（区域）最低用水的程序、规则或者方法，才有可能切实保障生态环境用水。下面首先介绍国外的一些有益做法，接着提出笔者的建议。

（1）澳大利亚。塔斯马尼亚州根据自己的水资源条件，就河湖生态流量的确定方法和程序，在《水资源管理政策（2001 年第 1 号）：生态环境用水》中做出了规定。它首先规定水文学方法是一般情形下的方法，要求以 1 个月为最长时段的平均流量和/或平均水位作为河湖生态用水量。实际中运用了 Tennant 法和 SKM Tool 法这两种方法；后者主要用于评估较小的湖泊。其次，区分是否属于用水紧张的河湖及流量高低期。①对于用水不紧张的生态系统，将环境供水设定为等于环境用水需求。②对于用水紧张的生态系统，在低流量期间，尽可能运用河道内流量增加方法（In-stream Flow Incremental Methodology，一种根据澳大利亚实际情况改进后的河道内栖息地方法，它基于河道内物种对栖息地的偏好曲线而确定生态用水量）确定环境用水需求；否则，采用适当的替代性科学方法。③对于用水紧张的生态系统，在低流量以外的期间，运用整体估算方法来确定环境用水需求，而且要求至少包括对产卵流量、冲刷流量、维持渠道流量的评价。在实践中，大多数河湖使用了美国陆军工程兵团首提的栖息地法；不过，塔斯马尼亚州使用的是经过戴维斯（Davies）和亨弗里斯（Humphries）改进而形成的风险评估型栖息地法。[①]这些水文学法和栖息地法在塔斯马尼亚州 40 多个集水区得到了应用，用于确定有关河湖的生态用水量。为了执行“环境供水应当及时反映环境用水需求理解过程中的监测体系及其改进”这一原则，克服由水文学法和栖息地法的缺点所产生的问题（即主要提供关于最低生态环境用水需求的评估但是缺乏关于生态系统组成要素的其他方面较详细的评估），塔斯马尼亚州不断在实践中探讨如何使用整体估算法来确定河湖生态用水量，从而使河湖流量机制更符合自然的流量机制，更符合生态系统的整体需求。例如，以增加洪水作为主要考虑的整体估算法在 Tomahawk、Boobyalla、Coal、Lower Derwent、Elizabeth、Jordan 及 Gordon 等河流进行了试验，辛克莱・K. 梅尔茨（Sinclair Knight Merz）提出的 FLOWS 型整体估算法在 Welcome 河进行了试验。

（2）欧洲。英国对于适用可接受最低流量制度的生态环境区域，适用该制度下决

① Tasmania. 2007. Department of Primary Industries and Water，The Tasmanian Environmental Flows Framework，Technical Report No. WA 07/03.

定可接受最低流量的程序、规则或者方法[①]。例如，在决定某一水域可接受最低流量时，1991 年水资源法第 21～第 23 条要求设定：①用于测量该水域流量的控制点；②在每一控制点使用的测量方法；③在每一控制点的可接受最低流量，或者，如果适当的话，在文件明确的不同时间或者期间，在每一控制点的不同可接受最低流量。捷克 2001 年水法第 35 和第 36 条规定，水资源主管部门应当根据河流流域管理规划和环境部颁布的确定最低流量或水位方法指南，并且考虑现有地表水和地下水状况，特别是特定河流流域或者水文区域的水平衡结果，规定地表水的最低本地流量或者地下水的最低地下水位。保加利亚法律规定，用水和水体利用都应当强制要求确保水道中必要的最低生态流量，并且就水生态系统和湿地的可允许的最低河流流量的确定事宜做出了具有可操作性的详细规定[②]。例如，1999 年水法第 135 条规定，“环境和水事部长应当批准一种用于确定河流最低流量的方法体系”，单独地或者会同其他有关部长颁发有关指南的法令，指南由有关研究机构会同保加利亚国家科学院编制并应当符合本国的自然和经济条件。

（3）美洲。美国《1972 年密西西比州法典》第 51-3-3 条建立了适用于溪流的最低流量制度和适用于湖泊的平均最低湖泊水位制度，具体都由该州环境质量委员会负责实施。最低流量制度要求为了满足《水资源，监管和控制》所规定的合理需要，决定和确定一条特定溪流在特定地点的最低流量。平均最低湖泊水位制度则要求确定一个特定湖泊的平均最低湖泊水位，而且根据第 51-3-7 条第 3 款的规定，在“州水资源合理利用规划要求时，经过举行一次听证，环境质量委员会可以确定一个高于所确定平均最低湖泊水位的水位”。

（4）非洲。南非的生态环境用水是通过预留制度得到确定的。根据水事和森林部制定的预留确定程序，每一处水资源将确定基本人类需求、水生生态系统维持及涉及的国际义务的水资源。预留确定程序所确定的生态环境用水，将明确每一处水体所需要维持的流量水平、物理和化学指标（对地表水和地下水而言）和生物质量指标（仅对地下水而言）[③]。肯尼亚有关水生生态环境用水量的确定就是预留的确定。2002 年水法在第十三条从如下三个方面专门规定了预留的决定问题。①程序上，部长应当通过在政府公报上发布通告的方式，对于已经根据该法进行过分类的每一水资源的全部或者部分，决定预留。②内容上，每项预留决定都应当确保相应预留的每个方面有充足的水量和水质。③所有政府机构在行使其与水资源有关的任何法定权力，或者在履行其与水资源有关的任何法定职能的时候，都应当考虑预留的要求，并且赋予预留以效力。[④]

笔者认为，在确定我国重要生态系统或其所处流域（区域）最低用水的程序、规则或者方法上，程序上至少需要包括以下三个方面。①由国务院或者水利部会同国务

---

① 胡德胜. 2010. 英国的水资源法和生态环境用水保护. 中国水利，（5）：51-54.
② 胡德胜. 2010. 保加利亚生态环境用水法律与政策. 环境保护，（10）：70-71.
③ 胡德胜. 2010. 生态环境用水法理创新和应用研究. 西安：西安交通大学出版社：208.
④ 中文译文修改自：胡德胜. 2010.23 法域生态环境用水法律与政策选译. 郑州：郑州大学出版社：236.

院其他有关主管部门，批准用于确定生态环境用水的方法体系。②水利部单独地或者会同国务院其他有关主管部门颁发有关确定重要生态系统或其所处流域（区域）最低用水的指南，而指南由有关研究机构会同中国科学院、中国工程院根据我国的自然和经济条件予以编制。③对于每一个重要生态系统或其所处流域（区域）最低用水的确定，通过招标程序确定编制单位，适用《环境影响评价法》的有关规定，经过公众参与程序和科学验收程序，最终确定其最低用水。

在实质内容上，生态环境用水应该包括水量和水质，并且在确定时考虑以下八个方面：①水量可以用流量、水位或者数量方法进行衡量，水质应该通过排污总量的确定和分解措施做出详细规定。②一般情形下，生态环境用水通过水资源（权利）配置中所规定的水资源规划而实施，或者通过许可（证）方面的限制条件来界定。③应该在政策法律中明确重要生态系统或其所处流域（区域）的生态环境需水和生态环境用水的定义。④应该基于最长一个月的时间段，来确定重要生态系统或其所处流域（区域）的生态环境需水和生态环境用水的水量和水质。⑤将风险评价方法运用于生态系统需水评价。⑥规定重要生态系统或其所处流域（区域）的生态环境需水和生态环境用水的行政决定程序。⑦关于某一重要生态系统或其所处流域（区域）生态环境用水的决定，应该设定：用于测量生态环境用水的控制点，在每一控制点使用的测量方法，以及在每一控制点的最低水量。⑧只有在特殊情形下，才能依法对重要生态系统或其所处流域（区域）的生态环境用水水量进行修改。

### 15.4.5　发挥许可（证）类审批制度在保障生态环境用水中的作用

许可（证）及类似审批是国家监管水资源配置的必要措施。国外有一些有益做法。

（1）美国。就联邦层面而言，《联邦清洁水法》第四百零四条规定，向美国水域（包括湿地）内排放和填埋物品的行为、疏浚行为均受该法调整，行为人必须从美国陆军工程兵团取得许可证，而联邦环境保护署对于那些对市政供水、鱼类、野生动物或者娱乐区域具有令人不可接受的不利影响的许可证，有权予以否决[①]。由于任何跨流域水（权）转让或者转移都可能会影响原流域生态系统的用水供应，1992 年《中央谷地灌溉项目改进法》禁止那些明显减损供鱼类和野生动物使用的水的数量和质量的转移或转让。

加利福尼亚州在许可（证）程序上规定[②]：①州水资源管理控制委员会在颁发有关先占水权的许可证时必须附加保护公共利益的条款，特别是考虑河道内有益性用水。②任何种类水权的持有人，为了保育或者改善涉及该水的湿地栖息地、鱼类和野

① 胡德胜. 2010. 生态环境用水法理创新和应用研究. 西安：西安交通大学出版社：196-197.

② Sections 386，1025.5（b），1243，1725，1736 and 1810（d），California Water Code；California Trout，Inc. v. State Water Resources Control Board，207 Cal. App. 3d 584（1989）.

生动物资源，都可以依法向州水资源管理控制理事会提出变更目的的请求；也就是鼓励将用于其他目的的用水变更为生态环境用水的目的。③只有在发现做出的变更不会损害其他任何合法用水户并且不会不合理地影响鱼类、野生动物或者其他有益性使用，以及不会不合理地影响拟议水资源调出地的宏观经济的情况下，州水资源管理控制理事会才可以批准同一项依法提出的与转让相联系的任何变更。④禁止可能会对鱼类、野生动物或者其他河道内用水产生不合理影响的水（权）租赁、转让或转移。⑤《加州水法典》要求，在鱼类、野生动物或者其他有益性河道内利用遭受不合理影响的情形下，或者在水资源调出地所在县宏观经济或者环境可能受到不合理影响的情形下，公共机构的设施不得用于输送被转移的水。⑥根据加利福尼亚州判例法，为了确保下游鱼类能够享有充足的流量，对于可先占水资源的许可证，州水资源管理控制委员会应当依法予以变更。

1985 年大湖区宪章规定："如果对流域内水资源的截引单独地或者共同地会对湖水水位、流域内使用及五大湖生态系统产生任何严重不利影响，将不允许这种截引水。"作为大湖区流域内的密歇根州，其 1994 年《自然资源和环境保护法》明确规定，除非有特别规定，禁止从处于大湖区流域的州内向外输出水资源；即使在该禁止被法院判定无效的情况下，除非有法律的特别授权，仍然禁止该州内水资源的向外输出。[①]1972 年密西西比州法典第 51-3-13 条规定，该州许可证委员会在颁发用水许可证时，必须考虑生态环境用水的因素。

（2）澳大利亚。澳大利亚和新西兰农业与资源管理理事会、澳大利亚和新西兰环境与保育理事会两个部长理事会 1996 年 7 月通过的《关于生态系统用水供应的国家原则》之原则 9 要求"对所有用水户的管理应当以承认生态价值的方法进行"。塔斯马尼亚州和南澳大利亚州都力求在水资源政策法律中体现这一原则。塔斯马尼亚州规定[②]：利用水资源不得导致重大的环境损害或者严重的环境损害；法律的任何规定，都不赋予任何人这样一种取水权利。在供水不足或者用水过度的情形下，如果从某一水资源的取水率或者取水方式正在导致或者有可能导致对依赖于该水资源之水的生态系统的损害，部长在决定对可供用水的需求时，必须考虑依赖于该水资源之水的那部分生态系统对水的需求。而且部长在做出减少或者限制取水的决定时，除非相应的水管理规划另有规定，对依赖于水资源的生态系统的需求应当给予第二优先地位。在授予特别许可证的条件方面，为了满足依赖于任何一处相关水资源的生态系统的水需求，咨询委员会应当特别考虑所需要的水量，以及这些生态系统需要这些水的时间或者期间，必须决定设定的相应的条件。在关于对水转让或者转移设定条件的原则中，设定的条件包括环境影响（包括对依水生态系统的影响）。部长在批准转让或者转移时，可以基于确保生态环境用水的目的或者需要，设定有关条件。

南澳大利亚州水资源政策法律规定，取水权转让必须考虑对生态环境用水的影响[③]。主

① 密歇根州 1994 年《自然资源和环境保护法》第 332703 条和第 32703a 条第 1 款。
② 胡德胜. 2010. 生态环境用水法理创新和应用研究. 西安：西安交通大学出版社：139-141.
③ 胡德胜. 2010. 生态环境用水法理创新和应用研究. 西安：西安交通大学出版社：220.

要体现是：①在墨累河流域以外的任何集水区域内，水权利可以向下游转让，但是不应当向上游转让；②鉴于不同集水区域之间的取水权转让具有潜在的消极的环境影响，原则上不予支持；③区域自然资源管理规划应当包括必要的控制措施，确保在输入和输出区域环境所允许的限度之内利用引入的水；④考虑到不同地下水盆地之间的取水权转让具有潜在的消极的社会和环境影响，原则上也不予以支持。

（3）英国。英国水资源政策法律对水资源各方面的利用都规定了许可（证）制度，并要求许可（证）颁发机构设定必要的条件。一方面，它不排除向生态环境提供用水目的的申请和取水许可证；另一方面，国家河流局在处理取水许可证申请时，应当考虑确保所决定的不同时间或者期间的可接受最低流量的需要。[①]在取水许可证撤销或者修改方面，2003 年水法第 27 条规定，如果大臣认为为了保护依赖于水的动物或者植物免遭严重损害，他可以撤销或者修改一项许可证，而无须根据 1991 年水资源法第 61 条的规定支付赔偿。

（4）墨西哥。一方面，墨西哥水资源政策法律将对重要生态环境用水水量和质量产生直接或者间接的不利影响，或作为可以撤销水许可证、水配置或者排污许可，以及适用的其他许可撤销的情形之一，或作为否决有关水许可证、水配置或者排污许可的情形之一。另一方面规定，对于位于同一集水区域或者地下水层内的有关许可（证）转让申请，水事主管机构批准的条件是转让不得影响水系和相应集水区域或者地下水层的承载能力。[②]

（5）其他国家。捷克 2001 年水法第 6、第 7 和第 12 条的规定：原则上将不得损害自然环境和径流水文系统作为使用地表水的条件，特别规定影响径流水文系统的活动是属于需要许可证的活动；在用水户不遵守这一条件时，水资源主管部门可以监管、限制或者禁止用水户使用水资源，而且国家不需要进行赔偿；在规定的最低当地流量或者最低地下水水位发生变化的情形下，水资源主管部门根据其记录或者根据一项建议，可以变更或者撤销用水许可证。爱沙尼亚 1994 年水法在原则上要求所有影响或者改变水和水体生态特征的行为都需要取得许可，而且在第 9 和第 16 条规定应当将下列三种情形作为拒绝授予许可证的理由：①水的特别利用直接威胁到环境的；②国家的水体或含水层严重恶化而无法利用的；③水体条件的改变在生态学上被证明是不合理的。俄罗斯用水许可制度要求：①水体所有者负有采取措施保护水体，防止水体遭受污染、废弃和耗尽的义务；②将不得对环境造成破坏作为用水户的一项法律义务；③如果用水引起了环境破坏，可以中止和限制用水。印度尼西亚 2004 年水资源法第 34 条规定水资源开发不得妨碍环境平衡，应当在兼顾水源中生物多样性保育的同时执行水资源管理等计划，并且基于环境的可行性而实施；第 36、第 37 和第 39 条还要求利用水资源应当避免造成对水源及其环境的损害。在乌兹别克斯坦，1993 年《水体和水体利用法》第 35 条还规定了同保障生态环境用水有关的用水户的四项

① 胡德胜. 2010. 英国的水资源法和生态环境用水保护. 中国水利，(5)：51-54.

② 胡德胜. 2010. 生态环境用水法理创新和应用研究. 西安：西安交通大学出版社：174-175.

义务，对于违反用水和水资源保护规则的，除饮用和家庭目的的用水权以外，可以撤销其水体利用用权；1993 年《特别自然保护区域法》第 23 条禁止为了饮用和家庭生活以外的其他用途而从水资源保护区内取水，并且对于取水有一定的限制。

笔者建议，在保障生态环境用水方面，需要充分发挥许可（证）类审批在保障生态环境用水中的作用。总体上，对水量和水质的许可配置应该以不得挤占生态环境用水指标为原则。在个案的水量和水质许可（证）程序中，必须考虑生态环境用水因素。对于用水达到一定量（包括水量和水污染物排放量）的用水大户，可以考虑将合同方式同许可（证）颁发结合起来。允许乃至鼓励依法获得取水权的单位和个人在一定条件下将其获得的水或者水资源权利用于满足生态环境需水。对于违反许可（证）所设定条件，损害或者危及生态环境用水的被许可人，根据情节，做出处罚[①]。

### 15.4.6 科学运用激励措施保障生态环境用水

生态环境用水的服务对象是生态类公共产品，通常并不能给多数人带来直接的（经济）效益，而且有时还减损少数人的（经济）利益。因此，需要科学运用激励措施，促进有关各方共同行动或者配合行动，保障生态环境用水供应。对用水户收取水资源使用费，是运用经济杠杆管理水资源的重要手段和措施之一。实施科学合理的水资源使用费制度，有助于推动实现水资源的合理开发、利用和节约，从而有利于保障生态环境用水。

在国外，巴西 1997 年《国家水资源政策法》第 21 条规定，在确定水资源费时，需要根据不同的情形，考虑下列不同的因素：截水、集水和取水的，考虑转移的水量及流量变化；排放污水，以及其他的液态和气态废弃物的，考虑排放的数量，流量变化，污水的物理、化学和生物特征，污水的毒性。这实际上是通过水资源费的手段，调整水量变化和控制水体水质，有助于保障生态环境用水。乌兹别克斯坦水资源政策法律规定了以促进水资源的合理利用和保护为目的的激励措施。1993 年《水体和水体利用法》第 106 条规定：①针对特别用水、水体污染及任何其他种类的有害行为，收取费用；②向使用节水技术，以及起节水和水资源保护作用的单位和个人，给予税收、信贷及其他优惠措施；③建立一套有利于一体化的、合理的利用和保护水资源的各方面的激励制度，规定任何单位和个人都可以依法鼓励和促进实施有关合理利用和保护水资源的有关措施。根据印度 2002 年国家水政策第 19.1 段的规定，在干旱地区，鼓励草原、森林等需水较少产业的发展，并进行保护。由于森林、草原等生态系统具有重大的生态功能，这不仅通过利用较少用水改善了生态环境，而且也为生态环境用水提供了保障。

笔者认为，在激励措施的种类运用上，可以考虑采取精神和经济激励两类方式相结合。在精神激励方面，对在保障生态环境用水方面做出突出贡献的单位或者个人，

---

① 胡德胜. 2010. 生态环境用水法理创新和应用研究. 西安：西安交通大学出版社：306.

可以单独使用精神激励措施进行奖励，或者将之同经济奖励方式并用而进行奖励。在经济措施方面，可以考虑采取经济奖励、税费优惠、财政补贴和支付、信贷优惠、经济处罚、税费补收、强制评估及执行费用补偿等措施。

### 15.4.7　提高公众参与程度

早在 20 世纪 70 年代，公众参与原则或类似原则就已成为国际上得到广泛认可的环境保护领域的重要原则。它也被我国绝大多数环境与资源保护法学类教材列为该部门法的基本原则之一。社会公众对政府及其部门的有关管理工作进行监督是社会公众参与的不可或缺的内容之一[①]。为此，需要健全制度，加大力度，提高公众特别是利益相关者的参与程度，保障生态环境用水。以数据和资料的电子化为媒介，确保公众能够得到生态环境用水情况的所有政务和档案信息，是公众能够进行有效参与的前提，有利于强化生态环境用水保障。

国外关于流域取用水总量控制的经验表明，需要注重和保障公众参与权，既保障知情权（公开资料信息、提供查阅便利、允许公众旁听会议等），又规定实际参与权（必须征求公众意见、有关机构组成中必须有来自社会各界的代表），还保障参与机会权（为参与提供比较充足的时间）。

（1）澳大利亚。澳大利亚和新西兰农业与资源管理理事会、澳大利亚和新西兰环境与保育理事会 1996 年 7 月《关于生态系统用水供应的国家原则》之原则 12 要求“所有相关的环境、社会和经济利益各方应当参与环境用水供应的水资源配置规划和决策”。为了贯彻这一原则，塔斯马尼亚州的公众参与特别关注两个方面：①法律规定个人、机构或者社会公众享有权利并负有义务来实现生态环境用水；②提高公众对生态环境用水认识的基础性作用，强化不同部门及社会公众的参与制度（1999 年水管理法第 6 条，第 18 至第 27B 条）。南澳大利亚州水资源政策法律则强调，在制定或者修改州自然资源管理规划时，州自然资源管理理事会必须确保公众参与（2004 年自然资源管理法第 74 条第 8 款（a）和（c）项）。

（2）英国。英国水资源政策与法律注重利益相关者参与及公众参与，包括确保可接受最低流量在内的生态环境用水方面[②]。例如，1991 年水资源法第 21 条第 2 款规定，在起草任何此类关于任何特定内水水域的关于可接受最低流量的文件（草案）之前，国家河流局应当征询利益相关者的意见。在该法附录 5 中，公众参与制度更是在关于可接受最低流量的文件（草案）公布、公众查阅、公众意见的提供和考虑接纳、决定文件的公布和查阅等方面，得到了明确、具体和具有可操作性的体现。再如，2003 年水法第 14 条及配套的“2003 年水资源（环境影响评价）（英格兰和威尔士）附属法规”，更是就环境影响评价方面的事宜，做出了可操作性极强的明确而具体的规定。

---

① 马骧聪. 2012. 我国环境管理中的公众参与 // 马骧聪. 环境法治：参与和见证. 北京：中国社会科学出版社.
② 胡德胜. 2010. 英国的水资源法和生态环境用水保护. 中国水利，(5)：51-54.

（3）墨西哥。墨西哥 1992 年国家水法注重包括保护重要生态系统方面在内的有关知识宣传和公众参与。首先，它要求水事主管部门的秘书处、国家水事委员会和流域组织应当依法在儿童和大众节目中宣传和促进与自然资源合理利用有关的水资源保育文化，以及十分必要的有关生态系统和环境保护的文化（第 84A2 条）。其次，它规定流域或者集水区域委员会应当依法协调三级政府，调动社会有关涉水的用水户、个人和组织参加（第 5 条第 1 款）。再次，它鼓励用水户和个人参与水利工程和服务的活动和行政管理（第 5 条第 2 款）。最后，它规定包括各级政府在内的一切自然人和法人，都有义务维持重要生态系统的平衡（第 85 条）。

（4）土耳其。土耳其水资源政策法律注意加强包括保障生态环境用水在内的水资源和环境管理方面的利益（权力）各方和公共参与。例如，要求保护和利用生物多样性的规则应当通过征求地方政府、大学、非政府组织及其他相关团体的意见或者建议而制定（1983 年环境法第 9 条第（a）款）；环境和林业部在依法制定有关保护和管理湿地的程序和制度时，应当征询有关机构和组织的意见（第（e）款）；对于规划和运行阶段中任何新的开发活动，“环境影响评价条例”要求都必须提交一份环境影响评价报告，并经环境和林业部准备和批准。

（5）美国。美国 1972 年密西西比州法典第 51-3-21（6）条要求，州环境质量委员会在制订和修订州水资源管理规划的过程中，应当同相关的联邦、州或地方机构，特别是供水区和地方政府的管理理事会、其他利益相关者进行协商，认真评估后者的建议。在制订和通过州水管理规划时，为了确保最大程度的公众参与，委员会如果认为必要或者合适，可以召开相关的公众会议或者举行公众听证会。第 51-4-5 条主张，在对自然风景河流进行利用和保育之间，有必要进行合理平衡，而平衡最好通过一种强调地方教育、参与和支持的非强制性的自愿管理项目来实现。

（6）非洲。在南非水资源政策法律中，公众参与是预留确定程序、宣布减少河流流量活动程序和宣布受控制活动程序必不可少的步骤和过程，而且规定了政府机构在程序和形式方面的具体义务（1998 年国家水法第 16 条第 3 款，第 36～第 38 条）。肯尼亚 2002 年水法针对有关国家水资源管理战略事宜（第 11 条）、集水区域管理战略事宜（第 15 条）、许可取得程序事宜（第 29 条）、特殊情况下颁发许可事宜（第 33 条）及地下水保育区域事宜（第 44 条），都规定了需要经过公众咨询程序。为了确保公众咨询程序的贯彻和落实，第 107 条对公众咨询程序做出了明确而具体的规定。津巴布韦水资源政策与法律注重包括在保护水生生态系统用水方面在内的公众参与。例如，在 2003 年水法有关规划（纲要）公告和征求意见程序的规定（第 15 和 16 条）、有关规划（纲要）修改建议的公告和征求意见程序的规定（第 17 条）、有关许可证申请的规定（第 34 条）中，都有涉及利益相关者或者公众参与的规定。又如，1975 年公园和野生动物法第 83 条第 1 款规定部长根据公园和野生动物局的建议或者经征询后者的意见，可以通过在法律公报上发布通知的方式，宣告任何人成为任何水域的适格管理机构。

（7）其他一些国家。加拿大 1999 年环境保护法支持加拿大人民保护环境，要求

联邦政府应当致力于同各州政府进行合作从而保护环境，鼓励加拿大人民参与影响环境决策的做出（第 2 条第 1 款（d）、（e）和（f）项）。芬兰 2004 年水资源管理法落实本国宪法的规定，在第 15 条要求地区环境中心应当征求所有必要的意见或者建议，并规定了详细、具有可操作性的程序、步骤和措施。美国密歇根州 1994 年自然资源和环境保护法在第 307 章就有关内湖水位事宜对“利益相关人”做出了比较宽泛的界定，并且在第 30702 条第 1 款规定了某一内湖所在县县政府应当根据邻接该内湖 2/3 土地的土地所有者的请求，在 45 日内启动程序，采取必要步骤，决定该内湖的正常水位。爱沙尼亚 1994 年水法第 381 和 382 条鼓励县级政府、社区和居民，以及其他利益团体参与，并且对规划制订程序和公众参与程序做出了比较详细的规定。为了确保公众参与具有可操作性，环境部于 2001 年制定了“河流流域管理规划制定指南”。

对这些有益做法，我国可以借鉴，确保将公众参与和利益相关者参与制度贯穿于同保障生态环境用水有关的所有方面或者各个阶段。在环境影响评价制度和听证程序制度方面，应该确保被代表的利益群体的参与，在制度方面防止遗漏利害关系人。实践表明，公众参与特别是完善的公众参与制度，对违法行为特别是对涉及公权力行使的不法行为具有巨大的监督作用；这也是增加公众生态环境用水意识的科学性，建设社会主义生态文明，实现社会主义民主的需要和要求。

### 15.4.8　重建生态环境用水救济制度

我国古语有云：“徒善不足以为政。”西方法谚有谓：“缺乏救济的权利不是权利。”尽管激励性措施在生态环境保护政策法律的运用日益增多，但是，如果缺乏对危害生态环境的行为（既包括违法行为，也包括不违法但造成危害的行为）的有效救济制度，那么生态环境保护的目标仍将无法实现。在保障生态环境用水方面，也不例外。不少外国水资源政策法律中都有直接或者间接的针对危害生态环境用水行为的救济制度，涉及我国国内所说的刑事、民事和行政救济手段。其中，有些救济机制或者科学合理，或者令人耳目一新。

（1）澳大利亚。塔斯马尼亚州水资源政策法律强化对违法行为的救济和处罚，特别是 1999 年水管理法的有关规定具有比较强的可操作性、合理性和科学性，既有使受损事物能够得到有效和及时的救济，又不让违法者在经济上有利可图。例如，在处罚方面，对连续违法行为实施按日处罚的规定（第 54 和第 123 条）。又如，部长可以通知未能履行义务者，指令后者采取通知中所载明的行动；如果后者违反通知的，部长可以授权任何人采取通知中所载明的行动或者任何在该种情形下可能适当的其他行动；部长在这种行为中实际和合理发生的成本构成后者对部长的债务，部长可以在任何有管辖权的法院主张债权（第 282 条）。

（2）美国。为了维持合理水位，密歇根州 1994 年自然资源和环境保护法第 30720 条规定，未经合法授权的运行水位控制设施的行为，如果改变了或者导致改变了任何内湖的水位的，或者根据该法确定的正常水位或者任何以前法律规范的水位而且有权机构或者自然资源部已经采取措施来维持该正常水位的，行为人构成轻罪。在具体处罚和补救上，包括不超过 1000 美元的罚款或者不超过 1 年的监禁，支付恢复或者重建由于违法行为而受到损害或者破坏的水坝或者任何其他财产（包括任何自然资源）的实际费用。这就将刑事责任和民事责任并用，经济手段和自由刑手段共举，十分科学合理。

（3）马来西亚。马来西亚有关制裁违法行为的制度有两大特色。一是 1920 年水法第 7 和第 7A 条规定的假定受益人实施违法行为的制度。[①]所谓假定受益人实施违法行为，是指下列两种情形之一：①在没有相反证据证明的情形下，因某一违法行为而受益的人，应当被认定为已经实施了该违法行为；②如果行为人的行为（包括作为和不作为）间接导致了违法结果的发生，或者有可能导致违法结果的发生，应当认定其实施了违法行为。二是 1974 年环境质量法第 25 条将自由刑和经济刑结合起来，在一定条件下按违法行为的时间长短处罚，并区分恶意大小。这就具有鼓励不违法、严惩恶性违法行为的作用，因而具有一定的科学性和合理性。

（4）其他一些国家。加拿大联邦 1970 年水法第 30 条一方面规定了按一日一罪的定罪和经济处罚方式，利用心理机制和经济手段，双重打击违法犯罪行为，可谓科学合理；另一方面，不免除一事多次刑事处罚，不影响民事责任的追究。巴西 1997 年国家水资源政策法第 50 条规定了对违法行为给予制裁的四种处罚方式，即书面训诫、罚金、临时禁止令和永久禁止令。罚金既可以是一次性罚金，也可以是按日罚金，但是必须与违反的严重性相当；对于再次违法行为，科以双倍罚金。另外，该条还规定，违反者应当支付行政机关落实有关保证措施所发生的费用。2006 年俄罗斯水法典第 68 条规定，因违反水法的行为而构成犯罪的人，应当依照俄罗斯联邦法律承担行政或刑事责任，而且行为人纠正违法行为及赔偿所造成的损害的责任不得减轻。捷克水资源政策法律规定，违反法定义务或者依法所设定义务，实施损害生态环境行为的自然人或者法人，应当承担刑事、民事和行政责任。有关行为人包括：未能阻止径流水文系统退化，或者未能阻止水土流失的有关财产的所有者；没有采取充分的风险预防措施来防止有害物质危害环境的有害物质的使用者；未能对水生动物通过其所有的控水工程进行迁徙创造条件的控水工程所有者（2001 年水法第 116 条）。

基于承认生态环境享有用水的权利主体地位，笔者认为，应该从权利的视角，从以下六个方面，重建我国生态环境用水救济制度[②]。①在责任构成要件方面，以行为或者损害结果的实际发生为充分要件，不考虑行为人或者受益人是否有过错，也不考虑其行为或者受益是否具有违法性。但是对受益人责任在原则上以承担补偿性的责任为限。②在责任和职责承担方面，既要规定行为人或者受益人的民事责任、行政责任

① 胡德胜，许胜晴. 2012. 马来西亚水法中的违法行为人推定制度评析. 清华法治论衡，16（2）：387-401.
② 胡德胜. 2010. 生态环境用水法理创新和应用研究. 西安：西安交通大学出版社：308-310.

和刑事责任，还应该规定有关政府主管部门或者流域管理机构的行政职责。③在救济措施方面，既要规定对行为人或者受益人人身（自由）上的处罚，责令限期停止侵害、恢复原状或者采取补救措施的处罚，还应该规定经济措施，以及剥夺行为人在一定期限内或者终身担任一定职务或者从事某种活动的资格的处罚。④对于责令限期停止侵害、恢复原状或者采取（不包括补办手续在内的）补救措施的处罚，如果行为人或者受益人逾期未执行的，由做出处罚的行政主管部门或者流域管理机构委托具有实施能力的第三人实施，并对行为人或者受益人处以 1 万～10 万元的罚款。第三人收取的费用，由行为人或者受益人承担。⑤除了责令限期停止侵害、恢复原状或者采取补救措施的处罚以外，应该注意人身处罚同经济处罚之间的合理搭配，实行人身处罚和经济处罚并举，并体现情节轻重之间的区别对待原则。⑥在经济措施运用方面，应该体现惩罚性和补偿性的结合，不能导致发生行为人或者受益人的经济获益大于经济处罚的结果[①]。对连续性行为根据 2014 年环境保护法第 59 条的规定实施按日给予经济处罚，或者实施按日给予加重的经济处罚。对责令行为人或者受益人缴纳或者支付正常情况下应该缴纳或者支付的各种费用，行为人承担强行执行费用，以及行为人承担损失评估和风险评估费用这三种经济措施都予以分别或者合并运用。

综上所述，为了保障生态环境用水，我国需要建立和不断健全技术上可行、经济上合理、机制上严谨的保障生态环境用水的制度，形成具有中国特色的生态环境用水保障机制。其中的重要方面包括，采取切实可行的教育、经济、科技、政治、管理、行政、法律等措施，设计选择重要生态系统或其所处流域（区域）的标准或者程序性制度，确定生态系统或其所处流域（区域）所需要的最低数量的和合适质量的适格的水的程序、规则或者方法。

① 胡德胜. 2012. 我国水污染防治法按期间制裁机制的完善. 江西社会科学，（7）：165-169.

# 第16章　“违法成本＞守法成本”机制*

“违法成本远远低于守法成本”是造成我国用水户（尤其是用水大户）无证取水、超取和滥取，严重和重大水污染事故时有发生的经济动因。这类违法行为的结果，于宏观上而言，损害社会主义法治权威，损害生态安全、国家安全，因阻碍经济结构调整和转型而危及经济安全；对最严格水资源管理制度来说，导致用水总量控制红线、水污染物排放控制红线形同虚设，用水户没有采取技术和管理措施来提高用水效率的积极性。本章阐释涉水生产行为的外部性及其解决路径，分析涉水违法行为的成本和收益，建议从科学确定处罚涉水违法行为的法定成本、有效增大受罚概率、辨证处理法定成本与受罚概率两者之间的关系这三个方面健全和完善“违法成本＞守法成本”机制。

## 16.1　引题：鲁抗医药公司污染水资源却被依大气污染防治法处罚

山东鲁抗医药股份有限公司（鲁抗医药公司）是一家注册资本5.8亿多元、资产高达38亿元的大型生物制药企业，是我国重要的抗生素研发和生产基地之一。该公司也是排污大户，是国家环境保护重点监控企业，它的所有排放数据都应当实时传送给济宁市环境保护局环境监测数据平台。2014年12月25日中央电视台《焦点访谈》栏目揭露鲁抗医药公司违法接收外来污水、违法排放COD超过200毫克/升标准的污水，而且所排放抗生素污水中四环素类抗生素的浓度高达53.688微克/升，是自

---

*　本章执笔人：胡德胜。本章研究工作负责人：胡德胜。

本章部分内容已单独成文发表，具体有：胡德胜. 2016.论我国环境违法行为责任追究机制的完善——基于涉水“违法成本＞守法成本”的考察. 甘肃政法学院学报，(2)：62-73.

然水体中抗生素浓度的上万倍。情节特别恶劣的是，鲁抗医药公司 COD 数值超过100 毫克/升甚至 400 毫克/升的记录，在济宁市环境监测数据平台中都仅显示略高于100 毫克/升。其原因是负责传送数据的第三方运营公司济宁同太环保科技服务中心伙同鲁抗医药公司污水处理中心修改了数据的上限。这样，无论鲁抗医药公司的实际排放指标数值是多少，传送给济宁市环境监测数据平台的数据都不会超标。作为第三方运营公司的济宁同太环保科技服务中心是济宁市环境保护局下属企业，它这样伙同企业编造虚假数据已经持续了数年之久。[①]

大量抗生素进入水体，特别是自来水，会严重威胁人类身体健康乃至生命。世界卫生组织 2014 年《抗生素耐药：全球监测报告》“列举了人类对 7 种不同抗生素耐药性的事实，而与之相关的 7 种细菌则是几种常见严重疾病的原因，如血液感染（败血症）、腹泻、肺炎、尿路感染及淋病。报告指出，抗生素耐药性已成全球危机，而抗生素危机将比 20 世纪 80 年代的艾滋病疫情更加严重。”[①]

然而，对这样一起十分严重、情节恶劣的水污染行为，济宁市环境保护局仅对鲁抗医药公司进行了简单的行政处罚[②]。该行政处罚查明的事实是，鲁抗医药公司的排污行为导致空气中出现了异味，造成了扰民。该行政处罚适用的法律根据是，大气污染防治法第 56 条第 1 款。该条款规定：“违反本法规定，有下列行为之一的，由县级以上地方人民政府环境保护行政主管部门或者其他依法行使监督管理权的部门责令停止违法行为，限期改正，可以处五万元以下罚款：（一）未采取有效污染防治措施，向大气排放粉尘、恶臭气体或者其他含有有毒物质气体的；……”该行政处罚的结果是，对鲁抗医药公司处以罚款 5 万元。而且，对于鲁抗医药公司违法接收外来污水、违法排放 COD 超过 200 毫克/升标准的污水、违法伙同济宁同太环保科技服务中心进行数据造假这三项违法行为却没有给予处罚。

对污染水资源的单位和个人没有根据水污染防治法律进行处罚，5 万元的罚款即使全部用来清理或者治理已经造成的污染也远远不够，受处罚企业非常愿意接受这样的行政处罚……这些匪夷所思的现象和问题在我国屡见不鲜。例如，2005 年松花江污染事件给当地经济社会发展造成巨大损失，根据 2008 年水污染防治法规定的罚款上限却仅对违法者中石油吉林石化分公司罚款 100 万元。东莞市环境保护局 2012 年8 月 24 日对东莞市侨锋电子有限公司（下称东莞侨锋电子公司）进行现场检查时，发现该公司存在生产废水超标排放的违法行为，后于 2013 年 2 月 5 日以超标或超总量排污、违反限期治理制度为由，对该公司处应缴纳排污费数额 4 倍的罚款共计 85.4元。[③]2015 年第一季度，鞍钢联众（广州）被两次发现水污染物排放超标，广州市环

---

① 焦点访谈．抗生素何以成为污染物．http：//news.cntv.cn/2014/12/25/VIDE1419508906788830.shtml［2014-12-25］；山东鲁抗被曝偷排抗生素污水．2014-12-26．京华时报，26．

② 张泉薇．2015-02-03．鲁抗医药排污违规遭罚 5 万元．新京报，B11．

③ 张鹏．2014-07-15．电子厂超标排污环保局开罚单 85.4 元．南方都市报，DA10．

境保护部门的处罚仅是 2 月 10 日罚款 22 882 元、3 月 30 日罚款 13 456 元[①]。造成这些现象和问题的根源是什么？本章讨论涉水生产行为的外部性及其解决路径，分析涉水违法行为的经济成因，研究涉水违法行为的成本和收益，进而探讨健全完善“违法成本＞守法成本”机制来避免、减少和防治涉水违法行为，遏制涉水违法行为日益严重的现象。

## 16.2 涉水生产行为的外部性及其路径

### 16.2.1 涉水生产行为的外部性

经济学上的外部性这一概念，最早出现于阿尔弗雷德·马歇尔（Alfred Marshall）的《经济学原理》（1890 年）一书；他在书中使用了“外部经济”（external economics）一词。后经阿瑟·塞西尔·庇古（Arthur Cecil Pigou）、罗纳德·哈里·科斯（Ronald Harry Coase）、保罗·萨缪尔森（Paul A. Samuelson）、道格拉斯·诺斯（Douglass C. North）等人的讨论，关于外部性理论的研究不断深入。例如，萨缪尔森和威廉·诺德豪斯（William D. Nordhaus）从外部性的产生主体的角度，将外部性定义为“那些生产或消费对其他团体强征了不可补偿的成本或给予了无须补偿的收益的情形”[②]。阿兰·兰德尔（Alan Randall）从外部性的接受主体的角度，认为外部效果“是用来表示当一个行动的某些收益或成本不在决策者的考虑范围内的时候所产生的一些低效率现象，即某些效益被给予，或某些成本被强加给没有参加这一决策的人”[③]。

詹姆斯·布坎南（James. M. Buchanan）和威廉·斯塔布尔宾（William. C. Stubblebine）则用数学方法对外部性这一概念进行了界定[④]。他们认为：“只要某一个人的效用函数（或者某一厂商的生产函数）所包含的变量是在另一个人（或者厂商）的控制之下，就存在外部性。它可以用公式表达为

$$U_A = U_A（X_1，X_2，\cdots，X_n，Y_1）$$

$U_A$ 表示 $A$ 的个人效用，它依赖于一系列的活动（$X_1$，$X_2$，…，$X_n$），这些活动是 $A$ 自身控制范围内的，但是 $Y_1$ 是由另外一个人 $B$（假定为社会成员之一）所控制的行为。”

关于外部性的概念，萨缪尔森下述界定较为精致：“外部性就是当生产和消费中一个人使他人遭受到额外的成本或收益，而强加在他人身上的成本或收益没有经过当事人以货币的形式进行补偿时，外在性或溢出效应就发生了。而且这种影响并没有透

---

① 许晓冰. 2015-04-16. 水污染物排放超标鞍钢联众连罚两次. 南方日报，GC05.
② 萨缪尔森，诺德豪斯. 1999. 经济学（第 16 版）. 肖琛译. 北京：华夏出版社：263.
③ 阿兰·兰德尔. 1989. 资源经济学. 施以正译. 北京：商务印书馆：155.
④ 贾丽虹. 2002. 对“外部性”概念的考察. 华南师范大学学报（社会科学版），(6)：132-135.

过市场交易的形式反映出来。外部性分正外部性与负外部性。”[①]

据此，外部性可以划分为两种类型。①消费外部性和生产外部性。消费外部性是指一个消费者的消费行为直接影响了其他经济人生产或者消费的可能性。生产外部性是指一个厂商的生产行为影响了其他经济人或者社会的福祉。②正外部性和负外部性。正外部性，又称“外部经济”，是指一个经济人的生产或者消费行为导致其他经济人或者社会受益。负外部性，也称“外部不经济”，是指一个经济人的生产或者消费行为导致其他经济人或者社会受损[②]。

虽然任何生产活动都是直接或者间接利用水资源的活动，但是从管理科学的角度来说，在当代科学技术条件下，不可能也没有必要将它们全部纳入涉水生产活动并进行国家管理。这里讨论的涉水生产活动是指在生产产品或者提供服务的过程中，直接取用水资源或者向水体中排放污染物或者废水的行为。所谓直接取用水资源或者向水体中排放污染物或者废水的行为包括三种情形。①直接取用水资源的行为。例如，A 商业化农场直接从江河、湖泊或者地下取用水资源，并用于节水型灌溉，没有产生退水。②向水体中排放污染物或者废水的行为。例如，B 洗浴中心不是自己直接从江河、湖泊或者地下取用水资源而是使用供水公司供应的自来水，但是它将其使用过的自来水排放到了地表水体中或者向地下排放。③既直接取用水资源又向水体中排放污染物或者废水的行为。例如，C 火电厂直接从湖泊或者地下水中取水，并将冷却水排放到了地表水体中或者向地下排放。

涉水生产活动既可能产生正外部性，也可能产生负外部性。就正外部性而言，是指一个经济人的涉水生产行为发生了导致其他经济人或者社会受益的情形。它“说明存在边际外部收益，私人收益小于社会收益”[③]。研究表明，森林和草原生态系统可以在一定程度上提高或者促进提高水资源质量，增加当地或者附近地域水资源量，改变水资源的时空分布[④]。例如，D 大型林场的造林和经营行为使其所在地区的森林覆盖率提高，导致该地区降水量有一定增加、径流水质得到改善，而且通过调整不同季节之间径流量的变化，致使下游旱季流量有所增加，雨季流量有所减少而大大降低了洪涝灾害的风险。E 灌区公司的水渠损坏，渠水外泄，使得 F 农户的农田得到了灌溉。

从负外部性来说，是指一个经济人的行为导致其他经济人或者社会受损的情形。它“说明存在边际外部成本，私人成本大于社会成本”[③]。例如，上述 E 灌区公司因水渠损坏的渠水外泄，导致 G 农户的农田被冲毁。H 商业农场抽取地下水用于灌溉，它的水井比同一地下水含水层内的其他经济人的水井深 100 米，而且取水量大；一年后，其他水井中无水可取，导致其他水井报废。在引题部分中的鲁抗医药公司事例中，该公司排放抗生素污水导致相关地表水体的抗生素浓度增加数千倍、地下水的

---

① 卢现祥. 2002. 环境、外部性与产权. 经济评论，（4）：70-74.

② 汪安佑，雷涯邻，沙景华. 2005. 资源环境经济学. 北京：地质出版社：48.

③ 郭升选. 2006. 生态补偿的经济学解释. 西安财经学院学报，（6）：43-48.

④ 胡德胜，左其亭. 2015. 我国生态系统保护机制研究——基于水资源可再生能力的视角. 北京：法律出版社：33-35.

增加 1000 倍，致使整个地区的人类身体健康和生命遭受威胁，提高了疾病发病率，增加了医疗费用支出。某河上游甲水电站是当地省水利厅直管单位，该水电站违反法律，没有将下泄流量放入河道，并且违法将下泄之水以低于水资源费的价格对外“销售”，导致下游河道断流。[①]

### 16.2.2 涉水生产行为的正常成本

成本在经济学中属于价值范畴，在不存在外部性问题的情形下，传统上表现为产品或者服务所消耗的生产资料价值和劳动报酬的支出；国民生产总值的核算采用的就是这种成本范畴[②]。然而，随着社会和经济生活的日益复杂和外部性问题的突出，成本的外延在不断扩展，形式更加多样，产生了机会成本、质量成本、人力资源成本、环境成本、自然资源成本、生态成本等概念。确定一个部门某一商品或者服务价格的基础是社会平均成本。所谓社会平均成本是一个部门内不同企业生产同种商品或提供同种服务的平均成本。在市场经济条件下，价值规律要求按社会平均成本确定商品或者服务的价格。

在理想的市场经济条件下并且在不发生外部性问题的情形下，不违法的生产性的某一部门内不同企业生产同种商品或提供同种服务的平均成本（即社会平均成本）主要包括社会必要劳动时间费用、生产资料耗费、污染物处理和排放费用、期间费用。用公式表示如下：

$$AC=LC+MC+PC+PE \tag{16.1}$$

式中，AC 表示社会平均成本；LC 表示社会必要劳动时间费用；MC 表示生产资料耗费；PC 表示厂区内污染物处理和排放费用；PE 表示期间费用。

就涉水生产行为而言，其中与水资源有关的成本主要有两种情形。

第一种情形是厂商直接取用水资源的情形。在这种情形下，与水资源有关的成本包括办理取水许可和接受监管费用、取水的资料耗费成本、缴纳水资源费、在厂区内处理向水体中所排放污染物使其达标的费用、污水处理费（根据我国法律规定，它是按用水量缴纳的），以及分摊到与水资源有关成本的期间费用。用公式表示如下：

$$WC=RC+WMC+WRF+WPC+STF+WPE \tag{16.2}$$

式中，WC 表示与水资源有关的成本；RC 表示办理取水许可和接受监管费用；WMC 表示取水的资料耗费成本；WRF 表示水资源费；WPC 表示厂区内污水处理费用；STF 表示污水处理费；WPE 表示分摊到与水资源有关成本的期间费用。

例如，乙-A 公司是某市一家生产抗生素产品的大型企业，每月生产抗生素 10 000 吨，每天用水量 10 000 吨、废水排放量 8500 吨，每月 RC 为 2 万元、WMC 为 30 万元、WPE 为 10 万元，WPC 为 2.5 元/吨。该市针对工业的涉水收费标准如表 16-1 所示。依据式（16.2）可以计算得出，乙-A 公司每月（按 30 日计算）与水资

① 胡德胜，潘怀平，许胜晴. 2012. 创新流域治理机制应以流域管理政务平台为抓手. 环境保护，(13)：37-39.
② 徐玖平，蒋洪强. 2006. 制造型企业环境成本的核算与控制. 北京：清华大学出版社：42.

源有关的成本是 154.05 万元。

**表 16-1　工业用户涉水收费标准**　　（单位：元/米³）

| 供水公司供水价格（定额内） | 供水公司供水价格（超定额） | 污水处理费 | 水资源费 |
|---|---|---|---|
| 2.2 | 3.3 | 1.16 | 0.45 |

$$WC_{乙\text{-}A}=2+30+13.5+63.75+34.8+10=154.05（万元）\tag{16.3}$$

第二种情形是厂商使用供水公司供水的情形。在这种情形下，与水资源有关的成本包括向供水公司支付的水费、缴纳水资源费、在厂区内处理向水体中所排放污染物使其达标的费用、污水处理费及分摊到与水资源有关成本的期间费用。用公式表示如下：

$$WC=WSC+WRF+WPC+STF+WPE\tag{16.4}$$

式中，WC 表示与水资源有关的成本；WSC 表示向供水公司支付的水费；WRF 表示水资源费；WPC 表示厂区内污水处理费用；STF 表示污水处理费；WPE 表示分摊到与水资源有关成本的期间费用。

例如，丙-A 公司也是某市一家生产抗生素产品的大型企业，除使用供水公司供水的情形外，其他方面与乙-A 公司相同。依据式（16.4）可以计算得出，丙-A 公司每月（按 30 日计算）与水资源有关的成本是 188.05 万元。

$$WC_{丙\text{-}A}=66+13.5+63.75+34.8+10=188.05（万元）\tag{16.5}$$

### 16.2.3　涉水生产行为外部性的解决路径

马克思指出：“人们奋斗所争取的一切，都同他们的利益有关。”[①]亚当·斯密用中性的语言描述道：“每个人对改善自身处境的自然努力——追求个人利益是政治经济学的基本心理动机。在每个人的内心深处都潜伏着这种人类生命和社会进步的主要源泉。”[②]马克思使用的则是比较贬义的描述。他认为，“把人和社会连接起来的唯一纽带是天然必然性，是需要和私人利益”[③]。他并且赞同关于资本的如下分析：“有50%的利润，它就铤而走险；为了 100%的利润，它就敢践踏一切人间法律；有 300%的利润，它就敢犯任何罪行，甚至冒绞首的危险。”[④]特别是，“功利主义经济思想把经济利益视为唯一价值目标和动力，忽视和贬抑社会美德”[⑤]。甚至在缺乏市场经济理念的我国历史中，也有“人为财死，鸟为食亡”的俗谚和“天下熙熙，皆为利来；天下攘攘，皆为利往”（《史记·货殖列传》）的表述。显而易见，资本具有逐利性或者贪婪性。

---

① 马克思，恩格斯. 1972. 马克思恩格斯全集（第 1 卷）. 北京：人民出版社：82.
② 亚当·斯密. 1979. 国民财富的性质和原因的研究（上卷）. 郭大力，王亚南译. 北京：商务印书馆：314.
③ 马克思，恩格斯. 1972. 马克思恩格斯全集（第 1 卷）. 北京：人民出版社，439.
④ 马克思，恩格斯. 1972. 马克思恩格斯全集（第 32 卷）. 北京：人民出版社，829.
⑤ 胡德胜. 2012. 我国水污染防治法按期间制裁机制的完善. 江西社会科学，（7）：165-169.

在市场经济条件下，经济人的利己心（self-interest）及资本的逐利性或者贪婪性促使厂商想方设法尽可能降低自己的生产成本，使其低于社会平均成本，以求获得更多利润空间或者在竞争中取得优势地位。不承担外部性成本无疑是一种比较有利且简便的选择。缺乏监管的负外部性的不利影响主要有三个方面：一是代内负外部性，即“对当代的其他经济活动主体施加额外的外部成本，使其蒙受经济损失和一定的生态环境的破坏”[①]；二是代际负外部性，即“重者则表现为严重破坏后代人的生态和物质基础，不仅使后代人的经济发展受到影响，而且更为严重的是将威胁到他们的生存”[①]；三是由前两种负外部性所造成的不公平竞争。

对于如何解决负外部性问题，经济学家提出了两种基本路径。一是庇古的由政府针对外部性实施予以课税或者给予补贴的政府干预路径；二是科斯的政府清楚界定初始产权、由当事人进行谈判交易的路径。国内有人提出可以通过四种途径使负外部性内在化，即政府力量、市场力量（产权协商）、政府和市场结合（污染权的买卖），以及社会道德教育和舆论监督[①]。

水资源是一种公共资源。但是，与其他公共资源相比，它有两个不同的特征。第一，水资源的核心要素水物质为任何生命不可或缺，而且没有替代品。这一不可替代特征是其他绝大多数自然资源所不具有的。第二，除非是在水资源极其丰富的地方，水资源的利用都同时具有竞争性和排他性，而且有时候还非常强烈。例如，在某一地区，如果水资源在数量上供应小于需求，那么任何用水都具有竞争性和排他性。再如，丁河流在 B 点到 C 点之间的水能资源潜能是确定的，但是这一河段上可供建立水电站的地点的数量最大值是 1 个，这样该河段水能资源的利用就具有了竞争性和排他性。这种同时具有竞争性和排他性的特征也是其他绝大多数自然资源所不具有的。考虑水资源的上述特征，笔者认为需要基于成本与收益之间的比较，利用经济规律，运用政府力量，通过确保“违法成本＞守法成本”，解决涉水违法行为的外部性问题。

## 16.3 涉水违法行为的成本和收益

### 16.3.1 涉水违法行为的概念

这里从行政管理的角度讨论行政相对人的涉水违法行为。违法行为有广、狭两义。广义上的违法行为是指包括犯罪行为在内的一切违法行为，狭义上的违法行为则是指不包括犯罪行为在内的一般违法行为[②]。这里讨论的是广义上的违法行为。

涉水违法行为是指作为行政相对人的公民、法人或者其他组织，违反国家水事管理法律，侵害受水事法律保护的国家水资源权利和行政管理关系的行为。法学理论一

① 刘友芝. 2001. 论负的外部性内在化的一般途径. 经济评论，(3)：7-10.
② 游劝荣. 2006. 违法成本论. 东南学术，(5)：124-130.

般认为，违法行为在构成上需要具有四项要素，即侵犯（害）的客体、客观方面（行为，包括作为与不作为）、主观方面（行为人有过错，包括故意或者过失）及行为人有责任能力[①]。具体到涉水违法行为来说，其构成要件包括四点。

（1）其主体必须是作为行政相对人的公民、法人或者其他组织。行为人具备行政相对人的主体资格是涉水违法的前提，是构成涉水违法行为的首要条件。

（2）行为人负有相关的法定义务。涉水违法，实际上就是行政相对人违反了涉水法律规范所确定的法定义务（包括作为义务和不作为义务）。因而，要确定行为人的行为是否构成涉水违法，需要分析行为人是否负有某项法定义务。

（3）行为人实施了不履行法定义务的行为。仅存在法定义务，涉水违法还只是一种可能性，只有当行政相对人实施了不履行或者不承担法定义务的行为时，涉水违法才会发生。这里需要把握两点：第一，必须是一种行为，而不是思想意识活动，后者不构成涉水违法；第二，这种行为是违反国家水事管理法律规范的，是不履行法定义务的作为或不作为，它侵害了受法律保护的国家水资源权利和行政管理关系，对社会有一定的危害性[②]。

（4）对于行为人主观上有过错是否是违法行为的构成要件，我国大陆学术界中存在争论。一种观点认为，主观上有过错是构成要件。例如，有学者认为“主观过错是行政相对人违法构成的必要条件”[③]。有学者认为违法是“指组织或个人基于主观上的过错实施的具有一定的社会危害性，依照法律规定应当予以追究的行为”[④]。还有一种观点认为，行为人主观上有过错不一定是违法行为的构成要件，这是环境与资源保护法学界的主流观点[⑤]，也为国内外的法律实践所应用[⑥]。

境外学者则对此并不过分关注。例如，德国学者恩内克鲁斯·尼佩戴（Enneccerus Nipperdey）认为，民事违法行为是产生损害赔偿义务等对行为人不利后果的可归责行为[⑦]；这里没有提及行为人有无过错的问题。我国台湾学者史尚宽先生认为，民事违法行为是法律加于行为人以不利益结果的违法行为或者有过失的行为[⑧]；他显然并没有将行为人有过错作为所有违法行为的构成要件。另一位台湾学者黄立先生认为，民事违法行为是行为人从事法规不允许的行为，从而产生对行为人不利的后果，尤其是损害赔偿义务[⑨]；他也没有将行为人有过错作为所有违法行为的构成要件。

笔者认为，至于行为人主观上有过错是否是涉水违法行为的构成要件，需要根据水事法律的具体规定而定。如果法律没有将之规定为构成要件的，则不是构成要件；

---

① 孙国华. 1986. 法学基础理论. 天津：天津人民出版社：353-355.
② 张焕，胡建淼. 1989. 行政法学原理. 北京：劳动人事出版社：352.
③ 王育君. 1991. 略论行政相对人违法的构成要件. 广西大学学报（哲学社会科学版），(5)：94-96.
④ 游劝荣. 2006. 违法成本论. 东南学术，(5)：124-130.
⑤ 罗辉汉. 1986. 环境法学. 广州：中山大学出版社：172-180.
⑥ 胡德胜，许胜晴. 2012. 马来西亚水法中的违法行为人推定制度评析. 清华法治论衡，16（2）：387-401.
⑦ Nipperdey E. 1960. Allgemeiner Teil des Buergerlichen Rechts，Bd. II，15. Aufl.，Tubingen，S. 862
⑧ 史尚宽. 2000. 民法总论. 北京：中国政法大学出版社：303.
⑨ 黄立. 2005. 民法总则. 作者自版: 193.

如果将之规定为构成要件的，则是构成要件。一般来说，在判断某一涉水违法行为是否构成犯罪时，需要将主观上有过错作为构成要件之一。

尽管我国涉水法律不断健全，但是各种涉水违法行为却不断增多，特别是与生产经营活动有关的涉水违法行为持续猖獗，生态环境备受破坏和摧残，人类生命和身体健康受到严重威胁和损害，水资源数量、质量和可再生能力遭到破坏，人类社会的可持续发展能力遭到削弱。在市场经济条件下，立足于与生产经营活动有关的涉水违法活动的经济成因，寻找路径遏制、预防、减少和治理这类涉水违法行为是非常必要的。

前已述及，厂商往往尽可能乃至想方设法降低自己的生产成本，使之低于社会平均成本，以求获得更多利润空间或者在竞争中取得优势地位。其中，通过实施违法行为或者不违法行为，不承担外部性成本无疑是一种比较有利和简便的选择。对于一个厂商来说，只要“违法成本＜违法收益”，就能使“违法成本＜守法成本”，从而使自己在与守法厂商的竞争中在成本上居于优势地位。尽管违法行为所产生的负外部性的总体成本或者损失可能已经远远超过该违法厂商的个体收益。下面先后分析涉水违法行为的成本和收益。

### 16.3.2 涉水违法行为的成本

从经济学的角度来看，一个经济人在实施某一涉水违法行为时，往往会对自己实施该涉水违法行为的预期成本与该行为所可能产生的预期收益进行比较。在“违法成本＜违法收益”时，该经济人才会做出实施该涉水违法行为的选择；而当“违法成本≥违法收益”时，该经济人往往不会做出实施该涉水违法行为的选择。

在经济学家看来，违法成本是由必然成本和法定成本与受罚概率之积这两个部分组成的。用公式表示如下：

$$C=A+X\times Y \tag{16.6}$$

式中，$C$ 表示违法成本；$A$ 表示必然成本；$X$ 表示法定成本；$Y$ 表示受罚概率。

必然成本是指经济人在实施特定违法行为过程中必然产生的资源耗费和机会成本。所谓资源耗费是指实施违法行为必然产生的时间、劳动力及其他资源的消耗；机会成本是指经济人在选择实施特定违法行为时所造成的其他可选择机会的丧失。必然成本是实施违法行为的经济人必须承担的成本，无法避免。法定成本是指根据法律规定，经济人因其实施特定违法行为而应当受到处罚并因此产生的资源耗费和机会成本。但是，在现实生活中，并不是所有的违法行为都能够得到处罚，于是就产生了受罚概率。在必然成本和法定成本确定的情形下，受罚概率与违法成本之间具有正相关关系。

就涉水违法行为的违法成本而言，式（16.6）完全可以适用。例如，上述乙-A公司所排放废水的 COD 平均含量是 470 毫克/升（标准限额为 500 毫克/升），氨氮平均含量是 41 毫克/升（标准限额为 45 毫克/升）。该公司伙同环境保护主管部门下属

的第三方运营公司篡改监测数据，由第三方运营公司按 COD 平均含量 105 毫克/升、氨氮平均含量 8 毫克/升的数据传送给环境监测数据平台。乙-A 公司每月向第三方运营公司支付的服务费用是正常市场服务费用加上 5 万元。如果这一行为被查处，根据 2008 年水污染防治法第七十二条的规定，乙-A 企业应当被处以 1 万～10 万元的罚款。[①] 5 万元就是这一违法行为的必然成本，1 万～10 万元则是这一违法行为的法定成本。假定受罚概率是 2%的话，如果将其法定成本设为 6 万元，则乙-A 公司这一违法行为的违法成本是 5+6 × 2%=5.12（万元）。

再如，上述丙-A 公司未经合法审批程序，偷偷打井取用地下水；每日取用地下水 5000 吨，每月 WMC 为 20 万元。如果这一行为被查处，根据 2002 年水法第六十九条第一款的规定，丙-A 企业应当被处以 2 万～10 万元的罚款。[②] 20 万元就是这一违法行为的必然成本，2 万～10 万元则是这一违法行为的法定成本。假定每月的受罚概率是 5%的话，如果将其法定成本设为 7 万元，则丙-A 公司这一违法行为每月的违法成本是 20+7 × 5%=20.35（万元）。

### 16.3.3 涉水违法成本的收益

收益（benefit，又译“效益”），与收入（income，又译“收益”）是近义词，两者之间经常被互换使用。它们有时用来指没有扣除成本的毛收益或者毛收入，有时用来指扣除成本后的净收益或者净收入；至于是用来表示毛收益（或者毛收入）还是净收益（或者净收入），需要根据具体的语言环境予以确定。这里对“收益”一词是在毛收益的意义上使用的。

美国经济学家尔文·费雪（Irving Fisher）指出给“收入”（income）下定义是存在困难的；他从收入的表现形式上分析了收入的概念，认为存在精神收入（精神上获得的满足）、实际收入（物质财富的增加）和货币收入（资产货币价值的增加）这三种不同形态的收入，并逐一进行了分析和讨论[③]。

违法行为的收益有广、狭两义。广义上讲，违法行为的收益是指经济人因实施违法行为所获得的各种直接和间接的利益或者好处。狭义的，也是违法行为通常意义上的收益，它是指经济人因实施违法行为所获得的各种直接的、能够用货币衡量的利益或者好处，基本上与会计核算和管理核算上收入或者收益的意义相近。由于违法行为广义上的收益存在诸多不确定性而且有时还是违反道德的，所以一般在狭义上使用。例如，某一伪劣商品本来鲜为人知，但是由于遭到行政执法机关的查处并经新闻

---

① 该条规定：“违反本法规定，有下列行为之一的，由县级以上人民政府环境保护主管部门责令限期改正；逾期不改正的，处一万元以上十万元以下的罚款：（一）拒报或者谎报国务院环境保护主管部门规定的有关水污染物排放申报登记事项的；（二）未按照规定安装水污染物排放自动监测设备或者未按照规定与环境保护主管部门的监控设备联网，并保证监测设备正常运行的；（三）未按照规定对所排放的工业废水进行监测并保存原始监测记录的。”

② 该条规定：“有下列行为之一的，由县级以上人民政府水行政主管部门或者流域管理机构依据职权，责令停止违法行为，限期采取补救措施，处二万元以上十万元以下的罚款；情节严重的，吊销其取水许可证：（一）未经批准擅自取水的；（二）未依照批准的取水许可规定条件取水的。”

③ Fisher I. 1906. The Nature of Capital and Income. New York：Macmillan：101-117.

媒体的报道，该伪劣商品及其生产厂家提高了知名度，以至于促进了销售量的大幅度增加。对于违法行为的这一收益，不宜将之视为一项收益，尽管可以用节省广告费的核算办法，核算该伪劣商品生产厂家的收益。

对于涉水违法行为的狭义上的收益，可以用实施违法行为的经济人因实施违法行为而增加的收入与减少支付的费用或者成本之和进行核算。用公式表示如下：

违法收益 $B$=（无违法行为时的收入+支出）–（实施违法行为时的收入+支出）（16.7）

例如，在前述乙-A 公司伙同环境保护主管部门下属的第三方运营公司篡改监测数据的违法行为中，假定每污染当量应当缴纳的排污费是 1.4 元、COD 的污染当量值是 1/千克、氨氮的污染当量值是 0.8/千克，那么，这一违法行为给乙-A 公司带来的月收益是因该违法行为而减少缴纳的排污费。其中包括如下几项。

（1）减少缴纳的 COD 污染当量排污费。

=无该违法行为时应当缴纳的金额 – 因实施违法行为而缴纳的金额

=470×8500×30×1÷1000×1.4 – 105×8500×30×1÷1000×1.4

=167790 – 37485

=130305（元）

（2）减少缴纳的氨氮污染当量排污费

=无该违法行为时应当缴纳的金额 – 因实施违法行为而缴纳的金额

=41×8500×30×0.8÷1000×1.4 – 8×8500×30×0.8÷1000×1.4

=11709.6 – 2284.8

=9424.8（元）

这一违法行为给乙-A 公司带来的月收益是（1）+（2）=139 729.8 元。

再如，在前述丙-A 公司未经合法审批程序而偷偷打井取用地下水的违法行为中，这一违法行为给丙-A 公司带来的月收益是因该违法行为而减少缴纳的水费、水资源费和污水处理费。其中包括如下几项。

（1）少向供水公司缴纳的水费

=5000×2.2×30

=330000（元）

（2）少缴纳的水资源费

=5000×0.45×30

=67500（元）

（3）少缴纳的污水处理费

=5000×1.16×30

=174000（元）

这一违法行为给丙-A 公司带来的月收益是（1）+（2）+（3）=571500 元。

### 16.3.4 涉水“违法成本＜违法收益”对最严格水资源管理制度的损害

在我国资源环境领域，“违法成本＜违法收益”“违法成本＜守法成本”已经成为一种非常严重的问题，其危害不仅在于客观上为破坏生态环境和自然资源提供了法律上的动力和保护，而且在于造成了代内和代际的不公，还在于扭曲了社会平均成本、损害了市场公平竞争。美国环境保护署早在其 1984 年《民事处罚政策：环境保护署的一般执法政策（第 GM21 号）》中就明确指出：“允许违法者从其违法行为中受益，是对那些已经守法的人们给予惩罚，因为这将守法者置于一种不利的竞争地位。”[①]

经济人假设理论是现代和当代经济学的基石。它源于英国经济学家亚当·斯密的《国富论》，经由意大利经济学家和社会学家维尔弗雷多·帕累托（Vilfredo Pareto）率先提出“经济人”一词而成型。经过不断的争论、讨论、研究和演变，目前，利己经济人的内涵包括三个方面：“①经济主体的行为动机为追求个人利益最大化，除此以外的其他追求和目的均不在经济主体考虑之内；②经济主体有取得完全信息的外部条件，经济主体能够取得生产、消费和自身偏好的完备信息，从而有实现利己的可能性；③经济人有完全理性的能力，根据可行集内的各种选择，对现在和未来做出判断和合理预期后，发现最大化收益的最优解。”[②]不难发现，理论上尽管“现代经济人已经成为在约束条件下追求个人利益（效用）最大化的理性的人”，“自利和理性行为（追求最大效用）特征仍然是经济人的主要内容”[③]。

既然经济人具有自利和理性行为特征，其行为方式必然表现为趋利避害。从经济学的角度来看，经济人守法的主要初衷、动机和出发点并不是敬重或者尊重法律，而是进行利益选择的结果[④]。经济人往往精于成本和收益核算，基于对两者之间的比较而进行判断、做出选择。通常，符合经济人理性选择的情形有三种：①当违法成本较大地低于违法收益时，绝大多数经济人会选择实施违法行为；②当违法成本基本上相当于违法收益时，一小部分经济人会抱着不被发现或者不被查处的侥幸心理而实施违法行为，而大部分经济人则选择守法；③当违法成本较大地高于违法收益时，或者当守法比违法似乎能给自己带来更大的好处或者更小的坏处时，绝大多数经济人才会选择守法或者不违法[⑤][⑥]。这就是违法可能性与违法成本之间的“反比例关系”。因此，只有将“违法成本＜违法收益”“违法成本＜守法成本”分别转化为“违法成本＞违法收益”“违法成本＞守法成本”，才能够促使经济人放弃实施涉水违法行为的选择。

涉水领域中的“违法成本＜违法收益”问题，对最严格水资源管理制度及其有效

---

① US Environmental Protection Agency. 1984. Policy on Civil Penalties：EPA General Enforcement Policy #GM-21. Washington DC：EPA：3.

② 李增福，袁溥. 2011. 论现代马克思主义政治经济学利己和利他经济人假设. 华南师范大学学报（社会科学版），（2）：76-81.

③ 龙游宇，李晓红. 2007. 利己、利他与经济人假设. 贵州大学学报（社会科学版），（2）：29-32.

④ 理查德·波斯纳（苏力译）. 1994. 法理学. 北京：中国政法大学出版社：297.

⑤ 托马斯·霍布斯. 2003. 论公民. 应星，冯克利译. 贵阳：贵州人民出版社：53.

⑥ 游劝荣. 2006. 违法成本论. 东南学术，（5）：124-130.

实施有严重的损害。这主要表面在以下三个方面。第一，在“违法成本远远低于守法成本”的情形下，无取水许可证取水、超过取水许可证额度取水及滥取水的取水行为会比按规定合法取水行为更有利可图，这样，作为经济人的用水户在通常情形下会选择违法取水，其结果必然导致取用水总量控制指标成为一纸空文，水资源开发利用控制红线将不成其为红线，用水总量控制制度将难以落实。第二，针对向水域违法排污的违法者仅处应缴纳排污费数额 1 倍或者稍大于 1 倍的罚款（如水污染防治法第七十三条），实际上就等于对水污染物的排放总量不予控制，那么水功能区限制纳污红线将成为虚设，水功能区限制纳污制度在实际上而且必将继续是一项很难真正落实的制度。第三，在水资源开发利用控制红线和水功能区限制纳污红线不能发挥作用的情形下，在用水效率成本高、缺乏经济激励的背景下，作为经济人的用水户就没有采取技术和管理措施来提高用水效率的积极性，很难会选择采取提高用水效率的行动，从而冲击用水效率控制红线，使用水效率控制制度难以落实。

## 16.4　“违法成本＞守法成本”机制的健全完善

激励（incentive）是界定经济学核心思想的五大概念之一。美国经济学家格里高利·曼昆（N. Gregory Mankiw）将“人对激励做出回应”视为经济学的 10 大原理之一，认为“激励在经济学研究中具有中心作用”；斯蒂文·兰德斯博格（Steven E. Landsburg）甚至提出，可以将整个经济领域简单归纳为“人对激励做出回应；其他的都只是说明”[①]。由此可见，激励对经济人的行为及对社会整个经济的活动的巨大影响。对于“人对激励做出回应”这一原理，曼昆是这样阐释的：“激励是引起一个人做出行为的某种东西，诸如惩罚或者奖励的预期。因为理性人通过比较成本与收益而做出决策，所以他们对激励做出回应。”[①]也就是说，当成本或者收益变动时，经济人会改变他们的行为。

分析违法成本的构成式（16.6）可以发现，其中的必然成本是受违法的经济人自己控制的，而且变化幅度往往很小，但是法定成本和受罚概率却主要是由政府掌控的。法定成本低和受罚概率小是导致违法成本低的关键原因、机制原因。曼昆指出：“公共政策制定者永远不应该忘记激励：许多政策改变人们所面对的成本或者收益，进而改变他们的行为”；“当政策制定者未能考虑政策对激励的影响时，政策时常会产生他们所不希望的结果”[①]。因此，根据“人对激励做出回应”这一经济学原则，政府只有科学地确定法定成本、有效地增大受罚概率，才能使“违法成本＞违法收益”，促成“违法成本＞守法成本”的经济环境，从而促使经济人选择做出守法行为而不是违法行为。下面从科学确定法定成本、有效增大受罚概率及辨证处理法定成本与受罚概率之间的关系这三个方面讨论“违法成本＞守法成本”机制的健全完善。

① Mankiw N G. 2012. Principles of Economics（6th ed.）. Mason：South-Western Cengage Learning：7.

### 16.4.1　科学确定法定成本

确定处罚涉水违法行为的法定成本，必须考虑违法行为对水资源本身造成的损害和处罚的功能。

**1. 违法行为对水资源本身造成的损害**

在确定处罚涉水违法行为的法定成本时，需要考虑其对水资源本身所造成损害的恢复、治理或者赔偿。一般来说，涉水违法行为对水资源造成的直接或者间接损害，不仅有有形的，还有无形的；不仅扰乱了水资源管理秩序，而且还可能给其他公民、法人或者其他组织造成损失。设立违法行为的法定成本，这里是从行政管理的角度进行讨论的；对于那些同时给其他公民、法人或者其他组织造成损失的涉水违法行为，遭受损失者可以根据相关法律规定、通过民事诉讼程序予以解决。

违法行为对水资源造成损害的，处罚应该包括责令违法者限期恢复原状/治理、承担恢复原状/治理的费用及赔偿损失。恢复原状/治理、承担恢复原状/治理的费用或者赔偿损失，应该是违法者支付违法成本或代价的必然组成部分。违法行为对水资源造成损害主要包括四种情形：①已经造成的实际损害；②实际损害虽然尚未出现，但是根据科学规律的确定性，肯定会出现的损害；③虽然缺乏科学确定性但是不可逆转的环境损害的风险； ④前三种情形中两种或者两种以上情形的组合情形。

要求违法者承担这类责任，其实是将民法上的民事责任移植于行政管理法律的结果。其目的在于提高对违法行为的处置效率、体现市场规律下的时间价值、实现正义的时效性。如果通过民事诉讼程序特别是普通的民事诉讼程序来解决这类问题，往往耗时长、诉讼成本高，不仅会耗费国家大量的有限物力和财力，而且难以遏制乃至是实际上放纵涉水违法行为。

对于前两种违法行为对水资源造成损害的情形，在法学理论特别是民法理论上，是不存在争议的。但是对于第三种对水资源造成损害的情形，除了环境与自然资源法学界外，其他部门法学界却并不广泛认同。但是，风险预防原则（又称谨慎原则）是国际上广为承认的环境保护和资源管理（法）的基本原则之一。该原则“是指应该广泛采取预防措施，遇有严重或者不可逆转损害的环境威胁时，不得以缺乏确实证据为理由，延迟采取符合成本效益的措施”；它已经为诸多国际条约和大多数国家的法律所确认[①]。

---

① 胡德胜. 2010. 环境与资源保护法学. 郑州：郑州大学出版社：103. 例如，澳大利亚南澳大利亚州《2004 年自然资源管理法》第 3 款规定：“为了本法目的，应当将下列原则同实现生态上的可持续发展一起进行考虑：(a) 决策程序应当有效整合长期，以及短期的经济、环境、社会及公平因素；(b) 如果存在对自然资源的严重的或者不可逆转的威胁时，缺乏充分的科学确定性不应当成为延迟采取措施来预防环境退化的一项理由；(c) 决策程序应当受下列这些需要的引导：认真评估任何情况的或者可能负面影响环境的建议的风险的需要，或者，在可行的情形下，避免导致对环境的任何严重的或者不可逆转的损害的需要……”

从制裁涉水违法行为的目的来说，不应该是为了制裁而制裁，制裁的必要目的之一应该是对违法行为已经造成的、必将造成的或者可能造成的损害进行补救。只有能够恢复原状，就应该将责令限期恢复原状设定为一项首选的法定成本；虽然不能恢复原状但是经过治理能够恢复到一定程度的，就应该将责令限期治理设定为一项首选的法定成本。对于因实施违法行为而修建的设施、建筑物或者构筑物等，也需要责令限期拆除。为了论述上的方便，这里将这些违法行为统称为“需要设定责令限期恢复原状类的法定成本的违法行为”。一些发达国家的法律对此有所规定。例如，美国密歇根州 1994 年自然资源和环境保护法第 30720 条规定，未经合法授权的运行水位控制设施的行为，如果改变了或者导致改变了任何内湖的合理水位的，违法者应当支付恢复或者重建由违法行为而受到损害或者破坏的水坝或者任何其他财产（包括任何自然资源）的实际费用。澳大利亚塔斯马尼亚州 1999 年水管理法第 282 条规定：主管部门的部长可以通知未能履行义务者，指令后者采取通知中所载明的行动；如果后者违反通知的，部长可以授权任何人采取通知中所载明的行动或者任何在该种情形下可能适当的其他行动；部长在这种行为中实际和合理发生的成本构成后者对部长的债务，部长可以在任何有管辖权的法院主张债权①。这一规定具有比较强的可操作性、合理性和科学性，既能使受损事物能够得到有效和及时的救济，又不让违法者在经济上有利可图，值得借鉴。

我国 2002 年水法第 31 条规定：“从事水资源开发、利用、节约、保护和防治水害等水事活动，应当遵守经批准的规划；因违反规划造成江河和湖泊水域使用功能降低、地下水超采、地面沉降、水体污染的，应当承担治理责任。”但是，关于责令限期恢复原状/治理的处罚规定，在我国水事法律中运用得不够全面。例如，2002 年水法中有四个关于责令限期恢复原状/治理的条款，详见表 16-2。2008 年水污染防治法中有六个关于责令限期恢复原状/治理的条款，详见表 16-3。其实，对于一些其他违法行为，也应该设定责令恢复原状/治理这一法定成本。就 2002 年水法而言，笔者建议规定将下列两种行为纳入需要设定责令限期恢复原状类的法定成本的违法行为：①违反该法规定，造成江河和湖泊水域使用功能降低、地下水超采、地面沉降、水体污染的；②开采矿藏或者建设地下工程，因疏干排水导致地下水水位下降、水源枯竭或者地面塌陷的。就 2008 年水污染防治法而言，笔者建议规定将下列三种行为纳入需要设定责令限期恢复原状类的法定成本的违法行为：①在饮用水水源一级保护区内新建、改建、扩建与供水设施和保护水源无关的建设项目的；②在饮用水水源一级保护区内从事网箱养殖、旅游、游泳、垂钓或者其他可能污染饮用水水体的活动的；③在饮用水水源二级保护区内新建、改建、扩建排放污染物的建设项目的。

① 胡德胜. 2010. 生态环境用水法理创新和应用研究. 西安：西安交通大学出版社：141-142.

**表 16-2 2002 年水法关于责令限期恢复原状类的条款**

| 条款 | 内容 | 对于违法者没有在限期内恢复原状的情形，后续规定情况 |
| --- | --- | --- |
| 第六十五条第一款 | 在河道管理范围内建设妨碍行洪的建筑物、构筑物，或者从事影响河势稳定、危害河岸堤防安全和其他妨碍河道行洪的活动的，由县级以上水行政主管部门或者流域管理机构依据职权，责令停止违法行为，限期拆除违法建筑物、构筑物，恢复原状；逾期不拆除、不恢复原状的，强行拆除，所需费用由违法单位或者个人负担，并处一万元以上十万元以下的罚款 | 执法机关强制恢复原状，所需费用由违法者承担 |
| 第六十五条第二款 | 未经水行政主管部门或者流域管理机构同意，擅自修建水工程，或者建设桥梁、码头和其他拦河、跨河、临河建筑物、构筑物，铺设跨河管道、电缆，且防洪法未作规定的，由县级以上水行政主管部门或者流域管理机构依据职权，责令停止违法行为，限期补办有关手续；逾期不补办或者补办未被批准的，责令限期拆除违法建筑物、构筑物；逾期不拆除的，强行拆除，所需费用由违法单位或者个人负担，并处一万元以上十万元以下的罚款 | 执法机关强制恢复原状，所需费用由违法者承担 |
| 第六十五条第三款 | 虽经水行政主管部门或者流域管理机构同意，但未按照要求修建前款所列工程设施的，由县级以上水行政主管部门或者流域管理机构依据职权，责令限期改正，按照情节轻重，处一万元以上十万元以下的罚款 | 没有做出规定 |
| 第六十六条 | 有下列行为之一，且防洪法未作规定的，由县级以上水行政主管部门或者流域管理机构依据职权，责令停止违法行为，限期清除障碍或者采取其他补救措施，处一万元以上五万元以下的罚款：<br>（一）在江河、湖泊、水库、运河、渠道内弃置、堆放阻碍行洪的物体和种植阻碍行洪的林木及高秆作物的；<br>（二）围湖造地或者未经批准围垦河道的 | 没有做出规定 |
| 第六十七条第一款 | 在饮用水水源保护区内设置排污口的，由县级以上地方政府责令限期拆除、恢复原状；逾期不拆除、不恢复原状的，强行拆除、恢复原状，并处五万元以上十万元以下的罚款 | 执法机关强制恢复原状，但是没有就所需费用的承担事宜做出规定 |
| 第六十七条第二款 | 未经水行政主管部门或者流域管理机构审查同意，擅自在江河、湖泊新建、改建或者扩大排污口的，由县级以上水行政主管部门或者流域管理机构依据职权，责令停止违法行为，限期恢复原状，处五万元以上十万元以下的罚款 | 没有做出规定 |

**表 16-3 2008 年水污染防治法关于责令限期恢复原状类的条款**

| 条款 | 内容 | 对于违法者没有在限期内恢复原状的情形，后续规定情况 |
| --- | --- | --- |
| 第七十五条第一款 | 在饮用水水源保护区内设置排污口的，由县级以上地方政府责令限期拆除，处十万元以上五十万元以下的罚款；逾期不拆除的，强制拆除，所需费用由违法者承担，处五十万元以上一百万元以下的罚款，并可以责令停产整顿 | 执法机关强制恢复原状，所需费用由违法者承担 |
| 第七十五条第二款 | 除前款规定外，违反法律、行政法规和国务院环境保护主管部门的规定设置排污口或者私设暗管的，由县级以上地方环境保护主管部门责令限期拆除，处二万元以上十万元以下的罚款；逾期不拆除的，强制拆除，所需费用由违法者承担，处十万元以上五十万元以下的罚款…… | 执法机关强制恢复原状，所需费用由违法者承担 |
| 第七十五条第三款 | 未经水行政主管部门或者流域管理机构同意，在江河、湖泊新建、改建、扩建排污口的，由县级以上水行政主管部门或者流域管理机构依据职权，依照前款规定采取措施、给予处罚 | 执法机关强制恢复原状，所需费用由违法者承担 |
| 第七十六条第一款 | 有下列行为之一的，由县级以上地方环境保护主管部门责令停止违法行为，限期采取治理措施，消除污染，处以罚款；逾期不采取治理措施的，环境保护主管部门可以指定有治理能力的单位代为治理，所需费用由违法者承担…… | 执法机关指定有能力的单位代为恢复原状，所需费用由违法者承担 |

续表

| 条款 | 内容 | 对于违法者没有在限期内恢复原状的情形，后续规定情况 |
| --- | --- | --- |
| 第八十条第一款 | 违反本法规定，有下列行为之一的，由海事管理机构、渔业主管部门按照职责分工责令停止违法行为，处以罚款；造成水污染的，责令限期采取治理措施，消除污染；逾期不采取治理措施的，海事管理机构、渔业主管部门按照职责分工可以指定有治理能力的单位代为治理，所需费用由船舶承担…… | 执法机关指定有能力的单位代为恢复原状，所需费用由违法者承担 |
| 第八十三条第一款 | 企业事业单位违反本法规定，造成水污染事故的，由县级以上环境保护主管部门依照本条第二款的规定处以罚款，责令限期采取治理措施，消除污染；不按要求采取治理措施或者不具备治理能力的，由环境保护主管部门指定有治理能力的单位代为治理，所需费用由违法者承担…… | 执法机关指定有能力的单位代为恢复原状或者治理，所需费用由违法者承担 |

对于违法者没有在规定期限内恢复原状/治理的情形，我国水事法律缺少具有可操作性的后续补救措施。认真分析表 16-2 和表 16-3，可以发现，对于违法者没有在规定期限内恢复原状/治理的情形，我国水事法律采取了四种办法。①没有后续规定。例如，2002 年水法第六十五条、第六十六条第三款和第六十七条第二款的规定。②规定由执法机关强制拆除，但是没有就所需费用的承担事宜做出规定。例如 2002 年水法第六十七条第一款的规定。③规定由执法机关强制拆除，所需费用由违法者承担。例如 2002 年水法第六十五条第一和第二款的规定，2008 年水污染防治法第七十五条第二和第三款的规定。④规定由执法机关指定有能力的单位代为恢复原状/治理，所需费用由违法者承担。例如，2008 年水污染防治法第七十六条第二款、第八十条第一款和第八十三条第一款的规定。对这四种办法进行比较分析可以发现，第四种是其中最好的，但并不是完美无缺的。第四种办法主要存在两个方面的缺陷：①对于指定的程序缺乏规范性的规定，一来容易引起受处罚者的心理不满，二来容易引发腐败，三来不利于在第三方生态环境治理领域形成市场机制；②对于受处罚者不缴纳这种费用的情形，缺乏后续规定。为此，借鉴澳大利亚塔斯马尼亚州《1999 年水管理法》第二百八十二条的规定，并考虑政府精简放权的需要，笔者建议采用如下规定模式。

“没有在规定期限内恢复原状/治理/拆除的，或者不按要求采取恢复原状/治理/拆除措施的，或者不具备恢复原状/治理/拆除能力的，由做出处罚决定的政府/主管部门参照政府采购程序，交由第三方代为恢复原状/治理/拆除，所需费用由违法者承担；情况紧急的，做出处罚决定的政府/主管部门可以直接指定有能力的第三方代为恢复原状/治理/拆除。因交由第三方代为恢复原状/治理/拆除所发生的一切费用，构成违法者的确定债务，违法者无权对债务金额提出异议。违法者拒不支付的，由做出处罚决定的政府/主管部门向违法行为发生地有管辖权的人民法院按照民事诉讼程序申请强制执行。”

在不能恢复原状的情形下，违法者应该承担由于其违法行为对水资源造成的损失。例如，在未经批准擅自取水的违法行为的情形下，对于违法者已经使用的水是无法恢复原状的。再如，对于向水体中违法排放污水或者其他污染物的违法行为，如果所排放污染物并没有超过水体的自然净化能力而且已经得到了自净，也是没有办法恢

复原状的。在上述情形下，对于前者，对违法者应该按照推算取水量缴纳水资源费；对于后者，对违法者应该按照推算的排污量缴纳排污费或者污水处理费。但是，考虑到有关取水量和排污量是推算而来，而且以处罚的方式出现更能体现法律的严肃和权威，在立法技术上，对于这种损失往往以罚款的形式出现，并且通常与惩罚性处罚结合起来，例如作为处罚性罚款的计算基数。

### 2. 处罚的功能

确定处罚涉水违法行为的法定成本，需要考虑对违法者的惩罚性、对潜在违法行为的遏制功能，以及处罚的社会控制和矫正功能。惩罚性的处罚有时需要与赔偿结合起来。例如，违法者未经批准擅自取水的，可以对其按推算取水量处以水资源费数倍的罚款。这其中，一倍的罚款相当于赔偿了国家水资源于数量方面的损失，而超过一倍的部分基本上就是惩罚性质。法定成本考虑对违法者的惩罚性，形成惩罚性处罚制度，除了实现赔偿性功能以外，还能够发挥对违法行为的制裁和遏制以及处罚的社会控制和矫正等功能。

（1）惩罚性处罚制度具有制裁功能。对于违法者处罚如果仅限于恢复原状/治理/拆除或者赔偿损失，即使是在受罚概率 100%的情况下，违法者通常是违法成本与违法收益相当，并不会因处罚而遭受多少损失；也就是说，恢复原状/治理/拆除或者赔偿损失的处罚基本上是补偿性的，不具有制裁性。但是，100%的受罚概率在任何情况下都是不可能的，也是不现实的。因此，对违法者罚款或者罚金处罚，必须远高于赔偿损失的金额，从而体现处罚的制裁功能。

（2）惩罚性处罚制度具有遏制功能。美国是一个发达的资本主义国家，它的法院长期主张，“惩罚性赔偿可恰当地被使用来强化一个州的惩罚非法行为和遏制其重复发生的合法利益的权力”[①]。这是因为，惩罚性处罚通过惩罚违法者，一来实现制裁特定违法者的目的，二来通过特定制裁还能够产生威慑和预防的效果，三来迫使违法者将其外部性成本内在化、促使其他人将其外部性成本内在化。这种威慑和预防效果不仅遏制违法者再次实施违法行为，而且遏制其他人实施同类违法行为。

（3）惩罚性处罚制度具有社会控制和矫正功能。在涉水违法领域，违法者中不乏处于强势地位的经济人。如果不让它们承担较重的法律责任，往往会纵容这类违法行为，不仅不能对违法者起到足够的制裁和威慑效果，而且还会让它们发挥示范违法的作用。通过对处于强势地位的违法行为人实施惩罚性处罚，有助于实现法的社会控制和矫正功能。

从美国的法律实践来看，对于惩罚性的赔偿或者处罚，在州层面上，除了内布拉斯加州完全禁止，以及路易斯安那州、马萨诸塞州、华盛顿州和新罕布什尔州四个州仅在法律明确允许时才允许外，大多数州都因其所具有的多种积极社会功能而予以肯定[②]。

---

① 王利明. 2000. 惩罚性赔偿研究. 中国社会科学，（4）：112-122.
② 白江. 2015. 我国应扩大惩罚性赔偿在侵权责任法中的适用范围. 清华法学，（3）：111-134.

“防治结合、预防为主、综合治理”是我国环境保护与自然资源利用领域法律所遵循的重要原则之一。惩罚性处罚所具有的制裁和遏制违法行为的功能，以及社会控制和矫正功能，要求在健全完善“违法成本＞守法成本”机制时对它加以运用，从而促进水事政策法律目标的实现。

在确定对违法行为的惩罚性处罚幅度时，需要注意以下三点。

（1）在惩罚性的处罚与赔偿结合起来的情形下，应该确保处罚能够足以涵盖基本的执法成本及违法行为给水资源所造成的损失。在东莞市环境保护局对东莞侨锋电子公司生产废水超标排放违法行为进行处罚的案件中，耗时 4 个多月，最后给予了处以罚款 85.4 元的行政处罚[①]。85.4 元的罚款连最基本的执法成本都远远不够，更谈不上涵盖对水资源所造成的损害和损失了。

（2）处罚幅度应该足以让那些潜在的违法者望而生畏，让处罚具有巨大的预防违法行为的一般功能。有学者认为，“尽管美国环境法律中并没有规定要对违法者实施与违法收益相当的罚款，但在美国的具体执法实践中贯彻了［按违法收益处罚违法行为］这一原则”[②]。这是对美国环境法律的错误理解。因为美国环境保护署早在其 1984 年《民事处罚政策：环境保护署的一般执法政策（第 GM21 号）》中就明确指出：“如果一项处罚旨在实现威慑，就必须让违法者和社会公众确信：该项处罚将使违法者处于一种比及时守法者更为不利的地位。如果违法者能够因其违法行为而保持一种整体上的优势地位的话，那么，无论是违法者还是社会大众都不可能会相信这一点。”“移除违法行为所产生的经济收益仅能让违法者处于假如他已经及时守法情形下应该处于的同等地位。无论是威慑还是基本公平，都要求处罚应该包括一种额外的数目，从而确保违法者处于一种相较于他已经守法情形下的更为不利的经济地位……此外，惩罚的幅度应当能够阻止或者威慑其他潜在的违法者。”[③]因此，对于已经实施违法行为的人所给予的处罚，应该足以让其他人感到强大的震慑。也就是说，让那些“‘目睹’别人为实施违法行为付出沉重代价的人，彻底意识到自己如果也实施同样的违法行为，必然重蹈‘邻人’的覆辙。其结果是这种‘邻居效应’会让绝大多数可能的违法者从中吸取教训，转而寻求守法的途径，免得支付巨大的违法成本，这就挽救了一批可能（潜在的）违法者，实现了法律的目的”[④]。

（3）在设定惩罚性处罚的幅度时，需要考虑涉水违法行为的有关情节或者情形。这些情节或者情形主要包括如下几种。①违法者是第一次还是已经多次实施同类涉水违法行为。对于已经多次实施同类涉水违法行为的违法者，应该设定较高的处罚幅度。例如，美国环境保护署 1984 年《民事处罚政策：环境保护署的一般执法政策

① 张鹏. 2014-07-15. 电子厂超标排污环保局开罚单 85.4 元. 南方都市报，DA10.

② 秦虎，汪劲. 2014. 《水污染防治法》罚款设定方式评价——基于犯罪经济学理论. 公共管理与政策评论，3（1）：69-77.

③ US Environmental Protection Agency. 1984. Policy on Civil Penalties：EPA General Enforcement Policy #GM-21. Washington DC：EPA：3.

④ 游劝荣. 2006. 违法成本论. 东南学术，（5）：124-130.

（第 GM21 号）》要求惩罚性的“额外处罚数目应该反映违法行为的严重性”[①]。巴西1997 年国家水资源政策法第 49 条规定，对于再次违法行为，科以双倍罚金。②实施违法行为的情节是否恶劣。例如，是否顶风实施违法行为，是否连续实施违法行为。对于情节恶劣的，应该设定较大的处罚幅度。例如，澳大利亚塔斯马尼亚州 1999 年水管理法对连续违法行为实施按日处罚的规定（第 54 和第 123 条）。③违法者的违法收益情况。在针对营利性的涉水违法行为设定处罚幅度时，总体上应该剥夺违法者因违法行为而获得的全部利益，并没收实施违法行为的工具，让违法者不仅不能因其违法行为而得到任何物质利益，还会因之遭到损失乃至倾家荡产。只有这样，才能避免出现“坐牢一阵子，舒服一辈子”的不正常现象，促使经济人鉴于“违法成本＞违法收益”而选择守法，而不是因“违法成本＜违法收益”而选择实施涉水违法行为[②]。

### 16.4.2 有效增大受罚概率

概率，又称或然率、机会率、可能性，是对随机事件发生的可能性的一种度量。在现实生活中，受多种因素的影响，并不是所有的违法行为都能够得到处罚。也就是说，对违法行为的查处存在一定的随机性，一项违法行为被查处是一个随机事件。研究一个能够定量刻画这种随机事件发生可能性的指标，即受处罚概率，对于认识违法行为这种社会现象、强化治理及加强预防，具有重要的积极意义。所谓受罚概率，也可称为查处违法行为的概率，是指在一定时间段内被执法机关依法查明并且实施完全处罚的违法行为占该种违法行为实际发生数目的比例[③]。

前已指出，根据式（16.6），在必然成本和法定成本确定的情形下，受罚概率的高低与违法成本之间具有正相关关系。查处概率高，则违法成本高；查处概率低，则违法成本低。但是，影响涉水违法行为是否能够得到依法查处的因素很多，它们影响着受处罚概率。有人提出，查处概率受执法人员数量、执法频率、违法捕获技术水平、执法程序要求、执法意愿这五项因素的影响[④]。这是比较全面的，但是也存在一些缺漏。笔者认为，受处罚概率主要受违法行为线索、执法人员数量和素质、执法程序要求、查处技术和设备水平、执法意愿、外部监督这六项因素的影响。

---

① US Environmental Protection Agency. 1984. Policy on Civil Penalties：EPA General Enforcement Policy #GM-21. Washington DC：EPA：3.

② 游劝荣. 2006. 违法成本论. 东南学术，（5）：124-130.

③ 这里对受罚概率的定义借鉴了叶慰关于查处概率的下述定义，即“所谓查处概率，是指执法机关在某个时间段依法查明并实施处罚的违法行为占该种违法行为实际发生数的比率”；叶慰. 2013. 对违法行为的分类治理研究——从提高违法成本角度分析. 行政法学研究，（1）：105-112。之所以使用“受罚概率”这一术语并在定义中强调“实施完全处罚”，是因为执法机关的查处活动并不意味着违法行为人肯定会受到处罚，而且，即使进行了处罚，也并不意味着肯定实施了完全处罚。也就是说，统计到“受罚概率”中被查处的违法行为，是指那些被给予了完全处罚的违法行为，而不包括查而未处罚、处罚但不完全的违法行为。

④ 叶慰. 2013. 对违法行为的分类治理研究——从提高违法成本角度分析. 行政法学研究，（1）：105-112.

## 1. 违法行为线索

从处罚程序上看，一项涉水违法行为被处罚的第一步是执法机关掌握了该项违法行为的线索。违法行为线索的多少与受罚概率之间具有正相关关系。违法行为线索多，则查处概率高；违法行为线索少，则查处概率低。发现涉水违法行为线索的途径很多，主要有执法机关在其检查活动中发现，社会举报发现，其他执法机关移送，执法机关在政务信息、社会活动和媒介中发现。

（1）执法机关在其检查活动中发现。执法机关对涉水生产活动企业进行的检查通常有定期检查、不定期检查和抽查三种方式。通过这些检查活动，执法机关及其执法人员可以发现涉水违法行为的线索。检查频率与通过检查发现的涉水违法行为线索之间，具有一种辩证的关系。如果现场检查设施设备先进、能力和水平较高，那么在必然成本与法定成本之和只要低于违法收益的情形下，经过检查频率较高的一段时间之后，涉水违法行为线索会大大减少，因为违法者不敢再冒遭受处罚的较大概率风险；然而，如果现场检查设施设备落后、能力和水平较低，那么只要必然成本与法定成本之和低于违法收益，涉及违法行为就不会减少（而且可能还会增加），而涉水违法行为线索也不会有明显增多，因为检查活动很难发现涉水违法行为的线索，涉水违法行为的受罚概率非常低。有人认为，“执法频率和查处概率之间具有正相关关系”[①]；这一观点显然是片面的，是不完全正确的。根据中共中央关于建设法治国家的要求，现场行政检查这种执法行为将受到严格规范，次数将会减少许多。因此，执法机关及其执法人员必须提高现场检查的能力和水平，加强非现场检查活动。

（2）社会举报发现。社会举报是发现涉水违法行为线索的非常重要的来源渠道，同时也是广大人民群众行使当家作主权力而对执法机关及其执法人员进行监督的有效途径，尤其是在当代信息技术条件下。然而，我国绝大多数执法机关要求实名举报、对非实名举报一概不理及严重缺乏对举报人的有效保护大大打击了社会举报的热情。这是因为，在涉水违法行为人往往处于强势的情形下，特别是拟举报者是违法厂商的工作人员的话，举报人何敢实名举报？笔者建议，执法机关不应当将非实名举报彻底封死，而是应当对证据比较确凿的举报线索认真对待，着手进行查处。

（3）其他执法机关移送。其他机关包括本地检察机关、监察部门、政府及其他职能部门，以及异地同类职能部门。对于它们移送过来的涉水违法行为线索，执法机关及其执法人员应该认真查处，并将查处情况进行通报。

（4）执法机关在政务信息、社会活动和媒介中发现。人类社会已经进入了信息时代，政务和非政务网络、大众媒介和个人媒介的信息量非常丰富，一些涉水违法行为的信息也会或明或暗地显现出来。例如，鲁抗医药公司违法向水体中排放污染物等信息就是这样明显地显现出来的。执法机关及其执法人员不能仅对经有影响媒介披露而明显显现出来的涉水违法行为线索进行查处，而对证据比较确凿的其他涉水违法行为

① 叶慰. 2013. 对违法行为的分类治理研究——从提高违法成本角度分析. 行政法学研究，(1)：105-112.

线索置之不理。通过现代信息处理系统，涉水违法行为的执法机关完全可能发现大量的有价值的涉水违法行为线索。笔者建议涉水违法行为的中央执法机关建立有关涉水违法行为线索发现信息系统和平台。

### 2. 执法人员数量和素质

（1）执法人员数量。查处任何一起涉水违法行为，都需要一定数量的执法人员。就直接办案人员来说，查处一起涉水违法行为至少需要两名具有执法资格的人员，还需要相应的后勤保障人员。如果负责查处涉水违法行为的执法人员增多，这类违法行为被发现和查处的可能性就会增加，受处罚概率就会提高。也就是说，执法人员数量的充足与否与受罚概率之间具有正相关关系。[①]执法人员数量充足，则查处概率高；执法人员缺乏，则查处概率低。因此，为了提高涉水违法行为的受罚概率，需要配备适当数量的执法人员。否则，过少的执法人员配置，将会导致过低的受罚概率，在客观上会鼓励实施涉水违法行为。

（2）执法人员素质。执法人员素质的高低对于涉水违法行为能否受到完全处罚具有重要影响。如果执法人员素质较低，就难以发现涉水违法行为的线索、对于发现的线索做出误判而不查处、漏取关键证据、贪赃徇私玩忽职守、不能全面认定违法事实和正确适用法律。执法人员素质的高低与受罚概率之间具有正相关关系。执法人员素质高，则查处概率高；执法人员素质低，则查处概率低。笔者建议，应该从立法质量、执法培训、政纪法纪教训等方面提高或者促进执法人员素质。例如，就立法质量而言，需要加强相关水事法律之间的协调统一，避免混乱和选择法律执法。2002 年水法与 2008 年水污染防治法之间就存在不协调统一的问题。认真对比分析表 16-2 和表 16-3 可以发现：①2002 年水法的第六十七条第一款与 2008 年水污染防治法的第七十五条第一款都是针对在饮用水水源保护区内设置排污口的违法行为而规定处罚的种类和幅度；②2002 年水法的第六十七条第二款与 2008 年水污染防治法的第七十五条第三款都是针对未经依法同意在江河、湖泊新建、改建、扩建排污口的违法行为而规定处罚的种类和幅度，但是两部法律的规定之间并不协调和统一。

### 3. 执法程序要求

科学的执法程序及其严格遵守是法治社会的应有和必要之义。2014 年 10 月 23 日《中共中央关于全面推进依法治国若干重大问题的决定》要求“完善执法程序，建立执法全过程记录制度。明确具体操作流程，重点规范行政许可、行政处罚、行政强制、行政征收、行政收费、行政检查等执法行为”[②]。不过，“执法程序越复杂、执法机关越是按程序办事，相应违法行为的查处概率就越小。一方面，遵守程序会影响到办案效率”；“另一方面，遵守程序可能会使部分违法者逃脱制裁”[①]。就此而论，执

① 叶慰. 2013. 对违法行为的分类治理研究——从提高违法成本角度分析. 行政法学研究，(1)：105-112.

② 《中共中央国务院关于加快水利改革发展的决定》.

法程序简便程度与查处概率之间存在负相关关系。执法程序简便，则查处概率高；执法程序烦琐，则查处概率低。

正义是法治的原始出发点，公正是法治社会的核心诉求。在执法程序烦琐而不科学的情况下，查处某一违法行为可能需要三位执法人员花费五天时间，但是在科学而简便的执法程序下，借助现代科学技术只需要两位执法人员花费三天时间。执法机关的人员有限、执法人员的时间和精力也有限，对平均每起涉水违法行为的查处时间的增加，意味着查处涉水违法行为案件数量的减少。在涉水违法行为查处程序方面，应该在确保正义和公正的前提下，科学简化执法机关查处涉水违法行为的手续和流程。

#### 4. 查处技术和设备水平

查处涉水违法行为的技术和设备水平，是指执法机关和执法人员将所能够使用的查处技术和设备运用于查处过程的能力和水平。查处技术和设备水平的高低与受罚概率之间具有正相关关系。能够运用于查处的技术和设备先进，执法人员的运用水平高，则查处概率高；能够运用于查处的技术和设备落后，或者执法人员的运用水平低，则查处概率低。

提高查处涉水违法行为的技术和设备水平，最典型的做法是更多地使用先进的科技设备，建立相关信息平台系统。例如，建立江河湖泊水量和水质信息平台系统，科学地分布和设立监测站点，将所有监测站点的数据通过信息处理系统进行实时处理，使异常情况能够得到及时显示、发出警告，执法人员能够凭借现代交通工具及时赶赴现场，使用先进的检测设备进行现场检测、运用先进的设备记录现场执法全过程。再如，各涉水违法行为执法机关之间应该建立执法信息共享平台或者机制，相互之间及时而有效地传递有关涉水违法行为的信息，做到既分工明确又合作配合，实现查处涉水违法行为的无缝衔接，让涉水违法者无漏洞可钻。[①]

#### 5. 执法意愿

执法意愿是指执法机关及其执法人员对于查处涉水违法行为的态度，是积极行动还是消极对待，是主动出击还是被动行事，是认真查处还是敷衍了事。“执法意愿强，表示执法机关及其执法人员将积极主动地搜寻、审查并处罚有关违法行为；执法意愿弱，表示执法机关及其执法人员不愿意真正花精力去搜寻有关违法行为，甚至在明知违法行为存在时消极对待，争取‘大事化小、小事化了’。”[②]执法意愿的强弱与查处概率之间存在正相关关系。执法意愿强，则查处概率高；执法意愿弱，则查处概率低。它“极大地影响着查处概率，从某种程度上说，它甚至具有决定性的影响——如果执法机关对于某类违法行为因欠缺执法意愿而拒绝予以处罚，那么其他影响查处

① 胡德胜，潘怀平，许胜晴. 2012. 创新流域治理机制应以流域管理政务平台为抓手. 环境保护，(13)：37-39.

② 叶慰. 2013. 对违法行为的分类治理研究——从提高违法成本角度分析. 行政法学研究，(1)：105-112.

概率的因素都将归于无效，查处概率始终是零”[①]。

执法意愿的强弱受许多因素的影响。一是执法机关及其执法人员本身的初衷、想法或者意识；二是本级政府及其领导成员、上级政府和执法机关及其领导成员、本执法机关及其领导成员的公开和私下意见；三是是否存在贪赃或者徇私枉法的情况；四是立法监督、执法监督、部门间监督和社会监督的强弱。为了提高执法意愿，需要提高执法人员的质量，严禁本级政府及其领导成员、上级政府和执法机关及其领导成员、本执法机关领导成员对涉水违法行为查处活动进行非法干预，严厉打击影响正常查处涉水违法行为的受贿、利益输送、徇私等问题，通过加强立法监督、执法监督、部门间监督和社会监督促进、倒逼和迫使执法机关提高自身质量、排除非法干预、不敢贪赃或者徇私枉法，受涉水法律所保护的利益驱动而不是基于自身利益而驱动，进而提高执法意愿。只有执法意愿提高了，2014 年《中共中央关于全面推进依法治国若干重大问题的决定》指出的“不作为慢作为”和“懒政、怠政”问题才能得到解决，“法定职责必须为”和“勇于负责、敢于担当”的局面才能形成。

例如，在甲水电站违法取水并销售的事例中，由于违法的甲水电站是当地省水利厅直属单位，省水利厅违法要求该水电站所在地的市水利局不得对甲水电站进行处罚，市水利局于是就不对该违法取水并销售的违法行为进行查处[②]。这是执法机关因上级执法机关违法干预而丧失执法意愿的一起事例。

再如，在东莞市环境保护局查处东莞侨锋电子公司生产废水超标排放违法行为的过程中，我们可以看到：该局于 2012 年 8 月 24 日发现企业的生产废水超标排放违法行为，做出限期治理的行政处罚决定后便不再过问；治理期限届满后，再到企业检查，发现企业没有履行限期治理的行政处罚决定，于是在 2013 年 2 月 5 日对企业按 2012 年 8 月 24 日检查时发现的生产废水超标排放数据对企业做出了予以罚款 85.4 元的行政处罚决定[③]。事实上，受处罚企业却在 2012 年 8 月 24 日至 2013 年 2 月 5 日期间继续超标或超总量排污。完全可以说，东莞市环境保护局或其执法人员在此案中执法意愿很低或者说根本就没有执法意愿。实质上，对东莞侨锋电子公司生产废水超标排放违法行为的这一处罚，根本构不成受罚概率公式中要求的完全处罚，是一种查而未处罚或者处罚但不完全的处罚。

### 6. 外部监督

对涉水违法行为依法进行查处是执法机构及其执法人员的法定职责，既是人民通过立法机关授予其的权力，也是其应当履行的义务。法国著名哲学家孟德斯鸠（1689～1755 年）在其著作《论法的精神》中指出：“自古以来的经验表明，一切被授予权力的人都容易滥用权力”；“从事物的性质来说，要防止滥用权力，就必须以权

---

① 叶慰. 2013. 对违法行为的分类治理研究——从提高违法成本角度分析. 行政法学研究，（1）：105-112.

② 胡德胜，潘怀平，许胜晴. 2012. 创新流域治理机制应以流域管理政务平台为抓手. 环境保护，（13）：37-39.

③ 张鹏. 2014-07-15. 电子厂超标排污环保局开罚单 85.4 元. 南方都市报，DA10.

力约束权力。”[①]英国思想史学家阿克顿勋爵（1834～1902 年）指出：“权力导致腐败，绝对权力导致绝对的腐败。”[②]为了促进、迫使和确保执法机构及其执法人员依法查处涉水违法行为，就需要有来自外部的监督权力。外部监督强弱与查处概率之间具有正相关关系。外部监督强，则查处概率高；外部监督弱，则查处概率低。

这种外部监督主要包括如下几类。①立法监督——来自直接授权机构的监督。在我国通常表现为立法机构开展的法律实施情况检查和立法后评估。例如，2015 年 5～6 月，全国人大常委会组织 5 个检查组分赴 6 省（市）进行水污染防治法实施情况的检查，同时还委托其他 25 个省（区、市）人大常委会对本行政区水污染防治法实施情况进行检查。②执法监督——来自执法监督机构或者部门的专门执法监督。如来自检察机关、监察部门及执法机关内设监督部门的监督。③部门间监督——来自其他执法部门的监督。涉水事务管理涉及水行政、环境保护等多个部门，它们之间既有分工也有合作；分工合作在某种程度上意味着制约和监督。例如，水行政主管部门对违法取用水的违法行为缺乏监督，造成江河湖泊水量减小，水体纳污能力下降，导致江河湖泊发生水污染事件。环境保护部门查明原因，就会形成对不履行或者不正确履行查处违法行为的水行政主管部门的监督。④社会监督——来自最根本权力来源的监督。我国宪法第二条明确规定“一切权力属于人民”，人民有权力对包括涉水执法部门在内的任何国家机关、政府部门及其工作人员进行监督，这种监督的广泛表现形式就是社会监督。根据“阳光政府”的原则，广大人民群众有权通过要求执法部门及其执法人员查处涉水违法行为。

例如，最高人民检察院 2015 年 3 月发布《全国检察机关开展“破坏环境资源犯罪专项立案监督活动”和“危害食品药品安全犯罪专项立案监督活动”的工作方案》，要求各级环境保护部门以“破坏环境资源犯罪专项立案监督活动”为契机，健全行政执法和刑事司法衔接机制，主动与公安机关、检察机关联合开展统一行动，集中解决一批严重污染环境、群众反映强烈的突出问题。这就是来自检察机关的监督[③]。

再如，环境保护部 2015 年 4 月明确了行政处罚信息的公开方式，要求各级环境保护部门必须在 20 个工作日内向社会公开环境行政处罚决定书全文，做到查处一起、公开一起，以求通过信息公开来强化外部监督的力度，将行政处罚行为放置于纪检、检察机关及全社会的共同监督下，通过“阳光执法”倒逼环境执法行为规范化的提升[③]。

### 16.4.3 辨证处理法定成本与受罚概率之间的关系

涉水违法行为猖獗的经济原因在于“违法成本＜违法收益”，而由此产生的“违法成本＜守法成本”还能够使违法者获得市场竞争中的优势地位。因此，从经济学的

---

① 孟德斯鸠. 1978. 论法的精神. 张雁深译. 北京：商务印书馆：150，20.
② 阿克顿. 2001. 自由与权力. 侯健译. 北京：商务印书馆：342.
③ 童克难. 2015-04-15. 通报去年行政处罚和环境犯罪案件移送情况. 中国环境报，01.

角度，根据经济人假设理论，要遏制涉水违法行为，就必须让涉水违法者的违法成本远远高于因违法行为所获得的违法收益。从关于违法成本的式（16.6）可以发现，在决定违法成本的三项因素中，必然成本基本上属于不变量，而法定成本与受罚概率则是相互影响的两个变量。关于这两个变量之间的关系，这里从变量间关系及社会治理关系两个角度进行讨论。

### 1. 法定成本与受罚概率之间的变量关系

关于违法净收益、违法收益、必然成本、法定成本、受罚概率之间的关系，可以用下列公式表示：

$$\mathrm{NB}=B-(A+X\times Y) \tag{16.8}$$

式中，NB 表示违法净收益；$B$ 表示违法收益；$A$ 表示必然成本；$X$ 表示法定成本；$Y$ 表示受罚概率。

如果 NB 为正数，则表明涉水违法者可以获得净收益，说明实施涉水违法行为即使在受到完全处罚的情形下也是符合经济理性的。NB 的值越大，意味着违法净收益越高，则经济人选择实施涉水违法行为的积极性越高；相反，NB 的值越小，意味着违法净收益越低，则经济人选择实施涉水违法行为的积极性越低。

在违法收益 $B$ 一定的情形下，只要提高法定成本 $X$ 或者受罚概率 $Y$，将 $A+X\times Y$ 提高到大于 $B$ 的程度，使得违法净收益 NB 的值小于 0，潜在的涉水违法者作为经济人就会不选择实施违法行为。但是，在法定成本 $X$ 和受处概率 $Y$ 这两个方面，不宜有过分的偏废；否则，就会影响违法净收益 NB 的值。这是因为，仅重视法定成本 $X$ 的严厉程度而不注重受罚概率 $Y$，往往难以阻止经济人实施涉水违法行为的积极性。例如，假定违法收益 $B$ 的值为 200 万元、必然成本 $A$ 为 20 万元、法定成本为处以违法收益的 5 倍的罚款、受罚概率为 10%的话，那么涉水违法行为净收益为 NB=200－（20+1000×10%）=80（万元）。显然，看似很高的法定成本，由于缺乏相匹配的受罚概率，违法者仍然可以从涉水违法行为中获得可观的收益，因为经济理性会让作为经济人的涉水厂商选择实施涉水违法行为。这样，涉水违法行为只会是屡禁不止。

同样，如果仅注重受罚概率而不提高法定成本，也难以遏制涉水违法行为日益严重或者增多。例如，假定违法收益 $B$ 的值同样为 200 万元、必然成本 $A$ 同样为 20 万元、法定成本为处以 100 万元的罚款、受罚概率为 80%，那么涉水违法行为净收益为 NB=200－（20+100×80%）=100（万元）。显然，看似很高的受罚概率，由于缺乏相匹配的法定成本，违法者也仍然可以从涉水违法行为中获得可观的收益，因为经济理性会让作为经济人的涉水厂商选择实施涉水违法行为。这样，涉水违法行为仍然会是屡禁不止。

## 2. 法定成本与受罚概率之间的社会关系

就受罚概率而言，针对涉水违法行为的高受罚概率意味着过分高昂的执法成本。因为它意味着必须雇佣理论上能够查处所有涉水违法行为所需要的最大数量的执法人员，配备足够而且先进的执法设施及装备设备并不时更新，形成过分庞大的执法机器，从而造成在涉水违法行为数量减少时的巨大执法成本浪费。从经济学的角度来说，它是低效率的。从市场经济条件下的政府管理理论来讲，它不符合“小政府、大社会”的市民社会理念。

从法定成本来看，也不意味着越高越好。这是因为，首先，对涉水违法行为进行制裁、处罚和惩罚不是为制裁而制裁、为处罚而处罚、为惩罚而惩罚，其第一位的目的在于通过威慑而教育潜在的涉水违法者放弃实施涉水违法行为。其次，对涉水违法行为进行制裁、处罚和惩罚的第二位的目的是通过制裁、处罚和惩罚而让遭受损害的水资源得到恢复、治理或者赔偿，并让守法者不因为守法而处于不利的竞争地位，让违法者处于比守法者有些不利但通常不是特别不利的竞争地位（除非情节特别恶劣、后果特别严重）。正如美国环境保护署 1984 年《民事处罚政策：环境保护署的一般执法政策（第 GM21 号）》所指出的：“如果一项处罚旨在发挥威慑力量，就必须让违法者和社会公众确信：该项处罚将使违法者处于一种比及时守法者更为不利的地位。”[①]因此，让涉水违法者承担远高于违法利益的成本或代价，并不意味着让违法者付出的代价越高越好，更不意味着让违法者因自己的违法行为承担无限的成本或代价[②]。

美国最高法院前大法官、社会法学派的代表人物奥利弗·温德尔·霍姆斯（Oliver Wendell Holmes）认为，“法律的生命不在于逻辑，而在于经验”[③]。在任何国家或其历史上，犯罪和违法行为从来都没有绝迹过，即使是重刑、重罚和“严打”时期也是如此。而且，过高的法定成本有时还可能引发不必要的暴力抗法行为。

2014 年《中共中央关于全面推进依法治国若干重大问题的决定》承认：“法律的生命力在于实施，法律的权威也在于实施。”有效实施的核心和重点应该是社会大众自觉的普遍遵从，而不是高压下的广为遵守。关于法定成本与受罚概率之间的关系，笔者认为应该辩证地处理，追求通过法定成本和受罚概率之间的有机结合，产生一种使违法成本适度的形成机制。具体而言：

（1）受罚概率应该维持在 40%～50%。主要理由有两个。一则，这一幅度使涉水违法行为的受罚概率几乎是一半，理性的经济人一般不会冒这么高受罚概率的风险。二则，按这一幅度配置执法人员和配备执法设施装备设备，通常不会产生执法人员无事可做、执法设施装备设备闲置的问题。而且，县级层次的综合执法体制可以增强不同涉水执法机关及其执法人员执法活动的协作，提高执法设施装备设备的综合利用

① US Environmental Protection Agency. 1984. Policy on Civil Penalties：EPA General Enforcement Policy #GM-21. Washington DC：EPA：3.

② 游劝荣. 2006. 违法成本论. 东南学术，(5)：124-130.

③ Holmesow. 1963. The Common Law. Boston：Little Brown：5.

效率。

（2）违法成本应该适度，但是应该至少能够涵盖下列成本或者产生下列效果中的前四项：①执法成本；②恢复、治理或者弥补水资源的损害或者损失；③能够使涉水违法者的“违法成本＞违法收益”；④能够形成一种“违法成本＞守法成本”的整体社会效果；⑤让涉水违法者承担一些惩罚性的损失。

# 第 17 章　水资源管理中的公众参与保障机制*

最严格水资源管理制度的具体实施不仅是一项每个公民的共同事业，而且它还涉及公众特别是利益相关者的切身利益。无可争辩的事实是，世界上没有一个国家的政府或者统治者能够在任何时候、在所有方面都能全面和无误地代表每一个单位或者个人的利益，因为诸多利益之间存在冲突和竞争，需要平衡和协调。“公众和利益相关者参与不仅是民主政治的体现，而且是公众特别是利益相关者维护其切身利益的重要途径，还是创新政府和社会管理方式、实现善治的体现。”①本章立足于国际视野对“公众参与”概念进行辨析，分析我国存在的问题，提出从五个方面完善我国水资源管理中的公众参与保障机制，即提高涉水公众参与法律的位阶，在涉水战略和规划领域引入公众参与，明确涉水公众参与主管公共机构及其职责，加强水资源保育方面的公众参与，以及完善涉水公众参与程序、弥补漏洞。

## 17.1　公众参与概述

### 17.1.1　公众参与的概念

“公众参与”（public participation，英文有时也用 public involvement）这一术语，与“公民参与”（citizenparticipation）、“利益相关者参与”（stakeholder participation，stakeholderinvolvement）、“社区参与”（community involvement）之间存在相同或者近义表述，有时相互替换使用。不过，在涉及国家或者社区管理/治理领域的决策方面，

---

* 本章执笔人：胡德胜。本章研究工作负责人：胡德胜。

① 左其亭，胡德胜，窦明. 2014. 基于人水和谐理念的最严格水资源管理制度研究框架及核心体系. 资源科学，36（5）：906-912.

“公众参与”（public participation）的使用最为普遍。

尽管有些文献将公众参与的历史追溯得很远，许多文献将美国的实践和1972年《人类环境宣言》[①]作为公众参与的兴起之源，但是，极大地推动并切实使得公众参与进入国际和国内公共政策领域的，无疑是1992年6月联合国环境与发展会议通过的《里约环境与发展宣言》原则10。该原则10宣告：[②]“环境问题最好在所有有关公民在有关一级的参与下加以处理。在国家一级，每个人都应当享有权利，通过适当的途径获得有关公共机构掌握的关于环境的信息，其中包括关于他们社区内有害物质和活动的信息，而且每个人都应当有机会参与决策程序。各国应当广泛地提供信息，从而促进和鼓励公众的认知和参与；应当提供利用司法和行政程序的有效途径，其中包括赔偿和补救措施。”

正如埃伯哈德·多伊奇（Eberhard Deutsch）和京特·汉德尔（Günther Handl）所指出的，“原则10之前虽然存在一些先例……但它仍然是开拓者，首次在全球层面提出了一个对有效环境管理和民主治理都很重要的概念。自那时起，国际社会的期望，特别是反映于1998年《在环境问题上获取信息、公众参与决策和诉诸司法的公约》、2010年联合国环境规划署《在环境问题上获取信息、公众参与和诉诸司法的国家立法准则》及国际组织和会议各种决议的期望，都汇集到这一点，即必须认为原则10的规范性规定具有法律约束力”。[③]

自此之后，公众参与一词，不仅在国家管理/治理、社区管理/治理领域，而且在企业公司管理/治理领域，都成为一种时尚，特别是在国家和社区管理/治理中成了一种核心的治理理念和方法。例如，联合国亚太经济社会委员会认为，善治有8大特征或要求，即公众参与、共识导向型、可问责、公开透明、反应灵敏、有效和高效、公平和包容，以及遵从法治[④]。公众参与居于首位，尽管这些特征或者要求之间是一种辩证关系。我国专家和学者关于公众参与的研究，始于20世纪90年代，以引入或者介绍国外的理论和实践作为开始[⑤]。

“人们用许多不同的方式来理解公众参与。”[⑥]因此，厘清公众参与的概念是非常必要的。就其术语来源和全面含义来说，“公众参与”根植于民主理念、以善治理论为基础、发端于西方发达国家、经国际政治政策法律文件推动而广为应用。因而，探

① 1972年《人类环境宣言》原则1宣告：“人类有权在一种能够过尊严和福利的生活环境中，享有自由、平等和充足的生活条件的基本权利，并且负有保护和改善这一代和将来的世世代代的环境的庄严责任。”一些文献将之视为公众参与的基石。

② 关于原则10的中译，本书作者参考了新华网（http：//news.xinhuanet.com/ziliao/2002-08/21/content_533123.htm）上的中文译本。但是，鉴于该中文译本错误或者不当之处较多，本书中的中译或者概括，并没有采用有关错误或者不当的中译。例如，新华网中文译本将英文原文的“shall”翻译为“应”，而“应”有“应当”和“应该”两种在法律上不同的含义。

③ 1972年《联合国人类环境会议的宣言》和1992年《关于环境与发展的里约宣言》. http：//legal.un.org/avl/pdf/ha/dunche/dunche_c.pdf［2015-08-30］.

④ United Nations Economic and Social Commission for Asia and the Pacific. What is Good Governance? http：//www.unescap.org/pdd/prs/ProjectActivities/Ongoing/gg/governance.asp［2015-08-30］.

⑤ 李永胜. 2014. 水污染防治中公众参与问题研究. 吉林大学博士学位论文.

⑥ European Institute for Public Participation. 2009. Public Participation in Europe：An international perspective. Germany：EIPP：5.

讨公众参与的概念宜从国外开始。

### 1. 公众参与的概念：国外学术性

世界粮农组织、联合国欧洲经济委员会和国际劳工办公室组织了一个林业公众参与专家组。在其 2000 年报告《欧洲和北美林业中的公众参与》中，该专家组将公众参与定义如下："公众参与是一种自愿程序，人们单独地或者经由有组织的团体，能够据之交流信息、发表意见及明确表达利益诉求，并因而有可能影响有关事务的决策或者结果。"①

欧洲公众参与研究院（European Institute for Public Participation）在其 2009 年研究报告《欧洲的公众参与：比较的视角》中这样定义公众参与："公众参与是这样一种审议程序，感兴趣的或者受影响的公民、市民社会组织，在有关政府或其部门/机构做出一项政治决定之前，共同参加到决策中来。就审议而言，我们是指一种在给出和决定的选择理由基础上的深思熟虑的讨论过程。"②

公共参与国际协会（International Association for Public Participation）是这样界定公众参与的："'公众参与'意味着让那些受一项决策影响的人们参与到决策程序中来。它通过向参与者提供以一种有意义的方式进行参与所需要的信息，促进可持续发展的决策，并且同参与者进行沟通交流他们是如何受到决策影响的。公共参与实践可能会涉及公开会议、调查、经验交流会、研讨会、投票、公民咨询委员会及其他形式的公众直接参与。"③

桑木如迪・尼科罗（Somrudee Nicro）2002 年将公众参与定义为"影响决策的法律权利和实践机会，例如，向就一项活动、项目、计划/规划、流程或者程序做出决定的政府机构提交声明的方式"④。

皮埃尔・安德烈（Pierre André）等在 2006 年认为，"可以将公众参与定义为，个人和团体组织，或因受某一拟议干扰事项（例如，一个项目、一个方案、一项规划、一项政策）正面或者负面影响，或因对该拟议事项感兴趣，根据一项决策程序而进行的参与"⑤。

西纳・奥杜贝米（Sina Odugbemi）和托马斯・雅各布森（Thomas Jacobson）在 2008 年使用公众参与来指"在能够让利益相关者，以及其他感兴趣的和受影响的各方参与……决策的程序和机制的基础上的一种宽泛的矩阵"⑥。

---

① Team of Specialists on Participation in Forestry. 2000. Public Participation in Forestry in Europe and North America. Geneva：FAO，ECE，ILO：6.

② European Institute for Public Participation. 2009. Public Participation in Europe：An international perspective. Germany：EIPP.

③ International Association for Public Participation. Good public participation results in better decisions. http：//www.iap2.org/［2015-08-30］.

④ Asia-Europe Environmental Technology Centre. 2002. Public involvement in environmental issues in the ASEM – background and overview. Helsinki：Asia-Europe Environmental Technology Centre：11-12.

⑤ André P，Enserink B，Connorand D，et al. 2006. Public ParticipationInternational Best Practice Principles. Fargo：International Association for Impact Assessment：157.

⑥ Odugbemi S，Jacobson T. 2008. Governance Reform under Real-World Conditions Citizens，Stakeholders，and Voice. Washington DC：World Bank：157.

伊瓦·弗曼（Eeva Furman）等学者没有给公众参与下定义，而是根据国际政策法律文件（如《里约环境与发展宣言》原则 10，1998 年《在环境问题上获得信息、公众参与决策和诉诸法律的公约》）的规定认为公众参与由获取信息、参与决策程序以及利用法律程序救济这 3 个部分组成。①

巴斯琴·阿费尔特兰格（Bastien Affeltranger）认为，“公众参与是一个常用术语，又被称为参与式程序，它一方面识别一种道德的和民主的价值，另一方面确定一系列的技术性程序”②。

## 2. 关于公众参与概念的外国政策法律规定

一些国家或者联邦制国家的州（省）制定有专门的公众参与（保护）法律，其中有些对“公众参与”进行了法律上界定。例如，加拿大不列颠哥伦比亚省 2001 年公众参与保护法在第 1 条定义部分这样界定公众参与：“‘公众参与’是指就一项公共利益事务，旨在影响公众舆论，或者促进、推动公众或任何政府机构采取法律行动的行为，但是不包括下列沟通交流或者行为……”③

澳大利亚首都地区 2008 年公众参与保护法在第 7 条这样界定公众参与：“①在本法中，公众参与是指针对一项公共利益事务的行为，而且一个理性的人会认为它的目的（全部或者部分）在于影响与公众舆论，或者在于促进或推动公众、公司或政府机构采取行动。②但是，公众参与不包括下列行为……”④

澳大利亚部长理事会 2008 年 7 月 2 日通过的《公众参与标准》这样定义公众参与：“公众参与是指在计划/规划、项目、政策或者法律文件的制定过程中，所有那些相关的和/或感兴趣的人陈申和/或主张他们的利益或者关切的机会。”⑤

南非国会立法部门服务局在其 2013 年报告《南非立法部门公众参与框架》中是这样界定公众参与的：“公众参与是指这样一种程序，国会和省级立法机构在做出一项决定之前，经由之与人民，以及感兴趣的或者受影响的个人、组织和政府机构进行咨询。公众参与是一个用于沟通和协作解决问题的双向机制，旨在实现具有代表性的和更为接受的决策的目标。”⑥

一些国家或者地区没有在法律文件中规定公众参与的定义，但是在官方文献中就公众参与的概念进行了说明。例如，欧盟在其 2003 年《水框架指令相关的公众参与（指南文件之八）》中认为，“通常意义上可以将公众参与定义为允许人们影响计划/规划和工作程序”⑦。

① Asia-Europe Environmental Technology Centre. 2002. Public involvement in environmental issues in the ASEM – background and overview. Helsinki：Asia-Europe Environmental Technology Centre：11-12.

② Bastien A. 2001. Public participation in the design of local strategies for flood mitigation and control. UNESCO：13.

③ Section 1，［Canada British Columbia］Protection of Public Participation Act of 2001.

④ Section 7，［Australia ACT］Protection of Public Participation Act of 2008.

⑤ Standards of Public Participation（2008；adopted by the Austrian Council of Ministers on 2 July 2008）.

⑥ ［South Africa］Legislative Sector Support. 2013. Public Participation Framework for the South African Legislative Sector. Cape Town：Legislative Sector Support.

⑦ EU. 2003. Public Participation in relation to the Water Framework Directive（Guidance Document No. 8）. 12.

关于美国，学者莉萨·布洛姆格伦·宾格汉姆（Lisa Blomgren Bingham）在2010年统计，“public participation”和“public involvement”在美国法典中出现了200多次、在联邦行政法典中出现了1000多次[①]。美国环境保护署在其官方网站中这样说明公众参与：“公众参与可以是使公众直接参加决策并且在决策中充分考虑公众意见的任何程序。公众参与是一个过程，而不是一个单一的事件。它由政府主办机构在一个项目全部生命周期内的一系列活动和行动所组成，政府主办机构既通知公众又获得公众意见。公众参与向利益相关者（那些对某项事项拥有利益或者具有利害关系的人，如个人、利益团体、社区）提供机会来影响那些影响他们生活的决策。”[②]

### 3. 关于公众参与概念的国际政策法律文件规定

1992年《联合国气候变化框架公约》第六条要求各缔约方“在国家一级并酌情在次区域和区域一级，根据国家法律和规定，并在各自的能力范围内，促进和便利：……（二）公众获取有关气候变化及其影响的信息；（三）公众参与应付气候变化及其影响和拟订适当的对策……”1994年《联合国关于在发生严重干旱和/或荒漠化的国家特别是在非洲防治荒漠的公约》第3、第5、第10和第19条的规定，涉及公众参与。1998年《在环境问题上获得信息、公众参与决策和诉诸法律的公约》是对《里约环境与发展宣言》关于公众参与的原则10的立法编纂，它从获得信息、公众参与决策和诉诸法律三个方面对公众参与做出了详细解释[③]。

美洲国家组织于2000年4月2日通过的《为了可持续发展促进决策中公众参与的美洲国家战略》这样定义公众参与：“‘公众参与’是指政府和市民社会之间的所有互动，而且包括政府和市民社会经由之进行公开对话、建立伙伴关系、共享信息及其他互动，进而设计、实施和评估制定政策、项目和方案的程序。这一过程需要所有利益相关方（除其他方面外，其中包括穷人和传统上被边缘化的群体特别是弱势种族和少数族裔）的参与和投入。‘市民社会’通过诸多方式和由许多部门组成，包括个人、私营部门、劳工部门、政党、学者以及其他非政府的行动者和组织。”[④]

南部非洲发展共同体就利益相关者参与的定义，这样规定：“利益相关者参与可以被定义为这样一种程序，它使利益相关者能够参与解决问题或者决策，并且利用利益相关者的意见，从而做出更好的决策。利益相关方可以是个人、团体或者机构，他/它（们）对一项决定程序或者项目拥有或者具有明确的和得到承认的利益或者关联。据此定义，利益相关者参与是指一种涉及一系列的活动、影响和结果的程

① Bingham L B. 2010. The Next Generation of Administrative Law：Building theLegal Infrastructure for Collaborative Governance. Wisconsin Law Review. 297-356.

② US Environmental Protection Agency. Public Participation Guide. http: //www2.epa.gov/international-cooperation/public-participation-guide-introduction-public-participation［2015-08-30］.

③ 联合国环境规划署理事会. 2010-2-24. 执行主任的报告：为在环境问题上获得信息、公众参与和诉诸法律而制定国内法的准则草案. UNEP/GCSS. XI/8.

④ Organization of American States. 2001. Inter-American Strategy for the Promotion of Public Participation in Decision-Making for Sustainable Development. Washington DC：Organization of American States：1.

序，它不是一个单一的行为。”[①]

### 4. 公众参与的概念：国内

就国内文献来说，给公众参与下定义的文献不少，但是所下定义之间存在诸多差异。尽管如此，可以将它们分为两大类。

第一大类的定义认为公众参与包括传统的政党政治，以及国家机构组织成员和公职人员的选举，涉及的参与范围广泛、无所不包。例如，俞可平认为，“公众参与，又称公共参与，是公众试图影响公共政策和公共生活的一切活动”[②]。他还认为，“凡是旨在影响公共决策和公共生活的行为，都属于公民参与的范畴。投票、竞选、公决、结社、请愿、集会、抗议、游行、示威、反抗、宣传、动员、串联、检举、对话、辩论、协商、游说、听证、上访等，是公民参与的常用方式”[③]。王家德和陈建孟认为，“公众参与指社会群众、社会组织、单位或个人作为主体，在其权利义务范围内有目的的社会行动”[④]。陶东明和陈明明认为，“公民参与主要是指公民依据法律所赋予的权利和手段，采取一定的方式和途径，自觉自愿地介入国家社会政治生活，从而影响政府政治决策的政治行为”[⑤]。贾西津认为，“公民参与是民主制度的一个重要维度。公民参与对民主治理的作用至少体现在公共政府的产生与监督、公共决策运作过程、公民自治能力发展等多个方面”[⑥]。王文革认为，“公众参与就是公众及其代表以主体身份参与到公共权力运作中，使各方代表能够在阳光下，充分表达自己的利益诉求，形成利益博弈，达到资源的优化配置的一种形式”[⑦]。武小川认为，“广义的公民参与包括了对政治活动的参与和对社会活动的参与，而狭义的公民参与则与对社会活动的参与相并列”[⑧]。

第二大类的定义没有明确认为公众参与应该包括传统的政党政治，以及国家机构组织成员和公职人员的选举，涉及的参与范围较小。例如，李图强认为，公民参与“就是为了落实民主政治、追求公共利益及实现公民资格，由公民个人或公民团体从事包括所有公共事务与决定的行动，这些公共事务是以公民本人切身的地方性事务为基础，再逐步扩大到全国性的公共政策，因此，可以由每一个公民时时刻刻都关心与适时的投入来实现”[⑨]。李艳芳认为公众参与“是指具有共同利益、兴趣的社会群体对政府涉及公共利益事务的决策的介入，或者提出意见与建议的活动”[⑩]。王琳将公众参与定义为“社会成员自觉自愿地参加社会各种活动或事务管理的行动，是社会成

---

① Southern African Development Community. 2010. Guidelines for Strengthening River Basin Organisations：Stakeholder Participation. Gaborone：SADC：1.

② 俞可平. 2006-12-18. 公民参与的几个理论问题. 学习时报，5.

③ 俞可平. 2008. 公民参与民主政治的意义（代序）//贾西津. 中国公民参与——案例与模式. 北京：社会科学文献出版社.

④ 王家德，陈建孟. 2005. 当代环境管理体系建构. 北京：中国环境科学出版社：356.

⑤ 陶东明、陈明明. 1998. 当代中国政治参与. 杭州：浙江人民出版版社：104.

⑥ 贾西津. 2008. 中国公民参与——案例与模式. 北京：社会科学文献出版社：1.

⑦ 王文革. 2012. 环境知情权保护立法研究. 北京：中国法制出版社：182.

⑧ 武小川. 2014. 论公众参与社会治理的法治化. 武汉大学博士学位论文：43.

⑨ 李图强. 2004. 现代公共行政中的公民参与. 北京：经济管理出版社：37.

⑩ 李艳芳. 2004. 公众参与环境影响评价制度研究. 北京：中国人民大学出版社：16.

员对公共管理中各种决策及其贯彻执行的参与，是对社会的民主管理”①。徐文星和刘晓琴认为公众参与在理论上还没有精确定义，但是认为关于公众参与的核心内涵存在共识；这就是“公民有目的的参与和政府管理相关的一系列活动”②。马琼丽认为，“现代意义上的公众参与概念与当代参与式民主理论和公共治理理论紧密相连，参与式民主理论认为公民应当直接参与包括工区和地方社区在内的社会中的关键工作的管理，实现直接民主参与；公共治理理论则主张治理的主体应当多元化，其中就包括社会公众群体，也就是公民社会，他们被看作治理活动的参与者，是作为治理活动的主体之一而存在于整个社会治理结构当中。……是现代意义上的公众参与，其内涵和内容基于当代参与式民主理论与公共治理理论”③。关于公众参与的范围，蔡定剑认为不应过于宽泛，它不是政治参与，因而不应该包括选举活动、街头行动、个人或者组织的个人维权行动④。

鉴于公众参与主要是因其在环境资源领域的盛行而得到推广的，有必要了解一下该领域学者关于它的定义。韩广等学者认为，“环境保护领域的公众参与是指公众及其代表有权通过一定的程序参与一切与环境有关的决策活动，使得该项决策符合公众的切身利益，且有利于环境保护”⑤。张晓文认为，“在环境保护领域，公众参与则指公众有权平等地参与环境立法、决策、执法、司法等与其环境权益相关的一切活动”⑥。金亮等学者认为，“在环境保护中公众有权通过一定的程序或途径参与一切与环境利益相关的活动，同时也负有保护环境的义务。公众参与是公众根据国家赋予的权利参与环境保护的制度，是政府依靠公众的力量与智慧，制定出环境政策、法律法规、确定建设项目等的制度”⑦。王文革认为，环境公众参与“是公众及其代表根据国家环境法律赋予的权利和义务参与环境决策和管理”⑧。王朝梁认为，环境公众参与“是指在环境保护领域里，公民有权通过一定的程序或途径，参与一切与环境利益相关的决策活动，从而保证该项决策符合公众切身利益的一项制度”⑨。

环境与资源法学者多从法律原则的角度来讨论公众参与。例如，史学瀛等人认为，“公众参与原则是指生态环境的保护和自然资源的合理开发利用必须依靠社会公众的广泛参与，公众有权参与解决生态问题的决策过程，参与环境管理并对环境管理部门，以及单位、个人与生态环境有关的行为进行监督”⑩。汪劲认为，公众参与原则是指“公众有权通过一定的程序或途径参与一切与公众环境权益相关的开发决策等活动，并有权得到相应的法律保护和救济，以防止决策的盲目性、使得该项决策符合

① 王琳. 2006. 公共管理中的公众参与问题分析. 广西社会科学，(2)：14-16.
② 徐文星，刘晓琴. 2007.21 世纪行政法背景下的公众参与. 法律科学，(1)：62-69.
③ 马琼丽. 2013. 当代中国行政中的公众参与研究. 云南大学博士学位论文：53.
④ 蔡定剑. 2010. 中国公众参与的问题与前景. 民主与科学，(5)：26-29.
⑤ 韩广，杨兴，陈维春. 2007. 中国环境保护法的基本制度研究. 北京：中国法制出版社：332.
⑥ 张晓文. 2007. 我国环境保护法律制度中的公众参与. 华东政法学院学报，(3)：57-63.
⑦ 金亮，曾玉华，赵晟. 2011. 海洋环境保护中的公众参与问题与对策. 环境管理与科学，(12)：1-4.
⑧ 王文革. 2012. 环境知情权保护立法研究. 北京：中国法制出版社：182.
⑨ 王朝梁. 2012. 中国酸雨污染治理法律机制研究. 北京：中国政法大学出版社：57.
⑩ 史学瀛. 2006. 环境法学. 北京：清华大学出版社：35.

广大公众的切身利益和需要”①。

此外，还有从其他角度对公众参与进行定义的。例如，关于行政中的公众参与，王锡锌认为是指“在行政立法和决策过程中，政府相关主体通过允许、鼓励利害相关人和一般社会公众，就立法和决策所涉及的与其利益相关或涉及公共利益的重大问题，以提供信息、表达意见、发表评论、阐述利益诉求等方式参与立法和决策过程，并进而提升行政立法和决策公正性、正当性和合理性的一系列制度和机制”②。马琼丽的定义则是：“在现代民主政治和民主行政的背景下，社会公众（包括自然人和以组织形式存在的法人）基于公共理性，通过一定的途径和渠道向国家行政机关及其所实施的公共行政活动施加影响力，力求干预公共政策的制定和执行，使之更加符合公共利益的要求的一切活动”。③

王士如和郭倩这样定义政府决策中的公众参与：“在行政决策制定过程中，公众以合法的形式表达利益要求，并影响决策过程和结果的活动。”④张晓文提出：“从社会学角度讲，公众参与是指社会主体在其权利义务范围内有目的的社会行动；法学视域中的公众参与，更多关注的是社会公众参与管理国家事务和社会公共事务的权利。”⑤李永胜将水污染防治中的公众参与定义为“对水环境品质关注的公民个体、组织或法人单位，依照法律制度所赋予的权利或在政府允许的范围内，通过特定的途径、程序或方式在与其他相关治理主体互动中，直接或间接地对良好水环境的维护起到积极推动作用的一切活动”⑥。

在关于环境保护公众参与的地方性法规 2014 年《河北省环境保护公众参与条例》中，公众参与的定义是：“公民、法人和其他组织为了保护和改善环境，维护自身环境权益或者社会公共环境利益，依法获取环境信息、参与环境决策、监督环境执法和促进环境法律、法规实施等活动。”（第 3 条）

### 5. 关于公众参与概念的讨论

前面 4 个部分堆砌了关于公众参与的许多概念，但是我们的目的既不是以此方式发表高见，也不拟创造一个替代“公众参与”的新概念，而是为了厘清公众参与的概念，为公众参与的应用奠定坚实的基础，使我国的公众参与研究和讨论能够与国际话语体系接轨，以免闭门造车。

翟锦程认为，“科学的理论体系本质上就是一个由概念构建起来的有机体系，人们学习、研究一种新的理论、新的学说，实际上就是在学习和研究它的核心概念体系。理论的形成过程是概念辩证运动和发展的过程”⑦。陈占江认为，“学术概念既是

---

① 汪劲. 2011. 环境法学（第 2 版）. 北京：北京大学出版社：106-107.
② 王锡锌. 2008. 行政过程中公众参与的制度实践. 北京：中国法制出版社：3.
③ 马琼丽. 2013. 当代中国行政中的公众参与研究. 云南大学博士学位论文：53.
④ 王士如，郭倩. 2010. 政府决策中公众参与的制度思考. 山西大学学报（哲学社会科学版），(5)：84-90.
⑤ 张晓文. 2007. 我国环境保护法律制度中的公众参与. 华东政法学院学报，(3)：57-63.
⑥ 李永胜. 2014. 水污染防治中公众参与问题研究. 吉林大学博士学位论文：46.
⑦ 王广禄. 2015-06-03. 学术研究不能在概念中“翻跟斗”. 中国社会科学报，A01.

科学共同体中的成员之间相互交流的语言媒介，也是进行科学研究不可或缺的工具”，从学术发展的角度看，正是由于对既有概念的批判性继承和新概念的创造，学术才能向前推进；“但一个新概念的提出如果不是建立在对旧概念进行批判性分析或新旧概念深入对话的基础之上，那就既不是创新，也扰乱了学术话语秩序”①。

“公众参与”是一个起源于西方现代公共/政府治理理论和实践、经由以联合国机构系统为主推动的国际政策法律文件的推进而广泛应用于世界各地的概念，其核心内涵和外延已经定型。正如美国学者约翰·克莱顿·托马斯（John Clayton Thomas）所指出的，“将公民参与作为现代公共管理不可分割的有机组成部分是一个比较新的思想或观念，是20世纪末叶的管理创新”②。将国内学者关于公众参与的诸多定义同国外的、国际政策法律文件中的进行对比，可以发现，其中许多已经脱离了国际上主流的（或者说为国际政策法律文件所确认）核心内涵，并将外延进行了很不适当的扩张，不仅扰乱了关于公众参与的国际学术话语体系，也扰乱了国际政策法律文件所构建的公众参与应用体系。

基于国际政策法律文件关于公众参与的规定及国外关于公众参与定义的讨论，笔者认为：①公众参与的理论基础是关于社会管理的、基于民主政治的现代公共/政府治理理论，而不是以任何形式的代议制为核心的政党政治和国家管理理论，它基本上与政党政治无关。因此，将国家机构组织成员和公职人员的传统选举活动纳入公众参与的范围，无疑是对公众参与这一本来是创新的事物，去其实质、留其外表，以外表的“公众参与”作为一个新瓶，把无论新旧的什么东西都往里面装。这种做法，既是不合适的，也是容易引起混乱的。②公众参与产生的直接原因是对国家机构及其工作人员的国家管理活动通过传统选举路径无法进行有效制约、监督，以及国家机构及其工作人员的国家管理活动低效、无效或者不公正情形进行校正的产物。无论是公众参与理论本身还是作为其直接理论基础的现代公共/政府治理理论，其产生的直接原因都是代议制民主的缺陷。“代议制民主下，选举的代表一般由少数的政治精英统治并受各种利益集团支配，往往不能真正地代表选民的利益，国家机关与市民社会之间也缺乏有效透明的沟通机制，因此选举已经不能满足人民参与管理的需要。”③公众参与注重的是市民社会的成员直接参与或者通过市民社会组织团体间接参与传统上由国家机构及其工作人员所进行的针对具体事项的社会管理活动。因此，如果市民社会成员或者其通过市民社会组织团体的活动，不是以国家机构及其工作人员针对具体事项的（拟）决策社会管理活动为对象，就不宜将之纳入公众参与的范围。③公众参与的概念如果基本上无所不包，于逻辑上就会过于宽泛而缺乏针对性，进而丧失了公众参与应有的真正意义和价值。

基于上述认识，可以将公众参与的概念表述如下。

就其内涵而言，公众参与作为一种程序，是指因公共机构关于某一（拟）决策事

① 王广禄. 2015-06-03. 学术研究不能在概念中“翻跟斗”. 中国社会科学报，A01.
② 托马斯. 2010. 公共决策中的公民参与. 孙柏英译. 北京：中国人民大学出版社：2.
③ 罗智敏. 2014. 意大利托斯卡纳大区《公众参与法》及启示. 中国行政管理，（5）：115-119.

项（例如，一个项目、一个方案、一项规划、一项政策）（可能）遭受正面或者负面影响的，或者对该（拟）决策事项感兴趣的个人、法人或者其他组织，通过交流信息、发表意见及明确表达利益诉求等方式，旨在影响公共机构关于该（拟）决策事项的决策或者结果的过程；作为一种法律上的权利/权力，是一国公民所享有的并可通过其所在国有关团体、组织或者机构实施的国内法上的权利/权力，公共机构负有职责和义务考虑国内公众的意见并给出在决策中采用或者不采用的理由，国内公众享有获得法律救济程序的权利。从其外延来说，公众参与包括公众有权通过适当的途径获得公共机构所掌握的关于（拟）决策事项的信息，有权获得参与公共机构决策程序的机会并进行参与，以及，对其本国（拟）决策事项，通过本国法律救济程序获得救济这三个部分，而且它原则上不直接涉及政党政治和国家机构及其工作人员选举，尽管可以将政党列入公众的范围。

### 17.1.2　水资源管理领域的公众参与

2003 年联合国世界水资源发展报告，《水与人类，水与生命》认为，2015 年“千年发展目标”中与水密切相关的所有目标都需要“在保护环境并使之免遭进一步退化的同时”予以实现；人类在 20 世纪 90 年代及 21 世纪初“已经逐步接受了两个重要的观念：第一，生态系统不仅有其自身的内在价值，而且为人类提供了不可或缺的服务；第二，水资源的可持续性要求进行公众参与的、基于生态系统的管理”[①]。善治理念下的水资源管理领域需要也离不开公众参与。原因如下。

（1）水同时具有人权、生态和经济属性，水资源具有多种用途和功能，而且水资源在世界上大多数地方存在稀缺问题。这一情势决定了水与利益密不可分，直接或者间接地影响着每个人的利益及它们利益之间的冲突。水“呼唤用水户之间的对话，呼唤公众参与及涵盖众多利益相关者的程序”[②]。对于每一项涉水社会事务的管理，无论是直接的还是间接的利益相关者，都享有参与的自然权利。

（2）“治理事关予以选择、作出决策和进行权衡。治理处理参与水事领域决策的组织和社会团体之间的关系，既包括不同部门之间、城乡之间的横向关系，也包括从地方层次到国际层次的纵向关系。运作原则包括自上而下及自下而上的可问责性、透明、参与、公平、法治、理念信仰及回应。”[③]公众参与的缺位，往往容易导致涉水利益配置的不公平，践踏法治、侵犯人权；这已经为历史所证明。

（3）公众参与是确保涉水事项决策和决定科学和合理的需要。它能够确保水资源“决策或者决定合理地以知识、经验和科学证据的共享为基础，受那些受决策或者决

① UNESCO. 2003. The United Nations World Water Development Report 1：Water for People，Water for Life. Paris: UNESCO：13.

② UNESCO. 2006. The United Nations World Water Development Report 2：Water，a Shared Responsibility. Paris：UNESCO：83.

③ UNESCO. 2006. The United Nations World Water Development Report 2：Water，a Shared Responsibility. Paris：UNESCO：48.

定影响的人的观点和经验的影响，创新性和创造性的选择方案得到考量，以及新的安排可行并为公众所接受”①。

（4）公众参与是增强社会公众水问题意识、提高人们自觉实施涉水事务决策的需要。一次成功的公众参与活动，能够让直接的利益相关者和社会公众更愿意接受相关决策和决定，从而避免、减少或者预防冲突，加快和更好地实施决策和决定。

正如美国学者杰尔姆·德利·普里斯科利（Jerome Delli Priscoli）所指出的，水资源管理的道德维度，水管理和市民社会文化，技术和政治之间的矛盾，协调地理与政治边界之间的不一致性，以及更好和更有效的冲突管理，都需要公众参与来发挥重要作用。②

人类科学/技术的进步、理念/信仰的变化，都在影响着人们的涉水活动及相应的管理。水资源管理没有最好，只有更好；它需要不断地改进和完善。正如欧盟所主张的，对于水资源管理来说，公共参与需要追求两个目标：一是改进水事管理本身，二是增强人们对水事管理和环境问题的意识、强化人们经由决策程序的“承诺和支持”③。

## 17.2 我国水资源管理中公众参与制度存在的问题

### 17.2.1 统领性、高位阶的法律缺位，有关规范缺乏、不协调统一

#### 1. 我国没有一部统领性的公众参与法律或者行政法规

我国是 1992 年《里约环境与发展宣言》的签署国，也根据 1992 年《21 世纪议程》制定和实施着我国的可持续发展战略④，而且在有关政策和法律中引入了公众参与的概念和一些做法。例如，《中华人民共和国政府信息公开条例》在 2007 年 4 月 24 日公布并于次年 5 月 1 日起施行。该条例就行政机关或部门信息公开事宜，分总则、公开范围、公开的方式和程序、监督和保障等几个方面做出了规定。大多数省级政府也制定了自己的政府信息公开办法。例如，2009 年《湖南省实施〈政府信息公开条例〉办法》、2014 年《福建省政府信息公开办法》等。一些部委也制定了自己主管领域的行政信息公开规章。例如，国家环境保护总局 2007 年《环境信息公开办法（试行）》、交通运输部 2008 年《施行〈政府信息公开条例〉办法》、教育部 2010 年

① EU European Environment Agency. 2014. Public participation contributing to better water management Experiences from eight case studies across Europe. Luxembourg：Publications Office of the European Union：12.

② Priscoli J D. 2004. What is public participation in water management and why is it important? Water International，29（2）：221-227.

③ EU European Environment Agency. 2014. Public participation contributing to better water management Experiences from eight case studies across Europe. Luxembourg：Publications Office of the European Union：12.

④ 1994 年 3 月 25 日，国务院常务会议讨论通过了《中国 21 世纪议程》（《中国 21 世纪人口、环境与发展》白皮书）。

《高等学校信息公开办法》、2010 年水利部《水利部政务公开暂行规定》和《水利部依申请公开政府信息工作管理办法（试行）》等。个别省级、市级的人大或者其常委会、政府制定了某一领域的公众参与地方性法规或者地方政府规章。例如，河北省和山西省、沈阳市和昆明市等相继出台了关于环境保护公众参与的法律性文件，对本行政区内公众参与的范围、形式、内容和程序等方面做出了比较详细的规定；2014 年《河北省环境保护公众参与条例》就是一例。个别部委制定了自己主管领域的公众参与规章。例如，国家环境保护总局 2006 年《环境影响评价公众参与暂行办法》，环境保护部 2015 年《环境保护公众参与办法》。一些单行法律中也有关于公众参与的条款，如 2008 年水污染防治法、2015 年立法法和 2014 年环境保护法。

但是，这些关于公众参与的法律和法律规范存在如下缺陷。

（1）整体上内容不全面。前已讨论，公众参与应该包括公众有权通过适当的途径获得公共机构所掌握的关于（拟）决策事项的信息，有权利获得参与公共机构决策程序的机会并进行参与，以及对其本国（拟）决策事项，通过本国法律救济程序获得救济这三个不可缺少的组成部分。但是，上述这些法律和法律规范的内容基本都是关于信息公开方面的。

（2）关于立法活动公众参与的法律规范不足。2015 年立法法（修正）中关于公众参与立法活动的条款是第五、第三十六、第三十七、第六十七、第九十九和第一百零一条，缺乏公众参与的有效保障措施。

（3）缺乏一部由全国人大或其常委会制定的关于公众参与的统领性法律。上述这些法律文件的法律位阶不高，不能全面、有效和统领性地规范公众参与行为。即使是关于行政机关或者部门的公众参与，也没有一部由国务院制定的公众参与条例来统领行政社会事务各个领域的公众参与制度。

### 2. 涉水法律中有关公众参与的法律规范缺乏和不协调统一

主要表现在以下几个方面。

（1）核心涉水法律之一 2002 年水法缺乏关于公众参与的规定。在该法中，可以说并不存在关于公众参与的规定，连体现中国特色的“任何单位和个人都有权对……违法行为进行检举”的范式条款都没有。不过，有个别条款的规定或许能够同公众参与联系起来。例如，第六条规定，“国家鼓励单位和个人依法开发、利用水资源，并保护其合法权益。开发、利用水资源的单位和个人有依法保护水资源的义务。”第八条第三款规定，“单位和个人有节约用水的义务”。第十一条规定，“在开发、利用、节约、保护、管理水资源和防治水害等方面成绩显著的单位和个人，由人民政府给予奖励”。

（2）核心涉水法律之一 2008 年水污染防治法中，涉及公众参与的条款只有第十、第二十五、第六十八和第六十九条。第十条的规定非常原则和笼统，采用的是很多法律中都有的一个范式规定。它规定：“任何单位和个人都有义务保护水环境，并有权对污染损害水环境的行为进行检举。”不过，第六十九条的规定为检举或者举报污染损害水环境行为的公众参与活动提高了比较有力的保障；因为该条规定，“环境保护主管部门或者其他依照本法规定行使监督管理权的部门……接到对违法行为的举报后不予查处的……对直接负责的主管人员和其他直接责任人员依法给予处分”。在第二十五条的内容中，只有国务院环境保护主管部门负责“统一发布国家水环境状况信息”的规定与公众参与有些关联。第六十八条第二款规定，“环境保护主管部门和有关社会团体可以依法支持因水污染受到损害的当事人向人民法院提起诉讼”，这对于推动公众参与具有些许作用。

（3）2002 年环境影响评价法适用于涉水规划和建设项目的环境影响评价。该法只有第五条和第二十一条的规定涉及公众参与。第五条规定，“国家鼓励有关单位、专家和公众以适当方式参与环境影响评价”。第二十一条第一款规定，“除国家规定需要保密的情形外，对环境可能造成重大影响、应当编制环境影响报告书的建设项目，建设单位应当在报批建设项目环境影响报告书前，举行论证会、听证会，或者采取其他形式，征求有关单位、专家和公众的意见”。但是，该法对于违反这两条规定的行为，没有规定任何制裁或者补救措施，从而导致这两条的规定在法律上并不具有强制性，使其实际效力和效果大大降低。

（4）2014 年环境保护法是我国目前单行法律中关于行政机关或部门社会治理方面公众参与规定最为全面的一部法律。首先，第四条将公众参与规定为环境保护应当坚持的一项原则。其次，用专门一章即第五章“信息公开和公众参与”就环境保护公众参与中的信息获取及参与决策这两个方面做出了比较具体的、具有一定可操作性的规定。再次，第五十八条就环境公益诉讼问题做出了规定。最后，第六十二条针对重点排污单位违反法律不公开或者不如实公开环境信息的行为，第六十七和六十八条针对政府及其有关主管部门、监督管理部门及它们的工作人员违反关于公众参与的法律规定的行为，规定了制裁措施。

从公众参与角度分析上述四部法律中的有关规定，可以发现：①2002 年水法在公众参与方面可谓空白，2008 年水污染防治法和 2002 年环境影响评价法存在一些残缺不全的规定，而 2014 年环境保护法从结构上看，包括了获取信息、参与决策及法律救济程序这三部分为公众参与不可或缺的内容，与 2007 年《中华人民共和国政府信息公开条例》及其配套的地方性法规、部门规章和地方政府规章共同适用，基本上可以满足环境保护领域涉及行政机关或部门的公众参与活动的要求。②进而，这也显示出来这四部法律之间有关公众参与方面规定的不协调和不统一。

法律位阶较低的问题，一方面使得公众参与缺乏法律制度上的有效保障，另一方面致使公众参与对地方政府及其主管部门的实际约束力有限，很难保证地方政府会采纳公众所提出的合理意见[①]。而涉水法律中有关公众参与的法律规范缺乏和不协调统一，更加重了问题的严重性。

---

① 李永胜. 2014. 水污染防治中公众参与问题研究. 吉林大学博士学位论文.

### 17.2.2　涉水战略和规划领域基本缺失公众参与

我国 2002 年水法第十四条规定“国家制定全国水资源战略规划”，但是它本身及其他法律却都没有规定该战略规划的起草和审批政府或者部门，以及程序步骤。第二章“水资源规划”就水资源综合规划和专业规划、流域规划和区域规划的编制、审核、批准和备案，以及相应的政府或其有关主管部门做出了规定。其中规定：“流域范围内的区域规划应当服从流域规划，专业规划应当服从综合规划”（第十五条）；“规划一经批准，必须严格执行”（第十八条第一款）。其中，涉水专业规划包括防洪、治涝、灌溉、航运、供水、水力发电、竹木流放、渔业、水资源保护、水土保持、防沙治沙、节约用水等规划（第十四条第三款）。2008 年水污染防治法第十五条规定“防治水污染应当按流域或者按区域进行统一规划”、“经批准的水污染防治规划是防治水污染的基本依据”，并就流域和区域这两类水污染防治规划的编制、审核、批准、备案程序，以及相关政府或其有关机构的职责做出了规定。但是，这两部法律都没有就涉水战略和规划的公众参与事项做出规定。

2002 年环境影响评价法第二章专门就规划的环境影响评价做出了规定。它要求涉水规划“应当在规划编制过程中组织进行环境影响评价，编写该规划有关环境影响的篇章或者说明”（第七条第二款）。涉及公众参与的规定主要包括：①第十一条规定，“专项规划的编制机关对可能造成不良环境影响并直接涉及公众环境权益的规划，应当在该规划草案报送审批前，举行论证会、听证会，或者采取其他形式，征求有关单位、专家和公众对环境影响报告书草案的意见”。“编制机关应当认真考虑有关单位、专家和公众对环境影响报告书草案的意见，并应当在报送审查的环境影响报告书中附具对意见采纳或者不采纳的说明。”②第十三条前两款规定，“设区的市级以上人民政府在审批专项规划草案，做出决策前，应当先由人民政府指定的环境保护行政主管部门或者其他部门召集有关部门代表和专家组成审查小组，对环境影响报告书进行审查。审查小组应当提出书面审查意见”。“参加前款规定的审查小组的专家，应当从按照国务院环境保护行政主管部门的规定设立的专家库内的相关专业的专家名单中，以随机抽取的方式确定。”然而，在实践中，由于缺乏具体的、具有可操作性的程序性规定，缺乏针对违反上述要求行为的有效制裁规定，涉水规划中关于公众参与的这两项规定形同虚设。规划审批或者核准机关不公开相关规划的情形屡见不鲜，有的甚至拒绝公众关于公开规划的申请。例如，陕西省人民政府对于其 2010 年 12 月 29 日批准的《陕西省渭河全线整治规划及实施方案》，不仅不依法主动公开，而且拒绝社会公众的公开申请[①]。

---

① 胡德胜，潘怀平，许胜晴. 2012. 创新流域治理机制应以流域管理政务平台为抓手. 环境保护，(13)：37-39.

### 17.2.3 涉水公众参与主管公共机构及其职责方面存在问题

（1）狭义法律的核心涉水法律中，涉水公众参与主管公共机构不甚明确。水资源的开发、利用、管理、保护、污染防治等活动影响面广、涉及层次多，既有战略性的宏观管理事项，也有微观管理事务。因此，不同方面和层次的涉水活动应该有不同的涉水公众参与活动的组织者，即主管公众机构。但是，由于 2002 年水法中公众参与规定的缺位，2008 年水污染防治法和 2002 年环境影响评价法公众参与规定的残缺不全，它们之间，以及它们与 2014 年环境保护法之间的关于公众参与的规定存在不协调和不统一的问题，导致全国人大常委会所制定的核心涉水法律中关于涉水公众参与主管机构不甚明确。

（2）目前的涉水公众参与主管公共机构在范围上和人员组成上相对单一。根据我国现行法律规定，涉水公众参与主管公共机构是政府、水行政主管部门、环境保护主管部门、其他有关行政主管部门、流域管理机构及一些具有涉水行政职能的事业单位。在范围上，它没有将实际上存在的负责涉水公众参与的单位和个人（如村民委员会、用水户协会、不是以国家机关工作人员身份出任河长的自然人）纳入涉水公众参与主管公共机构的范围。在人员组成上，目前涉水公众参与主管机构的组成人员都是清一色的政府官员，缺乏公众代表。

（3）涉水公众参与主管公共机构的职责不全面、不甚明确。同样，由于 2002 年水法中公众参与规定的缺位、2008 年水污染防治法和 2002 年环境影响评价法公众参与的残缺不全，以及它们之间及它们与 2014 年环境保护法之间的关于公众参与的规定存在不协调和不统一问题，除了水污染防治领域外，其他涉水事务公共参与主管机构职责不全面、不明确，特别是水行政主管部门和流域管理机构的主管公众参与的职责规定非常欠缺。

### 17.2.4 严重缺乏水资源保育方面的公众参与规定

水资源保育是维护水资源可再生能力、确保水资源可持续利用的重要措施。其中，维护河湖流量、水位和地下水位，以及保护作为水体载体的河湖、湿地管理范围等是水资源保育必不可少的重要方面。流量和水位的确定、水体载体管理范围事务，既涉及社会整体利益，也事关许多公民、法人或者其他组织的直接利益。但是，我国在这方面严重缺乏关于公共参与的规定。

（1）河湖流量、水位和地下水位维护，既事关生态环境用水，也会直接影响航运、养殖、渔业、旅游、竹木流放等水体利用行动，地下水位的下降可能会影响已有水井的使用年限从而影响相关取（用）水户的用水活动和经济利益。国外法律在这一方面有着比较完善的规定。例如，南非 1998 年国家水法第十六条第三款规定了确定水资源预留的公众参与程序，肯尼亚 2002 年水法第四十四条就地下水保育区域事宜规定了公众参与程序。特别是，英国 1991 年水资源法第二十一条第二款和附录 5，

用 2200 多个单词就可接受最低流量确定的公众参与事宜，做出了非常具体、操作性很强的规定[①]。然而，我国关于这些方面公众参与的规定非常欠缺，不仅没有任何具体规定，就连针对性的原则规定也没有。

（2）河湖、湿地是水体的载体；作为水体载体的河湖、湿地等在理论上和许多国家的实践中都属于水资源的范围[②]。水体载体的消失或者减少，意味着水资源于水量上的减少及可再生能力的降低[③]。对河湖、湿地等水资源载体管理范围内的地域进行管理是包括我国在内的大多数国家的实践做法。河湖、湿地等水体管理范围的划定，不仅事关水资源可再生能力维护、生态环境用水，而且必然涉及相关土地的利用用途和方式，直接影响已有土地使用者的利益。然而，对这一需要公众参与的事项，我国法律基本上没有规定。例如，关于河道管理范围的划定、利用和规划，1998 年《中华人民共和国河道管理条例》在第二十和第二十一条做出了规定。第二十条规定："有堤防的河道，其管理范围为两岸堤防之间的水域、沙洲、滩地（包括可耕地）、行洪区，两岸堤防及护堤地。""无堤防的河道，其管理范围根据历史最高洪水位或者设计洪水位确定。""河道的具体管理范围，由县级以上地方人民政府负责划定。"第二十一条规定："在河道管理范围内，水域和土地的利用应当符合江河行洪、输水和航运的要求；滩地的利用，应当由河道主管机关会同土地管理等有关部门制定规划，报县级以上地方人民政府批准后实施。"其中根本没有关于公众参与的规定。即使在 2013 年国家林业局制定的《湿地保护管理规定》中，虽然有个别与公众参与有关的条款（例如，第六条、第十条、第十三条第一款、第十四条第一款、第十六条第一款和第二十四条第二款），但是，基本上全是关于政府或其部门公布有关信息的规定，根本没有任何具体的、具有操作性的公众参与具体决策事务的规定。考察其他国家的法律，在这方面有所规定。例如，美国及其州风景河流或者湖泊管理的法律。其中，密西西比州自然风景河流制度规定，实现自然风景河流进行利用和保育之间的合理平衡，需要"通过一种强调地方教育、参与和支持的非强制性的自愿管理项目来实现"[④]。土耳其 1983 年环境法第九条第（e）款规定，环境和林业部在依法制定有关保护和管理湿地的程序和制度时，应当征询有关机构和组织的意见。

### 17.2.5　涉水公众参与程序存在较大漏洞

由于缺乏高位阶的关于公众参与的统领性法律，涉水法律中有关规范的缺乏和不协调统一，我国的涉水公众参与程序存在较大漏洞。存在的主要问题包括如下几个。

（1）缺乏对直接利害关系人受通知参加参与程序的权利保障。例如，水利部 2006 年《水行政许可听证规定》第五条规定："水行政许可事项直接涉及申请人与他

① 胡德胜. 2010. 生态环境用水法理创新和应用研究. 西安：西安交通大学出版社，150，210，258.

② 胡德胜. 2015. 最严格水资源管理制度视野下水资源概念探讨. 人民黄河，37（1）：57-62.

③ 胡德胜，左其亭. 2015. 我国生态系统保护机制研究——基于水资源可再生能力的视角. 北京：法律出版社：31-35.

④ Section51-4-5，Mississippi Code of 1972.

人之间重大利益关系的，水行政许可实施机关在作出水行政许可决定前，应当制作听证告知书，告知申请人、利害关系人享有要求听证的权利。”但是，对于水行政许可机关不按规定告知的情形，该部门规章并没有规定救济措施。这样，直接利害关系人受通知参加参与程序的权利就容易被剥夺。

（2）不能保障参加公众参与活动代表的代表性。①有些公众参与法律文件没有规定市民社会组织（非政府团体）参加公众参与的资格。例如，《水行政许可听证规定》就没有规定。②《水行政许可听证规定》第七条规定，无论是水行政许可机关主动举行的听证会还是经申请举行的听证会，在申请参加听证的人数众多的情形下，选择或者推荐一般不超过 15 人的听证代表人参加。第八条第二款和第三款规定：“听证参加人无正当理由不按时参加听证的，或者未经听证主持人允许中途退场的，视为放弃听证。”“放弃听证或者被视为放弃听证的，不得就同一事项再次要求听证。”问题是：如果该听证参加人是听证代表人，被代表者的利益如何能够得到保障；特别是在该听证代表人如果是被利益相对方收买而不按时参加听证，或者未经听证主持人允许中途退场的情形下。

（3）有关申请听证和公告的期限过短，极不利于公众参与。例如，2006 年《水行政许可听证规定》第五条第一款规定：“利害关系人在被告知听证权利之日起 5 日内要求听证的，应当提交听证申请书；逾期不申请的，视为放弃听证。”第七条第一款规定，水行政许可实施机关向社会公告听证内容和听证代表人的报名要求及产生方式公告，公告期限为不得少于 5 日。问题是，即使在最后 1 日遇法定节假日而顺延 1 日的情形下，如果是星期四或者星期五发布公告，公告期限内为工作日的时间只有 3 日；如果遇上有一日为法定节日，公告期限内为工作日的时间在多数情形下只有 2 日。就利害关系人申请听证而言，因其要提交听证申请书并同时提供与申请听证事项相关的材料，短短的 5 日显然是远远不够的。就其他社会公众来说，短短的 5 日显然也是不足的，而且实践中水行政许可实施机关往往还要求自愿报名的个人亲自到场报名，更显时间仓促。无疑，过短的申请听证和公告期限，实际上很容易导致公众参与成为走过场和虚假的摆设。2015 年《环境保护公众参与办法》对于征求意见的期限和公众报名或者申请听证的时间没有做出规定，更为走形式和虚假的公众参与活动提供了便利。

（4）缺乏听证代表人参加听证而合理支出的差旅费用的承担问题。对于那些对听证事项有深入研究和真知灼见的听证代表人来说，如果由他（们）自己承担差旅费用，显然不利于鼓励有价值和有意义的公众参与。水资源管理和保护事项或者问题，既需要不同学科的专门学识，还需要跨学科的视野，很多情况下需要专家学者的参与。笔者认为，虽然不宜一概否认政府或其主管部门专业工作人员和所聘请专家学者的专业水平，但也存在不少政府或其主管部门在聘请专家学者时的偏见、地域性或者倾向性。专家参与既需要针对专门事项进行研究的时间，也需要参加听证的费用支出。但是，从我国目前关于经由公众参与主管公共机构公告而举行听证会的规定来看，并没有关于外地专家因参加听证会而产生的差旅费用承担问题的规定。

## 17.3　我国水资源管理中公众参与保障机制的完善

自党的十八大以来，公众参与已经成为我国国家治理活动的重要路径、措施、方法和手段，这也是符合国际潮流和趋势的。2012 年党的十八大报告明确指出：“保障人民知情权、参与权、表达权、监督权，是权力正确运行的重要保证。”2014 年《中共中央关于全面推进依法治国若干重大问题的决定》提出：要完善公众参与人大立法、政府立法的机制，把公众参与确定为重大行政决策的法定程序，建立健全社会组织参与社会事务、维护公共利益的机制和制度化渠道。2015 年《中共中央国务院关于加快推进生态文明建设的意见》中明确要求：“鼓励公众积极参与。完善公众参与制度，及时准确披露各类环境信息，扩大公开范围，保障公众知情权，维护公众环境权益。”

水资源管理和保护是全社会的一项共同事业，最严格水资源管理制度的健全完善及贯彻实施都需要公众参与。特别是，我国在顶层设计上真正重视生态文明的时间很短，大多数现有法律和法规的规定远远不能适应建设生态文明的需要而且缺陷多、漏洞多、不协调统一，大多数人的生态文明意识还没有真正树立。在这种局面下，要形成新的、符合生态文明要求的决策并予以实施，面临着许多困难。然而，公众参与能够促进科学、合理、易为公众接受的决策的形成，增强人们的生态问题意识，提高人们自觉实施决策的自觉性。水处于生态文明建设的核心，水事管理更需要公众参与。2011 年“中央一号文件”提出要“动员全社会力量关心支持水利工作”。2012 年《国务院关于实行最严格水资源管理制度的意见》要求“大力推进水资源管理科学决策和民主决策，完善公众参与机制，采取多种方式听取各方面意见，进一步提高决策透明度”。针对我国水资源管理中公众参与方面存在的问题，根据党和政府关于公众参与的政策要求，我国需要借鉴国外的有益做法，引入国际政策法律文件的重要内容，完善我国水资源管理中公众参与的保障机制。

### 17.3.1　提高涉水公众参与法律原则和规范的法律位阶

2006 年联合国世界水资源开发报告《水资源——我们共同的责任》指出，“除非一个国家的总体治理体系允许，较为有效的公众参与、透明等在水事领域生根发芽是非常不可能的”[①]。因此，我国需要根据法治原则，提高涉水公众参与的法律原则和规范的法律位阶，构建并不断健全和完善涉水公众参与法律体系。

首先，由全国人大常委会制定一部统领各领域公众参与的法律。针对绝大多数单行法律缺乏关于公众参与的规定，仅个别单行法律存在关于公众参与的条款但是并不

① UNESCO. 2006. The United Nations World Water Development Report 2：Water，a Shared Responsibility. Paris：UNESCO：82.

协调统一、不成体系的问题，我国应该由全国人大常委会制定一部公众参与法，就公众参与的概念，范围，原则，主要程序和步骤，公共机构的职责、责任和义务，公众参与者的权利和义务，法律监督、法律责任等事项做出规定。由该法统领各领域的公众参与制度，为各领域单行法律中公众参与的条款拟定提供指南，从而实现单行法律中公众参与规定的协调统一，维护社会主义法治的权威。目前，国外一些国家或者地区已经制定有这方面的法律，如加拿大不列颠哥伦比亚省 2001 年公众参与保护法、澳大利亚首都地区 2008 年公众参与保护法、欧盟 2003 年水框架指令相关的公众参与（指南文件之八）、澳大利亚部长理事会 2008 年公众参与标准、意大利托斯卡纳大区 2013 年大区公众辩论与促进参与大区与地方政策制定法等。还存在有关国际政策法律文件，如 1998 年《在环境问题上获得信息、公众参与决策和诉诸法律的公约》、联合国环境规划署理事会 2010 年《在环境问题上获取信息、公众参与决策和诉诸司法的国家立法准则》等。它们都可以为制定我国公众参与法提供借鉴或者指导。

其次，在具体涉水法律中增加或者完善关于公众参与的规定。笔者建议：第一，就框架而言：①修改 2002 年水法，增加关于公众参与的规定；②完善 2008 年水污染防治法和 2002 年环境影响评价法关于公众参与的规定；③无论是增加还是完善关于公众参与的规定，在内容上可以参考 2014 年环境保护法的有关规定并注意协调统一问题，同时也可以借鉴前段中所提及的外国和国际政策法律文件中关于公众参与的规定。第二，就内容而言，其中应该规定：①水资源管理和水污染防治坚持公众参与的原则；②水资源管理和水污染防治是作为行政组织者的公共机构与作为行政相对人的公民、法人和其他组织、社区（或者社会群体）之间的共同责任；③公民、法人和其他组织享有从公共机构、重点用水单位和重点排污单位获取环境信息的权利；④公民、法人和其他组织享有参与和监督水资源管理和水污染防治的权利；⑤公民、法人和其他组织在上述权利不能实现的情形下，享有通过行政或者司法程序获得法律救济的权利。

### 17.3.2 涉水战略和规划领域引入公众参与

水资源管理先进的国家，都有着比较完善的关于公众参与涉水战略和规划制订的规定。因为通过参加规划编制的公众参与活动，人们会深刻地理解规划、知晓实施规划的重要性、追求实现自己所同意的目标、自觉采取实施规划所需要的行动。[①]例如，澳大利亚南澳大利亚州 2004 年自然资源管理法就此在第七十四条第八款做出了比较详细的规定。它要求，州自然资源管理理事会在制订或者修改州自然资源管理规划时：准备建议草案，并且通过公告，告知在自然资源管理理事会明确的期限内供公众审查（免费）和购买的草案副本的置放地点、邀请感兴趣的人士对草案提出书面意见。塔斯马尼亚州 1999 年水管理法第四章第二节（第十八～第二十七 B 条）规定水

① EU European Environment Agency. 2014. Public participation contributing to better water management Experiences from eight case studies across Europe. Luxembourg：Publications Office of the European Union：12.

管理规划的制订，要求负责起草规划的部门负责人，必须准备建议草案，发布（出）有关公告（通知），征求其他部门（如环境保护部门、公共卫生部门等以及有关城市）、相关用水户及社会公众的意见。2005 年《水管理规划一般原则》的原则 1 就是专门针对社会群体参与的一项原则。

芬兰 2004 年水资源管理法第十四和十五条规定，每一地区环境中心必须设有至少一个规划合作小组，在水资源管理规划起草的不同阶段应当安排不同政府机构和其他组织在后者职责范围内进行充分的合作和相互配合，而且应当征求所有必要的意见或者建议。为此，地区环境中心有义务：①确保每个人都有机会，研究水资源管理规划文件及有关的背景资料；②确保每个人有机会以书面或者电子形式提交对于水资源管理规划文件的意见或者建议；③在有关区域的城市通知公告上发布通告，说明用于公众展示的文件，并且在有关区域的城市的所有地方予以展示、发布电子版本；④对于水资源管理规划草案及协商后的水资源规划，在有关区域内广为发布，并且必要时组织通报活动，确保提出意见和建议的机会。[①]

在美国，密西西比州保障公众参与州水资源管理规划的制定和修订过程。1972 年密西西比州法典 51-3-21 条第三款规定："在制订和修订州水资源管理规划的过程中，环境质量委员会应当同相关的联邦、州或地方机构，特别是供水区和地方政府的管理理事会、其他利益相关者，进行协商并认真评估其建议。在制订和通过州水资源管理规划时，为了确保最大程度的公众参与，如果认为必要或者合适，环境质量委员会可以召开相关的公众会议或者举行公众听证会"。

此外，其他一些国家或者地区也就公众参与规划制定事宜做出了法律规定。例如，爱沙尼亚 1994 年水法第三百八十一条和第三百八十二条就规划制订程序和公众参与程序做出了比较详细的规定，鼓励县级政府、社区和居民，以及其他利益团体参与；该国环境部 2001 年河流流域管理规划制订指南对公众参与规划制订程序进行了细化。肯尼亚 2002 年水法第十一和十五条规定，国家水资源管理、集水区域管理的战略和规划事宜都需要经过公众咨询程序；为了确保公众咨询程序的落实，第一百零七条对公众咨询程序做出了明确而具体的规定。津巴布韦 2003 年水法第十五、十六和十七条就水资源规划（纲要）的制订和修改的公告和征求意见程序做出了规定，要求保障涉水利益相关者或者公众参与的权利。

针对我国涉水战略和规划领域公众参与基本上缺失的问题，借鉴国外经验、参考国际政策法律文件的规定，我国应该引入公众参与机制。笔者认为，涉水战略和规划领域的公众参与需要包括下列内容。①在编制涉水战略和规划的工作机构中，应该有公众代表。②在向有涉水战略或者规划批准权的政府或者机构提交拟议战略或者规划之前，编制工作机构应该向社会公告，邀请公众对战略或者规划草案提出书面意见；必要时，还应该举行听证会。③编制工作机构应该认真分析、研究和考虑公众对战略或者规划草案提出的意见。④对于提交审核或者批准的拟议战略或者规划，编制工作

---

① 中文译文修改自：胡德胜. 2010.23 法域生态环境用水法律与政策选译. 郑州：郑州大学出版社：18.

机构应该向社会公告，并说明对公众意见采纳或者拒绝的情况和理由。⑤经审批的涉水战略或者规划，审核或者批准的政府或者部门应该予以公布。⑥对于社会公众所提出的专业规划不符合综合规划、区域规划不符合流域规划的意见，综合规划和流域规划的审核或者批准政府或者机构应当予以答复。⑦除了在高位阶法律中就涉水战略和规划做出规定外，有关部委（特别是水利部和环境保护部）应该制订关于编制相关涉水规划的指南，细化公众参与程序并确保其可操作性。

### 17.3.3 明确涉水公众参与主管公共机构及其职责

公众参与绝不意味着无政府主义和无政府状态[①]。公众参与是在肯定国家存在、遵从法治，以及承认国家机关或公共机构拥有国家管理职能的前提下，走向善治的必要路径、措施和方法。任何社会管理活动都需要有相应的组织者、遵循一定的程序、形成一定的秩序；公众参与活动也不例外。只有这样，才能富有效率、具有比较好的效果及产生比较好的结果。

首先，需要明确涉水公众参与主管公共机构。公众参与需要有组织者，组织者应该是一个或者数个公共机构。水事活动影响面广、涉及层次多，不同方面和层次的涉水活动应该有不同的涉水公众参与主管公共机构，并且在法律上得到明确规定。然而，在我国，有些涉水公众参与主管公共机构目前只能根据法律的隐含规定推知。因此，需要修改根据我国现行法律规定，对涉水公众参与公共机构做出明确规定。

此外，向下层适当放权是实现善治的要求，是水资源具有地域性特点的客观要求。因此，我国除了现有法律明确或者隐含规定或者授权的涉及水公众参与主管公共机构（政府、水行政主管部门、环境保护主管部门、其他有关行政主管部门、流域管理机构以及一些具有涉水行政职能的事业单位）外，还需要在现有主管公共机构中增加公众成分及扩大涉水公众参与主管公共机构的范围。就在现有主管公共机构中增加公众成分来说，可以考虑增加专家、行业或者地区代表。国外在这方面有一些较好做法。例如，巴西 1997 年国家水资源政策法规定水资源管理机构在组成上必须有用水户的代表和非政府组织的代表。第三十四条规定国家水资源理事会由来自 4 个方面的代表组成：涉及水资源管理或者利用的总统有关部或者部门的代表，州水资源理事会指定的代表，用水户的代表，以及关注水资源的民间组织的代表。第三十九条规定流域委员会中应当有在该区域内活动的各用水户的代表以及在该流域内生活或者拥有利益的各地方团体的代表。芬兰 2004 年《水资源管理法》第十四条规定，每一个水资源管理区域应当依法设立一个由地区环境中心的代表、就业和经济发展中心渔业小组的一个代表组成的领导小组。

就扩大涉水公众参与主管公共机构而言，国外法律在这一方面有所规定。例如，津巴布韦 1975 年公园和野生动物法第八十三条第一款规定，“部长根据公园和野生动

① 欧阳君君. 2011. 公民参与对公共利益界定的价值. 城市问题，(10)：65-69.

物局的建议，或者经征询后者的意见，可以通过在法律公报上发布通知的方式，宣告任何人成为任何水域的适格管理机构”。2006 年联合国世界水资源开发报告《水资源——我们共同的责任》指出，实例表明，“在实现期望的意识影响及发生政策变革方面，地方参与及向地方放权对于完成变革至关重要”[①]。笔者认为，可以考虑将居（村）民委员会、社区、用水户协会乃至有关个人等，在适当情形下，规定为某些范围小的、具体的和微观的涉水公众参与主管机构。例如，我国目前在不少农村地区由村民委员会负责本村范围内水塘、河（湖）段、小河等涉水治理活动，也有一些地方由用水户协会负责，还有一些地方由热心的个人作为河长负责。在这些情形下，由村民委员会、用水户协会及河长作为涉水公众参与主管机构是更为适宜的。

其次，需要明确涉水公众参与主管公共机构的职责。依据层次不同，涉水公众参与主管公共机构的职责需要存在一定差异。总体上讲，主要包括六个方面。①制定涉水公众参与工作规章、制度和工作指南；这主要属于上层公共机构的职责。②指导和协调下级公共机构实施涉水公共参与工作。例如，墨西哥 1992 年国家水法第五条第一款规定，“流域或者集水区域委员会应当根据本法及其实施法规，协调三级政府，调动社会有关涉水的用水户、个人和组织参加”水资源管理活动。③向公众提供参加涉水公众参与活动所需要的信息。④组织具体涉水管理事项的公共参与活动。⑤促进、保护和保障涉水公共参与活动。例如，墨西哥 1992 年国家水法第五条第二和第三款规定，联邦行政部门应当“鼓励用水户和个人参与水利工程和服务的活动和行政管理”，“在现有法律框架内促进水资源管理方面的放权”。澳大利亚塔斯马尼亚州 1999 年水管理法第六条规定的立法目标包括“鼓励社会群体参与水资源管理”。⑥监督下级公共机构，以及重点用水单位和重点排污单位的涉水公共参与工作，并对它们的违法行为进行制裁或者提出制裁建议。

### 17.3.4　加强水资源保育方面的公众参与

2012 年联合国世界水资源开发报告《不稳定及风险情况下的水资源管理》认为，“利益相关者参与方面日益强调的重点，是旨在于对生态系统的影响和潜在利益之间进行权衡”[②]。针对我国在流量和水位确定，以及水体载体管理范围划定方面严重缺乏有关公众参与规定的问题，需要增加关于公众参与的规定，确保决策的科学、民主和透明。

首先，需要规定河湖流量、水位和地下水位维护方面的公众参与。针对这方面公众参与薄弱的问题，可以借鉴英国 1991 年水资源法第二十一条第二款和附录 5、南非 1998 年国家水法第十六条第三款及肯尼亚 2002 年水法有关地下水保育区域事宜的

---

① UNESCO. 2006. The United Nations World Water Development Report 2：Water，a Shared Responsibility. Paris：UNESCO：55.

② UNESCO. 2012. The United Nations World Water Development Report 4（Vol.1）：Managing Water under Uncertainty and Risk. Paris：UNESCO：137.

第四十四条的规定，笔者建议规定合理的和最低的两种流量/水位要求，并通过下列公众参与程序，进行确定和变更：主管机构公开流量和水位的历史和实时信息；公布根据专家意见拟议的流量/水位方案；③征询公众对拟议方案的书面意见，明确提交书面意见的地址和截止日期，而且截止日期不得早于通告发布之日起第 60 日；组织召开由直接相关者参加的听证会；认真分析、研究和考虑在截止日期或者之前所收到的全部意见；确定流量/水位要求方案，或者修改已有流量/水位要求，并说明对公众意见采纳或者拒绝的情况和理由。

其次，加强河湖、湿地等水体载体保护方面的公众参与。作为水体载体的河湖、湿地管理范围属于水资源的范围①。研究表明，水体载体的消失或者减少，意味着水资源于水量上的减少和可再生能力的降低②。借鉴美国及其州风景河流或者湖泊管理的法律，以及土耳其 1983 年环境法第九条第（e）款关于湿地划定的规定，在公众参与程序上，笔者建议主管机构：①公开历史和实时的水域或者地域范围信息。②主管机构公布根据专家意见拟议的河湖、湿地管理范围方案。③征询公众对拟议方案的书面意见，明确提交书面意见的地址和截止日期，而且截止日期不得早于通告发布之日起第 60 日。④组织召开由直接相关者参加的听证会。⑤确定河湖、湿地管理范围方案，或者修改已有河湖、湿地管理范围方案，并说明对公众意见采纳或者拒绝的情况和理由。

### 17.3.5 完善涉水公众参与程序，弥补漏洞

2012 年联合国世界水资源开发报告《不稳定及风险情况下的水资源管理》指出：“制定的任何政策都应该确保重要利益相关者的参与”；“如果程序上没有重要利益相关者的参与，适应性的（水资源）管理将不会产生最佳结果”③。针对我国涉水公众参与程序存在较大漏洞的问题，除了由全国人大常委会制定一部统领各领域公众参与的公众参与法、在具体涉水法律中增加或者完善关于公众参与的规定以外，笔者认为，还应该由有关部委制定或者完善本部委主管范围的涉水公众参与程序的专门部门规章，完善涉水公众参与程序、弥补漏洞。

第一，修改或者完善保障直接利害关系人受通知参加公众参与程序的规定。对于公众参与主管公共机构没有按照规定和正当程序告知直接利害关系人申请举行听证、听证会举行时间或者地点，从而剥夺利害关系人的受通知参加公众参与程序的权利的问题，笔者建议从两个方面修改或者完善有关规定。①就公众参与主管公共机构如何认定利害关系人做出规定，一则尽量避免遗漏利害关系人，二则防止主管责任人员或者直接责任人员以缺乏认定利害关系的程序为由来推托责任。②追究主管责任人员和

① 胡德胜. 2015. 最严格水资源管理制度视野下水资源概念探讨. 人民黄河，37（1）：57-62.

② 胡德胜，左其亭. 2015. 我国生态系统保护机制研究——基于水资源可再生能力的视角. 北京：法律出版社：31-35.

③ UNESCO. 2012. The United Nations World Water Development Report 4（Vol.1）：Managing Water under Uncertainty and Risk. Paris：UNESCO：123，329.

直接责任人员的行政责任，根据情节轻重，给予警告、记过、记大过、降级、撤职或者开除的行政处分；情节特别严重的，依法追究刑事责任。只有这样，才能以儆效尤，切实有效地防治类似情况的发生。③赋予被剥夺参与权利的利害关系人申请撤销以听证会为基础的行政行为的权利或者直接向法院提起行政诉讼的权利。这是因为，如果一项所谓的权利在遭受侵害或者剥夺时得不到救济，它就不能成其为权利，而仅仅是一种骗人的口号。

第二，修改完善公众参与法律文件，保障参加公众参与活动代表的代表性。①修改有关公众参与的法律文件（例如，《水行政许可听证规定》），规定市民社会组织（非政府团体）享有参加公众参与活动的资格。②在利害关系人方面的听证代表人确定方面，如果利害关系人坚持自己而不是由听证代表人来参加听证会，应当允许。③对于非利害关系人方面的听证代表人确定，增加听证候补代表人，在听证代表人不能或者不参加听证的情形下，由听证候补代表人参加，从而尽量确保被代表者的利益得到保障。④对于听证代表人及被通知作为听证代表人参加听证的听证候补代表人，无正当理由不按时参加听证的，或者未经听证主持人允许中途退场的，实行通报批评制度，并取消其 10 年内担任听证（候补）代表人的资格；存在被利益相对方收买的情形的，按受贿依法论处。⑤在听证代表人及被通知作为听证代表人参加听证的听证候补代表人代表的是直接利害关系人的情形下，如果听证（候补）代表人无正当理由不按时参加听证的或者未经听证主持人允许中途退场的，应当将听证情况告知被代表的利害关系人，并通知其提交书面听证意见，作为合理的补救措施以保障其权利。

第三，规定合理的申请听证和公告的期限，给社会公众特别是利害关系人以充足的时间来参加、准备参加或者申请参加相关公众参与活动。①在高位阶的法律文件（即狭义的法律、法规）中，尽可能规定合理的申请听证和公告的期限。②在低位阶的法律文件（部门规章和地方政府规章）中，对于法律、法规没有规定申请听证和公告的期限的公众参与事项，应该参照法律、法规的规定，结合有关事项的实际情况，规定合理的申请听证和公告的期限。期限的长短应该根据涉水事项的种类、性质、涉及范围而定。对于规划类等宏观性事项的公众参与应该给予较长的时间。欧盟关于流域管理规划规定了三个阶段的利益相关者和公众参与，都要求至少 6 个月的意见反馈期限。[①]对于具体的、微观的事项（如取水许可）的公众参与，可以规定较短的期限。例如，2006 年《水行政许可听证规定》可以将水行政许可实施机关向社会公告听证内容和听证代表人的报名要求及产生方式公告的公告期限规定为不得少于 10 个工作日。③将公告期限一律规定为工作日，防止一些公众参与主管机构利用周末或者假期来缩短公众参与期限、进行形式上的或者虚假的公众参与。

---

① EU European Environment Agency. 2014. Public participation contributing to better water management Experiences from eight case studies across Europe. Luxembourg：Publications Office of the European Union：8. 这三个阶段是：编制流域管理规划的时间表和工作计划（最迟在规划实施之日的 3 年前提出）；对识别出来的流域内的重大水事管理问题进行检视（最迟在规划实施之日的 2 年前提出）；起草流域管理规划最迟在规划实施之日的 1 年前提出。

第四，规定不是利害关系的外地听证代表人参加听证而合理支出的差旅费用由公众参与主管公共机构承担，从而鼓励专家学者型的社会公众参加公众参与活动，提高公众参与的水平、质量和影响。欧盟机构认为，公众参与不仅限于一般社会公众的参与，而且需要包括具体事项领域的专家[①]。2012 年联合国世界水资源开发报告《不稳定及风险情况下的水资源管理》认为，“一种多学科的路径对于做到切合实际的预测可能是有用的，因为它集成了生态学家、工程师、经济学家、水文学家、政治学家、心理学家及水资源管理者的工具和参与”[②]。

① EU European Environment Agency. 2014. Public participation contributing to better water management Experiences from eight case studies across Europe. Luxembourg：Publications Office of the European Union：8.

② UNESCO. 2012. The United Nations World Water Development Report 4（Vol.1）：Managing Water under Uncertainty and Risk. Paris：UNESCO：327.

# 第 18 章　政府责任机制强化研究*

发达资本主义国家的经济和社会发展表明，纯粹的自由市场竞争及政府在决定经济和社会发展宏观方向方面的无所作为，往往造成包括水资源在内的自然资源的巨大浪费和社会动荡，是不可取的。短缺形势下的水资源配置要求并决定了政府不能缺位。因为通过完全的市场配置不仅往往忽视生态安全和国家安全，而且阻碍经济结构的优化和换代，从长远角度来看，并不能够实现可持续发展。基于政府水资源管理责任的理论探讨，本章分析我国政府水资源管理责任的状况和存在问题，从四个方面就如何强化我国政府水资源管理责任进行讨论，即清晰有关事权、明确责任单位并不断改善分工和加强协调，以"应当"替代"可以"，增加新的或者修改已有的针对"应当"条款的配套追责规定，以及完善责任考核制度。

## 18.1　政府的水资源管理

### 18.1.1　政府水资源管理的理论基础

水资源具有多种用途或者功能，如供水和卫生、保育生态环境、农业和工业、城市开发、水力和火力发电、淡水渔业、内水运输、娱乐及低平地管理等。依其主要目标，这些用途或者功能基本上可以分为三大类：用于满足人类基本需要——水人权，维护生态环境——生态环境用水权，以及用于各种经济生产活动。这三大类用途或者功能也决定了水资源具有三重属性，即人权属性、生态属性和经济属性；前两重属性

---

* 本章执笔人：胡德胜。本章研究工作负责人：胡德胜。主要参加人：胡德胜，王涛。

本章部分内容已单独成文发表，具体有：（a）胡德胜，王涛. 2013. 中美澳水资源管理责任考核制度的比较研究. 中国地质大学学报（社会科学版），13（3）：49-56；（b）胡德胜. 2015. 中美澳流域取用水总量控制制度比较研究. 重庆大学学报（社会科学版），19（5）：111-117.

也可合称为社会属性。正如联合国1992年《21世纪议程》第18.8段所指出的：水是“生态系统不可或缺的组成部分，水是一种自然资源，水是一种社会物品和经济物品”①。“稀缺意味着社会的资源有限，因而不能生产人们所希望拥有的全部产品或者服务”；社会资源的管理是非常重要的②。水资源的稀缺性和作用上的基础性，以及这些属性共同决定了，并为发达国家社会和经济发展历史的经验教训所验证了，政府对水资源进行管理的不可或缺性。

### 1. 水资源的稀缺性和作用上的基础性要求政府对水资源进行宏观管理

在现代社会和经济条件下，自然资源的稀缺情形主要有三种。一是自然性稀缺，即一定地域范围内大自然中存在或者生产的某种自然资源由于其数量或者质量的原因，不能同时满足该地域范围内在一定时间段的人类生活、生态环境或者人类生产活动的需求。例如，目前北京市的水资源于数量上不能满足北京市的用水需求。二是积极的管理性稀缺，即在某一地域范围内某种自然资源并不存在自然性稀缺的情形下，由于人类的管理性活动，致使该自然资源出现稀缺的情形。例如，某一地区可用于普通住宅建设的土地并不稀缺，但是由于政府的土地规划和分类管理活动，或者由于某一个或者几个房地产商的营销管理活动，导致了稀缺。在跨流域调水的情形下，水源地的水资源原本并不稀缺，但是由于调水活动而出现了稀缺。在不考虑生态环境用水的情形下，某一地区的水资源并不稀缺，但是由于政府将生态环境用水纳入了管理并予以保障，结果出现了人类生活或者生产用水的缺乏。三是消极的管理性稀缺，或称缺乏政府管理的稀缺，即某一地域范围内某种自然资源并不存在自然性稀缺的情形下，由于政府管理的缺位，人类的无序生活或者生产活动或者内部成本外部化的生活或者生产活动导致了该种自然资源的稀缺。例如，政府对污染行为缺乏科学和有效管理，导致空气污染，人类无法呼吸到适格质量的自然界空气。某一流域的淡水资源并不稀缺，但是由于河流沿岸向水域中排放的污染物超过了水域的纳污能力，结果造成了水污染，以致该流域的淡水资源在一定时间内出现了稀缺。

### 2. 水资源的社会属性要求政府对影响水资源社会属性的活动以直接管理为主

水是生命之源，为一切生命不可或缺的资源。这决定了水资源具有人权属性和生态属性。就其人权属性而言，水为人类生命所必需。这表现在：①从人体的物质组成上看，水占据人体体重的约60%③；②从人体机能的运行上看，“对几乎每一项人体功能，水都发挥着关键性作用，如保护免疫系统、促进废物排泄等”④。每个人为了

---

① 关于《21世纪议程》有关内容的中译，本书作者参考了联合国系统网站（http：//www.un.org/chinese/events/wssd/agenda21. htm）上的中文译本。但是，鉴于该中文译本错误或者不当之处较多，本书中的中译或者概括，并没有采用有关错误或者不当的中译。例如，对于本处段落中的英文原文“an integral part of the ecosystem system”，联合国网站的中译是“生态系统的组成部分”，漏译了“integral”这一关键词语。

② Mankiw N G. 2012. Principles of Economics（6th ed.）. Mason：South-Western Cengage Learning：4.

③ The New Encyclopaedia Britannica（Micropaedia）（15th ed.）.Vol.6：134.

④ WHO. 2003. The Right to Water：6.

维持其正常生命，都需要一定最低数量的、具有一定质量的水；这种一定最低数量的、具有一定质量的水，就是人的基本需求（basic human need）之水。正常而合理的逻辑结果是，“获得水以满足人类基本需求是一项基本人权”[①]；这一权利就是水人权（the human right to water）。正如联合国经济及社会理事会之经济社会及文化权利委员会（经社文权利委员会）所指出的“水（人）权是一项不可或缺的人权，是人得以尊严生活的必要条件”，它“也是实现其他人权的一个前提条件”[②]。关于水人权的内容，经社文权利委员会将之宣告为：“人人能为个人和家庭生活得到充足、安全、可接受、便于汲取、价格上负担得起的水的权利。”[③]

就其生态属性来说，水是任何生态系统都必不可少的组成部分。这主要表现在两个方面。①生态系统中的任何生命都需要水作为其存在所不可缺少的支撑。没有了水，就没有生态系统中的生命；没有生命的自然环境系统，就不是生态系统。②水支撑着生态系统的许多功能。对于生态系统中的“生物物种而言，水为它们提供生境，使它们能够得以移动和迁徙，支撑它们的化学过程，传递或者转移营养物质，或者有助于包括卵和幼仔在内的繁殖物质的传播、有助于短期生境的重新生成”[④]。正如联合国教科文组织等机构所指出的：“无论是就数量方面而言还是从质量方面来说，水都是任何一个生态系统不可或缺的组成部分。减少自然环境需水的可用数量，将会产生毁灭性的后果。”[⑤]因此，生态环境具有不可或缺的用水需求，需要也有权得到相应的用水供应。

然而，人类社会的发展历史表明，在缺乏政府直接而有效的管理的情况下，水人权往往得不到可靠保护，生态环境用水权往往缺乏有效保障。正如国际水科学领域领军人物、美国国家科学院院士、美国太平洋发展环境安全研究所主任格雷克先生所指出的：“水具有重要的社会、文化和生态功能，这是单纯的市场力量所无法实现的。”[⑥]美国环境和自然资源经济学学者托恩·蒂滕伯格（Torn Tietenberg）也曾经明确指出：“尽管市场过去曾经在考虑后代人类方面有过明显的成功，但是，关于市场任凭其自身机制运转将会自动地考虑后代的断言是天真幼稚的。”[⑦]

### 3. 水资源的经济属性要求政府对主要体现水资源经济属性的活动以监管性管理为主

在市场经济条件下，水资源具有经济属性。这表现在任何经济性生产活动都需要直接或者间接地使用水资源或者水资源产（商）品，因而对水资源可以用经济价值予

---

① 胡德胜. 2006. 水人权：人权法上的水权. 河北法学，24（5）：17-24.

② CESCR of UN Economic and Social Council，General Comment No. 15［“The right to water（Articles 11 and12 of the International Covenant on Economic，Social and Cultural Rights）”］. UN Doc. E/ C. 12/ 2002/ 11.

③ CES CR of UN Economic and Social Council，General Comment No. 15［“The right to water（Articles 11 and12 of the International Covenant on Economic，Social and Cultural Rights）”］. UN Doc. E/ C. 12/ 2002/ 11.

④ ARMCANZ, ANZECC. 1996.National Principles for the Provision of Water for Ecosystem.

⑤ UNESCO, et al.2003. The United Nations World Water Development Report 1：Water for People，Water for Life. Paris: UNESCO：8.

⑥ 彼得·H·格雷克. 2004. 水经济学新论——淡水全球化和私有化的利弊分析. 胡德胜译. 开封大学学报，18（1）：42-47.

⑦ Tietenberg T. 2002. Environmental and Natural Resources Economics（6th ed.）. Boston：Addison Wesley：557.

以衡量。就直接使用水资源而言，如农业、林业和牧业活动离不开水，淡水渔业、内陆水运、水力和火力发电离不开水，以水为主要原料的产业（如瓶装水、酒业等）离不开水，供水服务业离不开水。就间接使用水资源来说，如采矿业、食品加工业、餐饮业、建筑业等，也都离不开水。为了防止或者避免市场失灵对水资源配置的影响，需要政府强有力的监管性管理。

### 4. 水资源的公益性、基础性和战略性要求政府的严格管理或者监管

水资源的社会属性、生态属性和经济属性，决定了水资源是一种公益性、基础性和战略性自然资源。它的公益性、基础性和战略性，必然决定着它“不仅关系到防洪安全、供水安全、粮食安全，而且关系到经济安全、生态安全、国家安全”。[①]从而决定了水资源配置总体上应该是需要由政府在初始配置领域进行直接管理、对后续的市场化配置或者服务予以严格监管的领域。这已经为世界上许多发达国家或者地区的经验教训所证明。在20世纪90年代初，世界银行和其他国际援助机构，以及世界水委员会等一些水机构曾经极力推动水资源或者水服务的私有化，但是出现了对生态环境的破坏、外国人对水资源的控制、取水机会的不公或者缺乏公众参与等严重问题，遭到了日益广泛的反对，在玻利维亚、巴拉圭、南非、菲律宾等许多地方及许多全球性会议上，也遭到了抗议[②]。特别是，曾经为世界银行所推崇的智利水资源私有化改革后来成了失败的典型。

### 5. 资本主义经济历史的经验教训告诫我们，水资源主要不应该是由市场发挥决定性作用的领域

“人类的任何活动都是直接或者间接地利用自然资源的活动。”[③]在20世纪80年代之前资本主义发达国家所经历的约400年繁荣时期，其“发展起来的社会组织机构、法律体系和制度结构……是为了促进工业的发展、（自然）资源的开发和把（自然）资源送到那些最有能力的利用（自然）资源的人们手里”。这一繁荣具有三个主要特点：①“在相当大的程度上是建立在掠夺、殖民和利用先进技术开采欧洲以外的（自然）资源的基础上的”，在地理上不具有自给性；②“在很重要的程度上，它是建立在开采非可再生性（自然）资源和可耗尽（自然）资源的基础上的，（自然）资源保护并不重要”；③“在很大的程度上……是建立在生态系统不断的和不可逆转的改变的基础上的”[④]。尽管学者们针对“公地悲剧”提出了不少利用市场路径予以解决的理论方案，但是成功的事例都是小范围的、微观性的事项。对于水资源这一更具公益性、基础性和战略性的自然资源来讲，由私有制和市场予以主导更是行不通的，需要政府在基础方面和重要环节进行直接而有力的管理或者监管，尽管政府的管理或者

① 中共中央，国务院. 2010-12-31. 中共中央国务院关于加快水利改革发展的决定.

② 彼得·H. 格雷克. 2004. 水经济学新论——淡水全球化和私有化的利弊分析. 胡德胜译. 开封大学学报，18（1）：42-47.

③ 艾琳•麦克哈格. 2014. 能源与自然资源中的财产和法律. 胡德胜译. 北京：北京大学出版社：译丛总序.

④ 阿兰·兰德尔. 1989. 资源经济学. 施以正译. 北京：商务印书馆：5-6.

监管需要尊重市场规律、利用市场机制和运用市场措施或者手段。

综上所述，需要政府全面考察水资源的多种用途和多重功能，慎重考虑水资源的公益性、基础性和战略性，对水资源实施一体化管理。这早已经成为国家社会的共识。例如，1992 年《21 世纪议程》第十八章就明确指出，客观情况“要求对水资源进行一体化的规划和管理”，政府应该承担重要责任。

### 18.1.2　政府的水资源管理责任

#### 1. 理论辨析

基于对物的所有权或者控制权的角度，理论上主要存在关于解决“公地悲剧”问题的两类基本路径。一类是将“公地悲剧”所涉自然资源私有化，使其成为自然资源每个使用者的私有财产，通过市场“这一看不见的手”进行管理，从而实现社会的最大利益；另一类是由政府直接控制其投入或者产出，或者，由政府通过税收或者补贴等措施或者手段进行政府干预，在私人成本和社会成本之间实现某种平衡。①

就第一种路径而言，实践证明，对于水资源来说，在市场经济条件下的现代社会是根本行不通的。其原因主要在于如下两个方面。①水资源的公益性、基础性和战略性，决定了其在宏观上或者总体上不能由市场起决定性的配置作用，而且在某些重要的具体事项上也必须接受政府的直接调整或者管理。例如，从市场的角度上讲，私有的或者公司经营的水电站应该追求发电经济效益的最大化；但是，它却必须根据防洪的需要按照政府的防洪安排时间表下泄水量，根据政府的抗旱安排下泄水量或者允许从水库中取水，无论下泄水量或者取水是否或者在多大程度上影响其发电的经济效益。②水资源具有多种用途或者功能，不仅同一种用途的使用（者）之间存在着竞争，而且不同用途的使用（者）之间也存在着竞争，而且水资源多数情况下存在流动性，这就决定了一物一（所有）权的水资源私有权制度在宏观上或者总体上根本不适合于水资源这种共用物品。例如，在美国加利福尼亚州，土地所有权人于 2014 年 9 月 16 日之前基本上或者实际上对位于其土地之下的地下水资源拥有所有权，但是这一制度严重忽视了地下水和地表水之间的关联性、地下水资源的流动性、地下水资源的生态用途和价值，导致该州地下水位近 10 年来严重下降，从而影响了许多地区地表水资源多种用途和多重功能的发挥，造成了不少严重的生态、环境和地质灾难。该州不得不制定了 2014 年可持续的地下水管理法（*Sustainable Groundwater Management Act of 2014*），将地下水资源配置纳入较为严格的行政管理的范畴。

在第二类路径中，如果出现下列情形，在计划经济条件下或许是有效果而却往往没有或者低效率的，但是在市场经济条件下，却非常容易出现政府或其机构成为市场主体的情形，发生政府、政府机构或者其工作人员利用权力寻租的严重问题：①由政

① Ciriacy-Wantrup S V，Bishop R C. 1975. “Common property”as a concept in natural resources policy. Natural Resources Journal，(15)：713-727.

府直接控制其投入的；②由政府直接控制其投产出的，③由政府同时直接控制其投入和产出的。而且，它们通常都会影响市场的公平竞争，因为一切经济性生产活动都离不开对水资源的使用。其中，从其他国家的实践（特别是美国的经验和教训）来看，下列情形下实际效果也是比较差的或者说是相当差的：基本上由市场调控，但是政府通过税收或者补贴等措施或者手段进行政府干预，在私人成本和社会成本之间实现某种平衡。在美国，由于对私有财产进行保护的宪法条款的可直接适用，各州对其管辖范围的水资源保护，高昂的征收或者征用成本，美国联邦政府没有能力通过传统的法律措施对水资源的开发和利用活动进行统一规划，只好通过补贴、税收减免等政策性措施倡导、鼓励拥有水权的私人和公私机构合理利用水资源；这也是环境、自然资源和能源领域的“软法”（政策法）在美国大行其道的重要原因之一。

就一个国家而言，1992 年《21 世纪议程》18.2 段指出，其水资源管理的总体目标应该是：确保本国的全部人口都能够获得足够的良质供水以满足基本需求，维护生态系统的水文、生物和化学功能，继而统筹各种经济性生产活动用水，在大自然承载能力限度内调整人类活动。然而，水资源的公益性、基础性和战略性，水资源的多用途、多功能和多重属性，要求政府基于可持续发展的理念和原则，对水资源在宏观层面实行统筹性的统一规划，在中观层面进行强有力的控制，对重要微观层面实施直接管理、对由市场发挥作用的领域进行有力监管。其核心是在法律上废除或者在实质上取消水资源的私人所有权，在一定地域、流域或者领域范围内建立可以私有的、受法定或者约定条件约束或者限制的用水权。

### 2. 政府水资源管理责任概要

政府水管理责任属于政府责任。政府责任理论主要基于民主政治而诞生和发展，因为专制政治关注的核心或者出发点往往不是社会大众，尽管专制制度下的统治阶级也会在一定程度上履行一定的社会管理职能并以此标榜自己。这里关于政府责任讨论的基础是民主政治理论。

政府必须履行一定的国家管理职能，这是任何人都不会反对的。学术界比较一致的看法是，“政府应该承担公共事务的责任”[①]。即使是经济自由主义的倡导者亚当·斯密（Adam Smith）也认为国家至少需要承担三个方面的职能，即国防、司法（保护其成员的财产和人身不受非法侵害），以及建设和维护一些必要的公共工程和公共机关[②]。政府责任有广、狭两义。广义上的政府责任是指政府基于其应该承担公共事务的总体责任，积极回应社会民众需求的职能，采取措施，公正、有效和有效率地实现公众需求和利益的各种宏观、中观和微观责任。狭义上的政府责任是指政府机关或其工作人员违反法律规定不履行责任、不正确履行责任或者违法行使职权时，所应该承担的否定性的法律后果（法律责任）。这里讨论的是广义上的政府责任。

---

① 常健. 2007. 论政府责任及其限度. 文史哲，(5)：147-154.

② 亚当•斯密. 1983. 国民财富的性质和原因的研究（下卷）. 郭大力，王亚南译. 北京：商务印书馆：254-375.

关于政府究竟应该承担哪些责任，理论上一直存在争论。综观国家实践，政府责任在不同国家之间往往存在着很大差异。在理论上，可以从马列主义国家学说、市场失灵论（市场缺陷论）、社会契约论、经济发展阶段论等角度进行单独的讨论，也可以综合两个或者两个以上角度进行研究。[①]无疑，全面的多维视角的研究，才有利于并有可能发现政府应该承担哪些责任的较佳的、较科学的方案。

对于水资源，政府应该承担哪些管理责任，或者说，政府应该对哪些涉水事务进行管理，是研究政府水资源管理责任首先需要讨论的问题。政府水资源管理责任是一个抽象的概念，需要将政府责任落实到政府应该对哪些具体涉水事务进行管理上，即政府应该承担哪些水事管理职能（拥有哪些涉水事权），并据此承担法律责任。

从历史和比较的角度来看，没有哪一个国家不对涉水事务进行管理的。国家对涉水事务的管理范围，经历了从无到有、从小到大、从单一到多项、从简单到复杂、从小地域到大地域、从单一目标到多重目标的发展演变。这是与人类利用水资源的能力，水资源用途和功能的发展，涉水灾害（洪灾、水涝、旱灾等），理念和信仰的差异或者演变，以及对这些有着决定性或者重大影响的科学技术发展水平密切相关的。

在世界银行《1997 年世界发展报告：变革世界中的政府》中，政府职能被概括为五项基础性任务、被划分为三个层次。五项基础性任务包括建立法律基础、保持非扭曲性政策环境（包括宏观经济的稳定）、投资于基本社会服务与设施、保护弱势群体及保护环境。[②]政府职能的三个层次是基本职能、中级职能及积极职能。政府能力较低和弱小的国家需要将注意力集中于基本职能方面。世界银行关于政府职能三个层次的划分情况，见表 18-1。

**表 18-1　国家职能**[③]

<table>
<tr><th>职能</th><th colspan="3">解决市场失灵问题</th><th>促进社会公平</th></tr>
<tr><td>基本职能</td><td colspan="3">提供纯粹公共物品：国防、法律和秩序、财产权保护、宏观经济管理、公共医疗卫生</td><td>保护穷人：减贫项目，减缓灾害</td></tr>
<tr><td>中级职能</td><td>解决外部性问题：基本教育、环境保护</td><td>监管垄断：公用事业监管、反垄断</td><td>解决信息不充分问题：保险（医疗，人寿，养老）、金融监管、消费者保护</td><td>提供社会保险：养老金再分配，家庭津贴，失业保险</td></tr>
<tr><td>积极职能</td><td colspan="3">协调私人活动：培育市场、集群创新</td><td>再分配：财产再分配</td></tr>
</table>

在经济合作与发展组织编制、联合国统计司公布的《政府职能分类》中，政府职能被划分为 10 类事权：一般公共服务、国防、公共秩序和安全、经济事务、环境保护、住房和社会福利设施、医疗保健、娱乐、文化和宗教、教育及社会保障。关于具体的分类，有学者根据国际货币基金组织《2001 年政府财政统计手册》72～102 页的内容进行了整理并列表总结，详见表 18-2。

① 李成威. 2006. 政府责任划分、职能分工与支出分配. 改革，（5）：31-38.

② World Bank. 1997. World Development Report 1997：The State in a Changing World. Oxford：Oxford University Press：5.

③ World Bank. 1997. World Development Report 1997：The State in a Changing World. Oxford：Oxford University Press：27.

**表 18-2　经合组织、联合国及国际货币基金组织的政府职能分类**[①]

| 一、一般公共服务 | 六、住房和社会福利设施 |
|---|---|
| 1. 行政和立法机关、金融和财政事务、对外事务 | 1. 住房开发 |
| 2. 对外经济援助 | 2. 社区发展 |
| 3. 一般服务 | 3. 供水 |
| 4. 基础研究 | 4. 街道照明 |
| 5. 公共债务交易 | 5. 研究和发展：住房和社会福利设施 |
| 6. 各级政府间的一般性转移 | 6. 未加分类的住房和社会福利设施 |
| 7. 研究和发展：一般公共服务 | **七、医疗保健** |
| 8. 未加分类的一般公共服务 | 1. 医疗产品、器械和设备 |
| **二、国防** | 2. 门诊服务 |
| 1. 军事防御 | 3. 医院服务 |
| 2. 民防 | 4. 公共医疗保健服务 |
| 3. 对外军事援助 | 5. 研究和发展：医疗保健 |
| 4. 研究和发展：国防 | 6. 未加分类的医疗保健 |
| 5. 未加分类的国防事务 | **八、娱乐、文化和宗教** |
| **三、公共秩序和安全** | 1. 娱乐和体育服务 |
| 1. 警察服务 | 2. 文化服务 |
| 2. 消防服务 | 3. 广播和出版服务 |
| 3. 法院 | 4. 宗教和其他社区服务 |
| 4. 监狱 | 5. 研究和发展：娱乐、文化和宗教 |
| 5. 研究和发展：公共秩序和安全 | 6. 未加分类的娱乐、文化和宗教 |
| 6. 未加分类的公共秩序和安全 | **九、教育** |
| **四、经济事务** | 1. 学前和初等教育 |
| 1. 一般经济、商业和劳工事务 | 2. 中等教育 |
| 2. 农业、林业、渔业和狩猎业 | 3. 高等教育 |
| 3. 燃料和能源 | 4. 中等教育后的非高等教育 |
| 4. 采矿业、制造业和建筑业 | 5. 无法定级的教育 |
| 5. 交通 | 6. 研究和发展：教育 |
| 6. 通信 | 7. 未加分类的教育 |
| 7. 其他行业 | **十、社会保障** |
| 8. 研究和发展：经济事务 | 1. 疾病和残疾 |
| 9. 未加分类的经济事务 | 2. 老龄 |
| **五、环境保护** | 3. 遗属 |
| 1. 废物管理 | 4. 家庭和儿童 |
| 2. 废水管理 | 5. 失业 |
| 3. 减轻污染 | 6. 住房 |
| 4. 保护生物多样性和自然景观 | 7. 社会排斥 |
| 5. 研究和发展：环境保护 | 8. 研究和发展：社会保障 |
| 6. 未加分类的环境保护 | 9. 未加分类的社会保障 |

① 李成威. 2006. 政府责任划分、职能分工与支出分配. 改革，(5)：31-38.

综合世界银行，以及经合组织、联合国和国际货币基金组织关于政府职能的上述分类情况，结合可能需要政府管理的涉水事务，笔者认为，可以将政府的水事事权归纳如下。

（1）宏观水事事权。制定水事法律，建立水资源管理制度，设立水资源管理公共管理部门或者机构；防洪、防涝和抗旱；掌控水资源初始用水权配置；实施节约用水政策；保护水资源及其可再生能力；制订水资源战略规划、流域和区域规划（包括综合规划和专业规划）；水资源宏观调配；优先满足实现水人权用水，保障生态环境用水，协调农业、工业和服务业用水；水污染防治。

（2）中观水事事权。用水总量控制，用水效率控制，水功能区纳污控制，重点水污染物排放总量控制；制定和实施节约用水的政策和措施；推动水事科学技术的研究、推广和应用；水资源综合科学考察和调查评价；重大（特别是涉及跨流域调水的）调水工程、项目和活动；水中长期供求规划；水量分配方案和旱情紧急情况下的水量调度预案；水环境质量标准，水污染物排放标准，船舶污染物排放标准；水科学教育规划和管理。

（3）微观水事事权。水利基础设施建设；水文、水资源信息系统建设；水功能区划，水域纳污能力；饮用水水源保护区；取水和用水权管理；涉水排口设置，涉水排污管理；水工程建设监管和保护；涉水环境影响评价；供水及供水价格监管；水环境质量监测和水污染物排放监测；地下水禁止开采或者限制开采区；涉水工程监管；河道采砂；污水集中处理设施及配套管网；水事科学技术的研究、推广和应用；水科学教育实施；涉水补贴、税收、财政资金、税收等经济激励措施；水事纠纷处理，涉水违法行为处理。

常健认为，“保证公共安全、弥补市场缺陷和维护社会公平，是政府职责讨论的三大焦点”；“对现代政府职责的讨论，（应该）是以市场-社会-政府三者关系为背景的”。这基本上是正确的。他进而还提出了确定政府责任应当遵循的三项原则，即比较优势原则、优势互补原则和量力而行原则[①]。这基本上是正确的。笔者认为，对于常健的观点和所提出的这三项原则进行适当改进和完善后，可以用来确定一个国家的政府或其机构在水资源管理方面的具体责任。

就水资源管理事务而言，以市场-社会-政府三者间关系为背景，保障水安全、避免或者弥补涉水市场的失灵或者缺陷，以及构建和维护涉水社会公平秩序是政府水资源管理责任的核心。水安全应该包括防洪安全、供水安全，以及水在其中具有不可替代作用的粮食安全、经济安全、生态安全和国家安全。避免或者弥补涉水市场的失灵或者缺陷是指，对于市场可以发挥作用的涉水事务或者工程项目，一方面在交由市场调整时于制度设计上应该注意避免让市场缺陷发生作用、避免出现市场失灵的情形；另一方面，对于已经由市场调整的，需要加强监管，既注意避免市场失灵或者市场缺陷，也在出现市场失灵或者市场缺陷时采取治理措施。构建和维护涉水社会公平

① 常健. 2007. 论政府责任及其限度. 文史哲，（5）：147-154.

秩序是指，保障人人都能够获得实现水人权所需要的水，确保生态环境获得最低的和适质的用水供应，提供保证粮食安全所需要的农业用水，对经济性产业活动用水权的初始配置应该促进和维护公平竞争。

确定政府水资源管理责任应当遵循保障水安全原则、比较优势原则及优势互补原则这三项原则。保障水安全原则，是指政府必须承担保障水安全这一基本责任。它是首要的和第一位的原则，在与其他原则发生冲突时应该优先适用。这一原则决定了宏观水事事权是政府应当直接运作的事项，不应当交由市场或者社会完成，尽管政府可以通过外包等方式委托市场主体、社会组织承接部分具体事项，可以也应该征求社会意见。比较优势原则是指，在不妨碍水安全的前提下，对于那些由市场或者社会途径能够更有优势处理的中观水事和微观水事事权中的部分事项，尽量交由它们解决。例如，对于一些水利工程，可以交由市场主体建设、维护或者运行，一方面发挥市场更有效配置资源的优势，另一方面解决政府投入资金不足的问题。三峡大坝的建设就是一个发挥市场优势的良好事例。“如果政府强行承担自己缺乏比较优势的职责，就会形成通常所说的‘政府越位’，产生严重的消极后果。”[①]优势互补原则是指：①对于微观水事事权中的许多事项及中观水事事权的少数事项，在不妨碍水安全的前提下，可以按照一定的正当和公平程序，交由市场主体或者社会组织实施运作，利用市场或者社会的长处；②对于那些不宜交由市场主体或者社会组织运作的事项，政府在组织实施时可以采取模拟市场机制、运用经济杠杆、吸收市场主体或者社会组织参加（与）实施的方式，利用市场或者社会的长处；③无论由任何一方组织实施，都应该利用其他两方的长处。例如，对于南水北调这一中观水事管理事项，尽管由政府组织实施，但是在筹集资金方面运用了一定的市场机制，在工程施工方面按照市场方式通过招标确定施工单位，各个过程注意公众参与。

然而，笔者认为不宜将量力而行作为确定政府责任的原则。主要理由是：有些事权是政府必须承担且不得放弃的管理责任。对于这些事权，如果政府缺乏能力，它就应当提高自身能力和水平，切实担负起自己应当承担的责任，而不应该以没有能力为由拒绝承担责任。当然，对于那些不是必须承担的事权，政府则需要也应该量力而行。

## 18.2 我国政府水资源管理责任的状况和存在问题

### 18.2.1 我国政府水资源管理责任的状况

关于我国政府水资源管理责任的法律规定，主要体现在2002年水法、2008年水污染防治法、2015年防洪法、1991水土保持法，以及各级政府水行政、环境保护等

① 常健. 2007. 论政府责任及其限度. 文史哲，(5)：147-154.

主管部门的“主要职责内设机构和人员编制规定”（“三定方案”）（特别是 2008 年《水利部主要职责内设机构和人员编制规定》和 2008 年《环境保护部主要职责内设机构和人员编制规定》）之中。总的来说，法律中关于水资源管理政府责任的规定，由于立法的特点和要求，比较分散；而在水行政和环境保护等主管部门“三定方案”中，则对水资源管理政府责任进行了比较系统的梳理。以 2002 年水法和 2008 年水污染防治法两部法律，以及水利部和环境保护部“三定方案”为主，可以将我国政府水资源管理责任的主要内容概括如下。

（1）水事法律制度建设方面。制定关于涉水事项的法律、法规和规章。

（2）水资源合理开发利用方面。制订水资源战略规划和政策，编制区域和流域规划（包括综合规划和专业规划）；制定水利工程建设有关制度并组织实施，确定水利固定资产投资规模和方向、国家财政性资金安排的意见，安排国家规划内和年度计划规模内固定资产投资项目，确定相应级别的水利建设投资安排并组织实施。

（3）水资源配置方面。统筹兼顾和保障生活、生态环境和生产经营用水；实施水资源的统一监督管理，制订相应级别的水中长期供求规划、水量分配方案并监督实施，组织开展水资源调查评价工作、水能资源调查工作，负责水资源调度，组织并实施取水许可、水资源有偿使用制度和水资源论证、防洪论证制度；指导供水工作。

（4）水资源保护方面。编制水资源保护规划，制订水功能区划并监督实施，核定水域纳污能力，提出限制排污总量建议，指导饮用水水源保护工作，指导地下水开发利用和城市规划区地下水资源管理保护工作。

（5）水旱灾害防治方面（承担相应级别防汛抗旱指挥部的具体工作）。组织、协调、监督、指挥防汛抗旱工作，对水工程实施防汛抗旱调度和应急水量调度，编制防汛抗旱应急预案并组织实施，指导水利突发公共事件的应急管理工作。

（6）节约用水工作方面。制定节约用水政策，编制节约用水规划，制定有关标准，指导和推动节水型社会建设工作。

（7）指导水文工作方面。水文水资源监测、水文站网建设和管理，对江河湖库和地下水的水量、水质实施监测，发布水文水资源信息、情报预报和水资源公报。

（8）治水工程和设施方面。指导水利设施、水域及其岸线的管理与保护，指导江河湖泊及河口、海岸滩涂的治理和开发，指导水利工程建设与运行管理，组织实施具有控制性的或跨相应级别行政区域和跨流域的重要水利工程建设与运行管理，承担水利工程移民管理工作。

（9）防治水土流失方面。制订水土保持规划并监督实施，组织实施水土流失的综合防治、监测预报并定期公告，负责有关项目水土保持方案的审批、监督实施及水土保持设施的验收工作，指导有关水土保持建设项目的实施。

（10）指导农村水利工作方面。组织协调农田水利基本建设，指导农村饮水安全、节水灌溉等工程建设与管理工作，协调牧区水利工作，指导农村水利社会化服务体系建设，指导农村水能资源开发工作，指导水电农村电气化和小水电代燃料工作。

（11）执法方面。①行政执法：查处不构成犯罪的涉水违法事件，协调、仲裁跨行政区域水事纠纷，指导水行政监察和水行政执法，负责水利行业安全生产工作，组织、指导水库、水电站大坝的安全监管，指导水利建设市场的监督管理，组织实施水利工程建设的监督。②司法：查处构成犯罪的涉水违法案件，审理涉水行政、民事和刑事案件。

（12）水利科技和外事工作方面。组织开展水利行业质量监督工作，制定水利行业的技术标准、规程规范并监督实施，做好水利统计工作，办理国际河流有关涉外事务。

（13）水污染防治和水环境质量方面。制定水体污染防治管理制度并组织实施；组织实施涉水排污申报登记、跨行政区域界河流断面水质考核等环境管理制度；制订有关污染防治规划并对实施情况进行监督；监督管理饮用水水源地环境保护工作；组织指导城镇和农村的环境综合整治工作。

（14）涉水科学知识教育方面。组织、指导和协调涉水科学知识宣传教育工作，制定并组织实施涉水科学知识宣传教育纲要，开展生态文明建设和资源节约型、环境友好型社会建设的有关宣传教育工作，推动社会公众和社会组织参与水资源保护和水污染防治。

### 18.2.2 我国政府水资源管理责任制度存在的问题

认真分析我国 2002 年水法、2008 年水污染防治法，以及各级政府水行政、环境保护等主管部门的“三定方案”，可以发现我国的政府水资源管理责任制度主要存在以下四个方面的问题。

#### 1）有些重要事权不清晰，某些关键事权的分工不明确、不合理，责任单位之间缺乏有效协调

首先，有些重要事权不清晰。例如，水资源国家所有权的事权不清晰。2002 年水法第三条规定：“水资源属于国家所有。水资源的所有权由国务院代表国家行使。”众所周知，物权法意义上的所有权包括占有、使用、收益和处置这四项权能。问题是：自 2002 年水法实施以来，国务院行使了几次国家水资源所有权？如果说发放取水许可证属于行使国家水资源所有权的行为的话，这些行为实际上都是由水行政主管部门或者流域管理机构行使的，而不是由国务院行使的。

其次，某些关键事权的分工不明确。对于某类事权先做出一般性规定而后再做出具体规定和分工，于立法技术上是可以的，有时也是必要的。但是，对于具体事权的分工则需要做出明确的、合理的规定。例如，2002 年水法第十四条第一款规定：“国家制定全国水资源战略规划。”但是，由哪级政府或者部门制定，或者由哪级政府或者部门组织制定、由哪级政府或者部门参加制定，该法本身没有作出规定，也没有在配套的法规或者规章中就此作出制定。

最后，有关责任单位之间缺乏有效的协调运转。根据 2002 年水法第十二条的规

定，我国对水资源实行流域管理与行政区域管理相结合的管理体制。据此，涉及的政府水资源管理责任主体，从行政部门的角度来看，水资源管理责任单位众多，主要包括不同层级的政府、不同层级的有关主管部门、流域管理机构等。同一类别主体的上下级之间、同级之间及不同类别相互之间，都需要密切配合，形成协调运转的机制，从而有效、高效地履行政府水资源管理责任。但是，由于它们之间“缺乏管理信息共享机制、相互不了解”，再加上有些重要事权不清晰、某些关键事权的分工不明确或者不合理，以至于它们所进行的水资源管理工作“不能有效配合乃至严重脱节，造成管理失控和漏洞”[①]。

举例来说，2008 年水利部和环境保护部“三定方案”都明确规定，“两部门要进一步加强协调与配合，建立部际协商机制，定期通报水资源保护与水污染防治有关情况，协商解决有关重大问题”。2011 年“中央一号文件”《中共中央国务院关于加快水利改革发展的决定》要求“进一步完善水资源保护和水污染防治协调机制”。但是，至今都很难说水利部和环境保护部之间已经建立了有效的部际协调机制，以及水资源保护和水污染防治协调机制。下列两个事例可以比较充分地佐证这一点。①取水权的转让如果涉及取水地点或者退水地点改变且超过一定距离的，肯定会涉及水功能区的纳污能力问题，其审批最好或者说无疑应该征求环境保护部门的意见或者征得其同意。但是，分析水利部 2014 年 11 月 25 日公开的《取水权转让暂行办法（征求意见稿）》的起草过程和内容，完全可以发现，它没有就此与环境保护部进行过真正的协调或者沟通。②2015 年 4 月 9 日财政部和环境保护部联合发布《关于推进水污染防治领域政府和社会资本合作的实施意见》。其中，与水行政主管部门地域管理范围上有关的项目包括饮用水水源地环境综合整治、湖泊水体保育、河流环境生态修复与综合整治、湖滨河滨缓冲带建设、湿地建设、水源涵养林建设、地下水环境修复、重点河口海湾环境综合整治等。众所周知，水资源保护和水污染防治需要密切结合，这些项目的实施绝大多数都需要水行政主管部门或者流域管理机构的审查或者审批。但是，水利部却没有参与这一文件的起草或者制定。

2）许多事权虽然落实了责任政府或者主管部门，但是使用“可以”这一虚词淡化了政府责任

虚词“可以”在法律文本中的法律意义有三种[②]：①表示授予主体以自由选择权力（利）的授权，获得授权的主体既可以行使权力（利），也可以不行使权力（利）或者放弃权力（利）。②“表示对某种事物法律属性的描述”。例如，我国物权法第九十三条规定：“不动产或者动产可以由两个以上单位、个人共有。”③“用来表示义务的设定”。例如，国务院组织法第六条规定：“国务委员受总理委托，负责某些方面的工作或者专项任务，并且可以代表国务院进行外事活动。”其中“可以”并不包含有

① 胡德胜，潘怀平，许胜晴. 2012. 创新流域治理机制应以流域管理政务平台为抓手. 环境保护，(13)：37-39.
② 周赟. 2006. “应当”的法哲学分析——一种主要立基于法律文本的研究. 山东大学博士学位论文.

“可以不”的含义，它的法律意义明显是“应当”。

就表示授予主体以自由选择权力（利）的授权这一种法律意义来说，“是指经法律授予的、特定主体在特定的条件下、在特定的范围内的一种有限度的选择权”[①]。具体而言：①“从逻辑上讲，此时的‘可以’就意味着一种不确定的倾向。”[②]或者说，它“是一个在逻辑上有着不确定倾向的判断词”，“同时具有‘可以’和‘可以不’的双重含义，这种不确定性也可以称为一种选择性”[①]。②“从动态过程来看，‘可以’一词在法律文本中的出现，是相关主体法律上的选择权从无到有的转折点和标志。”③“从选择行为的效力层面上看，‘可以’一词还意味着权利/权力主体的选择行为具有法律上的有效性与正当性”。④“从语言学的角度上看……‘可以’之前的主语，即是经法律授权的权利/权力主体，‘可以’的这种主语，既是特定权利/权力的承担者，也是选择权的承担者。”[①]

根据对 2002 年水法和 2008 年水污染防治法的研究，表18-3 中列举了使用“可以”一词来淡化水资源管理政府责任的条款。分析表 18-3 中所列条款使用“可以”的情形，体现的都是第一种法律意义，它们导致获得授权的主体的权力行使具有一种不确定性；也就是说，导致某些涉水事权成为政府或其职能部门既可为也可不为的事项，而且，为与不为都是合法的。这无疑给政府、政府部门及其工作人员不履行应当履行的责任、放纵涉水违法行为提供了法律上的借口。毫无疑问，使用“可以”一词大大淡化了，甚至可以说是解除了政府的水资源管理责任。

**表 18-3 2002 年水法和 2008 年水污染防治法使用“可以”淡化政府责任的条款**[③]

| 法律 | 条款 | 内容 |
|---|---|---|
| 水法 | 第三十六条 | 在地下水严重超采地区，经省级政府批准，[县级以上地方政府] 可以划定地下水禁止开采或者限制开采区 |
| 水污染防治法 | 第十八条第三款 | 省级政府可以根据本行政区域水环境质量状况和水污染防治工作的需要，确定本行政区域实施总量削减和控制的重点水污染物 |
| | 第六十三条 | 国务院和省级政府根据水环境保护的需要，可以规定在饮用水水源保护区内，采取禁止或者限制使用含磷洗涤剂、化肥、农药以及限制种植养殖等措施 |
| | 第六十四条 | 县级以上政府可以对风景名胜区水体、重要渔业水体和其他具有特殊经济文化价值的水体划定保护区，并采取措施，保证保护区的水质符合规定用途的水环境质量标准 |

具体来说：①根据 2002 年水法第三十六条的规定，在地下水严重超采地区，县级以上地方政府既可以划定地下水禁止开采或者限制开采区，也可以不划定。②根据 2008 年水污染防治法第十八条第三款的规定，省级政府既可以确定本行政区域实施总量削减和控制的重点水污染物，也可以不确定。③根据 2008 年水污染防治法第六十三条的规定，国务院和省级政府既可以规定在饮用水水源保护区内采取禁止或者限制使用含磷洗涤剂、化肥、农药及限制种植养殖等措施，也可以不规定。④根据

① 喻中. 2006. 论授权规则——以法律中的“可以”一词为视角. 山东大学法学院博士学位论文.

② 周赟. 2006. “应当”的法哲学分析——一种主要立基于法律文本的研究. 山东大学博士学位论文.

③ 此处对法律条款的内容进行了形式上的简化：将“人民政府”简化为“政府”；将“省、自治区、直辖市人民政府”简化为“省级政府”。如无特别说明，书中其他处也采用了此种简化。

2008 年水污染防治法第六十四条的规定，县级以上政府既可对风景名胜区水体、重要渔业水体和其他具有特殊经济文化价值的水体划定保护区，并采取措施，保证保护区的水质符合规定用途的水环境质量标准，也可以不这样做。也就是说，划定还是不划定，确定还是不确定，规定还是不规定，有关政府的行为都是合法的。既然为与不为都是合法的，显然，这些条款实际上并没有规定政府在有关方面的水资源管理责任。

以饮用水水源保护区制度为例，实际效果至今仍然存在严重问题[①]：①“86 个地级以上城市 141 个水源一级保护区、52 个水源二级保护区内未完成整治工作，且缺乏明确的考核制度和责任规定”；②“有的饮用水水源保护区划定不规范，已划定的保护区内存在农田、住户、公用设施等可能污染饮用水水源的问题”；③“有的水源地上游分布着高风险污染行业，环境安全隐患较大”；④“农村地区分散式饮用水水源保护工作基础薄弱，缺乏必要的卫生防护措施和检测设备”；⑤“饮用水水源环境监测监管能力不足，有的城市不具备饮用水水源水质全指标监测分析能力，有的城市饮用水水源监管和预警应急能力较差，难以有效应对突发环境污染”。究其原因，关键就在于 2008 年水污染防治法第六十三条的“可以”规定，导致国务院和省级政府无论是否规定在饮用水水源保护区内采取禁止或者限制使用含磷洗涤剂、化肥、农药，以及限制种植养殖等措施，都是合法的，都是履行了职责的。此外，2002 年《水法》、2008 年《水污染防治法》虽然规定省级政府“应当划定饮用水水源保护区，并采取措施，防止水源枯竭和水体污染，保证城乡居民饮用水安全”，但是并没有规定省级政府及其工作人员不履行划定职责时的法律责任；这也加剧了省级政府及其工作人员消极履行职责的情况。

3）许多事权虽然落实了政府或者主管部门责任，但是缺乏追责规定

设立政府责任的法律规范，应该符合传统的法律理念；否则，政府就无责任可言。根据传统的法律思想和理论，无论中外，都强调权利的实现或者义务的履行最后都必须落实到在发生违法行为情形时必须有补救措施作为保障。例如，中国先贤孟子曾说“徒法不能以自行”（《孟子·离娄上》），普通法中有“no remedy，no right”的格言。补救措施一方面表现在对违法者的制裁或者惩罚上；另一方面体现在对权利人权利的补救上。马克思就曾经说过：“法律之所以对人有效……是因为它们居于统治地位，违反它们就会受到惩罚。”[②]正如国内有人所说的：“没有救济的法律规定，必将蜕变成一种法律上无效的规定，或变换成道义规定、习惯规定”；“从应然的角度讲，具有这种（设定“提倡”或“倡导”）功能的‘应当’是不应当出现在法律文本

---

① 陈昌智. 2015-8-27. 全国人民代表大会常务委员会执法检查组关于检查《中华人民共和国水污染防治法》实施情况的报告. http: //www.npc.gov.cn/npc/xinwen/2015-08/29/content_1945074.htm [2015-08-26].

② 马克思，恩格斯. 1972. 马克思恩格斯全集（第 1 卷）. 北京：人民出版社：449.

之中的”①。因此，法律文本中使用“应当”为政府设定水资源管理责任时，应该同时有配套的关于在政府不履行职责或者不正确履行的情形下，政府、政府部门及其工作人员应当承担的法律责任的规定。

然而，考察2002年水法和2008年水污染防治法中使用“应当”一词为政府设定水资源管理责任的条款（有关条款请见表18-4和表18-5），可以发现约有2/3的条款都没有配套的关于有关政府或其部门在不履行职责或者不正确履行的情形下，政府、政府部门或其工作人员应当承担何种责任的规定。从立法技术上看，出现这种缺陷的主要原因是，这两部法律中的关于政府、政府部门及其工作人员在不履行职责或者不正确履行的情形下应当承担法律责任的一般条款中，一是根本没有规定各级政府及其工作人员的法律责任；二是对一些情形下政府部门及其工作人员应当承担的法律责任没有做出规定。

具体到2002年水法而言，这种一般条款是第六十四条。该条规定：“水行政主管部门或者其他有关部门以及水工程管理单位及其工作人员，利用职务上的便利收取他人财物、其他好处或者玩忽职守，对不符合法定条件的单位或者个人核发许可证、签署审查同意意见，不按照水量分配方案分配水量，不按照国家有关规定收取水资源费，不履行监督职责，或者发现违法行为不予查处，造成严重后果，构成犯罪的，对负有责任的主管人员和其他直接责任人员依照刑法的有关规定追究刑事责任；尚不够刑事处罚的，依法给予行政处分。”

对该条内容进行认真分析可以发现，首先，它规定的应当承担法律责任的主体是政府部门及其工作人员、水工程管理单位及其管理人员，这就彻底地把各级政府及其工作人员的法律责任排除了。其次，从它规定的应当承担责任的情形来说，包括六种：①利用职务上的便利收取他人财物、其他好处或者玩忽职守；②对不符合法定条件的单位或者个人核发许可证、签署审查同意意见；③不按照水量分配方案分配水量；④不按照国家有关规定收取水资源费；⑤不履行监督职责；⑥发现违法行为不予查处。而且，由于语言文句组织上的不严谨，也可以将第一种情形理解为其他五种情形的原因，也即，其他五种情形的发生原因是“利用职务上的便利收取他人财物、其他好处或者玩忽职守”时，才承担法律责任。最后，对于政府及其部门不予查处被举报的违法行为的法律责任，它没有做出规定。这种缺位的规定，不仅为官商内外勾结实施违法行为提供了便利，而且阻滞公众参与，挫伤广大人民群众同违法犯罪行为作斗争的积极性。

具体到2008年水污染防治法而言，这种一般条款是第六十九条。该条规定：“环境保护主管部门或者其他依照本法规定行使监督管理权的部门，不依法作出行政许可或者办理批准文件的，发现违法行为或者接到对违法行为的举报后不予查处的，或者有其他未依照本法规定履行职责的行为的，对直接负责的主管人员和其他直接责任人员依法给予处分。”

① 周赟. 2006. “应当”的法哲学分析——一种主要立基于法律文本的研究. 山东大学博士学位论文.

对该内容进行认真分析可以发现，首先，它规定的应当承担法律责任的主体是政府部门及其工作人员，同样彻底地把各级政府及其工作人员的法律责任排除了。其次，从它规定的应当承担责任的情形来说，包括三种：①不依法做出行政许可或者办理批准文件；②发现违法行为或者接到对违法行为的举报后不予查处；③其他未依照本法规定履行职责的行为。

**表 18-4　2002 年水法使用"应当"设定水资源管理政府责任的条款及有无配套追责的情况**

| 条款 | 内容 | 配套追责规定 |
| --- | --- | --- |
| 第五条 | 县级以上政府应当加强水利基础设施建设，并将其纳入本级国民经济和社会发展计划 | 无 |
| 第八条第二款 | 各级政府应当采取措施，加强对节约用水的管理，建立节约用水技术开发推广体系，培育和发展节约用水产业 | 无 |
| 第十六条第二款 | 县级以上政府应当加强水文、水资源信息系统建设。县级以上政府水行政主管部门和流域管理机构应当加强对水资源的动态监测 | 无 |
| 第十九条 | 建设水工程，必须符合流域综合规划。在国家确定的重要江河、湖泊和跨省级行政区域的江河、湖泊上建设水工程，其工程可行性研究报告报请批准前，有关流域管理机构应当对水工程的建设是否符合流域综合规划进行审查并签署意见；在其他江河、湖泊上建设水工程，其工程可行性研究报告报请批准前，县级以上地方政府水行政主管部门应当按照管理权限对水工程的建设是否符合流域综合规划进行审查并签署意见 | [第六十四条] 对不符合法定条件的单位或者个人签署审查同意意见，造成严重后果，构成犯罪的，对负有责任的主管人员和其他直接责任人员依照刑法的有关规定追究刑事责任；尚不够刑事处罚的，依法给予行政处分。 |
| 第二十三条 | 地方各级政府应当结合本地区水资源的实际情况，按照地表水与地下水统一调度开发、开源与节流相结合、节流优先和污水处理再利用的原则，合理组织开发、综合利用水资源 | 无 |
| 第二十五条 | 地方各级政府应当加强对灌溉、排涝、水土保持工作的领导，促进农业生产发展；在容易发生盐碱化和渍害的地区，应当采取措施，控制和降低地下水的水位 | 无 |
| 第三十条 | 县级以上政府水行政主管部门、流域管理机构以及其他有关部门在制定水资源开发、利用规划和调度水资源时，应当注意维持江河的合理流量和湖泊、水库以及地下水的合理水位，维护水体的自然净化能力 | 无 |
| 第三十二条第三款 | 县级以上政府水行政主管部门或者流域管理机构应当按照水功能区对水质的要求和水体的自然净化能力，核定该水域的纳污能力，向环境保护行政主管部门提出该水域的限制排污总量意见 | 无 |
| 第三十二条第四款 | 县级以上地方政府水行政主管部门和流域管理机构应当对水功能区的水质状况进行监测，发现重点污染物排放总量超过控制指标的，或者水功能区的水质未达到水域使用功能对水质的要求的，应当及时报告有关政府采取治理措施，并向环境保护行政主管部门通报 | 无 |
| 第三十三条 | 国家建立饮用水水源保护区制度。省级政府应当划定饮用水水源保护区，并采取措施，防止水源枯竭和水体污染，保证城乡居民饮用水安全 | 无 |
| 第三十六条 | 在地下水超采地区，县级以上地方政府应当采取措施，严格控制开采地下水。……在沿海地区开采地下水，应当经过科学论证，并采取措施，防止地面沉降和海水入侵 | 无 |

续表

| 条款 | 内容 | 配套追责规定 |
| --- | --- | --- |
| 第三十九条第二款 | 在河道管理范围内采砂，影响河势稳定或者危及堤防安全的，有关县级以上政府水行政主管部门应当划定禁采区和规定禁采期，并予以公告 | 无 |
| 第四十二条 | 县级以上地方政府应当采取措施，保障本行政区域内水工程，特别是水坝和堤防的安全，限期消除险情。水行政主管部门应当加强对水工程安全的监督管理 | 无 |
| 第四十六条第一款 | 县级以上地方政府水行政主管部门或者流域管理机构应当根据批准的水量分配方案和年度预测来水量，制定年度水量分配方案和调度计划，实施水量统一调度；有关地方政府必须服从 | [第五十七条] 不同行政区域之间发生水事纠纷，有下列行为之一的，对负有责任的主管人员和其他直接责任人员依法给予行政处分：(一) 拒不执行水量分配方案和水量调度预案的；(二) 拒不服从水量统一调度的；…… |
| 第四十六条第二款 | 国家确定的重要江河、湖泊的年度水量分配方案，应当纳入国家的国民经济和社会发展年度计划 | 无 |
| 第四十七条第二款 | 省级政府有关行业主管部门应当制订本行政区域内行业用水定额，报同级水行政主管部门和质量监督检验行政主管部门审核同意后，由省级政府公布，并报国务院水行政主管部门和国务院质量监督检验行政主管部门备案 | 无 |
| 第五十条 | 各级政府应当推行节水灌溉方式和节水技术，对农业蓄水、输水工程采取必要的防渗漏措施，提高农业用水效率 | 无 |
| 第五十二条 | 城市政府应当因地制宜采取有效措施，推广节水型生活用水器具，降低城市供水管网漏失率，提高生活用水效率；加强城市污水集中处理，鼓励使用再生水，提高污水再生利用率 | 无 |
| 第五十四条 | 各级政府应当积极采取措施，改善城乡居民的饮用水条件 | 无 |
| 第五十九条第一款 | 县级以上政府水行政主管部门和流域管理机构应当对违反本法的行为加强监督检查并依法进行查处 | [第六十四条] 发现违法行为不予查处，造成严重后果，构成犯罪的，对负有责任的主管人员和其他直接责任人员依照刑法的有关规定追究刑事责任；尚不够刑事处罚的，依法给予行政处分 |
| 第五十九条第二款 | 水政监督检查人员应当忠于职守，秉公执法 | [第六十四条] 利用职务上的便利收取他人财物、其他好处或者玩忽职守，造成严重后果，构成犯罪的，对负有责任的主管人员和其他直接责任人员依照刑法的有关规定追究刑事责任；尚不够刑事处罚的，依法给予行政处分 |
| 第六十二条 | 水政监督检查人员在履行监督检查职责时，应当向被检查单位或者个人出示执法证件 | 无 |
| 第六十三条 | 县级以上政府或者上级水行政主管部门发现本级或者下级水行政主管部门在监督检查工作中有违法或者失职行为的，应当责令其限期改正 | [第六十四条] 不履行监督职责，或者发现违法行为不予查处，造成严重后果，构成犯罪的，对负有责任的主管人员和其他直接责任人员依照刑法的有关规定追究刑事责任；尚不够刑事处罚的，依法给予行政处分 |

**表 18-5　2008 年水污染防治法使用“应当”设定水资源管理政府责任的条款及有无配套追责的情况**

| 条款 | 内容 | 配套追责规定 |
|---|---|---|
| 第四条第一款 | 县级以上政府应当将水环境保护工作纳入国民经济和社会发展规划 | 无 |
| 第四条第二款 | 县级以上地方政府应当采取防治水污染的对策和措施，对本行政区域的水环境质量负责 | 无 |
| 第十四条 | 国务院环境保护主管部门和省级政府，应当根据水污染防治的要求和国家或者地方的经济、技术条件，适时修订水环境质量标准和水污染物排放标准 | 针对国务院环境保护主管部门：[第六十九条］环境保护主管部门……有其他未依照本法规定履行职责的行为的，对直接负责的主管人员和其他直接责任人员依法给予处分。<br>针对省级政府：无 |
| 第十五条第五款 | 县级以上地方政府应当根据依法批准的江河、湖泊的流域水污染防治规划，组织制定本行政区域的水污染防治规划 | 无 |
| 第十六条 | 国务院有关部门和县级以上地方政府开发、利用和调节、调度水资源时，应当统筹兼顾，维持江河的合理流量和湖泊、水库以及地下水体的合理水位，维护水体的生态功能 | 针对国务院环境保护主管部门：[第六十九条］环境保护主管部门……有其他未依照本法规定履行职责的行为的，对直接负责的主管人员和其他直接责任人员依法给予处分。<br>针对政府：无 |
| 第十七条第二款 | 涉及通航、渔业水域的，环境保护主管部门在审批环境影响评价文件时，应当征求交通、渔业主管部门的意见 | [第六十九条］环境保护主管部门……有其他未依照本法规定履行职责的行为的，对直接负责的主管人员和其他直接责任人员依法给予处分 |
| 第十八条第二款 | 省级政府应当按照国务院的规定削减和控制本行政区域的重点水污染物排放总量，并将重点水污染物排放总量控制指标分解落实到市、县政府。市、县政府根据本行政区域重点水污染物排放总量控制指标的要求，将重点水污染物排放总量控制指标分解落实到排污单位。具体办法和实施步骤由国务院规定 | 无 |
| 第十八条第四款 | 对超过重点水污染物排放总量控制指标的地区，有关政府环境保护主管部门应当暂停审批新增重点水污染物排放总量的建设项目的环境影响评价文件 | [第六十九条］环境保护主管部门……有其他未依照本法规定履行职责的行为的，对直接负责的主管人员和其他直接责任人员依法给予处分 |
| 第二十六条 | 国家确定的重要江河、湖泊流域的水资源保护工作机构负责监测其所在流域的省界水体的水环境质量状况，并将监测结果及时报国务院环境保护主管部门和国务院水行政主管部门；有经国务院批准成立的流域水资源保护领导机构的，应当将监测结果及时报告流域水资源保护领导机构 | [第六十九条］环境保护主管部门或者其他依照本法规定行使监督管理权的部门……有其他未依照本法规定履行职责的行为的，对直接负责的主管人员和其他直接责任人员依法给予处分 |
| 第四十条 | 国务院有关部门和县级以上地方政府应当合理规划工业布局，要求造成水污染的企业进行技术改造，采取综合防治措施，提高水的重复利用率，减少废水和污染物排放量 | 针对国务院有关部门：[第六十九条］环境保护主管部门或者其他依照本法规定行使监督管理权的部门……有其他未依照本法规定履行职责的行为的，对直接负责的主管人员和其他直接责任人员依法给予处分 |

续表

| 条款 | 内容 | 配套追责规定 |
| --- | --- | --- |
| 第四十四条第二款 | 县级以上地方政府应当通过财政预算和其他渠道筹集资金，统筹安排建设城镇污水集中处理设施及配套管网，提高本行政区域城镇污水的收集率和处理率 | 无 |
| 第四十四条第三款 | 国务院建设主管部门应当会同国务院经济综合宏观调控、环境保护主管部门，根据城乡规划和水污染防治规划，组织编制全国城镇污水处理设施建设规划。县级以上地方政府组织建设、经济综合宏观调控、环境保护、水行政等部门编制本行政区域的城镇污水处理设施建设规划。县级以上地方政府建设主管部门应当按照城镇污水处理设施建设规划，组织建设城镇污水集中处理设施及配套管网，并加强对城镇污水集中处理设施运营的监督管理 | 针对政府有关部门：［第六十九条］环境保护主管部门或者其他依照本法规定行使监督管理权的部门……有其他未依照本法规定履行职责的行为的，对直接负责的主管人员和其他直接责任人员依法予处分。<br>针对政府：无 |
| 第四十五条第四款 | 环境保护主管部门应当对城镇污水集中处理设施的出水水质和水量进行监督检查 | ［第六十九条］环境保护主管部门……有其他未依照本法规定履行职责的行为的，对直接负责的主管人员和其他直接责任人员依法给予处分 |
| 第四十八条 | 县级以上地方政府农业主管部门和其他有关部门，应当采取措施，指导农业生产者科学、合理地施用化肥和农药，控制化肥和农药的过量使用，防止造成水污染 | ［第六十九条］环境保护主管部门或者其他依照本法规定行使监督管理权的部门……有其他未依照本法规定履行职责的行为的，对直接负责的主管人员和其他直接责任人员依法给予处分 |
| 第五十六条第四款 | 有关地方政府应当在饮用水水源保护区的边界设立明确的地理界标和明显的警示标志 | 无 |
| 第六十一条 | 县级以上地方政府应当根据保护饮用水水源的实际需要，在准保护区内采取工程措施或者建造湿地、水源涵养林等生态保护措施，防止水污染物直接排入饮用水水体，确保饮用水安全 | 无 |
| 第六十二条 | 饮用水水源受到污染可能威胁供水安全的，环境保护主管部门应当责令有关企业事业单位采取停止或者减少排放水污染物等措施 | ［第六十九条］环境保护主管部门……有其他未依照本法规定履行职责的行为的，对直接负责的主管人员和其他直接责任人员依法给予处分 |
| 第六十六条 | 各级政府及其有关部门，可能发生水污染事故的企业事业单位，应当依照《中华人民共和国突发事件应对法》的规定，做好突发水污染事故的应急准备、应急处置和事后恢复等工作 | 针对政府有关部门：［第六十九条］环境保护主管部门或者其他依照本法规定行使监督管理权的部门……有其他未依照本法规定履行职责的行为的，对直接负责的主管人员和其他直接责任人员依法给予处分。<br>针对政府：无 |
| 第六十八条第一款 | 企业事业单位发生事故或者其他突发性事件，造成或者可能造成水污染事故的，应当立即启动本单位的应急方案，采取应急措施，并向事故发生地的县级以上地方政府或者环境保护主管部门报告。环境保护主管部门接到报告后，应当及时向本级政府报告，并抄送有关部门 | ［第六十九条］环境保护主管部门……有其他未依照本法规定履行职责的行为的，对直接负责的主管人员和其他直接责任人员依法给予处分。<br>针对政府：无 |
| 第六十八条第二款 | 造成渔业污染事故或者渔业船舶造成水污染事故的，应当向事故发生地的渔业主管部门报告，接受调查处理。其他船舶造成水污染事故的，应当向事故发生地的海事管理机构报告，接受调查处理；给渔业造成损害的，海事管理机构应当通知渔业主管部门参与调查处理 | ［第六十九条］环境保护主管部门或者其他依照本法规定行使监督管理权的部门……有其他未依照本法规定履行职责的行为的，对直接负责的主管人员和其他直接责任人员依法给予处分 |

4）责任考核制度中存在一些问题[①]

水资源的公益性、基础性、战略性等多重属性，要求政府及其机构和工作人员承担具有政治意义上的水资源管理责任，而考核则是追责的重要程序和方法。2011 年“中央一号文件”《中共中央国务院关于加快水利改革发展的决定》和 2012 年《国务院关于实行最严格水资源管理制度的意见》提出建立水资源管理责任和考核制度，由县级以上地方政府主要负责人对本行政区域水资源管理和保护工作负总责，由水行政主管部门会同其他部门对各地区水资源管理状况进行考核，并将考核结果纳入领导干部考核评价体系，将水量水质监测结果作为考核的技术手段。在最严格水资源管理制度不断完善和贯彻实施的过程中，我国建立了最严格水资源管理制度考核制度，并予以实施。在中央层面上，国务院办公厅于 2013 年 1 月 2 日印发了《实行最严格水资源管理制度考核办法》，并要求省级人民政府根据该考核办法结合当地实际情况制定本行政区域内实行最严格水资源管理制度的考核办法。主要考核目标包括附件 1、2 和 3 分别详细给出的用水总量控制目标，用水效率控制目标和重要江河湖泊水功能区水质达标率控制目标。制度建设和措施落实情况包括用水总量控制、用水效率控制、水功能区限制纳污、水资源管理责任和考核等制度建设及相应措施落实情况。2014 年 2 月 8 日，水利部、国家发改委、工业和信息化部、财政部、国土资源部、环境保护部、住房和城乡建设部、农业部、审计署和统计局等十部门联合印发了《实行最严格水资源管理制度考核工作实施方案》，对考核组织、程序、内容、评分和结果使用做出了明确规定。各省级政府及其有关部门也基本上都制定了本行政区域的考核办法和实施方案。水利部等十部门于 2014 年 9 月 22 日发布《关于发布 2013 年度实行最严格水资源管理制度考核结果的公告》，标志着第一次年度考核工作的完成。各级行政区域也基本上都在此前完成了本行政区域的第一次年度考核工作。

关于最严格水资源管理制度考核工作，我国在这一方面于总体上做得是比较好的。但是，也存在一些问题。①在考核形式上，基本上是由上级政府对下一级政府主要领导人根据水资源管理工作目标的落实结果进行考核评估。这种考核评估方法往往难以有效地促进政府或其部门在水资源管理全过程中的科学决策和切实实施。②在考核组织机构方面，根据国务院《实行最严格水资源管理制度考核办法》的规定，对省级政府的考核，由水利部会同国家发展改革委等其他九部门组成的考核工作组负责组织实施。各省则参照该考核办法的规定，在地方层面上也采用这一做法。笔者认为，这种考核组织机构具有明显的临时性质，与 2011 年“中央一号文件”和《最严格水资源管理制度意见》关于水资源战略以及最严格水资源管理制度的定位存在较大差距。③公众参与方面，我国目前的考核制度中基本上是政府及其部门自定考核目标、自评目标落实情况、自定考核结果，考核程序是被考核单位自查，以及考核工作组核查、重点抽查和现场检查，缺乏其他能够促进公众参与考核

① 该部分的部分内容来源于下列阶段性成果：胡德胜，王涛. 2013. 中美澳水资源管理责任考核制度的比较研究. 中国地质大学学报（社会科学版），13（3）：49-56.

的规定和机制。这表明我国尚没有将公众和利益相关者参与的理念真正贯彻到水资源管理责任考核中。

## 18.3 完善我国政府水资源管理责任机制的讨论

公共行政学中的新公共服务理论认为，“在市场化条件下，根据社会的发展要求和社会公众的需要提供公共服务成为政府最重要、最广泛的职能和最根本的任务；政府公共部门成为公共服务的提供者，而不再是高高在上的官僚机构和与社会相脱离的‘力量’”[①]。有学者将国家管理原则列为环境与资源保护法学的一项基本原则[②]。水资源的公益性、基础性和战略性资源地位，要求政府对水资源的开发、利用和保护，以及水污染防治活动，乃至人类影响水资源数量和质量的活动，承担直接或者间接的管理责任。尽管国情、水情、民情、理念和信仰、社会和经济发展水平、科技水平、政府能力等方面的不同，决定了不同国家的政府承担的具体水资源管理责任存在这样或者那样的差异，但是，有两个基本方面却应该是共同的。这就是，宏观层面上，政府无论从政治上还在法律上都不能不承担其应当承担的水资源管理责任；操作层面上，必须在法律上明确政府的水资源管理职责并规定相应的法律责任，从而形成一种能够有效运转的政府水资源管理责任机制。

习近平总书记指出：“国务院和地方各级人民政府作为国家权力机关的执行机关，作为国家行政机关，负有严格贯彻实施宪法和法律的重要职责。”[③]《中共中央关于全面推进依法治国若干重大问题的决定》要求“推进机构、职能、权限、程序、责任法定化”，“行政机关要坚持法定职责必须为、法无授权不可为”[④]。职责的科学和明确，是得到严格贯彻执行和法定职责能够为的前提条件。基于我国政府水管理责任的状况，针对我国政府水管理责任制度中存在的问题，根据最严格水资源管理制度的需要和要求，为了促进事权清晰、分工明确、行为规范、运转协调的水资源管理工作机制的不断健全，下面从四个方面讨论我国政府水资源管理责任机制的完善问题。

### 18.3.1 清晰界定有关事权，明确责任单位，不断改善分工和加强协调

水是生命之源、生态之基、生产之要，决定了水资源是一种基础性和战略性资源，决定了人类的一切活动都需要水资源的直接或者间接支撑，进而决定了人类的一切活动都是涉水活动。然而，由政府的一个工作部门或者机构来管理所有涉水活动的事务，既是不科学的，也是不现实的，而“九龙分工合作治水”则是客观必要和现实

① 蔡立辉. 2002. 政府绩效评估的理念与方法分析. 中国人民大学学报，(5)：93-100.
② 胡德胜. 2010. 环境与资源保护法学. 郑州：郑州大学出版社，108-110.
③ 习近平. 2012-12-05. 在首都各界纪念现行宪法公布施行30周年大会上的讲话. 人民日报，2.
④ 关于全面推进依法治国若干重大问题的决定. 2014-10-29. 人民日报.

需求。[①]之所以说“九龙分工合作治水”是客观必要和现实需求，是因为稍加科学而认真地思考就会发现：①如果由一个工作部门或者机构来管理所有涉水活动的事务，那么它将管理几乎所有的事务，成为“小国务院”或者“二政府”。②即使由一个部门或者机构管理所有涉水活动的事务，但是它如果不再分设多个部门或者机构，就根本没有能力来完成包括防汛防洪、水资源合理开发利用、水环境和生态环境保护，以及水污染和水土流失防治在内的涉及水资源的所有条和块的管理工作；如果分设，则仍然是“九龙治水”但此时的“九龙治水”的精神实质是要求做到事权清晰、分工明确、行为规范、运转协调。只有这样，才能促使政府水资源责任机制不断得到强化。当然，在县、设区的市一级，特别是在县级，由于主管部门承担的主要是具体的管理和执法职责，在条件成熟的情况下，政府主管部门应该也可以实行大部门制，减少机构设置，减少龙数。

首先，尽量做到清晰事权。清晰的事权是明确政府水资源管理责任的第一步。因此，对尚未明确的事权必须进行清晰的界定。例如，针对水资源国家所有权事权相关事项不清晰这一重要问题，需要在规定水资源国家所有权由国务院代表国家行使的基础上，进一步规定水资源国家所有权的权能、明确国务院行使这一所有权的符合逻辑的方式方法和程序步骤。笔者建议就下列内容在法律或者行政法规中做出规定：①物权意义上的水资源国家所有权包括国家对水资源的占有、使用、收益和处置这四项权能。②国务院直接行使或者间接行使水资源国家所有权的方式方法包括直接规定或者授予法定水权、颁发取水（用水）许可证或者其他包含取水（用水）内容的许可证书或审批文件等。③除法定水权外，其他水权都应当是有偿的和有期限的。

其次，力求分工明确。涉及水资源管理的责任单位众多，如果没有基于事权清晰的明确分工，这些责任单位之间就会不可避免地“对于有利可图的管理事项争夺管理权、对于无利可图的管理事项相互推诿”[①]，导致管理混乱、争权夺利、政府寻租的乱象。例如，对于 2002 年水法没有就全国水资源战略规划制订落实责任单位的问题，笔者建议做出下列规定：“全国水资源战略规划，由国家发改委、水行政主管部门组织国务院有关部门和有关省、自治区、直辖市人民政府编制，报国务院批准。”

最后，通过政务和信息平台建设，促进有关责任单位之间形成既分工又配合的有效协调运转。“长期以来，‘九龙’不能协调治水一直是困绕我国水资源管理的痼疾和难题。”[①]《中共中央关于全面推进依法治国若干重大问题的决定》要求“推进政务公开信息化，加强互联网政务信息数据服务平台和便民服务平台建设”[②]。在基本做到事权清晰、分工明确、行为规范的情况下，要实现众多水资源管理责任单位之间的有效配合和协调运转，重要而关键的路径是根据“阳光政府”原则，通过政务和信息平台发布它们的水资源管理责任和工作动态。这一路径可以有效解决下列问题或者发挥下列作用：①社会大众对政务和信息的了解，有利于提高公众参与的能力、质量和水平；②社会大众对政务和信息的了解，以及多数量、高质量和高水平的公众参与，可

① 胡德胜，潘怀平，许胜晴. 2012. 创新流域治理机制应以流域管理政务平台为抓手. 环境保护，(13)：37-39.
② 关于全面推进依法治国若干重大问题的决定. 2014-10-29. 人民日报.

以促使水资源管理责任单位尽职尽责，而政务和信息平台也同时成为无形的监督和保障手段；③各水资源管理责任单位及时将水资源管理的有关政务信息置放于政务和信息工作平台，“可以做到信息共享，进行交互式访问，提高工作效能，实现协调配合的无缝衔接”[①]；④通过政务和信息“平台的运作，可以不断发现哪些事权需要进一步清晰、哪些分工需要进一步明确或调整、哪些行为需要进一步规范、哪些因素阻碍了协调运转而需要予以解决处理”[①]。

## 18.3.2 以“应当”替代“可以”，强化政府水资源管理责任问题

对于使用“可以”一词而大大淡化乃至解除了政府水资源管理责任的条款，如果这些责任是政府必须承担而不能放弃的水资源管理责任，或者，如果这些责任一旦被大大淡化或者被政府放弃将会出现严重政府管理漏洞、出现政府缺位，以致与政府水资源管理理念或者有关制定法的基本原则相悖的情形，就需要对这类条款中的“可以”一词进行修改，以“应当”一词取代它。只有这样，才能将政府的“责任确定为一种法律义务、一种‘应当’履行的义务，而不是一种可为可不为之事”[②]。表 18-3 中所列举的使用“可以”一词淡化政府责任的条款就属于这类条款，应该用“应当”一词取代它们中的“可以”一词；取代后的条款内容，如表 18-6 中所列。

**表 18-6　2002 年水法和 2008 年水污染防治法对使用“可以”淡化政府责任条款的修改**

| 法律 | 条款 | 修改前 | 修改后 |
|---|---|---|---|
| 水法 | 第三十六条 | 在地下水严重超采地区，经省级政府批准，[县级以上地方政府] 可以划定地下水禁止开采或者限制开采区 | 在地下水严重超采地区，经省级政府批准，[县级以上地方政府] 应当划定地下水禁止开采或者限制开采区 |
| 水污染防治法 | 第十八条第三款 | 省级政府可以根据本行政区域水环境质量状况和水污染防治工作的需要，确定本行政区域实施总量削减和控制的重点水污染物 | 省级政府应当根据本行政区域水环境质量状况和水污染防治工作的需要，确定本行政区域实施总量削减和控制的重点水污染物 |
| | 第六十三条 | 国务院和省级政府根据水环境保护的需要，可以规定在饮用水水源保护区内，采取禁止或者限制使用含磷洗涤剂、化肥、农药以及限制种植养殖等措施 | 国务院和省级政府根据水环境保护的需要，应当规定在饮用水水源保护区内，采取禁止或者限制使用含磷洗涤剂、化肥、农药以及限制种植养殖等措施 |
| | 第六十四条 | 县级以上政府可以对风景名胜区水体、重要渔业水体和其他具有特殊经济文化价值的水体划定保护区，并采取措施，保证保护区的水质符合规定用途的水环境质量标准 | 县级以上政府应当对风景名胜区水体、重要渔业水体和其他具有特殊经济文化价值的水体划定保护区，并采取措施，保证保护区的水质符合规定用途的水环境质量标准 |

分析表 18-6，对比修改前和修改后的条款，可以发现，修改后的条款不仅形式上关于政府水资源管理责任的语气大大增强了，而且更为关键的是将政府必须承担而

① 胡德胜，潘怀平，许胜晴. 2012. 创新流域治理机制应以流域管理政务平台为抓手. 环境保护，(13)：37-39.

② 左其亭，胡德胜，窦明. 2014. 基于人水和谐理念的最严格水资源管理制度研究框架及核心体系. 资源科学，36 (5)：906-912.

不应当放弃的有关水资源管理责任以义务性的规定确定了下来。具体来说：①根据修改后的 2002 年水法第三十六条，在地下水严重超采地区，县级以上地方政府必须划定地下水禁止开采或者限制开采区。如果不划定，就是政府的失职，有关责任人员应当承担法律责任。②根据修改后的 2008 年水污染防治法第十八条第三款，省级政府必须确定本行政区域实施总量削减和控制的重点水污染物；如果不确定，有关责任人员应当承担法律责任。③根据 2008 年水污染防治法第六十三条的规定，国务院和省级政府必须规定在饮用水水源保护区内采取禁止或者限制使用含磷洗涤剂、化肥、农药，以及限制种植养殖等措施。如果不就此做出规定，有关责任人员应当承担法律责任。④根据 2008 年水污染防治法第六十四条的规定，县级以上政府必须对风景名胜区水体、重要渔业水体和其他具有特殊经济文化价值的水体划定保护区，并采取措施，保证保护区的水质符合规定用途的水环境质量标准。如果不确定或者没有采取措施，有关责任人员应当承担法律责任。

特别是，2015 年 8 月《党政领导干部生态环境损害责任追究办法（试行）》第五条第二款规定，存在“作出的决策与生态环境和资源方面政策、法律法规相违背的”情形的，“在追究相关地方党委和政府主要领导成员责任的同时，对其他有关领导成员及相关部门领导成员依据职责分工和履职情况追究相应责任”。第六条第二款规定，存在“对分管部门违反生态环境和资源方面政策、法律法规行为监管失察、制止不力甚至包庇纵容的”的情形的，“应当追究相关地方党委和政府有关领导成员的责任”。第七条第一款规定，存在“制定的规定或者采取的措施与生态环境和资源方面政策、法律法规相违背的”情形的，“应当追究政府有关工作部门领导成员的责任”。因此，对于表 18-6 中修改后条款，如果没有得到执行，相关地方党委和政府主要领导成员、其他有关领导成员及相关部门领导成员、政府有关工作部门领导成员，还会被根据该《责任追究办法（试行）》追究责任。

### 18.3.3　针对“应当”条款，增加新的或者修改已有的配套追责规定予以配套

长期以来，在中国大多数领导干部中，各级党委、人民政府及其领导成员，乃至政府组成部门的领导成员，不宜或者不应该承担法律上的责任是一种根深蒂固的观念，因此我国大多数法律中都严重缺乏针对各级人民政府职责的“应当”条款的配套追责条款。这与“刑不上大夫”的封建法律观念是一脉相承的。2011 年以来，特别是党的十八大以来，中共核心层领导人员已经展示了转变这一封建观念的魄力，并采取了一定的行动。

2013 年 1 月《实行最严格水资源管理制度考核办法》第三条第二款规定，各省级政府“是实行最严格水资源管理制度的责任主体，政府主要负责人对本行政区域水资源管理和保护工作负总责”。第十一条规定，“经国务院审定的年度和期末考核结果，交由干部主管部门，作为对各省、自治区、直辖市人民政府主要负责人和

领导班子综合考核评价的重要依据”。第十三条规定，年度或期末考核结果为不合格的省级人民政府，如果整改不到位，由监察机关依法依纪追究该地区有关责任人员的责任。

2015 年 8 月《党政领导干部生态环境损害责任追究办法（试行）》以“强化党政领导干部生态环境和资源保护职责”为主要目的之一，更是体现了一种比较剧烈的重大转变。根据第二条，它规定的承担生态环境损害责任的领导干部的范围是“县级以上地方各级党委和政府及其有关工作部门的领导成员，中央和国家机关有关工作部门领导成员；上列工作部门的有关机构领导人员”。它在第三条中规定，“地方各级党委和政府对本地区生态环境和资源保护负总责，党委和政府主要领导成员承担主要责任，其他有关领导成员在职责范围内承担相应责任。中央和国家机关有关工作部门、地方各级党委和政府的有关工作部门及其有关机构领导人员按照职责分别承担相应责任”。

水资源属于自然资源，而且是一种公益性、基础性和战略性资源。对于虽然落实了责任政府或者责任主管部门但是缺乏追责规定的关于事权事项的“应当”条款，必须有追究责任的配套规定。笔者认为，在思想上，必须遵循《党政领导干部生态环境损害责任追究办法（试行）》所体现的精神理念；在立法技术上，可以通过两种路径对其追责问题进行配套。其一是，针对有关“应当”条款，增加新的配套追责规定条款；其二是，修改针对其他“应当”条款的已有配套追责条款，使之与没有配套追责条款的“应当”条款相配套。

### 1. 关于 2002 年水法中“应当”条款的追责配套

具体到 2002 年水法而言，针对表 18-4 中所列举的缺乏配套追责规定的“应当”条款，笔者建议对关于国家机关及其工作人员应当承担法律责任的一般条款的第六十四条进行修改，使它们能够相配套。建议修改后的条文内容如下。

“有关人民政府、水行政主管部门或者其他有关部门，以及水工程管理单位及其工作人员，有下列情形之一的，应当依法承担刑事责任、行政责任或者民事责任：

（一）利用职务上的便利收取他人财物、其他好处或者玩忽职守的；

（二）对不符合法定条件的单位或者个人核发许可证、签署审查同意意见的；

（三）不按照水量分配方案分配水量的；

（四）不按照国家有关规定收取水资源费的；

（五）不履行监督职责的；

（六）发现违法行为或者接到对违法行为的举报后不予查处的；

（七）有其他不履行或者不正确履行本法规定职责的行为的。”

进行这一修改的效果在于：①将承担法律责任的主体扩大到了有关人民政府及其工作人员。②通过列举应当承担责任的情形的方式，将“利用职务上的便利收取他人财物、其他好处或者玩忽职守”予以单列，增加了语言文句组织上的严谨性，使之毫无疑问地不能作为其他应当承担责任的情形的原因，而是使之成为单独的应

当承担责任的情形之一。③在第（六）项中增加了“接到对违法行为的举报后不予查处”的情形。这一方面弥补了法律上的漏洞，另一方面有利于保护、鼓励和促进公众参与。④第（七）项规定是一项兜底性规定，可以将其他没有具体列明的一切不履行或者不正确履行该法规定职责的行为的情形包括进来，避免出现漏洞。这一立法技术在于避免不必要的重复，因为确实没有必要把所有职责或者责任再重复列举一遍。

#### 2. 关于 2008 年水污染防治法中“应当”条款的追责配套

具体到 2008 年水污染防治法而言，针对表 18-5 中所列举的缺乏配套追责规定的“应当”条款，笔者建议对关于国家机关及其工作人员应当承担法律责任的一般条款的第六十九条进行修改，使它们能够相配套。建议修改后的条文内容如下。

“有关人民政府、环境保护主管部门、水行政主管部门或者其他有关部门及其工作人员，有下列情形之一的，应当依法承担刑事责任、行政责任或者民事责任：

（一）利用职务上的便利收取他人财物、其他好处或者玩忽职守的；

（二）不依法做出行政许可或者办理批准文件的；

（三）发现违法行为或者接到对违法行为的举报后不予查处的；

（四）有其他不履行或者不正确履行本法规定职责的行为的。”

这一修改的效果在于：①将承担法律责任的主体扩大到了有关人民政府及其工作人员。②在列举的应当承担责任的情形中，增加“利用职务上的便利收取他人财物、其他好处或者玩忽职守的”情形，防治或者杜绝所谓“贪赃不枉法”的现象，促进公务廉洁性。

### 18.3.4　完善责任考核制度[①]

（1）在考核形式上，美国的水资源管理责任考核制度包含了事前审查（联邦政府绩效计划及联邦机构战略规划、年度绩效计划均在网上公布并向国会和 / 或联邦政府提交）、事中公开（联邦政府每个季度在其网站上公布其绩效目标的完成进度，联邦机构定期在各该机构网站上公布其绩效目标的完成进度）和事后评价（联邦政府、联邦机构均应向国会提交并在网站上公布其绩效报告）。与美国相似，澳大利亚的制度包含了事前审查（由国家水事委员会对全国 2004 年《关于国家水资源行动计划的政府间协议》各方的实施计划进行审查、事中审计（就各方是否正在履行他们在该计划项下承诺的事项及履行效果进行审计）、事后评价（对与实现协议中规定的目标和成果相关的重要事项进行评价），监督范围覆盖了政府水资源管理工作的各个阶段，从而能够有效地降低政府在实施管理行为过程中的风险。借鉴美国和澳大利亚的经验，笔者建议修改《实行最严格水资源管理制度考核办法》，将单纯的事后评价改为由水

① 该部分的部分内容来源于下列阶段性成果：胡德胜，王涛. 2013. 中美澳水资源管理责任考核制度的比较研究. 中国地质大学学报（社会科学版），13（3）：49-56.

资源规划审核、水资源管理过程不定期巡查、水资源管理定期评价相结合的事前、事中和事后考核评价体系。如果能够将考核评价体系在其中予以落实或体现，将有助于形成更为科学的事前、事中和事后考核评价体系。

（2）在考核组织机构方面，美国各联邦机构中都设有类似于环保署的总核查官办公室一类的常设考核机构，澳大利亚在国家层面设有国家水事委员会这样的常设机构，对各州（地区）的水资源管理责任进行考核。笔者建议借鉴美国和澳大利亚的做法，在我国建立负责水资源管理责任考核的常设专门机构，确保考核工作的日常性，以及事前、事中和事后考核评价体系的建立和执行。如果目前难以建立一个常设机构，可以考虑先设立一个水资源管理责任考核工作组办公室负责日常工作，并将之设在国家发改委或者水利部。办公室工作人员由有关部委抽调一定人员组成。

（3）公众参与方面，在社会公众参与方面，美国和澳大利亚在水资源管理责任考核制度中，十分注意公众参与。美国 1993 年《政府绩效和成果法》和 2010 年《〈政府绩效和成果法〉现代化法》规定联邦机构在制订战略规划时要征求并考虑相关公众的意见和建议，并将联邦政府和/或联邦机构的战略规划、绩效计划、绩效目标完成进度报告、绩效报告等文件及时向公众公布。在澳大利亚，从《行动计划协议》中关于“社区伙伴”这一部门的相关内容来看，在与水资源管理相关的事项决策前，政府特别重视对利益相关者进行信息披露和充分协商；在执行阶段，政府也特别重视将计划的执行情况向公众提供准确而及时的信息，便于公众监督；国家水事委员会必须向公众公开其对各方执行协议情况所做出的评价和建议，在部长表示反对公开的情况下，国家水事委员会要向公众公开部长的反对理由。从实际情况来看，正是因为公众能够参与水资源管理决策，对政府的施政行为进行监督，才保证了美国和澳大利亚政府水资源管理工作及对其考核的有效率和有效果地进行。

2014 年《中共中央关于全面推进依法治国若干重大问题的决定》要求“全面推进政务公开”，各级政府及其工作部门“向社会全面公开政府职能、法律依据、实施主体、职责权限、管理流程、监督方式等事项”，“推行行政执法公示制度”①。参考美国和澳大利亚的做法，笔者建议在最严格水资源管理制度的责任考核制度中，增加有关规定，促进、鼓励和保障公众参与特别是利益相关者参与。例如，在考核目标确定过程中，应当征询社会公众的意见，以确保目标的科学、合理、符合实际，能够解决人民群众的关切问题和事项。又如，在评价目标落实情况和确定考核结果时，一方面，在上级水利行政主管部门联合同级其他部门对下级地方政府负责人进行水资源管理责任考核时，应当充分调查有关行政区域内公众对该地区实施最严格水资源管理情况的意见，并将该意见作为评判标准或参考依据之一；另一方面，应该增加一个程序，让人民群众对政府或其部门自评的目标落

① 关于全面推进依法治国若干重大问题的决定. 2014-10-29. 人民日报.

实情况和考核结果提出建议或意见。这既有利于防止弄虚作假，保证客观公正，还有利于提高公众参与的积极性。《实行最严格水资源管理制度考核办法》第十四条规定："对在考核工作中瞒报、谎报的地区，予以通报批评，对有关责任人员依法依纪追究责任。"对瞒报或谎报行为通报批评、处理有关责任人员并不是目的，而完善的公众参与机制可以有效地防止瞒报和谎报现象的发生。

# 附录　研究团队产出的有关成果概览

## 一、发表的期刊、文集学术论文（按照出版时间顺序）

（1）左其亭，李可任. 最严格水资源管理制度理论体系探讨［J］. 南水北调与水利科技，2013，11（1）：13-18.

（2）左其亭，李可任. 最严格水资源管理制度的理论体系及关键问题［C］. 中国水利学会水资源专业委员会编：《最严格水资源管理制度理论与实践——中国水利学会水资源专业委员会 2012 年年会暨学术研讨会论文集》，中国水利水电出版社，2013.1：25-39.

（3）窦明，王偲. 基于三条红线约束的水资源优化配置模型［C］. 中国水利学会水资源专业委员会编：《最严格水资源管理制度理论与实践——中国水利学会水资源专业委员会 2012 年年会暨学术研讨会论文集》，中国水利水电出版社，2013.1：103-109.

（4）赵衡，左其亭，毛翠翠. 最严格水资源管理制度的和谐论解读及研究方法［C］. 中国水利学会水资源专业委员会编：《最严格水资源管理制度理论与实践——中国水利学会水资源专业委员会 2012 年年会暨学术研讨会论文集》，中国水利水电出版社，2013.1：59-68.

（5）刘军辉，左其亭. 人水关系的和谐程度评价方法［C］. 中国水利学会水资源专业委员会编：《最严格水资源管理制度理论与实践——中国水利学会水资源专业委员会 2012 年年会暨学术研讨会论文集》，中国水利水电出版社，2013.1：110-119.

（6）赵辉，王偲，窦明. 我国地下水管理框架体系的初步设想［C］. 中国水利学会水资源专业委员会编：《最严格水资源管理制度理论与实践——中国水利学会水资源专业委员会 2012 年年会暨学术研讨会论文集》，中国水利水电出版社，2013.1：181-188.

（7）王偲，赵辉，窦明. 基于严格地下水管理与保护理念的地下水管理法规体系

设计［C］. 中国水利学会水资源专业委员会编：《最严格水资源管理制度理论与实践——中国水利学会水资源专业委员会 2012 年年会暨学术研讨会论文集》，中国水利水电出版社，2013.1：189-195.

（8）魏钰洁，窦明，左其亭. 严格地下水管理保护的技术标准体系构建［C］. 中国水利学会水资源专业委员会编：《最严格水资源管理制度理论与实践——中国水利学会水资源专业委员会 2012 年年会暨学术研讨会论文集》，中国水利水电出版社，2013.1：196-204.

（9）李可任，左其亭，来海亮，苏东彬. 节水器具推广财政补贴实践总结和制度设计［C］. 中国水利学会水资源专业委员会编：《最严格水资源管理制度理论与实践——中国水利学会水资源专业委员会 2012 年年会暨学术研讨会论文集》，中国水利水电出版社，2013.1：212-227.

（10）梁士奎，毛翠翠，左其亭. 河南省新密市“三条红线”控制指标与水资源综合规划［C］. 中国水利学会水资源专业委员会编：《最严格水资源管理制度理论与实践——中国水利学会水资源专业委员会 2012 年年会暨学术研讨会论文集》，中国水利水电出版社，2013.1：406-410.

（11）刘军辉，左其亭，张志强. 水资源利用矛盾的和谐论解决途径［J］. 南水北调与水利科技，2013，11（3）：106-110.

（12）胡德胜，王涛. 中美澳水资源管理责任考核制度的比较研究［J］. 中国地质大学学报（社会科学版），2013，13（3）：49-56.

（13）张志强，左其亭，马军霞. 最严格水资源管理制度的和谐论解读［J］. 南水北调与水利科技，2013，11（6）：133-137.

（14）Zuo Qiting，Cui Guotao. Chemical leaks contaminate Chinese river：viewing environmental emergency response of China［J］. Environmental Earth Sciences，2013，69（8）：2801-2803.

（15）Li Dongfeng，Zuo Qingting，Cui Guotao. Disposal of chemical contaminants into groundwater：viewing hidden environmental pollution in China［J］. Environmental Earth Sciences, 2013，70（4）：1933-1935.

（16）Zuo Qiting，Ma Junxia, Tao Jie. Chinese water resource management and application of the harmony theory［J］. Journal of Resources and Ecology, 2013，4（2）：165-171.

（17）梁士奎，左其亭. 基于人水和谐和“三条红线”的水资源配置研究［J］. 水利水电技术，2013，44（7）：1-5.

（18）臧超，左其亭. 水利改革发展对水资源规划与管理需求分析［J］. 水科学与工程技术，2013，（4）：16-21.

（19）刘志仁. 最严格水资源管理法律制度在西北内陆河流域的践行研究［J］. 西安交通大学学报，2013，33（5）：50-55，61.

（20）刘志仁，袁笑瑞. 西北内陆河如何强化最严格水资源管理法律制度［J］.

环境保护，2013，41（15）：69-70.

（21）左其亭. 水生态文明建设几个关键问题探讨［J］. 中国水利，2013，04：1-3+6.

（22）刘志仁. 西北内陆河流域水资源保护立法研究［J］. 兰州大学学报（社会科学版），2013，41（5）：103-108.

（23）胡德胜. 中美澳流域取用水总量控制制度比较研究［J］. 重庆大学学报（社会科学版），2013，19（5）：111-117.

（24）胡德胜，窦明，左其亭，张翔. 我国可交易水权制度的构建［J］. 环境保护，2014，42（4）：26-30.

（25）左其亭，胡德胜，窦明，张翔，马军霞. 基于人水和谐理念的最严格水资源管理制度研究框架及核心体系［J］. 资源科学，2014，36（5）：906-912.

（26）郭唯，左其亭，靳润芳，马军霞. 郑州市最严格水资源管理绩效评估体系及应用［J］. 南水北调与水利科技，2014，12（8）：86-91.

（27）左其亭，靳润芳. 完善最严格水资源管理绩效考核体系势在必行［J］. 水与中国，2014，05（下）：18-19.

（28）陈燕飞，张翔，杨静. 基于可变模糊识别模型的水环境系统恢复力评价［J］. 武汉大学学报（工学版），2014，47（3）：340-349.

（29）罗增良，左其亭，马军霞. 水知识宣传途径与方法探讨［J］. 水利发展研究，2014，（4）：82-87.

（30）刘欢，左其亭，马军霞. 新密市用水总量控制指标及保障措施［J］. 水电能源科学，2014，32（7）：44-47.

（31）Zuo Qiting，Jin Runfang，Ma Junxia，Cui Guotao. China pursues a strict water resources management system［J］. Environmental Earth Sciences, 2014，72（6）：2219-2222.

（32）左其亭，赵衡，马军霞. 水资源与经济社会和谐平衡研究［J］. 水利学报，2014，45（7）：785-792，800.

（33）李胚，窦明，赵培培. 最严格水资源管理需求下的水权交易机制［J］. 人民黄河，2014，36（8）：52-56.

（34）左其亭，张志强. 人水和谐理论在最严格水资源管理中的应用［J］. 人民黄河，2014，36（8）：47-51.

（35）祝云宪，梁士奎，杨峰，杨会明，马军霞. 引黄灌区和谐分水实时调度研究［J］. 人民黄河，2014，36（8）：57-59.

（36）刘欢，左其亭，马军霞. 基于“三条红线”约束的区域人水和谐评价［J］. 水利水电技术，2014，45（9）：6-11.

（37）宋梦林，左其亭，张志强，马军霞. 新密市最严格水资源管理“三条红线”量化研究［J］. 水电能源科学，2014，32（10）：128-131，198.

（38）刘建峰，张翔，谢平，朱志龙. 长湖水质演变特征及水环境现状评价［J］.

水资源保护，2014，30（4）：18-22.

（39）Dou Ming，Wang Yanyan，Li Congying. Oil leak contaminates tap water：a view of drinking water security crisis in China［J］. Environmental Earth Sciences, 2014，72（10）：4219-4221.

（40）左其亭，赵衡，马军霞，臧超. 水资源利用与经济社会发展匹配度计算方法及应用［J］. 水利水电科技进展, 2014，34（6）：1-6.

（41）窦明，王艳艳，李胚. 最严格水资源管理制度下的水权理论框架探析［J］. 中国人口资源与环境，2014，24（12）：132-137.

（42）罗增良，左其亭. 我国水文化建设的保障措施研究［J］. 华北水利水电大学学报（社会科学版），2014，30（5）：14-18.

（43）朱才荣，张翔，穆宏强. 汉江中下游河道基本生态需水与生径比分析［J］. 人民长江，2014，45（12）：10-15.

（44）胡德胜. 最严格水资源管理制度视野下水资源概念探讨［J］. 人民黄河，2015，37（1）：57-62.

（45）张志强，左其亭，马军霞. 基于人水和谐理念的“三条红线”评价及应用［J］. 水电能源科学，2015，33（1）：136-140.

（46）王艳艳，窦明，李桂秋，于璐. 基于和谐目标优化的流域初始排污权分配方法［J］. 水利水电科技进展，2015，35（2）：12-16.

（47）窦明，张彦，赵辉，等. 我国地下水管理与保护制度体系的构建［J］. 人民黄河，2015，37（3）：49-53，57.

（48）左其亭. 中国水利发展阶段及未来“水利 4.0”战略构想［J］. 水电能源科学，2015，33（4）：1-5.

（49）梁秀，张翔，刘建峰，朱志龙. 长湖纳污能力及水产养殖污染负荷估算［J］. 水资源保护，2015，31（3）：78-83.

（50）夏菁，张翔，朱志龙，谢平，刘建峰. TMDL 计划在长湖水污染总量控制中的应用［J］. 环境科学与技术，2015，07：176-181.

（51）陈燕飞，张翔. 汉江中下游干流水质变化趋势及持续性分析［J］. 长江流域资源与环境，2015，24（7）：1163-1167.

（52）范晓香，高仕春，王华阳，张翔. 汉江流域用水总量控制指标实施方法研究［J］. 人民长江，2015，46（13）：8-12.

（53）左其亭. 基于人水和谐调控的水环境综合治理体系研究［J］. 人民珠江，2015，36（3）：1-4.

（54）Zuo Qiting，Jin Runfang，Ma Junxia，Cui Guotao. Description and Application of a Mathematical Method for the Analysis of Harmony［J］. The Scientific World Journal, 2015，（6），1-9.

（55）Zuo Qiting，Zhao Heng，Mao Cuicui，Ma Junxia，Cui Guotao. Quantitative analysis of human-water relationships and harmony-based regulation in the Tarim River

Basin［J］. Journal of Hydrologic Engineering, 2015，20（8），1-11. Article ID 05014030（2015）.

（56）胡德胜，左其亭. 澳大利亚河湖生态用水量的确定及其启示［J］. 中国水利，2015，（17）：61-64.

（57）左其亭. 关于最严格水资源管理制度的再思考［J］. 河海大学学报（哲学社科科学版），2015，17（4）：60-63.

（58）张志强，左其亭. 基于人水和谐理念的三条红线量化研究［C］. 陈兴伟等主编：《第十二届中国水论坛论文集——变化环境下的水科学及防灾减灾》，中国水利水电出版社，2015.6：128-136.

（59）郭唯，左其亭，马军霞. 河南省人口-水资源-经济和谐发展时空变化分析［J］. 资源科学，2015，37（11）：2251-2260.

（60）胡德胜. 我国水科学知识教育的法律规制研究［J］. 贵州大学学报（社会科学版），2015，（5）：129-133.

（61）Zuo Qiting，Liu Jing. China's river basin management needs more efforts［J］. Environmental Earth Sciences，2015，74（12）：7855-7859.

（62）赵培培，窦明，李胚，王艳艳. 基于水资源管理红线约束的流域二层次水权交易模型［J］. 中国农村水利水电，2016，（1）：21-25.

（63）Dou Ming，Zuo Qiting，Ma Junxia，Guiqiu Li. Simulation and control of the coupled systems of water quantity–water quality–socio-economics in the Huaihe River Basin［J］. Hydrological Sciences Journal. 2016，61（4）：763-774.

（64）Zuo Qiting，Liu Huan，Ma Junxia，Jin Runfang. China Calls for Human-water Harmony［J］. Water Policy，2016，（18）：255-261.

（65）窦明，王艳艳，李胚，赵培培. 基于限制纳污红线的排污权交易模型［J］. 环境污染与防治.（已录用未出刊）

（66）左其亭，郭唯，胡德胜，刘志仁. 能-水关联的和谐论解读及和谐发展途径［J］. 西安交通大学学报（社科版）. 2016，36（3）：100-104.

（67）胡德胜. 论我国环境违法行为责任追究机制的完善——基于涉水违法行为“违法成本>守法成本”的考察［J］. 甘肃政法学院学报. 2016，（2）：62-73.

## 二、发表的报刊论文（按照出版时间顺序）

（1）左其亭. 水生态文明建设：践行生态文明的“水利”体现（访谈）［N］. 中国水利报，2013-02-07（005-006）.

（2）左其亭. 注重饮用水水源地防灾减灾工作［N］. 中国水利报，2013-05-09（006）

（3）左其亭. 水资源管理制度考核关键在落实［N］. 中国水利报，2013-10-15（004）

（4）左其亭. 以最严格水资源管理支撑生态文明建设（访谈）[N]. 中国水利报，2014-02-13（005）.（同时被《河南水利与南水北调》2014 年第 7 期 4-5+13 全文转载）.

（5）胡德胜，窦明，左其亭，张翔. 构建可交易水权制度 [N]. 中国社会科学报，2014-03-13（A07）.

（6）窦明，王艳艳. 适应最严格水资源管理需求的水权制度框架 [N]. 黄河报，2014-07-17（003）.

（7）左其亭. 科学构建最严格水资源管理制度体系（访谈）[N]. 中国水利报，2014-8-7（005）.

（8）左其亭. 妥善解决水生态文明建设三个问题 [N]. 中国水利报，2014-11-06（006）.

（9）左其亭. 水安全：面临的严峻形势及应对措施（访谈）[N]. 中国水利报，2015-03-19（005-006）.

（10）左其亭. 对丰水地区节水的几点建议 [N]. 中国水利报，2015-3-19（006）.

（11）左其亭. 为什么丰水地区也要节水？[N]. 中国水利报，2015-3-22（世界水日特刊）.

（12）左其亭. 水文化工作需要"接地气"[N]. 中国水利报，2015-3-26（007）.

（13）左其亭. 水事纵横谈：中国水利发展阶段及未来"水利 4.0"战略构想 [N]. 黄河报，2015-4-23，第 3024 期.

（14）左其亭. "水利 4.0"——中国水利未来发展的新阶段（访谈）[N]. 中国水利报，2015-05-07（005-006）.

（15）左其亭. 准确把握经济社会发展与水资源保护之间的"平衡"[N]. 中国水利报，2015-08-20（006）.

（16）左其亭. 建立健全水权制度和水价机制 [N]. 中国水利报，2015-11-12（006）.

## 三、出版的涉及相关内容的书籍

（1）左其亭主编. 中国水科学研究进展报告 2011-2012 [M]. 北京：中国水利水电出版社，2013.6。66.4 万字。该书系统收集整理 2011～2012 年中国水科学研究成果，为开展相关研究提供系统资料，积累研究素材。

（2）左其亭主编. 中国水科学研究进展报告 2013-2014 [M]. 北京：中国水利水电出版社，2015.6。83.6 万字。该书系统收集整理中国水科学 2013—2014 年研究成果，为开展相关研究提供系统资料、积累研究素材。

（3）窦明，左其亭主编. 水环境学. 北京：中国水利水电出版社，2014.3。35.6

万字。该书系统介绍了水环境有关的专业知识，为水环境相关研究奠定基础。

（4）左其亭著. 和谐论：理论·方法·应用（第二版）[M]. 北京：科学出版社，2016.4。28.9 万字。该书是在 2012 年出版的《和谐论：理论·方法·应用》（科学出版社）一书的基础上，又增加最近几年有关的研究成果而撰写的第二版，是有关和谐论的最新研究成果总结，为人水和谐量化研究奠定基础。

# 后　记

本书是国家社会科学基金重大项目“基于人水和谐理念的最严格水资源管理制度体系研究”（项目编号：12&ZD215；结项证书号：2016&J017）的研究成果总结。自2012年10月项目申报至研究成果正式出版，前后历时三年多，这期间付出了很多，同样收获也很多。研究团队由郑州大学、西安交通大学、武汉大学三家单位的30多位教授、副教授、讲师、博士后、博士和硕士研究生组成，团队骨干成员之间此前就有着长期良好的合作基础，一起科研攻关、学术研讨、培养学生，通过这次项目合作又有了更深入的学术交流与思想碰撞，这也是最大的收获所在。整个研究成果约有70万字的篇幅，是全体人员的心血凝结。现对研究成果的创作过程做一次简单回顾，既是对以往工作的总结，也想借此将一些感悟与读者朋友们分享。

长期以来，我国存在着水资源时空分布不均匀、洪涝灾害频繁、水环境污染严重、经济社会发展格局与水资源条件不匹配等突出的水问题，极大地制约了我国社会、经济和文化的全面与可持续发展。面对严峻的水问题，国家于2010年12月31日出台了2011年“中央一号文件”《中共中央国务院关于加快水利改革发展的决定》，给出了解决水问题的答案，系统提出我国将实行最严格水资源管理制度。但是，如何将最严格水资源管理制度上升到理论高度是科研工作者需要探索的实际问题。为此，研究团队以人水和谐理念为依托，力图从四个方面来研究探讨相关的理论方法。

第一篇为基于人水和谐理念的最严格水资源管理制度框架研究，重点在于理论框架体系的构建。目前关于最严格水资源管理制度的研究成果非常多，但从理论体系的高度对其进行系统梳理和制度创新的成果较少。本篇在剖析人水和谐思想与最严格水资源管理制度之间关系的基础上，构建了基于人水和谐理念的最严格水资源管理制度研究框架，并在这一框架下首次提出最严格水资源管理制度的核心体系。作为本书最初篇章，现在来看不足之处在于框架体系与后续章节的关联还有待进一步深入研究，对于理论基础和关键技术的阐述和分析也有待未来加强；满意的地方在于各章节的内在逻辑性较强，构建了一个较为完善的理论框架体系，且许多内容都是创新性提出。

第二篇为最严格水资源管理制度技术标准体系研究，重点在于“三条红线”与绩效考核量化理论的提出。目前国家已出台了最严格水资源管理制度考核“三条红线”指标及相应考核办法，如何在现有管理工作的基础上，进一步细化红线指标，并为其提供科学理论依据，这是研究团队所面临的难点问题。为此，本篇基于人水和谐理念，提出了一套由“三条红线”评价指标、评价标准、评价方法、绩效评估与考核保障措施体系组成的最严格水资源管理制度技术标准体系。本篇的不足之处在于定量评价方法过于复杂，有待进一步梳理，绩效评估与“三条红线”考核之间的关系也有待进一步深入研究；满意的地方在于评价指标体系考虑得比较系统全面，同时也给出了更具可操作性的评价标准，并将其成功应用于典型案例。

第三篇为最严格水资源管理制度行政管理体系研究，重点在于如何从当前水资源管理需求出发，提出适合的管理措施建议。随着全国用水总量控制指标的逐级分解和水权交易试点的开展，如何理顺“三条红线”考核与水权分配转让之间的内在联系，这将对我国今后水资源管理工作的开展是一种有力促进。为此，研究团队以水权理论为切入点，将最严格水资源管理制度与水权制度两者有机结合，构建了一套适应最严格水资源管理制度的水权分配与交易理论体系，并将“三条红线”约束机制应用于水权-排污权分配、取水权-用水权交易、排污权交易等管理环节。本篇的不足之处在于水权交易方法的理论性较强，而管理实际情况复杂多变，研究方法的推广应用还有待进一步探索；满意的地方在于全新架构了水权制度与最严格水资源管理制度、人水和谐理论三者之间的内在联系，诠释了水权管理对最严格水资源管理制度建设的支撑作用。

第四篇为最严格水资源管理制度政策法律体系研究，重点在于为最严格水资源管理制度的落实提供一套法律支撑与保障体系。行政管理超前于法制建设，是我国水资源管理所面临的现实问题，特别是作为新鲜事物的最严格水资源管理制度这一现象尤为突出，这使得一些管理工作在落实时缺少必要的法律后盾。本篇从立法层面构建了一套周密严谨的最严格水资源管理制度政策法律体系，阐述了完善我国水科学知识教育法律规制、完善我国生态环境用水保障制度、完善“违法成本＞守法成本”机制、完善我国水资源管理中的公众参与保障机制、强化我国政府水资源管理责任等方面的立法要点及建议。本篇的不足之处在于各章之间的内在联系有待探究，此外由于法制建设涉及面广，无法将所有问题都一一展开讨论；满意的地方在于就部分立法要点做了较为深入具体的阐述，这些也是目前最严格水资源管理制度建设急需解决的核心问题。

在研究工作开展的同时，由研究团队负责的水科学网（http：//www.waterscience.cn/）、全国性学术会议“水科学发展论坛”、水科学 QQ 群（108544773）为课题组广泛征集同行专家的经验提供了有力支撑，并将研究成果进行了实时报道和交流研讨；编写了《中国水科学研究进展报告（2011—2012）》《中国水科学研究进展报告（2013—2014）》，广泛收集了最新研究成果，为研究工作奠定了扎实的基础。在研究过程中，研究团队还先后到水利部长江水利委员会、淮河水利委员会、河南省水利厅、陕西省水利厅、湖北省水利厅等水行政管理部门和中国水利水电科学研究院、水利部水利水电规划设计总院、中国科学院地理科学与资源研究所、中国水利报社等科研技术单位调研有关最严格水资源管理制度落实与推进方面的最新工作进展，在此对这些单位的支持表示衷心感谢！

落笔之际，回顾研究历程深感不易：一是最严格水资源管理制度博大精深，不是一本书所能完全诠释的；二是当前我国水资源管理正处于一个激烈的变革时期，不断有新思想和新理念出现，如何把握最新的制度变革动态与管理思想脉络确实有难度；三是理论研究只是实践应用的初级阶段，研究成果是否合理可行还要接受现实的考验。但研究团队将一如既往，将有关最严格水资源管理制度的研究工作继续推动下去，用更多的成果以飨读者。

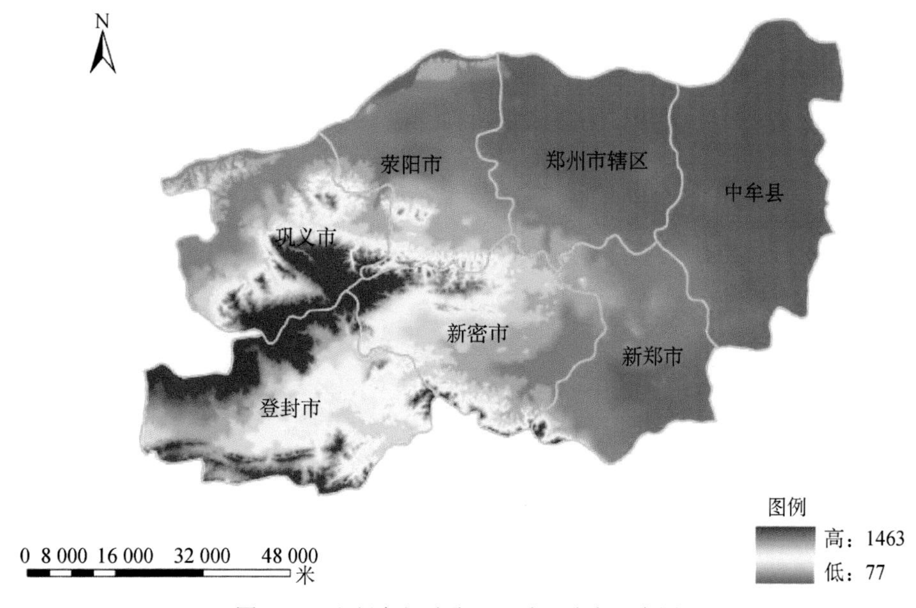


图 7-10　郑州市行政分区及地形分布示意图

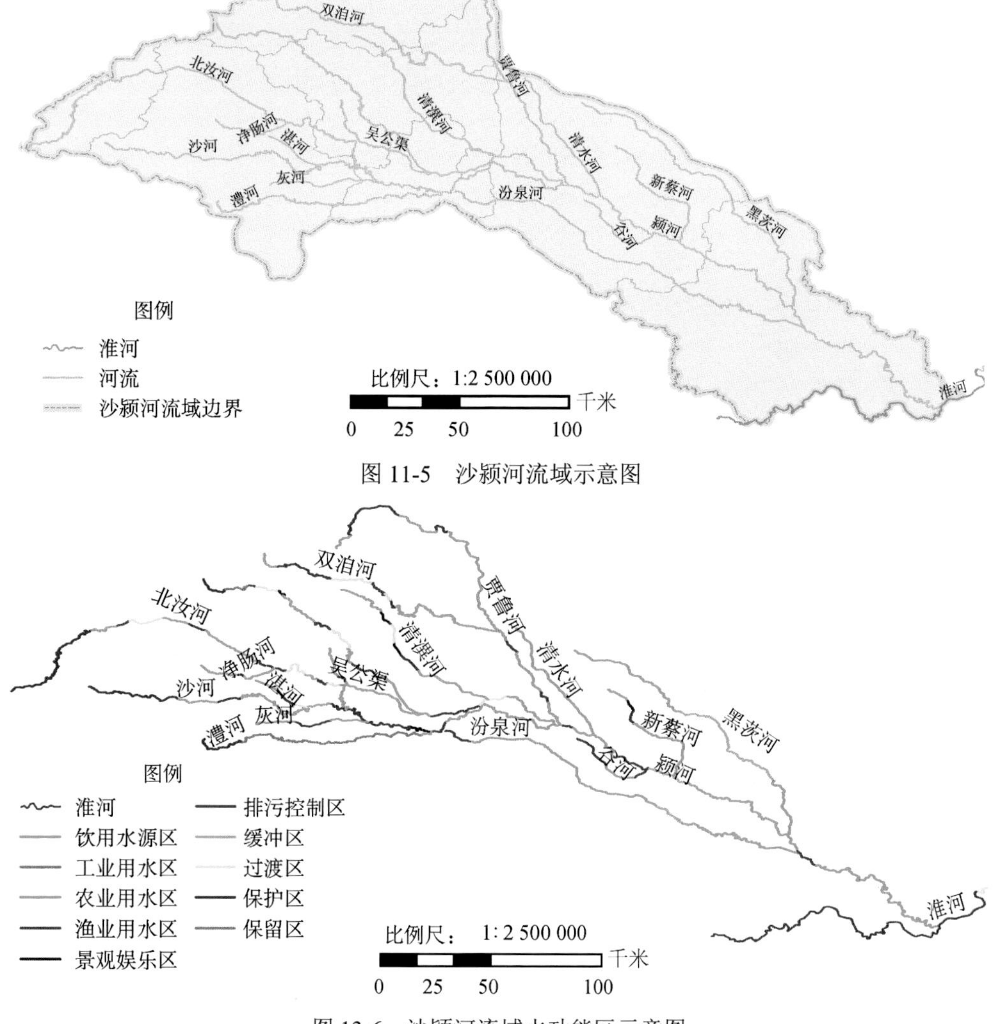


图 11-5　沙颍河流域示意图

图 13-6　沙颍河流域水功能区示意图